普通高等教育"十一五"国家级规划教材
普通高等教育农业农村部"十三五"规划教材
全国高等农业院校优秀教材

生物化学

第四版

巫光宏　　朱利泉　　黄卓烈　　主编

中国农业出版社
北　京

内容提要

全书共十六章。第一章到第六章是生物分子的结构与功能，内容包括核酸、蛋白质、酶、维生素与酶的辅因子等物质的分子结构、物理和化学性质、生物功能的介绍，生物膜结构与功能的讨论等。第七章到第十五章是物质代谢及其调节，讨论了生物氧化的概念和ATP生成的机理，糖类、脂类、氨基酸、核苷酸、蛋白质、核酸等生物分子的生物合成与分解，以及各类代谢过程的调节机制，其中第十四章介绍了蛋白质合成后加工与运输的最新研究成果。第十六章则介绍了发展迅速的DNA重组技术。各章附有本章小结和复习思考题。书后附有生物化学常用名词中英对照，便于读者学习。

本教材适合作为高等农业、林业、师范等院校各有关专业学生的教材，也可以作为有关院校相关专业的教师和研究生的参考书。

第四版编写人员

主　编　巫光宏　朱利泉　黄卓烈
编　者　（按编写章节顺序排列）
　　　　黄卓烈（华南农业大学）
　　　　朱利泉（西南大学）
　　　　朱国辉（华南农业大学）
　　　　邱业先（苏州科技学院）
　　　　童富淡（浙江理工大学）
　　　　巫光宏（华南农业大学）
　　　　谢海伟（惠州学院）
　　　　丁运华（惠州学院）
　　　　刘小林（宜春学院）
　　　　母培强（华南农业大学）

第一版编写人员

主　　编　黄卓烈（华南农业大学）

　　　　　朱利泉（西南农业大学）

副 主 编　邱业先（江西农业大学　仲恺农业技术学院）

编写人员　（按姓名笔画排序）

　　　　　叶尚红（云南农业大学）

　　　　　朱利泉（西南农业大学）

　　　　　邱业先（江西农业大学　仲恺农业技术学院）

　　　　　胡家恕（浙江大学）

　　　　　黄卓烈（华南农业大学）

　　　　　谢东雄（湛江海洋大学）

第二版编写人员

主　　编　　黄卓烈（华南农业大学）

　　　　　　朱利泉（西南大学）

副 主 编　　邱业先（苏州科技学院）

编写人员　　（按姓名笔画排序）

　　　　　　朱利泉（西南大学）

　　　　　　巫光宏（华南农业大学）

　　　　　　邱业先（苏州科技学院）

　　　　　　黄卓烈（华南农业大学）

　　　　　　童富淡（浙江理工大学）

　　　　　　谢东雄（广东海洋大学）

第三版编写人员

主　　编　黄卓烈（华南农业大学）

　　　　　朱利泉（西南大学）

副 主 编　邱业先（苏州科技学院）

编写人员　（按姓名笔画排序）

　　　　　丁运华（惠州学院）

　　　　　朱利泉（西南大学）

　　　　　刘小林（宜春学院）

　　　　　巫光宏（华南农业大学）

　　　　　邱业先（苏州科技学院）

　　　　　黄卓烈（华南农业大学）

　　　　　童富淡（浙江理工大学）

第四版前言

生物化学是研究生命活动中各种化学分子结构与化学反应的学科,从分子水平探讨生命现象的本质,也就是说生物化学就是生命的化学。自从2004年7月第一版出版以来,本教材经历了第二版、第三版到目前第四版的修订,内容不断得到更新和完善,力求重点突出、内容新颖和丰富、语言简练,以期得到广大教师和学生的青睐。

当今生物化学发展日新月异,有关生物化学的新成果、新理论、新概念不断涌现,可以说,生物化学是21世纪生命科学的带头学科之一。为了适应生物化学的飞速发展,在本次修订中,编写组进一步完善生物化学的知识体系:①把原来的第八章生物氧化与第七章糖类代谢互调顺序,并对糖类代谢中的内容进行较大幅度的修改,删去了光合作用等内容。这使本教材内容的框架更加合理,各章节条理更加清晰。②把原来第十三章蛋白质的生物合成中的第五节和第六节内容抽离出来,与目前蛋白质加工研究领域的最新研究成果汇合,编成第十四章蛋白质合成后加工与运输,着重描述蛋白质合成后加工的类型、蛋白质修饰的发生机制、蛋白质修饰与功能的关系等,凸显蛋白质生命学科的新进展。使本教材内容更加符合高等农林院校、师范院校、医药院校等对生物化学课程教学的要求。同时,编写组也对其他各章节的内容进行了更新和补充,尤其是概念和技术等方面的更新,补充了生物化学研究领域的新成果和新进展。

本教材由来自6所高等院校的10位具有丰富教学经验的一线教师共同编写,具体分工为:第一、十五、十六章由黄卓烈修订,第二、十二章由朱利泉修订,第三、十三章由朱国辉、邱业先修订,第四、五章由童富淡修订,第六、九、十章由巫光宏修订,第七、十一章由谢海伟、丁运华修订,第八章由刘小林修订,第十四章由母培强编写,附录由黄卓烈修订;最后由巫光宏进行统稿。

在《生物化学》(第四版)的修订过程中,得到了华南农业大学、西南大学、苏州科技学院、浙江理工大学、宜春学院、惠州学院等院校的领导和同事的支持和鼓励,得到了中国农业出版社的鼎力支持和帮助,在此一并表示衷心的感谢!

限于编者水平有限,本书难免有不足之处,敬请同行专家和使用本教材的师生批评指正。

编 者
2021年2月

第一版前言

生物化学是研究生命现象的化学本质的科学。自然界中的生物千姿百态，但究其化学组成，各种生物所包含的有机化学物质惊人的相似。生物体的主要物质有蛋白质、核酸、糖类、脂类、维生素、激素等。虽然组成各种生物体的物质基本相似，但各类物质在不同生物体的含量、分子结构等都是千差万别的。生物化学的任务不仅要揭示生物体内化学物质的种类、结构和含量，更重要的是要从分子水平上探讨这些物质与生物体的生长、发育、生殖、遗传、衰老等生命现象的关系。自从 20 世纪 30 年代以来的几十年间，生物化学已经得到飞速的发展。生物化学快速发展不仅派生出分子生物学这个全新的学科，而且极大地推动了细胞生物学、遗传学、生理学、临床医学、药物学等学科不断向前发展。人们早已预言，21 世纪是生命科学的世纪。作为生命科学核心学科的生物化学在 21 世纪中必将得到更加快速的发展。

本书作为高等农业院校学生的一门重要基础课教材，不仅要力求全面地介绍生物化学学科的基本理论、基本方法，还要力求介绍学科各领域的最新研究手段和研究成果。本书共分 15 章。在前面的章节中首先介绍核酸、蛋白质、糖、酶、维生素等生物分子的结构、物理性质和化学性质以及生物膜的结构与功能等。在后面的章节中，重点讨论各类有机分子在生物体内的物质代谢过程和能量的转换，深入浅出地讨论代谢的调节机理，并以简短的篇幅介绍当前发展异常迅速的基因重组技术。使学生既掌握生物化学的重要基本理论、基本方法和技术，又了解学科的最新发展和研究的前沿。

本书第一章和第十四章由黄卓烈编写；第十五章由黄卓烈和朱利泉编写；第二章和第十二章由朱利泉编写；第三章和第十三章由邱业先编写；第四章和第五章由胡家恕编写；第六章、第九章和第十章由叶尚红编写；第七章、第八章和第十一章由谢东雄编写；附录Ⅰ和附录Ⅱ由黄卓烈编排。各人分工写完有关章节内容后，全体编写人员交叉阅读书稿，互相提出修改意见，并由作者修改加工。主编和副主编分工再修改。最后由黄卓烈全面修改直至最后定稿。

本书在编写过程中得到华南农业大学、西南农业大学、江西农业大学、浙江大学、云南农业大学、湛江海洋大学、仲恺农业技术学院等院校的领导和同事的支持和鼓励。中国农业出版社教材出版中心的领导和编辑对编写和出版工作给予指导和帮助。在此，对以上有关单位和人员表示衷心的感谢！

生物化学学科发展异常迅速，新方法、新手段、新成果不断涌现。由于编写时间仓促，加上作者水平限制，本书难免有不妥之处，恳切希望广大同行和读者提出宝贵意见。对你们的诚恳帮助我们表示衷心感谢！

编　者
2004 年 5 月

第二版前言

《生物化学》自 2004 年 7 月出版以来，由于其具有内容简明扼要、新颖、概念准确、篇幅适当等优点而受到各使用单位和读者的普遍欢迎，已经重印多次。各使用单位和读者对本书给予了巨大的支持和鼓励，我们深表谢意！与此同时，本书在使用过程中，也发现了一些不足之处，加上近年生物化学学科发展很快，新的研究成果不断涌现，很有必要对其进行修订。《生物化学》第二版已经被教育部批准为普通高等教育"十一五"国家级规划教材。为了使本教材更符合教学的需要，我们于 2008 年 11 月在南昌召开了编写会议，讨论和制定了编写大纲，从而启动了第二版的编写。

生物化学是生物学领域中发展最快的学科之一。有关生物大分子的结构与功能的信息增长很快，因而在第二版中对核酸的分子结构以及生物合成等内容进行了较多的修改和补充。酶的催化是生物化学反应的基础，第二版中对酶和维生素的有关内容进行了适当的增删。对生物膜、脂类代谢、氨基酸的合成与分解等章节进行了重新编写。对生物氧化等章节的有关内容进行了必要的更新。

本次修订还对有关名词和概念的表述作了提炼，使其表述更准确。对一些章节重新编排，使内容连接更合理，以方便讲授和阅读。

本教材第一章、第十四章和第十五章由黄卓烈编写；第二章和第十二章由朱利泉编写；第三章和第十三章由邱业先编写；第四章和第五章由童富淡编写；第六章、第九章和第十章由巫光宏编写；第七章、第八章和第十一章由谢东雄编写；附录 I 和附录 II 由黄卓烈编排。最后由黄卓烈对全书全面修改直至最后定稿。

本教材在修订过程中得到华南农业大学、西南大学、苏州科技学院、浙江理工大学、广东海洋大学等院校的领导和同事的支持和鼓励。中国农业出版社领导和编辑对修订和出版工作给予极大的指导和帮助。在此，对以上有关单位和人员表示衷心的感谢！

由于修订时间仍显仓促，加上作者水平和编写经验有限，教材中难免有不妥之处，恳切希望广大同行和读者提出宝贵意见，以便日后进一步修正。

编 者

2010 年 2 月

第三版前言

《生物化学》第二版自出版以来，由于其内容新颖、概念准确、语言流畅而受到广大教师和学生的欢迎。广大读者一致反映，该书篇幅适中，内容丰富，特别适合于农业、林业、师范等相关院校的学生使用。广大读者对本书给予极大的支持和鼓励，我们深表谢意！

当今世界科学技术发展异常迅速。有关生物化学的新成果、新理论、新概念不断涌现。旧的理论、旧的研究方法必然要被新理论、新的研究方法所代替。为了适应生物化学的飞速发展，对《生物化学》第二版教科书进行修订或重写成为当务之急。

《生物化学》第三版有两个主要目标。首先是完善生物化学的基本体系，使本书更加适合农林院校、师范院校、医药院校等对生物化学知识的要求。其次就是要更新内容，在各章节增加近年来生物化学研究取得的新成果、新进展和新概念。为此，对第七章糖类代谢、第八章生物氧化、第十一章核酸的降解与核苷酸的代谢等进行重写。对其他章节也进行了必要的修改，适当增加了部分新内容。

《生物化学》第三版第一章、第十四章、第十五章由黄卓烈编写；第二章、第十二章由朱利泉编写；第三章、第十三章由邱业先编写；第四章、第五章由童富淡编写；第六章、第九章、第十章由巫光宏编写；第七章由刘小林编写；第八章、第十一章由丁运华编写；附录Ⅰ和附录Ⅱ由黄卓烈编排。各人分工修订完有关章节内容后，全体编写人员交叉阅读书稿，互相提出修改意见，并由各位作者修改加工。主编和副主编分工再修改。最后由黄卓烈全面修改直至最后定稿。

《生物化学》第三版在编写过程中得到华南农业大学、西南大学、苏州科技学院、浙江理工大学、宜春学院、惠州学院等院校的领导和同事的支持和鼓励。中国农业出版社的领导和刘梁编辑对编写和出版工作给予极大的指导和帮助。在此，对以上有关单位和人员表示衷心的感谢！

由于修订的时间仓促，加上作者水平有限，本书难免有错漏之处，恳请各位同行、各位专家、各位读者向我们提出宝贵意见。我们对各位的诚恳帮助表示衷心的感谢！

编　者

2015 年 2 月

目 录

第一章

生物化学导论

第一节 生物化学的定义和研究的内容

一、生物化学的定义

生命现象是自然界中最为神秘的现象。在自然界各种各样的物体中，生命体（有生命的物体）和非生命体（没有生命的物体）之间有着非常明显的区别。在生命体中，无论是低等生物还是高等生物都有着一个共同的性质，那就是能够进行新陈代谢（metabolism）。新陈代谢是生命体的一个最明显的特征，而非生命体就没有新陈代谢。然而，生命体和非生命体之间也有着非常密切的联系，那就是生命体和非生命体可以互相转变。例如，自然界中的水、含碳化合物、N_2、NH_3、O_2、金属离子等物质本来就是没有生命的东西，应该属于非生命体。但当这些物质通过各种方式进入生命体后，经过一系列的代谢转变就变成了生命体的组成部分。这样，这些简单的非生命物质就变成有生命的物质了。也就可以说，非生命体转变成生命体了。生命体在经历过一定时间的生活后就会衰老，然后死亡。生命体死亡后就变成非生命体，原来是生命体的物质又转变成为非生命物质，生命体内的大分子又转变成为非生命的小分子。所以，生命体与非生命体之间有一定的界限，但又没有绝对的界限。

由此可见，生命是以物质为基础的。世界由物质组成，任何生物体也由物质组成。我们知道，化学是研究自然界中各种各样物质的元素组成、分子结构、化学性质和物理性质的学科。生物学是研究自然界中各种各样的生物体的分类，生物体的外观结构、解剖结构、器官功能以及生物体与外界的关系等内容的学科。那么，什么是生物化学（biochemistry）呢？我们可以说，生物化学是研究生命现象的化学本质的科学。千百年来，人们就一直渴望着揭开"生命究竟是什么"这个奥秘。生物化学就是用化学的观点去研究各种各样的生物体，从化学的角度理解生命现象、探索和解释生命的规律。因此，生物化学是介于化学和生物学之间的一个交叉学科。

二、生物化学研究的内容

生物化学是生命科学领域里的一门非常重要的学科，其研究内容非常广泛。总的来说，生物化学的研究内容可笼统地归纳为以下几点。

（一）研究生物物质的种类

地球上的生物种类繁多，千姿百态。据粗略统计，有200多万种生物生活在地球上。这些生物有高等生物（人类、高等动物、高等植物等）、低等生物（藻类、苔藓、地衣等）、微生物（真菌、细菌等）等。尽管地球上的生物形形色色、多种多样，但组成这些生物体的物质却有惊人的相似性。大量的研究结果表明，千变万化的生物体都是由 C、H、O、N、S、P 等主要元素以及其他一些为数不多的元素组成的。生物体内的这些元素的性质与其他非生命体中的这些元素是一样的，并没有什么差别。正是这些有限的元素，构成了生物体内各种各样的有机化合物分子。这些有机化合物分子的有机组合就形成了结构非常复杂的生物细胞。生物体内的有机物质是多种多样的，但是主要的物质有蛋白质（protein）、核酸（nucleic acid）、糖（carbohydrate）、维生素（vitamin）、脂肪（fat）、有机酸（organic acid）、激素（hormone）等。其中，蛋白质、核酸等由于其相对分子质量较大，因而称为生物大分子（biomacromolecule）。这些生物大分子是由多个基本的组成部分构成的。其中，组成蛋白质的基本部分是氨基酸（amino acid），而组成核酸的基本部分是核苷酸（nucleotide）。糖有单糖（monosaccharide）、双糖（disaccharide）、寡糖（oligosaccharide）和多糖（polysaccharide）等不同种类。双糖、寡糖和多糖分别是由不同数量的单糖以不同形式缩合而成的。可见，结构相对比较简单的小分子缩合成为结构复杂的大分子，这些大分子再按照特定的规律形成细胞的各种细胞器，再由各种各样的细胞器组成生物细胞。

（二）研究组成生物体的物质的结构及其化学性质和物理性质

生物体内的有机物质是多种多样的。在体内，这些化学物质都有其特定的分子结构。生物大分子只有具备一定的立体结构才有其特殊的生物学功能。当其特定的立体结构被改变了以后，其特殊的生物学功能也会跟着改变，有的甚至失去活力。蛋白质分子是由多个氨基酸残基连接起来的大分子。在天然状态下，每种蛋白质分子都有其特定的构型（configuration）和构象（conformation）。当其构型发生变化时，分子内部的共价键就会有所改变，蛋白质的生物功能就会跟着改变。而当其构象改变时，蛋白质分子的活性高低也会有较大的变化。核酸是由核苷酸单体连接起来的大分子化合物。这类化合物是与生物的遗传密切相关的大分子。在生物体内，核酸也有其特定的立体结构，以行使其控制遗传（heredity）的功能。一旦核酸的立体结构受到破坏，其功能就会下降或丧失。因此，生物分子的特定结构对于其功能是十分重要的。而要弄清楚生物分子的功能，首先就应该了解其结构。在生物体内，各种生物分子有其特定的化学性质和物理性质，而这些分子的化学和物理性质对其在细胞中的定位、与相同种类分子之间的关系、与不同种类分子之间的关系、生物化学反应的特殊性以及细胞内部各类物质存在的协调性等都有非常重要的作用。因此，研究清楚这些内容是生物化学的极重要的任务。

（三）研究生物物质在体内进行物质代谢和能量代谢的过程和原理

细胞是生命过程的基本单位。一个细胞虽然很小，但其物质的组成、分子的代谢、化学物质的合成与分解、遗传过程的实施等都具有相对的独立性。糖类物质是生物体内非常重要的物质之一。在细胞内，单糖可以用特定的方式连接起来形成寡糖和多糖。反过来，多糖又可以通过特定的生物化学反应水解成单糖。单糖还可以通过一系列的生化步骤变成更加简单的化合物——二氧化碳（carbon dioxide）。氨基酸可以通过一系列代谢过程合成蛋白质，而大分子的蛋白质又可以被酶（enzyme）分子催化转变成为小分子的氨基酸。小分子的乙酰辅酶A（acetyl coenzyme A）可以通过特定的代谢方式合成长链脂肪酸（fatty acid）；反过来，脂肪酸又可以由酶促反应转变成为小分子的乙酰辅酶A。在细胞内，不同种类的物质也可以互相转变。糖类可以转变成蛋白质、核酸、脂肪等，脂肪也可以转变为糖类、蛋白质、核酸等。可见，细胞内的有机物质是可以互相转变的。这种由一种物质转变成另外一种物质的过程就称为物质代谢（substance metabolism）。而当生物体将一种物质转变成为另一种物质时，也伴随着能量的变化。细胞将糖类、蛋白质、脂类等物质分解变成小分子的二氧化碳时，伴随着大量能量的释放。而细胞在把小分子的物质合成大分子物质（如把氨基酸合成蛋白质、把乙酰辅酶A合成脂肪酸等）的生化过程中，又要消耗大量的能量。这种有关能量的释放和利用的过程称为能量代谢（energy metabolism）。物质代谢和能量代谢是互相依存的，是一个过程的两个方面。生物化学的最主要的任务之一就是研究物质代谢和能量代谢。

（四）研究生物物质与复杂的生命现象之间的关系

生命现象是一个非常复杂的过程。生命现象包含两个最基本的属性。其中一个属性就是其有新陈代谢作用。新陈代谢包括同化（assimilation）和异化（dissimilation）两个过程。生物体生活在自然界中，它可以从自然界中吸取有用的营养物质，这些营养物质进入生物体细胞内部后，被加工改造，最后变成生物体的各种组成部分。生物体所进行的这个过程就是同化。另一方面，生物体内的物质组成不是永远不变的。一个生物分子在生物体内的存活时间也不会很长。也就是说，一个生物分子在细胞内的历史使命是有限的。生物细胞随时都可以将完成历史使命的生物分子分解成小分子，然后将其释放到自然界中去。这个过程就是异化。一个细胞每时每刻都在进行同化和异化过程，也就是进行物质的合成、分解、再合成、再分解。这就是复杂的新陈代谢过程。

生命现象的另一个属性就是生物体能够自我复制（replication）。遗传就是生物体自我复制的具体过程。生物体的遗传物质是核酸。其中一种核酸是脱氧核糖核酸（deoxyribonucleic acid，DNA），它是遗传信息的主要携带者。生物体的 DNA 是保守的。DNA 可以进行自身准确复制，复制出来的 DNA 就作为其子代个体的遗传物质。细胞内其他物质的合成和分解、生物性状的表现等都由 DNA 来控制。另一种核酸是核糖核酸（ribonucleic acid，RNA），一部分低等生物的遗传物质是 RNA。正因为生物体通过 DNA 和 RNA 对其后代进行严格的控制，才使物种的性状代代相传，生命现象才会得以延续。

第二节　生物化学发展简史

生物化学虽然是一门年轻的学科，但其发展经历过非常漫长的岁月。在远古时期，我们的祖先就从日常生活中掌握了制醋、酿酒、制酱油等技术。这些技术都是生物化学知识的实际运用。早在公元 7 世纪时我国人民就对脚气病、坏血病等有所认识，但当时人们并不知道什么是生物化学。生物化学作为一门独立的学科是近 100 多年才逐步发展起来的。

1674 年，Mayow 就认为动物的呼吸与有机物的燃烧有相似之处。1775 年，科学家 Lavoisier 在前人已经发现氧气的基础上自己设计了一系列的实验，最后提出一种观点，认为生物体的呼吸作用与自然界中有机物质的燃烧的原理是一样的，都是消耗了氧气，生成二氧化碳和水。其差别只不过是燃烧是一个快速的过程，而呼吸作用是一个较为缓慢的过程。1779 年，科学家 Priestley 首次发现了高等植物的光合作用，揭开了生物体依靠光能，利用无机化合物（二氧化碳和水）制造有机化合物的奥秘。1742—1786 年，Scheele 对生物体的有机物质进行了详细的研究，确定了生物体内的许多化学物质，其中包括氨基酸、有机酸等。在这段时间里，虽然科学家对生物体的化学组成和代谢现象有了开创性的研究成绩，但当时结构化学的研究还没有得到发展，这就使生物化学的发展受到阻碍。

进入 19 世纪，结构化学的研究得到了快速发展，因而为生物有机物质的研究铺平道路。1828 年，Wöhler 在实验室里成功地合成了尿素（urea）。Hoppe - Seyler 等研究了脂肪酸的氧化；Knoop 则发现在动物中脂肪酸氧化时在尿中排出了马尿酸（hippuric acid）。1840 年，Liebig 在其出版的《有机化学在农业和生理学中的应用》中，对生物体内和体外有机物质的交替循环进行了较为科学的描述。1857 年，Pasteur 对乳酸（lactic acid）发酵进行了详细的研究，并且于 1860 年对酒精（alcohol）的发酵进行了详细的研究。他的研究结果是一次革命性的进步，认为乳酸发酵和酒精发酵是由酵母菌或细菌引起的。但当时 Liebig 等则认为发酵是由化学物质引起的，因而引发了两种学术观点的争论。直到最后 Buchner 发现用细菌提取的没有细胞的制备液也能使含糖物质发酵的事实后，两人的争论才达成一致的科学结论。1877 年，Hoppe - Seyler 等提出了 "biochemie" 这个名词，其英文意义就是 "biochemistry"，中文就译为 "生物化学"。在此阶段里，许多科学家经过详细的科学研究，从生物体内提取得到了卵磷脂（lecithin）、血红素（haemachrome）等非常有价值的有机物质。这对以后的研究起了很大的推动作用。

酶、维生素和激素的发现被认为是从 19 世纪末到 20 世纪初的三大发现。1878 年，Kühne 提出了"enzyme"这一名词来表示生物体内对物质转变起促进作用的物质。1897 年，Buchner 用酵母菌的无细胞提取液进行发酵时确证了"enzyme"的存在。"enzyme"这个名词中文译名为"酶"。进入 20 世纪初，生物化学的发展进入了突飞猛进的时代。许多人对生物体内的酶进行了分离和研究。1926 年，Sumner 首次制备了脲酶（urase）的结晶。此后，酶学研究得到迅猛发展。酶学研究的发展，推动了对代谢过程的研究。

尽管很早以前，人们对脚气病等疾病就有所认识，但真正确认其与维生素的关系是在 20 世纪初。1911 年，Funk 提取得到了能够抵抗神经炎症的复合成分，取名为"vitamine"，意思是"生命的胺"（vital amine），中文译名为"维生素"。当时他就认为，可能所有维生素都是胺类物质。但经过一段时间的深入研究后，发现不是所有维生素都是胺类物质，因而后人便将之改为"vitamin"。自 Funk 以后，1915 年研究者又从牛奶中分离出维生素 B_2。人们对维生素继续进行详细研究，进而又发现了一系列的维生素，并且开始对各类维生素的生物化学功能进行探索。1928 年，Sherman 等根据研究结果，出版了专著《维生素》，对当时有关维生素的研究做了详细的介绍和总结。

1902 年，Abel 从动物组织中分离并提纯了肾上腺素，进而他们又继续研究了肾上腺素的生理学作用。1905 年，Starling 将肾上腺素等有刺激生理作用的物质命名为"hormone"，其中文译名是"激素"。1926 年，科学家又从动物中结晶出胰岛素（insulin）。此后科学家又陆续发现了很多动物激素。人们推测，既然动物有激素，植物体也可能有激素。不出所料，1926 年，Went 在燕麦中分离出了一种植物生长促进剂，其化学成分是吲哚乙酸，命名为"auxin"，中文译名为"生长素"。植物激素的发现，引起了科学家的极大兴趣，大大地推动了植物生物化学研究的发展。

20 世纪 20 年代以后，生物化学得到了更加突飞猛进的发展。自 Sumner 于 1926 年得到脲酶结晶后，就找到了酶的化学本质是蛋白质的有力证据。1932 年，Warburg 从细胞中分离出一种能参与脱氢反应的黄素蛋白（flavoprotein）。1936 年，Northrop 等人又相继制备了胰蛋白酶（trypsin）、胃蛋白酶（pepsin）的结晶，并且对其催化性质进行了研究。酶学研究的迅速发展，大大激发了科学家对代谢研究的兴趣。此外，同位素技术、电子显微镜技术、X 射线衍射技术、电泳、色谱技术、超速离心技术等实验手段不断涌现，使得生物化学的研究如虎添翼。20 世纪 20 年代后相继对细胞中光合磷酸化、糖酵解过程、三羧酸循环过程、磷酸戊糖途径等进行了详细研究，阐明了代谢的主要步骤。在研究糖酵解过程时，Embden、Meyerhof、Parnas 等科学家做了非常重要的贡献；Krebs 在阐述三羧酸循环时做了非常重要的贡献；Calvin 在研究光合作用碳循环中建立了不朽的功勋。在蛋白质分子的一级结构、二级结构、三级结构的阐明以及蛋白质的结构与功能关系的揭示方面，Pauling 等科学家则立下了汗马功劳。

与此同时，DNA 分子结构的研究也有较大的发展。Avery、Macleod、McCarty 等用大量的实验证据肯定了 DNA 是细菌的基本遗传物质；1953 年 Wilkins 等用 X 射线衍射技术对结晶 DNA 的分子结构进行了研究，得到了许多重要的结构知识。在此基础上，Watson 和 Crick 于 1953 年提出了 DNA 分子的双螺旋结构模型。双螺旋结构模型的建立，有力地解释了 DNA 分子遗传的机理。进而于 1958 年 Crick 又提出了生物遗传的"中心法则"。20 世纪 60 年代，Jacob 和 Monod 阐明了基因的操纵子学说。1961 年，Crick 等又证实了核糖核酸分子上的"三联体密码"。这一系列研究结果为人们了解从 DNA 到蛋白质的遗传过程以及生物遗传的调节控制等方面提供更加清楚的证据。

在生物化学的发展过程中，中国的科学家也做了不朽的贡献。1965 年，中国科学家用化学合成的方法成功地合成出具有生物化学活性的牛胰岛素，在全世界引起极大的反响。牛胰岛素的合成成功，标志着生命可以人工合成。1983 年，中国科学家又采用有机合成和酶促反应相结合的方法合成了酵母丙氨酸 tRNA。这就更进一步坚定了人们可以用人工方法合成生命的信心。在这种理论的指导下，许多国家的科学家相继进行了基因克隆（gene clone）、细胞克隆（cell clone）等尝试，到目前为止已经成功地获得了一批批成果。

一个多世纪以来，生物化学的发展是快速的。到今天，生物化学知识、生物技术、生化产品的广泛应用，已经为人类创造出许多财富。展望未来，生物化学的研究将走向辉煌。人们早已预测，21世纪是生物技术的世纪，也是生物化学的世纪。全世界的生物化学工作者正以饱满的热情去迎接一个又一个新的挑战，他们也必将取得更多的成果以造福人类。

第三节 生物分子的非共价作用力体系

生物体的每个细胞都由化学物质组成。每种化学物质都有其独特的结构。生物物质分子的原子之间主要由共价键联结。共价键是生物分子的最基本的化学键。但是生物分子的结构是非常复杂的，分子中除了共价键外，还有非共价键体系。这些非共价键体系对生物分子结构形成及其功能的发挥是不可缺少的。生物分子内部存在这些非共价键作用力，分子与分子之间也存在这些非共价键作用力。

一、离子键

离子键（ionic bond）又称为静电相互作用（static interaction）。这是由分子上的带电基团形成的。生物分子可能带有正电基团，也可能带有负电基团。正电基团和负电基团之间就会产生一定的吸引力。这种吸引力的强度与两基团之间的距离有关。据测定，其强度与两种基团之间距离的平方成反比。生物分子含有许多带电基团，如氨基、羧基、咪唑基、磷酸基等都是重要的带电基团，这些基团在维持分子结构和功能中起着非常重要的作用。

二、氢键

氢键（hydrogen bond）是氢原子和具有孤电子对的原子之间的一种极性作用力。N、O、S都有孤电子对。这些原子的孤电子对可以吸引氢原子，使两个原子之间形成一种作用力。例如，C＝O基团中，O的电负性大，双键的电子云倾向于O。在H—N基团中，N的电负性大，单键的电子云倾向于N，H得到的电子云较少。若C＝O基团和H—N基团靠近，两基团之间就会形成氢键"C＝O…H—N"。在这里N是氢键的供体，O是氢键的受体。在另一种氢键"—O—H…NH＝"中，O是氢键的供体，N是氢键的受体。在"N—H…NH＝"中，氢键的供体和受体都是N。

一个氢键的力是很弱的。但是在生物大分子中，一个分子内部可以形成非常多的氢键，因而其键能的总和是非常可观的。因此，氢键往往是生物分子维持高级结构的非常重要的作用力。

三、范德华力

任何两个原子在一定距离内会互相吸引，使两个原子距离更近。但当靠近到一定程度时两个原子又会互相排斥，这种作用力就是范德华力（van der Waals force）。范德华力是一种非常弱的作用力。但是，在一个生物大分子中具有非常多的原子，而每两个原子之间都有范德华力，因而其作用力的总和也是不可忽视的。范德华力往往也是维持生物大分子高级结构的作用力。

四、疏水相互作用

有些分子是不能溶解在水中的。当将其放在水中时，不溶于水的分子就会聚合在一起而形成疏水核心（hydrophobic core）。疏水核心不让水分子进入。形成疏水核心是这些分子在此情况下能量最低的一种聚合形式。在生物分子中也常常见到疏水核心，这是由生物大分子本身具有的大量疏水基团形成的。这种由生物分子疏水基团集中起来而形成的排斥亲水物质的现象称为疏水相互作用（hydrophobic interaction）。疏水相互作用是生物分子维系高级结构非常重要的作用力。

五、位阻效应

位阻效应（location hindering）是指一个分子中两个原子或基团若靠得很近，两者就会产生巨大的斥力将对方推开，以避免两个原子或基团堆叠在一起。生物大分子往往是由长链盘曲起来的，当其盘曲时，某些基团就很可能碰在一起，这样就会产生巨大的位阻效应将基团推开，有利于大分子构象的形成。

第四节 水是生命的基本介质

水是生物体内非常重要的物质。生命总是与水联系在一起的，没有水就没有生命。生命就是在水中起源的。无论是动物、植物还是微生物，其生长、发育、繁殖都离不开水。植物、动物细胞的大部分物质是水，有些细胞水的含量为总含量的 90% 以上。

1. 水对生命的作用 水是生命必不可少的物质。生物体为什么需要水呢？第一，生物分子的合成需要有水的参与。糖类、核酸、有机酸等物质的合成过程有水分子参加。在植物的光合作用过程中，细胞就是利用太阳光的能量将环境中的二氧化碳和水同化成为糖类化合物的。第二，生物体内有机物质的代谢过程也会产生水分子。呼吸作用过程是将有机物质进行氧化，其产物就是简单的化学物质——二氧化碳和水。第三，在细胞内，水是各种有机和无机物质的介质。细胞内大部分生物化学反应过程都是在水中进行的。没有水，分子就无法运动，生物化学反应就无法进行，绝大部分代谢就会停止。第四，在细胞与细胞之间也充满水。动物体内有体液，血液就是重要的体液，而血液含有大量的水分。这些体液在身体各部分、各细胞间循环。体液可以将来自外界的有机和无机物质运输到细胞表面，然后通过各种方式进入细胞参与代谢；另一方面，体液又可以将细胞代谢所产生的产物和废物从细胞表面运输到别的地方去。第五，水还参与能量的传递。三磷酸腺苷（ATP）是细胞能量转换的中间体。当 ATP 水解时，就可以释放出大量的能量以满足各种生命活动的需要。第六，水有润滑作用。动物的泪液含有大量水分，可以防止眼球干燥，使眼球转动自如；动物的关节滑液也含有水分，可以使关节运动；动物的唾液也含水分，有利于口腔和咽喉润滑，对吞咽有利；动物的胸膜和腹膜浆液、呼吸道黏液、胃肠道黏液都对机体的有关组织起润滑作用。

从化学的角度来说，水是一种极性很强的无机物质。在生物细胞中，水对生物分子产生非常明显的影响。

2. 水分子的结构特点 水分子是一种简单的无机分子。水分子由 2 个氢原子和 1 个氧原子组成。水分子的结构有一个特点，就是 2 个氢原子与氧原子不是成一条直线排列，而是呈 104.5° 的夹角排列（图 1-1）。在氢原子与氧原子形成共价键后，由于氧原子的电负性较大，因而就把共价键的电子云吸向氧原子的一端，这样就造成 O—H 共价键中电子云

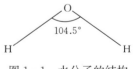

图 1-1 水分子的结构

分布不均匀。氧原子一端电子云密度大，因而倾向于带部分负电荷，而氢原子一端电子云密度小，氢原子就倾向于裸露原子核，因而就倾向于带部分正电荷。所以，水分子是带有偶极的。因此，水是一种极性很强的物质。

3. 水分子的物理性质 水分子是一种特殊的分子，其比热容较大。水的冰点是 0 ℃，而沸点是 100 ℃。在常温情况下，1 个水分子可以与另外 4 个水分子形成氢键（图 1-2），因而水的缔合程度较大，在一般情况下，液态的水几乎不能被压缩。当液态水慢慢升温时，分子吸收能量而慢慢将氢键破坏。温度升到 100 ℃ 时，液态水的所有氢键被破坏，水分子被游离而变成气态水。水的热

容量比较大，因此，自然界的水是温度调节的优良介质。白天，当太阳光照射到水时，自然界的水吸收光能使自身的温度慢慢升高。当太阳光消失后，水又可以慢慢释放能量到空气中。

在生物体内，水也可以起到类似的作用。因为细胞充满水，所以对环境有较好的适应性。当强烈的阳光照射到一块铁板上时，铁板的温度就会迅速上升得很高。而当同样强度的阳光照到生物细胞（如植物细胞）时，细胞的温度就绝不会像铁板那样上升得很高。这主要就是水在起调节作用。在人体 37 ℃ 体温的情况下，1 g 水完全蒸发需要吸收热量 2 405.8 J，所以人体通过蒸发少量的汗液就可以散发大量的热量。因此，在生物体内，水分对细胞的热量得失起到良好的调节作用。一般生物都能对自己的体温有调控作用，水在生物体温的稳定中起到重要作用。

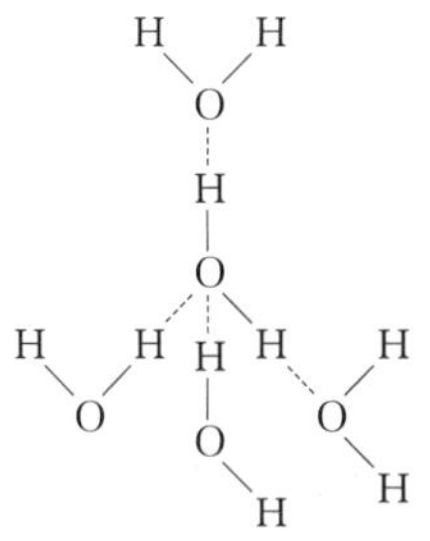

图 1-2　液态水的氢键系统

4. 水分子的溶剂特性　由于水分子是一种极性分子，氧原子一端倾向于带有负电荷，氢原子一端倾向于带有正电荷，因此就赋予水良好的溶剂特性。带电荷的离子化合物可以溶解在水中。例如，KCl 就是由 K^+ 和 Cl^- 结合在一起的化合物。当 KCl 与水接触时，水分子的氧原子端就吸引 K^+，而氢原子端就吸引 Cl^-，因而使 KCl 溶解在水中。生物体中有许多离子型的有机化合物，如氨基酸、核苷酸、维生素、有机酸、蛋白质、核酸等，这些有机物质可以很容易就溶解在细胞的水中。有些化学物质虽然不是离子化合物，但其分子中有极性的化学基团，因而也可以溶解在水中。乙醇（CH_3CH_2OH）由于含有极性基团羟基（—OH），因而可以很容易溶解在水中。丙酮（CH_3COCH_3）因含有极性基团 C＝O，所以也很容易溶解在水中。生物体内也含有大量这样的化合物，如葡萄糖（glucose）、果糖（fructose）、甘露糖（mannose）、半乳糖（galactose）、木糖（xylose）、赤藓糖（erythrose）、蔗糖（sucrose）、麦芽糖（maltose）等，这些化合物含有大量的羟基，因而就很容易溶解在细胞的水中。

在生物体内有些化合物较为特殊，其分子的一端含有极性基团，这个基团对水有亲和力，而分子的另一端由长的脂肪碳链构成，这一端是非极性的，与水没有亲和力。例如，脂肪酸就是这样的分子。脂肪酸的一端有羧基，是亲水的基团；另一端是长碳链，不亲水。若将一滴脂肪酸放在水中，这滴脂肪酸就会形成微球结构（micell）。在这种微球结构中，脂肪酸的亲水羧基（头部）都整齐地朝向水分子，形成球的表面，而其不亲水的长碳链（尾部）则集中在一起形成球的核心部分（图 1-3）。生物体内有很多类似的分子，如磷脂（phospholipid）分子、糖脂（glycolipid）分子、神经鞘脂（sphingolipid）分子等都属于这一类。这些分子在生物膜的形成中起到非常重要的作用。

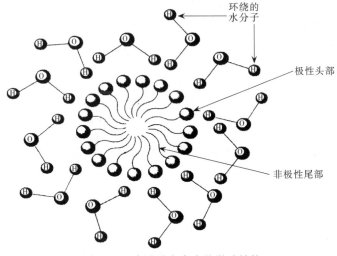

环绕的水分子

极性头部

非极性尾部

图 1-3　脂肪酸在水中的微球结构

（引自刘国琴等，2019）

第五节　细胞的缓冲系统

在细胞内，每时每刻都在进行着各种各样的生物化学反应。与体外的一般化学反应不同的是，细胞内的反应几乎都是在接近中性的条件下进行的。一般情况下，外界环境条件的改变对细胞内的环境变化不会影响太大。究其原因，是细胞内有一个缓冲系统，这个系统直接控制着细胞内部的pH变化，以确保细胞能在一个比较稳定、温和的环境条件下进行生活。

1. 水分子的解离　细胞内富含水分。在一般情况下，水分子可以解离成为H^+和OH^-。

$$H_2O \rightleftharpoons H^+ + OH^-$$

纯水的电离常数是1.0×10^{-14} mol/L。当水中的H^+浓度和OH^-浓度都是10^{-7} mol/L时，此时水的pH为中性。当有极性物质溶解在水中使H^+的浓度改变时，水溶液的pH就会改变。若H^+浓度增加，pH就会降低；若OH^-浓度增加，pH就会升高。pH的高低是以H^+浓度为计算标准的：

$$pH = -\lg [H^+] \qquad ([H^+] 表示 H^+ 的浓度)$$

2. 细胞的缓冲系统　生物细胞内含有各种各样可以溶解在水里的电解质分子。有些分子溶解后，会使H^+浓度改变。这样就会导致细胞液的pH上升或下降，就会干扰细胞的正常代谢。

然而，生物细胞具有一个完整的缓冲系统。这种缓冲系统可以抵抗细胞液H^+浓度的大幅度改变，从而使细胞液的pH维持在稳定的状态，以保证细胞的正常生命活动。细胞内的缓冲系统主要有3类，分别是碳酸氢盐系统、磷酸盐系统和蛋白质系统。这3类系统的电离方式和电离常数（pK_a）见表1-1。

表1-1　生物体内的缓冲系统

类　型	电离形式	pK_a
碳酸氢盐系统	$H_2CO_3 \rightleftharpoons H^+ + HCO_3^-$	6.1
磷酸盐系统	$H_2PO_4^- \rightleftharpoons H^+ + HPO_4^{2-}$	7.2
蛋白质系统	$HPr \rightleftharpoons H^+ + Pr^-$	7.4

注：Pr是蛋白质（protein）的缩写。

动物细胞中的缓冲系统以碳酸氢盐系统为最重要。此系统主要是以H_2CO_3和HCO_3^-的浓度比起缓冲作用的。当细胞液有其他物质溶解而使H^+浓度改变时，就依靠H_2CO_3和HCO_3^-的浓度比进行调节，从而起到缓冲作用：

$$pH = pK_a + \lg \frac{[HCO_3^-]}{[H_2CO_3]}$$

当细胞中由于某种代谢产生酸时，这些酸的H^+就与HCO_3^-结合成为难电离的H_2CO_3，使细胞液中的H^+浓度不至于大幅度上升而改变pH；当细胞中由于某种代谢产生碱时，碱的OH^-可以与H_2CO_3电离的H^+结合成水，不至于使OH^-浓度大幅度上升而改变pH，从而起到缓冲作用。

对于磷酸盐系统来说，其缓冲能力则来自$H_2PO_4^-$和HPO_4^{2-}的浓度比：

$$pH = pK_a + \lg \frac{[HPO_4^{2-}]}{[H_2PO_4^-]}$$

若在代谢中有过量的酸性物质生成，则这些物质的H^+就与HPO_4^{2-}结合成为难电离的$H_2PO_4^-$，这样就避免了过量的H^+使细胞液的pH有较大的改变，从而起到缓冲作用。

蛋白质系统也是一个非常重要的缓冲系统。在细胞中含有各种各样的蛋白质。这些蛋白质既有酸性基团也有碱性基团。当代谢中有大量的酸生成时，蛋白质的碱性基团与之中和。而当代谢中有大量的碱性物质生成时，蛋白质的酸性基团就会与之中和，这样蛋白质就起到较强的缓冲作用。

一般动物和植物的细胞质的 pH 都在 7.0 附近，有些稍高，有些稍低。不同的细胞稍有差别。在某些植物果实的细胞中含有大量的有机酸，其 pH 为 3～4。但这种积累的有机酸一般是在细胞的液泡内，液泡不是生化反应的重要场所，对代谢没有多大的影响。某些真菌可以在酸性很强或者碱性很强的环境中生活，含硫杆菌甚至可以在 pH 为 0 的环境下繁殖。但这些真菌的细胞内环境也不是太酸或太碱，从酸性或碱性环境中进入真菌细胞的物质也许带有较多的酸或碱，但在细胞的各种缓冲系统的作用下，细胞内部的 pH 也是接近中性，或者在不偏离中性太远的范围内。

本章小结

生物化学是研究生命现象的化学本质的科学。生物化学是介于生物学和化学之间的一门交叉学科。生物化学所涉及的主要内容有生物体的物质组成及其分子结构、生物物质的化学性质和物理性质、生物物质的物质代谢和能量代谢、物质代谢和能量代谢与生命现象的关系。细胞中的生物分子结构非常复杂，共价键是生物分子的主要化学键。此外，氢键、离子键、范德华力、疏水相互作用、位阻效应等非共价键在生物分子中也起重要作用。水是生命的基本介质。生物分子的合成需要水，生物分子的分解也需要水，生物化学反应在水中进行。水是生物分子的最好溶剂。细胞的生命活动中要有稳定而温和的环境。细胞中的碳酸氢盐系统、磷酸盐系统、蛋白质系统为细胞的生命活动提供了稳定的 pH，使细胞能在适宜的条件下进行生物化学反应。

复习思考题

1. 什么是生物化学？生物化学研究哪些内容？
2. 维系生物分子结构稳定的非共价键有哪些？
3. 为什么说水是生命的基本介质？
4. 细胞中有哪些缓冲系统？

主要参考文献

刘国琴，杨海莲，2019. 生物化学 [M].3 版. 北京：中国农业大学出版社.

张丽萍，杨建雄，2015. 生物化学简明教程 [M].5 版. 北京：高等教育出版社.

朱圣庚，徐长法，2016. 生物化学：上册 [M].4 版. 北京：高等教育出版社.

邹思湘，2012. 动物生物化学 [M].5 版. 北京：中国农业出版社.

第二章

核 酸 化 学

早在19世纪60年代,在瑞士和奥地利有两位素昧平生的科学家分别从两个不同的方面探索个体生命的奥秘。瑞士的青年科学家Miescher一开始便研究核酸的结构,而奥地利的中年修道士Mendel则借助于植物杂交后代性状的分离与组合来研究基因(gene)的功能。虽然这两方面的研究都陆续取得了很多重要成果,但它们却花了约80年的时间才走向统一。80年的时间可以跨越整整一代科学家的生命,这使得Miescher一生也不知道他所研究的核酸的功能是什么,而Mendel一生也不知道他所研究的基因的物质基础是什么。因此,人类对核酸结构和功能的认识在早期是分隔的,然后经过了一个逐渐接近的过程,直到1944年Avery完成著名的肺炎双球菌遗传转化试验后才走向统一。该试验表明,使肺炎双球菌遗传性状改变的转化因子是脱氧核糖核酸(DNA),从而证明了基因的物质基础是DNA。这极大地推动了有关核酸结构与功能的研究。1953年,Watson和Crick提出了著名的DNA双螺旋结构模型,拉开了现代分子生物学的序幕,为现代生命科学的发展奠定了分子基础。20世纪后期建立起来的包括核酸测序技术、DNA重组技术和PCR技术在内的一系列分子技术是进一步揭示生命奥秘的有力武器,它们的日益广泛应用,必然为人类社会的发展做出独特的重要贡献。

核酸有两大类,除了上述的DNA,还有核糖核酸(RNA)。它们存在于从病毒、细菌到人的所有生物中。细菌等原核细胞中的DNA,除主要以裸露染色体(chromosome)DNA存在外,还以质粒(plasmid)DNA的形式存在,此外,其细胞质中还含有RNA;动物细胞中的DNA主要以细胞核DNA、线粒体DNA的形式存在,功能RNA主要分布在细胞质中;高等植物细胞比动物细胞还多一种核酸存在形式——质体DNA。不论以何种形式存在,DNA均是基因遗传与表达的载体,是生物的主要遗传物质,而RNA主要参与遗传信息的传递和表达过程,在蛋白质的生物合成中起重要作用。此外,RNA还具有多方面的功能:有些参与基因表达的调控,有些具有生物催化作用,而RNA病毒中的RNA本身就是遗传物质。

本章主要介绍核酸的结构、种类和性质。核苷酸是核酸的结构单元,故首先介绍核苷酸。

第一节 核 苷 酸

核酸是以核苷酸(nucleotide)为基本结构单元所构成的生物大分子。一个简单的DNA分子,是由数千个核苷酸(平均相对分子质量为310)聚合而成的。此外,在细胞内还存在着一些游离的核苷酸或核苷酸衍生物,它们有着除作为核酸结构单元外的其他多种生物学功能。

一、核苷酸的化学组成与命名

组成核酸的核苷酸由一个戊糖(pentose)、一个碱基(base)和一个磷酸组成。碱基是嘌呤或嘧啶的衍生物,基本的嘌呤碱基有腺嘌呤(adenine,A)和鸟嘌呤(guanine,G)两种,基本的嘧啶碱基有胞嘧啶（cytosine，C）、尿嘧啶（uracil，U）和胸腺嘧啶（thymine，T）3 种。嘧啶碱基和嘌呤碱基的结构与命名如图 2-1 所示，环上原子直接用阿拉伯数字编号，嘌呤为逆时针方向，嘧啶为顺时针方向，但 C_5 在两种碱基中的位置都是一样的。

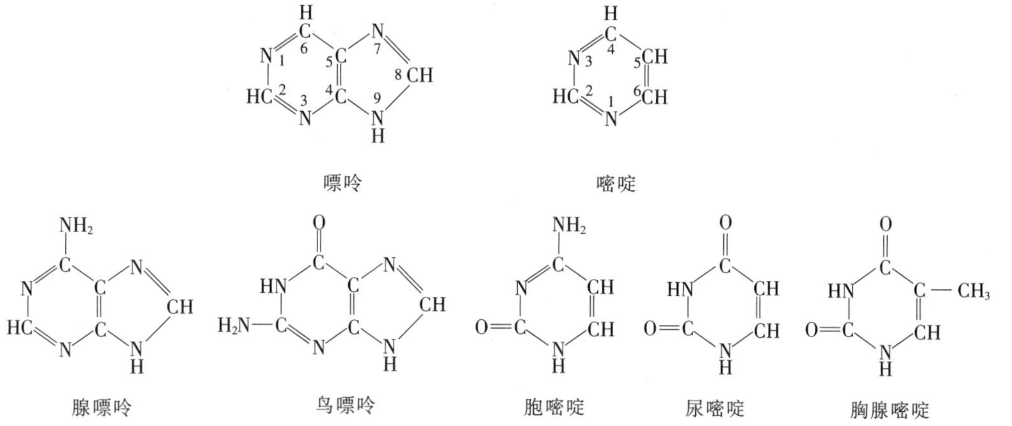

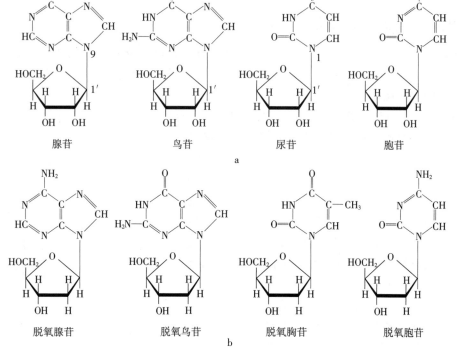

嘌呤　　　　　　嘧啶

腺嘌呤　　　　鸟嘌呤　　　　胞嘧啶　　　　尿嘧啶　　　　胸腺嘧啶

图 2-1　基本碱基的结构与命名

　　一个碱基和一个戊糖结合而形成核苷（nucleoside）。核苷中的戊糖有两类：D-核糖（D-ribose）和 D-2-脱氧核糖（D-2-deoxyribose），它们都是呋喃型的环状结构（图 2-2），糖环中的碳原子用 1′、2′等表示。戊糖中的 $C_{1'}$ 与嘧啶碱基的 N_1 结合形成 N_1—$C_{1'}$ 糖苷键，与嘌呤碱基的 N_9 结合形成 N_9—$C_{1'}$ 糖苷键。碱基与戊糖之间的这两种 N—C 键，一般称为 N-糖苷键。在天然存在的核苷中，这

β-D-呋喃核糖　　　β-D-2-脱氧呋喃核糖

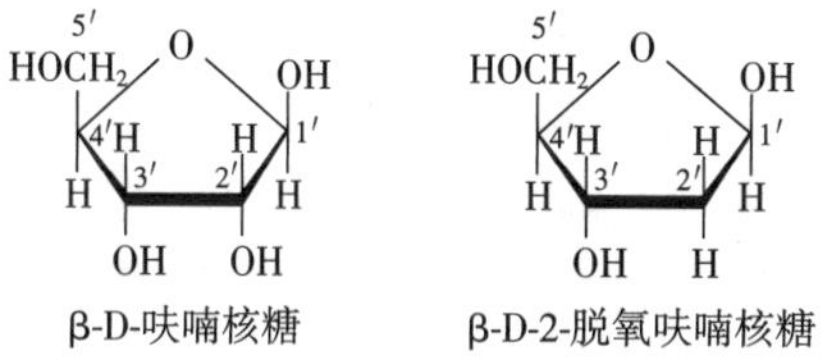

图 2-2　核酸中的两种核糖

两种 N-糖苷键都是 β 构型的。核糖分别与 A、G、C 和 U 共 4 种碱基结合形成 4 种基本的核苷：腺苷、鸟苷、胞苷和尿苷（图 2-3a）。脱氧核糖分别与 A、G、C 和 T 共 4 种碱基结合形成 4 种基

腺苷　　　　　　鸟苷　　　　　　尿苷　　　　　　胞苷

a

脱氧腺苷　　　　脱氧鸟苷　　　　脱氧胸苷　　　　脱氧胞苷

b

图 2-3　基本核苷的种类和结构

a. 4 种基本的核苷　b. 4 种基本的脱氧核苷

本的脱氧核苷：脱氧腺苷、脱氧鸟苷、脱氧胞苷和脱氧胸苷（图2-3b）。在脱氧核苷中，U被它的甲基化类似物T所取代。

核苷酸是核苷的磷酸酯。核酸分子中的核苷酸，可以看成是戊糖上与$C_{5'}$相连接的羟基被一个磷酸分子酯化的产物。这种核苷酸常称为核苷-5′-单磷酸（5′- nucleoside monophosphate，5′- NMP）（注：N代表A、T、C、G和U中的任何一种，下同）。例如，腺苷的5′-OH酯化，形成的核苷酸是腺苷-5′-单磷酸（5′- adenosine monophosphate，5′- AMP），习惯上称为腺苷酸（AMP）。按这种习惯，其他基本的核苷-5′-单磷酸（5′- NMP）为鸟苷酸（GMP）、尿苷酸（UMP）和胞苷酸（CMP）。同理，基本的脱氧核苷-5′-单磷酸（5′- deoxynucleoside monophos-phate，5′- dNMP）为脱氧腺苷酸（dAMP）、脱氧鸟苷酸（dGMP）、脱氧胸苷酸（dTMP）和脱氧胞苷酸（dCMP）。

上述碱基、核苷和核苷酸的种类和名称总结如表2-1所示。

表2-1 碱基、核苷和核苷酸的种类和名称

碱 基	核 苷	核苷酸（核苷-5′-单磷酸）
腺嘌呤（A）	腺 苷	腺苷酸（AMP）
鸟嘌呤（G）	鸟 苷	鸟苷酸（GMP）
尿嘧啶（U）	尿 苷	尿苷酸（UMP）
胞嘧啶（C）	胞 苷	胞苷酸（CMP）
碱 基	脱氧核苷	脱氧核苷酸（脱氧核苷-5′-单磷酸）
腺嘌呤（A）	脱氧腺苷	脱氧腺苷酸（dAMP）
鸟嘌呤（G）	脱氧鸟苷	脱氧鸟苷酸（dGMP）
胸腺嘧啶（T）	脱氧胸苷	脱氧胸苷酸（dTMP）
胞嘧啶（C）	脱氧胞苷	脱氧胞苷酸（dCMP）

二、细胞内的游离核苷酸及其衍生物

核苷酸除了作为核酸的基本结构单元外，在生物体内也可以游离状态存在，或以其衍生物发挥着重要生理作用。在这类物质中，以多磷酸核苷酸、环式单核苷酸和辅酶类核苷酸较为重要。

（一）多磷酸核苷酸

细胞内多磷酸核苷酸化合物很多，其中以腺嘌呤核苷的多磷酸化合物最重要。

腺苷-5′-磷酸是腺嘌呤核苷的单磷酸化合物，称为腺苷酸，又称为腺一磷（adenosine monophosphate，AMP），AMP进一步磷酸化形成腺二磷（adenosine diphosphate，ADP），ADP再与一分子磷酸缩合形成腺三磷（adenosine triphosphate，ATP）（图2-4）。ATP分子中含α、β、γ 3个磷酸残基，残基之间通过两个高能磷酸键相连（以符号"~"表示），因此ATP在细胞能量代谢中起着极其重要的作用。

除ADP、ATP外，生物体内的其他5′-核苷单磷酸也能形成类似的多磷酸核苷酸。如5′- GMP、5′- CMP、5′- UMP可分别形成GDP、CDP、UDP和GTP、CTP、UTP。同样，5′-脱氧核苷单磷酸也可进一步磷酸化形成

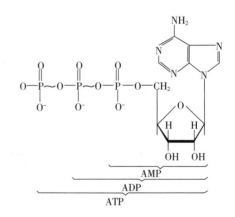

图2-4 腺苷酸及其多磷酸化合物

相应的脱氧核苷二磷酸和脱氧核苷三磷酸：dADP、dGDP、dCDP、dTDP 和 dATP、dGTP、dCTP、dTTP。它们都可以游离状态存在，NTP 和 dNTP 分别是生物合成 RNA 和 DNA 的直接前体。GTP、CTP 和 UTP 在某些生物化学反应中具有传递能量的作用。UDP 和 ADP 在多糖合成中，可作为携带葡萄糖残基的载体；CDP 在磷脂合成中作为载体，起携带胆碱的作用。

某些细菌在受到环境胁迫时，会产生鸟苷四磷酸（guanosine tetraphosphate，ppGpp）（图 2-5）和鸟苷五磷酸（guanosine pentaphosphate，pppGpp），或腺苷四磷酸（adenosine tetraphosphate，ppApp，）和腺苷五磷酸（adenosine pentaphosphate，pppApp），调节代谢过程以适应不良环境。例如，大肠杆菌 K_{12} 菌株在氨基酸缺乏时所产生的 ppGpp 或 pppApp 这两种核苷酸，通过抑制 rRNA 和 tRNA 的合成而减慢蛋白质的合成速度，以缓解氨基酸饥饿对生长的影响；枯草芽孢杆菌在缺少营养的不利环境中形成芽孢的时候，也能合成 ppApp 和 pppApp，这些化合物能抑制芽孢的萌发，帮助细菌度过环境恶劣的时期。

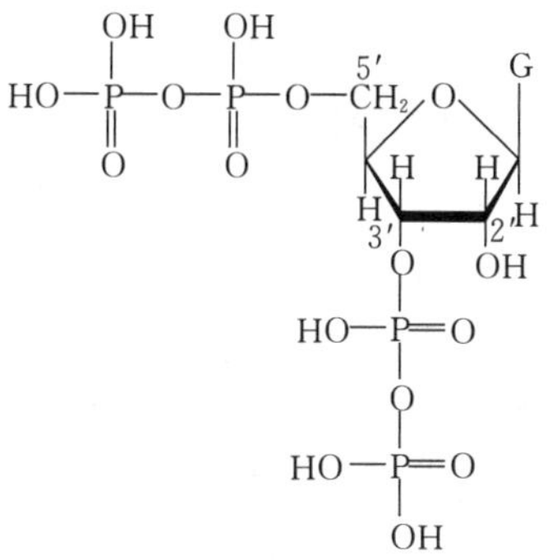

图 2-5 鸟苷四磷酸（ppGpp）

（二）环式单核苷酸

环式单核苷酸普遍存在于动物、植物及微生物中。常见的有 3′，5′-环腺苷酸（3′，5′-cyclic AMP，cAMP）和 3′，5′-环鸟苷酸（3′，5′-cyclic GMP，cGMP），它们均由核苷酸上的磷酸与核糖的 3′，5′-二羟基形成双酯环化而成。其结构式如图 2-6 所示。

这两种环核苷酸在细胞代谢调节中具有重要作用，它们是传递激素作用的媒介物，不少激素是通过 cAMP 或 cGMP 而起作用的，故有时称为"第二信使"。

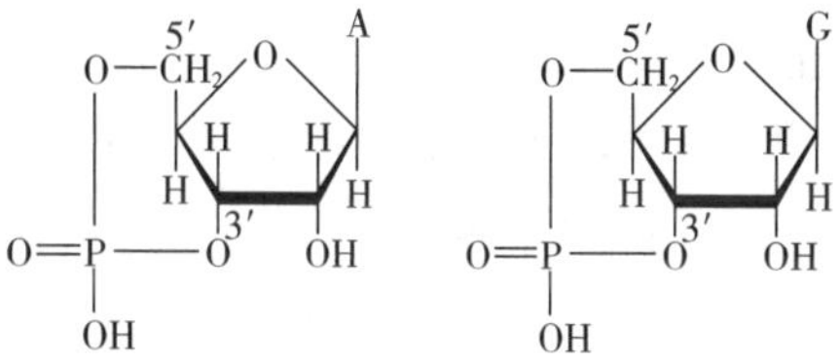

3′,5′-cAMP 　　3′,5′-cGMP

图 2-6 cAMP 和 cGMP 的结构

（三）辅酶类核苷酸

许多核苷酸的衍生物是一些重要辅酶的成分，如烟酰胺腺嘌呤二核苷酸（nicotinamide adenine dinucleotide，NAD⁺）、烟酰胺腺嘌呤二核苷酸磷酸（nicotinamide adenine dinucleotide phosphate，NADP⁺）、黄素腺嘌呤二核苷酸（flavin adenine dinucleotide，FAD）等，它们是许多脱氢酶的辅酶；3′-腺苷酸是辅酶 A 的组成成分。这些辅酶在酶促反应中都起着重要作用。

第二节　DNA 的分子结构

DNA 的分子结构可分为一级结构、二级结构和三级结构。

一、DNA 的一级结构

DNA 的一级结构是指脱氧核苷酸之间的连接方式和排列顺序。

将一个 dNMP 分子的 3′羟基同另一个 dNMP 分子的 5′磷酸基相连形成 3′，5′-磷酸二酯键（3′，5′-phosphodiester bond），便得到一个脱氧二核苷酸，重复这个过程可得到多聚脱氧核苷酸（polydeoxyribonucleotide），即单链的脱氧核糖核酸（DNA）。由于天然 DNA 是巨大的长链分子，脱氧核苷酸残基的排列顺序具有很强的物种特异性，因此我们还不能随意创造它，只能逐步认识它，故序列测定方法就很重要。

（一）脱氧核苷酸之间的连接方式

在 DNA 分子中，脱氧核苷酸之间只能以 $3'$，$5'$-磷酸二酯键相连。脱氧核糖的 $C_{1'}$ 与碱基相连，$C_{2'}$ 上没有羟基，$C_{4'}$ 上的羟基用来形成糖环，唯一的可能是形成 $3'$，$5'$-磷酸二酯键。因此，DNA 分子没有分支侧链，只能呈线状或环状。图 2-7a 是 DNA 分子中多聚脱氧核苷酸之间的连接方式及此片段的表示法。

最初用线条式（图 2-7b）来表示 DNA 分子：竖线表示戊糖的碳链；A、T、C、G 表示 4 种碱基，它们分别连接在 $C_{1'}$ 上；P 表示磷酸基，由 P 引出的斜线一端与 $C_{3'}$ 相连，另一端与 $C_{5'}$ 相连。后来将线条式简化为图 2-7c 所示的文字式，只写碱基和磷酸基。DNA 是生物大分子，随着 DNA 序列测定（DNA sequencing）技术的迅速发展，所测定的 DNA 一级结构越来越多，越来越长，即使最小的病毒 DNA，也含有约 5 000 个脱氧核苷酸残基，为了方便书写和印刷，最终简化为图 2-7d 所示的碱基符号表示法。这种表示法不仅适用于 DNA（含 T），也适用于 RNA（含 U）。各种简化式的读向是从左到右，左侧为 $5'$ 端，右侧为 $3'$ 端，连接各脱氧核苷酸之间的键为 $3'$，$5'$-磷酸二酯键。但双链 DNA 的两条链为反向平行，必须注明各条链的走向。

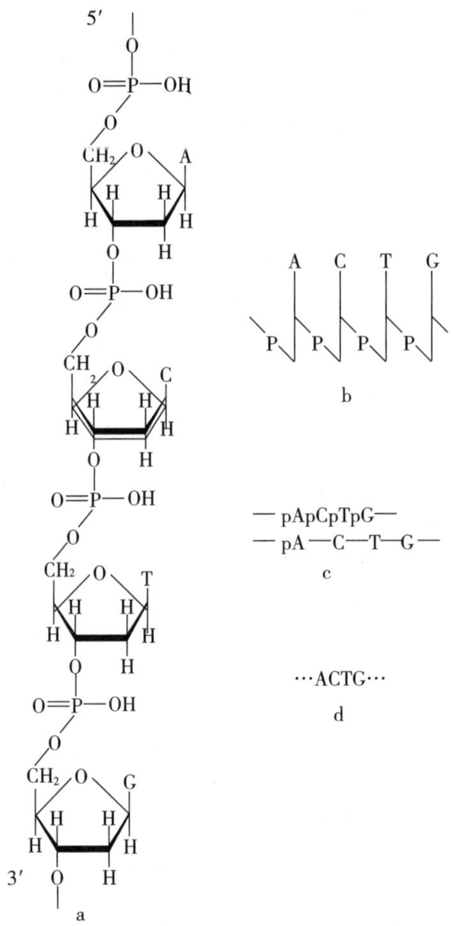

（二）脱氧核苷酸之间的排列顺序

从上述表示方法的简化过程可以看出，脱氧核糖和 $3'$，$5'$-磷酸二酯键作为 DNA 分子中不变的骨架成分逐步被省略了，真正代表 DNA 生物学意义的是作为可变成分的碱基排列顺序，而不是单个碱基，因为生物的遗传信息（genetic information）贮存于 DNA 碱基序列中，生物界的多样性即寓于 DNA 分子中的 4 种脱氧核苷酸千变万化的精确排列顺序中，犹如 7 个音符可以谱出无数美妙的音乐一样。因此，基因的遗传信息的物质基础就是 4 种碱基的精确排列顺序。我们可以通过测定 DNA 序列来研究 DNA 所携带的遗传信息。

图 2-7　DNA 的一级结构及其表示法
a. DNA 片段的化学式　b. DNA 片段的线条式缩写
c. 文字式缩写　d. 碱基符号表示法

（三）DNA 一级结构测定原理简介

Sanger 的双脱氧末端终止法和 Maxam-Gilbert 的化学裂解法是两种基本的 DNA 测序方法。这些方法都必须以一定浓度的待测 DNA 片段为模板（图 2-8a），利用特异性的化学裂解方法和 DNA 聚合酶的特性，制备出具有同一标记末端，而另一端是长度只差一个核苷酸残基的片段群（图 2-8b）；然后将这个片段群在能够分辨长度只差一个核苷酸的 DNA 片段的聚丙烯酰胺凝胶电泳（polyacrylamide gel electrophoresis，PAGE）上进行分离展开，最后通过放射性自显影显示电泳区带。最小的片段显示为最低位置的区带，最大的片段显示为最高位置的区带（图 2-8c）。因此，从凝胶电泳的自显影区带图上，可以直接由下到上读出待测 DNA 的序列。

在 DNA 片段群中，每一种 DNA 片段的大小决定于 $3'$ 末端碱基所处的位置。化学裂解法使用的 DNA 样品的浓度较高，原因是它直接裂解 DNA 本身以产生长度只差一个核苷酸残基的片段群。其基本原理是：由六氢吡啶与肼、硫酸二甲酯、NaCl 和水等组成的 4 种不同的裂解试剂可对 4 种核苷酸残基分别进行特异部位裂解。Sanger 双脱氧末端终止法则利用 DNA 聚合酶在偶然拣选到非正常底物 ddNTP 时，聚合酶活性被终止，从而也产生长度只差一个核苷酸残基的片段群。因此，

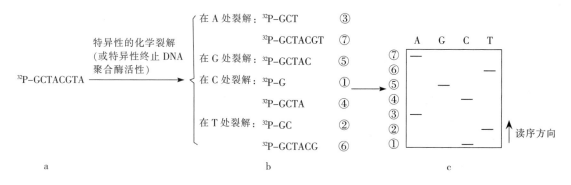

图2-8　DNA 测序示意图

a. 一定浓度的待测片段（G用³²P标记）　b. 用化学裂解法产生的片段群

c. 电泳凝胶示意图（从下往上读出序列 CTACGTA，末端 G 不能读出）

Sanger 双脱氧末端终止法对待测 DNA 片段模板有扩增作用，需要的 DNA 模板量较少，所测定的是与模板互补的 DNA 链的序列，它比化学裂解法更为简单和精确。后来，荧光标记和毛细管电泳技术被用来改进 Sanger 测序法，把每次用于聚合反应的引物用不同颜色的荧光染料标记。生成的产物是相差一个碱基的 4 种不同荧光染料的单链 DNA 混合物，使得 4 种荧光染料的测序产物可在一根毛细管内电泳，从而避免了泳道间迁移率差异的影响，大大提高了测序的精确度。由于分子大小不同，被荧光染料标记的单链 DNA 在毛细管电泳中的迁移率也不同，当其通过毛细管读数窗口段时，激光检测器窗口中的电荷耦合元件（charge - coupled device，CCD）摄像机对荧光分子逐个进行颜色区别、检测和同步成像，分析软件可自动将不同荧光转变为 DNA 序列，从而达到 DNA 测序的目的。这种改进了的测序技术也属于第一代测序技术，但其测序速度大大提高，能在几个小时之内分析几千个核苷酸的排列顺序。目前许多大的 DNA 测序计划已被实施，其中最宏伟的是人类基因组测序计划，它使人类细胞的全部 DNA 约 30 亿个碱基对（base pair，bp）的序列得到测定。

　　近年来，以 Roche454、Solexia 和 ABI 为代表的二代测序技术进一步使测序的速度大大提高，测序成本大大降低，正在进入普通的实验室。同时，在以 NCBI（National Center of Biotechnology Information，美国国家生物技术信息中心）、ExPASy（Expert Protein Analysis System，专业蛋白质分析系统）和 GO（Gene Ontology Resource，基因功能分类注释）为代表的网站上，普通实验室可以方便地提交、存储甚至注释所测定的序列，使在全世界范围内可以拷贝和开发利用的核酸序列数据迅猛增加。生命科学的大数据时代已经到来，预示着科学上的伟大发现即将出现，这将对人类未来的生产能力和生活质量产生难以估量的促进作用。

二、DNA 的二级结构

　　DNA 的二结构是在一级结构的基础上形成的。Watson 和 Crick 在确定 DNA 二级结构的研究中做出了重要的贡献。在此之前的 20 世纪 50 年代初，Chargaff 的研究和 Franklin 的 DNA 晶体 X 射线衍射图为其奠定了基础。

（一）DNA 的碱基组成——Chargaff 定律

　　在 DNA 分子中含有 4 种脱氧核苷酸——A、T、G、C。在核酸结构的早期研究中，测定这 4 种核苷酸的含量比例对于洞悉 DNA 的分子结构至关重要。20 世纪 50 年代初，Chargaff 用纸层析法对多种不同生物的 DNA 分子的碱基组成进行了定量分析（表 2-2），得到了两个重要的结论。

　　（1）几乎所有生物 DNA 的腺嘌呤（A）和胸腺嘧啶（T）的物质的量相等，鸟嘌呤（G）和胞嘧啶（C）的物质的量相等。因此，嘌呤碱基的总物质的量等于嘧啶碱基的总物质的量：A＋G＝T＋C，即

$$\frac{A+G}{T+C}=1$$

这称为碱基当量定律。

（2）不同生物的 DNA 分子，其 $\frac{A}{G}$ 和 $\frac{T}{C}$ 值差别较大。因此 $\frac{A+T}{G+C}$ 值因物种而异，即随亲缘关系的远近而变化，这称为不对称比率（dissymmetry ratio）。该比值与生物个体内部的诸因素（如营养、年龄、器官等）的差异无关，因此，DNA 的碱基组成只与物种本身有关。

这两个重要的结论统称为 Chargaff 定律。它暗示着各种不同生物的 DNA 分子虽然具有各自特有的脱氧核苷酸序列，但它们都可能具有相同的二级结构。

表 2-2 各种不同来源的 DNA 分子的碱基比例

来源	碱基比例			
	A/G	T/C	A/T	G/C
牛（平均）	1.29	1.43	1.04	1.00
牛胸腺	1.31	1.24	1.01	0.95
牛脾	1.23	1.24	1.02	1.03
牛精子	1.29	1.24	1.05	1.01
人	1.56	1.75	1.00	1.00
母鸡	1.45	1.29	1.06	0.91
鲑	1.43	1.43	1.02	1.02
小麦	1.22	1.18	1.00	0.97
酵母菌	1.67	1.92	1.03	1.20
嗜血杆菌	1.74	1.54	1.07	0.91
大肠杆菌 K_2	1.05	0.95	1.09	0.99
鸟结核杆菌	0.40	1.40	1.09	1.08
黏质沙雷氏菌	0.70	0.70	0.95	0.86

（二）DNA 的双螺旋结构

在 Chargaff 定律发现后不久，Franklin 和 Wilkins 摄制了 DNA 钠盐晶体的 X 射线衍射图（图 2-9），该图具有明显的特征，可以确定 DNA 是双链周期性螺旋结构，第一周期为 0.34 nm，第二周期为 3.4 nm。在这些工作的基础上，1953 年 Watson 和 Crick 推导出能解释 X 射线衍射图和满足 Chargaff 定律的、后来得以证明是基本正确的 DNA 双螺旋（double helix）结构模型（图 2-10）。其要点是：

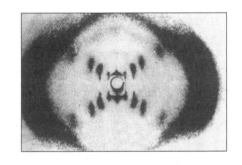

图 2-9 DNA 钠盐晶体的 X 射线衍射图
注：在中心形成交叉的许多衍射点表明，DNA 具有螺旋结构，左右两端的深色带是由重复出现的碱基造成的。

（1）天然 DNA 分子由两条反向平行的多聚脱氧核苷酸链组成，一条链的走向为 $5'→3'$，另一条链的走向为 $3'→5'$。两条链沿一个假想的中心轴右旋相互盘绕，形成大沟和小沟。

（2）磷酸和脱氧核糖作为不变的骨架成分位于外侧，作为可变成分的碱基位于内侧。链间的碱基按 A＝T（两个氢键）和 G≡C（三个氢键）配对形成碱基平面。碱基平面与螺旋纵轴近于垂直。

（3）螺旋的直径为 2 nm，相邻碱基平面的垂直距离为 0.34 nm。因此，螺旋结构每隔 10 bp 重

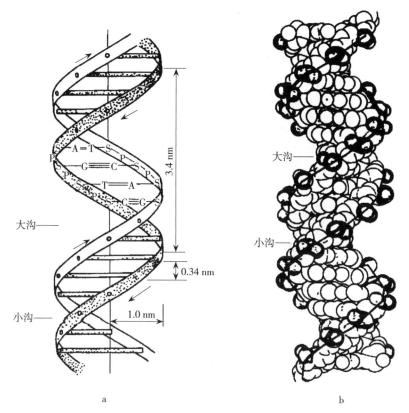

图 2-10 DNA 双螺旋结构模型

a. 简图　b. 空间结构模型

复一次，间距为 3.4 nm。

（4）DNA 双螺旋结构是十分稳定的。稳定双螺旋结构的作用力主要有两个：其一是碱基堆积力（base stacking force），它形成的疏水环境有利于 DNA 分子的稳定，是维持 DNA 双螺旋结构的主要作用力；其二是碱基配对的氢键（hydrogen bond），显然，GC 对含量越多，DNA 分子越稳定。碱基堆积力和氢键一起，可以克服骨架上由组蛋白或正离子所部分中和的磷酸基负电荷之间的静电斥力。此外，碱基处于双螺旋内部的疏水环境中，避免了遭到水溶性活性小分子的攻击，保证了碱基在化学上的稳定性。

Watson-Crick 的 DNA 双螺旋结构模型的提出是 20 世纪自然科学的重大突破之一，它奠定了生物化学和分子生物学迅速发展的基石。该模型揭示了 DNA 作为遗传物质的基本特性，是 DNA 复制、转录和逆转录等的分子基础。

（三）DNA 双螺旋结构的多态性

DNA 纤维的相对湿度和某些特殊序列特征是赋予双螺旋结构多态性的两个重要的因素。

1. A 型、B 型和 C 型 DNA　研究表明，Watson 和 Crick 提出的 DNA 双螺旋结构模型是 DNA 分子在细胞内和水溶液中的主要存在形式，称为 B-DNA。它是在相对湿度为 92% 时，析出的 DNA-钠盐纤维所呈现的构象。相对湿度降到 75% 或由 B-DNA 脱水制成的 DNA-钠盐纤维为 A-DNA。当 DNA 纤维中的水分再进一步减少时就出现 C-DNA。A-DNA 和 C-DNA 也是右手双螺旋，但它们的碱基平面不再垂直而出现不同程度的倾角，螺距和每匝螺旋的碱基数目也发生了改变。

2. Z 型 DNA　1979 年，Rich 等将人工合成的 DNA 片段 d（CpGpCpGpCpGp）制成晶体，进行 X 射线衍射分析，发现此片段呈现左手双螺旋结构，主链呈 Z 形左向盘绕（图 2-11），故命名

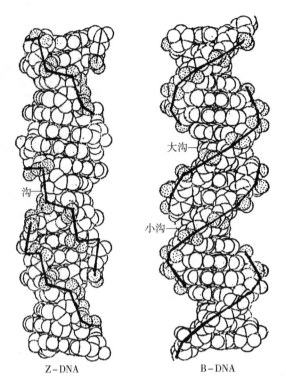

图 2-11　左手双螺旋 DNA（Z-DNA）模型与右手
双螺旋 DNA（B-DNA）模型的比较

为 Z-DNA。进一步研究了动物、植物、细菌和病毒等自然体系，也都存在着 Z-DNA 区段，它们都是嘌呤和嘧啶沿双螺旋相间排列的序列，如聚 $d(\frac{GC}{CG})_n$ 和聚 $d(\frac{AC}{TG})_n$。Z-DNA 比 B-DNA 更细，无小沟，其中的磷酸基靠得更近，较大的负电荷之间的斥力需要更多的金属离子或组蛋白来中和才能达到稳定。在生理溶液中，B-DNA 与 Z-DNA 之间可以互相转变。

上述 4 种类型的双螺旋 DNA 均存在于细胞内。B-DNA 是 DNA 在细胞内的主要存在形式。转录时形成的 DNA-RNA 杂交区可以 A-DNA 的形式存在；C-DNA 可能存在于染色体及某些病毒的 DNA 中；Z-DNA 常存在于基因的调控区域，可能与基因的表达调控有关。它们的结构参数列于表 2-3。

表 2-3　双螺旋 DNA 的类型

双螺旋 DNA 的类型	螺距/nm	每匝螺旋碱基对数	碱基（与水平面）倾角
A-DNA（DNA-钠盐，75%相对湿度）	2.8	11	20°
B-DNA（DNA-钠盐，92%相对湿度）	3.4	10	0°
C-DNA（DNA-锂盐，66%相对湿度）	3.1	9.3	6°
Z-DNA（以嘌呤-嘧啶二核苷酸为重复单位的序列）	4.5	12	−9°

3. 某些其他类型的 DNA 螺旋　"十"字形螺旋和发卡结构形成的原因是回文序列。DNA 分子中某些区段存在着回文序列（palindromic sequence），也称为回文结构。所谓回文序列，是指 DNA 序列中，以某一中心区域为对称轴，其两侧的碱基序列正读和反读都相同的双螺旋结构，即对称轴一侧的片段旋转 180° 后，与另一侧片段对称重复（图 2-12a），它是分布在两条链上的反向重复。回文结构在某些因素作用下，可形成茎环式的十字形结构（cruciform）（图 2-12d）和发卡结构（hairpin）（图 2-12c），这些结构形式都可以互相转变。回文结构普遍存在于细胞的 DNA 分子中，

它们与遗传信息表达的调控和基因转移有关。

有些 DNA 区段的反向重复（inverted repetition）存在于同一条链上，这种序列称为镜像重复（mirror repeat）（图 2-12b）。镜像重复在各单股中呈现相同碱基的颠倒重复，没有互补序列，不能形成"十"字形或发卡结构。

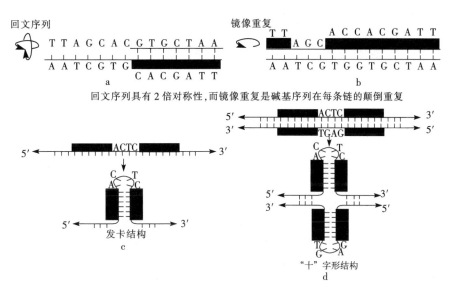

图 2-12 回文序列及其几种结构形式

a. 回文序列 b. 镜像重复 c. 发卡结构 d. "十"字形结构

研究表明，多聚嘧啶和多聚嘌呤组成的 DNA 螺旋区段，在其序列中有较长的镜像重复时，可形成局部三股配对并互相盘绕的三股螺旋（triple helix），称为 H-DNA（图 2-13a 和图 2-13b）。其中两股的碱基按通常的 Watson-Crick 方式配对，第三股多聚嘧啶（镜像序列）通过 TAT 和 C^+GC 配对而处于双螺旋的大沟中，这种配对方式称为 Hoogsteen 配对（Hoogsteen pairing）（图 2-13c）。

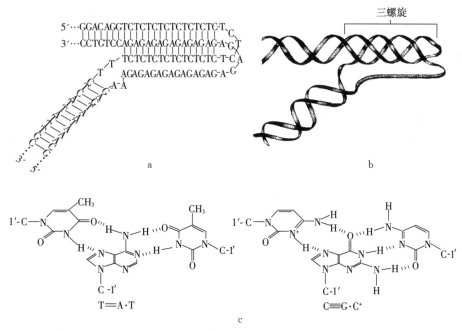

图 2-13 DNA 三螺旋结构及 Hoogsteen 配对

a、b. DNA 三螺旋结构 c. Hoogsteen 配对

DNA 的三螺旋结构常出现于 DNA 复制、重组和转录的起始或调节位点，第三股链的存在可能使一些调控蛋白或 RNA 聚合酶等难以与该区段结合，从而阻遏有关遗传信息的表达。

在端粒合成、DNA 同源重组和富含 G 序列的双螺旋发生重叠等过程中，可出现 DNA 的四螺旋结构。重复序列 (TTAGGG)$_n$ 存在于所有的人类染色体端粒中，近年来的研究表明，这些富含鸟苷酸 (G) 的重复序列使端粒 DNA 以局部的四链结构存在；在钾离子存在条件下，趋向于以反向平行的椅式构象存在；而在钠离子存在条件下，则趋向于以反向平行的筐式构象存在。这表明，端粒 DNA 四螺旋结构的构象变化受 Na^+ - K^+ 泵的调控。富 G 螺旋区的四螺旋结构如图 2 - 14 所示。

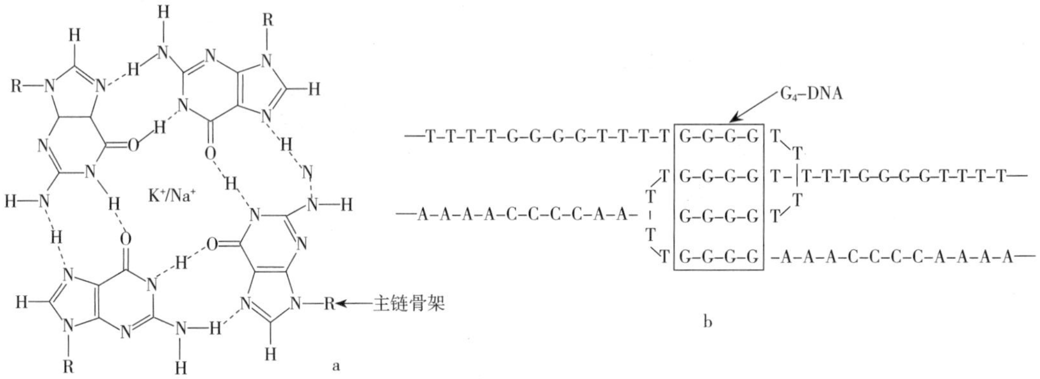

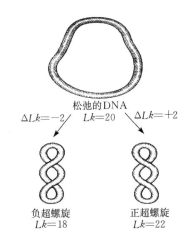

图 2 - 14　DNA 的四螺旋结构

a. 碱基配对示意图 (Na^+ - K^+ 泵调节四螺旋的构象)　b. 局部四链结构

另外，两个同源区的 DNA 双螺旋分子进行交叉重组，支链迁移到富 G 螺旋区时将形成一个四螺旋 DNA 作为中间物，这样的中间物称为 Holliday 结构。研究表明，同一 DNA 双螺旋分子的不同区域的富 G 序列在折叠时也可能出现类似的四链结构。

三、DNA 的三级结构

双链 DNA 多数为线形，少数为环状。某些病毒、细菌质粒、真核生物线粒体和叶绿体以及某些细菌染色体 DNA 为双链环状。在细胞内，由于 DNA 分子与其他分子（特别是蛋白质）的相互作用，使 DNA 双螺旋进一步扭曲成三级结构，其中超螺旋（superhelix）是 DNA 三级结构中最常见的形式。

环状双螺旋 DNA 可扭曲成两种超螺旋结构，即负超螺旋和正超螺旋结构。如果在 3.4 nm 间距内的碱基对少于 10 对，即减少链接系数（linking number, Lk），环状 DNA 为了克服分子内的负张力，在三维空间内再度扭曲成负超螺旋结构；反之，如果增加链接系数，则形成正超螺旋结构（图 2 - 15）。无论何种超螺旋结构，如在 DNA 一条链上切开一个切口，任其向与超螺旋扭曲相反的方向自由旋转，超螺旋结构则又可重新变成松弛的环状结构。

真核染色体 DNA 由于结合蛋白质从而使十分长的双螺旋 DNA 分子末端不能自由转动而形成超螺旋。天然 DNA 主要以负超螺旋结构存在，以利于基因的表达。

图 2 - 15　松弛型环状 DNA 减少链接系数或增加链接系数造成 DNA 的负超螺旋和正超螺旋结构

（引自黄熙泰等，2012）

第三节 RNA 的分子结构

细胞中的 RNA，通常按其在蛋白质合成中所起的作用主要为 3 种类型，即核糖体 RNA（ribosomal RNA，rRNA）、转运 RNA（transfer RNA，tRNA）和信使 RNA（messenger RNA，mRNA）。这些 RNA 的功能及其分子中螺旋所占的比例等特性见表 2-4。

表 2-4 大肠杆菌 RNA 的主要特性

类 型	沉降系数*	相对分子质量（×10⁴）	核苷酸残基数	螺旋比例	占总 RNA 的百分率/%	功 能
mRNA	6～25S	2.5～100	75～3 000	很少	约 2	编码氨基酸
tRNA	约 4S	2.3～30	73～88	较多，50%左右	16	转运氨基酸
rRNA	5S	约 3.5	约 100	较少，40%左右	82	构成合成蛋白质的场所
	16S	约 56	约 1 500			
	23S	约 110	约 3 100			

* 沉降系数为单位离心场中的沉降速度，单位为 Svedberg，常用 S，1S＝1×10⁻¹³s。参见本章第五节。

tRNA、rRNA、mRNA 是 DNA 双螺旋中的反义链局部转录的产物，因此，它们具有与 DNA 不同的结构特点。这些 RNA 的一级结构一般是比相应的 DNA 反义链短得多的单链，核苷酸之间仍以 3′,5′-磷酸二酯键相连，单链回折在能配对的区段形成双螺旋（配对原则是 A 配 U，G 配 C），在不能配对的区段形成突环，因此，RNA 分子中的 A 与 U 和 G 与 C 不遵从碱基当量定律。局部双螺旋所占的比例越大，RNA 分子越稳定。表 2-4 中的 3 种 RNA 的螺旋化程度以 tRNA 为最高，rRNA 次之，mRNA 最小。

除上述三大类 RNA 外，近年来还陆续发现了具有特定功能的多种其他类型的 RNA 分子，使现代生命科学异彩纷呈、充满魅力。

一、tRNA 的分子结构

至今为止，已测定了数百种 tRNA 分子的一级结构，它们都是很小的单链核酸，通常由 73～88 个数目不等的核苷酸残基连接而成，分子中含有较多的稀有核苷，如二氢尿嘧啶核苷、5-甲基胞嘧啶核苷、假尿嘧啶核苷和其他甲基化的核苷（图 2-16），数目 7～15 个不等，3′末端皆为 CCA 序列，5′末端多为 pG（也有的是 pC）。tRNA 一级结构中有较多彼此分隔而又可能相互配对的保守序列。

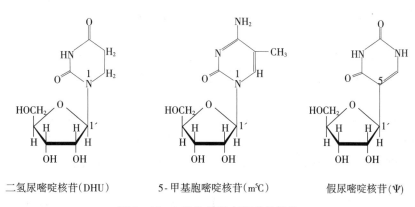

二氢尿嘧啶核苷（DHU）　　5-甲基胞嘧啶核苷（m⁵C）　　假尿嘧啶核苷（Ψ）

图 2-16 3 种常见稀有核苷的结构

tRNA 的一级结构单链通过自身反向折叠，根据 A＝U、G≡C 配对原则，形成发夹结构，进而形成链内小双螺旋区。折叠后，有些未配对的碱基部分形成环状突起，称为突环，这种具有发夹结构及小螺旋区的结构称为 RNA 的二级结构。迄今已知 tRNA 几乎都具有三叶草形的二级结构。图 2-17 为酵母丙氨酸 tRNA 的二级结构模式图。tRNA 分子内形成螺旋的区段称为臂，不能配对的区段形成突环。tRNA 三叶草形二级结构由四臂四环构成。

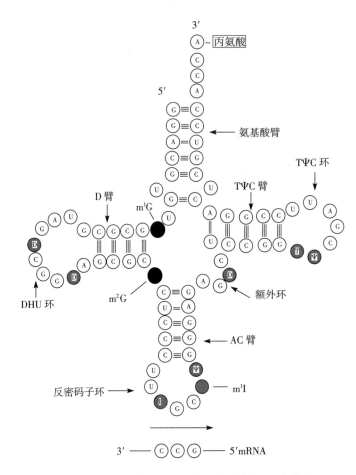

图 2-17 酵母丙氨酸 tRNA 的二级结构（三叶草形）

I. 次黄嘌呤核苷（inosine） D. 二氢尿嘧啶核苷（dihydrouridine）

m¹G. 1-甲基鸟嘌呤核苷（1-methylguanosine） m²G. 2-甲基鸟嘌呤核苷（2-methylguanosine）

m¹I. 1-甲基次黄嘌呤核苷（1-methylinosine） GCC. 密码子（codon） IGC. 反密码子（anticodon）

（1）氨基酸臂（amino acid arm）。氨基酸臂是三叶草柄，由 7 bp 组成，富含鸟嘌呤。3′-CCA 末端的腺苷酸 3′-OH 是活化氨基酸的结合位点。

（2）二氢尿嘧啶环（dihydrouridine loop，DHU）。由 8～12 个核苷酸残基组成，内含两个二氢尿嘧啶核苷酸残基。此环通过由 3～4 bp 组成的二氢尿嘧啶臂（简称 D 臂）与 tRNA 分子的其余部分相连。

（3）反密码子环（anticodon loop）。由 7 个核苷酸残基组成，其碱基序列是：5′-嘧啶-嘧啶-X-Y-Z-修饰嘌呤-不同碱基-3′，其中，-X-Y-Z-组成反密码子。该序列构成的反密码子环通过由 5 bp 组成的双螺旋区（反密码子臂，简称 AC 臂）与 tRNA 的其余部分相连。反密码子专一识别 mRNA 上的密码子。

（4）额外环（extra arm）。通常由 3～18 个核苷酸残基组成，各类不同的 tRNA 在这个环中的核苷酸残基数目变化很大，因此是 tRNA 分类的标志。

（5）TΨC 环。因含 TΨC 而得名，它由 7 个核苷酸残基组成环，5 bp 组成臂（TΨC 臂），与 tRNA 其他部分相连。TΨC 环与核糖体的结合有关。

三叶草形结构中约有 50% 的碱基相互配对形成碱基对，表明 tRNA 分子内部有足量的链内氢键稳定其三级结构。tRNA 的三叶草形结构进一步扭曲折叠形成倒 L 形构象，即 tRNA 的三级结构（图 2-18）。

倒 L 形结构是 tRNA 的功能结构。具有特定反密码子的 tRNA 的 3'-CCA 端可专一性地结合相应的特定氨基酸，并将所带的氨基酸运送到核糖体上，按 mRNA 密码子的指令定位并参与蛋白质合成。可见 tRNA 的结构是与其功能相统一的。

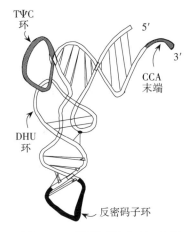

图 2-18　酵母丙氨酸 tRNA 的三级结构（倒 L 形）

二、rRNA 的分子结构

rRNA 存在于核糖体中，占细胞内总 RNA 的 80% 左右，但种类却很少，只有 3 种（原核生物）或 4 种（真核生物）。它们分别与多种蛋白质结合，组成核糖体的大、小两个亚基，在蛋白质生物合成中起着非常重要的作用。

根据所测定的 rRNA 的碱基序列，推导出了各种 rRNA 的二级结构。它们仍由单链回折形成的局部螺旋区和突环组成。图 2-19 所示的是大肠杆菌 5S rRNA 的二级结构。这几种 rRNA 在体内以什么样的三级结构存在，又是如何作为多种蛋白质结合的支架的，至今还了解不多。但体外试验表明：在低温和高离子浓度下，各种 rRNA 二级结构的螺旋化程度可达到最大，甚至可以接近 tRNA 分子那样有高强度稳定某种三级结构的螺旋化程度。

已发现一些核 rRNA 具有酶的催化功能，称为核酶（ribozyme），这与 rRNA 的上述结构特点是一致的。胞质中的 rRNA 的主要功能是与蛋白质组成核糖体，成为蛋白质合成的通用场所。

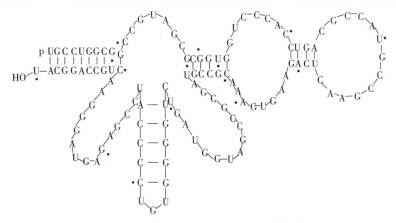

图 2-19　大肠杆菌 5S rRNA 的二级结构模型

三、mRNA 的分子结构

mRNA 含量较少，占细胞内 RNA 总量的 2%～5%。它是从 DNA 反义链上的基因转录而来的，其功能是根据 DNA 上的遗传信息指导各种特异性蛋白质的生物合成。每种蛋白质都有一种相应的 mRNA 编码，因此细胞内的 mRNA 种类很多，大小不一。如编码兔珠蛋白的 mRNA 只含 470 个核苷酸残基，而编码蚕丝心蛋白的 mRNA 含有 19 000 个核苷酸残基。从功能上讲，一个基因就是一个顺反子（cistron）（注：顺反子是顺反试验所规定的遗传单位，相当于一种多肽链的编码基因），原核生物的 mRNA 一般是多顺反子，而真核生物的 mRNA 是单顺反子，因此两者的 mRNA 在结构上是有区别的。

原核生物的 mRNA 往往是由先导区及被插入序列间隔开的几个翻译区（顺反子）和末端序列组成。先导区、插入序列（间隔区）及末端序列（尾部区）都是非翻译区，只有翻译区才有编码蛋白质的功能。MS_2 病毒的 mRNA 是第一个完成一级结构测序的 mRNA，它是由 3 569 个核苷酸组成的长链分子，有 3 个顺反子分别编码 A 蛋白、外壳蛋白和复制酶 3 种蛋白质。图 2 - 20 是以 MS_2 病毒 mRNA 为例的标准多顺反子 mRNA 结构示意图。

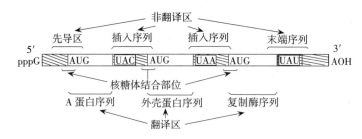

图 2 - 20　MS_2 病毒的标准多顺反子 mRNA 的结构模式

5′端先导区总有一段富含嘌呤碱基的序列，典型的是 5′- AGGAGGU - 3′，位于起始密码子 AUG 前约 10 个核苷酸处。这段序列是由 Shine 和 Dalgarno 首先发现的，故称为 Shine - Dalgarno 序列（简称 SD 序列）。SD 序列和原核生物核糖体 16S rRNA 的 3′末端富含嘧啶碱基的序列互补，这种互补序列与 mRNA 对原核生物核糖体的快速识别有关。原核生物的 mRNA 代谢特别快，极不稳定，通常它们的半衰期只有几秒，最多不超过十几分钟。

真核生物的 mRNA 为单顺反子结构。5′末端有一个称为"帽子"的特殊结构——m^7G - 5′ppp 5′- N - 3′p，即 5′末端的 N_7 被甲基化成甲基鸟苷（m^7G），后者通过 3 个磷酸基与一个或两个 2′- O -甲基核苷（N）的 $C_{5'}$ 连接。帽子结构是翻译起始时核糖体首先识别的部位。3′端有一段多聚腺苷酸 [polyadenylic acid，poly（A）]"尾巴"，含 20～300 个腺苷酸（图 2 - 21）。真核生物 mRNA 的

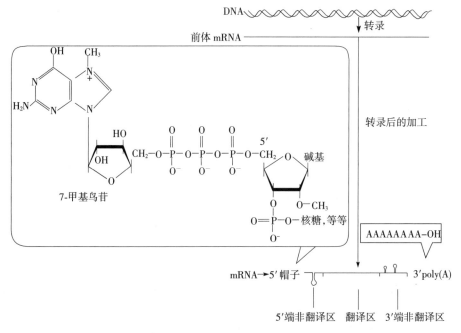

图 2 - 21　真核生物 mRNA 结构模式

一个重要特点是先在细胞核里转录成前体 mRNA，经过"加帽加尾"复杂的加工过程才能成为成熟的 mRNA 分子，后者再转移到细胞质中指导蛋白质的合成。由于真核生物 mRNA 在细胞核内合成，必须有较原核细胞 mRNA 更长的半衰期以保证 mRNA 穿越核膜到达核糖体，帽子结构有抵御 mRNA 被核酸酶水解的作用。此外，帽子结构为核糖体提供识别位点，使 mRNA 非常快地与核糖体结合，促进蛋白质合成所需的起始复合物的形成。据报道，呼吸道肠道病毒（reovirus）的 mRNA 在不含 m^7G 末端时，不能与核糖体的小亚基形成起始复合物，而具 m^7G 末端的 mRNA 则能形成。研究还发现，poly（A）的长短与 mRNA 半衰期呈正相关，刚合成的 mRNA 的半衰期较长，"老"的 mRNA 的 poly（A）较短。

目前对 mRNA 的二级、三级结构了解很少。但根据一些试验结果可知，原核和真核生物的 mRNA 分子中都有一些位于非翻译区的区段含有互补碱基，它们可能折叠成简单的发夹形结构。

四、其他 RNA 的分子结构

从上述 3 种功能 RNA 中，我们可以发现：mRNA 类似于 DNA 线性分子起信息作用，而 tRNA 类似于蛋白质的高级构象起功能作用。这说明，RNA 分子既可能充当信息分子，又可能充当有运输作用或催化作用的功能分子。根据这一性质，人们推知，在原始地球上曾经存在过一个 RNA 世界。研究者已经发现 mRNA 插入核糖体中引导蛋白质的合成反应，那么会不会有比 mRNA 更短的类似 RNA 插入其他蛋白质中去引导其他反应呢？最近几年发现的小分子干扰 RNA（small interference RNA，siRNA）就是一个典型例子。可以预期，RNA 分子在长度上和构象上的多样性，使其除具有下面将要讨论的 ribozyme 和 siRNA 等功能以外，还可能在生物体内起着比我们想象的更为复杂的作用。

上面提到的"ribozyme"一词，是由核酸（ribonucleic acid）和酶（enzyme）组合而成的，特指具有催化功能的 RNA 分子，大多数中文文献中翻译为"核酶"。现已经发现，其活性与其空间构象密切相关，其活性类型包括了除氧化还原酶类以外的所有反应类型，其活性强度比蛋白质组成的酶类低约 10^4 个数量级。故现在一般认为，核酶是在蛋白质构成的酶出现以前出现的原始酶类，并留存在现代生物体系中，承担着蛋白质不可替代的催化功能。类型 I 自我剪接内含子是最早发现的核酶，它的二级结构如图 2 - 22 所示。迄今已发现了包括 RNase P 的 RNA 亚基、丁型肝炎病毒正反基因组和类型 II 内含子等在内的其他 7 种核酶类型。

RNA 除了单独起酶的作用外，在多数情况下，它通常与蛋白质形成复合物而起作用。例如，一些核内小分子 RNA（small nuclear RNA，snRNA）与 U1 - U6 蛋白质一起形成剪接体 U1 - U6 snRNA，对真核生物前体 mRNA 进行剪接加工。再例如，一些细胞质中的 RNA 与蛋白质一起构成酶类，如磷酸果糖激酶中就含有 RNA。在这些双成分酶中，RNA 和蛋白质的作用谁更大？这可能要根据具体的酶而定，我们也许可以把它们看成是核酶向蛋白质组成的酶进化过程中的中间产物。

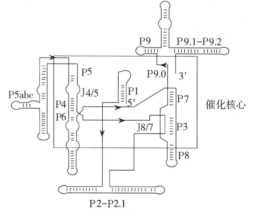

图 2 - 22　核酶的二级结构

P. 配对区段　J. 连接区

（引自朱圣庚等，2016）

上面提到的 siRNA 是 RNA 干扰作用（RNA interference，RNAi）赖以发生的重要中间效应分子。siRNA 是一类长 21～23 bp 的特殊双链 RNA（dsRNA）分子，它们可以在向细胞加入外源长链 dsRNA 时，由细胞内的核酸内切酶 DCR（dicer）发挥长度特异性切割而产生，也可以由细胞内发夹状前体微小 RNA（pre - miRNA）经过不同的 DCR 切割而产生。siRNA 序列特征是：两条单链末端为 5′端磷酸基和 3′端羟基，每条单链的 3′端均有 2～3 个突出的非配对的碱基。这些双链片段通过某种双链过渡态，以单链的形式被提交由不同版本的 DCR 参与组成的 RNA 诱导沉默复合体（RNA induced silencing complex，RISC），并且作为模板识别同源目标 mRNA。识别结合目标 mRNA 以后，如果 siRNA 与目标 mRNA 的同源程度高（dsRNA 产生的单链 siRNA 多是这种情形），则 RISC 中的核酸酶在同样位置对目标 mRNA 进行切割，这样又产生了长 21～23 nt 的更多的小 RNA（micro-RNA，miRNA）片段，这些 mRNA 反过来又提交给 RISC 复合体，继续对目标 mRNA 进行切割，从而最终使目标基因沉默，产生 RNAi 现象。如果 siRNA 与目标 mRNA 的同源程度不高（pre-miRNA 产生的 miRNA 多是这种情形），则 RISC 与同源 mRNA 识别结合后，不是对其进行切割降解，而主要是抑制其翻译过程，也同样产生 RNAi 现象。RNAi 的分子机理是现代生命科学的研究热点之一，其主要过程如图 2-23 所示。

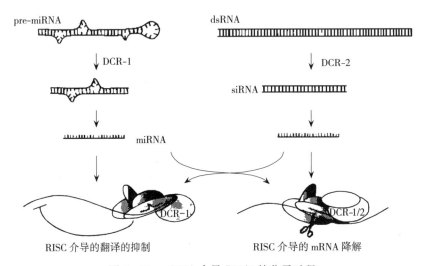

图 2-23　siRNA 介导 RNAi 的分子过程

　　RNAi 现象的发现具有十分重要的意义。它是一种进化上十分保守的抵御转基因或外来病毒侵染的防御机制和基因表达的调节机制，因此，RNAi 广泛存在于比病毒更大的具有细胞结构的生物（包括人在内的哺乳动物）中。过去认为，长链 dsRNA 在哺乳动物细胞中能诱导干扰素和其他多种抗病毒蛋白生成，诱导发生非特异性的 RNA 降解效应，直接参与抗病毒反应。现在发现，只要 dsRNA 短于 30 bp，就不会促发干扰素诱导等效应，但却能通过比较复杂的 RNAi 作用，特异性地降解 mRNA，引起基因沉默。现在，人们可以考虑用生物技术的方法，用特异 siRNA 作为引物，在 RNA 依赖性 RNA 聚合酶作用下，以需要降解的靶 mRNA 为模板扩增合成 dsRNA，后者可被降解形成新的 siRNA；新生成的 siRNA 不断发挥 RNAi 效应，从而使靶 mRNA 渐进性降低，最终使靶基因完全沉默。因此，对 RNAi 的研究和利用将对生命科学和生物技术产生不可估量的影响。

第四节　核酸与蛋白质的复合体——核蛋白

　　如前所述，核酸主要作为信息分子存在，而蛋白质主要作为功能分子存在。科学研究表明，承载信息的核酸和承担功能的蛋白质的相互作用，是地球上生命的最基本、最重要的生物化学事件。可以毫不夸张地说，这种相互作用一旦开始，生命的过程便在地球上启动了。的确，自然界最简单的生物——病毒，以及细胞内最重要的细胞器——染色体和核糖体，都是由核酸和蛋白质组成的复合体，它们的活性部分地或几乎全部地表现为生命的特性，即自我复制（self-replication）和自我表达（self－expression）的特性。这里只简单介绍病毒和染色体，核糖体在本书蛋白质合成的内容中加以简介。

一、病毒

病毒（virus）是主要由核酸和蛋白质组成的非细胞生物。因此，有些学者把它们看成是裸露的染色体，其上载有几个到几百个基因。从结构上看，核酸在内，蛋白质在外包裹着核酸，这层蛋白质外壳称为衣壳（capsid），它由若干个亚基（subunit）组成。病毒的核酸也分为两类：DNA 和 RNA。只含 DNA 的病毒称为 DNA 病毒，只含 RNA 的病毒称为 RNA 病毒，目前尚未发现既含 DNA 又含 RNA 的病毒。衣壳起着保护核酸和识别宿主细胞的作用。一些病毒核酸的某些特性见表 2－5。

表 2－5　一些病毒核酸的某些特性

病　毒	核酸类型	核酸相对分子质量（$\times 10^6$）	单链或双链	形状	宿主生物
T_2 噬菌体	DNA	13	双链	线状	大肠杆菌
λ 噬菌体	DNA	32	双链	线状	大肠杆菌
噬菌体中 ΦX174	DNA	1.7	单链	环状	大肠杆菌
P_{22}噬菌体	DNA	26	双链	线状	沙门氏菌
呼肠孤病毒	RNA	12	双链	线状	哺乳动物
小儿麻痹病毒	RNA	2.2	单链	线状	人
烟草花叶病毒	RNA	2	单链	线状	烟　草
多瘤病毒	DNA	3	双链	环状	哺乳动物
疱疹病毒	DNA	68	双链	环状	人

依宿主不同，可将病毒分为动物病毒、植物病毒和细菌病毒，细菌病毒又称为噬菌体。植物病毒多为 RNA 病毒，动物病毒和噬菌体既有 DNA 病毒，也有 RNA 病毒。其中，研究得较详细的噬菌体是 T_2 噬菌体（图 2－24），研究得较详细的植物病毒是烟草花叶病毒（TMV）（图 2－25）。

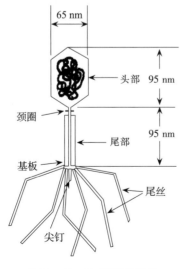

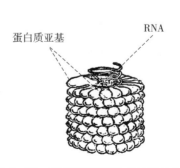

图 2－24　T_2 噬菌体结构　　　　　图 2－25　TMV 病毒颗粒的片段结构

T_2 噬菌体是一种 DNA 病毒，有一个多面体的头部，连接一个尾部，尾部末端有基板尖钉和尾丝。TMV 是一种 RNA 病毒，呈杆状，长约 300 nm，直径约 18 nm，衣壳由 2 130 个含 158 个氨基酸残基的亚基构成，内含一条由 6 400 个核苷酸残基组成的 RNA 单链。

大多数病毒的核酸为双链 DNA 或单链 RNA，但已发现一些简单的噬菌体含单链 DNA，一些 RNA 病毒（如呼肠孤病毒）含双链 RNA。病毒核酸的大小差异也很大，如噬菌体 QB 的核酸序列上只含有 3 个基因，而牛痘病毒的核酸却含有 240 个基因。

病毒感染其宿主细胞后，其核酸或通过重组成为宿主核酸的一部分，或利用宿主的复制系统进行复制，进而利用宿主的翻译系统进行表达。病毒核酸的复制和表达，在主观上使病毒自身增殖，在客观上使宿主细胞裂解或使宿主细胞所在的生物个体产生病变或癌变。

二、染色体

染色体（chromosome）的组成成分是组蛋白和 DNA。组蛋白（histone）是富含碱性氨基酸赖氨酸（Lys）和精氨酸（Arg）的碱性蛋白质。根据 Lys/Arg 值的不同，可将组蛋白分为 H_1、H_{2A}、H_{2B}、H_3 和 H_4 共 5 种，每种组蛋白都是单链蛋白，相对分子质量为 11 000～21 000。H_{2A}、H_{2B}、H_3 和 H_4 各两分子对称聚合形成组蛋白八聚体，其外形为 10 nm×5.5 nm 的椭圆形。

约 146 bp 的 DNA 双螺旋沿短轴盘绕在组蛋白椭圆形八聚体的表面上而成为核小体（nucleosome）（图 2-26），直径为 11 nm。核小体之间的 DNA 双螺旋长度为 15～100 bp，一般是 60 bp，其上结合有 H_1（图 2-26）。随着细胞周期的变化，这种串联的核小体结构即染色质（chromatin）将进一步折叠，最终成为染色体。因此，染色体和染色质是同一种核蛋白——核小体在不同折叠层次上的不同存在形式。

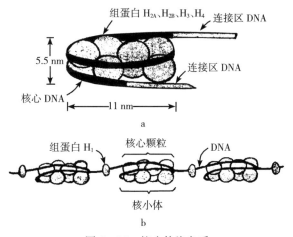

图 2-26 核小体染色质

a. 核小体结构图示，DNA 分子沿其短轴盘绕组蛋白八聚体 1.78 圈（146 bp）

b. 染色质结构图示，H_1 结合在核小体之间连接区的 DNA 上

大多数原核细胞通常只含有一条染色体，染色体上所含的基因几乎都是单拷贝的。由于大多数基因是前置转录起始序列（启动子）、后置转录终止序列（终止子）的一段复杂 DNA 序列，所以基因和调节序列（启动子和终止子）占据原核细胞染色体 DNA 的大部分。原核细胞几乎所有基因的 DNA 序列与转录的 RNA 序列是共线性的。

真核细胞的染色体 DNA 在结构上和组成上更加复杂，与所转录的 RNA 序列之间不具有共线性。例如，对小鼠染色体 DNA 的研究表明，占全部染色体 10% 的 DNA 是由高度重复序列（highly repetitive）组成的，这些 DNA 序列每个重复单元小于 10 bp。它们以定向重复（directed repeat）的方式串联在一起，每个细胞重复的次数可达 100 万次。小鼠细胞染色体 DNA 的 20% 是由被称为中度重复序列（moderately repetitive）的成分组成的，每个重复单元长度可达几百个碱基对，重复次数 1 000 次以上。这些重复序列在染色体上是分散分布的。其余 70% 的小鼠染色体 DNA 由单一拷贝序列或只重复少数几次的 DNA 序列组成，它们大多数都能构成基因，能够被转录。真核细胞染色体 DNA 基本上由这三类 DNA 组成，各种序列所占的比例因物种的不同而不同。

许多真核基因内部还可能含有间隔序列，转录后不出现在成熟的功能 RNA 分子中，我们把它们称为内含子（intron），而出现在成熟 RNA 中的称为外显子（exon）。成熟 RNA 与相应 DNA 编码区的序列对比分析表明：内含子的长度通常大于外显子，且突变更多，导致垂直同源性更低，其进化意义值得深思。

每条染色体的近中部有一个着丝粒（centromere），它由富含 AT 的一段高度重复序列组成。它的作用是为蛋白质提供一个附着点，使染色体与纺锤体的微管相连接，在有丝分裂时，使染色体正确地分离和分配到子代细胞中去。

端粒（telomere）DNA 是位于真核细胞线形染色体末端的 DNA 序列，它起到稳定染色体的作用，人工除去细胞内染色体的端粒序列，可使这条染色体很快丢失。一些较简单的真菌细胞染色体端粒 DNA 研究得比较清楚。酵母菌的端粒序列约长 100 bp，是由 $5'(T_xG_y)_n$ 与 $3'(A_xG_y)_n$ 配对的双链区段组成的重复序列，其中 x 和 y 为任意碱基，其数目为 1~4。由于线形 DNA 的末端不能用一般细胞 DNA 的复制方法复制（这大概就是为什么细菌染色体 DNA 是环形的一个原因），端粒 DNA 的重复序列是利用一类称为"端粒酶"（telomerase）的逆转录酶活性加接到染色体 DNA 上的。细胞如何维持端粒 DNA 的原有长度尚不完全清楚，但端粒 DNA 的缩短将会导致染色体复制减慢或停止，引起细胞凋亡。细胞凋亡主要是通过正常分化细胞的程序性死亡（programmed cell death，PCD）过程来实现的，而肿瘤细胞和分化程度低的细胞中的端粒酶活性通常较高，可以逃避正常 PCD，因此，端粒酶近年来被认为可以作为肿瘤诊断的一种标记物和治疗靶点。

第五节 核酸的性质与分离纯化

一、核酸的一般性质

核酸的性质主要由其结构决定。DNA 主要以双螺旋结构存在，其溶液的黏度极高，其固体为白色纤维状；RNA 只有局部双螺旋，长度比 DNA 短得多，因此，其溶液的黏度要小得多，其固体为白色粉末。但两者都微溶于水，不溶于一般有机溶剂，在 70% 的乙醇中形成沉淀，故常在核酸粗溶液中加入 2 倍体积的乙醇，使核酸沉淀出来。

核酸分子中既含有碱性基团，又含酸性基团，是两性电解质，又因磷酸基的酸性远远强于碱基的碱性，这一方面使核酸的等电点较低，低至 2~2.5，另一方面使核酸表现出明显的酸性。生理 pH 或近中性的缓冲液的 pH 均大大高于核酸的等电点，使核酸带上了负电荷，可在电场中向正极泳动，这种现象称为电泳。

核酸电泳现象已发展成为核酸的重要分离与分析方法。目前，通常使用琼脂糖（agarose）凝胶电泳和聚丙烯酰胺凝胶电泳来研究核酸。前者一般是水平潜水式电泳，常用于大片段 DNA 的分离与分析；后者一般是垂直式电泳，常用于小片段 DNA 或 RNA 的分离与分析。电泳后，核酸在凝胶中的相对位置由溴化乙锭染色检测，溴化乙锭很容易插入碱基对之间，经紫外光照射后可发射出红橙色荧光。

二、核酸的紫外吸收特性

核酸及其降解产物核苷酸由于其分子中含有嘌呤环或嘧啶环的共轭体系而使之强烈地吸收 260~290 nm 波段的紫外光，最大吸光度（absorbance，A）在波长近 260 nm（图 2-27）处，以 A_{260} 表示。双螺旋结构和 $3',5'$-磷酸二酯键的形成都会减弱碱基对紫外光的吸收，这种效应称为减色效应（hypochromic effect）。因此，天然 DNA 和变性 DNA 的吸光度都比核苷酸单体的总吸光度低。

核酸和核苷酸的紫外吸收性质可用来测定其浓度和纯度。

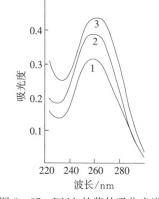

图 2-27 DNA 的紫外吸收光谱
1. 天然 DNA 吸光度
2. 变性 DNA 吸光度
3. 核苷酸总吸光度

$1\ \mu g/mL$ 的核酸水溶液在 260 nm 处的吸光度称为比吸光系数 (ε)，双链 DNA 的 ε 为 0.020，变性 DNA 或 RNA 的 ε 为 0.022。按朗伯-比尔定律 ($A_{260}=\varepsilon c$)，用实际吸光度 A_{260} 除以比吸光系数 ε，就可以得到核酸的实际浓度 c。在鉴定核酸样品的纯度时，可以先分别测出 A_{260} 和 A_{280}，纯 DNA 的 A_{260}/A_{280} 为 1.8，纯 RNA 的 A_{260}/A_{280} 为 2.0，含有蛋白质或苯酚等杂质时，比值则明显降低。

三、核酸的变性、复性和分子杂交

核酸的变性（denaturation）是指核酸分子中的氢键断裂，双螺旋解开，变成无规则卷曲（random coil）的过程。核酸变性后，对紫外光的吸收增加（图 2-27），这种效应称为增色效应（hyperchromic effect）。在 DNA 溶液中加入过量酸、碱或加热等均可使 DNA 变性。

实验室常用的 DNA 变性方法是加热，将 DNA 的稀盐溶液加热至 $80\sim100\ ℃$，数分钟后，DNA 即发生变性。变性的程度通常用 A_{260} 的增加（即增色效应）来检测。其变性过程如图 2-28 所示。可见，DNA 变性是一个跃变过程。T_m 称为熔解温度（melting temperature），指吸光度 A_{260} 达到最大值一半（即最大增色效应的 50%）时的温度。T_m 值一般为 $70\sim90\ ℃$。不同的 DNA 其碱基组成不同，T_m 值也不同。由于 $G\equiv C$ 碱基对中含有 3 个氢键，而 $A=T$ 碱基对中只含两个氢键，因此，T_m 的大小与 DNA 分子中 (G+C) 的含量成正比（图 2-29），在 pH 为 7 的 0.15 mol/L 和 0.015 mol/L 的柠檬酸钠溶液中，两者之间的经验关系式为 (G+C) 的含量 $=2.44\,(T_m-69.3)\times100\%$，盐浓度的降低将使 T_m 值变小。可见，在此特定的盐浓度下测定 T_m 值，可粗略推算核酸分子的碱基组成情况。

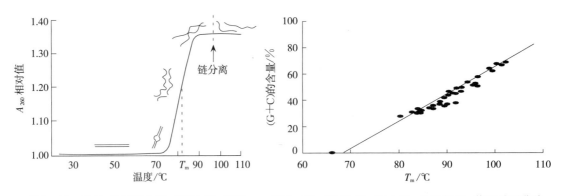

图 2-28 DNA 的解链曲线（表示 T_m 和不 图 2-29 DNA 的 (G+C) 含量与 T_m 值的关系曲线
同速度解链时可能的分子构象）

变性 DNA 的两条单链的碱基可以重新配对并恢复双螺旋结构，这一过程称为复性（renaturation）。DNA 加热变性后，双螺旋的两条链分开，如果缓慢冷却，则两条链可能发生特异性的分子识别，重新配对，完全恢复双螺旋结构；如果将溶液迅速冷却，则难以完全复性。可见，DNA 的变性与复性只在一定条件下才是可逆的。

复性指本来是双链而分开的两股单链的重新结合。如果把不同来源的 DNA 链放在同一溶液中做变性处理，或把单链 DNA 与 RNA 放在一起，只要有某些区域（即链的一部分）有碱基配对的可能，它们之间就可形成局部的双链，这一过程称为分子杂交（molecular hybridization），生成的双链称为杂合双链（heteroduplex）。核酸杂交技术是目前研究核酸结构与功能常用的方法之一。例如，一段天然 DNA 和它的缺失突变体（假定这种突变为 DNA 分子中间部分丢失若干碱基对）一起杂交，电子显微镜下可看到杂合双链中部鼓起小泡，测量小泡的位置及长度，可估计出缺失突变发生的部位和缺失的碱基数。

双螺旋的变性与复性还与核酸的解离性质密切相关。核酸既有碱性基团，又有酸性基团，是两性电解质，在一定 pH 条件下，可解离而带电荷（图 2-30）。核酸的强酸性来源于磷酸基较低的 pK' 值（pK' 低至 1.5）。当 pH 高于 4 时，磷酸基上的氢全部解离，呈多阴离子状态。在室温下的纯水中，多阴离子状态的两条互补链之间的负电荷斥力足以克服碱基堆积力和氢键，而使核酸处于变性状态；当溶液的盐浓度提高时，核酸将变为双链状态。核酸中碱基的解离也受 pH 的影响，例如，胞嘧啶有两个 pK' 值，有 3 种形式（图 2-31），只有中性形式才能进行正常的碱基配对。其他碱基也一样有不同的带电形式。因此，pH 通过影响碱基对之间的氢键而影响核酸的稳定性。DNA 在 pH 小于 4 或大于 11 时，碱基对之间的氢键将全部断裂，导致 DNA 酸变性或碱变性。

在核酸杂交的基础上已发展起来了一种用于研究和诊断的探针（probe）技术。一小段核酸单链或双链，用放射性同位素、各色荧光素或其他方法标记末端或全链，就可作为探针。把待测 DNA 变性并吸附于一种特殊的滤膜（如硝酸纤维素膜）上，然后将滤膜与探针的溶液共同保温一段时间，使之发生杂交。带有标记的探针若能与待测 DNA 结合成杂合双链，表明被测 DNA 与探针有同源性（homogeneity），即二者碱基序列互补。目前，探针技术已应用于诊断和研究。例如，利用病毒特异性 DNA 片段作探针，可以检测病人是否被病毒感染。再如，在进化过程中，DNA 序列上限制性内切酶酶切位点的改变所造成的限制性片段长度多态性（restriction fragment length polymorphism，RFLP）可用特异探针检测出来，从而实现对物种进行分子分类和进化研究。

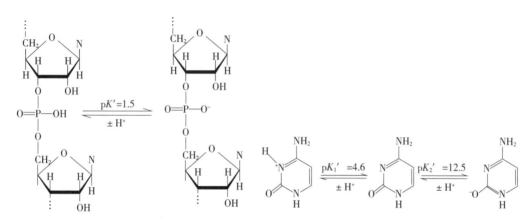

图 2-30 核酸分子中磷酸基的解离　　　　图 2-31 胞嘧啶的 3 种形式

四、核酸的沉降特性

溶液中的核酸分子在引力场中可以下沉。不同构象的核酸（线状、环状、超螺旋等）、蛋白质及其他杂质，在超速离心机的强大引力场中，沉降的速度有很大差异，所以可以用离心沉降法对不同构象的核酸或其他生物大分子进行分离和分析。核酸分子在大小和密度两方面存在着差异，大小不会因结构和构象的不同而变化，而密度则会因结构和构象不同而变化。对于密度相近、大小差别较大的核酸分子（或其他生物大分子），常采用沉降速度法进行分析；而对于大小近似、密度差异较大者，常采用沉降平衡法进行分析。这两种方法都需要先用介质（如蔗糖、氯化铯等）在离心管中制备一个连续的密度梯度（density gradient）。

沉降速度法又称为速度-区带离心法。在待沉降分离的样品中，各种分子密度相近而大小不等时，它们在具密度梯度的介质中离心，将按自身大小所决定的沉降速度下沉。所谓沉降速度是指单位时间内样品分子在离心管中下降的距离（单位离心场中的沉降速度又称为沉降系数，常用来表示生物大分子及生物超分子复合物的大小。核酸、核糖体、病毒等的沉降系数通常介于 1×10^{-13} s 和 200×10^{-13} s 之间，为了书写方便并纪念对超速离心技术做出重大贡献的科学家 T. Svedberg，已将 10^{-13} s 作为一个单位，用 S 表示）。大小相同的分子以相同的沉降速度下降，形成沉降界面。当沉降样品中含有几种大小不同的颗粒时，就会出现几个沉降界面，用特殊的光学系统可以观测这些沉降界面的沉降速度。

沉降平衡法又称为等密度梯度离心法，其中，常用的是氯化铯（CsCl）密度梯度平衡离心法，它主要用于分子大小相同而密度不同的核酸的分离、纯化和研究。各待分离的核酸组分在离心过程中分别漂浮于与自身密度相等的某一 CsCl 溶液密度层中，此密度层称为该组分的浮力密度。用此方法很容易将不同构象的 DNA、RNA 及蛋白质分开：蛋白质漂浮在最上面，RNA 沉于管底，超螺旋 DNA 沉降较快，开环及线状 DNA 沉降较慢。收集各区带的 DNA，经抽提、沉淀，可得到纯度很高的 DNA。

五、核酸的分离纯化

核酸是生物大分子，要分离纯化核酸必须考虑几个因素：其一，为了获得尽量大的核酸片段，整个操作应尽量在较低温度下进行，避免剧烈搅拌和振荡；其二，破碎细胞后，要尽量采用离心、抽提和酶解等方法除尽蛋白质、脂类和糖类等其他细胞组分；其三，为了避免非样品材料的核酸污染，所用的试剂和器皿均要消毒和灭菌，实验过程中可戴上手套和口罩。

1. DNA 的分离纯化　由于 DNA 分子的种类（核内 DNA 或核外 DNA）、来源（不同生物）不同，以及研究目的不同，提取纯化的方法也不完全相同，但真核细胞染色体 DNA 一般都要通过以下步骤处理：

（1）在破碎细胞（可用液氮冻融以改善匀浆效果）的同时，用含有十六烷三甲基溴化胺（hexadecyltrimethylammonium bromide，CTAB）（用于植物样品）或十二烷基硫酸钠（sodium dodecylsulfate，SDS）（用于动物、植物或微生物等样品）的提取缓冲液使 DNA 与蛋白质解联。

（2）用蛋白酶 K 消化以使蛋白质部分裂解。

（3）通过饱和的苯酚抽提以除去蛋白质，或利用氯仿-异戊醇处理除去蛋白质。

（4）加入一定量的 NaAc 或 LiCl，用 70% 乙醇沉淀 DNA。

（5）利用琼脂糖凝胶电泳进行进一步分离和鉴定。

在上述步骤中，如果第一步用 SDS 提取，第三步就主要采用饱和苯酚抽提，这称为 SDS-苯酚法；如果第一步采用 CTAB，第三步则主要采用氯仿-异戊醇抽提蛋白质，这称为 CTAB 法。

2. RNA 的分离纯化　真核细胞总 RNA 的分离纯化可参照上述分离纯化 DNA 的 CTAB 法进行，但 CTAB 缓冲液所含的成分明显不同，第四步加入的盐一般为 LiCl，而且整个过程必须在无 RNase 的条件下进行，所以所使用的器皿和缓冲液均要经过 DEPC（焦碳酸二乙酯，可灭活 RNase）处理后才可使用。按照此法，可以获得总 RNA。然后，可进一步对具有组织特异性、发育阶段特异性、环境条件特异性的 mRNA 进行分离纯化。

mRNA 分子 3′ 末端具有 poly（A），能与寡聚脱氧胸苷酸［oligo（dT）］或寡聚尿苷酸［oligo（U）］的碱基配对。先将 oligo（dT）或 oligo（U）链接在纤维素或琼脂糖上，装成层析柱，当含有 mRNA 的溶液流经层析柱时，柱上的 oligo（dT）或 oligo（U）便与 mRNA 3′ 端的 poly（A）配对，使 mRNA 吸附于层析柱上，而其他核酸由于不为层析柱吸附而与 mRNA 分离。吸附于柱上的 mRNA，可用含有乙二胺四乙酸（EDTA）和 SDS 的微碱性 Tris 缓冲液洗脱，即可得到纯的 mRNA。

至于细胞器中的核酸的提取，可先将细胞匀浆后进行差速离心，分别将叶绿体、线粒体与细胞核分开，然后再破碎某种细胞器，参照上述原理进行分离纯化。

本章小结

核酸是决定生物遗传和发育过程的重要生物大分子。核酸分为两大类：DNA 和 RNA。所有细胞生物都含有这两类核酸，但非细胞生物病毒则不同，只含 DNA 或只含 RNA。

一个核酸分子可降解产生数量庞大的核苷酸分子，因此，单核苷酸是组成核酸的基本结构单元。DNA 由 4 种脱氧核苷酸组成，RNA 由 4 种核苷酸组成；核苷酸又由戊糖（RNA 中为核糖，DNA 中为脱氧核糖）、磷酸和碱基组成。DNA 和 RNA 都含有 A 及 G 两种嘌呤碱基，但嘧啶碱基则有区别，DNA 含 C 及 T 两种嘧啶，RNA 含 C 及 U 两种嘧啶。有的核酸分子中，特别是 tRNA 分子中，碱基通过甲基化或其他化学修饰而成为稀有碱基。此外，在细胞内还存在着一些游离核苷酸，它们具有许多重要的生理功能。

在 DNA 一级结构中，核苷酸之间的唯一连接方式是 $3',5'$-磷酸二酯键，所以 DNA 是线状或环状结构。核苷酸之间的精确排列顺序构成了遗传信息，它具有种族特异性。因此，DNA 是信息分子，它起着遗传信息的储存作用。DNA 的二级结构是在 1953 年由 Watson 和 Crick 在 Chargaff 定律和 DNA 的 X 射线衍射图的基础上首先阐明的：天然 DNA（B-DNA）分子是由两条反向平行的双链绕同一中心轴右旋构成的双螺旋结构；磷酸基和戊糖构成的骨架在外侧，A＝T 和 G≡C 碱基配对所形成的碱基平面位于内侧疏水区；相邻碱基平面之间的距离为 0.34 nm，相邻核苷酸残基之间的夹角为 36°，每匝螺旋由 10 bp 组成。双链上的反向重复可形成"十"字形结构和发夹结构。DNA 的结构具有 A 型、B 型、C 型和 Z 型多态性，此外，通过 Hoogsteen 配对，还可以形成 DNA 三链结构。在端粒合成、DNA 同源重组和富含 G 序列的双螺旋发生重叠等过程中，可出现 DNA 的四链结构。细胞内的环状 DNA 或线状 DNA 的局部环状区存在着超螺旋结构。

细胞质中的 RNA 主要分为 3 类：tRNA、rRNA 和 mRNA。它们是 DNA 分子中反义链上的基因的转录产物。因此，RNA 的一级结构是比 DNA 小得多的单链结构。RNA 单链内的核苷酸残基之间仍以 $3',5'$-磷酸二酯键相连，单链回折的某些区域可按 A＝U、G≡C 配对原则形成局部螺旋区，故 A 与 U、G 与 C 之间不遵守碱基当量定律。tRNA 的一级、二级、三级结构研究得比较清楚；rRNA 的一级、二级结构也逐渐明了；mRNA 的种类繁多，主要以一级结构起传递遗传信息的作用。原核生物的 mRNA 为多顺反子结构，真核生物的 mRNA 多为单顺反子结构，5′端和 3′端分别有"帽子"和 poly（A），中间通常由比内含子小的外显子组成。此外，近年来还陆续发现了多种重要的 RNA 分子，如核酶和 siRNA 等，它们具有如催化和沉默基因等重要功能。

在生物体中，核酸常与蛋白质结合形成核蛋白。常见的核蛋白有病毒、染色体和核糖体。病毒的衣壳由蛋白质亚基组成，它保护和包裹位于内部的核酸，植物病毒多为 RNA 病毒，动物病毒和细菌病毒（噬菌体）既有 DNA 病毒，又有 RNA 病毒。核糖体是各种蛋白质合成的通用场所。染色体和染色质的基本结构单位均是核小体，核小体由组蛋白八聚体和 DNA 双螺旋分子构成。真核生物的 DNA 由高度重复序列、中度重复序列和低（单）拷贝序列组成，一些中度重复序列和大多数低（单）拷贝序列载有基因信息。Sanger 双脱氧末端终止法是基本的核酸测序技术，现在的核酸测序可以通过高通量的二代测序技术快速完成，由此获得的核酸和蛋白质的信息可以大量储存于 NCBI 等生物信息网站中，以利于研究和利用。生命科学的大数据时代已经到来。

DNA 可通过 SDS-苯酚法和 CTAB 法进行分离。碱基在 260 nm 处的最大吸收特性可以用来测定核酸含量和纯度。核酸（特别是 DNA）具有较高的熔解温度；核酸在变性时产生增色效应，在复性时产生减色效应。利用变性和复性，可以实现核酸的分子杂交。核酸的沉降行为主要在大小和密度两方面存在差异，且此差异随介质密度的增加而增大。

复习思考题

一、名词解释

1. 增色效应　2. 减色效应　3. DNA 复性　4. 分子杂交　5. 回文结构　6. 镜像重复
7. Watson-Crick 配对　8. Hoogsteen 配对　9. DNA 双螺旋　10. DNA 超螺旋　11. 核酶

12. DNA 熔解温度（T_m） 13. 顺反子 14. cAMP

二、填空题

1. 在核酸分子中，核苷酸之间的连接方式为_____，碱基与核糖之间的连接方式为_____，磷酸与核糖之间的连接方式为_____。其中 RNA 的_____键在酶催化下比较容易断裂和重接，是 RNA 剪接的分子基础。

2. 与 AACGTTCCGGCCAT 互补的 DNA 序列和 RNA 序列分别是_____和_____。

3. 溶解在室温纯水中的 DNA 是_____链结构；若再加入 2 mol/L NaCl，则 DNA 变为_____链结构。

4. tRNA 的二级结构呈_____形，三级结构呈_____形，其 3′末端有一共同碱基序列_____，其功能是_____。

5. 维持 DNA 双螺旋结构稳定的主要因素是_____。其次，大量存在于 DNA 分子中的弱作用力如_____、_____和_____也起一定作用。

三、问答题

1. 说明碱基、核苷、核苷酸和核酸之间在结构上的区别。

2. 从分子大小、细胞定位以及结构和功能上比较 DNA 和 RNA。

3. 从结构和功能上比较 tRNA、rRNA 和 mRNA。

4. DNA 双螺旋结构模型的要点有哪些？此模型如何能解释 Chargaff 定律？

5. 原核生物与真核生物 mRNA 的结构有哪些区别？

6. 正确写出与下列寡核苷酸的互补 DNA 和 RNA 序列。

(1) GATCAA (2) TGGAAC (3) ACGCGT (4) TAGCAT

主要参考文献

郭蔼光，范三红，2018. 基础生物化学［M］. 3 版. 北京：高等教育出版社.

黄熙泰，于自然，李翠凤，2012. 现代生物化学［M］. 3 版. 北京：化学工业出版社.

焦鸿俊，杨婉身，朱利泉，等，1995. 基础生物化学［M］. 南宁：广西民族出版社.

王希成，2015. 生物化学［M］. 4 版. 北京：清华大学出版社.

吴显荣，2011. 基础生物化学［M］. 2 版. 北京：中国农业出版社.

杨荣武，2018. 生物化学原理［M］. 3 版. 北京：高等教育出版社.

朱圣庚，徐长法，2016. 生物化学［M］. 4 版. 北京：高等教育出版社.

Berg J M, Tymoczko J L, Stryer L, 2015. Biochemistry［M］. 8th ed. New York：Freeman and Company.

Buchanan B B, Gruissem W, Jones R L, 2015. Biochemistry and molecular biology of plants［M］. 2nd ed.［S. l.］：Courier Companies，In..

第三章

蛋 白 质 化 学

19 世纪中叶，荷兰化学家 Gerardus Mulder（1802—1880）从动物和植物体中提取出一种共有的物质。他认为："这种物质在有机世界的一切物质中无疑是最重要的，缺少它我们这个星球上的生命很可能就不存在。"根据瑞典化学家 Berzelius 的提议，Mulder 将这种物质命名为"protein"（该词系从希腊文"proteios"转化而来，意指"第一重要的"）。从蛋白质发现至今，人们认识到蛋白质正像该名字原有的含意一样，对于生命的存在和活动起着至关重要的作用。生命这种物质运动的高级形式完全是通过蛋白质的作用来实现的。恩格斯在 100 多年前提出："无论在什么地方，只要我们遇到生命，我们就发现生命是和某种蛋白体相联系的，并且无论在什么地方，只要我们遇到不处于解体过程的蛋白体，我们也无例外地发现生命现象。"

蛋白质是细胞含量最高的组分之一。蛋白质组成简单、分布广泛，是结构和功能多样化、种类最多、最为活跃的一类生物大分子，分子质量为 $5\,000 \sim 1\,000\,000$ u。20 种不同的氨基酸以特定的排列组合形成各种各样的多肽链。各种多肽链又以其特有的折叠方式折叠成形形色色的空间构象（蛋白质）。据估计，自然界有 $1 \times 10^{10} \sim 1 \times 10^{12}$ 种蛋白质，它们的结构都各不相同。正是由于蛋白质分子在结构上的差异，才形成了它在复杂的生命活动中扮演各自角色的基础。

蛋白质结构上的多样性决定了其功能上的多样性。蛋白质在生物体内起着催化、运输、运动、防御、调节等多种生物功能（表 3-1）。

表 3-1　蛋白质的功能

类　别	功　　能	实　例
酶蛋白	催化细胞内几乎所有的化学反应，控制生物的新陈代谢	淀粉酶
运输蛋白	小分子和离子的细胞间以及细胞器间的转运	血红蛋白
运动蛋白	生物机体的组织、器官或整体的运动	肌动蛋白
激素蛋白	调节有机体的各种新陈代谢活动	牛胰岛素
贮藏蛋白	贮藏营养	大豆球蛋白
防御蛋白	防御致病微生物或病毒的侵入	免疫球蛋白
结构蛋白	某些细胞或组织的构成成分	角蛋白
受体蛋白	接收和传递调节信息	钙调蛋白
毒蛋白	侵入动物体能引起中毒症状甚至死亡	蛇毒

正因为蛋白质在生命体中扮演着如此重要的角色，深入了解蛋白质的结构、性质、功能的有关知识是认识生命本质的关键。

第一节 蛋白质的分子组成

一、蛋白质的元素组成

经元素分析，蛋白质一般含碳 50%～55%、氢 6%～8%、氧 20%～23%、氮 15%～18%、硫 0～4%。有些蛋白质还含有少量的磷、铁、锌、铜、钼、碘等元素。各种蛋白质的氮含量比较恒定，平均为 16%，并且生物体中所含的氮，绝大部分是蛋白质氮。因此，测定生物样品中的含氮量，将含氮量除以 16%（即乘以 6.25），即为其中的蛋白质含量。

$$试样中蛋白质含量＝试样中含氮量×6.25$$

更精确地计算时，公式中的 6.25 以下述数据代替：大米用 6.0，花生种子用 5.96，麦类与大豆种子用 5.7，油料种子用 5.3，谷饼和油料饼用 5.4～5.8。

二、蛋白质的基本组成单位

蛋白质是一种分子质量较大、结构复杂的生物大分子。但是，各种蛋白质都可被酸、碱或蛋白水解酶催化水解。在蛋白质的水解过程中，由于水解的方法和条件不同，可以得到一系列不同分子质量的降解物（表 3-2）。

表 3-2 蛋白质不同降解产物及其分子质量

降解物	蛋白质	胨	胚	多肽	二肽	氨基酸
分子质量/u	>10⁶	5×10⁵	2×10³	500～1 000	约 200	约 100

随着水解条件的改变，氨基酸以前的这些降解物最终都可以水解成氨基酸。而氨基酸则不能水解成更小的单位。因此，我们说蛋白质的基本组成单位是氨基酸。

蛋白质是由许多氨基酸通过肽键（peptide bond）连接成的高分子含氮化合物。

三、氨基酸

（一）蛋白质中的氨基酸

1. 氨基酸的结构 氨基酸是指含有氨基的羧酸。已知组成生物体绝大多数蛋白质的氨基酸有 20 种，这 20 种氨基酸中有 19 种是 α 氨基酸，仅有 1 种为亚氨基酸，即脯氨酸。α 氨基酸的结构通式见图 3-1。

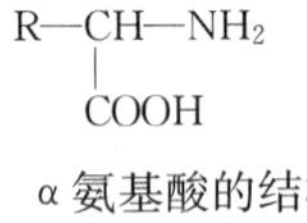

$$R—CH—NH_2$$
$$|$$
$$COOH$$

图 3-1 α 氨基酸的结构通式

20 种氨基酸的不同点，在于各有不同的 R 基团。组成蛋白质的 20 种氨基酸，除甘氨酸外，其余氨基酸的 α 碳原子都是手性碳原子。因而每一种氨基酸都有 D 型和 L 型立体异构体（图 3-2）。从蛋白质水解得到的 α 氨基酸都属于 L 型，但在生物体内也存在着 D 型氨基酸。例如，某些细菌就可以利用 D 型氨基酸合成抗生素（如短杆菌肽）。

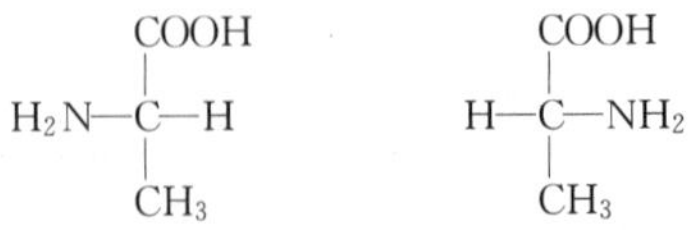

图 3-2 氨基酸的 L 型和 D 型异构体

异亮氨酸、苏氨酸等除含有 α 手性碳原子外，还含有第二个手性碳原子，因此，就有 4 种可能的异构体。但是，只有 L 型异构体用于蛋白质合成。

2. 氨基酸的分类　氨基酸有多种分类方法。

（1）根据 R 基团的结构分类。组成蛋白质的 20 种氨基酸可根据 R 基团的结构不同，分成 4 类。

① 脂肪族氨基酸：（a）一氨基一羧基氨基酸，包括甘氨酸、丙氨酸、缬氨酸、亮氨酸、异亮氨酸、甲硫氨酸、半胱氨酸、丝氨酸、苏氨酸；（b）一氨基二羧基氨基酸，包括谷氨酸、天冬氨酸；（c）二氨基一羧基氨基酸，包括赖氨酸、精氨酸；（d）酰胺，包括谷氨酰胺、天冬酰胺。

② 芳香族氨基酸：苯丙氨酸、酪氨酸。

③ 杂环氨基酸：组氨酸、色氨酸。

④ 杂环亚氨基酸：脯氨酸。

（2）根据氨基酸的酸碱性质分类。根据氨基酸的酸碱性质分为 3 类：酸性氨基酸、碱性氨基酸和中性氨基酸。谷氨酸和天冬氨酸属于酸性氨基酸，赖氨酸、精氨酸和组氨酸属于碱性氨基酸，其余则为中性氨基酸。

（3）根据 R 基团的极性分类。根据 R 基团的极性不同分为 4 类：非极性或疏水性氨基酸、极性但不带电荷氨基酸、pH 为 7 时带负电荷氨基酸、pH 为 7 时带正电荷氨基酸。由于这种分类方法更有利于认识各种氨基酸在蛋白质的结构、性质、功能上所起的作用，故被广泛采用（表 3-3）。

表 3-3　氨基酸的名称、结构和分类

极性状况	带电荷状况	氨基酸名称	缩写三字符号	缩写单字符号	结构式	相对分子质量
非极性氨基酸	不带电荷	丙氨酸（alanine）	Ala	A	$H_2N-CH-C(=O)-OH$，侧链 CH_3	89.06
		缬氨酸（valine）	Val	V	$H_2N-CH-C(=O)-OH$，侧链 $CH-CH_3$，CH_3	117.09
		亮氨酸（leucine）	Leu	L	$H_2N-CH-C(=O)-OH$，侧链 $CH_2-CH-CH_3$，CH_3	131.11
		异亮氨酸（isoleucine）	Ile	I	$H_2N-CH-C(=O)-OH$，侧链 $CH-CH_3$，CH_2，CH_3	131.11
		苯丙氨酸（phenylalanine）	Phe	F	$H_2N-CH-C(=O)-OH$，侧链 $CH_2-C_6H_5$	165.09

生　物　化　学

（续）

极性状况	带电荷状况	氨基酸名称	缩写三字符号	缩写单字符号	结构式	相对分子质量
非极性氨基酸	不带电荷	甲硫氨酸（methionine）	Met	M	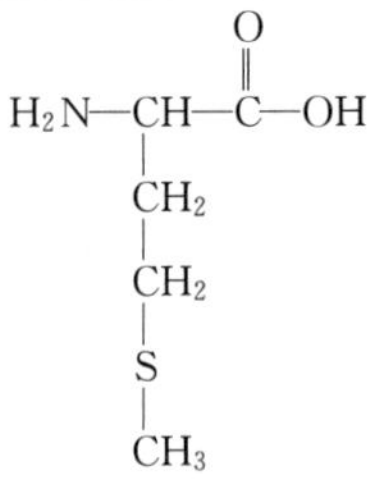	149.15
		脯氨酸（proline）	Pro	P	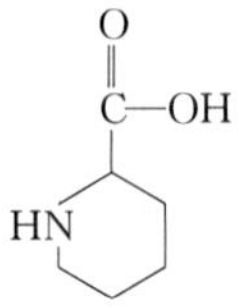	115.08
		色氨酸（tryptophan）	Trp	W	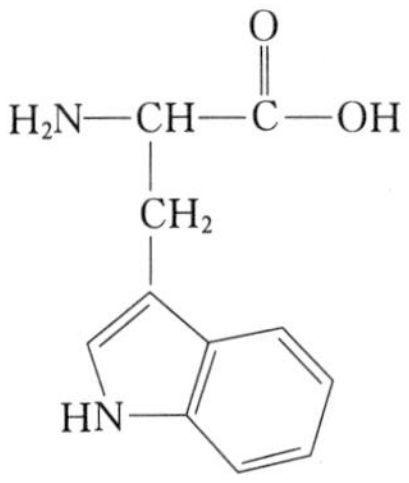	204.11
极性氨基酸	不带电荷	甘氨酸（glycine）	Gly	G	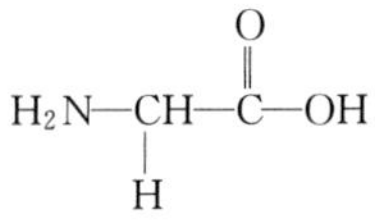	75.05
		丝氨酸（serine）	Ser	S	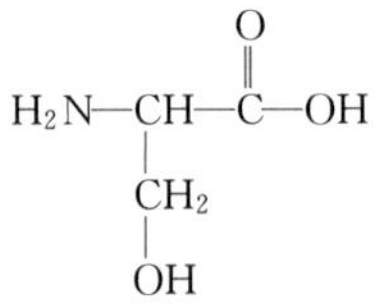	105.06
		苏氨酸（threonine）	Thr	T	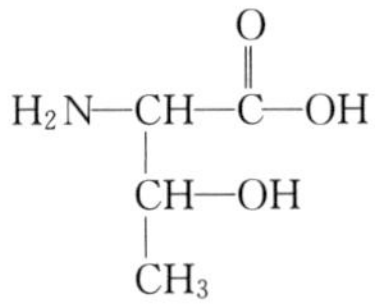	119.18
		天冬酰胺（asparagine）	Asn	N	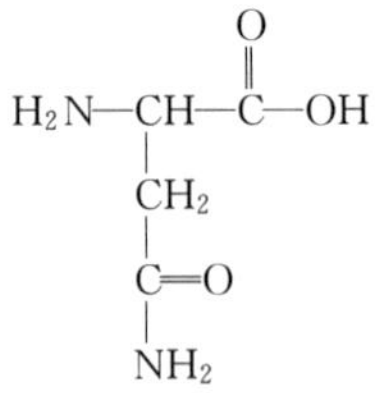	132.60
		谷氨酰胺（glutamine）	Gln	Q	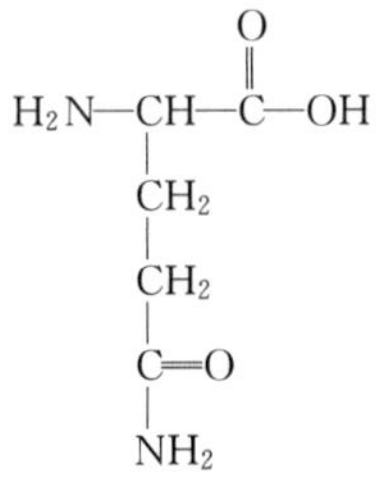	146.08

（续）

极性状况	带电荷状况	氨基酸名称	缩写三字符号	缩写单字符号	结构式	相对分子质量
极性氨基酸	不带电荷	酪氨酸（tyrosine）	Tyr	Y		181.09
		半胱氨酸（cysteine）	Cys	C		121.12
	带负电荷	天冬氨酸（aspartic acid）	Asp	D		133.60
		谷氨酸（glutamic acid）	Glu	E		147.08
	带正电荷	组氨酸（histidine）	His	H		155.09
		赖氨酸（lysine）	Lys	K		146.13

（续）

极性状况	带电荷状况	氨基酸名称	缩写三字符号	缩写单字符号	结构式	相对分子质量
极性氨基酸	带正电荷	精氨酸（arginine）	Arg	R	$\begin{array}{c} O \\ \| \\ H_2N-CH-C-OH \\ \| \\ CH_2 \\ \| \\ CH_2 \\ \| \\ CH_2 \\ \| \\ NH \\ \| \\ C=NH \\ \| \\ NH_2 \end{array}$	174.40

注：①甘氨酸虽然不带有 R 基团，但其分子中极性的羧基和氨基所占比例大，具有明显的极性，故归入极性类。②组氨酸在 pH 为 6 时 50% 以上分子带正电荷，而在 pH 为 7 时带正电荷的分子少于 10%。

3. 稀有氨基酸 除上述 20 种氨基酸外，有些蛋白质中还含有少量其他的氨基酸，如 4 - 羟脯氨酸（4 - hydroxyproline）、5 - 羟赖氨酸（5 - hydroxylysine），它们分别是脯氨酸和赖氨酸的衍生物，是在蛋白质合成以后，通过酶催化修饰而形成的。所以，这些氨基酸没有相应的遗传密码。由于这些氨基酸不常见，仅在某些蛋白质中存在，故称为稀有氨基酸。如在动物的胶原蛋白中含有较多的 4 - 羟脯氨酸和 5 - 羟赖氨酸，植物细胞壁的结构蛋白中也富含 4 - 羟脯氨酸。

4. 必需氨基酸 有些氨基酸在人和非反刍动物体内不能合成，需从食物中吸取，以保证正常生命活动的需要，这种氨基酸就称为必需氨基酸。成人的必需氨基酸有 8 种，它们是苏氨酸、缬氨酸、亮氨酸、异亮氨酸、苯丙氨酸、色氨酸、赖氨酸、甲硫氨酸（又称为蛋氨酸）。人体内虽然可以合成组氨酸和精氨酸，但合成速度不快，不能满足人体的需要。人们把这两种氨基酸称为半必需氨基酸。婴幼儿和少儿几乎不能合成组氨酸，所以组氨酸对他们来说是必需氨基酸。

非反刍动物的必需氨基酸有 10 种，即成人所需的 8 种氨基酸加上精氨酸和组氨酸。人和非反刍动物的食物中，必须保持氨基酸平衡供应。食物中的各种氨基酸配比应与人和动物体的氨基酸比例相似。这就要求有一定量的必需氨基酸供应，只有这样才能保持体内的氮平衡，发挥出最大的营养效益。若某种必需氨基酸供应不足，则对健康不利。

就整体而言，植物体能够合成所有的氨基酸，但对各种来源的植物蛋白质的氨基酸组成分析结果说明，各种植物蛋白质的氨基酸组成差异较大。因此，某种植物蛋白质能完全符合人体和动物需要的氨基酸比例是没有的。当某一种必需氨基酸含量低于标准水平时，不论其他必需氨基酸的含量与比例如何适当，其营养价值必因此大减。这种含量低的必需氨基酸称为限制性氨基酸。

（二）非蛋白质氨基酸

除了构成蛋白质的氨基酸之外，在生物体内还发现有许多非蛋白质氨基酸，这些氨基酸以游离状态或结合状态存在，不参与蛋白质的组成。据估计，在植物体内发现的非蛋白质氨基酸已超过 200 种。非蛋白质氨基酸大多为蛋白质氨基酸的衍生物，但有些则是 β 氨基酸、γ 氨基酸或 δ 氨基酸，还有一些 D - 氨基酸。

非蛋白质氨基酸的功能还不十分清楚。目前认为有些非蛋白质氨基酸是某些代谢过程的中间产物或重要代谢物的前体。例如，瓜氨酸和鸟氨酸是生物合成精氨酸的前体，也是鸟氨酸循环的中间产物。某些非蛋白质氨基酸具有调节生长的作用。某些非蛋白质氨基酸可能在体内有杀虫、杀菌的作用。例如，种子中高浓度的刀豆氨酸（canavanine）和 5 - 羟色氨酸（5 - hydroxytryptophan）能防止毛虫的侵害。有些非蛋白质氨基酸还能影响某些农产品的品质，如茶叶中的茶氨酸（theanine）与茶叶的品质有密切的关系。D - 环丝氨酸（cycloserine）是一种链霉菌属（*Streptomyces*）细菌产生的抗生素，能抑制细菌细胞壁的形成，用作抗结核菌药物。羊毛硫氨酸（lanthionine）的内消旋体和外消旋体混合物可从羊毛的碱水解物中分离获得，它也是肽类抗生素枯草菌素（subtilin）和乳酸链球菌肽（nisin）的组成成分。几种非蛋白质氨基酸的结构式如图 3-3 所示。

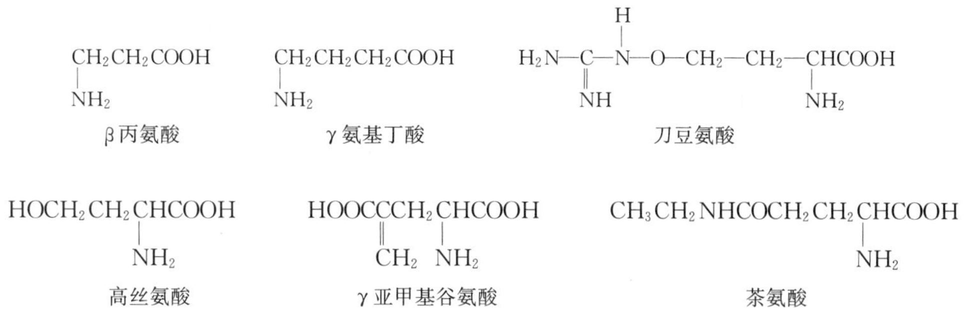

$$CH_2CH_2COOH$$
$$NH_2$$
β丙氨酸

$$CH_2CH_2CH_2COOH$$
$$NH_2$$
γ氨基丁酸

$$H_2N-C-N-O-CH_2-CH_2-CHCOOH$$
刀豆氨酸

$$HOCH_2CH_2CHCOOH$$
$$NH_2$$
高丝氨酸

$$HOOCCCH_2CHCOOH$$
$$CH_2\ NH_2$$
γ亚甲基谷氨酸

$$CH_3CH_2NHCOCH_2CH_2CHCOOH$$
$$NH_2$$
茶氨酸

图 3-3　几种非蛋白质氨基酸的结构式

（三）氨基酸的重要理化性质

1. 氨基酸的物理性质　α氨基酸为无色结晶，熔点很高，为 200～300 ℃。有的氨基酸呈甜味，如甘氨酸；有的则有鲜味，如日常调味用的味精，就是谷氨酸的钠盐；有的则无味。氨基酸在水中的溶解度差别较大，甘氨酸、丙氨酸、脯氨酸、苏氨酸、赖氨酸和精氨酸在水中的溶解度很大，其他氨基酸则难溶于水。除脯氨酸外，其他氨基酸一般都难溶于有机溶剂。

除甘氨酸外，构成蛋白质的氨基酸都有旋光性。在 pH 为 7 时测定氨基酸的旋光性，有些使偏振光向右旋转，用"＋"表示；有些向左旋转，用"－"表示。同种氨基酸在不同溶剂中测定时，其比旋光值和旋光方向会有不同。

蛋白质中的 20 种氨基酸都不吸收可见光。但有 3 种氨基酸（酪氨酸、色氨酸和苯丙氨酸）能够吸收紫外光。这是由于这几种氨基酸都具有共轭双键的结构，因而在紫外光区具有光吸收特性。酪氨酸的紫外吸收高峰为 278 nm，色氨酸的紫外吸收高峰为 279 nm，苯丙氨酸的紫外吸收高峰为259 nm（图 3-4）。

2. 氨基酸的两性解离和等电点

（1）氨基酸的两性解离。氨基酸的熔点较高，在水中的溶解度大，难溶于有机溶剂。这些事实说明，氨基酸并不以中性分子形式存在，而是以离子形式存在，而且是以两性离子（zwitterion）的形式存在的（图 3-5a）。所谓两性离子，就是同一分子中含有相反性质的两种解离基团解离形成的带相反电性的离子。两性离子氨基酸，含有能释放质子的—NH$_3^+$ 和能接受质子的—COO$^-$。这种带有正电

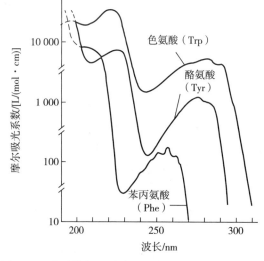

图 3-4　芳香族氨基酸在 pH 为 6 时的紫外吸收光谱

荷和负电荷的形式称为兼性状态或等离子状态。从化学本质上讲，两性离子是一种分子内盐。两性离子氨基酸在水溶液中可以进行酸性解离，也可以进行碱性解离，但解离度与溶液的 pH 有关。向氨基酸溶液加酸时，其—COO$^-$负离子接受质子，自身成为正离子（图 3-5b），表现出碱的特性。加入碱时，—NH$_3^+$正离子释放出质子（与 OH$^-$结合成水），其自身成为负离子（图 3-5c），表现出酸的特性。例如，甘氨酸的解离（图 3-6）。

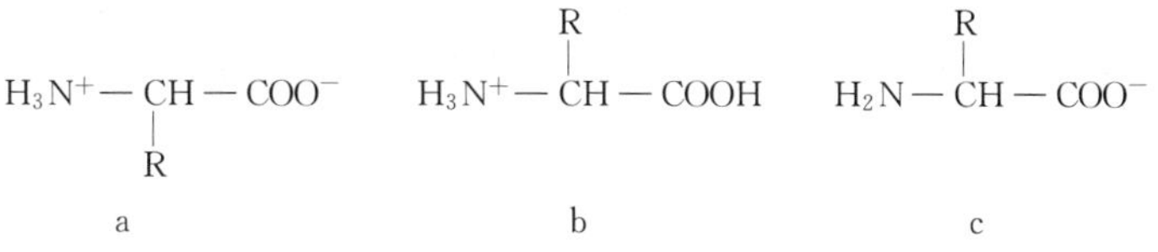

$$H_3N^+-CH-COO^-$$
$$R$$
a

$$H_3N^+-CH-COOH$$
$$R$$
b

$$H_2N-CH-COO^-$$
$$R$$
c

图 3-5　氨基酸的两性解离

a. 两性离子　b. 正离子　c. 负离子

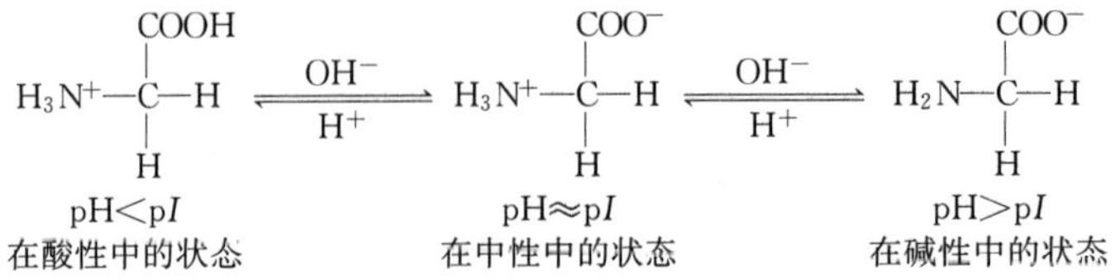

$$H_3N^+-\overset{\underset{\displaystyle H}{|}}{\underset{\displaystyle |}{C}}-H \xrightleftharpoons[H^+]{OH^-} H_3N^+-\overset{\underset{\displaystyle H}{|}}{\underset{\displaystyle |}{C}}-H \xrightleftharpoons[H^+]{OH^-} H_2N-\overset{\underset{\displaystyle H}{|}}{\underset{\displaystyle |}{C}}-H$$

$$\begin{array}{ccc} COOH & COO^- & COO^- \\ pH<pI & pH\approx pI & pH>pI \\ 在酸性中的状态 & 在中性中的状态 & 在碱性中的状态 \end{array}$$

图 3-6 甘氨酸的解离状态

在不同的 pH 下，氨基酸可以阳离子、阴离子或两性离子的形式存在。在酸性条件下主要以阳离子形式存在，在碱性条件下主要以阴离子形式存在。必须指出的是，不管在哪一种条件下，都有几种形式同时存在，只不过以某种形式为主而已。例如，在 pH 为 7.4 时，甘氨酸各种形态离子的百分率如下：

$$H_3N^+-CH_2-COO^-$$ 两性离子 99.5%

$$H_2N-CH_2-COO^-$$ 阴离子 0.41%

$$H_3N^+-CH_2-COOH$$ 阳离子 0.000 89%

$$H_2N-CH_2-COOH$$ 无电荷分子 0.000 003 7%

氨基酸的两性解离特性使其既可被酸滴定，又可被碱滴定。当把甘氨酸溶于水中时，溶液的 pH 大约为 6.0。用标准盐酸和氢氧化钠滴定时测得如图 3-7 所示的曲线。从滴定曲线中，我们可以看出当逐步加入 HCl 时，溶液的 pH 逐渐降低，$H_3N^+CH_2COO^-$ 中的—COO^- 接受 H^+，使其部分转变成 $H_3N^+CH_2COOH$。随着 HCl 的加入，滴定曲线将处于曲线 A 的中部转折点，此时的 pH（2.34）即为甘氨酸羧基的解离常数（pK_1）。

当逐步加入 NaOH 时，溶液的 pH 逐渐升高，$H_3N^+CH_2COO^-$ 中的—NH_3^+ 释出的 H^+ 被 OH^- 中和，$H_3N^+CH_2COO^-$ 逐渐生成 $H_2NCH_2COO^-$。当加入的 NaOH 使 50% 的 $H_3N^+CH_2COO^-$ 变成 $H_2NCH_2COO^-$ 时，刚好处于曲线 B 的中点。此时溶液中的 pH（9.6）即为甘氨酸氨基的解离常数（pK_2）。有的氨基酸除有一个氨基和一个羧基可解离外，其 R 基团也可以解离。

（2）氨基酸的等电点。在某一特定的 pH 条件下，氨基酸分子在溶液中解离成阳离子和阴离子的数目和趋势一样，即氨基酸分子所带净电荷为零，在电场中既不向负极移动也不向正极移动，这时氨基酸所处溶液的 pH 即为该氨基酸的等电点（isoelectric point），用 pI 表示。由于静电相互作用，在等电点时，氨基酸的溶解度最小，容易沉淀。氨基酸的这一特性在氨基酸的分离制备上得到了广泛的应用。

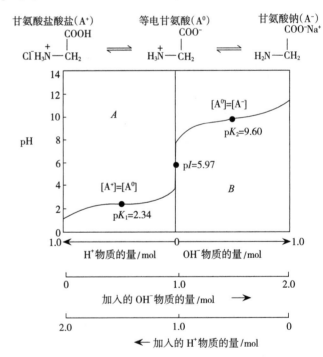

图 3-7 甘氨酸的滴定曲线（解离曲线）

由于每种氨基酸的酸性基团和碱性基团的数目不同，以及每个可解离基团 pK 的差别，使得不同的氨基酸有不同的等电点。现以甘氨酸、谷氨酸、赖氨酸为例介绍等电点的计算。甘氨酸在溶液中存在下列平衡：

$$H_3N^+CH_2COOH \underset{}{\overset{K_1}{\rightleftharpoons}} H_3N^+CH_2COO^- + H^+ \underset{}{\overset{K_2}{\rightleftharpoons}} H_2NCH_2COO^- + H^+$$

$$[Gly^+] \qquad\qquad [Gly^\pm] \qquad\qquad\qquad [Gly^-]$$

$$K_1 = \frac{[Gly^{\pm}]\ [H^+]}{Gly^+} \longrightarrow [Gly^+] = \frac{[Gly^{\pm}]\ [H^+]}{K_1}$$

$$K_2 = \frac{[Gly^-]\ [H^+]}{[Gly^{\pm}]} \longrightarrow [Gly^-] = \frac{K_2\ [Gly^{\pm}]}{[H^+]}$$

根据等电点的定义，在等电点时，氨基酸所带正负电荷相等，即：

$$[Gly^+] = [Gly^-]$$

因此有：

$$\frac{[Gly^{\pm}]\ [H^+]}{K_1} = \frac{K_2\ [Gly^{\pm}]}{[H^+]}$$

$$\frac{[H^+]}{K_1} = \frac{K_2}{[H^+]} \longrightarrow [H^+] = \sqrt{K_1 \cdot K_2}$$

方程两边取负对数，则得：

$$-\lg\ [H^+] = -\frac{1}{2}\lg K_1 - \frac{1}{2}\lg K_2$$

pI 表示等电点时的 pH，$-\lg K = pK$，所以：

$$pI = \frac{pK_1 + pK_2}{2}$$

查图 3-7 得甘氨酸的 $pK_1 = 2.34$，$pK_2 = 9.60$，即得甘氨酸的等电点：

$$pI = \frac{2.34 + 9.60}{2} = 5.97$$

一羧基一氨基的氨基酸等电点都可以用上式计算。但上式对于 R 侧链上含有可解离基团的氨基酸的等电点计算则不适用。这类氨基酸等电点的计算另有方法。例如，二羧基一氨基的谷氨酸有图 3-8 所示的解离状态。

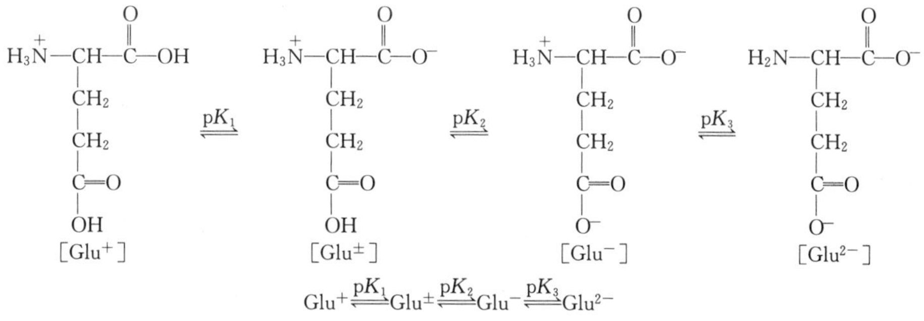

图 3-8　谷氨酸的解离状态

在等电状态（Glu$^{\pm}$）下，Glu^{2-} 含量甚微，故不考虑。此时 Glu 的等电点为：

$$pI = \frac{pK_1 + pK_2}{2} = \frac{2.19 + 4.25}{2} = 3.22$$

二氨基一羧基的赖氨酸的解离状态如图 3-9 所示。

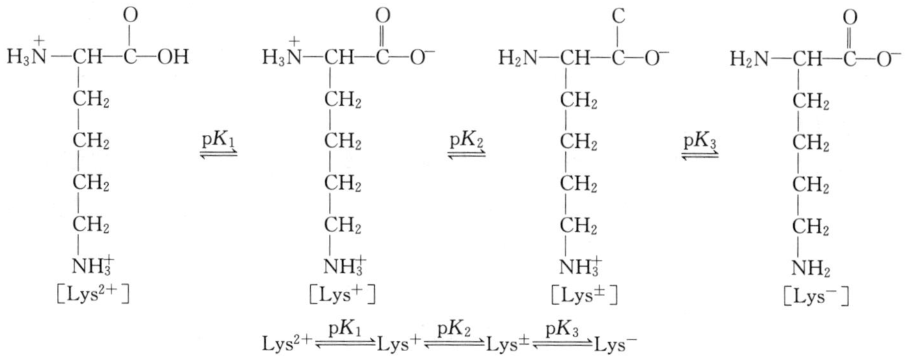

图 3-9　赖氨酸的解离状态

在等电状态下，Lys^{2+}含量很少，故不考虑。此时 Lys 的等电点为：

$$pI = \frac{pK_2 + pK_3}{2} = \frac{8.95 + 10.53}{2} = 9.74$$

由于各种氨基酸都有其特定的等电点（表 3 - 4），当溶液的 pH 小于某氨基酸的等电点时，则该氨基酸带正电荷；当溶液的 pH 大于等电点时，则该氨基酸带负电荷。由于氨基酸中羧基解离度大于氨基，故一氨基一羧基氨基酸的 pI 呈酸性，二羧基一氨基氨基酸的 pI 则更低些，而二氨基一羧基氨基酸的 pI 呈碱性。

表 3 - 4　各种氨基酸在 25 ℃时 pK 和 pI 的近似值

氨基酸名称	pK_1（α-COOH）	pK_2（α-NH_3^+）	pK_3（R 基团）	pI
甘氨酸	2.34	9.60		5.97
丙氨酸	2.34	9.69		6.00
缬氨酸	2.32	9.62		5.96
亮氨酸	2.36	9.60		5.98
异亮氨酸	2.36	9.68		6.02
丝氨酸	2.21	9.15		5.68
苏氨酸	2.63	10.43		6.53
半胱氨酸（30 ℃）	1.71	8.33	10.78（—SH）	5.02
甲硫氨酸	2.28	9.21		5.75
天冬氨酸	2.09	3.86（γ-COOH）	9.82（—NH_3^+）	2.98
谷氨酸	2.19	4.25（γ-COOH）	9.67（—NH_3^+）	3.22
天冬酰胺	2.02	8.80		5.41
谷氨酰胺	2.17	9.13		5.65
赖氨酸	2.18	8.95（α-NH_3^+）	10.53（ε-NH_3^+）	9.74
精氨酸	2.17	9.04（—NH_3^+）	12.48（胍基）	10.76
苯丙氨酸	1.83	9.13		5.48
酪氨酸	2.20	9.11（—NH_3^+）	10.07（OH^-）	5.66
色氨酸	2.38	9.39		5.89
组氨酸	1.82	6.00（咪唑基）	9.17（—NH_3^+）	7.59
脯氨酸	1.99	10.60		6.30

3. 氨基酸的重要化学反应

（1）茚三酮反应。α 氨基酸与水合茚三酮在弱酸性溶液中一起加热时生成蓝紫色的物质。脯氨酸和羟脯氨酸因其含有 α 亚氨基，与茚三酮反应生成黄色物质。天冬酰胺和谷氨酰胺由于含有游离的酰胺基，与茚三酮反应生成棕色产物。其反应见图 3 - 10。

此反应为 α 氨基酸的特异性化学反应，反应时 α 氨基酸上的 α 氨基和 α 羧基共同起作用。这一反应十分灵敏，几微克氨基酸就能显色。根据反应所生成的蓝紫色的深浅，在波长为 540 nm 处可比色测定氨基酸的含量。此反应可用于氨基酸的定性测定和定量测定。脯氨酸和羟脯氨酸与茚三酮

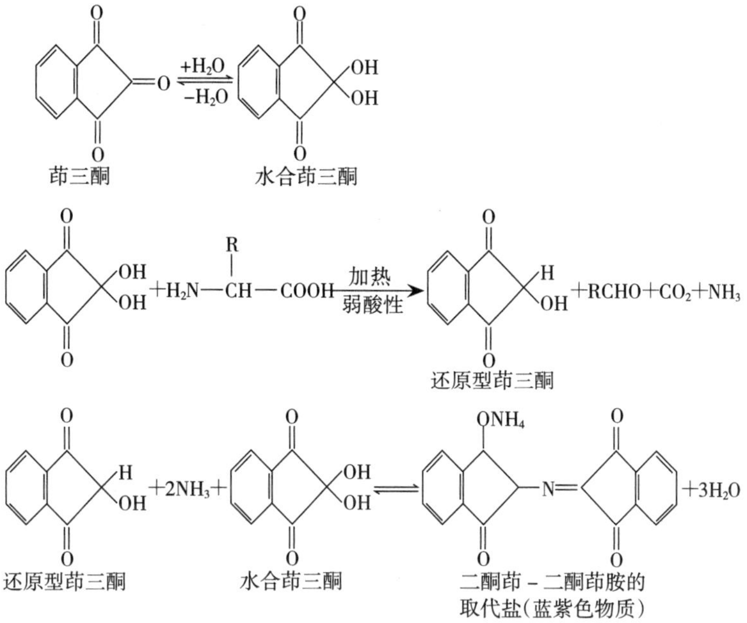

图 3－10　氨基酸与茚三酮反应

反应时无 NH_3 的释放，直接生成黄色化合物。

（2）亚硝酸反应。此反应为 α 氨基引起的反应。α 氨基酸在室温下，能与亚硝酸反应，生成相应的羟基酸和氮气（图 3－11）。

$$R-\underset{\displaystyle NH_2}{\underset{|}{CH}}-COOH + HNO_2 \longrightarrow R-\underset{\displaystyle OH}{\underset{|}{CH}}-COOH + N_2 + H_2O$$

图 3－11　氨基酸与亚硝酸的反应

反应中所放出的 N_2，一半来自氨基酸分子上的 α 氨基氮，一半来自亚硝酸的氮，故可通过测定释放出 N_2 的体积来推算氨基酸的含量，这便是 van Sliyke 定氮法测定氨基酸含量的基础。含亚氨基的脯氨酸不能与亚硝酸反应。由于亚硝酸只能与游离的氨基起反应，蛋白质中可测出的游离氨基很少，但在蛋白质的水解过程中，随着氨基酸的释放，游离氨基增多，与亚硝酸作用放出的 N_2 量也随之增加，因此此法可用来测定蛋白质的水解程度。由于蛋白质的总氮量在水解前后都是不变的，因而可以用蛋白质水解过程中的氨基氮量与总氮量的比例来表示蛋白质的水解程度。

（3）二硝基氟苯反应（Sanger 反应）。此反应也是由氨基参加的反应。卤代烃可与氨作用生成胺。氨基酸上的 α 氨基相当于伯胺，可与卤代烃起反应生成氨基取代化合物。2，4－二硝基氟苯（DNFB）可与氨基酸在弱碱性（pH 为 8）条件下反应生成黄色的二硝基苯氨基酸（DNP－氨基酸）（图 3－12）。

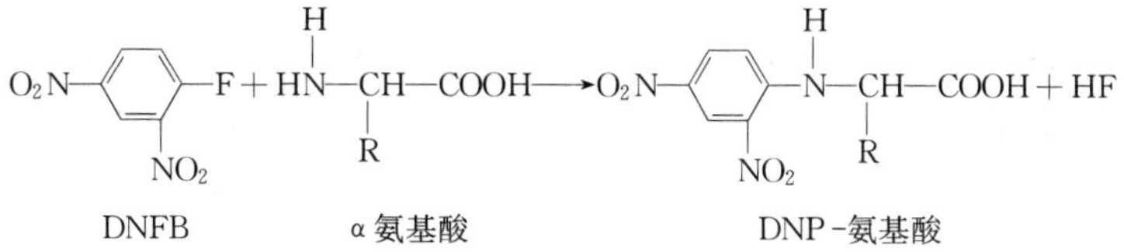

图 3－12　Sanger 反应

肽链末端的氨基也能进行这一反应，故此反应可用于肽链的 N 末端分析。该反应也可用于蛋白质一级结构的测定。

（4）苯异硫氰酸酯反应（Edman反应）。氨基酸中的 α 氨基还可以在弱碱性条件下与异硫氰酸苯酯（PITC）反应，生成相应的苯氨基硫甲酰氨基酸（PTC－氨基酸），PTC－氨基酸在无水酸中环化变为苯乙内酰硫脲衍生物（PTH 衍生物）（图3-13）。后者在酸中很稳定，反应得到的产物无色，可用层析分离鉴定。此反应也可用于肽链的末端分析和多肽序列分析。

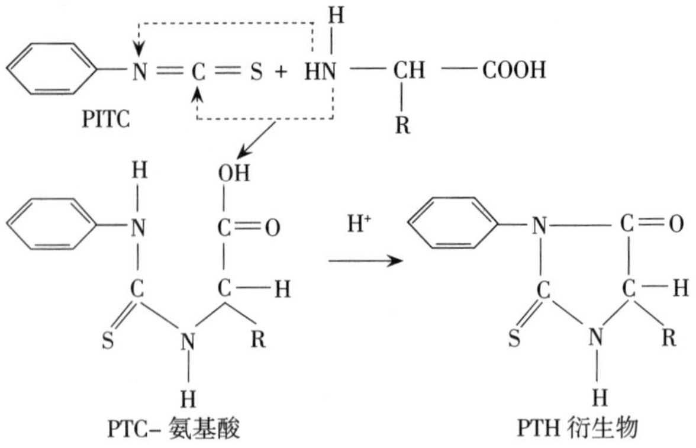

图 3-13　苯异硫氰酸酯反应

四、肽

（一）肽键与多肽

尽管构成生物体的各种蛋白质有十分复杂的结构，但它们都有一个共同的结构基础，即各种蛋白质的氨基酸均是通过肽键（peptide bond）相连接形成多肽链。肽键又称为酰胺键，它是由 α 氨基酸的 α 羧基与相邻的 α 氨基脱水缩合而成的化学键（图 3-14）。

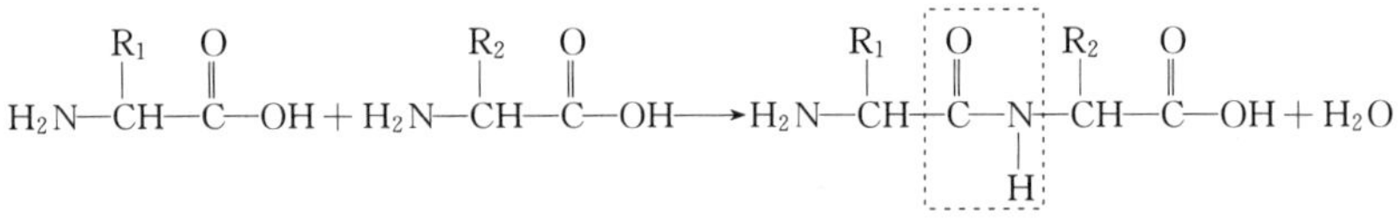

图 3-14　肽键的形成

由氨基酸通过肽键连接起来的化合物称为肽（peptide）。由两个氨基酸分子组成的肽称为二肽，由 3 个氨基酸缩合成的肽称为三肽。含有不多于 10 个氨基酸的肽称为寡肽，含有超过 10 个氨基酸的肽则称为多肽。蛋白质就是一种多肽，但不是所有的多肽都称为蛋白质。虽然蛋白质和多肽之间并没有严格的界限，但一般认为相对分子质量超过 5 000（含 40 个及以上的氨基酸）的多肽就应称为蛋白质。

组成多肽的氨基酸因参与了肽键的形成，已不是完整的氨基酸，故称为氨基酸残基（amino acid residue）。线性的肽链一端有一个游离的氨基（—NH₂），另一端有一个游离的羧基（—COOH），分别称为氨基末端（或 N 末端）和羧基末端（或 C 末端）。在书写肽链时，按照习惯将含有自由 α 氨基的氨基酸一端写在左边，把含有自由 α 羧基的氨基酸一端写在右边。

（二）生物体中几种重要的肽

生物体内广泛地存在着非蛋白质肽，这些肽具有各种特殊的功能。动物及人体内的催产素（oxytocin）、胰高血糖素（glucagon）、激肽、促肾上腺皮质激素（ACTH）、促黑激素等都是多肽（MSH），在体内起着激素的作用。从动物肌肉中分离出的肌肽和鹅肌肽都是二肽，这两种肽在肌肉组织中可能起着生理缓冲剂的作用。动物脑内存在的脑啡肽（enkephalin）是一种五肽，具有镇痛作用。有些多肽还具有抗菌作用，如短杆菌肽 S（gramicidin S）和短杆菌肽 A（gramicidin A，十肽）。某些蕈（mushroom）产生的剧毒毒素也是肽类化合物，如 α 鹅膏蕈碱（α-amanitin），它是从鹅膏蕈属的鬼笔鹅膏（Amanita phalliodes）中分离出来的，是一个环状八肽。α 鹅膏蕈碱能与真核生物的 RNA 聚合酶（RNA polymerase）Ⅱ牢固结合而抑制酶的活性，因而使 RNA 的合成不能进行，影响真核生物的 RNA 合成。

谷胱甘肽（GSH）是一种三肽，广泛地存在于动植物和微生物细胞中。它是由谷氨酸、半胱氨酸和甘氨酸构成的。谷氨酸不是 α 羧基而是 γ 羧基参与肽键的形成。谷胱甘肽分子中含有巯基，该肽具有还原型和氧化型两种形式，且两种形式可相互转变（图 3-15）。谷胱甘肽有保护含巯基的蛋白质和参与植物体的电子传递等功能。

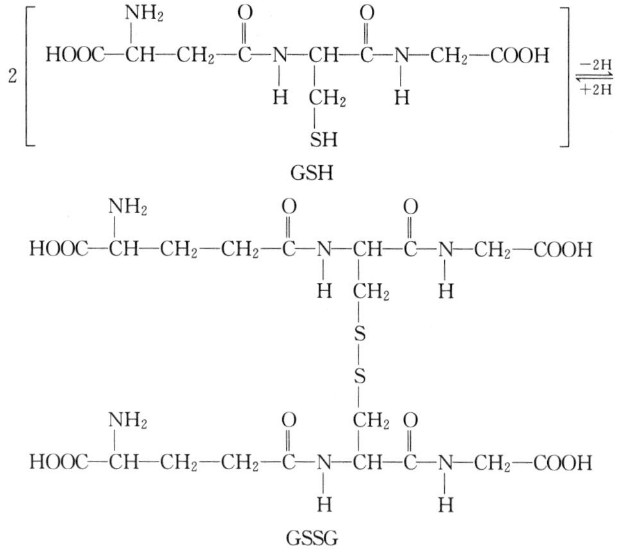

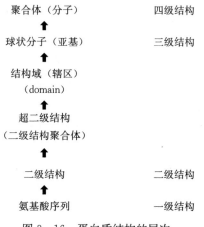

图 3-15　谷胱甘肽的氧化和还原

第二节　蛋白质的分子结构

生物体的蛋白质种类繁多、性质各异、功能多样，都是以其复杂的结构为基础的。

1952 年，丹麦生物化学家 Lindeystrom-Lang 首次用一级结构、二级结构和三级结构的概念来描述蛋白质分子的结构。1958 年，英国晶体学家 Bernal 补充了一个四级结构的概念。后来，生物化学家又增加了超二级结构和结构域两个新的概念。它们从不同的层次水平上揭示出蛋白质的细微结构，表明蛋白质分子结构具有多层次性。一般采用下列专门术语：一级结构（primary structure）是指多肽链的氨基酸序列。二级结构（secondary structure）是指多肽链借助氢键排列成自己特有的 α 螺旋和 β 折叠片段。这些片段构成规则结构（regular structure），这种结构像弹簧的螺圈沿一维方向伸展。二级结构是多肽链在空间的三维排列中的一个高级组织层次。三级结构（tertiary structure）是指多肽链借助各种非共价键（或非共价力）弯曲、折叠成具有特定走向的紧密球状构象。球状构象给出最低的表面积和体积之比，因而使蛋白质与周围环境的相互作用降到最小。三级结构是多肽链在三维排列中的另一高级组织层次。四级结构（quaternary structure）是指寡聚蛋白质中各亚基之间在空间上的相互关系和结合方式。当然，四级结构中各个亚基又有自己特定的三级结构（图3-16）。

聚合体（分子）　　　　　四级结构

↑

球状分子（亚基）　　　　三级结构

↑

结构域（辖区）

（domain）

↑

超二级结构

（二级结构聚合体）

↑

二级结构　　　　　　　二级结构

↑

氨基酸序列　　　　　　一级结构

图 3-16　蛋白质结构的层次

一、蛋白质的一级结构

蛋白质的一级结构也称为初级结构。蛋白质分子中氨基酸的排列顺序就是蛋白质的一级结构。维系一级结构的主要化学键是肽键。通常一级结构的内容还包括二硫键（—S—S—）的定位，因为有些蛋白质分子由两条以上的肽链组成，链间半胱氨酸残基常结合成二硫键。二硫键在蛋白质分子中起着稳定肽链空间结构的作用。

英国生物化学家 Sanger 经过多年的研究，于 1953 年首次将胰岛素（insulin）的一级结构奥秘揭开，开创了蛋白质化学的新纪元。胰岛素是动物胰脏中胰岛细胞分泌的一种激素蛋白，它的主要功能是促进糖原的生成和加速葡萄糖的氧化，可降低血糖含量。牛胰岛素分子由 51 个氨基酸组成，相对分子质量为 5 734，由两条肽链组成，一条称为 A 链，另一条称为 B 链。A 链是由 21 个氨基酸组成的二十一肽，B 链是由 30 个氨基酸组成的三十肽。A 链和 B 链之间通过两个二硫键连接起来。另外，A 链自身 6 和 11 位上的两个半胱氨酸通过二硫键相连形成链内小环（图 3-17）。迄今为止，已有 1 700 多种蛋白质的一级结构被阐明。

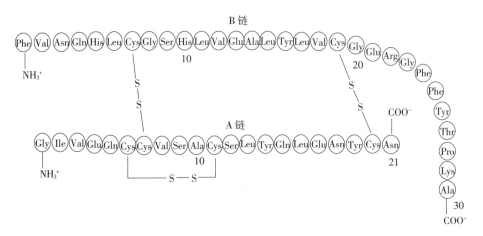

图 3-17　牛胰岛素的氨基酸顺序

二、蛋白质的三维结构

蛋白质的三维结构又称为高级结构、空间结构或立体结构等，是指蛋白质分子中所有原子在三维空间中的排布。蛋白质的二级结构、三级结构和四级结构均属三维结构。

（一）构型与构象

描述蛋白质的三维结构，过去曾不加区别地使用构型（configuration）和构象（conformation）两个概念。20 世纪 60 年代初，Edsal 提出只有用"构象"一词才能确切地反映蛋白质的立体结构。1969 年，理论和应用化学国际协会（IUPAC）决定用"构象"一词描述蛋白质的立体结构。构象和构型是两个不同的概念。构型是指手性碳原子所连接的 4 个不同的原子或基团在空间的两种不同排列（如氨基酸的 D 型和 L 型）。构型的改变涉及共价键的破坏或形成，与氢键无关。而构象是指一个由几个碳原子组成的分子，因一些单键的旋转而形成的不同碳原子上各取代基团或原子的空间排列。构象的改变并不涉及共价键的形成与断裂，只需要单键的旋转就可以使构象改变。这种改变仅涉及氢键等次级键的形成与破坏。

（二）蛋白质构象变化的基础

多肽链可以进行多次折叠，形成蛋白质的各种各样的三维结构。这些结构有着共同的基础。

1. 维系蛋白质三维结构的作用力　蛋白质的一级结构是由肽键和二硫键这两种共价键连接起来的。蛋白质的三维结构则是由氢键、疏水相互作用、离子键、范德华力、配位键等来维系的

（图 3 - 18），这些化学键称为次级键。蛋白质各种构象稳定态的维持及其相互间的转变主要靠这些次级键的作用。这些键的性质在第一章已做过讨论。

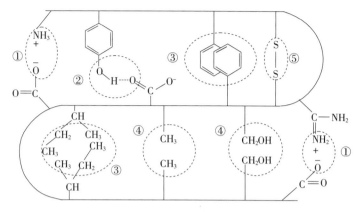

图 3 - 18 稳定蛋白质三维结构的各种作用力
①离子键 ②氢键 ③疏水相互作用 ④范德华力 ⑤二硫键

（1）氢键。在蛋白质分子中，可以参与氢键形成的基团有：肽主链上的羧基氧原子与亚氨基的氮原子；侧链上羟基、羧基的氧和氨基的氮，如丝氨酸、苏氨酸、酪氨酸上的羟基，精氨酸、赖氨酸上的—NH_2，天冬氨酸、谷氨酸上的—COO^- 等。蛋白质二级结构主要靠肽主链上的 $\diagdown$C$=$O 和 $\diagdown$NH 之间形成氢键。氨基酸侧链间形成的氢键则对维系蛋白质的三级结构和四级结构起重要作用。

（2）疏水相互作用（或疏水键）。在蛋白质分子中，含有疏水侧链的氨基酸有 Leu、Ile、Phe、Val、Ala、Pro。蛋白质分子中含有一些亲水的极性基团，这些基团都趋向于伸向蛋白质的外表，与周围的水介质作用，形成亲水区。蛋白质的疏水相互作用和亲水作用力对于维系蛋白质的空间构象都起到极为重要的作用。

（3）离子键。蛋白质分子中的酸性氨基酸和碱性氨基酸残基在一定的条件下可以形成离子。如谷氨酸和天冬氨酸残基的侧链都带有可解离成带负电荷的羧基，而赖氨酸和精氨酸则带有可解离成带正电荷的碱性基团，这种带正负电荷的基团能够在蛋白质分子中形成离子键。高浓度的盐、过高或过低的 pH 都可以破坏蛋白质分子中的离子键。

（4）范德华力。蛋白质分子的极性基团的偶极与非极性基团的诱导偶极之间的相互吸引（诱导力）和非极性基团瞬时偶极之间的相互吸引（色散力）对稳定结构有帮助。

（5）配位键。许多蛋白质分子含有金属离子，如铁氧还蛋白、血红蛋白、固氮酶铁蛋白、细胞色素 c 等都含有铁离子。金属离子与蛋白质的连接往往是通过配位键。在一些含金属的蛋白质分子中，金属离子通过配位键参与维系蛋白质分子的立体结构。当用螯合剂从蛋白质中除去金属离子时，蛋白质的高级结构便遭到破坏。

（6）二硫键。二硫键是由处在同一肽链不同部位或相邻肽链中的两个半胱氨酸的巯基氧化后相连接而成的化学键，它是一种共价键。二硫键也起着稳定蛋白质空间结构的作用。

除二硫键外，以上各次级键单独存在时，都是比较弱的键，但是各种次级键加在一起时，就产生一种足以维持蛋白质空间结构的强大作用力。

2. 酰胺平面与肽单元　Pauling 和 Corey 用 X 射线衍射技术研究肽链的结构，发现肽键的长度为0.132 nm，介于 C—N 单键（键长 0.149 nm）与 C$=$N 双键（键长 0.127 nm）之间，因而推断肽键具有部分双键的性质。这是由于肽键中羧基 C$=$O 上的 π 电子与 N 原子上孤对电子产生 P - π

共轭，形成较大的 π 键所致。双键的重要特征之一是不能自由旋转，这就使得多肽链中围绕肽键的 6 个原子构成一个平面，称为酰胺平面（amide plane），也称为肽平面（peptide plane）（图 3-19）。酰胺平面上原子的排列都是反式的。这就不难想象，多肽链是由一个个这种具有刚性结构的单元联结起来的。

肽键不能自由旋转，而 C_α 在相邻两个肽平面上的单键 C_α—C 及 C_α—N 都是可以自由旋转的。C_α—N 单键旋转的角度用 Φ 表示，C_α—C 单键旋转的角度用 Ψ 表示。α 碳原子上的两个旋转角度（Φ 和 Ψ）决定了相邻两个肽平面的相对位置。这两个旋转角度称为 α 碳原子的二面角。二面角可以在 $0°$ 至 $\pm 180°$ 范围内变动。从 C_α 向 C_1 看，沿顺时针方向旋转 C_α—N_1 键所成角度规定为正值；从 C_α 向 C_2 看，沿顺时针旋转 C_α—C_2 所形成的 Ψ 角规定为正值，逆时针转为负值。

考察多肽链的化学组成时，以氨基酸为基本结构单位表示是恰当的。从上述可知要了解肽链的构象时，切断肽键则把主要的结构内容抛弃了。因此，从构象出发，不希望切断肽键，于是提出了肽单元的概念。肽键中的 4 个原子和它相邻的两个 α 碳原子所组成的结构单位称为肽单元。肽单元上 6 个原子都位于同一刚性平面上，它是多肽链主链骨架的重复结构单位（图 3-20）。

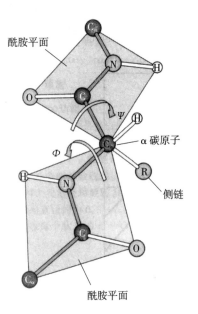

图 3-19 酰胺平面
注：$\Phi=180°$，$\Psi=180°$。

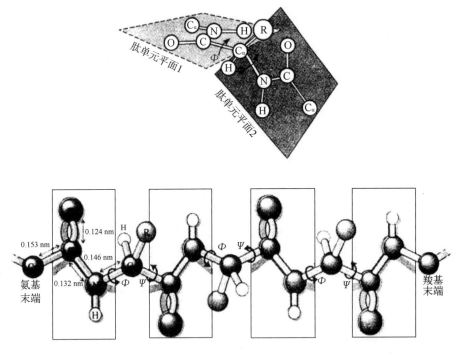

图 3-20 肽单元

3. 蛋白质可能构象的空间限制 因为 C_α—C 和 C_α—N 可以自由旋转，理论上二面角（Φ 和 Ψ）可以取无数个值，也就是说多肽链的构象数目是无限的。但实际上并不是这样的。根据研究，多肽链真正能够存在的构象很有限。因为在 Φ 和 Ψ 的某些取值时，主链上的原子之间或主链上的原子与侧链 R 基团之间会发生空间相撞，也就是说这时非键合原子不符合标准接触距离。这样的构象也就不可能存在。在 Ramachandran 图上已经表示出构象上所允许的 Φ 和 Ψ 区域，它清楚地表明了 Φ 和 Ψ 允许区域是怎样受到多肽主链和侧链基团的空间效应限制的（图 3 - 21）。Ramachandran 图上实线封闭的区域是允许区。在该区域中，任何二面角（Φ 和 Ψ）所决定的肽链构象，都是立体化学所完全允许的。因为在构象中，非键合原子间的距离不小于一般允许距离（范德华距离），二者之间没有排斥力，构象能量最低，所以此肽键构象最稳定。虚线封闭区域是部分允许区（临界限制区），这个区域内的任何二面角（Φ 和 Ψ）所规定的肽链构象虽是立体化学可以允许的，但不够稳定。因为在此构象中，非键合原子之间的距离小于一般允许距离，但大于最小允许距离。虚线外的区域是不允许区。该区域内的任何二面角（Φ 和 Ψ）所规定的肽链构象，都是立体化学所不允许的，因为在此构象中，非键合原子之间的距离小于最小允许距离，斥力很大，构象能量很高，因此肽链构象是极不稳定的。如果是甘氨酸组成的肽链，因其 R 基团只是一个氢原子，所以其允许区要较图 3 - 21 所示大得多。

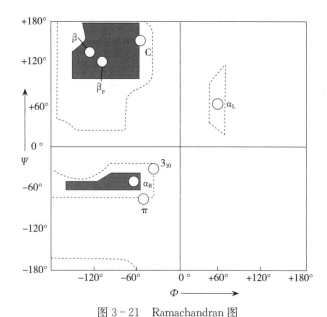

图 3 - 21　Ramachandran 图

α_R. 右手 α 螺旋　α_L. 左手 α 螺旋　β. β 折叠　3_{10}. 3_{10} 螺旋

注：图中黑色区域为构象允许区，虚线区域为构象部分允许区（临界限制区），

虚线外区域为构象不允许区。

在多肽链中，任何 α 碳原子的二面角，如果发生变化，则多肽链主链骨架的构象必然发生相应的变化。如果所有的二面角 Φ 和 Ψ 分别都等于 $+180°$（或 $-180°$），则多肽链主链骨架是充分伸展的肽链构象。如果所有的二面角都分别相等，多肽链主链骨架一般是有规律的构象。

综上所述，得出蛋白质的立体结构原则是：所有肽单位是刚性平面，N—C_α 与 C_α—C 呈反式结构，此时，肽平面处于稳定体系；肽平面中的肽键具有单键和双键的性质；N—C_α 与 C_α—C 键都可以旋转，形成不同构象，即二面角（Φ，Ψ）决定肽链的构象；构象是否稳定，就在于非键合原子之间的距离是否符合标准接触距离。

（三）蛋白质的二级结构

无论在肽链内部还是肽链之间，那些依靠氢键作用的氨基酸，其排列都是连续的并反映了一定的周期性规律，这样便形成了蛋白质的二级结构。蛋白质的二级结构是指多肽链主链由于氢键的作用而形成的空间排布，而不涉及侧链的构象。已提出 α 螺旋、β 折叠、β 转角、γ 转角、无规卷曲等几种二级结构模式，分别介绍于下。

1. α 螺旋　Pauling 和 Corey 等用 X 射线衍射技术研究毛发类蛋白质后，于 1951 年提出了一种具有周期性的肽链结构，称为 α 螺旋（α-helix），其要点如下：①多肽链主链环绕螺旋中心轴螺旋式上升，每隔 3.6 个氨基酸残基螺旋上升一圈。螺旋沿中心轴每上升一圈相当于向上平移 0.54 nm（图 3-22）。②螺旋上升时，每个氨基酸残基沿轴旋转 100°，向上平移 0.15 nm。③每一个 Φ 角为 $-60°$，每一个 Ψ 角为 $-50°\sim-45°$。④每个氨基酸残基上的亚氨基（　NH　）和位于它

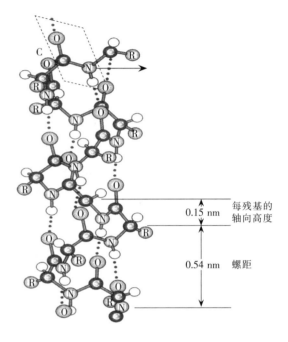

图 3-22　α 螺旋

前面的第四个氨基酸残基（或者说相隔 3 个氨基酸残基）上的羰基（C＝O）形成氢键。α 螺旋体结构允许几乎所有肽键参与链内氢键的形成，使肽链紧密裹束，因此 α 螺旋很稳定。⑤在 α 螺旋体中的氨基酸残基的各种侧链伸向外侧，在螺旋链上呈辐射状排列。氨基酸侧链虽然不参与螺旋，但可以影响螺旋的形成及其稳定性。甘氨酸、异亮氨酸、苏氨酸、天冬酰胺等氨基酸残基由于各自含有特殊的 R 基团，影响了 α 螺旋的形成。脯氨酸由于是亚氨基酸，当其参与肽键形成后，没有多余的氢形成氢键，所以在多肽链顺序上有脯氨酸时，α 螺旋就中断。如果在多肽链上连续存在带极性基团的氨基酸残基（如天冬氨酸、谷氨酸、赖氨酸等），则 α 螺旋构象就不稳定。

2. β 折叠　蛋白质中另有一类常见的二级结构是 β 折叠（β-pleated sheet）（图 3-23），它也是 Pauling 等提出的。这种结构由一条肽链的若干肽段间依靠肽链上的　C＝O 和　NH 形成氢键来维持稳定。β 折叠结构具有如下几个特点：①整个结构由多条肽段形成一种折叠形式，在这种折叠中的肽链几乎是完全伸展的。两个氨基酸残基之间的轴心距比 α 螺旋中的轴心距大得多。②氢键与中心轴接近垂直。③与 C_α 相连的 R 基团交替位于片层的上方与下方，与片层垂直（图 3-24）。

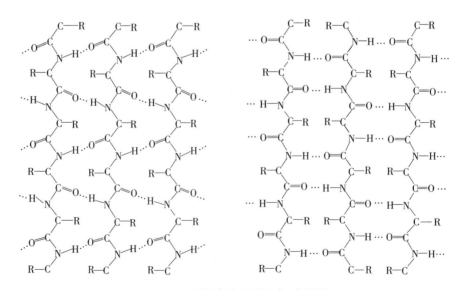

图 3-23　平行式及反平行式 β 折叠片

β折叠有两种类型：一种为平行式，即所有肽链的N末端都在同一端；另一种是反平行式，即相邻肽链的N末端正反方向排列着。平行式和反平行式β折叠中两个氨基酸残基间的轴心距分别为0.325 nm和0.35 nm。从能量上看，反平行式β折叠更为稳定。

β折叠结构大量存在于丝心蛋白和β角蛋白中。在一些球状蛋白分子（如溶菌酶、羧肽酶A、胰岛素）中，也有少量的β折叠存在。

3. β转角　β转角（β-turn）也称为β弯曲（β-bend）、β回折（β-reverse）、发夹结构（hairpin structure）、U形转折等。蛋白质分子的多肽链在折叠形成空间

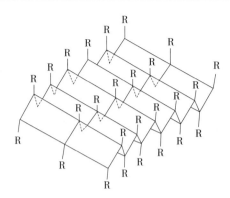

图3-24　β折叠的片层结构

构象时，经常会出现180°的回折（转折），形成套圈环状，回折处的结构就称为β转角结构。一般有4个连续的氨基酸组成。在构成该种结构的4个氨基酸残基中，第一个氨基酸的羧基和第四个氨基酸的氨基之间形成氢键（图3-25）。如蛋清溶菌酶分子中，Cys^{115}—Lys^{116}—Gly^{117}—Thr^{118}形成一个β转角结构。甘氨酸和脯氨酸易出现在这种结构中；在某些蛋白质，如嗜热菌蛋白酶中有3个连续的氨基酸形成β转角结构。氢键形成于第一个氨基酸中羰基氧和第三个氨基酸中亚氨基的氢之间。

4. γ转角　另一种肽链的折叠是γ转角（γ-turn），它是指一条多肽链上第一个残基上的羰基氧（或酰亚胺氢）与第三个残基上的酰亚胺氢（或羰基氧）形成氢键而成的一种构象。它只需要3个氨基酸残基，靠两个氢键稳定（图3-26）。

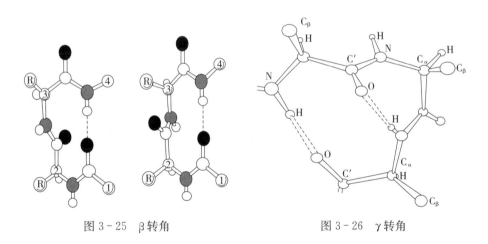

图3-25　β转角　　　　　　图3-26　γ转角

5. 无规卷曲　无规卷曲（nonregular coil）是指多肽链中没有规律性的那部分肽链的构象。

β转角和无规卷曲是球状蛋白质形成近似球形的空间构象所必需的主链构象，与球状蛋白质的生物功能有着密切的关系。

（四）蛋白质的超二级结构

超二级结构是指蛋白质分子中由若干相邻的二级结构单元（α螺旋、β折叠、β转角等）组合在一起，彼此相互靠近，形成在空间上能辨认的、有规则的二级结构组合体。在蛋白质结构的组织层次上，超二级结构高于二级结构，低于结构域和三级结构。

超二级结构主要涉及α螺旋聚集体（αα）、β折叠聚集体（βββ）和α螺旋与β折叠的聚集体（βαβ）。此外，还有一些从基本形式衍生而来的组合形式，如图3-27所示。

αα是由两股或三股α螺旋彼此缠绕而成左手超螺旋，重复距离为14 nm。螺旋之间依靠疏水残基的疏水相互作用而结合，自由能很低因而结构稳定。它是纤维状蛋白质α角蛋白、肌球蛋白、原

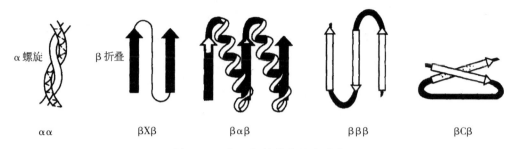

图 3 - 27 超二级结构的基本形式

肌球蛋白、纤维蛋白原中的一种超二级结构，近年来在一些球状蛋白质中也发现了小段的 αα 聚集体。

βXβ 是一大类 β 折叠聚集体的组合，两个 β 折叠之间通过 X 结构连接起来。若 X 为 α 螺旋，即成 βαβ 单元；若 X 为 β 折叠，则形成 βββ 单元；若 X 为无规卷曲，则形成 βCβ 单元（图 3 - 27）。图 3 - 28 显示了 βXβ 的三种连接方式，除了末端间的直接连接，按 X 链的缠绕方向，有左手交叉连接和右手交叉连接之分。

图 3 - 28　βXβ 单元的连接方式

βαβ 是由两段平行的 β 折叠通过一段 α 螺旋连接而形成的结构，β 折叠与 α 螺旋之间是反平行的关系。最常出现的是 βαβ 衍生而来的 βαβαβ 聚集体，被称为 Rossmann 折叠（图 3 - 27），几乎所有的 βαβ 都是右手交叉连接的。

βββ 是由两段平行的 β 折叠通过一段 β 折叠连接而形成的结构，有多种衍生形式，如 β 转角连接而成的 β 迂回（图 3 - 29）。

回形拓扑结构，又称为希腊钥匙，是比较特殊的一种 β 迂回，因为这种图案出现在希腊陶瓷花瓶上而得名。这种拓扑结构有两种可能回旋方向，而实际在蛋白质中只观察到一种（图 3 - 30）。

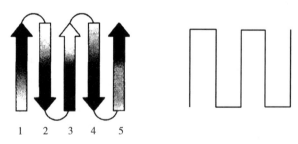

图 3 - 29　β 迂回的结构

1~5. 参与 β 迂回结构的 5 组 β 折叠

β 折叠桶是蛋白质中的 β 折叠进一步折叠而成的筒状结构，根据 β 折叠的排列方向，有平行式和反平行式两种。组成 β 折叠桶的 β 折叠为 5~15 个。图 3 - 31 显示了 β 折叠桶的结构以及具有 β 折叠桶结构的蛋白质的构象。

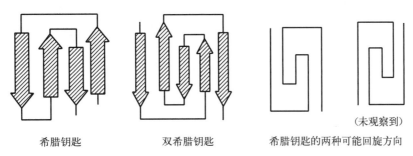

希腊钥匙　　　　双希腊钥匙　　　希腊钥匙的两种可能回旋方向

图 3-30　回形拓扑结构

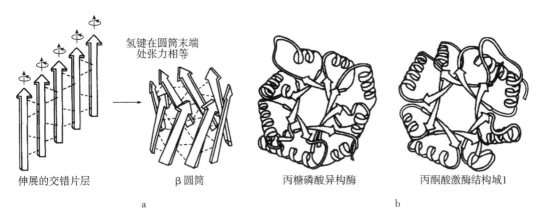

图 3-31　β折叠桶的结构
a. β折叠桶的结构　　b. 两种含有β折叠桶结构的蛋白质

　　马鞍形排布是蛋白质中β折叠组合而成的另一种排布方式，也有平行式和反平行式之分。图 3-32 显示了马鞍形排布的结构以及具有马鞍形排布结构的蛋白质的构象。

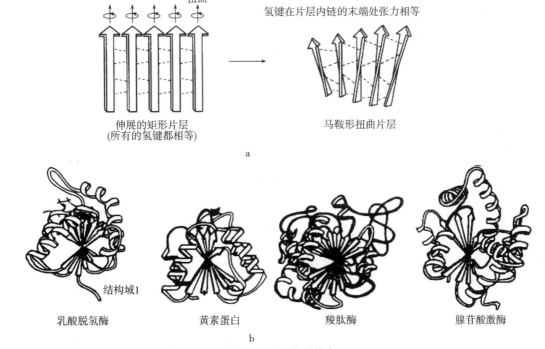

图 3-32　马鞍形排布
a. 马鞍形排布结构　　b. 4 种含有马鞍形排布结构的蛋白质

在多数情况下，当形成超二级结构时，二级结构之间的接触面上是由非极性氨基酸残基以疏水键发生相互连接，稳定超二级结构的构象，而极性氨基酸残基大多位于超二级结构的表面。

（五）模体

在许多蛋白质分子中，可发现两个或三个具有二级结构的肽段，在空间上相互接近，形成一个具有特殊功能的空间构象，称为模体（motif）。一个模体总有其特征性的氨基酸序列，并发挥特殊的功能。在许多钙结合蛋白分子中，通常有一个结合钙离子的模体，它由 α 螺旋-环-α 螺旋三个肽段组成（图 3-33a），在环中有几个恒定的亲水侧链，侧链末端的氧原子通过氢键结合钙离子。近年发现的锌指结构（zinc finger）也是一个常见的模体例子。此模体由 1 个 α 螺旋和 2 个反平行的 β 折叠组成（图 3-33b）。它形似手指，具有结合锌离子的功能。此模体的 N 端有 1 对半胱氨酸残基，C 端有 1 对组氨酸残基，此 4 个残基在空间上形成一个洞穴，恰好容纳 1 个 Zn^{2+}。由于 Zn^{2+} 可稳固模体中的 α 螺旋结构，致使此 α 螺旋能镶嵌于 DNA 的大沟中，因此，含锌指结构的蛋白质都能与 DNA 或 RNA 结合。可见模体的特征性空间构象是其特殊功能的结构基础。有些蛋白质的模体仅由几个氨基酸残基组成，例如，纤连蛋白中能与其受体结合的肽段，是 RGD 三肽（精氨酸-甘氨酸-天冬氨酸）。

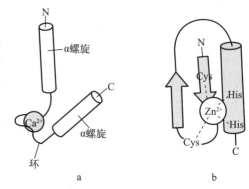

图 3-33 蛋白质模体
a. 钙结合蛋白中结合钙离子的模体 b. 锌指结构

（六）蛋白质的结构域

在较大的蛋白质分子或亚基中，其三维结构往往可以形成两个或多个空间上可以明显区别的区域，这种相对独立的三维实体称为结构域（structural domain），蛋白质分子中的结构域有的很不相同，而有的则很相似。结构域大小变化很大，有的只有几十个残基，有的则有几百个残基。酶分子的活性中心常常存在于两个结构域的交界上。

结构域是球状蛋白质的折叠单位，多肽链折叠的最后一步是结构域的组合。对于较小的蛋白质分子或亚基来说，结构域和三级结构往往是一个意思，也就是说这些蛋白质或亚基是单结构域的，如血红蛋白、核糖核酸酶。结构域是多肽链在超二级结构的基础上组装而成的，也和超二级结构一样，组装的基本方式有限，主要有由 β 折叠形成的圆柱形 β 折叠桶和由 α 螺旋组成的 α 螺旋索。对于较大的球状蛋白质或亚基，其三级结构往往由两个或多个结构域组合而成，如免疫球蛋白（immunoglobulin，Ig）。免疫球蛋白分子由 12 个结构域组成，4 个位于两条轻链中，8 个位于两条重链上（图 3-34），不同的结构域承担着不同的功能。

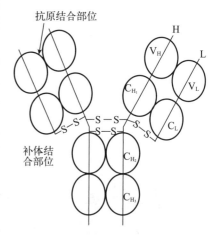

图 3-34 免疫球蛋白的分子结构

有些蛋白质如硫氰酸酶（rhodanase）含有彼此极其相似的结构域（图 3-35）。两个相似的结构域常是二重对称轴的关系，有些蛋白质中结构域彼此十分不同，如木瓜蛋白酶（papain）中的两个结构域（图 3-36）。一个蛋白质（或亚基）中两个结构域之间的分隔程度各不相同，有的两个结构域各自独立成实体，中间仅由一段长短不一的肽链连接；有的相互间接触面大而紧密，整个分子（或亚基）的外表是个平整的球面，甚至难以确定究竟有几个结构域存在。多数是中间类型的，分子（或亚基）外形偏长，结构域之间有一个裂沟或密度较小的区域，如己糖激酶（hexokinase）。

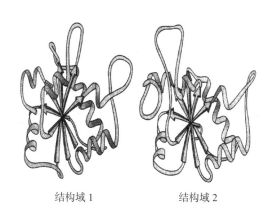

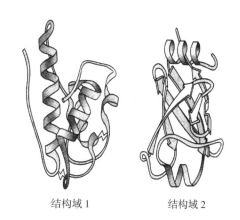

结构域1　　　　　结构域2　　　　　　　　结构域1　　　　　结构域2

图3-35　硫氰酸酶含有两个相似的结构域　　　图3-36　木瓜蛋白酶中两个彼此不相同的结构域

（七）蛋白质的三级结构

蛋白质分子在二级结构的基础上进一步折叠卷曲形成的特定空间构象称为三级结构。三级结构是指包括侧链基团在内的所有原子的空间排列，它不涉及亚基间的相互关系。维持蛋白质三级结构的主要作用力是次级键。对于单链蛋白质来说，三级结构就是分子的特征立体结构，而对于多链蛋白质来说，是指肽链各自的三维折叠。

鲸肌红蛋白（whale myoglobin）是第一个被阐明三级结构的蛋白质，它由一个含有153个氨基酸残基的多肽链构成。全链共折叠成8段长度为7~24个氨基酸残基的α螺旋体；在转折处有1~8个氨基酸残基，结构松散，没有形成α螺旋。这是因为转折处含有脯氨酸、异亮氨酸、丝氨酸等，不利于α螺旋的形成。整个分子结构紧密，大约77％的氨基酸以α螺旋存在。内部有一个可包含4个水分子的空间，极性侧链氨基酸残基几乎全部分布于分子的表面，而非极性氨基酸残基处于分子的内部。血红素（heme）辅基垂直地伸出分子表面，并与肌红蛋白分子内部的组氨酸残基相连。在四吡咯中央的Fe原子以配位键（第五个配位键）与组氨酸的咪唑基相连。第六个配位键被水分子占据（图3-37）。

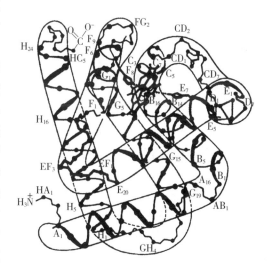

图3-37　鲸肌红蛋白的三级结构

注：A、B、C、D、E、F、G和H分别表示8个螺旋，相应的非螺旋区肽段为NA（N末端）、AB、BC、CD、DE、EF、FG、GH和HC（C末端），字母后的数字表示该氨基酸残基在肽段中的位置。

（八）蛋白质的四级结构

由两条或两条以上的多肽链盘绕聚合而成的蛋白质称为寡聚蛋白，其中每一条具有三维结构的多肽链称为亚基。从结构上看，亚基是蛋白质分子最小的共价单位。有的亚基也可以由二硫键连接的几条多肽链构成。所谓四级结构就是指寡聚蛋白中各亚基立体排布和各亚基间的相互作用，但不包括亚基内部的空间结构。蛋白质的四级结构只存在于寡聚蛋白中，而一般的单链蛋白质没有四级结构。具有四级结构的蛋白质各亚基可以相同，也可以不同。寡聚体蛋白质分子可按亚基数目分为二聚体、四聚体、六聚体等。

血红蛋白（hemoglobin）是研究得最深入的一种具有四级结构的蛋白质。血红蛋白的相对分子质量为65 000，它是由两个相同的α亚基和两个相同的β亚基组成的四聚体。每个α亚基和β亚基都含有一个血红素辅基。α亚基由141个氨基酸组成，β亚基由146个氨基酸组成。α亚基的一级结构差别比较大，但却具有几乎相同的三级结构。在血红蛋白的四级结构中，相同的亚基成对角配对。因此，4个亚基占据着四面体的4个角。整个外形呈现为一个近似球形的结构，其直径为 0.55 nm（图 3 - 38）。

血红蛋白与肌红蛋白相比较，肌红蛋白的结构相当于血红蛋白的一个亚基，血红蛋白的 α 亚基、β 亚基和肌红蛋白都有相似的二级结构和三级结构，所以它们的功能相似，但不完全相同。

图 3 - 38　血红蛋白的四级结构

（九）纤维状蛋白质和球状蛋白质的空间构象

生物体内的蛋白质根据其外形（按分子的轴比）可以分为两大类：纤维状蛋白质和球状蛋白质。下面对这两类蛋白质的空间构象做扼要介绍。

1. 纤维状蛋白质　纤维状蛋白质分子轴比大于 10，呈纤维状，以多股肽链或几股螺旋沿长轴方向盘绕卷曲为特征。纤维状蛋白质广泛地分布于脊椎动物和无脊椎动物体内，是动物体的基本支架和外保护组分。

纤维状蛋白质可分为不溶性蛋白质和可溶性蛋白质两类，前者有角蛋白（keratin）、胶原蛋白（collagen）、弹性蛋白（elastin）等；后者有肌球蛋白、纤维蛋白原等，但不包括微管、肌动蛋白细丝或鞭毛（它们是球状蛋白质长向聚集体）。下面介绍几种纤维状蛋白质。

（1）α 角蛋白。α 角蛋白存在于毛发、皮肤、鳞屑、蹄、角和指甲中。α 角蛋白的结构单位是右手 α 螺旋。每 3 条 α 螺旋肽链左旋绕成直径约 2 nm 的原纤维。肽链之间靠二硫键维持其稳定性。每 9 条原纤维结合成一个圆圈结构，中心围着另两股原纤维，构成由 11 条纤维组成的微纤维，微纤维直径约 8 nm，再由许多微纤维组成直径为 200 nm 的大纤维（图 3 - 39）。由于 α 角蛋白中含有很多半胱氨酸，所以众多的二硫键就使得 α 角蛋白很稳定。α 角蛋白经加热或被外力拉直，氢键就被破坏而变成 β 角蛋白（β 折叠为基本结构单位）。

（2）丝心蛋白。丝心蛋白也称为 β 角蛋白。蚕丝、蜘蛛丝等丝心蛋白是典型的反平行式 β 折叠片，多肽链为锯齿状折叠构象，酰胺基的取向使相邻的 Cα 为侧链腾出空间，从而避免了任何空间位阻。在这种结构中，侧链交替地分布在折叠片的两侧。

图 3 - 39　α 角蛋白的结构

丝心蛋白分子其片层结构（即反平行式 β 折叠片）以平行的方式堆积成多层结构。链间主要以氢键连接，层间主要靠范德华力维系（图 3 - 40）。丝心蛋白主要由具有小侧链的甘氨酸、丝氨酸和丙氨酸组成，每隔一个氨基酸残基就是甘氨酸。这就意味着所有的甘氨酸位于折叠片平面的一侧，丝氨酸和丙氨酸等在平面的另一侧。在这些反平行式 β 折叠结构中，两个多肽链之间的距离为 0.47 nm，在两个交替堆积层之间的距离分别为 0.35 nm（Gly，侧链）和 0.57 nm（Ala/Ser）。由于这种结构方式使得丝心蛋白所承受的张力并不直接放在多肽链的共价键上，因此使丝纤维具有很高的抗张强度。又由于堆积层之间是由非键合的范德华力维系的，因而使丝纤维具有很柔软的特性。但是，因为丝心蛋白的肽链已经处于相当伸展的状态，所以不能拉伸。丝心蛋白分子除有甘氨酸残基、丙氨酸残基、丝氨酸残基外，还有一些大侧链的氨基酸残基，如酪氨酸残基、缬氨酸残基、脯氨酸残基

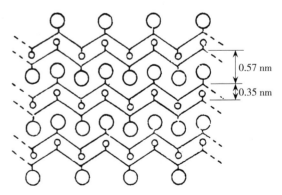

图 3 - 40　丝堆叠反平行式 β 折叠片侧视图

等，由它们构成的区域是无规则的非晶状区，分子中有序的晶状区和无序的非晶状区交替出现。无序区的存在，赋予丝心蛋白一定的伸长度。

（3）胶原蛋白。胶原蛋白简称胶原（collagen），是高等脊椎动物体内含量丰富的一种蛋白质，是皮肤、软骨、动脉管壁及结缔组织中的主要成分。胶原蛋白种类很多，结构差异较大。胶原蛋白的一般结构特征是：胶原蛋白在体内以胶原纤维的形式存在，其基本组成单位是原胶原（tropocollagen）；原胶原由 3 条肽链组成，每条肽链含大约 1 000 个氨基酸残基，形成螺旋状结构，每圈螺旋含 3.3 个氨基酸残基；原胶原分子经多级聚合形成胶原纤维，在电子显微镜下胶原纤维呈现特有的横纹区带；胶原蛋白中缺乏半胱氨酸和色氨酸，其多肽链中含有 Gly - X - Y 的重复结构，X 多数情况下为脯氨酸，Y 是任一种氨基酸，包括羟脯氨酸和羟赖氨酸；羟脯氨酸和羟赖氨酸是在多肽链合成后，在相应的脯氨酸羟化酶和赖氨酸羟化酶作用下形成的，这些酶的活性部位有 Fe^{2+}。若缺乏维生素 C，Fe^{2+} 易被氧化为 Fe^{3+}，使羟化酶活性降低，相应部位的脯氨酸和赖氨酸不能羟化，使得胶原纤维不能正常合成，引起皮肤损伤，血管变脆，导致坏血病的发生。

图 3 - 41　原胶原三螺旋结构

由于胶原蛋白分子中氨基酸组成上的这些特点，胶原蛋白的肽链是比较伸展的。Rich 等认为胶原蛋白的二级结构是由 3 条这样的比较伸展的螺旋状肽链相互缠绕而形成的三螺旋结构（图 3 - 41）。原胶原三螺旋目前认为只存在于胶原纤维中。

2. 球状蛋白质　球状蛋白质分子轴比小于 10，大多数小于 4，以多肽链紧密折叠卷曲为特征。球状蛋白质是结构复杂、功能多样的一大类蛋白质。球状蛋白质是水溶性的，形状近于球形。球状蛋白质有的是构成具有生物活性的酶和动物激素，有的构成机体的各种保护剂（如抗体），还有的构成运输蛋白等。各种功能不同的球状蛋白质有着各自特定的空间结构。现将球状蛋白质空间结构的一般规律介绍如下。

（1）球状蛋白质分子高度折叠，结构紧密。球状蛋白质分子经过多次折叠，形成一种非常致密的结构，分子内部几乎没有空隙可以容纳水分子。

（2）在球状蛋白质分子中，疏水的侧链基团避开水相，在分子内部彼此靠近，形成疏水区；极性的 R 侧链则分布在球状分子的表面，形成亲水区。

（3）各种不同的球状蛋白质中含有不同比例的 α 螺旋、β 折叠、β 转角、无规卷曲等基本结构。

（4）球状蛋白质中肽链的排列具有手性。从蛋白质构象的能量计算，多肽链以稍微向右扭曲能量最低，最为稳定。

（5）球状蛋白质中的二级结构聚合成超二级结构和结构域时，有将蛋白质亲溶剂的表面积减少到最小的倾向。

第三节　蛋白质结构与功能的关系

一、蛋白质的一级结构与功能的关系

蛋白质一级结构与功能的关系可以从两方面来看：一方面是同功能的蛋白质具有相似的一级结构，另一方面就是蛋白质一级结构上的变化可引起功能的变化。

（一）蛋白质一级结构的种属差异与分子进化

人们在研究蛋白质的种属差异时发现，具有相同功能的蛋白质在一级结构上具有很大的相似性。在这方面研究得较多的有胰岛素和细胞色素 c。据对哺乳动物、鸟类和鱼类等动物的胰岛素一级结构的研究，发现这些不同种类动物的胰岛素绝大多数是由 51 个氨基酸组成的，并且这些不同

种动物胰岛素中有 22 个位置的氨基酸是不变的，尤其是决定二硫键位置的半胱氨酸没有变化。说明这些氨基酸排列的位置是胰岛素功能的决定因素。另一方面，不同物种胰岛素分子中一些氨基酸的位置可以变化，如胰岛素 A 链的 8、9、10、30 位氨基酸有明显的种属差异（表 3-5）。

表 3-5　不同哺乳动物胰岛素分子的氨基酸顺序的差异

胰岛素来源	部分氨基酸顺序的差异			
	A_8	A_9	A_{10}	A_{30}
人	Thr	Ser	Ile	Thr
猪	Thr	Ser	Ile	Ala
犬	Thr	Ser	Ile	Ala
牛	Ala	Ser	Val	Ala
山羊	Ala	Gly	Val	Ala
马	Ala	Gly	Val	Ala
象	Thr	Gly	Val	Thr
抹香鲸	Thr	Ser	Ile	Ala
兔	Thr	Ser	Ile	Ser

细胞色素 c（cytochrome c）是一种传递电子的载体，相对分子质量为 12 400，由 104 个氨基酸残基组成。Hargollash、Smith 等对近 100 个生物种属的细胞色素 c 的一级结构进行了测定和比较，发现亲缘关系越近，其结构越相似。如人类与恒河猴同属灵长类，它们的细胞色素 c 只在第 58 位氨基酸残基上有差别，人类为 Ile，恒河猴为 Thr。灵长类与其他哺乳类（马、牛、兔等）的细胞色素 c 有 8～12 个氨基酸残基存在差别，哺乳类与爬行类的细胞色素 c 之间有 14 个左右氨基酸残基不相同，动物与植物和微生物之间的细胞色素 c 有 47 个氨基酸残基不相同。上述各种生物在亲缘关系上差别很大，但与功能密切相关部分的氨基酸序列却有共同性，在 104 个氨基酸中有 35 个氨基酸是各种生物所共有的，如其中的第 14 位和第 17 位的两个半胱氨酸、第 18 位的组氨酸、第 80 位的甲硫氨酸以及第 48 位的酪氨酸和第 59 位的色氨酸都是不变的（表 3-6）。

表 3-6　不同生物与人的细胞色素 c 的氨基酸差异数目

生物名称	与人的细胞色素 c 不同的氨基酸数	生物名称	与人的细胞色素 c 不同的氨基酸数
黑猩猩	0	响尾蛇	14
恒河猴	1	海龟	15
兔	9	金枪鱼	21
袋鼠	10	狗鱼	23
牛、猪、羊	10	果蝇	25
犬	11	蛾	31
驴	11	小麦	35
马	12	粗糙链孢霉	43
鸡、火鸡	13	酵母菌	44

（二）蛋白质一级结构的变异与分子病

蛋白质一级结构的改变引起功能改变的著名例子有血红蛋白分子一级结构变化而引起的镰状细胞贫血。该病最早于 1910 年发现，经过将近 40 年的研究才弄清它的病因。这种贫血病人细胞的血红蛋白（HbS）和正常人细胞的血红蛋白（HbA）不同。用电泳法可将其分开，表明它们在电荷数量上有差异。再分析二者的氨基酸组成及排列顺序，发现仅仅是一个氨基酸的差异，即正常 β 链的第 6 位谷氨酸被缬氨酸取代（表 3-7）。这两个氨基酸性质上的差别（谷氨酸含极性 R 基，缬氨基含非极性 R 基），就使 HbS 分子表面的负电荷数减少，影响分子的正常聚集，溶解度降低，血细胞随之收缩成镰刀形，致使输氧功能下降，细胞变得脆弱而发生溶血。

表 3-7　镰状细胞贫血病人血红蛋白与正常人血红蛋白的差异

氨基酸位数	1	2	3	4	5	6	7	8	……
HbA 顺序：H_2N	—缬	—组	—亮	—苏	—脯	谷	—谷	—赖	……
HbS 顺序：H_2N	—缬	—组	—亮	—苏	—脯	缬	—谷	—赖	……

（三）蛋白质前体的激活与一级结构变化

已发现不少的蛋白质在合成以后，不马上表现生物学活性，而是先按特定的方式断裂，然后才呈现生物活性。如血液凝固时血纤维蛋白原（fibrinogen）和凝血酶原（thrombinogen）的复杂变化、消化液中一系列蛋白水解酶原的激活以及一些蛋白质激素前体转变为活性激素都属于这种情况。

现以胰岛素原的激活为例予以说明。胰岛素是在胰岛的 β 细胞内质网的核糖体上合成的。最初合成的是一个比胰岛素分子大 1 倍多的单链多肽，称为前胰岛素原（preproinsulin），它是胰岛素原（proinsulin）的前体，而胰岛素原是胰岛素的前体。前胰岛素原是一条长肽链，N 端肽段是信号肽（signal peptide），约含 20 个氨基酸残基。信号肽的作用是引导新生的多肽进入内质网腔。前胰岛素原进入内质网腔后立即被信号肽酶切去信号肽，形成的胰岛素原被运输到高尔基体，然后贮存在颗粒内。胰岛素原中间有一段连接肽（connecting peptide），简称 C 肽。C 肽的 N 端连接的是 B 肽，C 端连接 A 肽。胰岛素原经特异酶的作用，切下一段 C 肽后转变为有生物活性的胰岛素（图 3-42）。不同种属动物的 C 肽不同，如人的 C 肽为三十一肽，猪的 C 肽为二十九肽，牛的 C 肽为二十六肽。

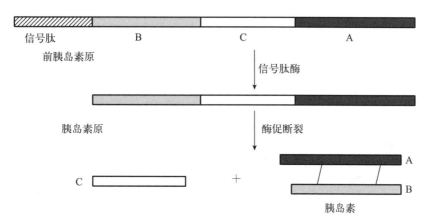

图 3-42　活性胰岛素的形成

二、蛋白质的三维结构与功能的关系

蛋白质要执行其特定的生物学功能，必须有相应的空间结构，为特定的氨基酸残基侧链基团提供其发挥作用的相对位置和微环境。蛋白质结构的改变必然引起功能的相应改变。

（一）蛋白质变性导致功能丧失

蛋白质受物理因素或化学因素的影响，其三维结构被破坏时，便失去了执行正常生理功能的能力，酶不再作为催化剂，蛋白质类激素不再起调节代谢的作用，膜蛋白不再作为载体。例如，在实验室里测定酶活性时，常用加热法来终止酶活性，这就是利用加热使酶蛋白变性而丧失酶活性。

20 世纪 60 年代，Anfinsen 在研究牛胰核糖核酸酶时已发现，蛋白质的功能与其三级结构密切相关。牛胰核糖核酸酶由 124 个氨基酸残基组成，有 4 对二硫键（Cys^{26}和 Cys^{84}，Cys^{40}和 Cys^{95}，Cys^{58}和 Cys^{110}，Cys^{65}和 Cys^{72}）。

用尿素（或盐酸胍）和 β 巯基乙醇处理该酶溶液，分别破坏次级键和二硫键，使其二、三级结构遭到破坏，但肽键不受影响，故一级结构仍存在，此时，该酶活性丧失殆尽。核糖核酸酶中的 4 对二硫键被 β 巯基乙醇还原成—SH 后，若要再形成 4 对二硫键，从理论上推算有 105 种不同配对方式，唯有与天然核糖核酸酶完全相同的配对方式，才能呈现酶活性。当用透析方法去除尿素和 β 巯基乙醇后，松散的多肽链循其特定的氨基酸序列，卷曲成天然酶的空间构象，4 对二硫键也正确配对，这时，酶活性又逐渐恢复至原来水平（图 3-43）。这充分证明空间构象遭破坏的核糖核酸酶只要其一级结构（氨基酸序列）未被破坏，就可能恢复到原来的三级结构，功能依然存在。

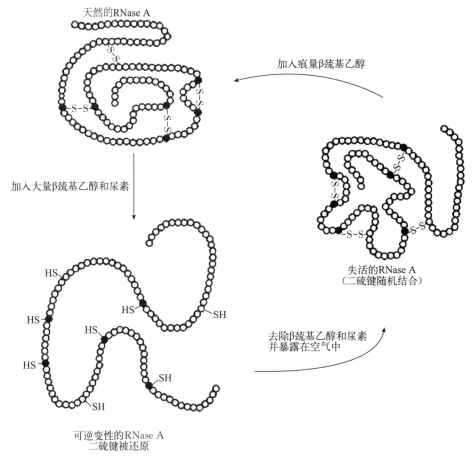

图 3-43　β 巯基乙醇及尿素对牛胰核糖核酸酶的作用

（二）血红蛋白的变构现象

以血红蛋白的变构现象来说明蛋白质构象变化与功能的关系。血红蛋白含有 2 个 α 亚基和 2 个 β 亚基，75％的氨基酸残基形成 α 螺旋，折叠成 8 个肽段，分别用 A、B、C、D、E、F、G、H 表示，相应非螺旋肽段称为 NA、AB、BC、CD、DE、EF、FG、GH、HC。4 个折叠的亚基又聚合成球形血红蛋白分子。肽链中的亲水基团常在分子表面，而疏水基团大多藏在肽段间隙中，依靠肽链内和肽链间的氢键或离子键保持分子构象的稳定。血红蛋白 4 个亚基中的血红素辅基均处于折叠肽链的包围中。血红素上的二价铁离子所具有的 6 个配位键，除 4 个与卟啉相连外，一个与肽链上的组氨酸侧链的咪唑基作用，另一个能自由地与氧分子可逆结合，从而完成其输氧功能。

在非氧合血红蛋白β亚基中，由于 E_{11} 的 Val 侧链对 O_2 结合部位的空间障碍，使β亚基不能首先与 O_2 结合，当一个或两个α亚基与 O_2 结合时，由于 O_2 的结合，使铁原子直径缩小，向血红素平面移动0.75 nm，从而全部落入卟啉环的中央穴中（图 3-44）。铁原子的位移，导致 HC_2 上的 Tyr 包围圈（由 F 和 H 螺旋所构成的穴）的收缩，从而使 HC_2 突围而出，HC_2—HC_2—Tyr 的移动拉断了约束脱氧血红蛋白分子构象的某些盐桥，使血红蛋白分子的四级结构发生很大变化（图 3-45）。盐桥的断裂，使β亚基能够与 O_2 结合。这时，O_2 与血红蛋白结合的速度加快，所以血红蛋白与 O_2 的结合曲线呈现 S 形（图3-46）。

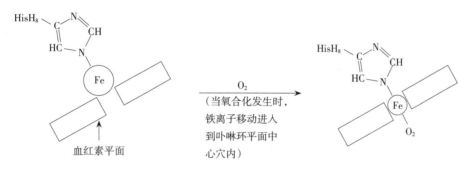

图 3-44　Fe 原子与血红素平面的位置

$HisH_8$. H 螺旋上的第 8 位组氨酸

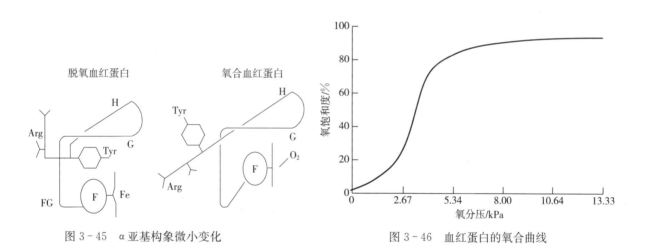

图 3-45　α亚基构象微小变化　　　　　图 3-46　血红蛋白的氧合曲线

（三）蛋白质构象改变引起构象病

生物体内蛋白质的合成、加工与成熟是一个复杂的过程，其中多肽链的正确折叠对其正确构象形成和功能发挥至关重要。若蛋白质的折叠发生错误，尽管其一级结构不变，但蛋白质的构象发生改变，仍可影响其功能，严重时可导致疾病发生，有人将此类疾病称为蛋白质构象病。有些蛋白质错折叠后发生聚集，常形成抗蛋白水解酶的淀粉样纤维沉淀，产生毒性而致病，表现为蛋白质淀粉样纤维沉淀的病理改变，这类疾病包括人纹状体脊髓变性病、阿尔茨海默病、亨丁顿舞蹈病及牛海绵状脑病（又称疯牛病）等。

牛海绵状脑病是由朊病毒蛋白（prion protein，PrP）引起的一组人和动物神经退行性病变。这类疾病具有传染性、遗传性或散在发病的特点，其在动物间的传播是由 PrP 组成的传染性蛋白成分（不含核酸）完成的。PrP 是染色体基因编码的蛋白质，正常动物和人的 PrP 是分子质量为33～35 ku 的蛋白质，其水溶性强，对蛋白酶敏感，二级结构为多个α螺旋，称为 PrPc。PrPsc 是 PrPc 的致病形式，但 PrPc 和 PrPsc 的一级结构完全相同。PrPc 转变为 PrPsc 即是富含α螺旋的 PrPc 重新折叠成为仅含β折叠的 PrPsc。PrPsc 对蛋白酶不敏感，水溶性差，而且对热稳定，可以相互聚集，最终形成淀粉样纤维沉淀而致病。

第四节　蛋白质的重要理化性质

一、蛋白质的两性解离及等电点

与氨基酸类似，蛋白质也是两性电解质。蛋白质分子中可解离的基团有肽链末端的α氨基和α羧基，侧链上的ε氨基、β羧基、γ羧基、咪唑基、胍基、巯基等。有些结合蛋白中的辅基也可以解离。它们构成了蛋白质两性解离的基础。在酸性环境中，各碱性基团与质子结合，使蛋白质分子带有正电荷；在碱性环境中，酸性基团解离出质子，与环境中的 OH^- 结合成水，使蛋白质带负电荷。但蛋白质中可解离基团的解离趋势与自由氨基酸中相应基团的解离趋势有所不同，这是由于在蛋白质分子中可解离基团受到邻近电荷的影响所致。蛋白质由于含有多个可解离基团，在一定的 pH 下可发生多价解离。因此，蛋白质分子所带电荷的性质与数量是由蛋白质中可解离基团的种类和数目以及溶液的 pH 共同决定的。当溶液在某一特定的 pH 时，蛋白质所带的正电荷与负电荷恰好相等，即净电荷为零，这时溶液的 pH 称为该蛋白质的等电点。当某蛋白质处在 pH 小于它的等电点的溶液时，带正电荷，在电场中向负极移动；当其处在 pH 大于它的等电点的溶液中时，带负电荷，在电场中向正极移动。蛋白质等电点的大小与它所含氨基酸的种类和数量有关。如蛋白质分子所含碱性氨基酸较多，其等电点则偏高；若蛋白质分子中所含酸性氨基酸较多，其等电点则偏低。有时，等电点不能完全反映蛋白质分子的解离状况。这是由于蛋白质所处溶液中存在各种离子（如 Ca^{2+}、Mg^{2+}、Cl^- 等），它们可以和蛋白质分子结合，改变其电性，从而影响等电点。等离子点能完全地反映蛋白质分子的解离状况，等离子点是指在没有其他盐类存在（纯水）时，蛋白质中质子供体解离出的质子数与质子受体结合的质子数相等时的 pH，也即蛋白质在纯水中的等电点为等离子点。等离子点是蛋白质的特性常数。

蛋白质处于等电点时具有一些特殊的理化性质，其导电率、渗透压、黏度以及溶解度均为最小。故可利用蛋白质在等电点时溶解度最小这一特性来分离、提纯蛋白质。

带电质点在电场中向与其自身所带电荷相反的电极方向移动的现象称为电泳（electrophoresis）。蛋白质分子在特定的 pH 环境中可以带有电荷，故能在电场中迁移，即电泳。蛋白质电泳的方向主要取决于其所带电荷的性质，而泳动的速率，则与所带电荷的多少、分子的大小和形状有关。各种蛋白质因其组成结构不同，在同一 pH 介质中，它们带电的性质和数目亦不同。此外，相对分子质量及分子形状也各不相同。这些因素都会影响蛋白质在电场中的移动方向和速率，因此可用电泳法分离和鉴定混合物中的蛋白质。电泳法已在蛋白质研究的各个领域得到广泛的应用，并且已研究出各种各样的电泳法。

二、蛋白质的胶体性质

蛋白质分子的直径一般在 $2 \sim 20$ nm，因此蛋白质溶液是胶体溶液。根据胶体物质的溶解性质，胶体可分为亲水胶体和疏水胶体。球状蛋白质分子表面分布着大量的极性基团，易与水分子结合，故其溶液是一种亲水胶体，具有亲水胶体的一些典型性质，如不能透过半透膜、有丁达尔现象、黏性大和具有布朗运动等。利用蛋白质不能透过半透膜的性质所建立的透析法（dialysis method）常用于纯化蛋白质。

蛋白质颗粒大，在溶液中具有较大的表面积，且表面分布着各种极性基团和非极性基团，因此对许多物质都有吸附能力，一般极性基团易与水溶性物质结合，非极性基团易与脂溶性物质结合。

蛋白质溶胶的另一个重要性质就是能发生胶凝作用。当蛋白质溶液部分失水，或达到一定浓度的蛋白质溶液冷却时，分子靠拢且变成一种虽然含水但不能流动的近似固体的状态，这种状态称为凝胶。这一转变过程称为胶凝作用，其逆过程称为胶溶作用。

胶凝作用和胶溶作用不仅在试管里可以进行，在活体内也可以进行，如植物种子的成熟干燥即经历了一个由溶胶变为凝胶的过程，而种子吸水膨胀则是一个由凝胶变为溶胶的过程。凝胶吸水使体积增大，称为吸胀。在吸胀过程中，如果体积膨胀受到限制，就会产生一种压力来反抗这种限制，这种压力称为吸胀压。吸胀压有时可达大气压的数百倍。作物种子浸种时，即靠原生质胶体的吸胀作用吸水。

三、蛋白质的变性与凝固

早在 20 世纪 30 年代，我国科学家吴宪首次提出了蛋白质变性的理论。天然蛋白质因受某些物理因素或化学因素的影响，由氢键、离子键等次级键维系的高级结构遭到破坏，分子结构发生改变，致使其物理性质、化学性质、生物活性改变的作用称为蛋白质的变性作用（denaturation）。引起蛋白质变性的化学因素有强酸、强碱、脲、胍、重金属盐、三氯乙酸、磷钨酸、乙醇等；物理因素有加热、紫外线、X 射线、超声波、剧烈振荡、搅拌等。蛋白质变性以后会发生如下一些物理性质、化学性质和生物学性质的改变：①物理性质改变，黏度增加、溶解度减小、旋光值改变、渗透压和扩散速度降低、不易结晶；②结构改变，由于二级结构以上的高级结构被破坏，由有序的紧密结构变成无序的松散结构，侧链基团暴露［需注意的是，变性可涉及次级键的破坏，但不涉及共价键（肽键和二硫键等）的断裂］；③化学性质改变，容易被酶水解；④生物活性改变，活性降低或完全丧失。

各种变性条件引起变性的机制不尽相同。目前认为热变性主要是破坏了蛋白质的氢键，而酸碱的作用是破坏了离子键，有机溶剂则可能影响离子键、氢键和疏水键。脲和胍引起的变性机制争论较大，有人认为也是破坏了氢键。

变性后的蛋白质分子恢复其天然构象，称为复性。能够复性的变化称为可逆变性。但复性只有在引起变性的条件不很剧烈、蛋白质的三维结构破坏不很严重的情况下才能发生。这时，如果除去变性因素，变性蛋白质可以部分或全部恢复其天然构象。例如，核糖核酸酶（一种水解核糖核酸的酶）在 8 mol/L 尿素和 β 巯基乙醇作用下，4 个二硫键被还原而断裂，多肽链变成无规卷曲而丧失酶活性，当用透析法去除尿素和 β 巯基乙醇后，则可恢复其原有的构象和活性。如果蛋白质的三维结构破坏较大，即使除去变性因素，其结构和性质也难以恢复，这种变性称为不可逆变性。

蛋白质变性，既有对人们不利的一面，也有积极的一面。医药上、实验室所用的酶制剂、疫苗等一些生物制剂就常因其易变性失活而困扰着人们。有机体的衰老、种子放久后发芽率降低等也与蛋白质的变性有关。但在不少场合，蛋白质变性可被人们很好地利用，如人们做豆腐就是利用蛋白质变性的原理，将大豆蛋白的浓溶液加热、加盐而成变性蛋白凝固体（即豆腐）。医疗上的消毒杀菌，就是使蛋白质变性而造成病菌失活。在急救重金属盐（如氯化汞）中毒患者时，可给患者饮用大量牛乳或蛋清，其目的就是使牛乳或蛋清中的蛋白质在消化道中与重金属盐结合成不溶解的变性蛋白质，最后将沉淀物从胃肠中洗出，从而阻止了胃肠对重金属离子的吸收。蛋白质经强酸、强碱作用发生变性后，仍能溶解于强酸或强碱溶液中，若将 pH 调至等电点，则变性蛋白质立即结成絮状的不溶解物，此絮状物可再溶解于强酸和强碱中。如再加热，则絮状物可变成比较坚固的凝块，此凝块不易再溶于强酸和强碱中，这种现象称为蛋白质的凝固作用（protein coagulation）。实际上，凝固是蛋白质变性后进一步发展的不可逆的结果。

四、蛋白质的沉淀

蛋白质颗粒表面带有电荷和水膜，使其在水溶液中成为稳定的溶胶。但当除去这些稳定因素时，这种稳定就会向不稳定转化。若向蛋白质溶液加入脱水剂或改变 pH，以破坏蛋白质外层的水膜或中和它的电荷，蛋白质分子就很容易凝聚而发生沉淀。这种现象称为蛋白质的沉淀作用（precipitation）。

1. 中性盐引起的沉淀 向蛋白质溶液中加入高浓度的中性盐如（$NH_4)_2SO_4$、NaCl 等，既可以破坏蛋白质胶粒表面的水膜，又可以中和蛋白质分子的电荷，因而使之沉淀。这种加入中性盐使蛋白质沉淀析出的现象称为盐析（salting out）。不同蛋白质水膜厚度和带电量不同，因此盐析时所需的盐浓度有所不同，故调节盐浓度，可使混合蛋白质溶液中几种蛋白质分段析出，这种方法称为分段盐析。例如，血清中球蛋白可从半饱和的硫酸铵溶液中析出，过滤后再加固体硫酸铵至饱和，即可沉淀析出清蛋白。

在低浓度中性盐溶液中，随着中性盐浓度的增高，球蛋白的溶解度亦增高，此现象称为盐溶（salting in）。为什么蛋白质分子在高浓度的中性盐溶液中发生盐析，而在低浓度的中性盐溶液中出现盐溶呢？这是因为任何物质的溶解度都取决于溶质分子间及溶质分子对溶剂分子的相对亲和力。在低浓度盐溶液中，蛋白质分子表面的带电基团吸附盐离子，使蛋白质颗粒带同种电荷而相互排斥。此外还由于盐的水合能力比蛋白质强，使吸附了盐离子的蛋白质加强了与水分子的相互作用，从而使蛋白质的溶解度增高。当中性盐浓度增大到半饱和或饱和浓度时，盐离子一方面与蛋白质争夺水分，破坏蛋白质颗粒表面的水膜；另一方面，高浓度的盐离子可大量中和蛋白质颗粒上的电荷，这样既破坏了蛋白质分子上的水膜又中和了蛋白质颗粒上的电荷，蛋白质颗粒便易于沉淀下来。

2. 有机溶剂引起的沉淀 乙醇、丙酮的加入，可使蛋白质从溶液中沉淀出来。这是由于有机溶剂降低了溶液的介电常数，从而使蛋白质侧链的解离度降低，增加了蛋白质分子间的相互作用。另一原因是有机溶剂使蛋白质脱水而沉淀。

3. 重金属盐引起的沉淀 氯化汞、硝酸银、醋酸铅、三氯化铁等重金属盐加入蛋白质溶液也可引起蛋白质的沉淀。这是由于重金属盐解离的阳离子与蛋白质分子上的阴离子作用形成难溶性盐而沉淀析出。

4. 某些有机酸引起的沉淀 苦味酸（picric acid）、单宁酸（tannic acid）、三氯乙酸、磷钼酸在溶液中解离成阴离子，可与蛋白质分子中的阳离子结合成不溶解的蛋白质盐而沉淀。

此外，变性后的蛋白质也可生成沉淀，两种带不同电荷的异种蛋白质相混时也能发生沉淀。

五、蛋白质的光学特性和颜色反应

蛋白质分子中含有具有紫外吸收特性的 Tyr、Trp 和 Phe 等氨基酸残基，所以蛋白质有紫外吸收特性。蛋白质分子的紫外吸收高峰在 280 nm，蛋白质的紫外吸收特性可用于蛋白质含量的测定和空间构象的测定。

蛋白质能与一些试剂反应生成有色物质，可作为蛋白质定性分析和定量分析的基础。现将蛋白质的颜色反应列于表 3-8。

表 3-8 蛋白质的颜色反应

反应名称	引起该反应的化学试剂	呈现颜色	蛋白质中参与该反应的基团	有此反应的氨基酸或蛋白质
双缩脲反应	氢氧化钠、硫酸铜	紫红色	两个以上肽键	所有的蛋白质和氨基酸
米伦反应	硝酸汞、亚硝酸汞、硝酸、亚硝酸混合物	红色		酪氨酸
黄色反应	浓硝酸及碱	黄色		酪氨酸、苯丙氨酸
乙醛酸反应	乙醛酸及浓硫酸	紫色		色氨酸
茚三酮反应	茚三酮	蓝色	自由氨基及羧基	α氨基酸、所有蛋白质
酚试剂反应（福林反应）	碱性硫酸铜及磷钼酸、磷钨酸	蓝色		酪氨酸、色氨酸
坂口反应（α萘酚-次氯酸盐反应）	α萘酚、次氯酸钠	红色	胍基	精氨酸

第五节　蛋白质的分类

自然界的蛋白质种类繁多。为了便于对蛋白质的研究，有必要对蛋白质进行分类。在蛋白质的研究史上，曾出现过众多的分类方法，它们各依据蛋白质分子的某些特性而将其分成不同的种类。根据蛋白质的形状，可将蛋白质分为两类：球状蛋白质和纤维状蛋白质。根据蛋白质的功能可分为活性蛋白和非活性蛋白两类，活性蛋白又可分为酶、激素蛋白、运输蛋白、贮存蛋白、运动蛋白、防御蛋白等，非活性蛋白又可分为胶原蛋白、角蛋白、丝心蛋白等。按照蛋白质的空间结构，可将球蛋白分为 α 蛋白、β 蛋白、α/β蛋白、α＋β 蛋白 4 类。

按照蛋白质的化学组成可以将蛋白质分为简单蛋白和结合蛋白两大类。简单蛋白的水解产物全部是氨基酸，不含其他成分。结合蛋白则除了蛋白质外，还含有非蛋白质组分，这些非蛋白质组分通常称为辅基。简单蛋白可再按溶解性分为清蛋白、球蛋白、谷蛋白、醇溶蛋白、精蛋白、组蛋白、硬蛋白；结合蛋白则可根据辅基的不同分为核蛋白、糖蛋白、脂蛋白、色蛋白、磷蛋白等。现将这两类蛋白质详细列表介绍（表 3-9 和表 3-10）。

表 3-9　简单蛋白的分类

分　类	溶解性能	实　例	存　在
清蛋白 (albumin)	溶于水和稀盐、稀酸、稀碱溶液中，不溶于饱和硫酸铵溶液，加热凝固	血清蛋白、卵清蛋白、乳清蛋白、麦清蛋白	动植物体内
球蛋白 (globulin)	不溶于水而溶于稀中性盐溶液中，加热凝固	大豆球蛋白、花生球蛋白、血清球蛋白、免疫球蛋白	
谷蛋白 (glutelin)	不溶于水而溶于稀酸、稀碱溶液中，不溶于稀盐	麦谷蛋白、稻谷蛋白	谷类植物种子
醇溶蛋白 (prolamine)	不溶于水而溶于 70%～90%的乙醇	小麦醇溶蛋白、玉米醇溶蛋白	
精蛋白 (protamine)	溶于水和稀酸，在稀氨水中沉淀，遇热不凝固	鱼精蛋白	动植物体内
组蛋白 (histone)	溶于水及稀酸，在稀氨水中沉淀，遇热不凝固	核组蛋白	
硬蛋白 (scleroprotein)	不溶于水和稀盐、稀酸、稀碱溶液，但溶于强酸、强碱	胶原蛋白、角蛋白	毛、发、角、爪、筋、骨等结缔组织中

表 3-10　结合蛋白的分类

分　类		辅基成分	实　例	存　在
核蛋白类 (nucleoprotein)	脱氧核糖核蛋白	脱氧核糖核酸（DNA）	染色体	细胞核
	核糖核蛋白	核糖核酸（RNA）	30S核糖体、50S核糖体、40S核糖体、60S核糖体	细胞质
	病毒	DNA 或 RNA	烟草花叶病毒	各种动植物病毒
糖蛋白类 (glycoprotein)	糖蛋白	含糖低于 4%，D-葡萄糖、D-甘露糖、D-半乳糖等	α淀粉酶、凝血酶	细胞质
	黏蛋白	含糖高于 4%，D-氨基葡萄糖、半乳糖、甘露糖、鼠李糖等	血清黏蛋白、卵类黏蛋白	唾液、黏液、血液

（续）

分　类	辅基成分	实　例	存　在
脂蛋白类 (lipoprotein)	磷脂、胆固醇、 中性脂	α脂蛋白、β脂蛋白	血浆、细胞膜、胃消化液
磷蛋白类 (phosphoprotein)	磷酸基	乳酪蛋白、胃蛋白酶	乳、胃液
色蛋白类 (chromoprotein)	铁卟啉	叶绿素蛋白、肌红蛋白、 血红蛋白	细胞质
黄素蛋白类 (flavoprotein)	黄素腺嘌呤 二核苷酸	琥珀酸脱氢酶	细胞质
金属蛋白类 (metalloprotein)	铁蛋白	Fe	细胞色素 c	线粒体内膜
	铜蛋白	Cu	质体蓝蛋白（Pc）	叶绿体、类垂体膜

第六节　蛋白质研究技术

一、蛋白质的定量测定

测定蛋白质含量是研究蛋白质的基本技术，而对蛋白质定量方法的原理、适用范围、灵敏度和可靠性程度有一定了解是必要的。

1. 凯氏定氮法　该法是最早用于蛋白质定量的方法。将一定量的蛋白质用硫酸消化分解，使其中的氮变成铵盐，再与浓 NaOH 作用，使氨气放出而被吸收于标准酸液中。用反滴定法滴定残余的酸，或用硼酸吸收后，再用标准酸直接滴定，求得该蛋白质样品中的含氮量，再乘以换算系数6.25 即得蛋白质含量。

2. 光吸收法　蛋白质在 280 nm 有高吸收峰，故可用紫外吸收法测定其含量。最简单的是采用280 nm 吸光度为 1 时等于 1 mg/mL 来计算。这样简单的处理在准确性上有不足之处，但其测定迅速，用量少，被广泛采用。考虑到蛋白质样品中可能会有少量核酸类杂质，因而采用测 280 nm 和260 nm 吸光度以下式计算：

$$蛋白质浓度（mg/mL）＝1.45A_{280}－0.74A_{260}$$

最准确的方法是用蛋白质的摩尔吸光系数计算。在蛋白质纯化后，将纯蛋白质对水充分透析，然后冻干或真空干燥，继而在 105 ℃下恒重，准确称量 1～10 mg，再定量溶于一定体积中（通常为 1 mg/mL），测量 280 nm 下的吸光度，从而得出该蛋白质的摩尔吸光系数。该法方便、准确、微量。

3. 双缩脲法　此法的原理是蛋白质的肽键—CO—NH—可进行双缩脲反应，在碱性溶液中与 Cu^{2+} 络合显蓝色。该法受蛋白质特异性影响较小，适用于较大量蛋白质（毫克级）的测定。

4. 福林酚法　由于蛋白质中含有酪氨酸、色氨酸和丙氨酸，能与福林酚试剂呈蓝色反应，根据其显色深浅可求出蛋白质含量。该法由于不同蛋白质所含酪氨酸和色氨酸不尽一致，故有一定误差，并且操作较烦琐。

5. 考马斯亮蓝法　考马斯亮蓝 G - 250 与蛋白质结合时，可显蓝色，故可以用比色法测定蛋白质含量，测定蛋白质浓度的范围为 0～1 000 μg/mL，操作简单快捷，灵敏度高，应用广泛。

6. 氨基酸分析法　分析各氨基酸含量的总和即为蛋白质含量。此法很难，最接近真实值，因为其他方法都用一个已知的纯蛋白质作一条标准曲线，将待测蛋白质和它相比，实际上标准蛋白质和待测蛋白质的氨基酸组成不会完全一样，故而会产生系统误差。此法测定值会稍偏低些，因为蛋白质水解时，色氨酸被破坏，半胱氨酸、丝氨酸和苏氨酸也有所破坏。

二、蛋白质等电点的测定

等电点是蛋白质的一项重要特性常数。在早期，测定一个蛋白质的等电点采用界面移动电泳，需几十毫克蛋白质在不同 pH 的缓冲液中电泳，计算不同 pH 下的滴度来推导出等电点。现在流行的是 mini-IEF 法测定蛋白质的等电点。该法利用两性电解质（脂肪族多氨基多羧酸）在电泳中形成逐渐递变而连续的 pH 梯度，当将待测蛋白质样品置于负极端时，因 pH＞pI，蛋白质分子带负电，电泳时向正极移动，在移动过程中，由于 pH 逐渐下降，蛋白质分子所带的负电荷逐渐减少，蛋白质分子移动速度也随之变慢；当移动到 pH＝pI 时，蛋白质所带的净电荷为零，蛋白质即停止移动。当将蛋白质样品置于正极端时，也会得到同样的结果。这种根据蛋白质等电点的不同而将其分离开的电泳方法称为等电聚焦（isoelectric focusing）电泳。电泳后测定各种蛋白质"聚焦"部位的 pH，即可得知它们的等电点。

三、蛋白质相对分子质量的测定

蛋白质相对分子质量很大，大多数蛋白质相对分子质量在 $1 \times 10^4 \sim 1 \times 10^5$，有的甚至更大，所以，用于测定小分子物质相对分子质量的方法，如沸点升高、冰点下降等法，不适用于蛋白质相对分子质量的测定。人们为了测定蛋白质相对分子质量，研究过各种方法。目前用得比较多的是超速离心法、凝胶过滤法及 SDS-聚丙烯酰胺凝胶电泳法。限于篇幅，这里不做详细介绍，可参考有关文献。

四、蛋白质的分离提纯

1. 蛋白质分离提纯的一般原则　蛋白质在组织或细胞中都是以复杂的混合物形式存在的，每种类型的细胞都含有上千种不同类型的蛋白质。分离纯化的目的就是要从复杂的混合物中将所需的某种蛋白质提取出来，并达到一定的纯度。蛋白质提纯的总目标是增加产品的纯度。

2. 蛋白质分离纯化的一般步骤　分离提纯某一特定蛋白质的一般程序可以分为前处理、粗分级、精制和结晶 4 步。

（1）前处理。分离提纯某一蛋白质首先要求把组织或细胞中的蛋白质从溶解的状态释放出来，并保持原来的天然状态，不丧失生物活性。为此要采用适当的方法（电动捣碎机、匀浆器或超声波处理）将组织或细胞破碎，再选适当的介质（一般用缓冲液）把所要的蛋白质提取出来，而后可用离心法等除去细胞碎片。

（2）粗分级。获得蛋白质混合物提取液后，可以选用一套适当方法将所要的蛋白质与其他杂蛋白质分离开来。一般采用盐析、等电点沉淀和有机溶剂分离等方法。这些方法的特点是简便、处理量大，既能除去大量杂质又能浓缩蛋白质溶液。

（3）精制。一般样品经粗制分级后，体积较小，杂质大部分已被除去，进一步提纯，通常使用柱层析法（包括凝胶过滤、离子交换层析、吸附层析、金属螯合层析、共价层析、疏水层析、亲和层析等）。有时还可选择梯度离心、电泳法（包括区带电泳、等电聚焦电泳等）作为最后的提纯步骤。

（4）结晶。结晶是蛋白质分离提纯的最后步骤。经过结晶纯化的蛋白质，往往纯度较高。由于变性蛋白质不会结晶出来，因此蛋白质是否结晶也是判断制品是否处于天然状态的有力依据。

在蛋白质的纯化过程中，要在较低温度条件下进行，以防蛋白质的变性。此外，还要防止蛋白酶的作用和微生物的污染。

3. 蛋白质纯度的鉴定　蛋白质的纯度一般指是否含有其他杂蛋白质，而不包括盐缓冲液离子、十二烷基硫酸钠等小分子在内。目前常用的鉴定蛋白质纯度的方法有聚丙烯酰胺凝胶电泳、SDS电泳、毛细管电泳、等电聚焦电泳、高效液相色谱、凝胶过滤、离子色谱、疏水色谱等。一些新方法也正在应用于分析蛋白质纯度，如质谱、电喷雾质谱等。

按照严格的要求，用电泳法证明蛋白质的纯度，在一种 pH 下电泳说明该蛋白质是纯的，这是不够充分的。应该取两种 pH，它们分布在蛋白质等电点的两侧，在这两种 pH 下电泳都证明此蛋白质是纯的，这样才比较可靠。

应该指出，只用一种方法鉴定蛋白质纯度是不够的，应该用两种及以上的方法，而且是分离机理不同的方法来判断蛋白质纯度才比较可靠。常常发现某一样品在凝胶过滤中是纯的，而在离子色谱中却分辨为两个组分，反之亦然。

第七节 蛋白质的利用

一、蛋白质在食品方面的利用

蛋白质是生命的构成物质，无论是机体的生长，还是组织的更替和新陈代谢都离不开蛋白质。蛋白质营养充足的人，身体发育健壮，精力充沛。若身体中缺乏蛋白质，则会营养不良，易于感染各种疾病。发展中国家儿童残疾率比发达国家高几倍，身体缺乏蛋白质营养是主要原因之一。蛋白质不仅是身体生长发育的要素，也是形成脑组织的要素。婴幼儿正处在脑细胞数量剧增的时期，若蛋白质营养缺乏，将直接影响智力发育。

自从人类诞生以来，蛋白质的供给与人类的生存和发展是息息相关的。

（一）蛋白质营养价值的评价

从现代营养学的观点来看，确定蛋白质的营养价值，不仅要看蛋白质是否含量高，而且要看必需氨基酸的配比是否协调。这是一个数量与质量的双重指标。各种食物的蛋白质及其氨基酸配比均有不同，故营养价值不同。

评价蛋白质营养价值的方法和指标很多，现将比较广泛使用的几种介绍于下。

1. 蛋白质效率比值 蛋白质效率比值（PER）是实验动物体重增量与摄食蛋白质质量之比，即：

$$蛋白质效率比值 = \frac{体重增量}{蛋白质摄入量} \times 100\%$$

2. 蛋白质生物价 蛋白质生物价（BV）指被生物体利用保留的氮量与吸收的氮量之比，即：

$$蛋白质生物价 = \frac{被利用氮}{被吸收氮} \times 100\%$$
$$= \frac{食物氮 - (粪氮 - 代谢氮) - (尿氮 - 内生氮)}{食物氮 - (粪氮 - 代谢氮)} \times 100\%$$

3. 蛋白质净利用率 蛋白质净利用率（NPU）指在一定条件下，体内贮留蛋白质在摄入蛋白质中所占的比例，即：

$$蛋白质净利用率 = \frac{氮贮留量}{氮摄入量} \times 100\%$$

4. 氨基酸分数 氨基酸分数（AAS）即各种必需氨基酸在待测蛋白质中的含量与在标准蛋白质中的含量之比，即：

$$氨基酸分数 = \frac{1 g 待测蛋白质中某种必需氨基酸的质量（mg）}{1 g 标准蛋白质中该种必需氨基酸的质量（mg）}$$

世界卫生组织建议的标准见表 3-11。

表 3-11　世界卫生组织建议的蛋白质中必需氨基酸的含量标准

氨基酸	含量/(mg/g)	氨基酸	含量/(mg/g)
异亮氨酸	40	苏氨酸	40
亮氨酸	70	色氨酸	10
赖氨酸	55	缬氨酸	50
甲硫氨酸＋胱氨酸	55	苯丙氨酸＋酪氨酸	35

（二）植物性蛋白质在食品方面的利用

人类通过摄取食物来获得所需要的蛋白质，食物蛋白质有多种来源，包括动物性蛋白质、植物性蛋白质以及微生物性蛋白质等。

植物性蛋白质资源丰富，可来自谷物，也可来自油料，还可来自蔬菜和水果，其营养价值可与肉、禽蛋、乳等相媲美。由大豆制成的豆制品，蛋白质含量在 19%～35%，而猪肉只含 16.7%，而且大豆所含人体所需氨基酸种类齐全，含量也高，其消化吸收利用率也与动物性蛋白质不相上下。蛋白质含量高的植物籽实有花生、菜籽、棉籽、葵花籽等。这些蛋白源的利用，已产生各种加工产品，如传统的豆浆、豆腐，以及近年发展起来的豆乳、大豆组织蛋白、花生乳等。

小麦、玉米、大米等谷物总体上蛋白质含量不高。但长期以来，世界上很多地区的人们将其作为主食，由于食量大，从中获取的蛋白质是相当可观。值得指出的是，小麦、大米等胚芽的蛋白质含量相当高，小麦胚芽蛋白质含量达 30% 以上，大米胚芽蛋白质含量达 17%～26%，玉米胚蛋白质含量达 13%～18%，且其氨基酸组成比较齐全，赖氨酸含量高于谷类种子。近几年国内一些粮食加工厂已开始利用谷物胚芽。

食用菌蛋白质含量高，一般鲜菇中含蛋白质 2%～4%，高于一般的蔬菜，除鲜食外，食用菌已有罐头、饮料、冲剂、口服液等加工产品。

（三）动物性蛋白质在食品方面的利用

目前就世界范围来看，人类摄入的动物性食品越来越多，动物性蛋白质已成为广大人民常规的蛋白质营养源，社会需求量与日俱增。动物性蛋白质食品之所以受青睐，主要是由于其蛋白质含量高，氨基酸配比合理，营养丰富，具有较好的口感。

动物的肉类有多种利用途径，加工产品非常丰富。

乳制品是优质的蛋白质食品，乳蛋白以酪蛋白为主，其次为乳白蛋白和少量乳红蛋白。酪蛋白又分为 α 酪蛋白、β 酪蛋白和 γ 酪蛋白，其中以 α 酪蛋白的含量最高，约占总酪蛋白的 75%。乳蛋白的氨基酸成分除胱氨酸含量偏低外，其他各种氨基酸含量都比较丰富。初乳中蛋白质含量最高，约为 17.5%，其中乳球蛋白占 11.3%，γ 球蛋白含量高，可增强婴儿的抗病力。乳制品的加工产品非常丰富，为人们所喜好。禽蛋蛋白质含量丰富，氨基酸配比合理，营养价值高。

（四）氨基酸在食品方面的利用

蛋白质的水解产物——氨基酸在食品上有广泛的应用，举例于下。

1. 食品调味剂　氨基酸的混合物在提高食品的风味中扮演着各种各样的重要角色。如墨鱼、蚝等软体动物类含有甘氨酸和精氨酸而使食品带有甜味；海胆酱中复杂的美味则是因为含甘氨酸、丙氨酸和缬氨酸。

游离氨基酸是提高或改善天然食品的鲜味和风味的重要成分，食品中特有的风味与游离氨基酸有关，同时氨基酸和核苷酸之间存在着协同效应。谷氨酸钠（Glu-Na）与肌苷钠（IMP-Na）或鸟苷酸钠（GMP-Na）配合使用可形成强力味精（特鲜味精）；L-丙氨酸和 L-甘氨酸可显出爽口的甜味，被用于调味剂中，改善食品和饮料的味道。

甘氨酸是甜味氨基酸，有"新鲜"的甜味，其甜度与蔗糖相当，目前在日本等国的食品工业中广泛用于调味品，如非酒精饮料、羹汤、果醋饮料、各种鱼制品等（用量为 0.1%～1%），也可利用它消除食品中的异味成分从而改善食品风味。

氨基酸用于合成新的甜味剂，有着十分诱人的前景。如天冬氨酸和苯丙氨酸合成的二肽衍生物——天冬氨酰苯丙氨酸甲酯（AMP），其甜度为蔗糖的 100～200 倍，可用作营养品（如针对糖尿病患者），食用后在体内分解成相应的氨基酸，所以一般认为对人体安全无害。1974 年美国食品药品监督管理局（FDA）已正式批准该化合物作为甜味剂和胶姆糖的调味剂使用。

2. 食品营养强化剂　食品在加工过程常常会失去一部分氨基酸，且食品蛋白质本身氨基酸组成不能完全符合人体需要，特别是植物性蛋白质食品，从而使得蛋白质及氨基酸的利用率不高（一般在80%以下）。因此，在食品加工工业中，常用氨基酸作为营养强化剂，来提高食品的营养价值。如大豆蛋白质本身的含硫氨基酸低于人体模式值，故添加甲硫氨酸可提高大豆蛋白质的营养价值。而在花生类食品中，则需要添加赖氨酸、甲硫氨酸，以提高花生蛋白质的利用率。

通常，用于食品的强化氨基酸主要有 L-赖氨酸、L-苏氨酸、L-苯丙氨酸、D，L-甲硫氨酸和 L-色氨酸等必需氨基酸，在婴幼儿食品中有的添加组氨酸、精氨酸。

3. 食品增香　美味食品必定色、香、味俱全。在食品香料领域中，氨基酸起着重要的作用。大多数高纯度的氨基酸是闻不到气味的。但是，食品在加工过程中，其他游离氨基酸、蛋白态氨基酸以及其他成分间会发生多种化学反应产生多种具有芳香味的物质（表3-12）。

表 3-12　氨基酸及氨基酸与糖类物质产生的气味

氨基酸	糖类物质	温度/℃	芳香味	氨基酸	糖类物质	温度/℃	芳香味
甘氨酸	—	180	烧焦气味	谷氨酸	葡萄糖	180	巧克力、可可气味
甘氨酸	葡萄糖	180	焦糖气味和烧焦气味	赖氨酸	葡萄糖	140	面包、饼干气味
丙氨酸	—	180	烧焦气味	精氨酸	葡萄糖	180	巧克力、可可气味
丙氨酸	葡萄糖	180	焦糖气味	组氨酸	葡萄糖	140	面包、饼干气味
缬氨酸	葡萄糖	180	巧克力气味	天冬酰胺	—		氨味
亮氨酸	—	140	巧克力、可可气味	天冬酰胺	葡萄糖	100	巧克力气味
亮氨酸	葡萄糖	100	巧克力、可可气味	谷氨酰胺	葡萄糖	180	巧克力气味
异亮氨酸	—	120	水果气味	半胱氨酸	葡萄糖	180	膨化小麦气味
异亮氨酸	葡萄糖	100	芹菜气味	胱氨酸	葡萄糖	180	膨化小麦气味
异亮氨酸	抗坏血酸	140	芹菜气味	甲硫氨酸	葡萄糖	180	马铃薯气味
丝氨酸		180	牛肉气味、肉气味	苯丙氨酸	—	180	花香气味
丝氨酸	葡萄糖	100	巧克力、可可气味	苯丙氨酸	葡萄糖	180	巧克力气味
苏氨酸		140	牛肉气味、肉气味	酪氨酸	葡萄糖	100	巧克力气味
苏氨酸	抗坏血酸	140	牛肉抽出气味	酪氨酸	抗坏血酸	140	巧克力气味
苏氨酸	葡萄糖	180	巧克力、可可气味	色氨酸	葡萄糖	180	巧克力气味
天冬氨酸	葡萄糖	180	巧克力气味	脯氨酸	葡萄糖	140	面包、饼干气味
谷氨酸	—	180	牛肉气味、肉气味				

氨基酸常作为香料添加到食品中，用来改善食品的风味。缬氨酸和苯丙氨酸可改善米烤饼的香味。天冬氨酸钠盐或 D，L-丙氨酸添加到果汁等非酒饮料中，可调节它们的酸度并赋予美味。向咖啡中加入适量的 L-赖氨酸盐酸盐可改善咖啡的风味。赖氨酸、鸟氨酸、组氨酸、精氨酸、天冬氨酸、丙氨酸、亮氨酸、异亮氨酸和脯氨酸可以作各种食品脱臭剂的拌料。精氨酸可改善肉制品的感观性质（柔软性、味道、气味）。组氨酸、赖氨酸、胱氨酸及精氨酸可改善肉制品和鱼制品的质量。D-丙氨酸、精氨酸、半胱氨酸等可改善肉制品和鱼制香肠的脂肪分散性和凝胶性。赖氨酸盐

酸盐、组氨酸盐酸盐和 D, L-丙氨酸加入糕点中, 可使食品香味更浓。含硫氨基酸和木糖共同加热产生牛肉膏式的香味。半胱氨酸加入玉米中, 可使其香气增加 10～40 倍。

4. 食品除臭剂 食品在加工贮藏过程中常因羰基化合物的存在而产生异臭, 用赖氨酸的 ε 氨基与羰基化合物的羰基反应可消除陈米及鱼类食品罐头中的臭味。

5. 油脂抗氧化剂 氨基酸用于脂肪的抗氧化可使食品长时间地保持新鲜味感, 从而延长食品的货价期。甘氨酸、丙氨酸、赖氨酸、精氨酸、谷氨酸、天冬氨酸和鸟氨酸在一定条件下 (100～110 ℃, pH 11～13) 和还原糖 (果糖或葡萄糖) 相互作用时使食品着色, 起到吸附氧和抑制氧化酶的作用, 这些氨基酸或氨基酸衍生物在油中的溶解性不好, 在乳化体系中的效果比纯油相体系的效果好。

研究表明, 各种氨基酸的抗氧化能力与食品体系有很大关系。D, L-Lys、D, L-Met 是乳脂和人造奶油的有效抗氧化剂。L-Arg-HCl、D, L-Trp、L-CysSH、D, L-Met 是食用油的有效抗氧化剂。L-Arg-HCl、L-Asp、D, L-Leu、D, L-Met 是乳油的抗氧化剂。Trp、Arg、His 加入奶粉中表现出很好的抗氧化能力。甘氨酸加入火腿、海产品和腊肠中, 可以防止这些食品变臭。日本生产出一种称为 "D-Mixed-E" 的食品添加剂, 这是一种天然维生素 E 与丙氨酸的混合制品。

氨基酸和化学抗氧化剂的混合使用, 会产生协同效应, 具有更高的抗氧化性。

6. 防止食品褐变 含硫基的 Cys 能显著地降低食品的褐变速度。

二、蛋白质在医药方面的利用

多肽和蛋白质是广泛存在于生物体的重要生化物质, 具有多种多样的生理生化功能, 有广泛的用途。

(一) 多肽在医药方面的利用

目前已经生产且结构清楚的多肽激素和活性肽有垂体多肽, 如 ACTH、缩宫素、加压素等。垂体中叶中含有 α 促黑色细胞素 (十三肽) 和 β 促黑色细胞素 (十八肽), 苏联早期将其提取物做成滴眼剂, 改善视网膜的功能。消化道多肽有促胰液和从猪十二指肠中提取的多肽激素。缩胆囊素 (三十二肽) 可治疗胆绞痛。四肽和五肽胃泌素是人工合成品。胰高血糖素 (二十九肽) 已被美国药典收载, 丹麦也有生产。谷胱甘肽是结构最简单的多肽, 为解毒药。SQ$_{14225}$ 是合成肽, 用于治疗原发性及肾性高血压。降钙素 (三十二肽)、胸腺素 α$_1$ (二十八肽)、胸腺生成素 II (四十九肽)、生长抑素 (十四肽)、舒缓激肽 (八肽)、蛙皮降压肽 (八肽) 等都是人工合成的多肽药物。眼宁和眼生素注射液不含蛋白质, 但有多肽存在。

(二) 蛋白质在医药方面的利用

蛋白质类药物应用于临床, 已有 60 多种 (不含酶类药物), 主要是从脏器或组织 (包括人的血液) 中分离制得。蛋白质类激素有胰岛素、催乳素等。免疫类药物有丙种球蛋白 A、丙种球蛋白 M 等。对植物活性蛋白质的药用研究也取得了很大进步。如发现了相思豆毒蛋白对艾氏腹水癌、吉田肉瘤及肝癌细胞均有不同程度的抑制作用。从大戟科植物蓖麻的成熟种子中分离出的蓖麻毒蛋白, 是迄今为止发现的最毒的天然蛋白质之一, 比氢氰酸毒性大 20 倍, 具有抗肿瘤作用。从中药天花粉中分离得到的结晶性天花粉蛋白, 经多年临床实践, 已确定有较好的引产效果。

自 20 世纪 70 年代后期, 由于基因工程技术的兴起, 人们首先把目标集中在应用基因工程制造重要的蛋白质类药物上, 已取得的产品有胰岛素、干扰素和人生长素等, 可供临床使用。随后, 对人血清蛋白脲激酶、人组织型纤溶蛋白酶原激活剂等进行了研究, 且取得了较好进展。

(三) 氨基酸在医药方面的利用

1. 复方氨基酸输液 复方氨基酸输液主要用于外科手术前后, 对烫伤、骨折、肿瘤、消化道溃疡等病人的营养补给输液及治疗输液。到目前为止, 已经发展到第三代。第一代在美国问世, 是酪蛋白的水解混合液。第二代于 1956 年在日本问世，主成分是 8 种必需氨基酸，另加上组氨酸、精氨酸和甘氨酸。第三代于 1976 年由德国、日本开发完成，第三代产品既包括必需氨基酸也包括非必需氨基酸，两类氨基酸的比值约为 1。

2. 口服氨基酸制剂 口服氨基酸制剂往往是蛋白质水解液的复合剂，可供代谢异常的胃肠道病人食用，也可以根据不同病情提供给肝功能衰竭者、肾功能衰竭者和苯丙酮尿症患者用。

三、蛋白质在饲料方面的利用

1. 蛋白质在饲料方面的利用 不论是传统的饲养方式还是现代的饲养方式，饲料中的主成分之一都是蛋白质。饲料蛋白质的相当一部分来源于粮食、牧草等。自饲料工业兴起以来，对蛋白质资源的利用有了长足的发展。如鱼粉中蛋白质的利用，菜籽、棉籽、花生、大豆等饼粕蛋白的利用，近年来还发展了单细胞蛋白以及从鲜叶中经加工制取的叶蛋白的利用。

2. 氨基酸在饲料方面的利用 为了促进家畜及家禽的快速生长，饲料技术有了很大的改进，由传统的饲料改为配合饲料。所谓配合饲料，是指饲料中各种营养成分的含量和比例恰当，能满足家畜和家禽生长的全部营养需求。在配合饲料的添加剂中，蛋白质和氨基酸占主要地位。在饲料中加入人们熟悉的饲料强化剂（赖氨酸盐，0.2%～0.4%）强化后，可提高饲料中蛋白质的利用率 50%～60%。

本章小结

蛋白质是重要的生物大分子，其基本组成单位是氨基酸。组成蛋白质的氨基酸有 20 种，其中有 19 种 α 氨基酸和 1 种 α 亚氨基酸。蛋白质中的氨基酸都是 L 型。根据氨基酸 R 基团极性的不同分为非极性或疏水性氨基酸、极性但不带电荷氨基酸、pH 为 7 时带正电荷氨基酸、pH 为 7 时带负电荷氨基酸四大类。在人和非反刍动物体内有些氨基酸不能合成，必须从食物中获取，这些氨基酸称为必需氨基酸。

氨基酸是两性电解质，在同一分子中含有能释放质子的—NH_3^+ 和能接受质子的—COO^-。某一氨基酸处于净电荷为零的兼性离子状态时的介质 pH 为该氨基酸的等电点，用 pI 表示。

酪氨酸、苯丙氨酸和色氨酸有紫外吸收特性，蛋白质因含有这几种氨基酸而在 280 nm 处有吸收峰。氨基酸能与茚三酮产生颜色反应。氨基酸能与 2，4-二硝基氟苯、异硫氰酸苯酯进行特有反应，这是蛋白质序列测定的基础。

氨基酸通过肽键相互连接而成的化合物称为肽。由两个氨基酸组成的肽称为二肽，由多个氨基酸组成的肽称为多肽。

蛋白质是具有特定构象的生物大分子，蛋白质的分子结构具有多层次性，可以分为一级结构、二级结构、三级结构、四级结构及超二级结构、结构域等。一级结构是指多肽链的氨基酸顺序。二级结构是指由氢键引起的多肽链主链的空间排布，包括 α 螺旋、β 折叠、β 转角等结构。超二级结构是指相互邻近的二级结构聚集成的规则二级结构聚集体。结构域是指较大的蛋白质分子中形成的两个或多个空间上可以明显区别的区域。蛋白质的三级结构是在二级结构、超二级结构、结构域的基础上形成的包括侧链基团在内的所有原子的空间排布。蛋白质的四级结构是指寡聚蛋白中各亚基主体排布和各亚基间的相互作用，但不包括亚基内部的空间结构。维持蛋白质一级结构的作用力是共价键，即肽键。蛋白质的二级结构由氢键维系，维持蛋白质的三级结构和四级结构的主要作用力是次级键，即氢键、离子键、范德华力等。

生物体内的蛋白质根据其外形可以分为纤维状蛋白质和球状蛋白质。纤维状蛋白质分子轴比大于 10，呈纤维状，以多股肽链或几股螺旋沿长轴方向盘绕卷曲为特征。球状蛋白质的多肽链往往沿多个方向盘绕折叠成一个紧密而近似球体的结构，极性基团位于分子表面，而非极性基团则被埋在分子内部。

蛋白质的功能是与其结构密切相关的，结构决定功能。人们在研究蛋白质的种属差异时发现，具有相同功能的蛋白质在一级结构上具有很大的相似性。不同种类动物的胰岛素绝大多数是由 51 个氨基酸组成，且其中 22 个位置的氨基酸固定不变，说明这些氨基酸的排列位置是胰岛素功能的决定因素。研究细胞色素 c 的一级结构规律时发现，不同生物亲缘关系越近，其结构越相似。镰状细胞贫血的研究揭示人血红蛋白中一个氨基酸的变化可引起其功能的巨大变化。不仅蛋白质的一级结构与功能的关系密切，蛋白质的空间结构与功能的关系也非常密切。

蛋白质具有两性解离的特性。蛋白质具有胶体的性质，是亲水胶体。蛋白质受某些物理因素或化学因素的影响，其高级结构遭到破坏，分子构象发生改变，致使其理化性质和生物学活性改变的作用称为蛋白质的变性。当蛋白质外层的水膜被去除或所带电荷中和时蛋白质会发生沉淀。高浓度的中性盐所致蛋白质沉淀称为盐析，而低浓度的中性盐增加蛋白质的溶解度则称为盐溶。

复习思考题

一、解释名词

1. 必需氨基酸　2. 蛋白质等电点　3. 蛋白质一级结构　4. 蛋白质二级结构　5. 结构域
6. 蛋白质三级结构　7. 蛋白质四级结构　8. 超二级结构　9. 蛋白质变性　10. 蛋白质复性
11. 电泳　12. 酰胺平面（肽平面/肽单位）　13. 二面角

二、填空题

1. 蛋白质多肽链中的肽键是通过一个氨基酸的_____基和另一氨基酸的_____基连接而形成的。

2. 在 20 种氨基酸中，酸性氨基酸有_____和_____两种，具有羟基的氨基酸是_____和_____，含硫的氨基酸有_____和_____。能形成二硫键的氨基酸是_____。

3. 今有甲、乙、丙三种蛋白质，它们的等电点分别为 8.0、4.5 和 10.0，当在 pH8.0 缓冲液中，它们在电场中电泳的情况为：甲_____、乙_____、丙_____。

三、问答题

1. 常见的氨基酸分类方法有哪些？

2. 蛋白质分子的构象可以是无限的吗？为什么？

3. 已知：卵清蛋白 pI 为 4.6，β 乳球蛋白 pI 为 5.2，糜蛋白酶原 pI 为 9.1。问：在 pH 为 5.2 时上述蛋白质在电场中向正极移动还是向负极移动或者不移动？

4. 哪些因素可以引起蛋白质变性？蛋白质变性后有何性质和结构上的改变？蛋白质的变性有何实际应用？

5. 简述蛋白质二级结构的种类和特点。

6. 维持蛋白质二级结构、三级结构、四级结构的作用力分别是哪些？

主要参考文献

莫重文，2007. 蛋白质化学与工艺学 [M]. 北京：化学工业出版社.

汪世龙，等，2012. 蛋白质化学 [M]. 上海：同济大学出版社.

朱圣庚，徐长法，2016. 生物化学：上册 [M]. 4 版. 北京：高等教育出版社.

Nelson D L，Cox M M，2017. Lehninger principles of biochemistry [M]. 5th ed. New York：Worth Publisher.

第四章

酶　学

第一节　酶的一般性质

一、酶是生物催化剂

新陈代谢是生命活动的最基本特征之一，而构成新陈代谢的许多复杂而有规律的物质变化和能量变化都是在酶催化下进行的。酶催化合成或分解生物分子，同时反应产生的能量可用于为细胞供能、清除毒物、产生光和电等。生物的生长与发育、遗传与变异、繁殖与生产、运动与休眠、神经传导与信号传递等生命活动都与酶的催化过程密切相关。可以说，没有酶就没有生命。

人们对酶的认识源于生产实践和科学研究。1833 年，法国科学家 Payen 和 Persoz 从麦芽的水抽提物中用乙醇沉淀出一种对热不稳定的物质，它能促进淀粉水解成可溶性糖，使人们开始意识到生物细胞中可能存在着一种类似于催化剂的物质；1878 年，Kühne 首先把这类物质称为 "enzyme"，中文译为 "酶"；1926 年，美国化学家 Sumner 从刀豆中分离纯化脲酶并获得结晶，证明脲酶具有蛋白质的性质，提出酶本身就是一种蛋白质，并荣获 1946 年诺贝尔化学奖；1834 年，德国科学家 Schwann 从胃皱襞中分离到第一个动物来源的酶，即胃蛋白酶；1982 年，Cech 和 Altman 发现具有催化活性的 RNA（同获 1989 年诺贝尔化学奖），纠正了酶都是蛋白质的传统概念，提供了 RNA 是早期生物催化剂的强有力证据，对探索生命起源具有重要的启发意义。

现代科学认为，酶是由活细胞产生、具有催化活性和高度专一性的特殊生物大分子，包括蛋白质、核酸和蛋白质-核酸复合物。

二、酶催化的特性

酶作为生物催化剂，具有一般催化剂的特征：①只能催化热力学允许的反应，加快化学反应的速率而本身在反应前后没有结构和性质的改变；②只能缩短反应达到平衡所需要的时间而不能改变反应的平衡点。

酶作为一种生物催化剂又具有区别于其他催化剂的特性。

1. 酶催化效率高　酶催化反应的速率比非催化反应高 $10^8 \sim 10^{20}$ 倍，比非生物催化剂催化的反应高 $10^7 \sim 10^{13}$ 倍。如过氧化氢酶催化过氧化氢分解的反应，若用铁作为催化剂，反应速率为 $6 \times 10^{-4} \, mol/(mol \cdot s)$；若用过氧化氢酶催化，反应速率为 $6 \times 10^6 \, mol/(mol \cdot s)$。酶催化的高效性与其能大幅度降低反应活化能（activation energy）有关。

2. 酶催化的专一性　酶对底物及催化的反应都有严格的选择性，即一种酶仅能作用于一种物质或一类结构相似的物质催化发生一定的化学反应，产生特定的产物，这种对底物和反应的选择性称为酶的专一性（specificity）。如蛋白酶只能水解蛋白质，脂肪酶只能水解脂肪，而淀粉酶只能作用于淀粉。酶催化的专一性由酶活性中心的结构决定。

3. 酶的不稳定性 酶是生物大分子，对环境条件的变化非常敏感，高温、强酸或强碱、重金属和紫外线等引起蛋白质变性的理化因素，都能使蛋白酶丧失活性。同时，酶也常因温度和 pH 的轻微改变、激活剂或抑制剂的存在而使其活性发生改变。酶的不稳定性由酶的化学本质决定。

4. 酶的催化活性可被调节控制 酶的催化活性可调控，这是酶区别于一般催化剂的一个重要特性。酶在机体内受到多方面因素的调节和控制，不同酶的调节方式和调节手段也不同，包括抑制剂的调节、反馈调节、酶原激活、共价修饰、变构调节和激素控制等。

5. 结合酶类的活性受其结合部分的影响 结合酶类的催化活性与辅酶、辅基和金属离子等有关，若将它们除去，酶就会失活。只有全酶分子才具有催化活性。

三、酶的化学本质

迄今为止已被分离纯化的大多数酶都是蛋白质。主要依据是：①酶经酸、碱水解的最终产物是氨基酸，酶能被蛋白酶水解而失活；②酶是具有空间结构的生物大分子，一切可以使蛋白质变性的物理和化学因素都同样可使酶变性失活；③酶是两性电解质，在不同 pH 溶液中表现出不同的解离状态；④酶是大分子化合物，且具有不能透过半透膜等胶体的性质；⑤1969 年人工合成牛胰核糖核酸酶。以上事实都证明大多数酶在化学本质上属于蛋白质。

20 世纪 80 年代初期，Cech 和 Altman 各自独立发现 RNA 具有生物催化功能，并定名为核酶（ribozyme）。近年来的研究表明，核酶作用的底物除了 RNA 外还有多糖、DNA 以及氨基酸酯等，催化反应的类型也有多种，但其化学本质却是核酸或蛋白质-核酸复合物。另外，1995 年 Cuenoud 等发现有些 DNA 分子亦具有催化活性。

第二节 酶的组成和结构

一、酶的组成

根据酶分子的化学组成，可将酶分为单纯酶（simple enzyme）和结合酶（conjugated enzyme）两大类。单纯酶的分子中仅含有蛋白质，其水解产物只有氨基酸。如胃蛋白酶、胰蛋白酶、核酸酶、脲酶等水解酶。结合酶类也称为复合酶类，除了蛋白质组分外，还含有一些对热稳定的非蛋白质小分子或金属离子。结合酶的蛋白质部分称为酶蛋白（apoenzyme），而非蛋白质部分称为辅因子（cofactor）。酶蛋白与辅因子单独存在时均无活性，只有两者结合形成完整的全酶（holoenzyme）分子才具催化活性。

全酶＝酶蛋白＋辅因子

全酶中的辅因子包括金属离子和小分子有机化合物，根据它们与酶分子结合的牢固程度不同，可分为辅酶（coenzyme）和辅基（prosthetic group）。辅酶和辅基二者之间没有严格的界限。一般来说，辅基与酶蛋白往往是通过共价键相结合，不易用透析等方法除去，而辅酶与酶蛋白结合较松散，可用透析等方法除去而使酶丧失活性。但有时也把它们统称为辅酶。大多数辅酶由核苷酸和维生素或它们的衍生物构成（表 4-1），它们是生物体的必需成分，当供应不足时，即引起缺乏性疾病。

表 4-1 常见的辅酶及其特性

有机辅因子	需该因子的酶	转移的原子、电子、基团	所含的维生素
焦磷酸硫胺素	脱羧酶、丙酮酸和 α 酮戊二酸脱氢酶复合体	醛类	硫胺素（维生素 B_1）

（续）

有机辅因子	需该因子的酶	转移的原子、电子、基团	所含的维生素
黄素单核苷酸（FMN）	各种脱氢酶和氧化酶	氢原子（电子）	核黄素（维生素 B_2）
黄素腺嘌呤二核苷酸（FAD）	各种脱氢酶和氧化酶	氢原子（电子）	核黄素（维生素 B_2）
辅酶 A	脂肪代谢中的酰基转移酶	酰基	泛酸（维生素 B_5）
烟酰胺腺嘌呤二核苷酸（NAD^+）	各种脱氢酶	氢原子（电子）	烟酸（维生素 PP）
烟酰胺腺嘌呤二核苷酸磷酸（$NADP^+$）	各种脱氢酶	氢原子（电子）	烟酸（维生素 PP）
磷酸吡哆醛	氨基酸代谢的各种酶	氨基	吡哆醇（维生素 B_6）
生物素	各种羧化酶	二氧化碳	生物素（维生素 B_7）
四氢叶酸	一碳单位代谢的各种酶	甲基、亚甲基、甲酰基、亚胺甲基	叶酸（维生素 B_{11}）
甲基钴胺素	甲基转移酶	甲基	钴胺素（维生素 B_{12}）
5-脱氧腺苷钴胺素	变位酶		
硫辛酸	丙酮酸和 α 酮戊二酸脱氢酶复合体	酰基	

自然界中酶的种类甚多，通常酶蛋白必须与某一特定的辅酶结合，才能成为有活性的全酶。但辅酶、辅基的种类并不多，一种辅酶或辅基可以与多种不同的酶蛋白结合构成具有不同专一性的全酶。如辅酶 NAD^+ 或 $NADP^+$ 可与不同酶蛋白结合，组成乳酸脱氢酶、苹果酸脱氢酶、3-磷酸甘油醛脱氢酶等。

酶蛋白与辅酶或辅基是全酶表现催化活性不可缺少的部分。酶蛋白决定反应的专一性，辅酶或辅基则参与结合底物分子，催化底物反应，起转移电子、原子和功能基团的作用。

二、单体酶、寡聚酶和多酶复合体

根据酶蛋白质分子的特点，可将酶分为 3 类。

1. 单体酶 单体酶（monomeric enzyme）一般由一条肽链组成，只有三级结构，如牛胰核糖核酸酶、溶菌酶等。有的单体酶由多条肽链组成，如胰凝乳蛋白酶由 3 条肽链组成，链间由二硫键相连构成一个共价整体，这类含几条肽链的单体酶往往是由一条前体肽链经活化断裂而生成。有的单体酶虽然只有一条肽链，但同时具有多种不同的酶活性，这类单体酶称为多功能酶（multifunctional enzyme），如大肠杆菌 DNA 聚合酶 I 同时具有 DNA 聚合酶活性、3′外切核酸酶活性和 5′外切核酸酶活性。

单体酶种类很少，一般是催化水解反应的酶，相对分子质量在 35 000 以下。

2. 寡聚酶 寡聚酶（oligomeric enzyme）指由 2 个或多个相同或不相同亚基组成的酶。单独的亚基一般无活性，必须相互结合才有活性，相对分子质量大于 35 000。相当数量的寡聚酶是调节酶，其活性可受各种因素的灵活调节，对代谢过程起重要的调控作用。如糖代谢过程中的很多酶均属于寡聚酶。

3. 多酶复合体 多种酶以非共价键相互嵌合，形成催化连续反应的体系，称为多酶复合体（multienzyme complex）。连续反应体系中前一反应的产物为后一反应的底物，反应依次连接，构成一个代谢途径或代谢途径的一部分。由于这一顺序反应在高度有序的多酶复合体内进行，因此提高了酶的催化效率，同时利于对酶的调控。在完整细胞内的许多多酶复合体都具有自我调节能力。多酶复合体的相对分子质量很高，例如，脂肪酸合成酶复合体相对分子质量为 2 200 000；大肠杆菌丙酮酸脱氢酶复合体的相对分子质量为 4 600 000。

第三节 酶的活性中心与催化专一性

一、酶的活性中心

大量实验研究证明，酶的催化能力仅局限在酶分子的一定区域。酶分子上直接参与底物分子结合及催化作用的氨基酸残基的侧链基团根据一定的空间结构组成的区域，称为酶的活性中心（active center）或活性部位（active site）。对于结合酶类来说，辅酶或辅基分子上的某一部分结构是活性中心的组成部分。酶的活性部位是酶行使催化功能的结构基础。组成酶活性中心的氨基酸残基的侧链在一级结构上可能相距很远，甚至可能位于不同的肽链上，经肽链的盘绕折叠，而在空间构象上互相靠近进入适当位置形成活性区域。这个区域位于酶分子表面的一个裂缝（crevice）内（图 4-1）。

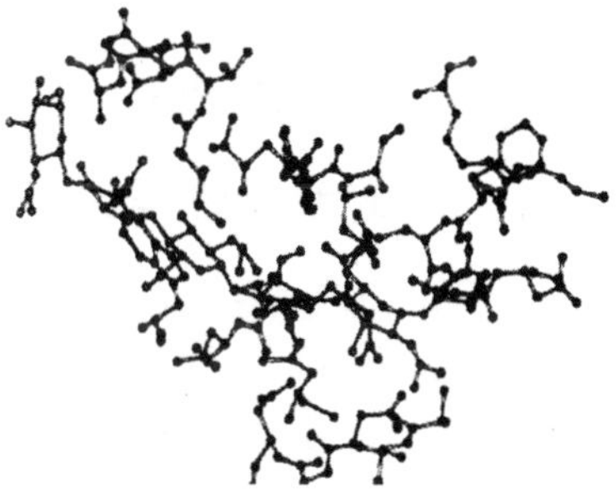

酶的活性中心包括两个功能部位：一个是结合部位，即酶与底物结合的基团，决定酶的专一性；另一个是催化部位，是催化底物敏感键发生化学变化的基团，决定酶的催化能力。但这两个部位并不是各自独立存在的，构成这两个功能部位的有关基团，有的同时兼有结合底物和催化底物发生反应的功能。酶活性中心的基团均属于必需基团，但必需基团还包括除活性中心之外的、对酶表现活性所必需的基团，如 Ser 的羟基、Cys 的巯基、His 的咪唑基等，它们不与底物结合，或者不直接参与引起中间产物分解的反应，而仅仅是维持酶分子的空间构象所必需的。

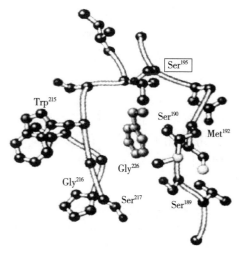

图 4-1 溶菌酶活性中心的三维结构

例如，胰凝乳蛋白酶的活性中心由 Ser[195]、His[57] 和 Asp[102] 的侧链构成的催化三联体与位于疏水"口袋"中的若干氨基酸残基构成的底物结合部位组成（图 4-2 和图 4-3）。Ile[16] 和 Asp[194] 虽不是直接参与催化作用的氨基酸，但能通过 Ile 的氨基与 Asp 的羧基之间的静电引力维持活性中心的正确构象。酶分子中与活性无直接关系的次级结构并非毫无意义，它们为活性中心的形成提供了结构基础，因此酶分子结构的完整性是酶活性所必需的。

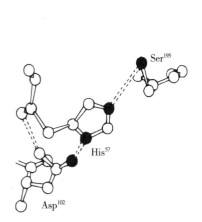

图 4-2 胰凝乳蛋白酶活性中心的催化三联体

图 4-3 胰凝乳蛋白酶的疏水"口袋"

酶活性中心的鉴定方法有下述几种：

（1）化学修饰法。观察酶分子被一定的化学试剂修饰前后酶活性的变化情况，结合其他方法，推断该基团是否为活性中心的功能基团。如胰凝乳蛋白酶与二异丙基氟磷酸（diisopropylfluorophosphate，DIFP）作用即会失去活性，DIFP 能与酶分子中的 Ser 残基共价结合，胰凝乳蛋白酶中有 28 个 Ser 残基，而与 DIFP 作用的仅仅是其中的 Ser[195]，这表明 Ser[195] 是胰凝乳蛋白酶活性中心的组成部分。

（2）亲和标记法。此法使用一个能与酶的活性中心特异结合的底物类似物作为活性中心基团的标记试剂。该类似物不能被酶催化发生化学反应，却能与酶的特定基团发生共价结合，并使酶失活。如 N-对-甲苯磺酰基苯基丙氨酰氯甲基酮（N-tosyl-L-phenylalanine-chloromethyl ketone，TPCK）是胰凝乳蛋白酶的亲和标记物，当用 [14]C 标记的 TPCK 与胰凝乳蛋白酶一起保温时，酶即失活。结构分析证明 TPCK 与酶分子中的 His[57] 发生作用，说明 His[57] 是胰凝乳蛋白酶活性中心的另一组成部分。

（3）X 射线衍射分析法。此法可直接观察酶与底物的结合情况。

二、酶的专一性理论

酶的专一性是基于酶与底物之间精确的相互作用，这种精确性是酶蛋白复杂的三维结构所决定的。根据各种酶表现的专一性程度的差异，酶的底物专一性可分为结构专一性（structure specificity）和立体异构专一性（stereospecificity）两种类型。

1. 结构专一性　各种酶对底物结构的专一性要求是不同的。有一些酶具有绝对专一性（absolute specificity），它们对底物的要求非常严格，甚至有时只能催化一种底物进行一种反应。例如，脲酶只能作用于尿素，催化其水解产生 CO_2 和 NH_3，而对尿素的各种衍生物均不起作用。

$$H_2N—CO—NH_2+H_2O \xrightarrow{\text{脲酶}} 2NH_3+CO_2$$

过氧化物酶、琥珀酸脱氢酶、碳酸酐酶等对其底物都具有高度的专一性，均属绝对专一性的例子。

有的酶只对底物分子中其所作用的化学键要求严格，而对键两端所连基团的性质要求不严格。例如，酯酶可以水解任何酸与醇所形成的酯，它不受键两端基团 R 和 R′ 的限制。

$$R—\overset{\overset{\displaystyle O}{\|}}{C}—O—R'+H_2O \xrightleftharpoons{\text{酯酶}} RCOO^-+R'OH+H^+$$

又如，二肽酶可以水解二肽的肽键，而不管这个二肽是由哪两种氨基酸组成的，这种专一性称为键专一性（bond specificity）。

另外一些酶不但要求底物具有一定的化学键，而且对键的某一端所连的基团也有一定的要求，而对化学键另一端的化学基团则要求不严。例如，α-D-葡萄糖苷酶不仅要求水解 α 糖苷键，而且 α 糖苷键的一端必须是 D-葡萄糖。又如，胰蛋白酶能催化水解碱性氨基酸（Arg、Lys）的羧基所形成的肽键，而对此肽键氨基端的氨基酸没有什么要求，这类专一性称为基团专一性或族专一性（group specificity）。

2. 立体异构专一性　几乎所有的酶对于立体异构体都具有高度专一性。当底物具有立体异构体时，酶只能作用于其中的一种。例如，L-氨基酸氧化酶只能催化 L-氨基酸的氧化脱氨基，而对 D-氨基酸不起作用。延胡索酸酶可催化延胡索酸水合生成苹果酸及其逆反应，但对顺丁烯二酸没有催化活性。

三、酶专一性的有关假说

为了解释酶作用的专一性，研究者们曾提出过不同的假说。

1. 锁与钥匙学说　早在 1894 年德国著名有机化学家 Fisher 提出锁与钥匙学说（lock and key theory），即酶与底物为锁与钥匙的关系，以此说明酶与底物结构上的互补性（图4-4）。该学说的局限性为不能解释酶催化的可逆反应。

2. 诱导契合假说 1958年Koshland首先认识到底物的结合可以诱导酶活性中心发生一定的构象变化，并提出诱导契合假说（induced-fit hypothesis）。该假说认为：酶活性中心的结构具有柔性（flexibility），即酶分子本身的结构不是固定不变的；酶分子与底物接近时，酶蛋白受底物分子的诱导，其构象发生有利于与底物结合的变化，从而引起催化部位的有关基团在空间位置上的改变，以利于酶的催化基团与底物敏感键的正确契合，酶与底物在此基础上互补契合形成中间络合物，并引起底物发生反应（图4-5）。诱导契合假说解释了锁钥学说刚性结构难以解释的问题。

近年来使用X射线衍射、核磁共振、差光谱技术等各种物理和化学方法证明了酶与底物结合时确实有显著的构象变化，有力地支持了这一假说。

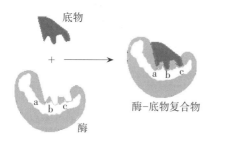

图4-4 锁与钥匙学说示意图

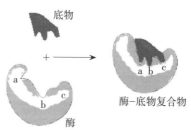

图4-5 诱导契合假说示意图

3. 三点附着学说 三点附着学说（three-attachment theory）认为酶与底物的结合至少有3个结合点，只有这3个结合点全部匹配时，酶才能发挥催化作用。一对立体异构体底物虽然基团相同，但空间排列方式不同，当一个异构体与酶结合并互补匹配时，另一种异构体与酶的结合无法保证3个结合点都互补匹配，酶就不能发挥催化作用（图4-6）。所以，酶能够区分一对立体异构体或一个假手性碳原子上的两个相同基团。

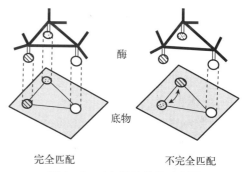

图4-6 三点附着学说示意图

第四节 酶的作用机理与催化高效性

一、酶的催化作用与分子的活化能

在一个化学反应体系中，只有那些具有较高能量的活化分子相互碰撞才能发生化学反应。活化分子越多，反应越迅速。分子由常态转变成活化态所需的能量称为活化能（activation energy）。分子活化的方式有：①加热或光照；②使用催化剂降低反应的活化能（图4-7），从而增加反应体系中活化分子的百分率。

酶作为生物催化剂的特点之一是它具有很高的催化效率，酶较一般催化剂能更多地降低反应的活化能。如过氧化氢分解为水和氧的反应，其分子的活化能为75.348 kJ/mol。用胶态铂作为催化剂时，则活化能可降

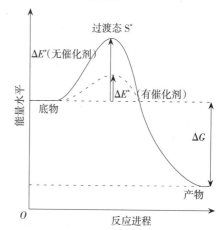

图4-7 催化过程与非催化过程自由能变化
ΔE^*. 活化能

低到 48.976 kJ/mol，而用过氧化氢酶催化时，活化能可降低到 8.372 kJ/mol。

二、中间产物学说

酶降低反应活化能的一个途径就是使反应分为两个或两个以上的步骤，由于两步反应所需活化能的总和比一般催化剂存在时发生的一步反应所需活化能低得多，因此反应的总速率就提高。

大量研究表明，酶促反应过程中，酶（E）与底物（S）首先形成一个不稳定的中间复合物（ES），然后再分解为产物（P）并释放出酶，此即中间产物学说（又称为过渡态学说）。

$$E+S \Longleftrightarrow ES \rightarrow E+P$$

酶催化底物形成产物的过程，涉及底物敏感键的断裂和新键的形成。在新键形成之前，酶与底物首先形成中间复合物 ES，酶分子的构象因受底物分子的诱导发生明显的改变；同时酶分子中的功能基团正确定位使底物分子的敏感键更易发生反应，甚至使底物分子发生形变，从而形成一个互相契合的酶-底物复合物。此复合物反应活性很高，极易变成过渡态，因此反应活化能大大降低，底物可以越过较低能阈而形成产物。

借助于 X 射线衍射技术可直接观察到酶与底物反应过程中的 ES 复合物的存在；同位素标记底物的方法已证明磷酸化酶催化蔗糖合成反应中酶与葡萄糖结合的中间产物（酶-葡萄糖复合物）；光谱分析法也证明了含铁卟啉的过氧化氢酶的吸收光谱在与过氧化氢作用前后的变化；大肠杆菌色氨酸合成酶在正常底物 L - Ser 加入后荧光强度明显升高。以上均证明在酶促反应过程中 ES 的存在（图4-8）。

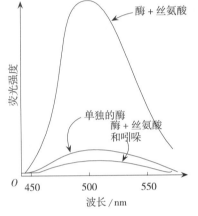

图 4 - 8 与底物结合前后色氨酸合成酶吸收光谱的变化

三、酶高效催化涉及的因素

（一）靠近和定向效应

化学反应的速率与反应物的浓度成正比。靠近（邻近，proximity）是指酶的活性中心与底物靠近，对于双分子反应来说也包括酶活性中心与两个底物分子之间的邻近。定向（orientation）是指互相靠近的底物分子之间以及底物分子与酶活性中心的功能基团之间正确的立体化学排列（图4-9）。靠近效应能大大提高酶活性中心局部区域的底物浓度。研究表明，在生理条件下，底物浓度一般很低（0.001 mol/L），而在酶活性中心测得底物浓度达 100 mol/L，比溶液中高出 10 万倍。同时，专一性底物与酶分子靠近并与之结合时，酶分子构象发生一定变化，导致其催化基团与结合基团正确排列与定位，为反应基团分子轨道杂交提供了良好的条件，使底物进入到过渡态的熵变负值减小，反应的活化能降低，从而大大提高反应速率。据估计靠近和定向效应约可使反应速率提高 10^8 倍。

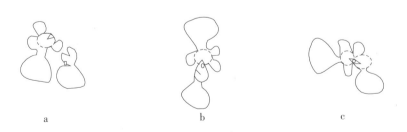

图 4 - 9 酶的定向效应

a. 反应物的反应基团和催化剂的催化基团既不邻近，也不定向

b. 两个基团靠近，但不定向　c. 两个基团既靠近，又定向

（二）底物分子的形变与诱导契合

所有化学键均由电子形成，电子的迁移会引起这些键的重排和断裂。X射线衍射分析证明，酶与底物结合并进行反应时，在底物诱导酶活性中心的构象发生改变的同时，酶也可诱导底物分子构象发生变化（图4-10），促使底物分子中的敏感键发生形变（distortion），产生电子张力，以上变化有利于形成一个互相契合的酶-底物复合物，进一步形成过渡态，大大增加酶促反应的速率。

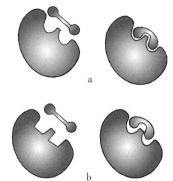

图4-10　底物和酶结合时构象变化
a. 底物分子发生形变
b. 底物分子和酶活性中心都发生形变

（三）酸碱催化

质子供体（酸）和质子受体（碱）形成的广义酸碱催化（general acid-base catalysis）在生物化学反应中普遍存在。酶分子中存在许多酸性和碱性基团，它们可作为质子供体和质子受体，在特定的pH条件下起到广义酸碱催化作用。如氨基、羧基、巯基、酚羟基和咪唑基。特别是咪唑基，既是一个很强的亲核基团（电子对供体），又是一个有效的酸碱催化基团（图4-11）。咪唑基的解离常数约为6.0，在接近生物体液的pH条件下，有一半以酸的形式存在，另一半以碱的形式存在。即咪唑基既可作为质子供体，也可作为质子受体在酶促反应中发挥作用，并且供出质子和接受质子十分迅速（半衰期小于1.0×10^{-3} s），因此，咪唑基是最有效的、最活泼的催化基团。

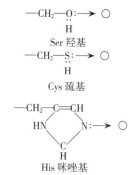

图4-11　酶分子的亲核基团

（四）共价催化

某些酶可以与底物形成一个反应活性很高的不稳定共价中间体，此共价中间体很容易变成过渡态，因而大大降低反应的活化能，致使底物能越过较低能阈形成产物。共价催化（covalent catalysis）最一般的形式是催化剂的亲核基团对底物的亲电子碳原子进行攻击，形成共价中间体。酶蛋白中有3种主要亲核基团：Ser的羟基、Cys的巯基和His的咪唑基。

（五）酶活性中心是低介电区域

酶活性中心穴内是相对疏水环境。酶的催化基团被低介电环境所包围，其表面不易形成水化层，有利于酶与底物的接触，底物分子的敏感键与酶的催化基团之间有很大的反应力。

四、胰凝乳蛋白酶的作用机理

胰凝乳蛋白酶是存在于动物消化道内水解蛋白质的酶，能专一性地水解由芳香族氨基酸与大的疏水氨基酸的羧基形成的肽键。胰合成的胰凝乳蛋白酶原是由245个氨基酸残基组成的一条多肽链，内含5对二硫键。胰凝乳蛋白酶原在消化道被胰蛋白酶激活，释放2个二肽（即$Ser^{14}—Arg^{15}$和$Thr^{147}—Asn^{148}$），变成3个短肽，经两对二硫键维持在一起构成特定的空间结构，成为有活性的α胰凝乳蛋白酶（图4-12）。

胰凝乳蛋白酶的活性中心是由Ser^{195}、His^{57}和Asp^{102} 3个氨基酸残基组成的，X射线衍射分析显示His^{57}与Ser^{195}相互靠近；Asp^{102}的羧基埋在蛋白质分子内，也靠近His^{57}，这3个氨基酸残基构成催化三联体（catalytic triad）（图4-13）。在没有底物存在时，His^{57}呈非质子化形式；当Ser^{195}羟基中的氧原子对底物进行亲核攻击时，一个质子从Ser^{195}的羟基转给His^{57}，Asp^{102}带负电荷的羧基与His^{57}带正电荷的咪唑基以氢键结合，使His^{57}正确定位。这样，3个氨基酸残基的侧链构成了一个电荷转接系统（氢键系统），在催化底物反应中，直接参与电子的接受和传递。His^{57}的咪唑基在这里起广义酸碱催化作用。

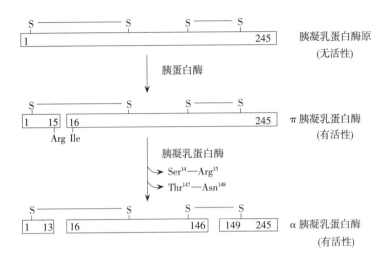

图 4-12　胰凝乳蛋白酶原的激活

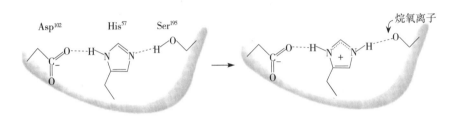

图 4-13　胰凝乳蛋白酶活性中心的催化三联体

胰凝乳蛋白酶的催化机理归纳于图 4-14。首先，专一性底物与酶的结合。这种结合涉及多种交互作用，其中包括芳香环与酶疏水穴的结合；底物肽链以反平行方式与酶分子主链之间氢键的形成；多肽的水解通过酰化和脱酰化两个阶段进行。反应的第一步是 Ser[195] 的羟基氧原子对底物敏感肽键的亲核攻击，形成一个过渡态四面体中间物。与此同时，His[57] 作为广义碱从 Ser[195] 的羟基吸取一个质子，形成质子化的 His，然后又作为广义的酸将质子提供给底物敏感肽键的酰胺氮，肽键因此而断裂。在此期间，质子化胺组分通过氢键结合到 His[57]，底物的酸组分酯化到 Ser[195]，形成酰化的胰凝乳蛋白酶，随着产物胺的释放，酰化阶段完成。随后的脱酰化是酰化的逆过程。用水取代胺，亲核攻击羰基碳。首先是电荷转接系统从水分子中接受一个质子，水分子中剩下的 OH⁻ 即攻击连接在 Ser[195] 上酰基中的羰基碳原子，产生另一个过渡态的四面体中间物，然后 His[57] 提供一个质子给 Ser[195] 的氧，羧基组分从活性中心脱离，完成整个反应。

胰凝乳蛋白酶的催化机制提供了一个典型的酸碱催化和共价催化的例子。除胰凝乳蛋白酶外，酶催化反应中具有"Ser—His—Asp"催化三联体的酶还有胰蛋白酶、弹性蛋白酶和枯草芽孢杆菌蛋白酶等，通称为丝氨酸蛋白酶。

来自胰的胰蛋白酶、胰凝乳蛋白酶和弹性蛋白酶均以无活性酶前体形式分泌，在酶原激活时发生相似的构象变化。尽管这三个酶在三维结构和催化机理方面十分相似，它们在对底物专一性上表现出很大差异，X 射线衍射分析指出，这种差异是由于底物结合部位的"口袋"结构不同所造成（图 4-15）。胰蛋白酶的底物结合"口袋"很深，"口袋"底部是一个带负电荷的 Asp，适宜结合具有长侧链的碱性氨基酸，专一性水解 Lys 和 Arg 的羧基参与形成的肽键；胰凝乳蛋白酶的底物结合"口袋"较浅，但比较宽，"口袋"壁上主要是疏水氨基酸残基，适宜结合具有大疏水侧链的氨基酸，专一性水解芳香族氨基酸（Phe、Tyr 和 Trp）以及大而疏水的氨基酸（Met）的羧基形成的肽键；弹性蛋白酶的底物结合"口袋"很浅，适宜结合具有小侧链的氨基酸，对小分子氨基酸（Ala）是专一的。

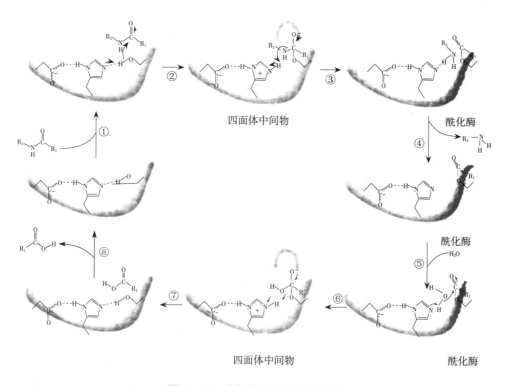

图 4-14　胰凝乳蛋白酶催化机理

①结合底物　②过渡态四面体的形成　③His[57]质子供体、肽键断裂　④氨基产物释放
⑤水亲核攻击　⑥形成四面体中间物　⑦His[57]提供质子给 Ser[195]　⑧羧基产物释放

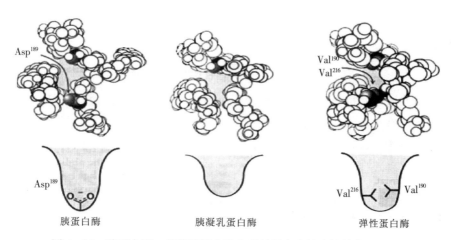

图 4-15　胰蛋白酶、胰凝乳蛋白酶和弹性蛋白酶的底物结合"口袋"

第五节　酶促反应的动力学

　　酶促反应动力学研究酶促反应的速率规律以及影响此速率的各种因素。在酶的结构与功能关系以及酶作用机理的研究中需要动力学分析提供实验证据，寻找酶促反应的最佳条件或阐明酶在代谢中的作用等均需根据酶促反应速率的规律。因此酶促反应动力学在酶学研究中既具有理论意义，又具有实践意义。

一、酶浓度对酶促反应速率的影响

在一个酶作用的最适条件下，如果底物浓度足够大，足以使酶饱和，则酶促反应的速率（v）与酶浓度［E］成正比。$v=K$［E］，K 为反应速率常数（图 4-16）。

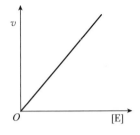

图 4-16　酶浓度对反应
速率的影响

二、底物浓度对酶促反应速率的影响

1903 年，Henrhe 在蔗糖酶水解蔗糖的实验中观察到，在蔗糖酶最适反应条件下，当酶浓度不变时，用测出的一系列不同底物浓度下的反应速率对底物浓度作图可得到图 4-17a 所示双曲线。从 v-［S］曲线可以看出，当底物浓度［S］很低时，反应速率随底物浓度呈直线上升，表现为一级反应。当底物浓度增加到足够大时，反应速率几乎恒定，趋向一个极限，表现为零级反应。这样的曲线表明，当底物浓度增加到一定数值后，酶的作用就会出现饱和状态。实验证明，大多数酶都有此饱和现象，只是达到饱和所需的底物浓度不同；相反，非酶催化的反应就没有此饱和现象。

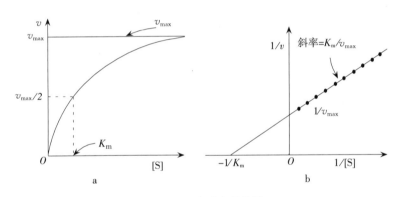

图 4-17　米氏方程曲线

a. v-［S］作图法　b. 双倒数作图法

酶促反应速率与底物浓度之间的这种关系，可利用中间产物学说加以说明，即酶促反应过程中，酶首先与底物结合生成中间复合物（ES），然后再分解为产物（P），并释放出酶（E）。因此反应速率不完全与底物浓度成正比，而是取决于中间复合物的浓度。

$$E+S \longrightarrow ES \longrightarrow P+E$$

1913 年，Michaelis 和 Menten 对此进行了动力学分析，并由此建立了底物浓度［S］与酶促反应速率 v 之间定量关系的方程式，称为米氏方程。

$$v = \frac{v_{max} \cdot [S]}{K_m + [S]} \qquad (1)$$

式中：v——酶促反应速率；

$\quad\quad v_{max}$——酶完全被底物饱和时的最大反应速度；

$\quad\quad$［S］——底物浓度；

$\quad\quad K_m$——米氏常数。

米氏方程推导的前提条件：①在初速率的范围内，产物生成量极少，则由 $E+P \rightarrow EP$ 这一逆反应可忽略不计；②当［S］≫［E］时，即使所有的酶都与底物结合形成 ES，也不会明显降低底物的浓度；③在稳态平衡的条件下，ES 生成的速率等于 ES 分解的速率，即 ES 保持动态平衡。

设 K_1 为 E 和 S 结合成为 ES 的反应速率常数，K_2 为 ES 解离为 E 和 S 的反应速率常数，K_3

为 ES 生成产物的速率常数，即

$$E+S \underset{K_2}{\overset{K_1}{\rightleftharpoons}} ES \overset{K_3}{\longrightarrow} P+E$$

则平衡时有

$$K_1 \cdot [E] \cdot [S] = K_2 \cdot [ES] + K_3 [ES] \qquad (2)$$

整理得

$$\frac{K_2+K_3}{K_1} = \frac{[E] \cdot [S]}{[ES]}$$

令

$$\frac{K_2+K_3}{K_1} = K_m$$

则

$$K_m = \frac{[E] \cdot [S]}{[ES]} \qquad (3)$$

在反应体系中，未与底物结合的自由酶的浓度 $[E]$ 等于酶的总浓度 $[E_t]$ 减去 ES 复合物浓度 $[ES]$，即：

$$[E] = [E_t] - [ES]$$

代入（3）式得

$$K_m = \frac{([E_t] - [ES]) \cdot [S]}{[ES]}$$

整理得

$$K_m[ES] = [E_t] \cdot [S] - [ES] \cdot [S]$$

$$K_m[ES] + [ES] \cdot [S] = [E_t] \cdot [S]$$

$$(K_m + [S]) \cdot [ES] = [E_t] \cdot [S]$$

$$[ES] = \frac{[E_t] \cdot [S]}{K_m + [S]} \qquad (4)$$

由于酶促反应速率（v）与 ES 复合物的浓度 $[ES]$ 成正比，即

$$v = K_3 \cdot [ES] \qquad (5)$$

将（4）式代入（5）式得

$$\frac{v}{K_3} = \frac{[E_t] \cdot [S]}{K_m + [S]}$$

整理得

$$v = \frac{K_3 \cdot [E_t] \cdot [S]}{K_m + [S]} \qquad (6)$$

当反应速率达最大值（v_{max}）时，所有酶都以 ES 复合物形式存在，最大反应速率与酶的总浓度 $[E_t]$ 成正比，即

$$v_{max} = K_3 \cdot [ES] = K_3 \cdot [E_t]$$

所以有

$$v = \frac{v_{max} \cdot [S]}{K_m + [S]}$$

米氏方程中，当 $[S] \ll K_m$ 时，$[S]$ 可忽略不计，则 $v = v_{max} \cdot [S] / K_m$，由于 v_{max} 和 K_m 均为常数，故酶促反应速率与底物浓度成正比，表现为一级反应；而当 $[S] \gg K_m$ 时，K_m 可忽略，则 $v = v_{max}$，此时酶活性中心的结合部位被底物饱和，酶促反应速率达到与底物浓度无关的最大值，表现为零级反应。

当 $[S] = K_m$ 时，米氏方程变为 $v = v_{max}/2$，由此可知，K_m 的含义是酶促反应速率达到最大反应速率一半时的底物浓度。K_m 的单位为浓度单位，一般用 mol/L 或 mmol/L 表示。K_m 值依赖于特殊的底物和环境条件（pH、温度和离子强度等）。在严格的条件下，不同的酶有不同的 K_m 值，一个酶对一个底物有一定的 K_m 值，当一个酶有多个底物时则对应于每一个底物的 K_m 值不相同，其中 K_m 值最小的底物为酶的最适底物。K_m 值随不同底物而异的现象可以用来判断酶的专一性。

大部分酶的 K_m 值为 $1\times10^{-7}\sim1\times10^{-1}$ mol/L。

K_m 值是代表整个酶促反应中 v 与 [S] 之间关系的一个复合常数，$K_m=(K_2+K_3)/K_1$。但当 $K_2\gg K_3$ 时，K_3 可忽略，此时 K_m 值约等于 K_2/K_1，相当于 ES 的解离常数，可近似地代表酶对底物亲和力的大小。K_m 愈大，说明酶与底物的亲和力愈弱；K_m 愈小，说明酶与底物的亲和力愈强。

测定 K_m 值最常见的方法是双倒数作图法（Lineweaver - Burk or double - reciprocal plot），取米氏方程等号前后各项的倒数：

$$\frac{1}{v}=\frac{K_m+[S]}{v_{max}\cdot[S]}$$

整理得

$$\frac{1}{v}=\frac{K_m}{v_{max}}\cdot\frac{1}{[S]}+\frac{1}{v_{max}}$$

以 $1/v$ 对 $1/[S]$ 作图即得到图 4-17b 所示的直线。此直线的斜率是 K_m/v_{max}；在纵轴上的截距为 $1/v_{max}$，横轴上的截距为 $-1/K_m$。量取直线在两坐标轴上的截距，或量取直线在任一坐标轴上的截距并结合斜率便可很方便地求出 K_m 和 v_{max}。

三、pH 对酶作用的影响

酶对环境酸碱度敏感。每一种酶只能在一定的 pH 范围内才能表现活性。在有限的 pH 范围内酶活力也随环境 pH 的改变而有所不同。在酶促反应其他条件保持不变且为最佳状态时，以酶促反应速率（v）对 pH 作图显示：大多数酶的活力与环境 pH 的关系表现为钟罩形曲线（图 4-18）。即某一种酶只能在一定 pH 条件下才显示出最高催化活力，高于或低于此 pH，活力都会下降。使酶表现最大活力的 pH 称为该酶的最适 pH

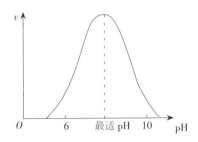

图 4-18 pH 对酶促反应的影响

（optimum pH）。一般酶的最适 pH 为 $4\sim8$，植物及微生物来源的酶最适 pH 多在 $4.5\sim6.5$，动物体内的酶最适 pH 多为 $6.5\sim8$。但也有例外，如胃蛋白酶、肝的精氨酸酶和胰蛋白酶的最适 pH 分别为 1.9、9.7 和 8.1。不同酶的活力随 pH 变化的情况也不相同。

pH 影响酶活力的可能原因有：pH 影响酶分子的荷电性从而影响酶的稳定性；pH 影响底物分子的解离状态以及酶活性中心有关基团的解离，从而影响酶与底物的结合和催化作用。

四、温度对酶作用的影响

正如大多数化学反应一样，酶促反应速率也受到温度的影响，在一定的温度范围内，酶促反应速率随温度升高而加快。但由于酶是蛋白质，温度过高会导致酶变性失活，使酶活力反而下降。因此，酶只有在一定温度时才显示出最大活力，这一温度称为酶的最适温度（optimum temperature）（图 4-19）。恒温动物体内酶的最适温度一般在 $35\sim40$ ℃；植物来源的酶最适温度在 $45\sim60$ ℃；微生物酶的最适温度差别较大，细菌高温淀粉酶的最适温度达 $80\sim90$ ℃。不同酶对温度的敏感性也不同，大多数酶在 $55\sim60$ ℃时因变性而失活，但也有一些酶具有较高的抗热性，如木瓜蛋白酶、核糖核酸酶（RNase）、超氧化物歧化酶（SOD）及生活于温泉中的各种嗜热菌的酶等。

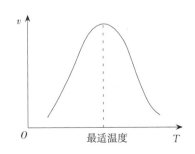

图 4-19 温度对酶促反应的影响

最适温度不是酶的特征物理常数，其值受到底物种类、酶的纯度、作用时间等因素的影响。

五、激活剂对酶作用的影响

凡是能提高酶活性、增加酶促反应速率的物质都称为该酶的激活剂（activator），其中大部分是无机离子和小分子有机化合物。按其化学属性可分为以下 3 类。

1. 无机离子激活剂 无机离子激活剂有 Cl^-、Br^-、I^-、CN^- 等阴离子和某些金属离子如 Na^+、K^+、Mg^{2+}、Ca^{2+}、Zn^{2+}、Mn^{2+} 等。例如，Mg^{2+} 是多数激酶及合成酶的激活剂，Cl^- 是唾液淀粉酶的激活剂。

2. 小分子有机化合物激活剂 一些小分子有机化合物可以作为酶的激活剂，如抗坏血酸、半胱氨酸、还原型谷胱甘肽等对某些含巯基的酶有激活作用，保护酶分子中的巯基不被氧化，从而提高酶的活性。再如一些金属螯合剂 EDTA（乙二胺四乙酸）等能除去重金属离子对酶的抑制，也可视为酶的激活剂。

3. 生物大分子激活剂 一些蛋白激酶可对某些酶激活，如磷酸化酶 b 激酶可激活磷酸化酶 b，而磷酸化酶 b 激酶又受到 cAMP 依赖性蛋白激酶的激活；酶原可被一些蛋白酶选择性水解肽键而被激活。这些蛋白激酶和蛋白酶也可看成是激活剂。

激活剂对酶的作用有一定的选择性，即一种激活剂对某些酶起激活作用，而对另一些酶可能起抑制作用。如 Mg^{2+} 是脱羧酶、烯醇化酶、DNA 聚合酶的激活剂，但对肌球蛋白腺苷三磷酸酶却有抑制作用。

六、抑制剂对酶作用的影响

酶是蛋白质，使酶蛋白变性而引起酶活性丧失的作用称为失活作用（inactivation）。酶的催化作用也可被结合到酶分子上的专一性小分子或离子所抑制，这些物质并不引起酶的变性，但会使酶活性中心的结构和性质发生变化，从而引起酶活力下降或丧失，这种作用称为酶的抑制作用（inhibition）。酶的抑制作用可作为生物体内的主要调控机制，具有重要的生理意义。如许多药物的药理作用和许多毒素的毒理作用均是通过抑制某些酶活性来实现的。能引起酶抑制作用的物质称为酶的抑制剂（inhibitor）。这些物质包括药物、抗生素、毒物和抗代谢物等。抑制剂对酶的作用有一定的选择性。一种抑制剂只能引起某一种酶或某一类酶的活性降低或丧失。

酶的抑制作用包括不可逆抑制作用和可逆抑制作用。

（一）不可逆抑制作用

抑制剂通过共价键牢固地结合到酶分子上而使酶活性丧失，不能用透析或超滤的方法除去抑制剂而恢复酶活性，这种抑制作用称为不可逆抑制作用（irreversible inhibition）。

有机磷化合物如二异丙基氟磷酸（diisopropyl fluorophosphate，DIPF）能与胰蛋白酶或乙酰胆碱酯酶活性中心的 Ser 残基反应，形成稳定的共价键而使酶丧失活性（图4-20）。

乙酰胆碱是昆虫和脊椎动物体内传导神经冲动和刺激的化学介质。乙酰胆碱酯酶催化乙酰胆碱水解为乙酸和胆碱。若乙酰胆碱酯酶被抑制，则会导致乙酰胆碱的积累，因而引起一系列神经中毒症状，因过度兴奋引起功能失调，最终导致死亡。这就是有机磷化合物的毒性原理。

另外，重金属离子、有机汞、有机砷化合物，如 Pb^{2+}、Hg^{2+} 及含 Hg^{2+}、Ag^+、As^{3+} 的离子化合物，可与酶活性中心的必需基团（如巯基）结合而使酶丧失活性。

氰化物和一氧化碳能与金属离子形成稳定络合物，而使一些需要金属离子的酶（如含铁卟啉辅基的细胞色素氧化酶）的活性受到抑制。

有些不可逆抑制剂是重要的药物，如青霉素（penicillin）通过共价修饰转肽酶，阻止细菌细胞壁的合成，杀灭细菌。

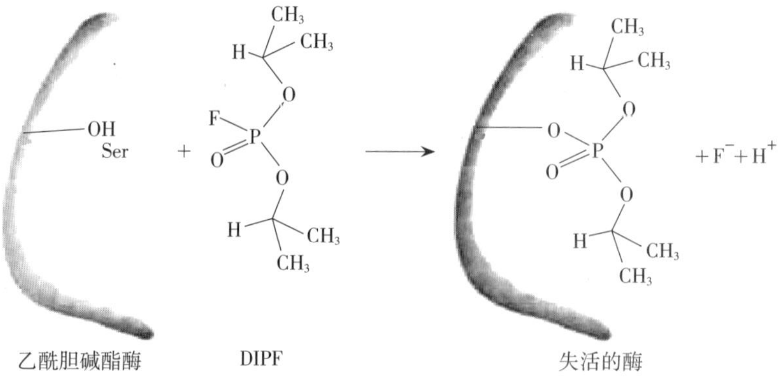

图 4-20 二异丙基氟磷酸对酶的抑制作用

(二) 可逆抑制作用

抑制剂与酶以非共价键的方式结合，一般用透析、超滤等方法可除去抑制剂而恢复酶活性，此种抑制作用称为可逆抑制作用（reversible inhibition）。可逆抑制作用主要包括以下两种类型。

1. 竞争性抑制作用 竞争性抑制作用（competitive inhibition）指抑制剂与底物竞争结合酶的活性中心，从而阻止底物与酶的结合。即酶能结合底物形成 ES，或者酶与抑制剂（I）结合形成 EI（图 4-21），但酶不能同时结合底物和抑制剂形成 EIS。

竞争性抑制作用可以通过增加底物浓度得以解除。在这种情况下，底物浓度远远高于抑制剂浓度，使底物大大提高了竞争结合到酶活性中心的能力。图 4-22 是竞争性抑制作用动力学曲线与无抑制的比较。在竞争性抑制剂存在时，仍然能达到最大反应速率（v_{max}）。但表观 K_m 值（K_m'）已被改变，这个新的 K_m' 的数值用下式表示：

$$K_m' = K_m (1 + [I]/K_i)$$

式中：[I]——抑制剂浓度；

K_i——酶-抑制剂复合物的解离常数。

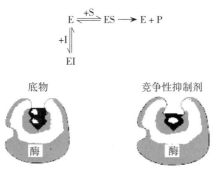

图 4-21 酶与底物或抑制剂结合的中间物

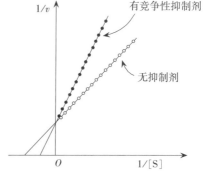

图 4-22 竞争性抑制的双倒数作图

当 [I] 增加时，K_m' 的值升高，而 v_{max} 与无抑制作用时相同。

2. 非竞争性抑制作用 非竞争性抑制作用（noncompetitive inhibition）是指抑制剂和底物可同时结合到同一酶的不同部位，即抑制剂与酶结合后，并不妨碍酶再与底物结合，底物仍然能结合到酶-抑制剂复合物上形成酶-抑制剂-底物三元复合物（EIS）（图4-23）。

由于酶-抑制剂-底物三元复合物不能分解形成产物，所以 v_{max} 降低。实际上是非竞争性抑制剂降低了有功能的酶的浓度，剩余酶的 v_{max} 减小，但 K_m 保持不变。非竞争性抑制作用不能通过增加底物浓度而被解除。图 4-24 是非竞争性抑制作用的动力学曲线。

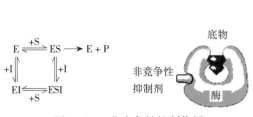

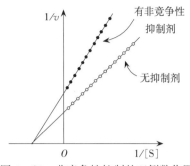

图 4-23　非竞争性抑制作用　　　　　图 4-24　非竞争性抑制的双倒数作图

第六节　酶的分类和命名

自然界中酶的种类繁多，且催化的反应各不相同。为了研究和应用的方便，避免混乱，需对已知的酶加以分类，并给予科学名称。1961 年，国际生物化学学会酶学委员会（Enzyme Commission，EC）在对自然界中存在的酶进行了广泛研究的基础上，推荐一套系统命名方案及分类方法，已被国际生物化学学会接受。

一、酶的分类

国际生物化学学会酶学委员会提出的酶的国际系统分类法将所有已知的酶按其催化的反应类型，分为六大类，分别用 1、2、3、4、5 和 6 的编号表示；2018 年 8 月，国际生物化学与分子生物学联盟（International Union of Biochemistry and Molecular Biology，IUBMB）的命名委员会（Nomenclature Committee，原名为 Enzyme Commission）正式发布，将酶的分类在原来六大类酶的基础上，增加易位酶（translocase）为第七大类酶。现将七大类酶介绍如下。

1. 氧化还原酶类　氧化还原酶（oxido-reductase）类为催化氧化还原反应的酶，涉及 H^+ 或 e 的转移，如乙醇脱氢酶、乳酸脱氢酶、苹果酸脱氢酶等，其所催化的反应为：

$$AH_2+B \Longleftrightarrow A+BH_2$$

2. 转移酶类　转移酶（transferase）类为催化分子间基团转移的酶，如转甲基酶、谷丙转氨酶等，其所催化的反应为：

$$A-R+C \Longleftrightarrow A+C-R$$

3. 水解酶类　水解酶（hydrolase）类为催化底物的加水分解或其逆反应的酶，如胰蛋白酶、脂肪酶、淀粉酶、核酸酶等，其所催化的反应为：

$$AB+H_2O \Longleftrightarrow A-H+B-OH$$

4. 裂合酶类　裂合酶（裂解酶，lyase）类为催化底物 C—C、C—O、C—N 及其他键的断裂并形成双键或其逆反应的酶，如醛缩酶、脱羧酶、脱氨酶等，其所催化的反应为：

$$A-B \Longleftrightarrow A+B$$

5. 异构酶类　异构酶（isomerase）类为催化同分异构体之间相互转变的酶，如磷酸丙糖异构酶催化 3-磷酸甘油醛和磷酸二羟丙酮之间的相互转变，其所催化的反应为：

$$A \Longleftrightarrow B$$

6. 连接酶类　连接酶类（ligase）也叫合成酶类（synthetase）为催化由两种或两种以上物质合成一种物质的反应的酶，有些合成反应与 ATP 分解反应相偶联，如丙酮酸羧化酶、天冬酰胺合成酶等，其所催化的反应为：

$$A+B+ATP \longrightarrow A-B+ADP+Pi$$

7. 易位酶　易位酶（translocase）是指催化离子或分子跨膜转运或在细胞膜内易位反应的酶。即催化细胞膜内的离子或分子从"面1"到"面2"（side 1 to side 2）的反应。其所催化的反应为：

$$A+B+C \text{［面1］} \longrightarrow D+E+C \text{［面2］}$$

如线粒体蛋白质转运 ATP 酶（EC 7.4.2.3）的催化反应：

$$ATP+H_2O+\text{线粒体蛋白质［面1］} \longrightarrow ADP+Pi+\text{线粒体蛋白质［面2］}$$

在每一大类酶中，根据底物分子中被作用的基团或键的性质又分为若干亚类，每一亚类再分为若干亚亚类。然后再把属于这一亚亚类的酶按顺序排列。这样就把所有的酶分门别类地排成一个表，称为酶表。每个酶在表中的位置可用一个统一的编号表示，这种编号包括4个数字，在其前冠以 EC（国际生物化学学会酶学委员会的缩写）。

如乳酸脱氢酶（EC 1.1.1.27）催化乳酸脱氢生成丙酮酸。其编号中：第一个"1"，表示该酶属于第一大类，即氧化还原酶类；第二个"1"，表示该酶属于氧化还原酶类中的第一亚类，即催化醇的氧化；第三个"1"，表示该酶属于氧化还原酶类中第一亚类的第一亚亚类，其受氢体为 NAD^+；"27"表示乳酸脱氢酶在此亚亚类中的顺序号。

二、酶的命名

（一）国际系统命名法

国际系统命名（systematic name）法原则：以酶所催化的整体反应为基础，规定每一种酶的名称应当明确标明酶的底物及催化反应的性质；如果一种酶催化两个底物起反应，则两个底物都应写出，中间用"："（冒号）隔开。如过氧化氢酶催化的反应：

$$H_2O_2 \Longrightarrow H_2O+O_2$$

其系统名为过氧化氢：过氧化氢氧化还原酶。乳酸脱氢酶的系统名为乳酸：NAD^+ 氧化还原酶。

（二）习惯命名法

1961年以前使用的酶的名称都是习惯沿用的，称为习惯名（recommended name）。习惯名通常是根据酶作用的底物及其所催化的反应类型来命名，如琥珀酸脱氢酶、乳酸脱氢酶等。

对于催化水解反应的酶，一般在酶的名字前省去反应类型，如水解蛋白质的酶称为蛋白酶，水解淀粉的酶称为淀粉酶。此外，还有酯酶和尿酶等。为了区分同一类酶，有时还可以在酶的名称前面标上酶的来源或其他特征，如胃蛋白酶、胰蛋白酶、碱性磷酸酯酶等。

习惯命名法比较简单，应用方便，但缺乏系统性。

根据国际生物化学学会酶学委员会的决定，每一种酶都会给出一个系统名和一个习惯名，同时在命名中附上该酶的编号。

三、几种重要的酶

（一）别构酶

在某种因素作用下，有些酶发生构象变化而改变活性，这类酶称为别构酶（allosteric enzyme）或变构酶，是一类重要的调节酶。在代谢反应中催化第一步反应的酶或反应交叉处的酶多为别构酶。别构酶均受代谢终产物的反馈抑制。

别构酶多为寡聚酶，含有两个或两个以上亚基。其分子中包括两个中心：一个是与底物结合、催化底物反应的活性中心；另一个是与调节物结合、调节酶活性的别构中心。两个中心可能位于同一亚基上，也可能位于不同亚基上。在后一种情况中，存在别构中心的亚基称为调节亚基。调节物也称效应物或调节因子，一般是酶作用的底物、底物类似物或代谢的终产物。调节物与别构中心结合后，诱导或稳定酶分子的某种构象，影响酶的活性中心对底物的结合和催化作用，从而调节酶促反应速率和代谢过程，此效应称为酶的别构效应（allosteric effect）。因别构作用导致酶活力升高的物质，称为正效应物或别构激活剂，反之为负效应物或别构抑制剂。别构酶是通过酶分子本身构象变化来改变酶的活性，齐变模型和序变模型可以解释别构酶的别构效应以及别构酶与底物结合的协同效应。

不同别构酶其调节物分子也不相同，有的别构酶其调节物分子就是底物分子，酶分子上有两个以上底物结合中心，其调节作用强弱取决于酶分子中有多少个底物结合中心被占据。别构酶的反应初速率 v 与底物浓度 $[S]$ 的关系不服从米氏方程，而是呈 S 形曲线（图 4 - 25）。S 形曲线表明，酶分子上一个功能位点的活性影响另一个功能位点的活性，显示协同效应（cooperative effect）。底物或效应物一旦与酶结合后，导致酶分子构象的改变，这种改变了的构象大大提高了酶对后续底物分子的亲和力。结果底物浓度发生的微小变化，能导致酶促反应速率极大的改变。别构酶在代谢的调节中起着非常重要的作用（见本书第十四章）。

天冬氨酸转氨甲酰酶（aspartate transcarbamoylase，ATCase）是了解最清楚的一个别构酶。它催化嘧啶核苷酸合成途径中的第一个中间物 N-氨甲酰天冬氨酸的合成，ATCase 受其代谢途径的终产物 CTP 的别构抑制和 ATP 的激活。ATCase 由 2 个三聚体构成的催化亚基（c_3）和 3 个二聚体构成的调节亚基（r_2）组成（图 4 - 26）。单独的催化亚基保留催化活性，但无别构效应和底物结合的协同效应；单独的调节亚基没有催化活性，但能够与别构抑制剂和激活剂结合。当催化亚基和调节亚基混合时能迅速结合形成天然酶，恢复别构性质和结合底物的协同效应。

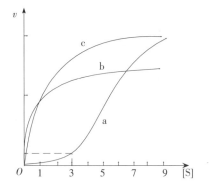

图 4 - 25 别构酶与非别构酶动力学曲线
a. 具正协同效应的别构酶
b. 具负协同效应的别构酶　c. 非别构酶

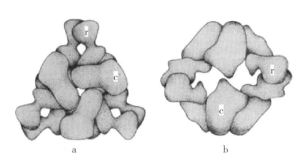

图 4 - 26 ATCase 中亚基的排列
a. 顶面观　b. 垂直观

CTP 的抑制作用、ATP 的激活以及协同结合底物均受酶四级结构的巨大变化所调节，通过催化亚基和调节亚基之间的相互作用产生别构效应。

（二）同工酶

同工酶（isozyme）是存在于同一种属生物或同一个体中，能催化同一种化学反应，但酶蛋白分子的结构、理化性质和生化特性（v_{max}、K_m 和电泳行为等）存在明显差异的一组酶。它们由不同位点的基因或等位基因编码的多肽链组成。

乳酸脱氢酶（lactate dehydrogenase，LDH）是首个被深入研究的同工酶。存在于哺乳动物中的 LDH 是由 H（心肌型）和 M（骨骼肌型）两种类型的亚基按不同的组合方式装配成的四聚体。H 亚基和 M 亚基由两种不同结构基因编码。两种亚基可装配成 H_4(LDH$_1$)、H_3M(LDH$_2$)、H_2M$_2$(LDH$_3$)、HM$_3$(LDH$_4$)、M_4(LDH$_5$) 5 种四聚体。此外，在动物睾丸及精子中还发现由另一种基因编码的 X 亚基组成的四聚体 C_4(LDH - X)。

LDH 同工酶具有组织特异性，LDH$_1$ 在心肌中表达量较高，而 LDH$_5$ 在肝、骨骼肌中相对含量高。每种组织中 LDH 同工酶谱具有特定相对百分率。因此，LDH 同工酶相对含量的改变在一定程度上更敏感地反映了某脏器的功能状况，若某一组织发生病变，则会引起血清 LDH 同工酶谱的变化，这些变化是组织损伤的象征，常被用于临床诊断。例如，血清中 LDH$_1$ 相对于 LDH$_2$ 升高是心肌炎或心脏受损的标志。

同工酶广泛存在于生物界，具有多种多样的生物学功能。同工酶的存在能满足某些组织或某一发育阶段代谢转换的特殊需要，提供了对不同组织和不同发育阶段代谢转换的独特的调节方式；同工酶作为遗传标志，已被广泛用于遗传分析的研究；农业上同工酶谱分析法已用于优势杂交体的预测。

（三）核酶

在目前所知道的几千种酶中，绝大部分都是蛋白质。在过去的几十年中，人们一直认为所有酶的化学本质都是蛋白质。然而，近年来有些科学家的研究结果指出，部分核酸分子也具有催化活性，具有生物催化剂的作用。科学家们把这一类能起催化作用的核酸命名为ribozyme。对此，中文还没有一个规范的名称，人们暂时称之为核酶。

1982年，美国科学家Thomas Cech等发现原生动物四膜虫26S rRNA前体在没有蛋白质的存在下就可以进行裁剪和自我拼接，当时就认为该RNA有自我催化的活性。1983年，美国科学家Sidney Altman等发现大肠杆菌RNase P由20%蛋白质和80%RNA组成，当将蛋白质部分去除后，剩下的RNA部分具有与全酶相同的活性。1985年，Thomas Cech等又发现由四膜虫26S rRNA前体释放出来的线性RNA片段L19 RNA（395 nt）能高度专一地催化寡聚核苷酸的切割和连接，从而证明L19 RNA是一个完整的酶分子。L19 RNA分子具有特殊的三维结构，其催化作用具有高度的底物专一性，催化动力学符合米氏方程，对竞争性抑制剂敏感。

目前，人们对核酶非常重视，正在进行更加深入的研究和探索。

第七节　酶的活力测定和分离纯化

一、酶的活力测定

（一）酶活力

酶活力（enzyme activity）也称为酶活性，是指酶催化一定化学反应的能力。酶活力的大小可用在一定条件下，酶催化某一化学反应的速率来表示，酶催化反应速率愈大，酶活力愈高，反之活力愈低。测定酶活力实际就是测定酶促反应的速率。酶促反应速率可用单位时间内、单位体积中底物的减少量或产物的增加量来表示。在一般的酶促反应体系中，底物往往是过量的，测定初速率时，底物减少量占总量的极少部分，不易准确检测，而产物则是从无到有的，只要测定方法灵敏，就可准确测定。因此一般以测定单位时间、单位体积产物的增加量来表示酶促反应速率较为合适。

（二）酶的活力单位

酶活力的大小（即酶量的多少）用酶活力单位（active unit）U表示。1961年，国际生物化学学会酶学委员会提出采用统一的国际单位（IU）来表示酶的活力，规定为：在最适条件（25 ℃）下，每分钟内催化1 μmol底物转化为产物所需的酶量定为一个活力单位，即1 IU＝1 μmol/min。这样酶的含量就可用每克酶制剂或每毫升酶制剂含有多少酶活力单位（IU/g或IU/mL）来表示。

1972年，国际纯粹与应用化学联合会（International Union of Pure and Applied Chemistry，IUPAC）推荐一种新的酶活力国际单位，即Katal（简称Kat）单位。规定为：在最适条件下，每秒钟能催化1 mol底物转化为产物所需的酶量，定为一个Kat单位（即1 Kat＝1 mol/s）。1 Kat＝6×10^7 IU，而1 IU＝1.67×10^{-8} Kat。

（三）酶的比活力

酶的比活力（specific activity）代表酶制剂的纯度。根据国际生物化学学会酶学委员会规定，比活力用每毫克蛋白质所含的酶活力单位数或每克蛋白质所含的酶活力单位数表示，即IU/mg或IU/g。对于同一种酶来说，比活力愈大，表示酶的纯度愈高。

（四）酶的转换数

酶的催化效率可用酶的转换数表示。在酶浓度一定、底物浓度远远大于酶浓度的情况下，酶对特定底物的最大反应速度（v_{max}）也是一个常数。此时$v_{max}＝K_3[E]$。K_3表示酶被底物完全饱和时，单位时间内，每个酶分子所能转化底物的分子数，称为转换数（turnover number，TN），也称为催化常数Kcat。它相当于一旦底物-酶中间物形成后，酶将底物转化为产物的效率，Kat值愈大表示酶的催化效率愈高。

二、酶的分离纯化

酶的分离纯化是酶学研究的基础。研究酶的性质、作用、反应的动力学、结构与功能的关系以及作为药物或生化试剂等实际应用均需高度纯化的酶制剂。已知的大多数酶都是蛋白质，因此用于蛋白质分离纯化的方法原则上都适用于酶的分离纯化。在酶的分离纯化过程中应注意避免变性因素导致酶活性的丢失。可通过检测酶的总活力和比活力跟踪酶的去向，评价分离提纯技术的效率，改进分离纯化方法。

生物细胞内产生的酶，按其作用的部位可分为胞外酶和胞内酶两大类。胞外酶是由细胞产生后，分泌到细胞外发挥作用。这类酶大多是水解酶类，如胃蛋白酶、淀粉酶等。胞外酶的分离不需破碎细胞。胞内酶是在细胞内合成后，不分泌到细胞外，而是在细胞内的特定部位起催化作用。胞内酶的提取需先破碎细胞，再用缓冲液把酶抽提出来。

酶的分离纯化在材料选择、细胞破碎、粗制品的获得以及纯化方面与蛋白质十分相似。盐析法、等电点沉淀法、色谱法均可用于酶的分离纯化，特别是亲和层析法在酶的分离纯化过程中占有重要地位。酶与底物、辅酶和某些抑制剂分子之间可专一、可逆地结合。利用这种生物亲和力，将酶的底物、辅酶或可逆抑制剂作为配基制成亲和层析柱，这样就能有效地将不具有相应生物亲和性的所有杂质去除，大大提高纯化效率。

对于已被纯化的酶的纯度，常用聚丙烯酰胺凝胶电泳（PAGE）进行检测。

本章小结

酶是具有催化活性的生物大分子，包括蛋白质和核酸。酶作为生物催化剂，除了具有一般催化剂的特征外，还具有高的催化效率、高度专一性、可受到多种因素的调节控制并且作用条件温和、易变性等特点。

蛋白质性质的酶按其组成可分为单纯酶和结合酶两大类。单纯酶分子中只含蛋白质成分，而结合酶则由酶蛋白和辅因子组成。辅因子可以是金属离子、辅酶或辅基。辅酶和辅基均为小分子有机化合物。结合酶中的酶蛋白必须与辅因子结合成为全酶后才具有催化活性。全酶中酶蛋白决定酶的专一性，而辅因子则参与催化底物的反应，起到转移电子、原子和化学基团的作用。根据酶催化反应的类型可将酶分为七大类，即氧化还原酶类、转移酶类、水解酶类、裂合酶类、异构酶类、连接酶类和易位酶类。根据规定，每一种酶都应有一个惯用名和一个系统名，并有一个编号。

酶的催化活性是以其分子特殊的空间结构作为基础的。几乎所有酶的活性中心都只局限于酶分子上一定区域，它们是由在空间位置上相互靠近的几个氨基酸残基组成的。对于结合酶类来说，辅酶（辅基）分子上的一部分往往也是酶活性中心的组成部分。酶活性中心包括两个功能部位：一是结合部位，二是催化部位。构成这两个部位的基团并不是各自独立存在的，有时同时兼有结合底物和催化底物发生反应的功能。酶对所作用的底物有高度的专一性。根据酶对底物专一性的差异，可将其分为结构专一性和立体异构专一性。酶对专一性底物的识别是通过活性中心构象的动态互补过程实现的，诱导契合学说解释酶的专一性已被人们所接受，而三点附着学说解释了酶的立体异构专一性。

与酶高效催化有关的因素有靠近和定向效应、底物的形变和诱导契合、酸碱催化、共价修饰、活性中心的微环境。但这些因素不是同时在一个酶中起作用，也不是单一因素在所有酶中起作用，对于某一种酶来说，可能主要受一种或几种因素的影响。

能对酶引起抑制作用的物质称为抑制剂。根据抑制剂与酶作用的方式及抑制作用的可逆与否，可将抑制作用分为可逆抑制作用和不可逆抑制作用。可逆抑制作用中，抑制剂与底物结构相似、可与底物竞争与酶结合的称为竞争性抑制作用。

底物浓度与酶促反应速率之间的关系可用米氏方程表示。米氏常数（K_m）是酶促反应速率达到最大反应速率一半时的底物浓度。K_m 是酶的特征性常数，不同酶有不同的 K_m 值。酶的催化活性可受到温度、pH、激活剂的影响。酶反应有最适温度、最适 pH、合适的激活剂。

酶活力是指酶催化一定化学反应的能力。酶活力的大小可用一定条件下酶促反应的速率来表示。比活力代表酶制剂的纯度，用每毫克蛋白质所含的酶活力单位数表示。

别构酶一般都是寡聚酶，具有活性中心和调节中心。通过效应物与调节中心结合后，可改变活性中心的构象，从而调节酶活力和代谢过程。效应物可以是酶作用的底物或代谢的终产物。别构酶 v 对 [S] 的动力学曲线呈 S 形曲线。

同工酶是指催化相同化学反应，但酶分子结构、理化性质和生化特性均不相同的一组酶。LDH 同工酶是由两种不同亚基组成的四聚体，在不同组织中其同工酶谱具有特定的相对百分率。

复习思考题

一、解释名词

1. 酶的活性中心　2. 必需基团　3. 单体酶　4. 寡聚酶　5. 多酶体系　6. 米氏常数（K_m）
7. 酶的别构效应　8. 同工酶　9. 核酶　10. 酶活力单位　11. 比活力　12. 酶的最适温度
13. 辅酶　14. 辅基

二、填空题

1. 影响酶反应速率的因素有_____、_____、_____、_____和_____等。

2. 酶具有_____、_____、_____和_____等催化特点。

3. 别构酶是_____，其分子中具有_____中心和_____中心，反应速度 v 与底物浓度 [S] 的关系不服从_____，而是呈_____曲线。

4. 核酶（ribozyme）是指具有催化能力的_____，由_____于1982年发现，提供了 RNA 是早期生物催化剂的强有力证据，荣获_____年诺贝尔化学奖。

5. 全酶由_____和_____组成，在催化反应时，二者所起的作用不同，其中_____决定酶的专一性和高效率，_____起传递电子、原子或化学基团的作用。

6. 酶促动力学的双倒数作图（Lineweaver-Burk 作图法），得到的直线在横轴的截距为_____，纵轴上的截距为_____。

三、思考题

1. 酶作为生物催化剂与非酶催化剂有何异同点？

2. 米氏方程的实际意义和用途是什么？

3. 磺胺类药物能抑制细菌的生长，其药用原理是什么？

4. 有机磷农药的毒性机理是什么？

5. 请分析下列现象的生化机理：酵母汁将蔗糖变成酒精称为乙醇发酵；酵母汁经透析或加热至 50℃，失去发酵能力，而透析的酵母汁与加热的酵母汁混合后又具有发酵能力。

主要参考文献

陈钧辉，张冬梅，2015. 普通生物化学 ［M］. 5 版. 北京：高等教育出版社.

杨荣武，2018. 生物化学原理 ［M］. 3 版. 北京：高等教育出版社.

查锡良，药立波，2013. 生物化学与分子生物学 ［M］. 8 版. 北京：人民卫生出版社.

朱圣庚，徐长法，2016. 生物化学 ［M］. 4 版. 北京：高等教育出版社.

Campbell M K，Farrell S O，2016. Biochemistry ［M］. 9th ed. ［S. l.］：Brooks Cole.

Moran L A，Horton R A，Gray S，et al，2011. Principles of Biochemistry ［M］. 5th ed. London：Pearson Education Inc.

Nelson D L，Cox M M，2017. Lehninger Principles of Biochemistry ［M］. 7th ed. New York：Worth Publisher.

第五章

维生素与酶的辅因子

第一节 维生素简介

一、维生素的概念

维生素（vitamin）是维持生物体正常生命活动所必需的一类小分子有机化合物。维生素在生物体内既不是构成各种组织的原料，也不是体内能量的来源，但却是生物生长发育和进行新陈代谢不可缺少的物质。大多数维生素作为酶的辅酶或辅基参与体内的代谢过程，具有外源性（需要通过食物补充）、微量性（需求量很少但作用大）、调节性（调节机体新陈代谢或能量转变）和特异性（缺乏某种维生素，机体呈现特有的病态）。

高等动物缺乏自身合成维生素的能力，必须由食物供给，人类至少需要从膳食中摄取 12 种维生素。机体缺乏某种维生素时，可使代谢失调，因而使生物不能正常生长，疾病随之发生。由于各种维生素的生理功能不同，缺乏不同的维生素可产生不同的疾病，因维生素缺乏而产生的疾病统称为维生素缺乏症（avitaminosis）。维生素缺乏可使动物机体代谢失调，但摄入量过多，会引起中毒现象，称为维生素过多症。维生素中毒剂量比最适需要量多几千倍甚至几万倍，尤其是水溶性维生素，易从尿中排出，所以不易发生中毒。维生素过多症只有在临床上使用维生素制剂或长期服用维生素（特别是脂溶性维生素）的剂量过多时，才可能出现。

高等植物一般可以合成自身所需的各种维生素。有些微生物能合成自身所需要的维生素，但有些微生物不能，必须由外界提供某种维生素才能正常生长。

二、维生素的分类

维生素种类很多，它们的化学结构差异很大，通常按其溶解性质将维生素分为水溶性维生素和脂溶性维生素两大类。水溶性的维生素有 B 族维生素（维生素 B_1、维生素 B_2、维生素 PP、维生素 B_6、泛酸、生物素、叶酸、维生素 B_{12}）、维生素 C 和硫辛酸等；脂溶性维生素有维生素 A、维生素 D、维生素 E、维生素 K。B 族维生素几乎全部参与辅酶的组成。硫辛酸和维生素 C 其本身就是辅酶。在酶促反应中辅酶主要起到递氢体、递电子体或传递化学基团的作用。

第二节 水溶性维生素

一、维生素 B_1 和焦磷酸硫胺素

维生素 B_1 又称为抗脚气病维生素，是由含氨基（—NH_2）的嘧啶环和含 S 的噻唑环通过亚甲

基连接而成的化合物，故称为硫胺素（thiamine）。在生物体内常与磷酸结合生成焦磷酸硫胺素（thiamine pyrophosphate，TPP）（图 5-1）。其主要生理功能是参与 α 酮酸的氧化脱羧作用，构成 α 酮酸氧化脱羧酶系的辅酶。

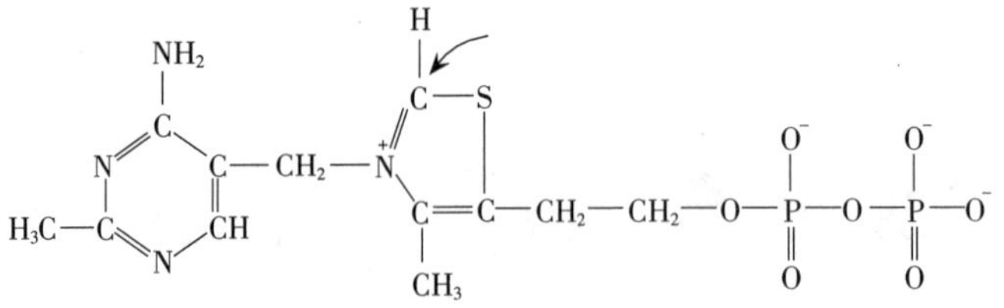

图 5-1　焦磷酸硫胺素（TPP）的结构

TPP 参与 α 酮酸的氧化脱羧过程，其噻唑环的 C_2 上的氢可以解离成 H^+，而使 C_2 变成负碳离子，通过 C_2 负碳离子与底物羰基碳的加成反应，脱去 CO_2，生成醛（图 5-2）。

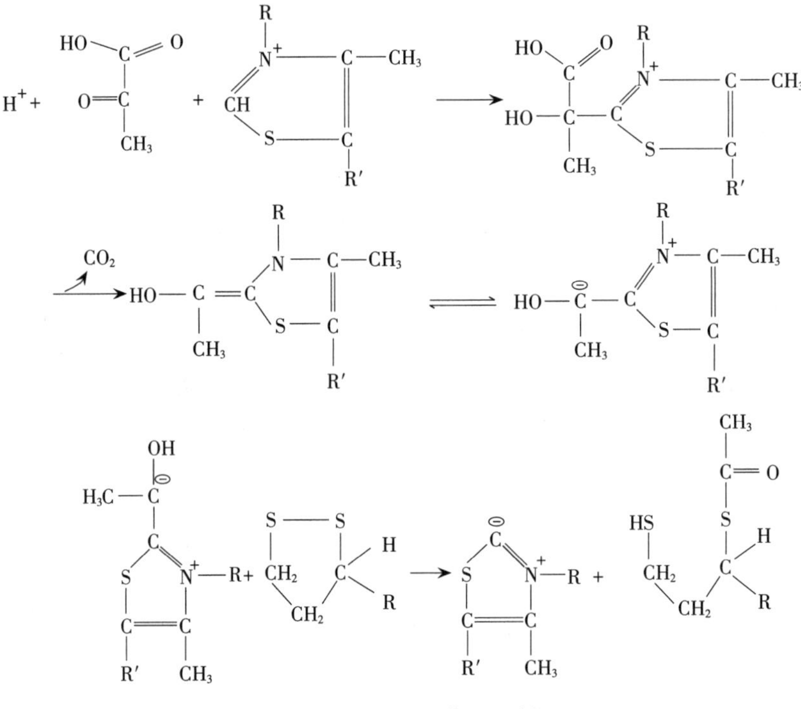

图 5-2　TPP 的作用机制

若维生素 B_1 缺乏，TPP 不能合成，糖代谢受阻，α 酮酸堆积，使人的血、尿和脑组织中丙酮酸含量增多，出现多发性神经炎、皮肤麻木、心力衰竭、肌肉萎缩及下肢皮下水肿等症状，临床上称为脚气病。

维生素 B_1 主要存在于种子外皮及胚芽中，米糠、麦麸、黄豆和瘦肉等食物中含量也很丰富。

二、维生素 B_2 和黄素辅基

维生素 B_2 又称为核黄素（riboflavin），为 6，7-二甲基异咯嗪与核醇的缩合物。由于在异咯嗪的第 1 位和第 10 位 N 原子上具有两个活泼的双键，易发生氧化还原反应，故维生素 B_2 有氧化型和还原型两种形式，在生物体内的氧化还原过程中起传递氢的作用（图 5-3）。

生物体内的核黄素主要以黄素单核苷酸（flavin mononucleotide，FMN）和黄素腺嘌呤二核苷酸（flavin adenine dinucleotide，FAD）的形式存在。FMN 是核黄素与磷酸结合的产物，而 FAD 则是 FMN 与 AMP 缩合的产物（图 5-4）。FMN 和 FAD 是生物体内一些氧化还原酶的辅基，与

糖类、脂类、氨基酸代谢密切相关。

若缺乏维生素 B_2，会引起口角炎、唇舌炎、眼角膜炎等。

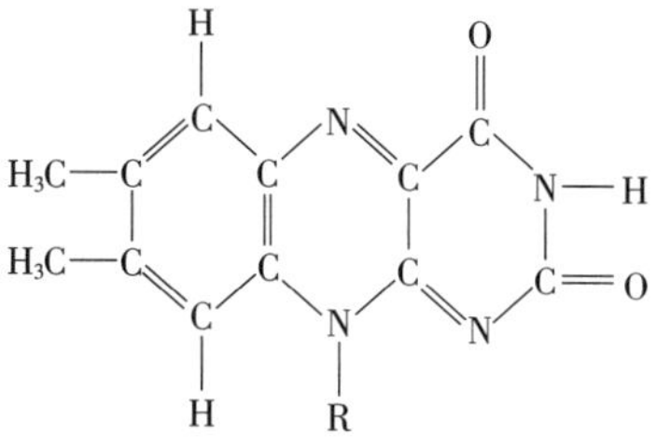

图 5-3 维生素 B_2 的氧化型（左）与还原型（右）结构

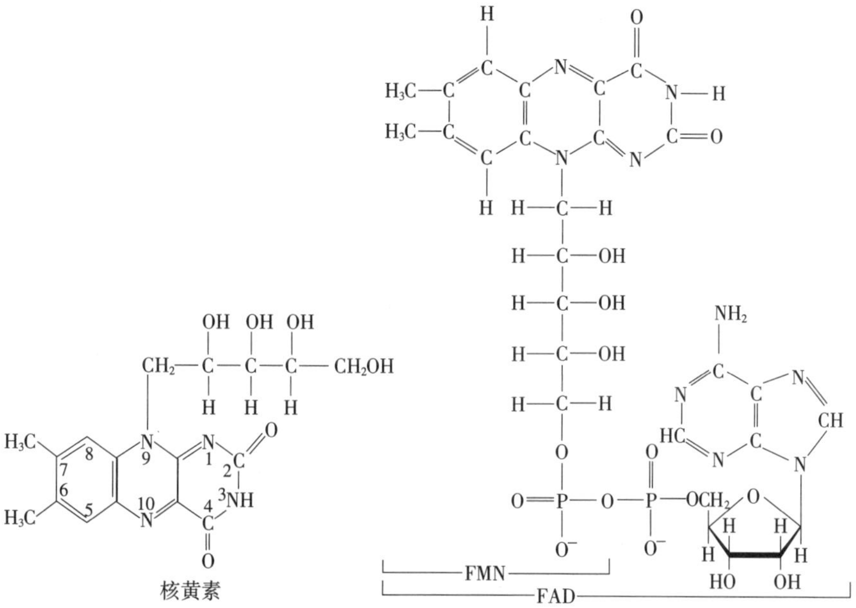

图 5-4 核黄素、FMN 和 FAD 的分子结构

维生素 B_2 广泛存在于动物、植物中，在酵母菌、肝、肾、蛋黄、乳及大豆中含量丰富。植物和微生物都能合成核黄素。

三、泛酸和辅酶 A

泛酸（维生素 B_5）广泛存在于自然界，故又称为遍多酸（pantothenic acid），是由 α，γ-二羟基-β，β-二甲基丁酸和 β 丙氨酸脱水缩合而成的一种有机酸。在体内泛酸与巯基乙胺、3′-磷酸-AMP 缩合形成辅酶 A（coenzyme A，CoA）（图 5-5）。辅酶 A 主要起传递酰基的作用，是各种酰基转移酶的辅酶，由于携带酰基的部位在—SH 上，也常用 CoA—SH 表示。

泛酸在酵母菌、肝、肾、蛋、小麦、米糠、花生和豌豆中含量丰富。泛酸缺乏可引起动物毛发变色、脱落，皮肤发炎和表皮脱落。由于常规膳食含有丰富的泛酸，因此极少产生泛酸缺乏症。临床上辅酶 A 被广泛用作各种疾病的重要辅助药物。

四、维生素 PP 和辅酶 Ⅰ、辅酶 Ⅱ

维生素 PP 又称为维生素 B_3，包括烟酸（nicotinic acid）和烟酰胺（nicotinamide）两种物质，是吡啶的衍生物。在体内主要以烟酰胺的形式存在。烟酸也称为尼克酸，烟酰胺也称为尼克酰胺。

在生物体内烟酰胺与核糖、磷酸、腺嘌呤组成脱氢酶的辅酶，即烟酰胺腺嘌呤二核苷酸（nic-

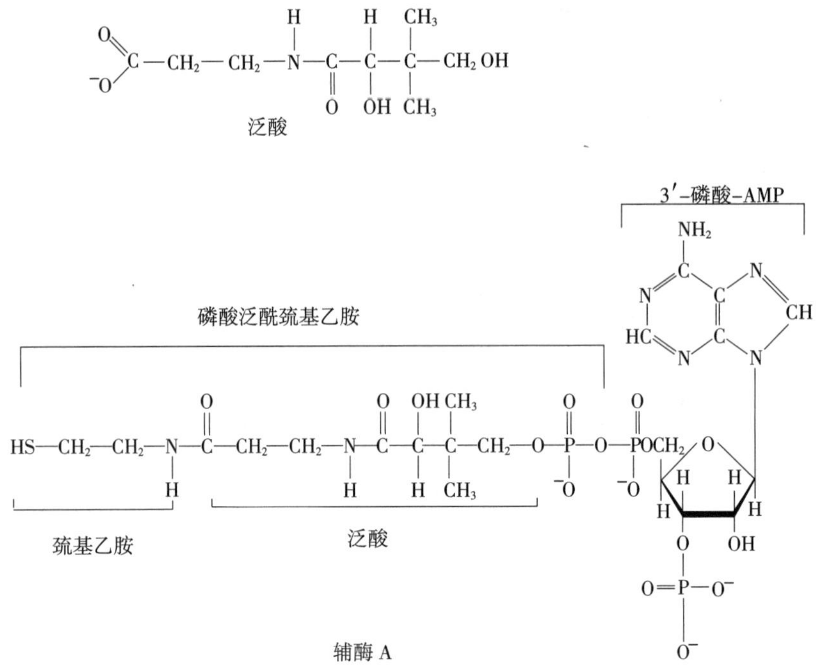

泛酸

3′-磷酸-AMP

磷酸泛酰巯基乙胺

巯基乙胺　　　泛酸

辅酶 A

图 5-5　泛酸和辅酶 A 的结构

otinamide adenine dinucleotide，NAD$^+$，辅酶Ⅰ）和烟酰胺腺嘌呤二核苷酸磷酸（nicotinamide adenine dinucleotide phosphate，NADP$^+$，辅酶Ⅱ）。在图 5-6 中，左边分子结构下端的 R 基团若是H，该结构就是 NAD$^+$。若 R 基团是一个磷酸基团，则该结构是 NADP$^+$。NAD$^+$ 和 NADP$^+$ 与酶蛋白的结合非常松散，易脱离酶蛋白以游离形式存在。NAD$^+$ 和 NADP$^+$ 在各种氧化还原反应中起递氢体的作用，其分子中的尼克酰胺环可接受两个电子和一个质子，另一个质子（H$^+$）留在介质中。

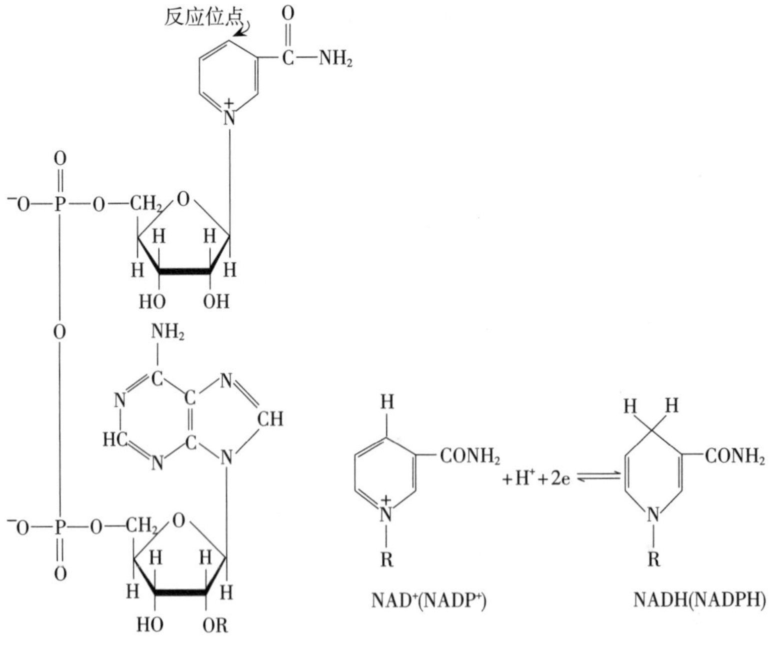

反应位点

NAD$^+$(NADP$^+$)　　　NADH(NADPH)

图 5-6　NAD$^+$、NADP$^+$ 的结构及其氧化还原机理

烟酸在自然界中分布广泛，肉类、花生和谷物中含量丰富。动物可利用色氨酸（Trp）合成烟酸，人体内的 Trp 也可合成烟酸，故人类一般不会缺乏。长期缺乏维生素 PP 可引起对称性皮炎（也称为癞皮病）、角膜炎以及神经和消化系统障碍。

五、维生素 B_6 及相应的辅酶

维生素 B_6 是吡啶的衍生物，有吡哆醇（pyridoxine）、吡哆醛（pyridoxal）和吡哆胺（pyridoxamine）3 种（图 5-7）。在体内，维生素 B_6 常常以磷酸酯的形式存在。磷酸吡多醛（pyridoxal-5-phosphate，PLP）和磷酸吡哆胺（pyridoxamine-5-phosphate，PMP）是其活性形式，作为参与氨基酸代谢的多种酶的辅酶。磷酸吡多醛分子中最重要的功能基团是醛基，它可与 α 氨基酸的氨基形成共价的 Schiff 碱中间物（醛亚胺），醛亚胺再根据不同酶蛋白的特性使氨基酸发生转氨、脱羧或消旋反应。

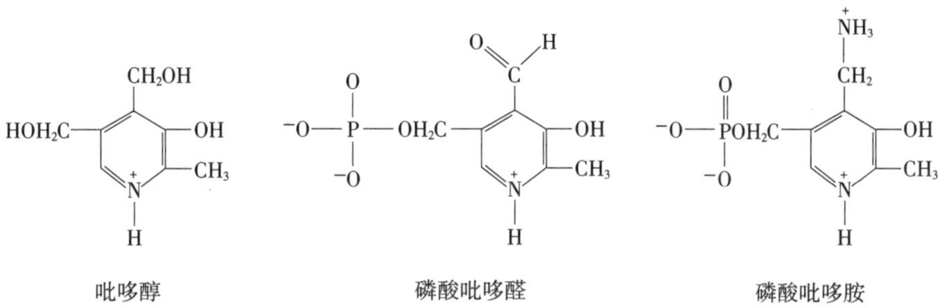

图 5-7　维生素 B_6 及其辅酶的结构

维生素 B_6 在动物、植物中分布很广，肠道细菌能合成维生素 B_6 供人体需要，故人类很少患维生素 B_6 缺乏症。长期缺乏维生素 B_6 会导致皮肤损害（如唇炎、舌炎和口腔炎等）、中枢神经系统障碍（如精神萎靡、抑郁、嗜睡和虚弱等）和造血功能障碍。

六、生物素和相应的辅酶

生物素（biotin）也称为维生素 B_7，是由一个噻吩环和一分子尿素结合而成的双环化合物，侧链上有一分子戊酸（图 5-8）。

在体内，生物素作为多种羧化酶的辅基催化 CO_2 的固定及羧化反应。生物素通过其羧基与酶蛋白分子上的 Lys 残基的 ε 氨基以酰胺键结合。在反应中，CO_2 首先与尿素环上的一个 N 原子结合，形成羧基生物素，然后再将此 CO_2 转给适当的受体。因此，生物素在代谢过程中起 CO_2 载体的作用。

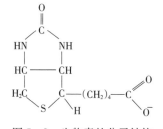

图 5-8　生物素的分子结构

生物素在动、植物体内广泛存在，而且肠道细菌也能合成，故一般不易缺乏。但是，如果长期生吃鸡蛋，可导致生物素的缺乏，这是因为生鸡蛋的蛋清中含有一种对热不稳定的抗生物素蛋白，此蛋白与生物素具有高度的亲和力。生物素和抗生物素蛋白结合可阻止人体对生物素的吸收，从而导致生物素缺乏。生物素缺乏的主要症状是鳞状皮炎、精神忧郁、脱发和无食欲等。

七、叶酸和相应的辅酶

叶酸（folic acid）由 2-氨基-4-羟基-6-甲基蝶啶、对氨基苯甲酸和 L-谷氨酸 3 部分组成，又称为蝶酰谷氨酸或维生素 B_9。

叶酸在自然界广泛分布,因绿叶中含量丰富故称为叶酸。叶酸可加氢还原成二氢叶酸和四氢叶酸(tetrahydrofolate,FH_4 或 THF)(图 5-9)。四氢叶酸是体内一碳单位转移酶系的辅酶,其分子中的第 5 位和第 10 位的氮原子可携带一碳单位。常在 FH_4 前面标以 N^5 或 N^{10} 字样,表示一碳单位的携带位置。

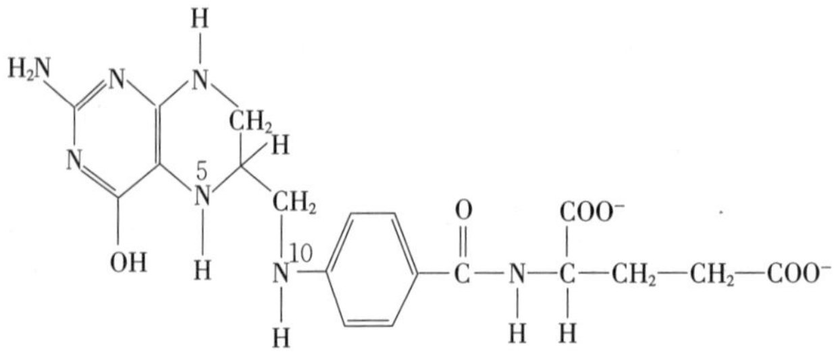

四氢叶酸

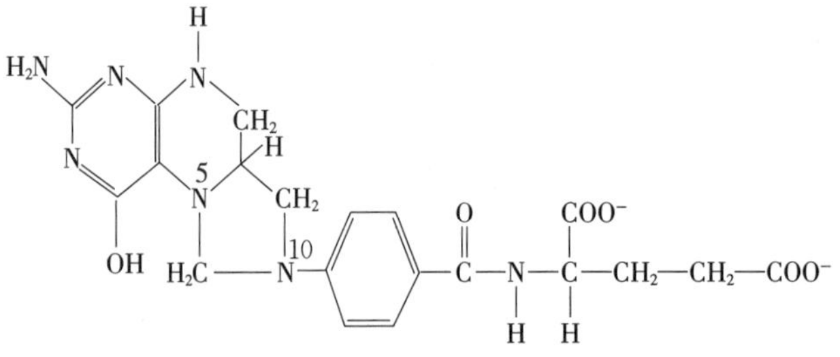

N^5,N^{10}-亚甲基四氢叶酸

图 5-9 四氢叶酸和 N^5,N^{10}-亚甲基四氢叶酸的分子结构

生物体内许多具重要生物学功能的物质的生物合成以及一些重要的生物化学过程都需要一碳单位参与。如肾上腺素、嘌呤、嘧啶等的生物合成,蛋白质氨基酸残基和核酸碱基的修饰,基因表达的调节,等等。四氢叶酸作为一碳单位的载体,参与了一碳单位的转移反应。若叶酸缺乏,将影响多种物质代谢,进而影响红细胞的正常生长,引起血液疾病(如贫血、白血病)、消化道症状(如食欲减退、腹胀、腹泻)以及胎儿神经管畸形等。

叶酸在自然界分布较广,且人体肠道细菌也能合成一部分,故一般不易缺乏。

八、维生素 B_{12} 和相应的辅酶

维生素 B_{12} 又称为(氰)钴胺素(cyanocobalamin),其结构十分复杂。除—CN 外,还含有一个金属离子钴(Co)。在体内可转变成两种辅酶形式。若—CN 被 5′-脱氧腺苷取代,称为 5′-脱氧腺苷钴胺素(图 5-10),是某些变位酶的辅酶,促进某些化合物的异构化反应,如甲基丙二酸单酰 CoA 变位酶。若—CN 被甲基取代,则称为甲基钴胺素,是甲基转移酶的辅酶,可促进甲基转移,促进蛋白质和核酸的合成,促进红细胞的生成。故缺乏维生素 B_{12} 易导致恶性贫血。

肝、牛乳、肉类等含维生素 B_{12} 较多,植物中不含维生素 B_{12},有些微生物可以合成维生素 B_{12},人体肠道也可合成一部分。

九、维生素 C

维生素 C 为具有 L-糖构型的不饱和多羟基化合物(图 5-11)。因分子中含有烯醇式羟基,易解离放出质子而显酸性。天然维生素 C 为 L 型,因可治疗和预防坏血病,又称为抗坏血酸(ascorbic acid)。

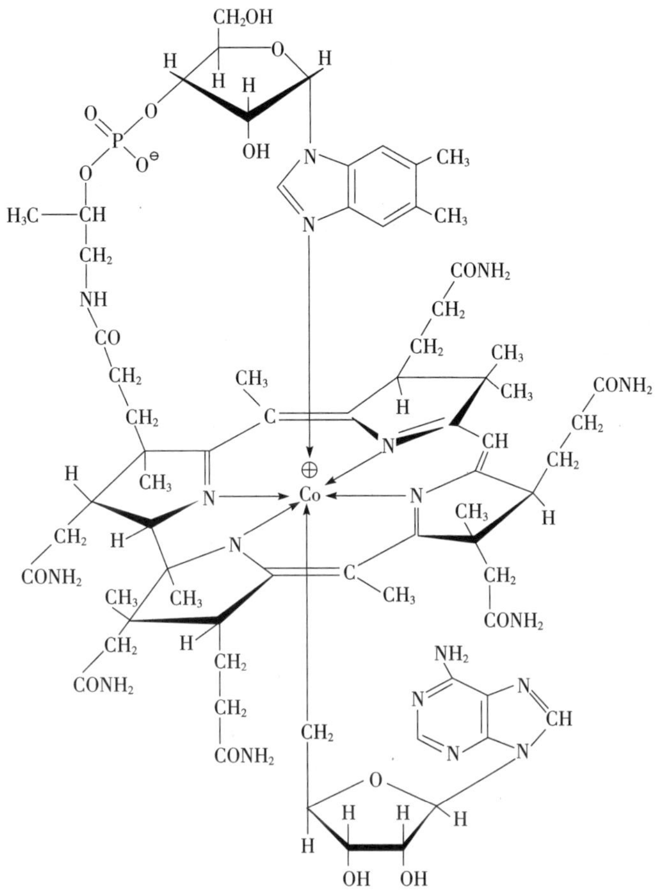

图 5-10　5′-脱氧腺苷钴胺素的结构

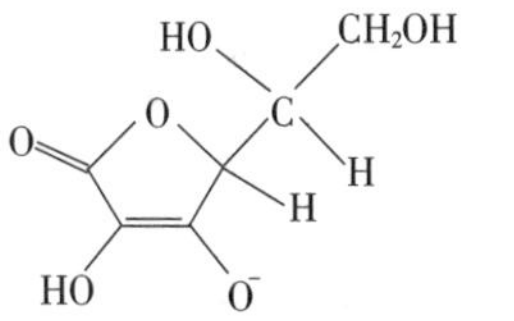

维生素 C 是强还原剂，其特有的反应是氧化成 L-脱氢抗坏血酸。抗坏血酸和 L-脱氢抗坏血酸可构成一个有效的可逆氧化还原系统。因此，维生素 C 可作为氢供体，保护巯基酶的活性和谷胱甘肽还原状态，起解毒作用；维生素 C 还能提高某些金属酶的活性，参与体内多种羟化反应，促进胶原蛋白和黏多糖的合成。

图 5-11　维生素 C 的结构

维生素 C 在自然界分布广泛。植物的绿色部分、黄瓜、番茄等蔬菜及许多水果中都含有丰富的维生素 C，人类不能合成自身所需要的维生素 C，必须从饮食中获得。维生素 C 缺乏会导致坏血病，引起皮下、肌肉和消化道黏膜出血，创口溃疡不易愈合，骨易折断、齿龈肿胀、牙齿脱落等。

十、硫辛酸

硫辛酸（lipoic acid）是 6，8-二硫辛酸，以闭环二硫化物形式（图 5-12）和开环还原形式两种结构混合存在。硫辛酸是构成 α 酮酸氧化脱羧酶的辅酶之一，起到递氢和转移酰基的作用。

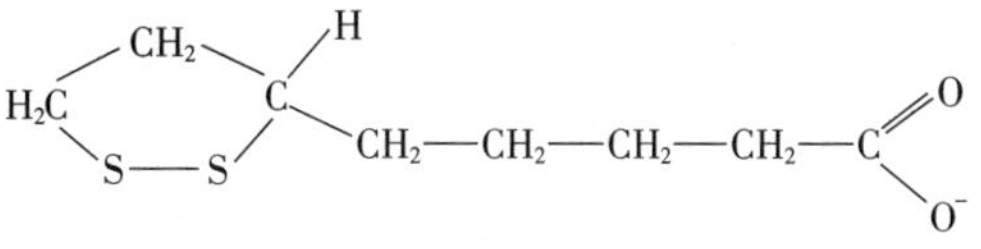

硫辛酸在自然界广泛分布，肝和酵母中含量尤其丰富，人类还没有发现与硫辛酸相关的缺乏病。硫辛酸被称为"万能抗氧化剂"，能保护和再生其他抗氧化剂，临床上用于治疗糖尿病性神经病或神经系统并发症。

图 5-12　硫辛酸的分子结构

现将水溶性维生素的性质和功能归纳于表5-1。

表5-1 水溶性维生素的性质与功能

维生素名称	主要性质	主要生物学功能	主要缺乏症
硫胺素（维生素 B_1）	对热和酸稳定，遇碱易分解	以 TPP 形式参与 α 酮酸的氧化	多发性神经炎、脚气病
核黄素（维生素 B_2）	对热和酸稳定，遇碱和光易分解	为黄素辅基的组成部分，参与体内氧化过程	引起口角炎、唇舌炎、眼角膜炎
烟酸和烟酰胺（维生素 B_3）	对酸、碱、热和氧化剂均稳定	辅酶Ⅰ和辅酶Ⅱ的成分，参与体内氧化过程	癞皮病、消化不良
泛酸（维生素 B_5）	对湿热和氧化剂、还原剂稳定，干热及在酸、碱中对热不稳定	辅酶 A 的组成成分，传递酰基	生长减慢或体重减轻，神经系统紊乱，胃肠道功能失调，免疫功能受损
吡哆醇、吡哆醛和吡哆胺（维生素 B_6）	对酸、碱稳定；吡哆醛和吡哆胺对热不稳定，吡哆醇对热稳定	氨基酸代谢中酶的辅酶，传递氨基或羧基	癞皮病，幼小动物生长缓慢或停止，贫血
生物素（维生素 B_7）	对高温和氧化剂不稳定	羧化酶的辅基，固定 CO_2 和羧化作用	皮炎、脱发、无食欲
叶酸（维生素 B_9）	在中、碱性溶液中对热稳定，在酸性溶液中对热、光不稳定	以四氢叶酸形式参与一碳基团代谢	巨幼红细胞贫血，生长停滞
钴胺素（维生素 B_{12}）	对热、弱酸稳定，易被强酸、光、氧化剂和还原剂破坏	以 $5'$-脱氧腺苷钴胺素或甲基钴胺素参与异构化反应或甲基转移	巨幼红细胞贫血
抗坏血酸（维生素 C）	对酸稳定，易被热、碱、氧化剂破坏	参与氧化还原反应，解毒作用	坏血病
硫辛酸	对热、光不稳定	α 酮酸氧化脱羧酶的辅酶，传递氢和转移酰基	—

第三节 脂溶性维生素

一、维生素 A

维生素 A（vitamin A）又称为视黄醇（其醛衍生物为视黄醛），是一个具有酯环的不饱和一元醇，包括维生素 A_1、维生素 A_2 两种。维生素 A_1 和维生素 A_2 结构相似（图5-13）。

视黄醇可由植物来源的 β 胡萝卜素合成，在体内 β 胡萝卜素-15, $15'$-双氧酶（双加氧酶）催化下，1 分子 β 胡萝卜素转变为两分子的视黄醛（retinal），视黄醛在视黄醛还原酶的作用下还原为视黄醇。故 β 胡萝卜素也称为维生素 A 原。

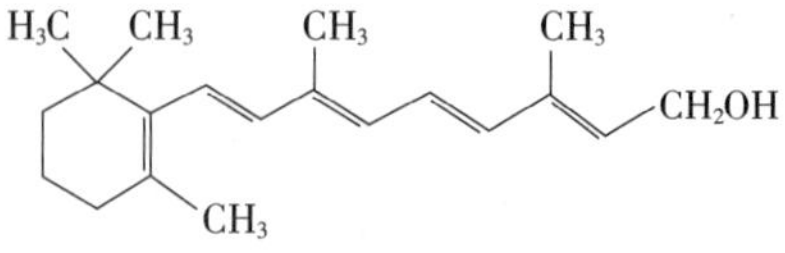

图5-13 维生素 A_1 的结构

维生素 A 是视觉细胞中感受弱光的视紫红质的组成成分，视紫红质是由视蛋白和 11-顺-视黄醛组成的，与暗视觉有关。

动物肝含丰富的维生素。人体缺乏维生素 A，影响暗适应能力，将出现夜盲症，并易患眼干燥症（干眼病）。

二、维生素 D

维生素 D 为固醇类衍生物，具有抗佝偻病作用，又称为抗佝偻病维生素。维生素 D 家族中最重要的成员是维生素 D_2 和维生素 D_3。维生素 D 家族成员均为不同的维生素 D 原经紫外线照射后的衍生物。植物不含维生素 D，但维生素 D 原在动物、植物体内都存在。植物中的麦角醇为维生素 D_2 原，经紫外线照射后可转变为维生素 D_2（图 5-14），又称为麦角钙化醇；人和动物皮下含有的 7-脱氢胆固醇为维生素 D_3 原，在紫外线照射后转变成维生素 D_3，又称为胆钙化醇。

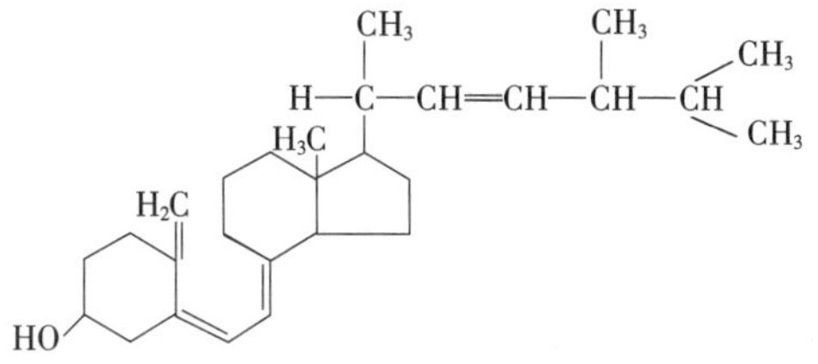

图 5-14　维生素 D_2 的结构

维生素 D 在体内的作用主要是通过促进钙的吸收进而调节多种生理功能。研究证明，维生素 D_3 能诱导许多动物的肠黏膜产生一种专一的钙结合蛋白（calcium binding protein，CaBP），增加动物肠黏膜对钙离子的通透性，促进钙在肠内的吸收。

维生素 D 的主要功能是调节体内钙、磷代谢，维持血钙和血磷的水平，从而维持牙齿和骨骼的正常生长和发育。儿童缺乏维生素 D，易发生佝偻病，过多服用维生素 D 会引起急性中毒。

三、维生素 E

维生素 E 因与生育有关，故又称为生育酚（tocopherol），属于酚类化合物。天然维生素 E 有多种，其结构上的差异仅在侧链上（图 5-15）。

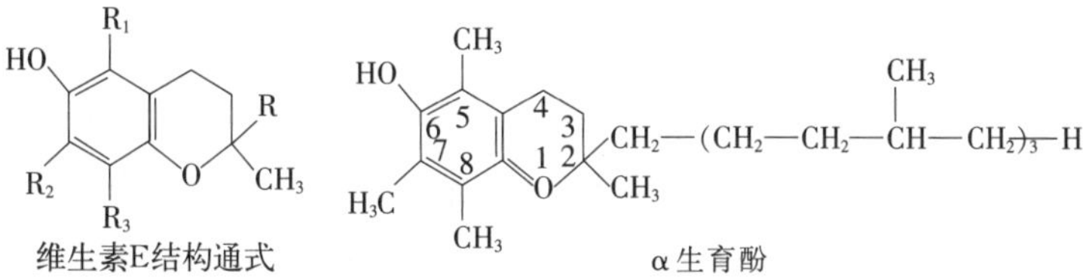

图 5-15　维生素 E 的结构

维生素 E 与动物的生殖功能有关。动物缺乏维生素 E 时，会导致其生殖器官受损而不育。维生素 E 极易氧化，可保护其他物质不被氧化，是动物和人体内最有效的抗氧化剂，能对抗生物膜的脂质过氧化反应，保护生物膜结构和功能的完整，延缓衰老。

维生素 E 主要存在于植物油中，在麦胚油、葵花油、花生油和玉米油中含量丰富；蔬菜、豆类和谷类中含量也多。一般不易缺乏。

四、维生素 K

维生素 K 具有促进血液凝固的功能，又称为凝血维生素。天然维生素 K 有两种：维生素 K_1 和维生素 K_2，均为 2-甲基萘醌的衍生物（图 5-16）。临床常用的是人工合成的维生素 K_3。

维生素 K 的主要功能是促进肝合成凝血酶原和调节凝血因子的合成。缺乏维生素 K，会使凝血酶原合成受阻，导致凝血时间延长，常发生肌肉及肠道出血。一般情况下不会缺乏维生素 K。

现将脂溶性维生素的性质和功能总结于表 5-2。

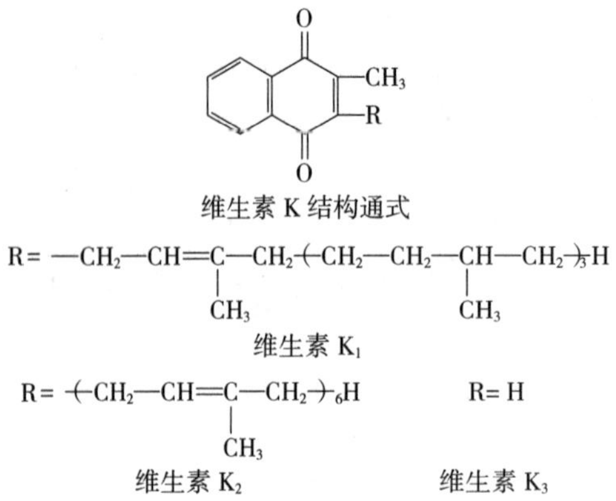

图 5-16　维生素 K 的结构

表 5-2　脂溶性维生素的性质与功能

维生素名称	主要性质	主要生物学功能	主要缺乏症
维生素 A（视黄醇、视黄醛）	耐热，易受紫外线、氧化剂破坏	维持正常视觉，促进生长发育	夜盲症、眼干燥症
维生素 D（钙化醇、抗佝偻病维生素）	稳定，不易被酸、碱和热分解	调节体内钙、磷代谢，维持血钙和血磷水平；促进骨骼钙化；诱导钙结合蛋白合成	幼小动物佝偻病，成年动物骨软化病
维生素 E（生育酚）	对酸、热稳定，易氧化，对碱不稳定	抗氧化，保护生物膜脂；维持生育机能	衰老、不育症
维生素 K（凝血维生素）	对热稳定，易被碱、光破坏	促进肝合成凝血因子	凝血时间延长，皮下、肌肉及肠道出血

本章小结

　　维生素是维持生物体正常生长发育的一类小分子有机物。人体不能合成，需要从食物中摄取。依据其溶解性质可分为脂溶性维生素和水溶性维生素。脂溶性维生素包括维生素 A、维生素 D、维生素 E、维生素 K；水溶性维生素有维生素 B_1、维生素 B_2、维生素 B_6、维生素 B_{12}、泛酸、烟酸、叶酸、生物素、硫辛酸和维生素 C。水溶性维生素主要作为辅酶（或辅基）参与体内的代谢。硫胺素的辅酶是焦磷酸硫胺素（TPP），是 α 酮酸脱羧酶的辅酶。核黄素和烟酸是氧化还原酶类的辅酶。核黄素以 FMN 和 FAD 的形式作为黄素蛋白的辅基。烟酸是以 NAD^+ 和 $NADP^+$ 形式作为许多脱氢酶的辅酶。泛酸是构成 CoA 的成分，起传递酰基的作用，是各种酰化酶的辅酶。磷酸吡哆醛是氨基酸代谢中多种酶的辅酶，参与氨基酸的转氨、脱羧和消旋等反应。生物素是羧化酶的辅基，参与 CO_2 的固定。叶酸还原成的四氢叶酸是一碳单位转移酶系的辅酶，参与体内一碳单位的转移反应。维生素 B_{12} 有两种辅酶形式，5'-脱氧腺苷钴胺素是某些变位酶的辅酶，而甲基钴胺素是甲基转移酶的辅酶。硫辛酸作为 α 酮酸氧化脱氢酶系的辅酶之一，起递氢和转移酰基的作用。抗坏血酸作为抗氧化剂可保护巯基酶的活性，参与体内多种羟化反应。

　　维生素 A 参与视紫红质的合成，与暗视觉有关。维生素 D 的主要功能是调节体内钙、磷代谢，促进新骨的生长与钙化。维生素 E 与动物的生育功能有关，是体内重要的抗氧化剂，可保护生物膜结构与功能，延缓细胞衰老。维生素 K 的主要功能是促进凝血酶原合成，促进血液凝固。

复习思考题

一、名词解释

1. 维生素　2. 维生素缺乏症　3. 维生素过多症

二、填空题

1. NAD^+、$NADP^+$ 是_____的衍生物，作为_____辅酶，在催化反应中起_____作用。

2. 核黄素在体内以_____和_____的形式作为_____的辅基。

3. 维生素 B_6 以_____形式，参与体内氨基酸的_____、_____和_____反应。

4. 维生素 D 的活性形式是_____，其主要功能是_____。

5. 维生素 K 是_____的衍生物，其主要功能是_____。

三、思考题

1. 维生素既不是生物体结构物质，也不是生物体的营养物质，但维生素是生物体维持正常生命活动所必需的有机物，为什么？

2. 维生素的分类依据是什么？每一类包含哪些维生素？

3. 试述 B 族维生素与辅酶、辅基的关系。

主要参考文献

陈钧辉，张冬梅，2015. 普通生物化学 [M].5 版. 北京：高等教育出版社.

杨荣武，2018. 生物化学原理 [M].3 版. 北京：高等教育出版社.

查锡良，药立波，2013. 生物化学与分子生物学 [M].8 版. 北京：人民卫生出版社.

朱圣庚，徐长法，2016. 生物化学 [M].4 版. 北京：高等教育出版社.

Campbell M K, Farrell S O, 2016. Biochemistry [M]. 9th ed. [S. l.]：Brooks Cole.

Moran L A, Horton R A, Gray S, et al, 2011. Principles of Biochemistry [M]. 5th ed. London：Pearson Education Inc.

Nelson D L, Cox M M, 2017. Lehninger Principles of Biochemistry [M]. 7th ed. New York：Worth Publisher.

第六章

生物膜的结构与功能

生物膜（biomembrane）包括细胞最外面的质膜（plasmalemma）和细胞内各种细胞器的内膜系统（cytomembrane），是构成细胞所有膜的总称。生物膜主要由脂质、蛋白质和糖组装而成的一种薄膜状结构，其厚度为 6～10 nm。在细胞中，生物膜是一个复杂的超分子复合体，它的组成、结构与功能有机统一，它们参与细胞形态的维持、物质转运、能量转换、神经传导、信息识别和传递等一系列重要的生理过程，对调节细胞生命活动具有十分重要的意义。

生物膜的研究在工、农、医药学实践方面有广阔的应用前景。模拟生物膜的功能，可应用于污水处理、海水淡化等行业；从生物膜结构与功能的角度来研究农作物的抗寒、抗旱、耐盐和抗病等机理，可提高农作物的产值；在医药方面，细胞膜上的许多受体可能都是药物的靶体，脂质体作为药物载体已经对其进行了大量研究，并取得了很大的成效。

第一节 生物膜的化学组成和性质

生物膜的主要组分是蛋白质和脂质（大部分是磷脂），有的含有少量多糖。在生物膜上，游离的糖分子极为少见，它们通常与脂质和蛋白质以共价键结合而构成糖脂和糖蛋白。膜上各成分的比例并不是固定不变的，因膜的种类和来源不同，蛋白质和脂质的比例差异很大（表 6-1），这与生物膜在结构和功能方面的差异有关。

表 6-1　生物膜的化学组成

类　　别	蛋白质/%	脂质/%	糖/%	蛋白质/脂质
神经髓鞘质膜	18	79	3	0.23
人红细胞质膜	49	43	8	1.14
小鼠肝细胞质膜	44	52	4	0.85
线粒体内膜	76	24	0	3.17
嗜盐菌质膜	75	25	0	3.0

一、膜蛋白

生物膜的各种功能主要由膜蛋白完成。膜蛋白的种类主要有：①运输蛋白，能转运特殊的分子和离子出入细胞（泵、离子通道）；②作为催化作用的酶，催化氧化磷酸化、光合磷酸化等；③连接蛋白，把细胞骨架与相邻细胞或细胞外基质连接起来；④受体蛋白，接收和转导细胞内外的信号等；⑤抗原和结构蛋白。

　　一般讲，生物膜的功能不同，膜上的蛋白种类和数量亦不同。功能越简单其膜上所含有的蛋白质种类及含量越少，而功能越复杂的膜则越多。例如，功能复杂的线粒体内膜具有电子传递和磷酸化产生 ATP 等作用，有约 60 种蛋白质（含量高达 76%）；而功能简单的神经髓鞘，含有 79% 的脂质，起到神经纤维绝缘体的作用，蛋白质含量却只有 18%，约 3 种蛋白。

　　目前，人们对一些膜蛋白的一级结构和空间构象进行了深入的研究。许多膜蛋白都是和膜脂结合在一起的，含有较多疏水的 α 螺旋。根据它们在脂双层中的定位和性质可分为外周蛋白、内在蛋白和脂锚定蛋白（图 6 - 1）。

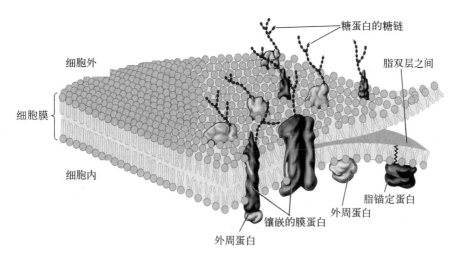

图 6 - 1　生物膜的外周蛋白、内在蛋白和脂锚定蛋白

　　1. 外周蛋白　外周蛋白（peripheral protein）是指与膜脂的亲水部分靠近而分布于脂双层的内外表面的蛋白质（图 6 - 1），一般占膜蛋白总量的 20%～30%，易溶于水。外周蛋白通过离子键等较弱的次级键与膜脂相连，故通过温和的处理方法（如改变介质的离子强度或 pH、加入金属螯合剂等），在不破坏膜结构的情况下，易被分离提取出来。结合在线粒体内膜上的细胞色素 c、己糖激酶就是典型的外周蛋白。

　　2. 内在蛋白　内在蛋白（integral protein）也称为整合蛋白，占膜蛋白总量的 70%～80%。由于这类蛋白质含有较多的疏水性氨基酸，与膜脂的疏水部分通过疏水相互作用紧密结合，使得它们很难与生物膜分离。只有用较剧烈的条件（如去垢剂、有机溶剂、超声波等），才有可能将它们与膜脂分开。

　　内在蛋白与脂双层结合有多种方式：单一 α 螺旋跨膜、多段 α 螺旋跨膜、蛋白质分子末端肽段插进脂双层（图 6 - 1）。在这其中又有嵌入膜一侧的脂质层、埋在脂双层中央、贯穿于脂双层使内在蛋白与外周蛋白结合等多种形式。绝大多数内在蛋白含有一个或几个跨膜的 α 螺旋肽段，由于 α 螺旋能最大限度地降低肽键本身的亲水性质，因而能与脂双层结合得更为紧密。如与 G 蛋白偶联的受体蛋白具有 7 次跨膜的 α 螺旋结构。

　　3. 脂锚定蛋白　脂锚定蛋白（lipid - anchored protein）是指通过与脂质共价相连而定位到生物膜上的蛋白质。这些膜蛋白本身没有进入脂双层，没有膜内或跨膜的 α 螺旋肽段，而是通过锚链（糖链、脂酰链或异戊二烯链）与膜脂牢固地结合（图 6 - 2）。脂锚定蛋白有 4 种连接方式：第一种是通过 N 端甘氨酸残基的氨基与脂肪酸形成酰胺键；第二种是通过硫酯键或酯键与脂肪酸形成酰胺键；第三种是通过硫醚键

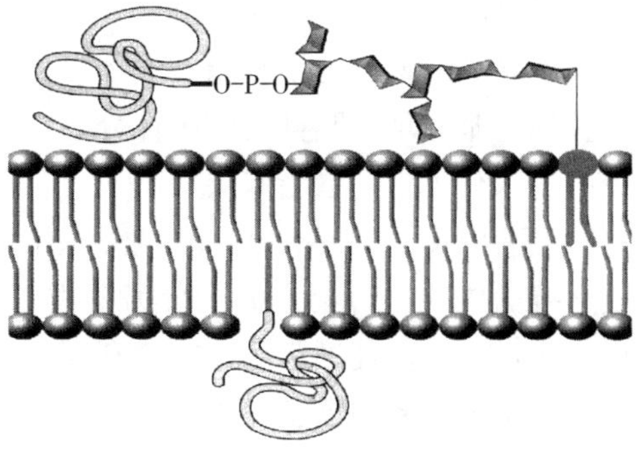

图 6 - 2　GPI 锚定蛋白示意图

相连的异戊二烯化蛋白;第四种是蛋白质 C 端的氨基酸残基与磷酸化的乙醇胺相连,再与糖基化的磷脂酰肌醇共价相连,这样的蛋白质称为糖基肌醇磷脂结合蛋白,即 GPI 锚定蛋白(glycosylphosphatidylinositol anchored protein,GPI - Pr),如图 6 - 2 所示。这类蛋白质只通过脂肪酸插入脂双层,蛋白质通过糖脂的核心被锚定在生物膜上。如乙酰胆碱酯酶、碱性磷酸酯酶、补体加速衰变因子(CD55)、神经黏附因子等。

GPI 锚定蛋白可转导信号,将细胞外的信号转导到细胞内。近年来又提出它们在细胞与细胞之间蛋白质的运送过程中起着重要作用,并与某些疾病的发病机制与治疗有关。可应用细胞表面工程方法,改造某些缺少蛋白质的病态细胞,将缺失的蛋白质变为 GPI 锚定蛋白转入病态细胞,从而恢复细胞功能。许多细菌毒素蛋白、寄生虫毒素蛋白都是 GPI 锚定蛋白,它们把毒素转给宿主,使宿主产生疾病。

GPI 锚定蛋白缺失可引起疾病,阵发性睡眠性血红蛋白尿症就是一个例子。

阵发性睡眠性血红蛋白尿症(PNH),是后天获得性红细胞膜缺陷的疾病,其发病机制与GPI 锚定蛋白有密切关系。它是由于造血干细胞发生 PIGA 基因突变,导致 GPI 合成障碍,使GPI 锚定蛋白缺失。由于是造血干细胞的突变,所以全部血细胞(红细胞、单核细胞、淋巴细胞、中性粒细胞、血小板等)表面都有不同程度的 GPI 锚定蛋白的缺失。现已知 PNH 血细胞表面缺失几十种这类蛋白质,如缺失补体加速衰变因子(CD55)、反应性溶血膜抑制物(CD59)、乙酰胆碱酯酶(AChE)等,从而引起补体介导的溶血。研究证明 PNH 血细胞缺失这类蛋白质不是因为不能合成这些蛋白质,而是因为 GPI 合成障碍,所以蛋白质无法连接在膜上。目前科学家正试图利用细胞表面工程原理,利用 PNH 患者自身异常的造血干细胞加以改造,以达到治疗的目的。

二、膜脂

生物膜的主要结构成分之一为膜脂,包括磷脂、糖脂、甾醇等化合物。其中磷脂含量最高,分布广泛,为膜脂主要组分。

1. 磷脂　生物膜上的磷脂(phospholipid)是指含有磷酸的脂质,包括由甘油构成的甘油磷脂(phosphoglyceride,PG)和由鞘氨醇构成的鞘磷脂(sphingomyelin,SM)。构成生物膜的磷脂主要是磷酸甘油二酯。甘油磷脂分子中,以甘油为骨架,2 分子脂肪酸与甘油中的 1、2 位碳原子的两个羟基分别生成酯,磷酸与第 3 位碳原子的羟基生成酯,即磷脂酸(phosphatidate,PA)(图 6 - 3)。生物膜中,磷脂酸的含量虽不多,但它是其他磷脂合成的前体,磷脂酸分子中的磷酸基与乙醇胺、胆碱、丝氨酸或肌醇结合分别形成磷脂酰乙醇

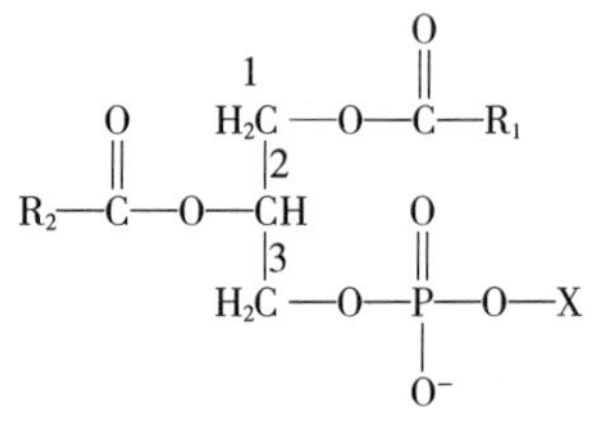

图 6 - 3　甘油磷脂的化学结构

胺即脑磷脂(phosphatidylethanolamine,PE)、磷脂酰胆碱即卵磷脂(phosphatidyl choline,PC)、磷脂酰丝氨酸(phosphatidylserine,PS)和磷脂酰肌醇(phosphatidyl inositol,PI)(图 6 - 4)。其中脑磷脂和卵磷脂占了膜脂的大部分,含量高达 70%。

甘油磷脂和鞘磷脂都是两亲性分子,既有亲水的头部又有疏水尾部。这一性质决定了磷脂在生物膜中的双分子排列(脂双层)。

2. 糖脂　糖脂(glycolipid)是含糖的脂类,不含磷酸基团,是糖通过半缩醛羟基以糖苷键与脂质连接而成的化合物。糖脂分为两类:鞘糖脂(sphingoglycolipid)和甘油糖脂(glyceroglycolipid)(图 6 - 5)。鞘糖脂分子中含有鞘氨醇、脂肪酸和糖;甘油糖脂中以甘油代替鞘氨醇。植物和细菌膜脂中最主要的糖脂是甘油半乳糖脂,以单半乳糖脂和双半乳糖脂较丰富。鞘糖脂分布广泛,几乎所有的动物细胞膜中都含有。

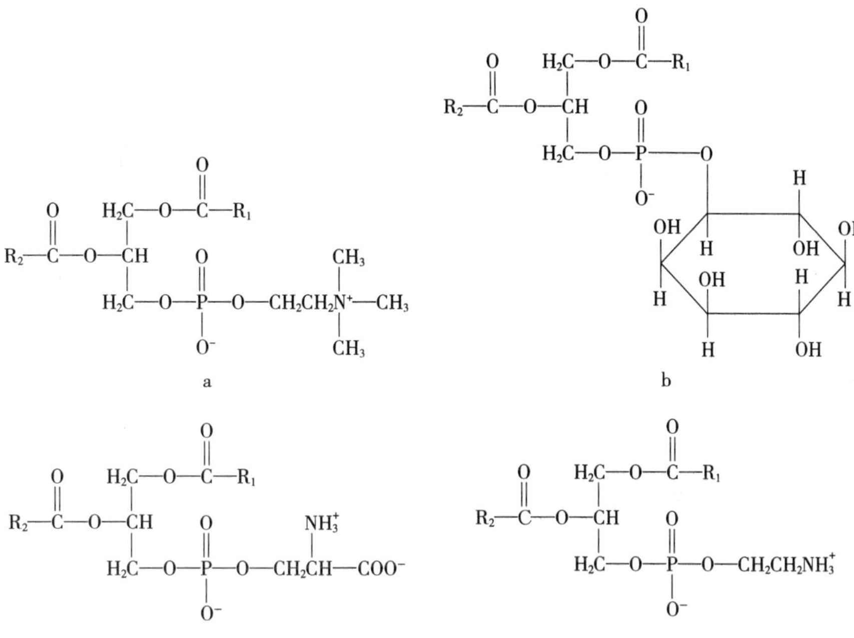

图 6-4　4 种甘油磷脂的化学结构式

a. 磷脂酰胆碱　b. 磷脂酰肌醇　c. 磷脂酰丝氨酸　d. 磷脂酰乙醇胺

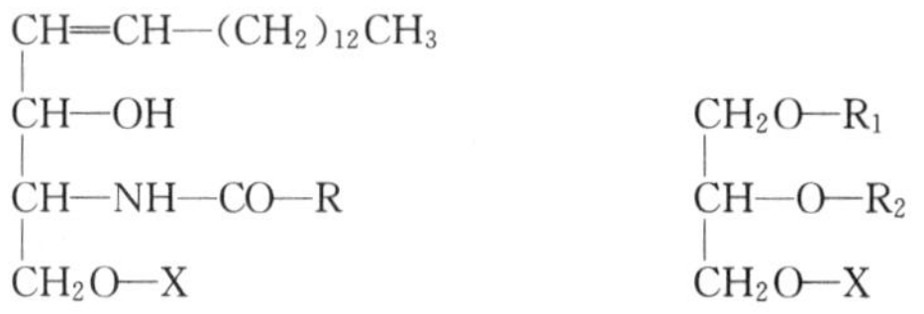

鞘糖脂　　　　　　　甘油糖脂

图 6-5　鞘糖脂和甘油糖脂的结构

X. 糖链　R、R_1、R_2. 不同脂酰基

3. 甾醇　甾醇（sterol）又称为固醇，其结构以由 3 个六元环和 1 个五元环融合在一起的环戊烷多氢菲为核心。植物细胞膜的甾醇主要是谷甾醇和豆甾醇，而动物细胞膜中含量最多的甾醇是胆固醇。

三、糖类

生物膜中含有一定量的糖类，它们大多与膜蛋白结合，少量与膜脂结合，形成多糖-蛋白质或多糖-蛋白质-脂质复合物。在生物膜中组成寡糖的单糖主要有中性糖（D-半乳糖、D-甘露糖、D-岩藻糖、D-葡萄糖）、氨基糖（D-半乳糖胺、D-葡萄糖胺）、酸性糖（唾液酸）。糖链的生物合成是糖基转移酶所催化的，该酶最大特点是：高度底物专一性，即对糖基供体、受体都有专一性。糖基一般与蛋白质分子中的丝氨酸、苏氨酸、羟赖氨酸和羟脯氨酸残基的羟基结合，形成 O-β 糖苷键；与天冬酰胺的酰胺基结合，形成 N-β 糖苷键；与半胱氨酸的巯基结合，形成 S-糖苷键。

在不同的细胞中，可以合成序列相同的肽链，但因不同的糖基转移酶催化性质不同，可以合成不同结构的糖链，从而产生不同功能的糖蛋白。糖蛋白多数分布在质膜表面，糖链似细胞的触角，伸向质膜的外侧，与细胞接收外界信息和细胞间的识别有关，也对细胞起到保护作用和参与维持细胞膜的不对称性（图 6-6）。

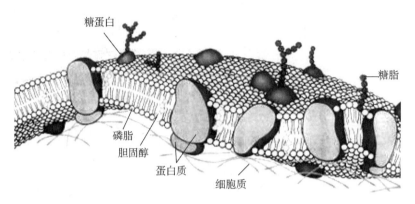

图 6-6　细胞膜外壳糖类和糖蛋白示意图

第二节　生物膜的分子结构及特征

生物膜是结构复杂有序的超分子复合物，其基本结构是由膜脂和膜蛋白的基本性质决定的，包括膜脂和膜蛋白在膜内的定向排列及定位的性质。生物膜最基本的结构骨架是双层的膜脂分子（脂双层结构）。

一、膜脂的结构及特点

膜脂（磷脂、糖脂和甾醇）都是两亲性分子，分子中既含有疏水部分，又含有亲水部分。膜脂的这一结构特点，使它们在水溶液中能自发形成稳定的单层微团、双层微团（脂质体，liposome）或片状双层的结构（图 6-7），使其亲水头部暴露在水相之中，疏水尾部则通过疏水键紧密结合在一起与水隔离。这些膜脂的排列组合形成热力学上稳定的特定脂双层骨架结构，该骨架结构的特点可以解释生物膜许多重要的生理现象。有极少数生物膜也有脂单层结构，如强嗜热古细菌的细胞膜在某些区域为脂单层结构。

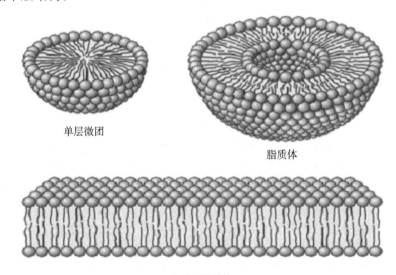

单层微团

脂质体

片状双层结构

图 6-7　膜脂的结构

在脂双层结构里，磷脂和糖脂具有两条疏水脂肪酸链。其中一条往往是不饱和的脂肪酸，主要是油酸（18：1）、亚油酸（18：2）和亚麻酸（18：3）；另一条往往是饱和的脂肪酸，主要是硬脂酸（18：0）与软脂酸（16：0）。两条饱和脂肪酸相互作用，结构紧密、僵硬，不易弯曲；而不饱和脂肪酸分子中有双键，易于弯曲和转动，使膜结构松散而不僵硬。甾醇像楔子一样插入脂双层中，可调节膜脂的流动性（图6-8）。

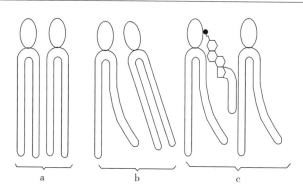

图6-8 脂质分子对膜流动性的影响

a. 饱和脂肪酸彼此结合紧密、结构较僵硬

b. 当有不饱和脂肪酸存在时，彼此不能紧密结合，结构松散

c. 受胆固醇影响流动性降低

由于脂双层中脂质之间不存在共价键，所以生物膜不是静态结构，而是具有流动性；物质通过脂双层具有选择性，小分子的非极性物质很容易通过脂双层，然而大多数极性分子则很难透过脂双层。这是脂双层结构的两个重要的性质。

二、生物膜的结构模型及特征

1925年，荷兰科学家 Gorter 与 Grendel 最早提出生物膜结构模型为脂双层。在脂双层的基础上，科学家不间断地研究和深入探讨有关生物膜的结构模型，曾提出过多种生物膜结构模型，如三夹板模型、单位膜模型、流动镶嵌模型等。其中最具代表性和被广泛接受的是流动镶嵌模型（fluid mosaic model）。

1972年，Singer 和 Nicolson 提出了生物膜的流动镶嵌模型。该模型的主要内容是：构成生物膜的连续主体是流动的脂质双分子层，在其中镶嵌有各种蛋白质，有的蛋白质分布在表面，有的横跨整个脂双层，这些蛋白质相对自由地浮动在脂双层骨架里，形成一种镶嵌的模式（图6-9）。"浮动"是指蛋白质在膜中可以上下振动、横向移动，但不能翻转。

生物膜的流动镶嵌模型有如下结构特征：

1. 膜组分的不对称性 膜组分的不对称性包括膜脂的不对称性和膜蛋白的不对称性。

在膜脂的双分子层中，不同的膜脂在脂双层的内外两层的分布是不均一的。磷脂酰胆碱（PC）和鞘磷脂（SM）主要分布在外层，它们不带有净电荷，因而不会相互排斥。而磷脂酰丝氨酸（PS）和磷脂酰乙醇胺（PE）主要分布在内层，由于磷脂酰丝氨酸（PS）带有净负电荷，从而使生物膜的内侧呈负电性。

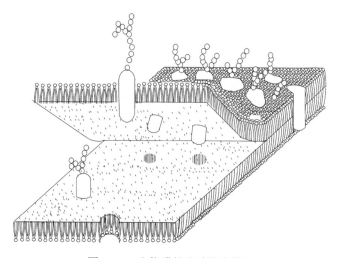

图6-9 生物膜的流动镶嵌模型

关于膜脂不对称性形成的机制尚不十分清楚，但已发现与3种酶有关：氨基磷脂转位酶、依赖ATP的翻转酶、磷脂爬行酶。这些酶共同作用，维持正常细胞的膜脂不对称性。细胞老化、凋亡可能与这些酶的协调作用出现异常有关，这种异常情况能使磷脂酰丝氨酸和磷脂酰乙醇胺翻到膜的

外层，使膜表面形成突起及产生微囊，细胞进而老化、凋亡。

在膜脂的双分子层中，膜的外周蛋白和内在蛋白的数量和种类都有较大的差别，分布在膜两侧亲水区域或两层疏水区域的蛋白质亦都有差异，这就是膜蛋白分布的不对称性。这种结构特点可以对一些问题进行解释，即为什么生物膜中有关离子泵、通道、受体、能量转换器等具有方向性。例如，细胞表面受体分子只有面向细胞膜的外侧时，才能与配体结合发挥生理作用，如果位于细胞膜内侧则是不起作用的。

糖类在膜上的分布也是不对称的，糖脂与糖蛋白只存在于质膜的外半层，而且糖基暴露于细胞膜外，糖基的数量和糖链的长短都有差异，且不能从脂双层的一侧翻到另一侧。

磷脂是凝血的重要因素之一。凝血机制很复杂，是一个级联式的放大过程。凝血作用发生在血小板膜上，有 13 个因子参加反应。在凝血反应中加入膜联蛋白Ⅵ特异与磷脂酰丝氨酸（PS）结合，凝血反应不能进行，说明 PS 在凝血反应中的重要性。有文献报道有一种出血病称 Scott 综合征，检查所有凝血因子都正常，后发现由于血小板膜缺乏磷脂爬行酶，在出血时 PS 不能从膜的内侧外翻，凝血因子Ⅷa、Ⅺa、Ⅹa 不能附着膜上，所以无凝血作用，进一步证实了 PS 在凝血中的重要性。

2. 膜的流动性　膜的流动性是指膜的不稳定性，这是由膜组分的不对称性决定的，因此又可以分为膜脂的流动性和膜蛋白的流动性。膜脂的流动性主要与磷脂的结构特点有关，因为磷脂凝固点较低，通常呈液晶态，具有流动性，从而使磷脂分子可以在膜上做摆动、旋转、侧向扩散、移动及翻转等各种运动。

影响膜脂流动性的因素有磷脂两条脂肪酸链的不饱和度和链长，胆固醇、鞘磷脂的含量以及温度等。脂肪酸链的碳链越短、不饱和程度越高，分子自身的摆动性越大，流动性越强。例如，抗寒性越强的植物，在低温下越能保持膜脂的流动性，这与膜脂不饱和脂肪酸含量高有密切关系。胆固醇、鞘磷脂的含量越高，流动性越低。

由于膜脂的流动性影响膜蛋白在膜中的状态，使膜蛋白既可以沿膜平面进行横向扩散，也可以围绕膜进行旋转或纵向振动，但不能翻转。另外，质膜内侧的微管、微丝运动时也会牵动与之相连的膜蛋白的运动。膜脂的流动性也会影响到膜内在蛋白嵌入脂双层的深度和旋转扩散运动。蛋白质在膜的一定区域内的相对运动，与其功能密切相关。例如，许多受体蛋白在结合配体以后，通过侧向扩散聚合在细胞膜某一特定区域。

流动镶嵌模型实质就是强调生物膜的流动性，认为膜脂和膜蛋白的结构成分是动态变化的。尤其强调生物膜的内在蛋白可在脂双层中侧向扩散，除非它们的运动受到细胞中其他因素的约束。这种结构特点解释了生物膜的一些重要生理功能，如细胞的融合。这种结构无疑是一种最适应生物体多变性的必需结构。

3. 生物膜的相变和分相　生物膜从固态相转变为液态相的过程称为相变。在较低温度下，膜脂分子上的脂酰基链呈高度有序排列，使生物膜处于类似固体或结晶的状态。但随着温度升高，膜脂分子上的脂酰基从有序态转变为无序态，使固态的膜脂逐渐转变为液态。脂酰基链越长、饱和度越高，生物膜的相变温度就越高。生物膜的分相是指在生理温度下，膜脂双分子层中相当一部分表现为液态或液晶态，而另一部分则表现为固态或结晶态。生物膜的相变和分相对维持生物膜的功能起到很重要的调节作用，是生物膜结构的又一重要特征。

三、脂筏

脂筏（lipid raft）是脂双层内含有特殊脂质和蛋白质的微区，即富含胆固醇和鞘磷脂的微结构域。鞘磷脂分子中长的饱和脂肪酸侧链具有较强的范德华力，使脂双层中不同的脂分子可随机快速地结合在一起，形成直径在 50 nm 左右的结构致密的微结构域（microdomain）。由于质膜中的鞘磷脂主要位于外层，因此脂筏通常位于质膜的外层（图 6 - 10）。脂筏的组分和结构特点有利于蛋白质之间相互作用和构象变化，可以参与信号转导和蛋白质的分拣转运。

脂筏是一种动态结构，又称为抗去垢剂膜，这与脂筏中的胆固醇含量有关，如果用甲基-β 环糊精（methyl-β-cyclodextrin）去除胆固醇，抗去垢剂作用减弱，使膜蛋白易于提取。质膜微囊（caveolae）是脂筏的一种类型，由胆固醇、鞘脂和蛋白质组成，以微囊素（caveolin）作为生化指标。一些感染性疾病、心血管疾病、肿瘤和肌营养不良等都与脂筏功能紊乱有密切的关系。

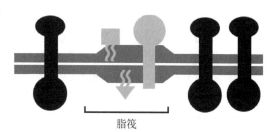

图 6-10　脂筏的结构

（引自杨荣武，2018）

第三节　生物膜的功能

细胞或细胞器（线粒体、叶绿体、内质网、高尔基体、细胞核等）的许多重要生物学功能都是借助生物膜完成的。细胞的物质运输、能量转换、信息传递和细胞识别等基本生命过程都与生物膜密切相关。

一、物质运输

细胞通过细胞膜从环境中摄取营养物质，同时把代谢物排出体外。可见细胞膜是细胞内外物质交换的屏障，它对物质跨膜具有高度的选择性，这对维持细胞的生命活动是极为重要的。小分子物质和大分子物质的跨膜运输有不同的方式。

（一）小分子物质的跨膜运输

某些非极性或极性小的小分子很容易通过自由扩散的方法进出细胞或细胞器，这种小分子物质的跨膜运输称为被动运输（passive transport）；而其他一些较大的极性分子需要蛋白质通道、载体、闸门或泵的帮助才能进出细胞或细胞器，这种大分子物质的跨膜运输称为主动运输（active transport）。被动运输是被转运的分子从高浓度向低浓度转移，顺电化学势梯度而不需消耗能量的跨膜运送的过程；主动运输是物质逆浓度梯度的穿膜运送，逆电化学势梯度则要消耗细胞的能量（图 6-11）。

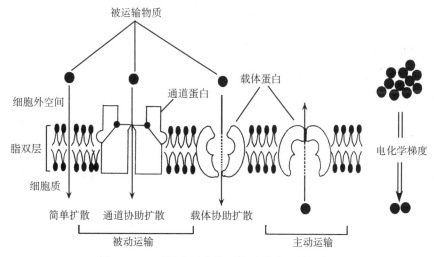

图 6-11　不同类型小分子物质跨膜运输示意图

1. 被动运输　根据运输过程中是否需要转运蛋白介导，被动运输可分为简单扩散（simple diffusion）和协助扩散（facilitated diffusion）。

（1）简单扩散。简单扩散是一种最简单的顺浓度梯度的物质转运方式，不需要膜上转运蛋白的帮助运送。当膜两侧含有不同浓度的脂溶性分子或离子时，通过简单扩散，物质可以从高浓度一侧扩散到低浓度一侧，直到膜两侧的物质浓度达到平衡为止（图 6-11）。简单扩散的速率既依赖于膜两侧转运物质的浓度差，又与物质的分子大小、极性及所带的电荷有关，极性小的分子比极性大的分子容易跨膜，如 H_2O、O_2、CO_2、其他气体、尿素和乙醇可经简单扩散通过脂双层。

（2）协助扩散。协助扩散需要膜上特殊的转运蛋白辅助运送，这是许多非脂溶性物质从高浓度向低浓度扩散跨膜的方式，如离子、氨基酸、核苷酸、糖等物质就是通过协助扩散跨膜。膜上的转运蛋白都是内在蛋白，它们有的作为离子通道（ionic channel）或通道蛋白（channel protein），有的作为载体蛋白（carrier protein）或泵（pump），有的作为为转位酶（translocase）或透过酶（permease），从而介导物质的转运（图 6-11）。

离子通道介导的协助扩散，因通道蛋白分子中的疏水基团与脂质双层接触，亲水氨基酸残基都向内形成跨脂双层的亲水性孔道，允许与孔道孔径相匹配的离子顺其电化学梯度迅速穿过膜，不需消耗能量，也不与转运蛋白结合。例如，神经细胞利用多种离子通道（如 Na^+ 通道、K^+ 通道）的协助扩散接收和传递信息。载体蛋白介导的协助扩散，需要载体蛋白和被转运的物质可逆结合，通过一系列构象变化而实现跨膜转运，这种协助扩散也是顺电化学梯度的，不需消耗能量。

协助扩散有时涉及两种可溶性分子的协同运输，一种称为同向运输（symport），是两种分子向同一方向扩散，如氨基酸和 Na^+ 通过小肠细胞膜和肾细胞膜的运输；另一种称为反向运输（antiport），是两种分子向相反的方向转运，如 Cl^- 和 HCO_3^- 通过红细胞膜的运输。

与简单扩散不同的是，协助扩散具有明显的饱和效应，即当被运输的物质不断增加时，运输速率会不断增加，直到出现一个极限值（v_{max}）（图 6-12），这是由于与被运输物质结合的载体蛋白的数量限制所造成的。细胞通过控制这些载体蛋白的表达量和降解速率，控制着这些运输。

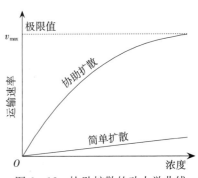

图 6-12　协助扩散的动力学曲线

2. 主动运输　主动运输是直接依赖于能量而逆浓度梯度进行的转运方式，通过专一性的载体蛋白进行。能量的来源可能是直接偶联于 ATP 的水解或偶联于某一离子顺浓度梯度的转移。如生物膜上专门逆浓度梯度运送 Na^+、K^+ 和 Ca^{2+} 的载体蛋白，又称为 Na^+-K^+ 泵、Ca^{2+} 泵。其实，这些载体蛋白（泵）就是 ATP 酶，可以催化 ATP 水解为 ADP，释放能量供泵的启动，供离子的泵进和泵出。所以这些离子泵又称为 Na^+-K^+-ATP 酶或 Ca^{2+}-ATP 酶。主动运输所需的载体蛋白与协助扩散中的载体蛋白是完全不同的，前者是一种水解 ATP 的酶蛋白，而后者则是参与物质运输的介质。

主动运输按所需的能量来源主要有下述两种方式：

（1）ATP 驱动的主动运输——Na^+-K^+-ATP 酶。高等和低等生物细胞内都维持高 K^+ 低 Na^+ 的状态，这种明显的离子梯度是 Na^+ 和 K^+ 逆浓度梯度主动运输的结果，由细胞膜上的 Na^+-K^+ 泵即 Na^+-K^+-ATP 酶驱动所致。研究证实，消耗 1 分子 ATP，细胞泵出 3 个 Na^+ 和泵入 2 个 K^+。

Na^+-K^+-ATP 酶是由 α 和 β 各两个亚基组成的，在膜上结合成 $\alpha_2\beta_2$ 四聚体（图 6-13）。大亚基 α 分子质量为 $100 \sim 120\ ku$，是催化亚基，具有 ATP 酶活性，向细胞外侧有 K^+ 和乌本苷（抑制剂）结合位点，向细胞内侧有 Na^+ 和 ATP 结合位点；小亚基 β 分子质量为 $30 \sim 40\ ku$，是一个糖蛋白，功能尚不清楚，与维持 Na^+-K^+-ATP 酶活性有关。

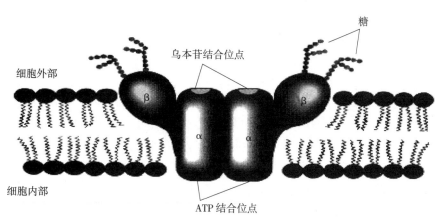

图 6-13 Na^+-K^+-ATP 酶的结构

Na^+-K^+-ATP 酶的作用机理如图 6-14 所示：①细胞液一侧的 3 个 Na^+ 与 α 亚基上的 Na^+ 结合位点结合；②在 Mg^{2+} 存在下，消耗 1 分子 ATP 使 ATP 酶的活性中心发生磷酸化作用，导致其构象发生变化；③促使 3 个 Na^+ 被释放到细胞外；④在细胞外，2 个 K^+ 与 α 亚基结合；⑤K^+ 使 ATP 酶去磷酸化，导致其构象再次发生变化；⑥使结合的 K^+ 释放到细胞液中。因此，每循环一次，水解 1 个 ATP，向外泵出 3 个 Na^+，泵入 2 个 K^+。

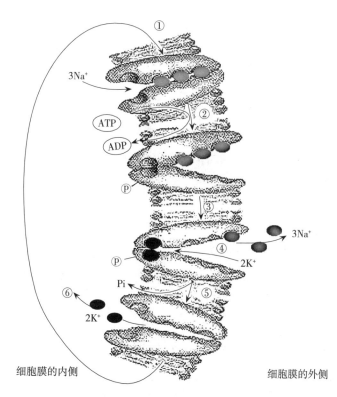

图 6-14 Na^+-K^+-ATP 酶的工作原理

(引自黄熙泰等，2012)

一些植物来源的类固醇衍生物如洋地黄毒苷配基（digitoxigenin，地高辛）和乌本苷（ouabain）是 Na^+-K^+-ATP 酶的强抑制剂。

（2）离子浓度梯度驱动的主动运输。在 Na^+-K^+-ATP 酶驱动的主动运输过程中，ATP 水解驱动的 Na^+ 和 H^+ 跨膜转运形成的离子浓度梯度提供物质转运驱动力，使某一分子逆浓度梯度进行跨膜转运。例如，葡萄糖逆浓度进入红细胞就是由 Na^+ 电位梯度推动的。在上述 Na^+ - K^+ 泵启动的同时，由于泵出 Na^+ 与泵入的 K^+ 数量不同，在膜两侧便产生了 Na^+ 电位梯度。这种 Na^+ 电位梯度也可推动膜上葡萄糖载体蛋白的运输。此载体有 Na^+ 和葡萄糖两个结合位点，伴随着 Na^+ 从膜外重新进入膜内，葡萄糖也随之逆浓度梯度进入（图 6 - 15a）。此种方式称为协同运输（co - transport），许多细胞的生物膜含有这种运输系统，与某些离子（如 Na^+）的顺电化学势梯度偶联，使另一些离子、糖或氨基酸逆浓度梯度运输。在大肠杆菌中，乳糖分子进入细胞就是由 H^+ 离子电位梯度推动。

Na^+ - K^+ - ATP 酶维持的离子浓度梯度差具有重要的生理学意义，不仅在维持神经细胞、肌肉细胞的兴奋信号传递中起重要作用，也参与调节某些细胞中的糖和氨基酸的主动转运。例如，葡萄糖等糖类和氨基酸就是借助离子浓度梯度驱动的主动运输，葡萄糖通过与膜上葡萄糖转运蛋白的逆浓度梯度促进扩散运出细胞，能量来自 Na^+ 顺浓度梯度的转运。

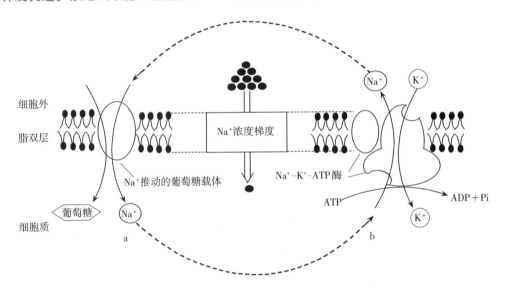

图 6 - 15　Na^+ - K^+ - ATP 酶与葡萄糖协同运输的作用示意图
a. 与葡萄糖协同运输　b. 泵出 Na^+，泵入 K^+

（二）大分子物质的跨膜运输

质膜对大分子物质具有不透性，它们的跨膜运输主要通过胞吐作用（exocytosis）和胞吞作用（endocytosis）进行。

胞吐作用是指有些物质在细胞内被囊泡（高尔基体衍生）包裹，形成分泌小泡（分泌囊泡），逐渐移至细胞表面，最后与质膜融合并将内含物释放出细胞（图 6 - 16）。此时，分泌囊泡膜也就掺入质膜中去，成为细胞膜的一部分。真核生物细胞中蛋白因子的分泌作用通常是通过胞吐作用而进行的，如胰岛素的分泌。高等生物的细胞利用胞吐作用可消除有害异物（细菌、病毒等）。

胞吞作用则是与胞吐作用相反，指细胞从外界摄入的蛋白质、多聚核苷酸和多糖等大分子物质或颗粒，逐渐被一小部分质膜内陷而包围，形成小囊泡，随后囊泡脱离质膜，进入细胞内（图 6 - 16）。囊泡

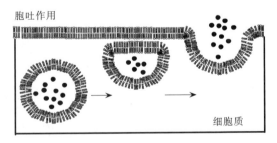

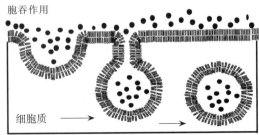

图 6 - 16　胞吐作用和胞吞作用示意图

与细胞内膜融合，使细胞外的大分子物质进入细胞的各种细胞器中。胞吞作用是消耗能量的过程。胞吞作用是许多低等生物获取营养物质的方式。

胞吞的物质若是固体的称为吞噬作用（phagocytosis），例如，巨噬细胞对同种细胞、细菌等的吞噬。胞吞的物质若是液态的则称为胞饮作用（pinocytosis）。如果胞吞的物质与细胞表面的某些受体结合，引发内吞作用，称为受体介导的胞吞作用（receptor‐mediated endocytosis）。

二、能量转换

生物膜在化学能与光能的转变中起重要作用。生物体内，三磷酸腺苷（ATP）是提供细胞进行各种生命活动（神经传导、肌肉收缩、物质运输等）所需能量的能源物质。ATP 是细胞内的"能量通货"。当机体的能量过多时即生成 ATP，在需要能量时，ATP 再将能量释放出来。植物体内，ATP 的合成主要是通过光合磷酸化和氧化磷酸化反应；在人和动物体内，ATP 合成的方式主要是氧化磷酸化。氧化磷酸化的反应部位在线粒体的内膜上，光合磷酸化反应的部位在叶绿体的类囊体膜上。这两种反应都需 ATP 合酶（ATP synthase）的催化最终才能生成 ATP，ATP 合酶在自然界分布很广，在真核细胞中的线粒体、叶绿体以及异养菌和光合细菌的膜中都有它的存在。光合磷酸化和氧化磷酸化反应中，催化 ADP 生成 ATP 的合酶位于类囊体膜上和线粒体的内膜上。由此可见，ATP 的生成是以生物膜为前提的。

线粒体的内膜有序地排列着多种各具功能的活性蛋白，组成内膜复杂精细的结构。这些活性蛋白包括数种电子传递体、脱氢酶类、氧化酶类及氧化磷酸化酶类等，从而使线粒体基质中各种物质氧化分解产生的化学能，通过内膜上的电子传递并与 ADP 的磷酸化反应相偶联，转为 ATP（参见第七章）。

叶绿体的类囊体是双层脂膜，与线粒体内膜一样，大多数蛋白质都与色素结合成各种膜蛋白超分子复合体镶嵌在类囊体内膜上，在内膜上有次序地分布着捕获光能的叶绿素蛋白复合体、电子传递系统及光合磷酸化酶系，它们分别执行光合作用各阶段的反应——光能的吸收和传递、原初光化学反应、电子传递及其偶联的磷酸化作用等，最后将光能转化为活跃化学能（ATP 和 NADPH），供所有生物利用。可见，光合作用的能量转换过程与类囊体内膜的动态结构是紧密联系在一起的。

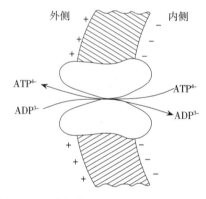

图 6‐17 线粒体内膜的 ATP/ADP 交换体

真核细胞的线粒体合成 ATP 后，通过线粒体内膜上的 ATP/ADP 交换体，把 ATP 运输到细胞质中，为许多代谢途径提供能量。通过呼吸作用在线粒体内膜上形成的跨膜质子电化学梯度，驱动 ATP/ADP 交换体向外运输 ATP 和向内运输 ADP（图 6‐17）。

三、细胞识别

细胞识别（cell recognition）是指细胞对同种和异种细胞以及对各种化学信号的接收和鉴别。生物膜外侧的受体蛋白担负着细胞的识别、黏着、迁移的功能。高等生物中普遍存在细胞识别现象，如人体的白细胞能识别并吞噬外来细胞；精子和卵细胞的识别和融合；植物的柱头细胞与花粉细胞之间的识别是亲和力产生的前提；根瘤菌与豆科植物根细胞之间的识别使它们建立共生关系，而与其他植物则不能，这一切都与膜上的受体蛋白有关。

受体蛋白多为膜上的糖蛋白，也有糖脂。糖链的糖基种类和数目、排列顺序和分支形式、糖链的长短及结合部位的差异，可构成能够接收外界不同生物信号的受体，把外界的信息传递到细胞中，这也是细胞相互识别的分子基础。外露的糖残基伸到细胞外，像触角一样，恰似细胞与细胞、细胞与大分子间联络的天线。科学家们对糖蛋白的识别机理进行研究，有的认为位于膜上的糖蛋白受体具有糖基转移酶或糖苷酶的活性，当它与其他相邻细胞接触时，可以识别相邻细胞膜上相应的糖基，从而启动一系列的生化反应过程，发生细胞的相互识别作用。

正常细胞生长达到一定密度，细胞表面糖基转移酶活性增强，细胞膜上受体糖蛋白的糖基化作用加快，糖链接触延伸，使细胞表面许多反应受到遮蔽，抑制表面调节装置（膜受体、膜内相连的微丝和微管）的功能，使细胞生长、增殖受到抑制（接触性抑制）。癌变细胞其细胞膜的糖脂和糖蛋白都发生明显的改变，如糖蛋白的糖基出现唾液酸化，使癌细胞表面的唾液酸残基增加。由于唾液酸残基附在肿瘤细胞表面，使之失去正常细胞的接触抑制作用特性，从而影响细胞的黏附、聚集、抗原的表达。这可能与癌细胞的"免疫逃避"有关，使机体免疫活性细胞不能识别与攻击癌细胞。有关糖蛋白的识别机理，是目前生命科学研究的热点之一。

四、信息传递

单细胞生物要适应环境变化而生存，环境的各种信号主要被细胞膜上的受体感应，通过一系列的信号传导（signal transduction），做出相应的反应。多细胞生物是一个整体，各种细胞要协调一致才能使个体生存。在协调过程中，不论是神经系统的兴奋信号传导还是激素的传导调控，都离不开质膜上各种受体的介导。因此，生物膜的信息传递是通过膜上的信号转导受体蛋白传递信号完成的（图6-18）。细胞外的环境刺激和胞间信号作为第一信使（初级信使），与膜上的受体蛋白识别、结合，使受体蛋白激活，将信号传递给信号转换蛋白（如G蛋白），引发一系列反应，从而把信号转换成细胞内的小分子化合物，如环化腺苷酸（cAMP）、三磷酸肌醇（IP_3）、甘油二酯（DG）等。这些化合物作为第二信使（次级信使），引发细胞产生级联反应，如调节代谢、控制遗传和其他生理活动。

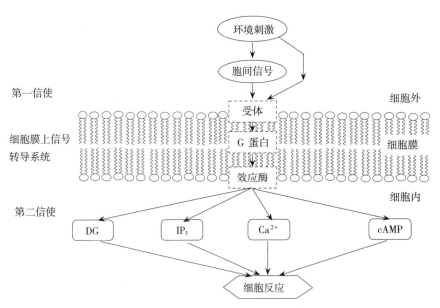

图6-18 细胞膜上信号转导示意图

细胞膜上的受体是细胞膜信号传导通路上的第一个蛋白质分子。细胞膜受体大多数是膜蛋白，但也有一些膜脂起受体作用，如霍乱毒素的受体是糖脂。细胞表面主要受体有三种：离子通道偶联受体（ion-channel linked receptor）、G蛋白偶联受体（G-protein linked receptor）、酶联受体（enzyme-linked receptor）。

1. 离子通道偶联受体 离子通道偶联受体常见于可兴奋细胞间的突触信号传递，产生一种电效应。受体本身就是形成通道的跨膜蛋白。如乙酰胆碱的受体就是离子通道偶联受体。该受体是由 5 个亚基组成的寡聚体蛋白，除有配体结合部位外，本身就是离子通道的一部分，当受体与乙酰胆碱结合后，发生剧烈的构象变化，导致跨膜离子通道蛋白的开放，并借此将信号传递至细胞内。

2. G 蛋白偶联受体 七次跨膜 G 蛋白偶联受体是一种广泛存在的受体，它的配基十分多样化，包括氨基酸及其衍生物、多肽、甾体等，是目前生物学研究中的一类很重要的药物作用的靶标。七次跨膜 G 蛋白偶联受体由一条多肽链构成，跨膜 7 次并成 α 螺旋结构（图 6 - 19）。该受体与细胞膜内侧的 G 蛋白相互作用，故称为 G 蛋白偶联受体。G 蛋白又称为 GTP 结合调节蛋白（GTP binding regulatory protein），它是细胞膜上的外在蛋白，由 α、β 和 γ 3 个亚基组成（图 6 - 19）。β 和 γ 两个亚基通常紧密结合在一起，只有在蛋白质失活时才分开，α 亚基具有 3 个功能位点：GTP 结合位点、鸟苷三磷酸水解酶（GTPase）活性位点、ADP - 核糖化位点。G 蛋白的 α、β 和 γ 亚基各有多种结构，不同的 G 蛋白与不同的七次跨膜 G 蛋白偶联受体结合，表现不同的信号传导功能。

七次跨膜 G 蛋白偶联受体作用机理：受体被配基激活后与 G 蛋白作用，使 G 蛋白- GDP 活化为 G 蛋白- GTP，此时 α 亚基与 βγ 亚基分离；α 亚基与 βγ 亚基均激活下游信号分子进而传导信号，当完成信号传导时，G 蛋白- GTP 水解为非活化的 G 蛋白- GDP，G 蛋白就回到原初构象，失去转换信号的功能。因此，G 蛋白的活化与非活化循环可作为细胞膜信号转换的分子开关。

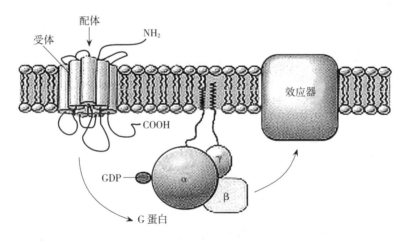

图 6 - 19 G 蛋白偶联受体与信号转导

3. 酶联受体 酶联受体的受体蛋白既是受体又是酶，是可传递 G 蛋白信号的一些酶，它们处于膜的内侧，如腺苷酸环化酶、磷酸酯酶。这些酶本身没有活性，一旦被配体激活即具有酶活性，产生细胞内的第二信使（cAMP、IP_3、DG），把胞间信号转换成胞内信号，引发一系列的下游信号转导过程，并将信号放大，产生级联反应。这类受体传导的信号主要与细胞生长、分裂有关。

质膜信号受体蛋白结构的复杂性与信号在细胞中进行传导的精确性是密切相关的，受体蛋白是当今生物学、药物学等研究领域中的一类很重要的药物作用的靶标，而且有广阔的应用前景。

第四节 膜生物工程及其应用

膜生物工程（membrane biotechnology）也称为人工膜技术，是生物膜模型基础研究中所必需的技术。近几年，随着生命科学和生物工程技术的迅速发展和相互融合，膜生物工程呈现更广阔的发展空间。如可与单克隆抗体一起应用，制成具有高特异性和定向导入能力的脂质体——免疫脂质体；可与细胞融合技术相结合，通过脂质膜体有选择地包含有特异生物功能的大分子（包括基因），将其导入靶细胞中，为基因工程和细胞工程增添新的研究手段和科学途径。膜生物工程应用范围十分广泛，尤其是免疫脂质技术在免疫诊断和治疗上的应用，有很高的灵敏性、特异性和准确性，因而有很大发展应用潜力。

一、人工膜技术与研究

由于生物膜的复杂性，我们通常需要将其各个组分分离重组，模仿天然生物膜的结构特点，在体外构建各种生物膜模型来展开生物膜功能的研究。这包括脂单分子层膜、平面脂双层膜和封闭的球型脂双层膜（脂质体）。目前，研究较多的是平面脂双层膜和脂质体两种人工膜模型。

1. 脂单分子层技术 形成生物膜脂双层结构的主要成分是磷脂和胆固醇，它们都是兼性分子，可以在气-液界面自发形成脂单分子层。1925 年，Gorter 和 Grendel 利用脂单分子层技术测定红细胞膜的总面积。他们把抽提出的细胞膜溶于有机溶剂然后铺成单分子层，结果发现单分子层的面积大致等于原来红细胞表面积的两倍，因此他们提出细胞膜是由双层脂类分子组成的。

科学家认为，二维脂单分子层膜可以看成是生物膜的一个单层，是研究生物膜结构特点的一个理想的模型系统。蛋白质和糖类等各种生物大分子（如酶、抗体、受体、离子通道等）可以镶嵌到脂单分子层中，同时加入各种离子模拟细胞膜的内外环境。因此，单层膜提供了可以研究生物膜多种性质和功能的人工模拟系统。

2. 平面脂双层（黑脂膜）技术 20 世纪 60 年代，最早开展平面脂双层分子研究的是 Mueller、田心棣和 Rudin，他们成功建立了在水相中制作双分子层脂膜的技术方法，并研究了这种脂双层的电学特征。他们把这种脂双分子层称为黑脂膜（black membrane）或平面脂双层膜（bilayer lipid membrane，BLM）。这种人工膜由磷脂双分子层制成，即磷脂在两水相之间的小孔中形成，厚度和生物膜厚度相同，只有 5 nm，比可见光波长（380～780 nm）要小很多，这么薄的膜基本上对光没有吸收，在显微镜下观察为黑色，故称为黑脂膜。这种显微镜观察方法可以对体外制作脂双分子层进行直观的鉴定。

除了这种观察方法，还可使用电检测方法进行定量测定。在平面脂双层膜的两侧装上电极可研究膜的导电性能，检测离子透过脂双层的速率与电流的变化强度。对离子通道的研究，便是采用此种方法。近年来，BLM 技术获得很大发展，科学家发展了许多实验方法把具有生物活性的分子、蛋白质复合物整合到 BLM 中，使之成为与细胞成分非常接近的系统，成功地进行许多专业领域方面的研究。例如，成功地研究了新生肽链跨越内质网膜和质膜时引发的膜通道。

3. 脂质体技术 脂质体（liposome）又称为囊泡，是由脂双分子层将水相分隔为内、外两部分的模型膜体系，这是一种封闭性脂双层结构（图 6-7）。在人工模型膜体系中，脂质体由于和活细胞生物膜结构最为接近，长期以来，在生物研究中得到了广泛应用。脂质体的制备可采用微量注射法、超声波法或去垢剂法。根据研究的需要，可制备各种类型的脂质体，如多层脂质体、小单层脂质体和大单层脂质体等。脂质体可作为探讨生物膜功能的研究载体，如可把分离的数种蛋白质分别重组插入脂质体中，形成脂蛋白，从中分析及研究膜脂-蛋白质和蛋白质-蛋白质的相互作用、膜上蛋白质的流动性、配体-受体识别与结合等。脂质体还可作为运载工具导入靶细胞中，为细胞工程、酶工程和基因工程增添新的手段。

二、膜生物工程的应用

随着对生物技术和膜技术研究的不断深入，脂质体的应用研究领域正在不断拓宽，应用前景非常广阔。

1. 作为生物大分子的载体 将这种技术与基因工程和细胞工程相配合，可以发挥其重要作用。把生物大分子（核酸、蛋白质、多糖等）包入脂质体中，使之作为运载活性物质的工具，把脂质体导入特定靶细胞中，从而达到改变细胞代谢和遗传特性的目的。如基因工程中，过去用细胞微量注射、红细胞膜或细胞融合等手段导入外源基因，但因数量少、易降解，且红细胞膜不能载导 18S

DNA、28S DNA 和质体 DNA 等较大的分子，限制很大。但通过脂质体导入外源基因到细胞中其转化效率比注射裸露 DNA 高 10～100 倍。我国已成功地实现了脂质体介导的外源基因（Cat）在黄瓜细胞中表达。

2. 作为药物载体　从 20 世纪 70 年代起，脂质体作为药物等多种成分的载体的研究已经开始。将药物包埋在脂质体内口服，所需的治疗剂量只是自由用药的 0.01%。用脂质体作为药物载体使药物直达作用部位而降低药物副作用。如糖原层积病是因为患者肝细胞的溶酶体缺少淀粉酶，使淀粉不能分解所致。把淀粉酶包埋在脂质体中给病人服用，可以起到较好的治疗效果。抗癌药物的免疫脂质体可大大提高治癌疗效而被称为导弹脂质体。如将巨噬细胞活化因子（MAF）直接注入肺中，则活化巨噬细胞作用很差；若将 MAF 包埋在脂质体中，由于它易被巨噬细胞吞食而使其活化，对肺癌细胞有毒杀作用，从而获得长期体内治癌效果。被脂质体活化的巨噬细胞还可特异地杀死疱疹病毒感染的细胞。因此脂质体作为优良的免疫调节剂的载体在临床实践上是一项很有希望的膜生物技术。脂质体的膜具有选择透过特性，允许膜内包裹的小分子治疗药物（如胰岛素、多巴胺）释出膜外，对病变机体进行治疗后调节代谢作用。同时阻止宿主免疫细胞（淋巴细胞、巨噬细胞等）和免疫分子（免疫球蛋白、抗体、补体等）进入膜内，避免宿主对外来脂质体的免疫排斥作用。

3. 作为医学诊断的工具　在体外诊断方面，有免疫脂质膜体的膜裂解分析（MIA）技术，即把信号分子包埋在免疫脂质膜体内，当抗原与抗体发生反应时，信号分子即释放出来，从而提供检定指标。信号分子可用荧光化合物或酶等，无须用同位素标记化合物，信号分子效应放大倍数与放射免疫分析（RIA）相当，且易于分析，因而具有极广的应用前景。在体内诊断方面，含有同位素的脂质膜体，可以放大 CT 扫描，已用于肝癌诊断。含有 ^{3}H 或 ^{19}F 的脂质膜体或其核磁波谱分析示踪同位素，可以通过核磁波图形提高诊断效果。

本章小结

生物膜包括质膜及内膜系统。生物膜主要由磷脂和蛋白质构成，有的含有糖类组成糖脂和糖蛋白。生物膜的功能与膜蛋白直接相关，膜蛋白包括位于膜上的运输蛋白、酶、受体、抗原和结构蛋白等。根据它们在膜上的定位，可分成外周蛋白、内在蛋白和脂锚定蛋白。外周蛋白溶于水，较易分离；内在蛋白不溶于水，要用剧烈的条件才能与膜分离；脂锚定蛋白是通过共价相连的脂而定位到膜上的蛋白质，与细胞信号传导有关。生物膜最基本的结构骨架是脂双层结构，主要由磷脂的亲水基团和疏水基团构成。

生物膜脂双层的结构特点为不对称性、流动性、相变性质和选择性，这些对于生物膜发挥正常功能很重要。其中，不对称性包括膜脂、膜蛋白和糖类的不对称性。膜脂的不对称性显示：磷脂酰胆碱（PC）和鞘磷脂（SM）主要分布在膜外侧，不带有净电荷；磷脂酰丝氨酸（PS）和磷脂酰乙醇胺（PE）主要分布在膜内侧，带负电荷。生物膜的流动性是指生物膜各组分所做的各种形式的运动。膜脂的流动性与脂酰基的碳链长度和不饱和性以及胆固醇的含量有关，在膜上可做摆动、旋转、侧向扩散、移动及翻转等各种运动；膜蛋白在膜上可侧向扩散和旋转或纵向振动，但不能翻转。生物膜的相变温度与脂酰基的碳链长度、饱和度有关。生物膜的流动镶嵌模型为目前较为流行和认可的结构模型。

生物膜的功能主要有物质运输、能量转化、细胞识别和信息传递。小分子物质的跨膜运输可分为被动运输和主动运输。被动运输顺浓度梯度进行，不需要消耗能量；主动运输逆浓度梯度进行，需要消耗能量，即 ATP 驱动或离子浓度梯度驱动。被动运输又可分为简单扩散和协助扩散，前者不需要蛋白质的帮助，而后者和主动运输一样都需要蛋白质的参与。蛋白质在其中作为通道、载体、闸门和泵起作用。大分子物质的跨膜运输主要有胞吞作用和胞吐作用两种方式。

生物膜在参与能量的转变中起重要作用，线粒体的内膜及叶绿体的类囊体膜是能量转化的膜系，其上分布有电子传递体及磷酸化酶系等，通过氧化磷酸化或光合磷酸化反应合成ATP。生物膜上的糖蛋白和糖脂的糖残基伸展到膜外，起细胞识别作用。生物膜的信息传递是通过膜上的受体蛋白传递到细胞内的第二信使（cAMP、IP_3、DG等）并引发细胞级联代谢反应来进行的，细胞膜主要有3种受体蛋白：离子通道偶联受体、G蛋白偶联受体、酶联受体。

生物膜技术的应用研究已深入到生物学、医学、药学等各个领域，膜生物工程呈现愈来愈广阔的发展应用空间。脂质体作为基因载体、药物载体和医学诊断的工具越来越广泛地应用于生物学、医学、药学等领域，体现出生物膜技术具有巨大的发展应用潜力。

复习思考题

一、解释名词

1. 生物膜　2. 脂锚定蛋白　3. 脂质体　4. Na^+-K^+泵　5. 流动镶嵌模型　6. 脂筏　7. 协助扩散　8. G蛋白偶联受体　9. 第二信使

二、问答题

1. 生物膜的基本结构特征是什么？

2. 膜蛋白有几种？其结构特点有哪些？

3. 简述生物膜不对称性的含义。

4. 主动运输所需的能量来自哪些方面？

5. 试述 Na^+-K^+-ATP酶结构特征及作用机制。

6. 写出下列符号的中文名称：GPI-Pr 、PG、PA、PS、PE、PC、PI、SM、cAMP、IP_3、DG。

主要参考文献

黄熙泰，于自然，李翠凤，2012. 现代生物化学［M］. 3版. 北京：化学工业出版社.

杨福愉，2007. 生物膜［M］. 北京：科学出版社.

杨荣武，2018. 生物化学原理［M］. 3版. 北京：高等教育出版社.

朱圣庚，徐长法，2016. 生物化学［M］. 4版. 北京：高等教育出版社.

沃伊特D，沃伊特JG，普拉特CW，2003. 基础生物化学［M］. 北京：科学出版社.

David Hames，Nigel Hooper，2016. Biochemistry：3rd ed［M］. 王学敏，焦炳华，译. 北京：科学出版社.

Moran L A，Horton R A，Scrimgeour G，et al，2011. Principles of Biochemistry：3rd ed［M］. 影印版. 北京：科学出版社.

Reginald H Garrett，Charles M Grisham，2012. Biochemistry：5th ed［M］. 影印版. 北京：高等教育出版社.

第七章

生 物 氧 化

第一节 生物氧化概述

一、生物氧化的基本概念

生物体的一切活动（包括个体水平的运动、脏器的活动、组织细胞的物质合成等）都需要能量。生物能学（bioenergetics）的研究领域是生物化学中关于生物体内化学能的释放、保存、传递与利用。生物体所需的能量源自生物有机化合物的氧化，即糖、脂、蛋白质在体内的氧化。糖、脂、蛋白质等有机化合物在生物细胞内氧化分解，产生 CO_2 和水并放出能量的作用，称为生物氧化（biological oxidation）。通常在这一过程中生物体要消耗氧、产生 CO_2，而且是在活细胞中进行，所以生物氧化又被称为组织呼吸、细胞呼吸（cellular respiration）或呼吸作用。

生物氧化可以归结为 3 个主要的问题：①细胞如何利用氧把有机化合物中的氢氧化成水？②细胞如何通过化学变化把有机化合物中的碳转变成 CO_2？③有机化合物在细胞内氧化时释放的能量如何被搜集和贮存起来？

二、生物氧化的特点和方式

（一）生物氧化的特点

生物氧化的化学本质是组织细胞中的一系列氧化还原反应，与体外非生物氧化的本质完全相同，即最终产物都是 CO_2 和 H_2O，所释放的能量也完全相等，但二者的表现形式和氧化的条件却大不一样。生物氧化的特点可概括如下：

（1）生物氧化是在非常温和的水溶液环境中进行的。温度条件为体温（高等动物37℃），pH接近中性，是在一系列酶催化下通过逐步进行的多步生物化学反应完成的。

（2）生物氧化的能量是逐步释放的，并以 ATP 的形式捕获能量从而为生物体利用。生物氧化过程产生的能量，一般先以高能化合物的形式捕获，在需要时这些高能化合物再通过水解释放出能量。这样不会因为能量的骤然释放产生大量的热从而对机体带来损害，同时便于机体最大限度地利用释放的能量。

（3）生物氧化有严格的细胞定位。线粒体内膜是真核生物生物氧化的中心场所，原核生物则在细胞内膜上进行。

（二）生物氧化的方式

根据化学上的定义，一种物质失去电子即为氧化，化合价升高；得到电子即为还原，化合价降低。体内氧化虽与体外氧化表现形式和氧化条件不同，但都是氧化反应，遵循氧化还原反应的一般规律。生物氧化中物质的氧化核心仍然是失去电子，但以加氧、脱氢（包括直接脱氢和加水脱氢）、失电子等方式，其中脱氢和加水脱氢在生物化学中最为常见。

体内氧化反应脱下的电子或氢原子不能游离存在，必须被另一物质接受，这种接受电子或氢的物质（受电子体或受氢体）被还原，加氢、得电子以及脱氧就是还原反应。氧化与还原总是偶联发生，所以生物氧化的化学本质是组织细胞中的一系列氧化还原反应。

三、生物氧化中 CO_2 的生成

糖、蛋白质和脂质在体内分解代谢过程中都会产生一些含羧基的化合物，然后在酶的催化下发生脱羧反应生成 CO_2。脱羧过程没有氧化作用的称为直接脱羧，伴有氧化作用的称为氧化脱羧。

1. 直接脱羧　在脱羧酶的催化下，直接脱去羧基的过程。

直接脱羧的化学反应，如氨基酸和草酰乙酸的脱羧：

$$R—CHNH_2—COOH \xrightarrow{\text{氨基酸脱羧酶}} R—CH_2NH_2 + CO_2$$

α氨基酸　　　　　　　　　　　　　　胺

草酰乙酸 $\xrightarrow{\text{丙酮酸羧化酶}}$ 丙酮酸 $+ CO_2$

2. 氧化脱羧　在分子脱羧的同时发生氧化（通常是脱氢），需要多种酶及辅因子组成的氧化脱羧酶系的参与。如苹果酸的氧化脱羧：

苹果酸 $+ NADP^+ \xrightarrow{\text{苹果酸酶}}$ 丙酮酸 $+ CO_2 + NADPH + H^+$

四、生物氧化中水的生成

生物氧化作用的关键，一个是代谢分子中的氢如何脱出，另一个是脱出的氢如何与分子氧结合生成水并释放能量。这是一个复杂的过程。代谢物上的氢需要先在脱氢酶的作用下激活才能脱下，吸入的氧要经过氧化酶的作用才能转变成高活性的氧。另外还需要有一系列传递体才能把氢传递给氧，生成水（图 7-1）。

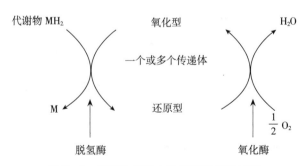

图 7-1　代谢物氢和电子传递到氧的过程

五、自由能与氧化还原电位

伴随着生物体的物质代谢所发生的一系列的能量转变称为能量代谢。生物氧化不仅消耗氧，生成 CO_2 和水，更重要的是在这个过程中有能量的释放。为了比较深刻地了解生物氧化作用，有必要学习自由能和氧化还原电位的概念。

（一）自由能及自由能变化

1. 自由能　自由能是指在某一系统的总能量中，能够在恒定的温度、压力以及一定体积下用来做功的那部分能量，常用 G 表示。某一种物质的自由能的数值不能用实验方法测得，但在反应前后的自由能变化（ΔG）是可以测定的。如在反应 $A \Longleftrightarrow B$ 中，产物 B 和反应物 A 的自由能之差 $G_B - G_A$ 就是这个反应的自由能变化 ΔG。在生物能学中，ΔG 是很重要的参数，它只取决于反应系统的起始和终止状态，而与反应机理和途径无关。

在一个自发反应系统中，ΔG 总是负值，因此 ΔG 成为判断自发反应的重要依据，对预测某一过程能否自发进行有重要意义：

当 $\Delta G < 0$ 时，即 $G_B < G_A$，ΔG 为负值，放能反应，反应能自发进行；

当 $\Delta G > 0$ 时，即 $G_B > G_A$，ΔG 为正值，吸能反应，反应不能自发进行；

当 $\Delta G = 0$ 时，即 $G_B = G_A$，表示反应处于平衡状态，即该反应为可逆的。

2. 自由能变化　自由能变化与产物和反应物浓度及温度有关。

如在反应 $A \Longleftrightarrow B$ 中：

$$\Delta G = \Delta G^{\ominus\prime} + RT \ln \frac{[B]}{[A]}$$

式中的 $\Delta G^{\ominus\prime}$ 表示在压力为 0.1 MPa、温度 298 K（25 ℃）、pH 7，浓度为 1 mol/L 的物质反应的标准自由能变化；R 为摩尔气体常数 [8.314 J/(mol·K)]；T 为热力学温度（K）；[A]、[B] 分别为物质 A 和 B 的浓度（mol/L）。$\Delta G^{\ominus\prime}$ 是生化系统的标准自由能变化，以区别于物理化学上的标准自由能变化 $\Delta G^{\ominus}$。

当反应达到平衡时，$\Delta G = 0$，即无自由能变化，此时 $[B]/[A] = K'_{eq}$，K'_{eq} 表示上述特定条件下生化反应的平衡常数。则上式可改写为：

$$\Delta G^{\ominus\prime} = -RT \ln K'_{eq}$$

或
$$\Delta G^{\ominus\prime} = -2.303\ RT \lg K'_{eq}$$

将 R、T 值代入，则 $\Delta G^{\ominus\prime} = -2.303 \times 8.314 \times (25+273)\ \lg K'_{eq} = -5\ 706\ \lg K'_{eq}$（J/mol）

因此，根据生化反应的平衡常数，可计算其标准自由能变化 $\Delta G^{\ominus\prime}$，从而判断该反应能否自发进行及其反应方向；反之，根据标准自由能变化也可计算出反应的平衡常数。

在生物体内的化学反应中，反应物和产物的浓度通常并不是在标准条件下的浓度，活细胞内的反应物和产物的浓度只是维持在一个窄小范围内的稳态水平，绝大多数反应未达到平衡。因此，在非标准条件下，生化反应中的自由能变化（$\Delta G'$）可用下式计算：

$$\Delta G' = \Delta G^{\ominus\prime} + 2.303\ RT \ln \frac{[B]}{[A]}$$

式中，$\Delta G'$ 表示非标准条件下，生化反应的自由能变化；$\Delta G^{\ominus\prime}$ 为生化系统的标准自由能变化；R 为摩尔气体常数 [8.314×10^{-3} kJ/(mol·K)]；T 为热力学温度；ln 为自然对数。

因此，在非标准条件下，细胞内生化反应所释放的自由能的多少（自由能变化）取决于反应物和产物各自的起始浓度。

在相互偶联的几个化学反应中，总的标准自由能变化等于各步反应的自由能变化的总和。也就是偶联化学反应的标准自由能变化具有可加和性。

例如，糖酵解途径葡萄糖磷酸化时，发生下列反应：

（a）葡萄糖＋Pi $\longrightarrow$ 6-磷酸葡萄糖＋H_2O 　　$\Delta G_a^{\ominus\prime}=+13.8\,kJ/mol$

（b）ATP＋H_2O $\longrightarrow$ ADP＋Pi 　　$\Delta G_b^{\ominus\prime}=-30.5\,kJ/mol$

（a）式和（b）式偶联得到（c）式：

（c）葡萄糖＋ATP $\longrightarrow$ 6-磷酸葡萄糖＋ADP

（a）和（b）两个反应的自由能变化总和即为（c）式的自由能变化值：

$$\begin{aligned}\Delta G_c^{\ominus\prime}&=\Delta G_a^{\ominus\prime}+\Delta G_b^{\ominus\prime}\\&=13.8+（-30.5）\\&=-16.7（kJ/mol）\end{aligned}$$

这说明热力学上的一个不利反应（$\Delta G^{\ominus\prime}>0$）可以被一个热力学上的有利反应（$\Delta G^{\ominus\prime}<0$）驱动，使原来不能自发进行的反应变为可自发进行的反应。

（二）氧化还原电位

在生物氧化中，氧化与还原总是相偶联的，一种物质（还原剂）失去电子的同时必定有另一种物质（氧化剂）接受电子。氧化还原反应往往是可逆的。还原剂失去电子后变成氧化剂，氧化剂再接受电子后又变成还原剂。通常用氧化还原电位或氧化还原电势（oxidation-reduction potential）来表示各种物质接受电子或失去电子的难易程度。任何体内的氧化还原物质连在一起，都可以产生氧化还原电位。在标准条件下，每一个氧化还原对都有一个标准氧化还原电位（$E^{\ominus}$），是一个常数，是样品半电池（样品电极，即被检氧化还原对）在标准条件下相对于标准参考半电池（标准氢电极，25 ℃，pH＝0，100 kPa 氢气压力，硬性规定标准氢电极的氧化还原电势为0）所生成的、直接测得的电极电位。将任何一个氧化还原对所组成的半电池与标准氢半电池相连接构成原电池，都可以测定其标准氧化还原电位。

由于标准氢电极规定其电极液的 H^+ 浓度是 1 mol/L，因而其溶液的 pH 为 0。发生在生物体内的氧化还原反应是在生理 pH 下进行的，因此，电化学上的标准氧化还原电位 $E^{\ominus}$ 值不适合生物化学，应该进行修正。规定生化体系中 pH 为 7 情况下的标准氧化还原电位用符号 $E^{\ominus\prime}$ 表示。相应地，在 pH 为 7 时，即 pH≠0 时的标准氢电极的氧化还原电位不再是 0，而是 −0.414 V。

表 7-1 列出生物体一些重要的氧化还原体系的标准氧化还原电位，并且是按照氧化还原对的氧化还原电位下降趋势排列的。

表 7-1　生物体内一些重要氧化还原体系的标准氧化还原电位

氧化还原体系（半反应）	$E^{\ominus\prime}$/V
$\frac{1}{2}H_2O_2＋H^+＋e\longrightarrow H_2O$	+1.35
$\frac{1}{2}O_2＋2H^+＋2e\longrightarrow H_2O$	+0.82
（细胞色素 aa₃）$Fe^{3+}＋e\longrightarrow Fe^{2+}$；$Cu^{2+}＋e\longrightarrow Cu^+$	+0.29
（细胞色素 c）$Fe^{3+}＋e\longrightarrow Fe^{2+}$	+0.25
高铁血红蛋白＋e$\longrightarrow$血红蛋白	+0.17
辅酶 Q＋2H^+＋2e$\longrightarrow$还原型辅酶 Q	+0.10
脱氢抗坏血酸＋2H^+＋2e$\longrightarrow$抗坏血酸	+0.08
（细胞色素 b）$Fe^{3+}＋e\longrightarrow Fe^{2+}$	+0.07
（亚甲蓝）氧化型＋2H^+＋2e$\longrightarrow$还原型	+0.01
延胡索酸＋2H^+＋2e$\longrightarrow$琥珀酸	−0.03
（黄素蛋白）$FMN＋2H^+＋2e\longrightarrow FMNH_2$	−0.03
丙酮酸＋NH_3＋2H^+＋2e$\longrightarrow$丙氨酸	−0.13

（续）

氧化还原体系（半反应）	$E^{\ominus}{}'/V$
α酮戊二酸$+NH_3+2H^++2e\longrightarrow$谷氨酸	-0.14
草酰乙酸$+2H^++2e\longrightarrow$苹果酸	-0.17
丙酮酸$+2H^++2e\longrightarrow$乳酸	-0.19
乙醛$+2H^++2e\longrightarrow$乙醇	-0.20
1，3-二磷酸甘油酸$+2H^++2e\longrightarrow$3-磷酸甘油醛$+Pi$	-0.29
$NAD^++2H^++2e\longrightarrow NADH+H^+$	-0.32
$NADP^++2H^++2e\longrightarrow NADPH+H^+$	-0.32
丙酮酸$+CO_2+2H^++2e\longrightarrow$苹果酸	-0.33
乙酰乙酸$+2H^++2e\longrightarrow$β羟丁酸	-0.34
α酮戊二酸$+CO_2+2H^++2e\longrightarrow$异柠檬酸	-0.38
$2H^++2e\longrightarrow H_2$	-0.42
乙酸$+2H^++2e\longrightarrow$乙醛$+H_2O$	-0.58
琥珀酸$+CO_2+2H^++2e\longrightarrow$α酮戊二酸$+H_2O$	-0.67

$E^{\ominus}{}'$值越小，供电子的倾向越大，其还原能力越强；$E^{\ominus}{}'$值越大，得到电子的倾向越大，其氧化能力越强。如果氧化还原电对 $NAD^+/NADH$（$E^{\ominus}{}'=-0.32\ V$）与氧化还原电对丙酮酸/乳酸（$E^{\ominus}{}'=-0.19\ V$）组成原电池，在标准条件下丙酮酸/乳酸则从 $NAD^+/NADH$ 获得电子，使丙酮酸还原为乳酸，而 NADH 则被氧化为 NAD^+。表 7-1 中最下面的氧化还原电对可使其上的每一个氧化还原电对还原；最上面的氧化还原电对可使其下的每一个氧化还原电对氧化。因此，电子总是从较低的氧化还原电位（$E^{\ominus}{}'$值较小）向较高的氧化还原电位（$E^{\ominus}{}'$值较大）流动。电子的这种流动倾向是自由能降低的结果。当电子从氧化还原电位低的一方转移到氧化还原电位高的一方时，两个氧化还原电对之间的标准氧化还原电位的差越多，自由能就降得越多。两个氧化还原电对之间的标准氧化还原电位差（$\Delta E^{\ominus}{}'$）可表示为：

$$\Delta E^{\ominus}{}'=E^{\ominus}{}'_{电子受体}-E^{\ominus}{}'_{电子供体}$$

氧化还原反应的标准自由能变化 $\Delta G^{\ominus}{}'$ 与 $\Delta E^{\ominus}{}'$ 之间有如下的关系：

$$\Delta G^{\ominus}{}'=-nF\Delta E^{\ominus}{}'$$

其中，n 为转移电子数，F 为法拉第常数 [96.5 kJ/(V·mol)]。如果已知发生氧化还原反应的两个电对的标准电位，就可计算氧化还原反应的标准自由能变化。

例如，丙酮酸被 NADH 还原的反应：

$$丙酮酸+NADH+H^+\Longleftrightarrow 乳酸+NAD^+$$

两个氧化还原电对（半反应）是：

$$丙酮酸+H^++2e\longrightarrow 乳酸\quad E^{\ominus}{}'=-0.19\ V$$
$$NAD^++2H^++2e\longrightarrow NADH+H^+\quad E^{\ominus}{}'=-0.32\ V$$

根据 $\Delta G^{\ominus}{}'=-nF\Delta E^{\ominus}{}'$，计算其标准自由能变化：

$$\Delta G^{\ominus}{}'=-2\times 96.5\times[-0.19-(-0.32)]=-25.09\ （kJ/mol）$$

六、高能磷酸化合物

（一）高能磷酸化合物概述

生物体内有很多磷酸化合物，并不是所有的磷酸化合物都是高能化合物。例如，糖分解代谢的中间产物 6-磷酸葡萄糖、6-磷酸果糖、3-磷酸甘油等，其磷酸基团水解时，只能释放出较少的能量。生物体内还有一些为数不多的磷酸化合物，其磷酸基团水解时，能释放出大于 25 kJ 的自由能，称为高能磷酸化合物，它们在能量转换过程中占有重要地位。在这些高能磷酸化合物中的酸酐键，能释放大量自由能，这样的键称为高能键（high-energy bond），用符号"～"表示。注意生物化学中所说的高能键是指该键水解时具有较高的转移势能，释放出大量自由能，由于释放能量越多，该键就越不稳定，因此是指不稳定的键；而在物理化学上，高能键是指化学键的断裂时需要输入更多能量、更稳定、更不容易断裂的键。

表7-2列出了生物化学上一些重要的磷酸化合物水解反应的标准自由能变化。

表7-2 水解某些磷酸化合物的标准自由能变化 $\Delta G^{\ominus}{}'$

化合物	$\Delta G^{\ominus}{}'/(kJ/mol)$	化合物	$\Delta G^{\ominus}{}'/(kJ/mol)$
磷酸烯醇式丙酮酸	−61.9	磷酸精氨酸	−33.5
氨甲酰磷酸	−51.4	ATP（ADP+Pi）	−30.5
1，3-二磷酸甘油酸	−49.3	6-磷酸果糖	−15.9
磷酸肌酸	−43.1	6-磷酸葡萄糖	−13.8
乙酰磷酸	−42.3	3-磷酸甘油	−9.2

生物体内的高能化合物根据键型，可分为磷氧键型、磷氮键型、硫碳键型3种。

(1) 磷氧键型（—O～P）。

① 酰基磷酸类，如氨甲酰磷酸（carbamyl phosphate）。

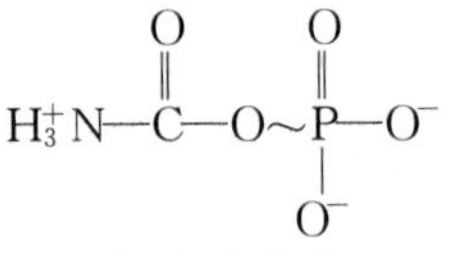

氨甲酰磷酸

② 烯醇式类，如磷酸烯醇式丙酮酸（phosphoenolpyruvate）。

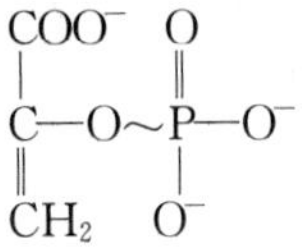

磷酸烯醇式丙酮酸

③ 焦磷酸类，如焦磷酸（pyrophosphate）。

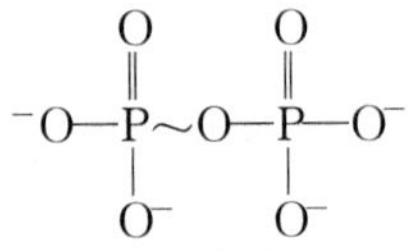

焦磷酸

(2) 磷氮键型（—N～P）。胍基磷酸类就是磷氮键型高能化合物，如磷酸肌酸（phosphocreatine 或 creatine phosphate）。

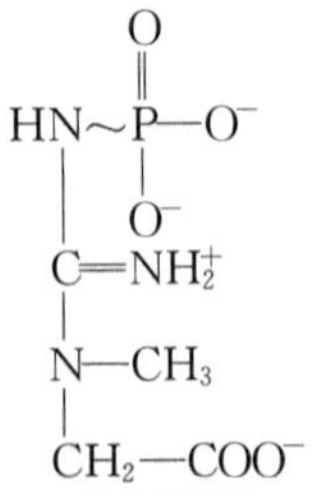

磷酸肌酸

(3) 硫碳键型（—C～S）。

① 甲硫键类，如S-腺苷甲硫氨酸（S-adenosyl methionine）。

$$COO^-$$
$$|$$
$$CH—NH_3^+$$
$$|$$
$$CH_2$$
$$|$$
$$CH_2$$
$$|$$
$$H_3C \sim S^+ —腺苷$$

S-腺苷甲硫氨酸

② 硫酯键类，如酰基辅酶 A（acyl coenzyme A）。

$$\overset{O}{\overset{\|}{R—C}} \sim SCoA$$

酰基辅酶 A

（二）ATP

腺嘌呤核苷三磷酸（adenosine triphosphate，ATP）是高能磷酸化合物的典型代表，常被称为生物体内的能量通币。它的结构如图 7-2 所示。1941 年生物化学家发现了 ATP 在生物系统中的重要换能作用。ATP 分子中以酸酐键相连的两个磷酸基团（β，γ）水解断裂时释放出的自由能分别是 -32.2 kJ/mol 和 -30.5 kJ/mol，因此 ATP 分子中有两个高能磷酸键。在活细胞内，放能反应与需能反应是偶联进行的，这种偶联通过 ATP 作为中间桥梁得以实现。当需要能量时，ATP 水解（ATP→ADP+Pi），为各种吸能反应直接提供自由能。同时，ATP 又可从放能反应（代谢物的分解）中获得再生（ADP + Pi → ATP），在活细胞的能量循环过程中起携带和传递能量的作用，成为细胞能量流通的货币。

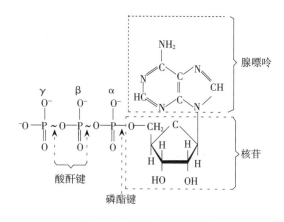

图 7-2　ATP 的分子结构

在表 7-2 中，ATP 处于磷酸基团转移势能的中间位置。ATP 并不是通过简单的水解作用将吸能反应和放能反应偶联起来的，而是通过磷酸基团的转移实现其对能量的传递。因为具有居中的磷酸基团转移势能，表 7-2 中 ATP 以上的磷酸化合物（如磷酸烯醇式丙酮酸）能将磷酸基团转移到 ADP 上生成 ATP，而 ATP 本身能将它的磷酸基团转移给位于它以下的化合物，生成相应的磷酸化合物（如 6-磷酸葡萄糖）。催化磷酸基团从 ATP 转移到适当受体分子上的酶称为激酶（kinases）。由此可以看出，在细胞内，超高能量的磷酸化合物必须通过 ATP 才能将它的磷酸基团转移至低能化合物。ATP 在细胞酶促磷酸基团的转移中是一个共同的中间体（图 7-3）。

ATP 在细胞内是能量传递的中间载体，但不是能量的贮存物质。脊椎动物肌肉和神经组织中的磷酸肌酸（phosphocreatine）和无脊椎动物的磷酸精氨酸（phosphoarginine）才是真正的能量贮存物质。磷酸肌酸在人类大脑中的含量是 ATP 的

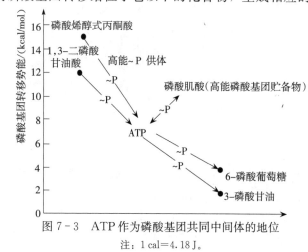

图 7-3　ATP 作为磷酸基团共同中间体的地位

注：1 cal=4.18 J。

1.5 倍，在肌肉中的含量是 ATP 的 5 倍。当它水解时，$\Delta G^{\ominus'} = -43.1$ kJ/mol，比 ATP 水解释放

更多的自由能。通过肌酸磷酸激酶（creatine phosphokinase，CPK）的催化，磷酸肌酸可以把磷酸基团转移到 ADP 上，生成 ATP，所以在肌肉短时间剧烈运动时，可以维持 ATP 的恒定。当细胞内 ATP 合成较多因而浓度很高时，ATP 的末端磷酸基团通过肌酸磷酸激酶的催化，转移到肌酸上，以磷酸肌酸的形式贮存起来。

$$
\begin{array}{c}
\text{COOH} \\
|\\
\text{CH}_2 \\
|\\
\text{N—CH}_3 + \text{ATP} \\
|\\
\text{C}=\text{NH} \\
|\\
\text{NH}_2 \\
\text{肌酸}
\end{array}
\xrightleftharpoons{\text{肌酸磷酸激酶}}
\begin{array}{c}
\text{COOH} \\
|\\
\text{CH}_2 \\
|\\
\text{N—CH}_3 \\
|\\
\text{C}=\text{NH} \quad + \text{ADP}\\
|\quad \text{O}\\
\text{N}\sim\text{P—OH} \\
|\quad|\\
\text{H} \quad \text{OH} \\
\text{磷酸肌酸}
\end{array}
$$

第二节　线粒体及其氧化体系

　　线粒体是真核生物重要的细胞器，是生物氧化的中心场所和产生 ATP 的动力装置。线粒体基质中含有丙酮酸氧化、脂肪酸氧化、磷酸甘油脱氢、氨基酸脱氢和三羧酸循环等主要氧化途径所需的各种酶体系和大量的转移穿梭系统，是耗氧的主要细胞器。

一、线粒体的结构和功能特点

　　线粒体外形类似动物的肾，典型哺乳动物线粒体的大小为 $0.2\sim1.5\ \mu m$，与大肠杆菌细胞的大小接近。真核细胞一般约含 2 000 个线粒体，肝细胞线粒体数可多达 5 000 个。线粒体是由双层膜围绕成的细胞器（图 7-4）。外膜蛋白质相对较少，具有较高的物质透过性，相对分子质量在 1 000以下的多种物质几乎都可自由透过。内膜则有极严格的选择透过性，富含蛋白质，是蛋白质含量最丰富的生物膜（达 80%），代谢底物、离子（包括质子）、大的极性分子必须通过内膜上特殊的跨膜转运蛋白才能完成跨内膜转运，这使得形成供 ATP 合成所需的跨膜质子梯度成为可能。

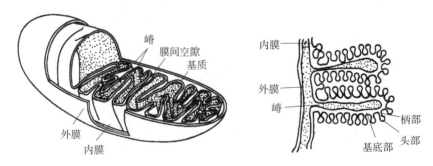

图 7-4　线粒体结构

　　线粒体内膜向内连续折叠，形成嵴，嵴的存在大大增加了内膜的面积，嵴上分布着许多排列规则的球状颗粒，带有细柄与嵴相连。与电子传递和氧化磷酸化过程密切相关的蛋白质和电子传递体一般都位于内膜和嵴上。内外膜之间有膜间空隙，与细胞质溶液相接触。内膜以内是线粒体胶状的基质，基质的体积和内部组成随着呼吸作用的进行不断发生变化。除琥珀酸脱氢酶复合体外，催化糖的有氧分解的三羧酸循环、脂肪酸氧化、氨基酸分解以及蛋白质合成等有关的酶分布在基质中。

　　线粒体的功能可以概括为 3 个方面：

（1）基质中（或内膜上）的三羧酸循环酶系、脂肪酸 β 氧化作用酶系以及谷氨酸脱氢酶等，催化丙酮酸以及脂肪酸氧化为 CO_2，同时使 NAD^+ 和 FAD 还原为 NADH 和 $FADH_2$。

（2）内膜上的电子传递链，将电子从 NADH 和 $FADH_2$ 进行传递，并形成跨膜质子梯度。

（3）内膜上的 ATP 合酶利用电子传递贮存于电化学质子梯度的能量合成 ATP。

二、呼吸链及其组成

（一）呼吸链的概念

呼吸链（respiratory chain）又称为电子传递链（electron transport chain），它是指生物氧化过程中，代谢物上的氢经一系列递氢体或电子传递体的依次传递，最后传给分子氧从而生成水的全部体系。在真核生物中，呼吸链有两种：一种为 NADH 呼吸链，另一种为 $FADH_2$ 呼吸链（图 7 - 5）。这是根据接受代谢物脱下来的氢的初始受体不同而区分的。多数代谢物脱下的氢，是经 NADH 呼吸链传递给氧的，糖类、脂肪和蛋白质三大物质分解代谢中的脱氢反应后的氧化过程，绝大部分是通过 NADH 呼吸链完成的。只有琥珀酸、脂酰辅酶 A 等少数代谢物脱下的氢是经 $FADH_2$ 呼吸链传递的。$NADP^+$ 一般不参与呼吸链的组成。

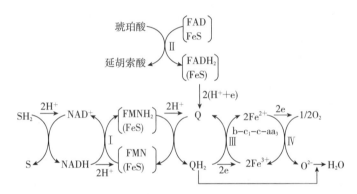

图 7 - 5　NADH 呼吸链和 $FADH_2$ 呼吸链

（二）呼吸链的组成

呼吸链主要由位于线粒体内膜上的几种蛋白质复合物构成，它们是 NADH - CoQ 还原酶（复合物Ⅰ）、琥珀酸 - CoQ 还原酶（复合物Ⅱ）、CoQ - 细胞色素 c 还原酶（复合物Ⅲ）和细胞色素氧化酶（复合物Ⅳ）。氢和电子从 NADH 到氧的传递是在这四个复合物的联合作用下进行的（图 7 - 6）。

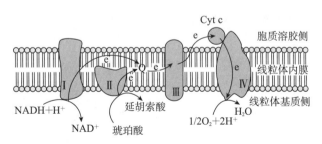

图 7 - 6　电子和质子在呼吸链复合物之间的流动

1. NADH - CoQ 还原酶（复合物Ⅰ）　复合物Ⅰ较为复杂，由 NADH 脱氢酶（一种以 FMN 为辅基的黄素蛋白）和一系列铁硫蛋白等成分组成。该酶的作用是先与 NADH 结合，并将 NADH 上的两个电子转移到 FMN 辅基上，使 NADH 被氧化，FMN 被还原。还原形成的 $FMNH_2$ 中的电子再通过铁硫蛋白传递到呼吸链的下一个传递体 CoQ，同时将 4 个质子从基质排至膜间空隙。FMN 的氧化型和还原型结构如图 7 - 7 所示。

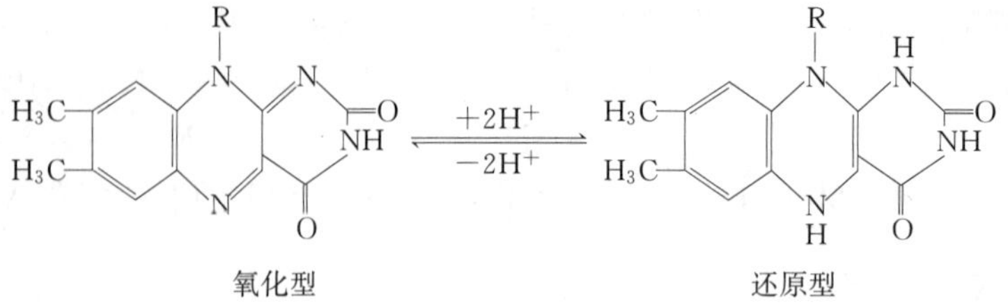

图 7-7 FMN 的氧化型和还原型结构

铁硫蛋白是线粒体内膜上与电子传递有关的非血红素铁蛋白，种类多样，结构复杂，分子中含非卟啉铁和对酸不稳定的硫，其作用是借铁的价态改变来传递电子。它在接受电子时由 Fe^{3+} 状态变为 Fe^{2+} 状态，当电子转移到其他电子载体时，又恢复其 Fe^{3+} 状态。另外，电子从琥珀酸到 CoQ 以及从 CoQ 到细胞色素 c 的传递都涉及铁硫蛋白组分（图 7-8）。

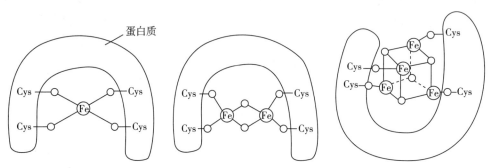

图 7-8　3 种类型铁硫蛋白的铁硫中心

CoQ 是一种脂溶性醌，又称为泛醌。由于它的非极性性质，可以在内膜中迅速移动，可以结合到内膜上，也可以游离状态存在，是呼吸链中唯一的非蛋白质氧化还原载体。CoQ 可接受 NADH-CoQ 还原酶、琥珀酸-CoQ 还原酶、脂酰辅酶 A 脱氢酶以及其他黄素酶类脱下的氢和电子，在电子传递链中处于中心地位，作为一种特殊灵活的载体起重要作用。

不同的 CoQ 主要差异是侧链异戊二烯的数目不同，人类的 CoQ 具有 10 个异戊二烯构成的侧链。CoQ 和 FMN 都是 NADH-CoQ 还原酶的辅酶，和 FMN 一样，都有稳定的半醌形式（图 7-9），

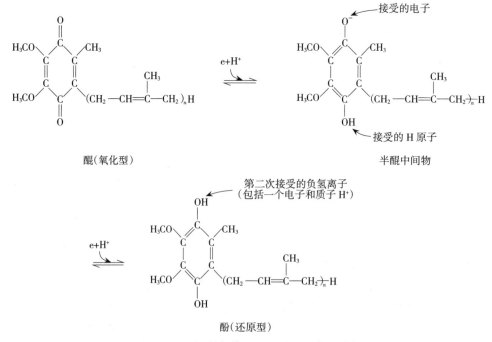

图 7-9　CoQ 的氧化型、还原型及半醌形式

都能够接受或给出一个或两个电子而发挥电子传递体的作用。

2. 琥珀酸-CoQ还原酶（复合物Ⅱ） 复合物Ⅱ比较简单，催化电子从琥珀酸向CoQ转移。该复合物含有三羧酸循环中的琥珀酸脱氢酶，FAD作为该酶的辅基。当三羧酸循环进行时，琥珀酸脱氢酶催化琥珀酸脱氢转变成延胡索酸，FAD接受氢还原成$FADH_2$。$FADH_2$的电子立即转移至铁硫蛋白，后者再将电子传递给CoQ。

3. CoQ-细胞色素c还原酶（复合物Ⅲ） 复合物Ⅲ催化电子从CoQ向细胞色素c传递。该复合物包括细胞色素b、细胞色素c_1和铁硫蛋白。

细胞色素是一类含有血红素（heme）辅基的电子传递蛋白质的总称，细胞色素这一名称是因为血红素显红色或褐色而得名。在呼吸链中，细胞色素依靠铁的价态变化来传递电子，每分子只能传递一个电子，是单电子传递体。

根据所含辅基还原状态时吸收光谱的差异，可将细胞色素分为若干种类。在哺乳动物线粒体电子传递链中，至少存在细胞色素b、细胞色素c、细胞色素c_1、细胞色素a和细胞色素a_3 5种。不同种类的细胞色素的辅基结构及与蛋白质连接的方式是不同的（图7-10）。细胞色素b、细胞色素c和细胞色素c_1的辅基是铁原卟啉，与血红蛋白和肌红蛋白相同。在细胞色素b中，血红素是以非

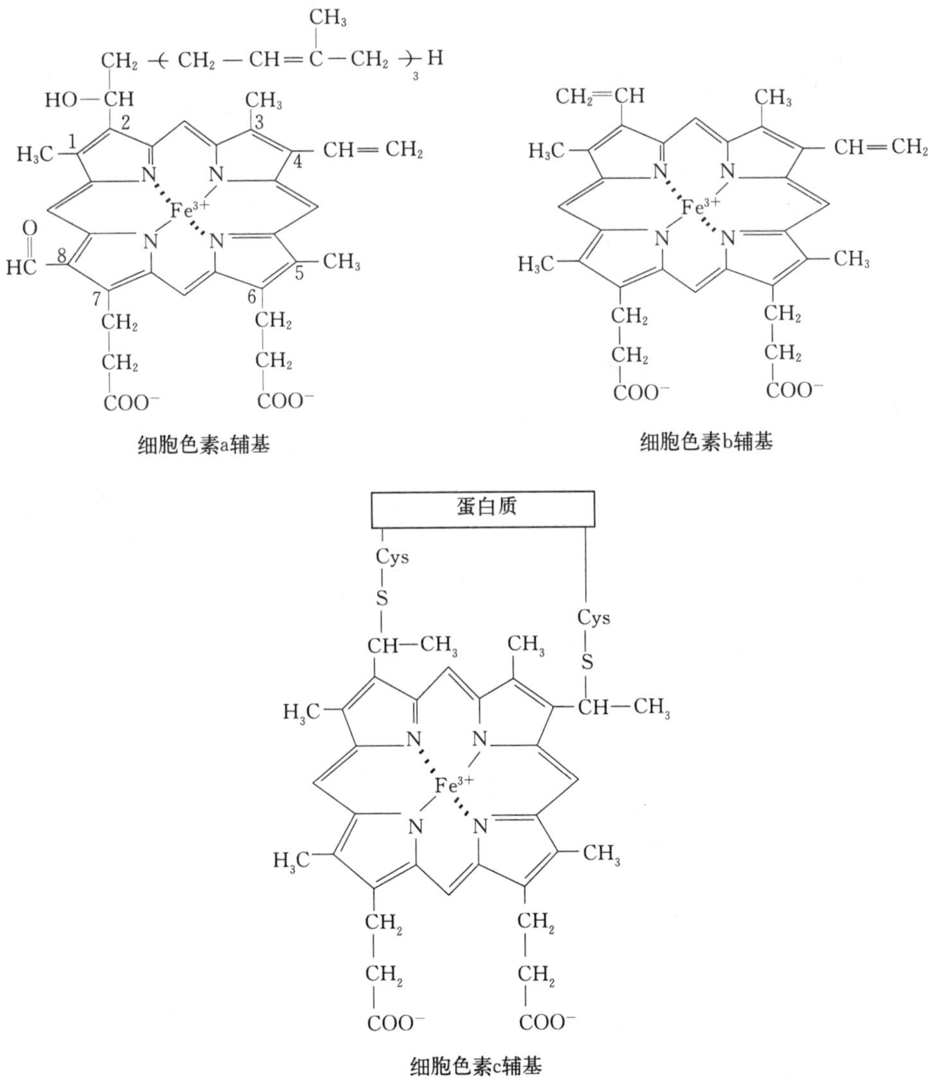

细胞色素a辅基

细胞色素b辅基

细胞色素c辅基

图7-10 细胞色素的辅基结构

共价键的方式与蛋白质多肽链相连，而细胞色素 c 和细胞色素 c_1 的血红素则以共价键方式与蛋白质相连。细胞色素 a 和细胞色素 a_3 的辅基是血红素 A，其卟啉环上的一个甲基被甲酰基取代，一个乙烯基被一个类异戊二烯基取代。

线粒体中的细胞色素绝大多数是完全的膜结合蛋白，与内膜紧密结合。只有细胞色素 c 结合较松，易于分离纯化，结构较清楚。细胞色素 c 在水中可溶，是一种膜周蛋白，位于内膜外（膜间隙）表面，这种特性允许它在电子传递链的两个复合物之间起传递电子的联系作用。

4. 细胞色素 c 氧化酶（复合物Ⅳ） 这是一个含有细胞色素 a 和细胞色素 a_3 的跨膜蛋白，是呼吸链的末端氧化酶。在已知的细胞色素中，只有细胞色素 a_3 可以直接以氧分子作为电子和质子受体。它是催化氢与氧结合生成水的氧化酶。但细胞色素 a_3 常与细胞色素 a 结合在一起，未能分开，故统称该复合物 aa_3 为细胞色素 c 氧化酶。它通过把从细胞色素 c 得到的电子传递给氧分子，使氧激活并与质子结合生成水，所以又称为细胞色素 c 氧化酶。由于它处于电子传递链的最末端，故又称为末端氧化酶（terminal oxidase）。它不仅含有铁，还含有两个铜原子。铜原子和铁原子一样，能进行电子传递，其价态变化是：

$$Cu^+ \underset{+e}{\overset{-e}{\rightleftharpoons}} Cu^{2+}$$

细胞色素 a_3 中的铁原子只形成 5 个配位键，还有一个剩余的配位键。因此细胞色素氧化酶易与 N_2、CO 或 CN^- 结合而丧失活性。

（三）呼吸链中各组分的排列顺序

在呼吸链中，各种电子载体在内膜结构上有着严格的组织顺序和定位，电子的传递不能反向和越级传递。目前普遍接受的呼吸链各组分的排列顺序如图 7 - 11 所示。

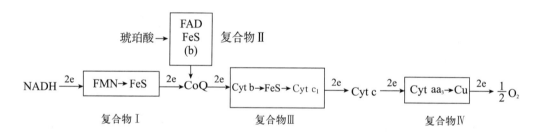

图 7 - 11 呼吸链中各组分的排列顺序

确定呼吸链各组分排列顺序的依据来自以下几个方面：

第一，测定呼吸链各组分的标准氧化还原电位（表 7 - 3）。呼吸链各组分在链上的定位次序与其得失电子趋势的强弱有关，电子总是从低氧化还原电位向高氧化还原电位流动，标准氧化还原电位 $E^{\ominus}{}'$ 的数值越小，表明供电子的倾向越大，越易成为还原剂而处在呼吸链的前端。因此 $E^{\ominus}{}'$ 值决定了呼吸链各组分的排列顺序。

表 7 - 3 电子传递链中各组分标准氧化还原电位 $E^{\ominus}{}'$

氧化还原体系（半反应）	$E^{\ominus}{}'/V$
$\frac{1}{2}O_2 + 2H^+ + 2e \longrightarrow H_2O$	+0.82
Cyt aa_3 (Fe^{2+}) $+e \longrightarrow$ Cyt aa_3 (Fe^{3+})	+0.55
Cyt c (Fe^{3+}) $+e \longrightarrow$ Cyt c (Fe^{2+})	+0.25
Cyt c_1 (Fe^{3+}) $+e \longrightarrow$ Cyt c_1 (Fe^{2+})	+0.23
Cyt b (Fe^{3+}) $+e \longrightarrow$ Cyt b (Fe^{2+})	+0.07

（续）

氧化还原体系（半反应）	$E^{\ominus}{}'/\text{V}$
$CoQ+2H^++2e \longrightarrow CoQH_2$	$+0.04$
$FAD+2H^++2e \longrightarrow FADH_2$	$+0.06$
$FMN+2H^++2e \longrightarrow FMNH_2$	-0.30
$NAD^++2H^++2e \longrightarrow NADH+H^+$	-0.32
$NADP^++2H^++2e \longrightarrow NADPH+H^+$	-0.32
$2H^++2e \longrightarrow H_2$	-0.41

第二，通过分光光度法来观察各组分的氧化还原状态。这是利用了呼吸链组分得失电子后光谱发生改变的特性。如氧化型的 NAD^+ 吸收峰在 260 nm，而当接受氢还原后变成 NADH 时，则会出现 340 nm 的新的吸收峰。再如细胞色素类，在还原状态时具有一个特殊吸收光谱，而失去电子氧化后该特殊吸收光谱则会消失。

第三，是来自特异性电子传递抑制剂的研究。一切能够阻断呼吸链中某一部位电子传递的物质，统称为电子传递抑制剂，其为研究呼吸链上电子传递体的顺序提供了有价值的信息。抑制剂阻断的结果是，在阻断部位以前的电子传递体都处于还原状态，而在阻断部位之后的电子传递体，都呈氧化状态。因此，采用不同的抑制剂，可阻断不同部位的电子传递，通过分析不同阻断情况下呼吸链各组分的氧化还原状态，就可以推断出各组分的排列顺序。

重要的电子传递抑制剂如下：

① 鱼藤酮。这是一种极毒的植物来源的杀虫剂，可阻断 NADH 至 CoQ 之间的电子传递。作用部位相同的抑制剂还有安密妥（amytal）、杀粉蝶菌素 A（piericidin A）等。

② 抗霉素 A。抑制呼吸链中细胞色素 b 与细胞色素 c_1 之间的电子传递。

③ 氰化物、叠氮化物、CO 和 H_2S。这些抑制剂作用于呼吸链中细胞色素 aa_3 至 O_2 的阶段，也就是抑制复合物Ⅳ中的电子传递。

第三节　氧化磷酸化

一、氧化磷酸化的概念

体内 ATP 是由 ADP 磷酸化而来的，驱动 ADP 磷酸化生成 ATP 的方式有两种：底物水平磷酸化和氧化磷酸化。

底物水平磷酸化是指代谢物质分解过程中，某些反应步骤使得分子内部能量重新分布，形成高能化合物，再通过酶的作用促使其将能量转给 ADP 生成 ATP 的过程。

$$M\sim P+ADP \longrightarrow ATP+M$$

例如，糖酵解过程形成的高能磷酸化合物 1，3 -二磷酸甘油酸和磷酸烯醇式丙酮酸将能量转移给 ADP 从而形成 ATP 的方式，以及三羧酸循环中高能硫酯键化合物琥珀酰 CoA 将能量转移给 GDP 合成 GTP，然后 GTP 再将磷酸基团转移给 ADP 合成 ATP 的方式，都属于底物水平磷酸化。底物水平磷酸化的能量来源于底物分子中能量的重新分布，与氧的存在与否无关。底物水平磷酸化形成 ATP 在体内所占比例很小，虽然不是机体生成 ATP 的主要方式，但是作为机体缺氧或无氧条件下的紧急产能手段，具有十分重要的意义。

氧化磷酸化是需氧生物体内 ATP 形成的主要方式，是指电子从被氧化的底物传递到氧的过程中所释放出的自由能推动 ADP 磷酸化合成 ATP 的过程。因此氧化磷酸化又称为电子传递磷酸化。

二、氧化磷酸化的偶联部位

(一) 磷氧比（P/O）与 ATP 合成

磷氧比（P/O）是指每消耗 1 mol 氧所消耗无机磷酸的物质的量，或者每对电子经呼吸链传递给氧时所生成 ATP 的物质的量。测定离体线粒体进行物质氧化时的 P/O 值，是研究氧化磷酸化的常用方法。在氧化磷酸化过程中，无机磷酸是由于 ADP 磷酸化生成 ATP 而消耗的，所以以无机磷酸的数目可间接反映 ATP 的生成数。如线粒体离体实验中，β羟丁酸氧化脱下的两个氢，是通过 NADH 进入呼吸链传递给氧生成水，测得 P/O 值接近 3，即可生成 3 分子 ATP。琥珀酸氧化时，测得 P/O 值接近 2，即可生成 2 分子 ATP。这表明 NADH 呼吸链中有 3 个不连续的 ATP 形成部位，$FADH_2$ 呼吸链有 2 个不连续的 ATP 形成部位。实验证明 P/O 值不一定是整数。由于近年来的研究结果对以往的理论有一些修正，因而有关电子传递时合成 ATP 的数目尚不能肯定。本书在讨论氧化磷酸化合成 ATP 的数目时，一律采用新的计算方法。即一对电子从 NADH 传递到 O_2，放出的能量可以推动合成 2.5 个 ATP；而一对电子从 $FADH_2$ 传递到 O_2，放出的能量可以推动合成 1.5 个 ATP。

(二) 呼吸链传递体氧化还原电位差与 ATP 合成

电子在传递体之间传递时，由于传递体之间具有氧化还原电位差而释放自由能。释放的自由能与 ATP 的形成有定量关系。传递体之间氧化还原电位差与电子自由能变化的关系可由以下公式计算：

$$\Delta G^{\ominus\prime} = -nF\Delta E^{\ominus\prime}$$

利用上式，电子在任何传递体之间的自由能变化 $\Delta G^{\ominus\prime}$（释放的自由能）都可由 $\Delta E^{\ominus\prime}$ 方便地计算出来。如：

① NADH $\longrightarrow$ FMN。

$$\begin{aligned}
\Delta G^{\ominus\prime} &= -nF\Delta E^{\ominus\prime} \\
&= -2 \times 96.5 \times [-0.03 - (-0.32)] \\
&= -55.6 \ (kJ/mol)
\end{aligned}$$

② Cyt b $\longrightarrow$ Cyt c。

$$\begin{aligned}
\Delta G^{\ominus\prime} &= -nF\Delta E^{\ominus\prime} \\
&= -2 \times 96.5 \times [+0.25 - (+0.05)] \\
&= -38.6 \ (kJ/mol)
\end{aligned}$$

③ Cyt aa_3 $\longrightarrow$ $\frac{1}{2}O_2$。

$$\begin{aligned}
\Delta G^{\ominus\prime} &= -nF\Delta E^{\ominus\prime} \\
&= -2 \times 96.5 \times [+0.82 - (+0.28)] \\
&= -104.22 \ (kJ/mol)
\end{aligned}$$

以上结果表明，一对电子经 NADH 呼吸链传递至氧，在 3 个部位均放出超过 30.5 kJ/mol 的自由能。已知由 ADP 磷酸化形成 ATP 约需能 30.5 kJ/mol，因此可确定此 3 个部位均足够提供生成 ATP 所需的能量。

如果代谢物脱下的氢和电子经 $FADH_2$ 呼吸链传递，因为不经过 NADH→FMN 阶段，就只有两个 ATP 生成部位（图 7 - 12）。

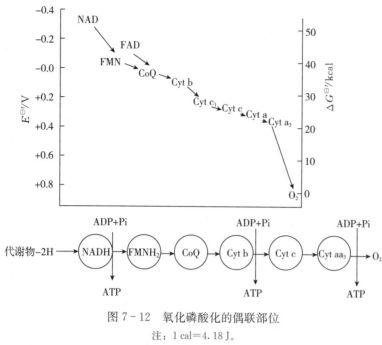

图 7-12 氧化磷酸化的偶联部位

注：1 cal＝4.18 J。

（引自张洪渊，2016）

三、氧化磷酸化的偶联机制

氧化磷酸化是体内 ATP 生成的主要方式，在这个过程中 ATP 生成与电子传递相偶联已不存在任何疑问。但电子究竟怎样在从一个中间载体到另一个中间载体的传递过程中促使 ADP 磷酸化，还存在争议。为了解释电子经呼吸链传递释放的能量到底是如何推动 ATP 的合成的，先后有 3 种假说，即化学偶联假说（chemical coupling hypothesis）、构象偶联假说（conformational coupling hypothesis）和化学渗透假说（chemiosmotic hypothesis）。

化学偶联假说是 E. Slater 于 1953 年提出的。他认为在电子传递中，生成了高能中间化合物，再由高能中间化合物裂解释放的能量推动 ATP 的生成。该假说与底物水平磷酸化非常相似，但在电子传递体系的氧化磷酸化中，至今未找到如上所说的高能中间化合物。

构象偶联假说是 P. Boyer 最先提出的。该假说认为电子沿呼吸链传递使线粒体内膜的蛋白质组分发生了构象变化，形成一种高能构象形式，这种高能构象形式通过 ATP 的合成而恢复原来的构象。支持该假说的证据来自对线粒体超微结构的研究，发现在 ATP 的合成过程中线粒体有不同形式的构象。但是该假说缺乏更有力的实验证据，还有待进一步证实。

目前广泛认可的是化学渗透假说，因为它得到越来越多的实验结果的支持和验证，是由 P. Mitchell 于 1961 年提出的，并于 1978 年获得诺贝尔化学奖。

（一）化学渗透假说

化学渗透假说可以解释许多关键的现象，得到许多实验证据。如氧化磷酸化作用的进行需要封闭的线粒体内膜存在，线粒体内膜对 H^+、OH^-、K^+ 和 Cl^- 等离子都是不透过的；在线粒体内膜两侧确实测出了 pH 和电位的差别，在封闭的线粒体内膜两侧人为造成 H^+ 梯度，可以合成 ATP，破坏 H^+ 浓度梯度的形成（用解偶联剂）必然影响 ATP 生成。

化学渗透假说的主要内容是：呼吸链上的电子在传递过程中释放的能量驱动 H^+ 从线粒体基质跨过内膜进入内膜与外膜之间的间隙，从而形成跨线粒体内膜的 H^+ 电化学梯度。这种电化学梯度转变为质子驱动力，能驱动 H^+ 返回线粒体基质。由于线粒体内膜对 H^+ 的不透过性，H^+ 只能通过 ATP 合酶上的特殊通道返回基质，ATP 合酶利用 H^+ 浓度梯度所释放的自由能，使 ADP 磷酸化形成 ATP。

呼吸链各组分组成 4 个复合体排列在线粒体内膜上，其中 CoQ 与 Cyt c 不参与复合体组成，CoQ 是分子较小的脂溶性物质，可在内膜中移动，Cyt c 存在于内膜外表面。复合体 Ⅰ、Ⅲ、Ⅳ 在传递电子过程中能同时将 H$^+$ 从线粒体基质侧运到膜间隙，故均具有质子泵作用。每个复合体能泵出的质子数目不是十分确定，但目前估计为每对电子从 NADH 传递到氧，大约有 10 个质子从线粒体基质侧转移至膜间隙（与化学渗透假说认为的 6 个质子不相符合），其中复合物Ⅰ和复合物Ⅲ可以分别将 4 个质子从基质侧泵出至膜间隙，复合物Ⅳ可以将 2 个质子从基质泵出膜间隙，复合物Ⅱ处则没有质子被泵出。

（二）ATP 合酶

ATP 合酶又称为质子泵 ATP 合酶（proton-pumping ATP synthase）、F_1F_0-ATP 酶（F_1F_0-ATPase）、复合物Ⅴ，是一种多亚基的跨膜蛋白，总相对分子质量为 4.5×10^5。该酶主要由两个单元组成，即 F_1 和 F_0。F_1 单元由 9 个亚基组成（$\alpha_3\beta_3\gamma\delta\epsilon$），负责催化 ATP 的合成。$F_0$ 单元由 3 种疏水亚基 a、b、c 组成，形成穿膜的质子通道。F_1 单元与嵌入膜内的 F_0 单元连接，形成面向线粒体基质侧的球状体（图 7-13）。

F_1 的 3 个 α 亚基和 3 个 β 亚基交替排列，形成花瓣样结构。γ 和 ε 亚基结合在一起位于 $\alpha_3\beta_3$ 的中央构成旋转的转子。3 个 β 亚基有与腺苷酸结合的部位，并有 3 种不同的构象。其中与 ATP 结合紧密的为 β-ATP 构象，与 ADP 和 Pi 结合较松弛的是 β-ADP 构象，与 ATP 结合力很弱的为 β 空构象。质子通过 F_0 质子通道时，转子旋转，β-ATP 构象变为 β 空构象释放 ATP。当 β-ADP 构象变为 β-ATP 构象时，ADP 与 Pi 结合形成 ATP（图 7-14）。

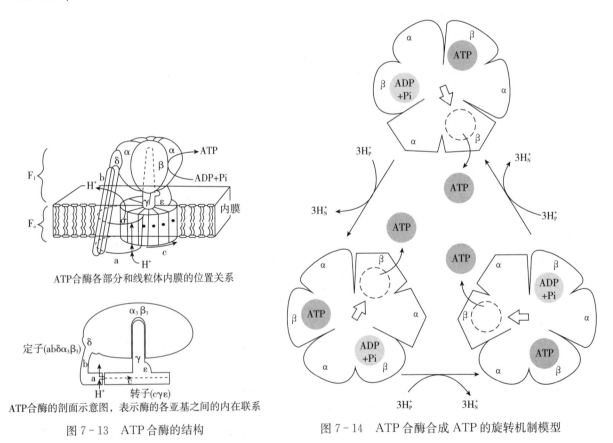

ATP合酶各部分和线粒体内膜的位置关系

ATP合酶的剖面示意图，表示酶的各亚基之间的内在联系

图 7-13　ATP 合酶的结构

图 7-14　ATP 合酶合成 ATP 的旋转机制模型

四、氧化磷酸化的调节

氧化磷酸化主要受细胞对能量需求的调节。总的来说，细胞处于能量富余状态时，ATP 的生

成受到抑制；ADP 浓度增加时，ATP 的合成加快。ADP 的浓度是细胞能量状况的一种量度。正常情况下，$\dfrac{[ATP]}{[ADP]\cdot[Pi]}$ 的值是很高的，表明 ADP 被充分磷酸化，ATP 处于较高水平，因此氧化磷酸化减慢；当细胞内吸能反应的速度加快，则 ATP 分解生成 ADP 和 Pi 速度增加，使该比值下降，促使氧化磷酸化加速。另外 $[NADH]/[NAD^+]$ 值高时，氧化磷酸化速度也加快。NADH（电子源）、O_2、ADP 和 Pi 共同组成氧化磷酸化的必要条件。

五、氧化磷酸化的解偶联和抑制

1. 氧化磷酸化的解偶联作用　正常情况下，呼吸链的电子传递和磷酸化作用是紧密偶联的。某些物质能将电子传递和磷酸化偶联过程脱离，这些物质就是解偶联剂（uncoupler）。2,4-二硝基苯酚（2,4-dinitrophenol，DNP）就是典型的解偶联剂，其基本作用机制是使呼吸链电子传递过程中泵出至膜间隙的 H^+ 不经 ATP 合酶的质子通道回流，而是被 2,4-二硝基苯酚结合，穿过内膜，返回到线粒体基质，从而破坏内膜两侧的电化学势，使 ATP 不能正常合成（图 7-15）。氧化磷酸化的解偶联作用在生理上有一定的意义。冬眠动物和人类新生儿体内的褐色脂肪组织含有大量线粒体，线粒体内膜上存在一种解偶联蛋白，质子通过解偶联蛋白返回基质，破坏质子梯度，使电子传递的能量不能完全用于合成 ATP，而是以热的形式散发以维持体温。

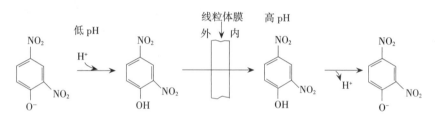

图 7-15　2,4-二硝基苯酚的作用机制

2. 电子传递抑制剂　前面提到的电子传递抑制剂可以阻断呼吸链电子的传递，如鱼藤酮、抗霉素 A、氰化物等，使电子传递不能进行。

3. 氧化磷酸化抑制剂　氧化磷酸化抑制剂是一些对电子传递和 ADP 磷酸化均有抑制作用的物质。例如，寡霉素可阻止质子从 ATP 合酶 F_0 通道回流，从而抑制 ATP 的合成。由于 ATP 合成受阻，电子传递也被阻断，所以同时抑制电子传递和氧的消耗。寡霉素等例子很好地证明了氧化与磷酸化的偶联。

六、线粒体外 NADH 的氧化磷酸化

线粒体是生物氧化的中心场所，但代谢物的氧化并不是每一步都在线粒体内进行。如糖酵解过程在胞质溶胶中进行，真核生物胞质溶胶中生成的 NADH 不能通过线粒体内膜进入线粒体内，必须通过特殊的穿梭机制才能进入线粒体。在线粒体内膜上存在一些转运物质的载体，是膜上的内嵌蛋白。具有相应载体的物质才能通过线粒体内膜，如二羧酸载体在内膜两侧转运苹果酸、琥珀酸、谷氨酸、天冬氨酸等二羧酸，三羧酸载体转运柠檬酸和异柠檬酸。没有相应载体的物质，必须通过穿梭作用才能实现内膜两侧的转运。

（一）3-磷酸甘油穿梭机制

已知有两种 3-磷酸甘油脱氢酶：线粒体外胞质溶胶中的 3-磷酸甘油脱氢酶（以 NAD$^+$ 为辅酶）和线粒体内的 3-磷酸甘油脱氢酶（以 FAD 为辅基）。胞质溶胶中代谢产生的 NADH 在 3-磷酸甘油脱氢酶的催化下将氢交给磷酸二羟丙酮，使之转变为 3-磷酸甘油；后者能自由进入线粒体，在线粒体内 3-磷酸甘油脱氢酶催化下脱氢又转变为磷酸二羟丙酮，再转移出线粒体，脱下的氢被该酶的辅基 FAD 接受而转变为 $FADH_2$，进入 $FADH_2$ 呼吸链彻底氧化（图 7-16）。

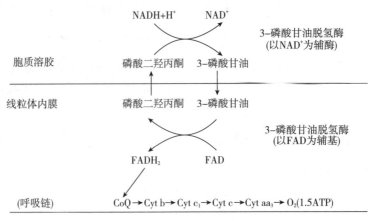

图 7-16 3-磷酸甘油穿梭途径

（二）苹果酸-天冬氨酸穿梭途径

与 3-磷酸甘油脱氢酶相似，线粒体内外都有苹果酸脱氢酶，而且辅酶相同，都是 NAD^+。胞质溶胶中的 NADH 在胞质溶胶苹果酸脱氢酶的催化下，由草酰乙酸接受氢而变为苹果酸，后者通过线粒体内膜上的载体进入线粒体内，在线粒体内的苹果酸脱氢酶催化下脱氢变成草酰乙酸，脱下的氢以 NADH 形式进入 NADH 呼吸链氧化。由于草酰乙酸不能穿过线粒体内膜，需要经转氨作用转变为天冬氨酸，才能通过线粒体内膜转移到胞质溶胶中（图 7-17）。

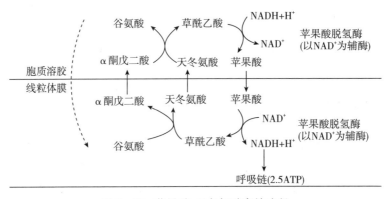

图 7-17 苹果酸-天冬氨酸穿梭途径

七、其他氧化体系

除线粒体外，细胞的微粒体和过氧化物酶体也是生物氧化的重要场所，其中的氧化酶类与线粒体中的不同，形成特殊的氧化体系，其特点是在氧化过程中不伴有氧化磷酸化，不能生成 ATP。

1. 微粒体氧化体系 多种进入机体的非营养物质（包括体内代谢产生的重要活性物质、毒素、药物）大多在微粒体中进行氧化，使水溶性增强，利于排出体外。因此该氧化体系是机体排出废物、毒物、异物的去毒灭活的重要过程。存在于微粒体中的氧化体系，主要包括单加氧酶（混合功能氧化酶或羟化酶）和双加氧酶。

2. 过氧化物酶体氧化体系 过氧化物酶体中含有多种酶（如催化 H_2O_2 生成和分解的酶），并能氧化多种底物（如氨基酸、脂肪酸等）。生物氧化过程中，呼吸链末端每分子氧必须接受 4 个电子才能完全还原，生成 $2O^{2-}$，再与 H^+ 结合成水。但是氧偶尔发生不完全还原，形成氧的自由基。一个电子使氧还原形成超氧化物负离子 O_2^-，两个电子使氧还原形成过氧化氢 H_2O_2，3 个电子使氧还原形成羟自由基·OH。不完全还原形式的氧反应性很强，称为活性氧，可使 DNA 氧化、修饰甚至断裂，可氧化蛋白质的巯基而改变蛋白质的功能，还可使细胞膜中的高度不饱和脂肪酸氧化生成过氧化脂质，导致生物膜损伤。因此，活性氧自由基对机体非常有害。机体清除活性氧自由基最主要的一种方式是通过超氧化物歧化酶、过氧化氢酶、过氧化物酶的作用，使其分解。

本章小结

生命活动需要能量，生物体内能量的吸收、转换和利用服从热力学定律。营养物质在生物体内氧的作用下，氧化分解生成 CO_2 和 H_2O 并释放能量的过程，称为生物氧化。生物体内氧化反应的类型有脱氢、脱电子、加氧等。生物氧化和物质在体外的氧化虽然本质相同，但生物氧化反应条件温和，在酶的催化下能量逐步释放并可以高能化合物的方式贮存。

对生物有机体所发生的各种生化反应来说，最重要的热力学函数是自由能。通过自由能变化可以判断反应能否自发进行、是吸能反应还是放能反应。

由于 ATP 的特殊结构和性质，ATP 在生物能量转换过程中起能量的携带和传递作用，是细胞能量流通的货币。物质氧化时释放的能量一般先合成 ATP，ATP 水解释放的能量可以直接驱动各种需能的生命活动。

细胞内氧化还原反应中通用的电子载体有 NAD^+、$NADP^+$、FAD、FMN、辅酶 Q、细胞色素和铁硫蛋白。典型的呼吸链有 NADH 呼吸链和 $FADH_2$ 呼吸链。呼吸链由 4 个多酶复合物组成：NADH-CoQ 还原酶、琥珀酸脱氢酶、细胞色素 bc_1 复合物和细胞色素 c 氧化酶。它们按氧化还原电位的高低依次排列，电子从高还原态载体 NADH 流向高氧化态的分子氧。氧化磷酸化是生物体内生成 ATP 的主要方式。氧化和 ADP 磷酸化偶联进行，即电子传递释放的能量用于 ATP 的合成。电子传递抑制剂和氧化磷酸化抑制剂都导致电子传递和 ATP 合成阻断。解偶联剂可使电子传递和磷酸化作用分离，电子传递被阻断，释放的能量以热的形式散发。

化学渗透假说从能量转化方面解答了氧化磷酸化的基本问题，电子传递过程中释放的能量将质子从线粒体基质排至膜间隙，导致线粒体膜内外形成跨膜质子浓度梯度，形成电化学梯度。当质子通过 ATP 合酶返回线粒体基质时，释放的能量用于合成 ATP。

线粒体外物质氧化产生的 NADH 需通过穿梭系统进入线粒体内氧化。细胞有两种穿梭系统运送线粒体外 NADH 进入线粒体：磷酸甘油酸穿梭系统和苹果酸-天冬氨酸穿梭系统。

复习思考题

一、名词解释

1. 生物氧化　2. 呼吸链　3. 氧化磷酸化　4. 底物水平磷酸化　5. 细胞色素氧化酶　6. P/O 值　7. 解偶联剂　8. 能荷

二、填空题

1. 生物氧化的中心场所是_____；真核生物的呼吸链位于_____的内膜上；哺乳动物的细胞色素分子都含有金属元素_____。

2. NADH 呼吸链中氧化磷酸化的偶联部位是_____、_____、_____。

3. 鱼藤酮、抗霉素 A、CO 等的抑制作用分别是抑制_____酶活性、_____酶活性和_____酶活性。

三、问答题

1. 生物氧化有何特点？物质在体内氧化和体外氧化有何异同？

2. 说明生物体内 H_2O、CO_2、ATP 是怎样生成的。

3. 氰化物为什么能引起细胞窒息死亡？

4. 简述化学渗透假说的主要内容。其最显著的特点是什么？

主要参考文献

陈钧辉，2015. 普通生物化学 [M].5 版 . 北京：高等教育出版社 .

黄熙泰，于自然，李翠凤，2012. 现代生物化学 [M].3 版 . 北京：化学工业出版社 .

欧伶，俞建瑛，金新根，2009. 应用生物化学 [M].2 版 . 北京：化学工业出版社 .

张楚富，2011. 生物化学原理 [M].2 版 . 高等教育出版社 .

张洪渊，2016. 生物化学教程 [M].3 版 . 成都：四川大学出版社 .

张丽萍，杨建雄，2015. 生物化学简明教程 [M].5 版 . 北京：高等教育出版社 .

张迺蘅，2000. 生物化学 [M].2 版 . 北京：北京医科大学出版社 .

周爱儒，2005. 生物化学 [M].6 版 . 北京：人民卫生出版社 .

朱圣庚，徐长法，2016. 生物化学：上册 [M].4 版 . 北京：高等教育出版社 .

Horton H R, Moran L A, Ochs R S, et al，2011. Principles of Biochemistry：3rd ed [M]. 影印版 . 北京：科学出版社 .

第八章

糖 类 代 谢

新陈代谢是生命的基本特征，是生物体生长、运动、繁殖等所有功能的基础。新陈代谢包括分解代谢（catabolism）和合成代谢（anabolism）两个方面。分解代谢是生物大分子的降解反应，合成代谢与分解代谢相反。它们都包括数百种不同的反应，是细胞内的一个复杂的体系。各种生物具有各自特异的新陈代谢类型。生物体内的糖类、脂质、蛋白质、核酸等物质代谢过程的上千种化学反应构成了错综复杂的反应网络。

糖类代谢是生物体内重要的代谢过程，通过糖代谢不仅为生物体提供能量，还为其他代谢过程如脂类代谢、蛋白质代谢、核酸代谢等提供前体物质。在糖类的代谢中形成的 ATP 和 NADPH 也可在这些代谢中起重要作用。

第一节　糖类概述

糖类是生物体内最重要的生物大分子之一，是多羟基的醛或酮及其聚合物和衍生物。它在自然界分布广泛，含量最多。糖类化合物根据它们的聚合度不同分为单糖、寡糖、多糖。单糖可由光合作用合成，由单糖可合成寡糖和多糖。寡糖和多糖可通过分解作用降解为单糖。糖类化合物有许多生物学功能。它不仅可作为结构组成物质，还可为一切生物体提供维持生命活动所需能量等。近年来，随着分子生物学的发展，人们逐步认识到，糖类是涉及生命活动本质的生物分子之一，糖与蛋白质结合形成糖蛋白，与脂类结合形成糖脂，是细胞膜上受体分子的重要组成部分，是细胞识别和信息传递等重要生物学功能的参与者。

一、糖类的分布、组成与定义

1. 分布　糖类是自然界分布广泛、地球上含量丰富的一类生物有机大分子。作为动物、植物等生物的重要组成成分之一，是生物体赖以生存的基本物质。它是绿色植物光合作用的主要产物，一般占植物干重的 $80\%\sim90\%$。植物种子中的淀粉，根、茎、叶中的纤维素，甘蔗和甜菜根部所含的蔗糖，水果中的葡萄糖和果糖，动物的肝和肌肉内的糖原，血液中的血糖，软骨和结缔组织中的黏多糖等，都属于糖类。

2. 组成与定义　在 19 世纪，人们发现所有已知的糖均由 C、H、O 3 种元素组成，而且其中的氢和氧的比例为 2∶1，故其分子式可用通式 $C_x(H_2O)_y$ 表示。因此，糖类物质也称为碳水化合物（carbohydrate）。但实际上，随着科学的发展，后来的事实证明，碳水化合物这个名称并不能确切反映所有糖类化合物结构上的特点。因为有些糖类化合物如鼠李糖（$C_6H_{12}O_5$）、脱氧核糖（$C_5H_{10}O_4$）等不符合上述通式，有些糖类物质结构中除 C、H、O 外还含有 N、S、P 等。有些化合物虽然符合上述通式但不属于糖类，如甲醛（CH_2O）、乙酸（$C_2H_4O_2$）、乳酸（$C_3H_6O_3$）等，且其结构和性质与糖类相差很大。1927 年，国际化学名词重审委员会曾建议用"糖族"代替"碳水化合物"。但因历史上沿用已久，故至今习惯上仍然常常用碳水化合物这个名词来表示糖类物质及其相关化合物。

从分子结构上看，糖类化合物的确切定义应是一类多羟基醛或多羟基酮，或是多羟基醛酮的聚合物及其衍生物。

二、糖类的功能

糖类物质具有重要的生物学功能，与人们的生活关系密切，如淀粉作为基本食物可提供生物体生命活动所需的能量，棉、麻中的纤维都是糖类化合物，水果、蜂蜜和人体内也有各种糖类化合物，而且各自发挥着重要的生理功能。糖类物质的生物学功能可概括为以下几点：

1. 作为能源 糖类化合物是生物细胞各种代谢活动重要的能源物质。生物细胞只能利用高能化合物（主要是 ATP）来满足生长发育等所需要的能量消耗，而 ATP 是糖类物质降解时通过氧化磷酸化作用形成的最重要的能量载体物质。植物的淀粉、动物的糖原都是能量的贮存形式。主要的单糖——葡萄糖在动物、植物和微生物代谢中占有中心地位，它可以形成高分子聚合物以淀粉和糖原的形式贮存在细胞内，通过生物氧化为细胞提供能量。每克葡萄糖约产热 16 kJ。

2. 为生物体内各种生物大分子的合成提供前体和碳架 糖类化合物在生物降解过程中除了能产生大量能量外，其分解过程中还能形成许多中间产物或前体物质。这些前体物质可为蛋白质、脂质、核酸的生物合成提供碳骨架或前体，从而在生命活动中扮演着关键角色。这些前体物质也可用于合成生物体内一些重要的次生代谢物质和抗性物质，如生物碱、黄酮类等物质，它们对提高植物的抗逆性起着重要的作用。

3. 作为细胞和组织的结构骨架 细胞中的结构物质许多都含有糖类，其含量为 $2\%\sim10\%$，主要以糖脂、糖蛋白和蛋白聚糖的形式存在，分布在细胞壁、细胞膜、细胞器膜、细胞质以及细胞间质中。如植物细胞壁等是由纤维素、半纤维素、果胶质、木质素等物质组成；壳多糖是 N-乙酰葡萄糖胺的同聚物，是昆虫、虾、蟹等外骨骼的结构物质；肽聚糖是细菌细胞壁的主要成分。

4. 参与细胞间和分子间的特异性识别过程 细胞是生物体的基本组成单位，种类繁多的细胞形成各种组织，所有细胞表面均覆盖着一层糖被。糖类常常和蛋白质、脂质构成共价化合物——糖蛋白和糖脂，参与细胞间和分子间的特异性识别和结合，如抗原和抗体、激素和受体、病原体和宿主细胞、蛋白质和抑制剂的特异识别及结合等。一些细胞的细胞膜表面含有糖分子或寡糖链，构成细胞的"天线"，参与细胞通信。酶、免疫球蛋白、载体蛋白、激素、毒素、凝集素等大多数蛋白质都是糖蛋白。细胞与细胞的相互黏附、相互识别、相互作用、相互制约与调控，均与糖蛋白的糖链有关。

5. 与血型决定簇有关 1900 年，奥地利医生 Landsteiner 首次提出 A、B、O 血型系统，之后人们又发现了许多血型决定簇，并发现血型差异是由血型抗原中寡糖结构差异引起的。

6. 多糖修饰后获得的修饰多糖具有抗病毒、抗凝血等活性 由于多糖上有多个羟基，易被多种基团修饰成修饰多糖。现已发现，修饰多糖具有多种生物活性。如人们发现硫酸葡聚糖或硫酸多糖衍生物不仅对一般病毒具有抑制作用，在体内还能起到抗肿瘤、抗凝血作用，还能在体外完全抑制人类获得性免疫缺陷病毒-1（HIV-1）的复制。

在生命活动过程中，糖作为能源物质和结构物质的作用早已被人们所熟悉。随着分子生物学和细胞生物学的飞速发展，糖的其他诸多生物学功能不断被认识。大量的研究表明，糖不仅可以多糖或游离寡糖的形式直接参与生命过程，而且可以作为糖复合物如糖蛋白、蛋白聚糖及糖脂等参与许多重要的生命活动。如糖蛋白的糖链在受精、生物发生、发育、分化、炎症与自身免疫疾病、癌细胞异常增殖及转移、病原体感染、植物与病原体相互作用、豆科植物与根瘤菌的共生过程中，都起到重要作用。多糖还具有络合多种微量元素的能力，如多糖半合成有机硒制剂，能对化疗所致骨髓毒性有明显的解毒作用。

三、糖类的分类

生物体中的糖类按其组成形式可分为 4 类，即单糖、寡糖、多糖及复合糖。

（一）单糖

1. 常见的单糖及其结构 单糖是糖类化合物中结构最简单的糖，是不能再被水解成更小分子的糖类，通常含 3～7 个碳原子。根据碳原子数目，单糖分为丙糖、丁糖、戊糖、己糖、庚糖。根据其结构特点又分为醛糖和酮糖，含手性碳原子。最简单的单糖为甘油醛和二羟丙酮。最重要的单糖为戊糖和己糖，它们在自然界中分布广泛，其中以葡萄糖数量最多。自然界中的戊糖和己糖都有两种不相同的结构，一种是链状结构，另一种是环状结构。两种结构可以相互转化。环状结构中如果是 C_1 与 C_5 上的羟基形成六元环，称为吡喃糖。如果是 C_1 与 C_4 上的羟基形成五元环，则称为呋喃糖。呋喃糖结构不如吡喃糖结构稳定。此处以葡萄糖为例说明单糖的链状结构和环状结构。

（1）葡萄糖的链状结构。早在 1880 年以前，生物化学家就已经测定出葡萄糖的分子式为 $C_6H_{12}O_6$，并测定出葡萄糖中存在醛基。

研究发现，存在于自然界的葡萄糖，其伯醇羟基相连的不对称碳原子 C_5 上的—OH 在右边，故为 D 构型，其他 4 个不对称碳原子的空间排布如图 8-1 所示。

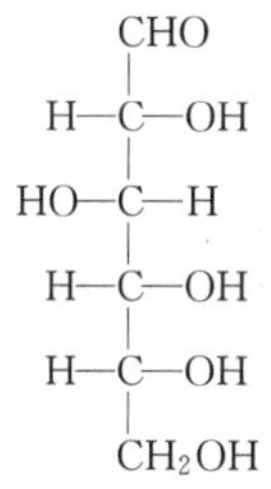

（2）葡萄糖的环状结构。单糖可使平面偏振光的偏振面发生旋转的性质称为旋光性。任何一种具旋光性的物质在一定条件下均可使偏振光的偏振面旋转一定角度，称为旋光度。旋转角度方向向左的称为左旋（－），向右的称为右旋（＋）。此种现象称为变旋现象。1846

图 8-1 D-葡萄糖的链状结构

年就有科学家观察到葡萄糖的变旋现象。D-葡萄糖能以两种结晶存在：一种是从乙醇溶液中析出的结晶，熔点为 146 ℃，比旋光度为＋112°；另一种是从吡啶中析出的结晶，熔点为 150 ℃，比旋光度为＋18.7°。将其中任何一种结晶溶于水后，其比旋光度都会逐渐变成＋52.7°，并保持恒定。这种现象无法用链状结构解释。于是，科学家推测葡萄糖可能是以其他结构存在的。

20 世纪 20～30 年代，科学家发现葡萄糖的环状结构是以 1,5-氧环式（六元环）为主。在溶液中，葡萄糖的链状结构与环状结构之间可以互相转变。葡萄糖的两种结构转变如图 8-2 所示。

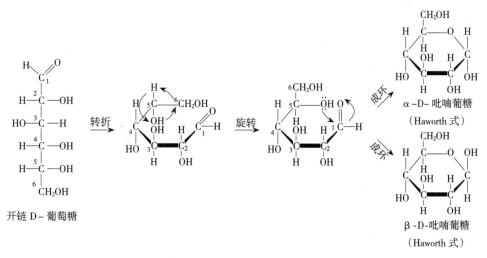

图 8-2 葡萄糖的链状结构与环状结构之间的互相转变

2. 常见的单糖衍生物　单糖衍生物是指单个单糖的羟基被其他基团取代形成的一系列糖衍生物。常见的单糖衍生物包括糖醇、糖醛酸、氨基糖、糖苷、糖脂、脱氧糖类等，这些化合物都是代谢的重要中间产物。

（1）糖醇。糖醇是糖分子内的醛基或酮基经还原后的产物。常见的糖醇有甘露醇、山梨醇、木糖醇，广泛分布在各种植物组织中，易溶于水和乙醇，较稳定。常用作点心的增甜剂。

（2）糖醛酸。单糖的伯醇基被氧化成羧基时生成糖醛酸。常见的有葡萄糖醛酸、半乳糖醛酸等。其中，葡萄糖醛酸可以以吡喃糖形式存在，它是肝内的一种解毒剂。

（3）氨基糖。糖分子中的羟基被氨基所取代，形成氨基糖或称糖胺，为碱性糖。D-氨基葡萄糖存在于甲壳质和黏液中。D-半乳糖胺是软骨的组成成分。

（4）糖苷。糖的半缩醛或半缩酮羟基与另一个含羟基的化合物失水可以生成缩醛或缩酮，称为糖苷。它们之间形成的化学键称为糖苷键。糖苷主要存在于植物的种子、叶子及皮肉组织中，大多有毒。常见的糖苷有皂角苷、苦杏仁苷、黄芩苷等，有重要的生物学作用。

（5）糖脂。单糖的羟基与磷酸或硫酸作用形成磷酸酯或硫酸酯，如1-磷酸葡萄糖等。

（6）脱氧糖类。单糖的一个或多个羟基被氢原子所取代形成的化合物称为脱氧糖。重要的脱氧糖主要有2-脱氧-D-核糖、L-鼠李糖、L-岩藻糖等。

（二）寡糖

寡糖是少数单糖（2～10个）通过糖苷键连接形成的聚合物。寡聚糖往往是指20个以下的单糖的缩合产物。因此，寡糖通常又称为低聚糖。自然界中最简单也是最重要的寡糖是二糖，如蔗糖、麦芽糖、异麦芽糖、乳糖、纤维二糖等。此外，还有三糖如棉子糖、龙胆三糖、松三糖等，四糖如水苏糖，五糖如毛蕊花糖等。寡糖常常与蛋白质或脂质结合，以糖蛋白或糖脂的形式存在。近年来，对寡糖的生物活性研究较多，主要表现在免疫调节、抗肿瘤、抗病毒、抗氧化、抗凝血、抗血栓、降血糖、降血脂等方面。寡糖还是生物体内重要的信息物质。下面主要对几种重要的二糖进行介绍。

1. 蔗糖　蔗糖（sucrose）是由一分子 α-D-葡萄糖的半缩醛羟基和一分子 β-D-果糖的半缩酮羟基通过 α-1，2-β 糖苷键脱水形成的（图 8-3）。蔗糖分子中不存在半缩醛羟基，所以无还原性，是非还原糖。蔗糖是植物贮藏、积累和运输糖分的主要形式，它主要存在于成熟的植物果实、叶片和茎等部位。蔗糖在甘蔗和甜菜中含量最多。

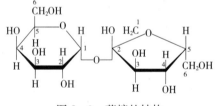

图 8-3　蔗糖的结构

2. 麦芽糖　麦芽糖（maltose）是由一分子 α-D-葡萄糖的半缩醛羟基与另一分子 α-D-葡萄糖的非半缩醛羟基通过 α-1，4 糖苷键失水缩合而成的产物（图 8-4）。由于麦芽糖分子中存在着游离的半缩醛羟基，因此麦芽糖是还原性糖，具有还原性。它广泛存在于发芽谷粒和麦芽中。

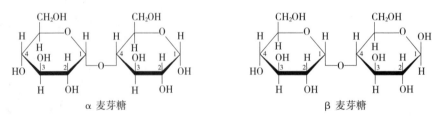

α 麦芽糖　　　　　　　　　　β 麦芽糖

图 8-4　麦芽糖的结构

3. 异麦芽糖　异麦芽糖（isomaltose）是由一分子 α-D-葡萄糖的半缩醛羟基与另一个葡萄糖的 C₆ 上的羟基通过 α-1，6 糖苷键相连而成的产物（图 8-5）。异麦芽糖广泛存在于大麦、小麦和马铃薯等植物性饲料中，极少以游离状态存在于自然界。

4. 乳糖 乳糖（lactose）是由一分子β-D-半乳糖和一分子α-D-葡萄糖通过β-1，4 糖苷键形成的二糖（图8-6）。乳糖具有还原性，是还原性糖。乳糖存在于哺乳动物的乳汁中，牛乳中含量为4%～6%，高等植物的花粉管及微生物中也含有少量的乳糖。

5. 纤维二糖 纤维二糖（cellobiose）是纤维素中重复的二糖单位（图8-7）。纤维素经纤维素酶降解可以释放出纤维二糖。纤维二糖与麦芽糖都是葡萄糖的二聚体，两者的区别主要在于糖苷键，前者是β-1，4 糖苷键，后者是α-1，4 糖苷键。

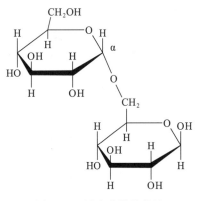

图8-5 异麦芽糖的结构

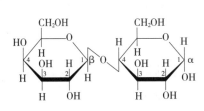

图8-6 α乳糖的结构

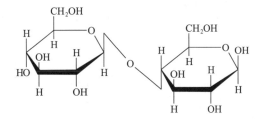

图8-7 纤维二糖的结构

（三）多糖

多糖是由多个单糖及单糖衍生物以糖苷键相连形成的高聚物。多糖在自然界分布非常广泛，植物的纤维素和淀粉、动物的糖原、昆虫和节肢动物的黏液、树胶、果胶等许多物质，都是由多糖组成的。

多糖属于非还原性糖，没有还原性和变旋现象，没有甜味，大多不溶于水。

按生物来源不同，多糖可分为植物多糖、动物多糖、微生物多糖。按单糖的组成不同，可分为同多糖和杂多糖。按多糖的形状不同，可分为直链多糖和支链多糖两种。按功能不同，可分为贮存多糖和结构多糖。下面主要介绍几种重要的同多糖。

同多糖（homopolysaccharide）是由相同的单糖构成的多糖，多作为能量的贮存形式和细胞结构组成成分。重要的有淀粉、糖原、纤维素、几丁质（壳多糖）、右旋糖酐等。

1. 淀粉 淀粉（starch）是由α-D-葡萄糖脱水而成的多糖，依结构不同分为直链淀粉和支链淀粉。淀粉主要存在于植物组织中，以种子、块根、块茎组织中含量最多，为白色不定形小颗粒。直链淀粉（amylase）又称为可溶性淀粉，是由 200～300 个α-D-葡萄糖以α-1，4 糖苷键相连形成的链状高聚物（图8-8），相对分子质量为 $1.0 \times 10^5 \sim 2.0 \times 10^6$。但直链淀粉的结构并非直线形，分子内氢键使链卷曲呈螺旋状。它含有一个非还原性末端和一个还原性末端。直链淀粉遇碘呈现蓝色。

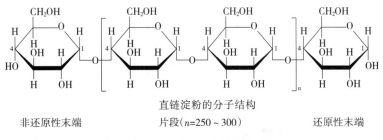

直链淀粉的分子结构

非还原性末端　　　　片段（n=250～300）　　　　还原性末端

图8-8 直链淀粉的结构

支链淀粉（amylopectin）是带有分支的淀粉（图8-9）。在支链淀粉中，除有α-1，4 糖苷键形成的糖链外，还有 α-1，6 糖苷键连接的分支处，这是形成分支的原因。支链淀粉的分子比直链淀粉要大。支链淀粉分支较多，支链淀粉的分支平均含有 20～30 个葡萄糖残基，各分支都卷曲成螺旋。支链淀粉由于它的分子中有许多暴露在外的羟基，所以容易溶于水，遇碘显紫红色。

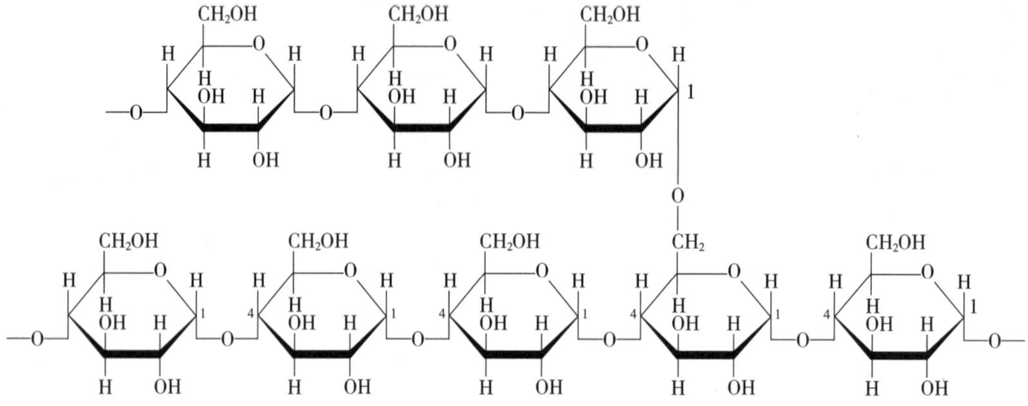

图 8-9 支链淀粉的结构

2. 糖原 糖原（glycogen）也称为动物淀粉，是动物体内贮存的一种重要多糖，在动物的肝和肌肉中含量最多。糖原是由 α-D-葡萄糖通过 α-1，4 糖苷键相连而成的多糖，其结构与支链淀粉相似，但分支比支链淀粉多。分支多使得糖原带有的非还原端多，从而被糖原磷酸化酶加速降解出葡萄糖，满足机体代谢需要。

糖原在干燥时为白色无定形粉末，有甜味，无臭。与碘作用呈棕红色，易溶于热水，不溶于乙醇。

3. 纤维素 纤维素（cellulose）是自然界中分布最广、含量最多的一种多糖，一般占自然界中有机物质的 50% 以上，在棉花组织中含量最高，高达 97%。纤维素是由 β-D-葡萄糖以 β-1，4 糖苷键连接而成的链状大分子（图 8-10），葡萄糖单位高达几千乃至上万。纤维素是植物细胞壁的主要组成成分，是植物中的结构多糖。纤维素不溶于水和有机溶剂。纤维素与淀粉的结构区别在于，在纤维素结构中不存在支链，而且纤维素水解比淀粉难。在纤维中，纤维素分子之间以氢键构成平行的微晶束，因此相当牢固。现已证实，人和哺乳动物体内由于没有纤维素酶，不能将纤维素水解成葡萄糖。但一些细菌、真菌和某些低等动物（昆虫、蜗牛）能将纤维素水解成葡萄糖。反刍动物（牛、羊、马）的消化系统中有能产生纤维素酶的微生物，因此可以消化纤维素。虽然纤维素不能作为人类的营养物，但必须肯定的是，人类食品中必须含纤维素，因为它可以促进肠胃蠕动，促进消化和排便。近年来有关研究还表明，食品中如果缺乏纤维素容易导致肠癌。

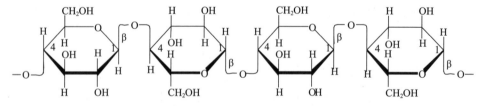

图 8-10 纤维素的结构

第二节 糖类的合成代谢

生物体内的单糖、寡糖和多糖可以相互转化，并在转化过程中形成各种各样的中间产物，为脂肪、蛋白质、核酸代谢提供原料，同时可放出能量，推动 ATP 的合成。

一、蔗糖的生物合成

蔗糖在植物界分布非常广泛，它是植物光合作用的主要产物，也是糖类物质在植物体中运输的主要形式，同时还是高等植物的主要贮存物质。蔗糖是非还原性糖。蔗糖的生物合成途径有 3 条：一是磷酸蔗糖合酶途径；二是蔗糖合酶途径；三是蔗糖磷酸化酶途径，该途径比较少见，目前只发现存在于微生物中。

（一）单糖的活化

在高等植物和动物体内，游离的单糖是不能参加寡糖和多糖及糖蛋白等复合糖的生物合成反应的。单糖首先必须经过活化成为活化糖形式才能成为寡糖和多糖及糖蛋白等复合糖的糖链延长反应中所需的糖供体。这种活化糖是一类糖核苷酸，也就是糖与核苷酸结合的化合物。1957 年，Luis Federico Leloir 最早发现糖核苷酸 UDPG，UDPG 的中文名称是尿苷二磷酸葡萄糖（uridine diphosphate glucose）。

之后，人们又相继发现了腺苷二磷酸葡萄糖（adenosine diphosphate glucose，ADPG）、尿苷二磷酸半乳糖（UDPGa）、胞苷二磷酸葡萄糖（CDPG）、鸟苷二磷酸葡萄糖（GDPG）、胸苷二磷酸葡萄糖（TDPG）等活化形式的糖，但以 UDPG 和 ADPG 最常见。研究发现，不同的寡糖和多糖合酶系对各种糖核苷酸的专一性有差异。如蔗糖合酶系、糖原合酶系均优先采用 UDPG，而淀粉合酶系优先采取 ADPG，纤维素合酶系则采用 GDPG 和 UDPG 等。

UDPG 和 ADPG 的结构见图 8 - 11。

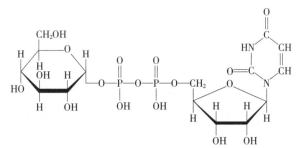

尿苷二磷酸葡萄糖（UDPG）

腺苷二磷酸葡萄糖（ADPG）

图 8 - 11　UDPG 和 ADPG 的结构

各种活化糖的生物合成是在不同的焦磷酸化酶催化下生成的。

（二）磷酸蔗糖合酶途径

该途径利用 UDPG 作为葡萄糖的供体，在磷酸蔗糖合酶（sucrose phosphate synthase）的催化下与 6-磷酸果糖反应，反应产物是 6-磷酸蔗糖，然后经磷酸蔗糖酶水解，生成蔗糖（图 8 - 12）。

该途径存在于植物细胞的细胞质中，由于磷酸蔗糖合酶的活性较强以及磷酸蔗糖酶的存在量很大，所以一般认为该途径是植物蔗糖生物合成的主要途径。磷酸蔗糖合酶为转移酶类。

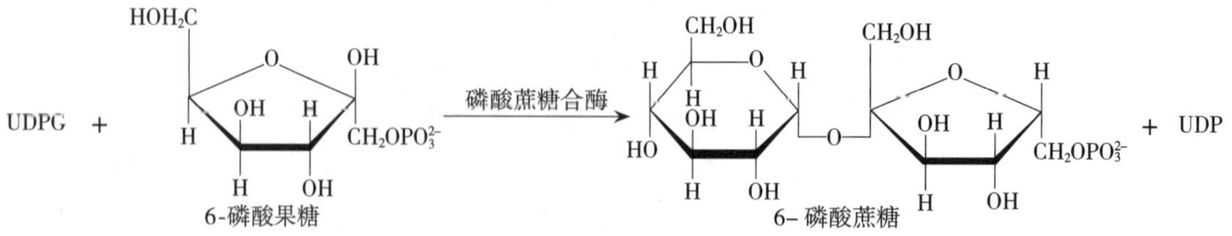

图 8-12　磷酸蔗糖合酶和磷酸蔗糖酶催化的蔗糖合成

（三）蔗糖合酶途径

在蔗糖合酶的催化下，UDPG 与果糖反应生成蔗糖（图 8-13）。蔗糖合酶（sucrose synthase）又称为 UDPG 转移酶（UDPG transferase），属于转移酶类，可催化糖基转移。它有两个同工酶，一般认为一个是用于催化蔗糖合成的，另外一个是催化蔗糖分解的。

玉米和绿豆中蔗糖合酶是一种具有 4 个相同亚基的寡聚酶，相对分子质量为 375 000。此后，在许多植物中也发现了该酶。

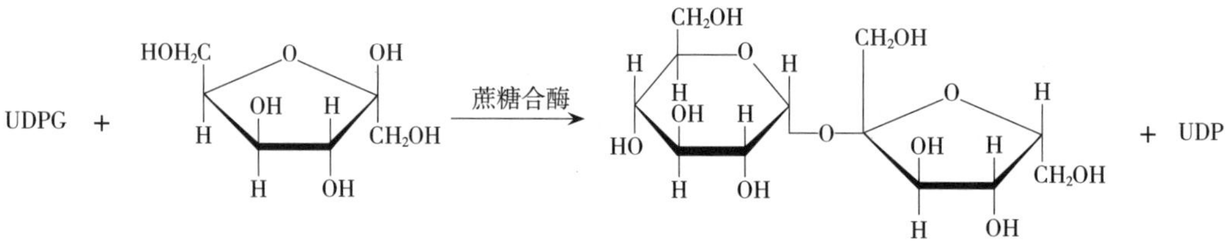

图 8-13　蔗糖合酶催化的蔗糖合成

二、淀粉的生物合成

淀粉是植物体内多糖贮存的主要形式。许多植物特别是谷类、豆类、薯类等作物的籽粒和贮藏组织中含有大量的淀粉。淀粉既是能量和碳架的贮存形式，也是较易动员的多糖，是种子萌发的物质基础。

（一）直链淀粉的生物合成

1. 淀粉磷酸化酶合成途径　1940 年，Hanes 最早从豌豆种子和马铃薯块茎中分离出淀粉磷酸化酶（amylophosphorylase）。该酶广泛存在于动物、植物、酵母菌和一些细菌中。淀粉磷酸化酶属于转移酶类，转移的基团是葡萄糖残基。它将葡萄糖磷酸化后形成的 1-磷酸葡萄糖上的葡萄糖残基转移到引物链的 C_4 非还原性末端羟基上（引物为 α-1，4-葡聚寡糖），并合成淀粉（图 8-14）。

图 8-14　淀粉磷酸化酶催化的淀粉合成

一般认为淀粉磷酸化酶不是直链淀粉合成的主要酶类。

2. 淀粉合酶合成途径　该途径是淀粉合成的主要途径。淀粉合酶（starch synthase）是直链淀粉延长中的主要酶类。它以 UDPG 或 ADPG 作为底物，将活化的葡萄糖残基转移到引物上，并合成淀粉（图 8-15）。引物的功能是糖基受体，引物分子为 α-1，4-葡聚寡糖（麦芽三糖或寡糖或直链淀粉）。

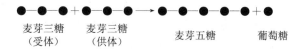

$$UDPG + （葡萄糖残基）_n \longrightarrow UDP + （葡萄糖残基）_{n+1}$$
$$ADPG + （葡萄糖残基）_n \longrightarrow ADP + （葡萄糖残基）_{n+1}$$

图 8-15 淀粉合酶催化的淀粉合成

3. D 酶合成途径 D 酶（D-enzyme）是指能将短片段糖链转移到另外一个具有 α-1，4 糖苷键的糖链上从而形成淀粉的酶。D 酶是一种糖苷转移酶，作用的键是 α-1，4 糖苷键。转移的基团主要是麦芽糖残基，催化的底物是葡萄糖或麦芽多糖，起着加成反应作用。D 酶的存在，有利于葡萄糖转变为麦芽多糖，为直链淀粉延长反应提供了必要的引物。D 酶主要存在于马铃薯和大豆中。D 酶催化的淀粉合成反应如图 8-16 所示。

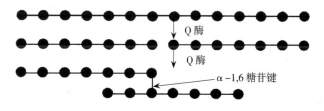

图 8-16 D 酶催化的淀粉合成

4. 蔗糖转化途径 蔗糖转化成淀粉主要是在多种酶如蔗糖合酶、变位酶、淀粉合酶、焦磷酸化酶等一些酶的催化作用下进行的（图 8-17）。微生物也能利用蔗糖（或麦芽糖）合成淀粉，如过黄奈氏球菌。

（二）支链淀粉的生物合成

支链淀粉含有 α-1，4 糖苷键和 α-1，6 糖苷键。支链淀粉分支点 α-1，6 糖苷键的形成需要一种称为 Q 酶的酶来完成。Q 酶（Q-enzyme）又称为淀粉分支酶，它能将直链淀粉的非还原性末端上 6~8 个葡萄糖残基切下，然后将其转移到直链淀粉上，与葡萄糖残基上的第 6 位碳原子上的羟基连接形成 α-1，6 糖苷键，从而使糖链分支，形成支链淀粉（图 8-18）。

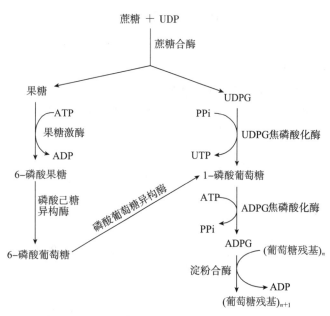

图 8-17 蔗糖转化为淀粉的一种途径

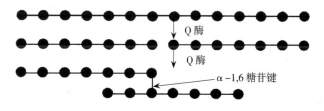

图 8-18 支链淀粉的生物合成

Q 酶具有双重功能，既能催化直链淀粉的 α-1，4 糖苷键的断裂，又能催化 α-1，6 糖苷键的连接，形成支链淀粉。

三、糖原的生物合成

糖原是动物体内的主要贮糖形式。动物肌肉和肝中的糖原合成与植物淀粉合成的机制相似，但动物有自身特殊的酶类——糖原合酶（glycogen synthase）。糖原合酶是延长糖原直链的酶，类似于淀粉合酶。糖原合酶连接的键是 α - 1，4 糖苷键，转移的基团是葡萄糖残基。另外，葡萄糖供体为 UDPG（植物和某些细菌为 ADPG）。引物可以有多种形式，可以是 4 个以上葡萄糖残基以 α - 1，4 糖苷键串联在生糖原蛋白上，也可以是有分支的糖原连接在生糖原蛋白上。

糖原蛋白（glycogenin）又称为糖原引物蛋白或糖原素，它具有自动催化的功能，相对分子质量为 37 000。单糖基的供体是 UDPG。第一个葡萄糖残基以共价键方式连接到生糖原蛋白的专一酪氨酸残基的酚基上。糖原蛋白逐个催化约 8 个葡萄糖残基以 α - 1，4 糖苷键连接成葡聚糖，形成糖原分子的核心。

糖原合酶是由 2 个相同的亚基组成的二聚体，每个亚基由 737 个氨基酸残基构成。

糖原分支的形成由糖原分支酶来完成。糖原分支酶（glycogen branching enzyme）又称为 1，4 → 1，6 转葡萄糖基酶（amylo - 1，4 → 1，6 - transglycosylase），它的作用有：对含有 11 个以上葡萄糖残基的葡聚糖进行切割，从非还原性末端约 7 个葡萄糖残基处切断 α - 1，4 糖苷键；将切下的寡糖片段向糖原核心附近转移；连接分支点的 α - 1，6 糖苷键。新的分支点与最近分支点相隔 4 个葡萄糖残基以上。

四、纤维素的生物合成

纤维素是植物细胞壁的主要成分。其分子是由葡萄糖残基以 β - 1，4 糖苷键连接组成的没有分支的葡聚糖。

纤维素的合成以糖核苷酸作为葡萄糖的供体。不同植物的糖核苷酸供体有所不同。玉米、绿豆、豌豆、茄子、棉花等植物中以 GDPG 作为糖核苷酸的供体。细菌中则只能利用 UDPG 合成纤维素。催化纤维素合成的酶是纤维素合酶（cellulose synthase）。纤维素的合成还需要一段由 β - 1，4 糖苷键连接的葡聚糖作为引物。纤维素的合成反应如图 8 - 19 所示。

$$UDPG + \underset{引物}{(\beta\text{ 葡萄糖})_n} \longrightarrow UDP + \underset{纤维素糖链}{(\beta\text{ 葡萄糖})_{n+1}}$$

$$GDPG + \underset{引物}{(\beta\text{ 葡萄糖})_n} \longrightarrow GDP + \underset{纤维素糖链}{(\beta\text{ 葡萄糖})_{n+1}}$$

图 8 - 19　纤维素的生物合成

第三节　糖类的分解代谢

糖类的分解代谢是指大分子糖如寡糖或多糖经酶催化降解成单糖——葡萄糖（果糖）后，在有氧条件下进一步降解，彻底氧化成 CO_2 和 H_2O，并释放能量推动 ATP 合成的过程。糖类的分解代谢与合成代谢一样，也是生物体内重要的一类代谢过程。通过糖类的分解代谢，不仅为机体的生命活动提供能量，还可为氨基酸、核苷酸、脂肪酸、类固醇的生物合成提供碳骨架等。

一、多糖的降解

（一）淀粉的酶促降解

淀粉可分为直链淀粉和支链淀粉。直链淀粉是由葡萄糖通过 α - 1，4 糖苷键相互连接组成的线性多糖，而支链淀粉是由葡萄糖通过 α - 1，4 糖苷键和 α - 1，6 糖苷键连接组成的有分支的多糖。淀粉进入生物体后，在淀粉酶的作用下，主要通过两种途径进行降解：一是水解途径，二是磷酸解途径。

1. 淀粉的水解途径　淀粉在淀粉酶作用下进行水解。参与淀粉水解的酶主要有 α 淀粉酶、β 淀粉酶、γ淀粉酶、R酶、麦芽糖酶。

（1）α淀粉酶。α淀粉酶（α-amylase）又称为液化酶（liquefying enzyme），是一种需要 Ca^{2+} 的金属酶。它广泛地存在于动物、植物和微生物中，是淀粉的内切酶。其作用方式是在淀粉分子内部随机切断（水解）α-1，4糖苷键。如果底物是直链淀粉，其水解产物是麦芽糖、麦芽三糖及低聚糖的混合物。如果底物是支链淀粉，则水解产物为麦芽糖、麦芽三糖和含有α-1，6糖苷键的极限糊精。

（2）β淀粉酶。β淀粉酶（β-amylase）又称为α-1，4-麦芽糖苷酶，为淀粉外切酶，也是水解淀粉分子中的α-1，4糖苷键。β淀粉酶属于巯基型酶类，主要存在于高等植物的种子中，大麦芽中含量较多。其作用方式比较特殊，只能专一地从淀粉的非还原性末端开始水解，依次切下两个葡萄糖单位（即一个麦芽糖单位）。β淀粉酶不能越过分支点水解内部的α-1，4糖苷键，如果遇到分支点，则在离分支点4个葡萄糖残基处停止作用，也不能水解α-1，6糖苷键。因此，如果底物是直链淀粉，其水解产物是β-D-麦芽糖。如果底物是支链淀粉，则水解产物为β-D-麦芽糖和极限糊精的混合物。

（3）γ淀粉酶。γ淀粉酶（γ-amylase）主要存在于人和动物中。它不仅能水解淀粉分子中的α-1，4糖苷键，也能水解α-1，6糖苷键。其作用方式是从淀粉非还原性末端开始依次切下葡萄糖残基。因此，无论是直链淀粉，还是支链淀粉，在此酶的作用下最终都转化成为葡萄糖分子。

（4）R酶。R酶（R-enzyme）又称为脱支酶（debranching enzyme），广泛存在于多种植物组织中，是专一水解α-1，6糖苷键的淀粉酶。它将支链淀粉的分支部切下来，产生直链淀粉，再由α淀粉酶和β淀粉酶共同作用彻底水解成葡萄糖。

（5）麦芽糖酶。麦芽糖酶水解麦芽糖和极限糊精中的α-1，4糖苷键，水解产物为葡萄糖。

2. 淀粉的磷酸解途径　淀粉的磷酸解途径是在淀粉磷酸化酶的催化下，淀粉的非还原性末端的葡萄糖残基与磷酸作用产生1-磷酸葡萄糖。之后，不断重复上述过程。产生的1-磷酸葡萄糖在磷酸葡萄糖变位酶的催化下转变成6-磷酸葡萄糖（图8-20）。6-磷酸葡萄糖再在磷酸葡萄糖酯酶的催化下脱去磷酸基，转变为葡萄糖。

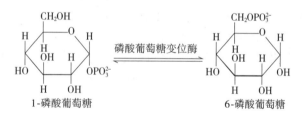

图8-20　1-磷酸葡萄糖转变为6-磷酸葡萄糖

（二）糖原的酶促降解

研究表明，脊椎动物中的大多数糖原贮存在肌细胞和肝细胞内。这两种细胞中的糖原降解过程相似。不过，糖原降解途径在这两个部位的作用不同。在肌肉组织中，糖原降解形成6-磷酸葡萄糖，然后通过糖酵解和三羧酸循环代谢。但是，在肝中，大多数6-磷酸葡萄糖都转变成为葡萄糖，然后，通过血液输送给其他细胞如脑细胞、红细胞和脂肪细胞等。

糖原也是由葡萄糖通过糖苷键连接组成的多糖，其结构与支链淀粉非常相似，所不同的只是糖原的分支程度更高，分支链更短。

糖原的酶促降解是在多种酶如糖原磷酸化酶、转移酶、磷酸葡萄糖变位酶、脱支酶、葡萄糖-6-磷酸酶等酶的共同作用下完成的（图8-21）。

1. 糖原磷酸化酶　糖原磷酸化酶（glycogen phosphorylase）是糖原酶促降解过程中的限速酶，主要存在于动物的肝和骨骼肌中。该酶有活性和非活性两种形式，分别称为糖原磷酸化酶a（活性形式）和糖原磷酸化酶b（非活性形式），两种形式在一定条件下可以相互转变。糖原磷酸化酶可

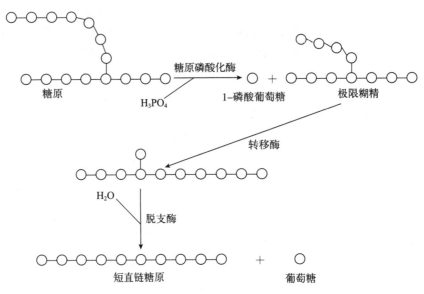

图 8-21 糖原的降解过程

以从糖原的非还原末端连续地进行磷酸解生成 1-磷酸葡萄糖，磷酸解直至距离 α-1，6 糖苷键的分支点还剩下 4 个葡萄糖单位的部位停止，剩下的底物称为极限糊精。

2. 转移酶 转移酶（transferase）又称为 1，4→1，4 葡萄糖转移酶，其主要作用是将连接于分支点上的 4 个葡萄糖残基的葡聚三糖转移至同一个分支点的另一个葡聚四糖链的末端，使分支点仅留下一个 α-1，6 糖苷键连接的葡萄糖残基。

3. 磷酸葡萄糖变位酶 磷酸葡萄糖变位酶（phosphoglucomutase）将糖原磷酸解中生成的 1-磷酸葡萄糖转换成 6-磷酸葡萄糖。然后，6-磷酸葡萄糖进入糖酵解途径进行分解。

4. 脱支酶 脱支酶（debranching enzyme）又称为去分支酶，为 α-1，6-糖苷酶，具有葡聚糖转移酶（glucan transferase）和淀粉-1，6-葡萄糖苷酶（amylo-1，6-glucosidase）两种催化活性。葡聚糖转移酶催化支链上的 3 个葡萄糖残基转移到糖原分子的一个游离末端上，形成一个新的 α-1，4 糖苷键。淀粉-1，6-葡萄糖苷酶则催化剩下的通过 α-1，6 糖苷键连接的 1 个葡萄糖残基水解，释放出 1 分子葡萄糖。脱支酶可特异性水解糖原的 α-1，6 糖苷键，切下糖原分支。

5. 葡萄糖-6-磷酸酶 在肝中，葡萄糖-6-磷酸酶催化 6-磷酸葡萄糖去磷酸生成糖原降解的最终产物——葡萄糖。

（三）纤维素的酶促降解

纤维素（cellulose）是一种结构多糖，是植物细胞壁结构物质的主要成分。纤维素是由 1 000～10 000 个 β-D-葡萄糖分子以 β-1，4 糖苷键连接而成的线性长链，没有分支。纤维素无色无味，不溶于水。

天然纤维素可被无机酸水解成葡萄糖。生物体内纤维素的酶促降解是在纤维素酶（cellulase）的催化下完成的。人和大多数哺乳动物体内不含纤维素酶，故不能分解纤维素。一些微生物（细菌、真菌、放线菌）、反刍动物瘤胃的共生细菌和真菌、原生动物（如蜗牛）能够产生纤维素酶及纤维二糖酶，因此，可以分解和消化纤维素。

纤维素的酶促降解过程如图 8-22 所示。

$$\text{纤维素} + n\text{H}_2\text{O} \xrightarrow{\text{纤维素酶}} n \text{ 纤维二糖} + \text{H}_2\text{O} \xrightarrow{\text{纤维二糖酶}} 2n \text{ β 葡萄糖}$$

图 8-22 纤维素的酶促降解过程

纤维素酶是参与纤维素水解的一类酶的总称，主要包括 C_1 酶、C_x 酶和 $\beta-1,4-$ 葡萄糖苷酶等。

二、寡糖的降解

（一）蔗糖的降解

蔗糖的降解主要通过蔗糖合酶和蔗糖酶催化进行。

1. 蔗糖合酶 蔗糖合酶（sucrose synthase）主要催化蔗糖与 UDP 反应生成果糖和尿苷二磷酸葡萄糖（UDPG）（图 8-23）。

$$蔗糖 + UDP \xrightarrow{\text{蔗糖合酶}} UDPG + 果糖$$

图 8-23 蔗糖合酶催化蔗糖的降解

2. 蔗糖酶 蔗糖酶（sucrase）又称为转化酶（invertase），广泛存在于植物、动物和微生物组织中，可催化蔗糖水解生成葡萄糖和果糖（图 8-24）。

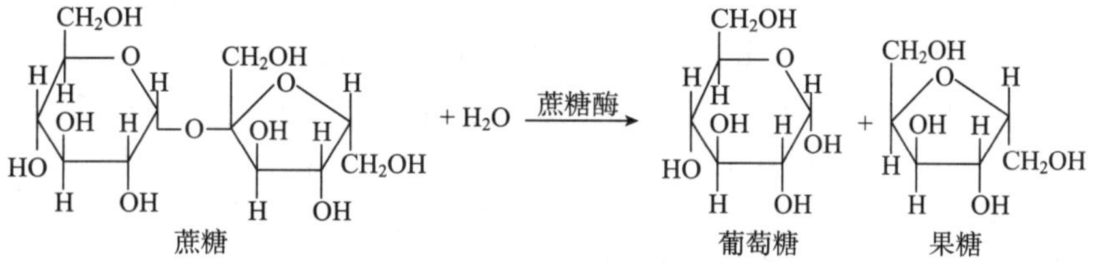

图 8-24 蔗糖酶催化蔗糖的降解

（二）乳糖的降解

乳糖的降解是在 β 半乳糖苷酶（galactosidase）的催化下进行的，产物是 $\beta-D-$ 半乳糖和 $\alpha-D-$ 葡萄糖（图 8-25）。

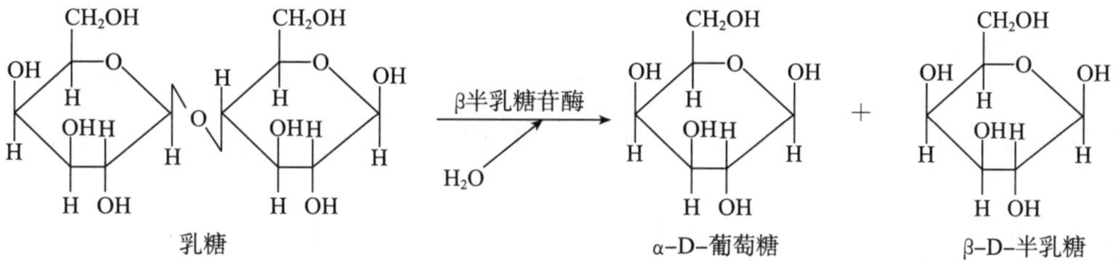

图 8-25 乳糖的降解

（三）麦芽糖的降解

麦芽糖的降解是在麦芽糖酶的作用下进行的，产物是 2 分子 $\alpha-D-$ 葡萄糖。在植物体内，麦芽糖酶常与淀粉酶同时存在。植物中还存在 α 葡萄糖苷酶，此酶也能催化麦芽糖的水解。麦芽糖的降解过程如图 8-26 所示。

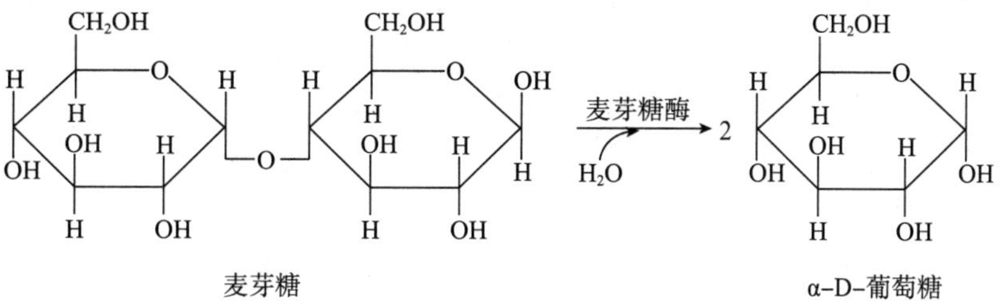

图 8-26 麦芽糖的降解

三、糖酵解

(一) 定义

糖酵解（glycolysis）是指在无氧条件下，经过一系列酶促反应将葡萄糖降解成丙酮酸并推动 ATP 合成的过程。糖酵解是葡萄糖代谢的主要途径。糖酵解（glycolysis）一词来源于古希腊语中的 glycos（sweet，甜的意思）和 lysis（splitting，分解或裂解的意思）。

糖酵解是动物、植物和微生物细胞中葡萄糖分解产生能量的共同代谢途径，是自然界中生物有机体获得能量的最原始、最古老的途径，也是第一个最早被阐明、被了解得非常清楚的代谢途径。事实上，在所有细胞中都存在着糖酵解途径。对于某些细胞如红细胞、精子等，糖酵解是其唯一生成 ATP 的途径。

(二) 研究历史

糖酵解过程的阐明最早源于对发酵作用的研究。1875 年，法国著名科学家 L. Pasteur 发现，在无氧条件下，葡萄糖可被酵母菌分解转化成乙醇和 CO_2。1897 年，德国科学家 Hans Buchner 和 Edward Buchner 兄弟发现了发酵作用可在不含细胞的酵母菌提取液中进行，从而开创了发酵作用研究的新纪元。1905—1910 年，Arthur Harden 和 William Young 发现酵解需要加入无机磷，生成 1，6 - 二磷酸果糖。如果没有无机磷，则会直接阻碍发酵作用的进行，并证明了酵母菌提取液透析后无发酵能力。Arthur Harden 和 William Young 进一步通过层析的方法，成功地将酵母菌的无细胞抽提液分离成两部分：一部分对热敏感，不能被透析，称为发酵酶；一部分对热稳定，能被透析，称为辅因子。发酵酶是酶的混合物，辅因子是辅酶、ATP、ADP 及金属离子。1940 年，Gustav Embden、Otto Meyerhof、Otto Warburg、J. K. Parnas 等人发现鸽子胸肌肉组织提取液也能完成与酵母菌发酵十分相似的代谢过程。他们正式提出了"糖酵解"这一概念，并在总结前人研究的基础上，阐明了糖酵解的全过程及代谢机制。由于 G. Embden 和 O. Meyerhof 及 Jacob Parnas 在阐明糖酵解这一途径中所做的突出贡献，为了纪念这三位科学家，糖酵解途径又被称为 Embden - Meyerhof - Parnas 途径（Embden - Meyerhof - Parnas pathway，EMP 途径）。

(三) 化学反应过程

糖酵解是一个不需氧的降解过程，这个过程在细胞质中进行。糖酵解的全过程从葡萄糖开始，经过一系列酶促反应，1 分子的葡萄糖分解成 2 分子的丙酮酸并形成 ATP。参与糖酵解各反应的酶也都存在于细胞质中。

糖酵解途径包括 10 步主要反应，分为两个阶段：第一个阶段是准备阶段，包括前 5 步反应，也称为消耗能量阶段，将 1 分子的葡萄糖（6 个碳原子）转化成 2 分子 3 - 磷酸甘油醛（3 个碳原子）；第二个阶段是产能阶段，包括后 5 步反应，将 3 - 磷酸甘油醛（3 个碳原子）转变成丙酮酸（也是 3 个碳原子）。糖酵解的整个反应过程和丙酮酸去向如图 8 - 27 所示。

糖酵解途径的两个反应阶段中，中间产物都以磷酸化的形式存在。这种存在方式具有重要的生理意义：其一，带有负电荷的磷酸基团使中间产物具有极性，从而使这些中间产物不易透过细胞膜而丢失，因此这也是细胞的一种保糖机制；其二，磷酸基团在各反应步骤中起到信号的作用，有利于与酶结合而被催化；其三，磷酸基团经过糖酵解后，最终形成 ATP 的末端磷酸基团，因此具有保存能量的作用。

1. 准备阶段 此阶段包括葡萄糖的活化和单糖的裂解反应，由 5 步反应组成。

（1）葡萄糖磷酸化生成 6 - 磷酸葡萄糖。葡萄糖在己糖激酶的催化下，由 ATP 提供磷酸基团，磷酸化生成 6 - 磷酸葡萄糖（图 8 - 28）。磷酸化的葡萄糖便于进一步参与代谢，并使进入细胞的葡萄糖不再渗出。该反应是耗能反应，是不可逆的。因此，也是糖酵解途径的第一个关键反应。该反应消耗 1 分子的 ATP。

己糖激酶（hexokinase）是从 ATP 转移磷酸基团到各种六碳糖上的酶，需要 Mg^{2+} 作为辅酶或激活剂。该酶是糖酵解过程中的第一个关键酶，也是第一个调节酶。它是 O. Meyerhof 在 1927 年首先发现的。己糖激酶以六碳糖为底物，专一性不强。现已发现己糖激酶有 4 种同工酶：Ⅰ型、Ⅱ型、Ⅲ型、Ⅳ型。Ⅰ型主要存在于脑和肾中；Ⅱ型主要存在于骨和心肌中；Ⅲ型主要存在于肝和肺中；Ⅳ型只存在于肝中。Ⅳ型己糖激酶又称为葡萄糖激酶（glucokinase，GK），是一种诱导酶。酵母菌的己糖激酶是个二聚体，而哺乳动物的己糖激酶则为单体，而且能被反应产物 6-磷酸葡萄糖所抑制。

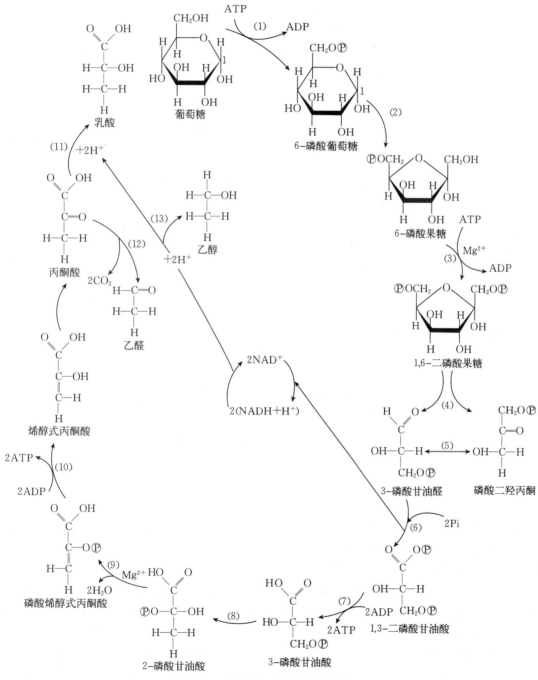

图 8-27　糖酵解生化过程和丙酮酸去向

（1）己糖激酶　（2）磷酸己糖异构酶　（3）磷酸果糖激酶Ⅰ　（4）醛缩酶　（5）磷酸丙糖异构酶
（6）3-磷酸甘油醛脱氢酶　（7）磷酸甘油酸激酶　（8）磷酸甘油酸变位酶　（9）烯醇化酶
（10）丙酮酸激酶　（11）乳酸脱氢酶　（12）丙酮酸脱羧酶　（13）乙醇脱氢酶

（2）6-磷酸葡萄糖异构化生成6-磷酸果糖。6-磷酸葡萄糖在磷酸己糖异构酶（glucose - 6 - phosphate isomerase）的催化下，异构化生成6-磷酸果糖，是糖酵解途径的第二步反应。这是磷酸己糖的同分异构化反应，使葡萄糖由醛式转变成酮式的果糖（图8-29）。此反应是可逆反应。

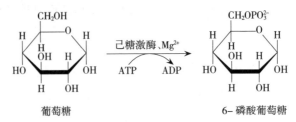

图8-28　葡萄糖磷酸化生成6-磷酸葡萄糖

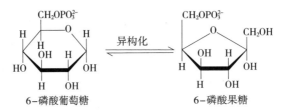

图8-29　6-磷酸葡萄糖异构化生成6-磷酸果糖

磷酸己糖异构酶具有绝对的立体专一性。哺乳动物的磷酸己糖异构酶为二聚体，需要Mg^{2+}作辅因子。

（3）6-磷酸果糖磷酸化成1,6-二磷酸果糖。6-磷酸果糖在磷酸果糖激酶Ⅰ的催化作用下，由ATP提供磷酸基团，磷酸化成1,6-二磷酸果糖（图8-30）。该反应是糖酵解途径的第二个限速（关键）反应，也是第二个不可逆反应。该反应消耗1分子的ATP。

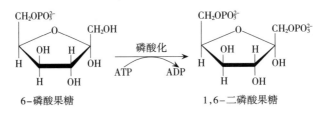

图8-30　6-磷酸果糖磷酸化成1,6-二磷酸果糖

磷酸果糖激酶Ⅰ（phosphofructokinase Ⅰ，PFK Ⅰ）是典型的变构酶和寡聚酶，需要Mg^{2+}作为辅因子。AMP、ADP、6-磷酸果糖、1,6-二磷酸果糖、Pi等是其激活剂。ATP、柠檬酸、长链脂肪酸、NADH等是其抑制剂。磷酸果糖激酶Ⅰ催化效率非常低，是糖酵解途径中最重要的调控酶。哺乳动物的磷酸果糖激酶是由4个亚基组成的四聚体，每个亚基的相对分子质量为78 000。在人和动物中已发现有3种同工酶（A、B、C型），A型存在于骨骼肌和心肌，B型存在于肝及红细胞，C型存在于脑组织中。

磷酸果糖激酶Ⅰ催化6-磷酸果糖转变成1,6-二磷酸果糖是糖酵解途径中最重要的调节步骤。

（4）1,6-二磷酸果糖进行裂解转变成磷酸二羟丙酮和3-磷酸甘油醛。1,6-二磷酸果糖在醛缩酶（aldolase）的催化下，C_3和C_4之间进行裂解转变成两个三碳糖：磷酸二羟丙酮和3-磷酸甘油醛。这一反应为可逆反应（图8-31）。

3-磷酸甘油醛进一步进行糖酵解反应，而磷酸二羟丙酮则可以作为3-磷酸甘油合成的前体物质，也可以转换成3-磷酸甘油醛进行糖酵解。

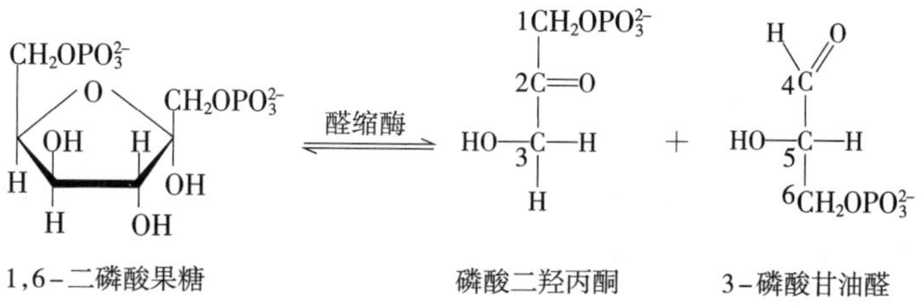

图 8-31 1,6-二磷酸果糖裂解转变成两个三碳糖

哺乳动物的醛缩酶是由 4 个亚基组成的多聚酶，为四聚体，相对分子质量为 160 000。在动物体中，醛缩酶有 3 种同工酶：肌肉型（A 型）、肝型（B 型）、脑型（C 型）。它们均不需要辅因子，但来自酵母菌和细菌的醛缩酶却需要 Fe^{2+}、Co^{2+} 和 Zn^{2+} 激活。

（5）磷酸二羟丙酮和 3-磷酸甘油醛的互变异构。1，6-二磷酸果糖裂解转变成磷酸二羟丙酮和 3-磷酸甘油醛，只有 3-磷酸甘油醛是糖酵解下一步反应的底物，所以磷酸二羟丙酮需要在磷酸丙糖异构酶（triose phosphate isomerase）的催化下转变成 3-磷酸甘油醛，才能进一步酵解。

磷酸二羟丙酮在磷酸丙糖异构酶的催化下转变成 3-磷酸甘油醛的过程如图 8-32 所示。虽然当反应达到平衡时，3-磷酸甘油醛只占 4%，而磷酸二羟丙酮占 96%，但由于 3-磷酸甘油醛不断进入分解代谢，不断被消耗，因此该反应向生成 3-磷酸甘油醛的方向进行。

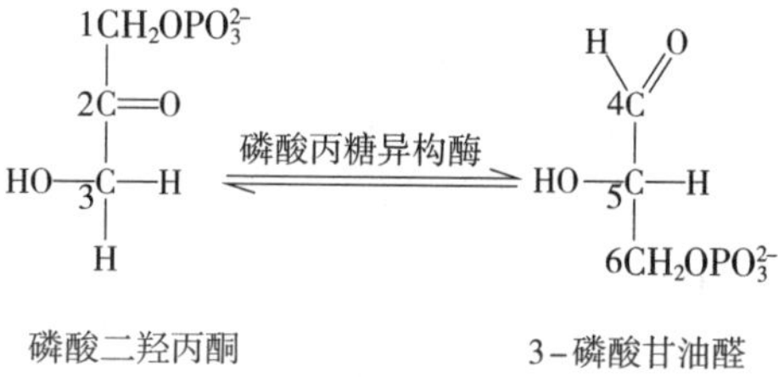

图 8-32 磷酸二羟丙酮和 3-磷酸甘油醛的互变异构

糖酵解进行到这一步，1 分子葡萄糖被裂解成 2 分子 3-磷酸甘油醛。

2. 产能阶段或丙酮酸生成阶段 此阶段有一步氧化反应和两步产能反应，包括糖酵解途径的最后 5 步反应。3-磷酸甘油醛最终生成丙酮酸，释放的能量可使 ADP 转变成 ATP。

（1）3-磷酸甘油醛氧化生成 1，3-二磷酸甘油酸。3-磷酸甘油醛在 3-磷酸甘油醛脱氢酶（glyceraldehyde-3-phosphate dehydrogenase）的催化下，脱氢氧化生成 1，3-二磷酸甘油酸（图 8-33）。此过程中底物脱下的氢被辅酶 I（NAD^+）接受，形成还原型辅酶 I（$NADH+H^+$）。该反应是可逆的，同时有 Pi 参与。

图 8-33 3-磷酸甘油醛氧化生成 1，3-二磷酸甘油酸

图 8-33 中的反应包括氧化反应和磷酸化反应，其中氧化反应在糖酵解途径中首次遇到。

哺乳动物的 3-磷酸甘油醛脱氢酶是由 4 个相同的亚基组成的四聚体，每个亚基的相对分子质量为 37 000。每个亚基都有一个与 NAD^+ 结合的位点，能独立参与催化作用。3-磷酸甘油醛脱氢酶是一种巯基酶，它的半胱氨酸残基上的—SH 是酶的活性中心，重金属离子和烷化剂如碘乙酸能抑制该酶的活性。

由于这一步反应中有 Pi 参与，而砷酸盐（AsO_3^{4-}）在结构和反应方面都与磷酸盐相似，无机砷酸可以取代无机磷酸作为 3-磷酸甘油醛脱氢酶的底物，所以砷酸盐可以与磷酸竞争性结合高能硫酯中间物，形成一个不稳定的、类似于 1，3-二磷酸甘油酸的 1-砷酸-3-磷酸甘油酸。该化合物一接触到水即自动水解，生成 3-磷酸甘油酸和无机砷酸，但没有磷酸化作用，不能形成 ATP，这是个非酶催化的过程。因此，砷酸盐能使上述反应中的氧化作用和磷酸化作用解偶联。

上述反应产物 1，3-二磷酸甘油酸是一种高能化合物，含有不稳定的高能磷酸键，该化合物上的高能磷酸基团可以伴随能量转移到 ADP 上，形成 ATP。

（2）1，3-二磷酸甘油酸转变成 3-磷酸甘油酸，并生成 ATP。1，3-二磷酸甘油酸在磷酸甘油酸激酶（phosphoglycerate kinase）催化下生成 3-磷酸甘油酸，并将磷酰基转给 ADP 生成 ATP（图 8-34）。此反应是放能的可逆反应。

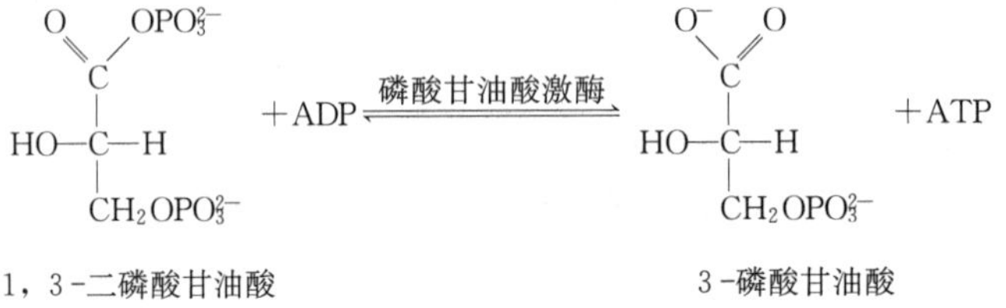

图 8-34 1，3-二磷酸甘油酸将磷酰基转给 ADP 生成 ATP

这是糖酵解途径中第一次通过底物氧化形成的高能磷酸化合物直接将磷酸基团转移给 ADP 偶联生成 ATP 的反应，这种 ATP 生成的方式称为底物水平的磷酸化。底物水平的磷酸化不需要氧，这是糖酵解中形成 ATP 的机制。由于一个葡萄糖裂解成两个三碳糖，所以这里产生 2 分子的 ATP。

哺乳动物的磷酸甘油酸激酶为单体酶，需要 Mg^{2+} 作为辅因子，其相对分子质量为 64 000。

在红细胞中，1，3-二磷酸甘油酸除了转变成 3-磷酸甘油酸外，还可转变成 2，3-二磷酸甘油酸，这是红细胞中糖酵解的一个重要功能。2，3-二磷酸甘油酸是血红蛋白的氧结合作用的别构抑制剂。

（3）3-磷酸甘油酸转变成 2-磷酸甘油酸。3-磷酸甘油酸在磷酸甘油酸变位酶（phosphoglyceromutase）的催化下转变成 2-磷酸甘油酸（图 8-35）。此反应是分子内部基团的重排反应，也是可逆反应。

哺乳动物的磷酸甘油酸变位酶是二聚体，相对分子质量为 54 000，需要 Mg^{2+} 作为辅因子。

（4）2-磷酸甘油酸脱水生成磷酸烯醇式丙酮酸。2-磷酸甘油酸在烯醇化酶（enolase）的催化下脱水生成磷酸烯醇式丙酮酸（phosphoenolpyruvic acid，PEP）（图 8-36）。此反应是可逆反应。

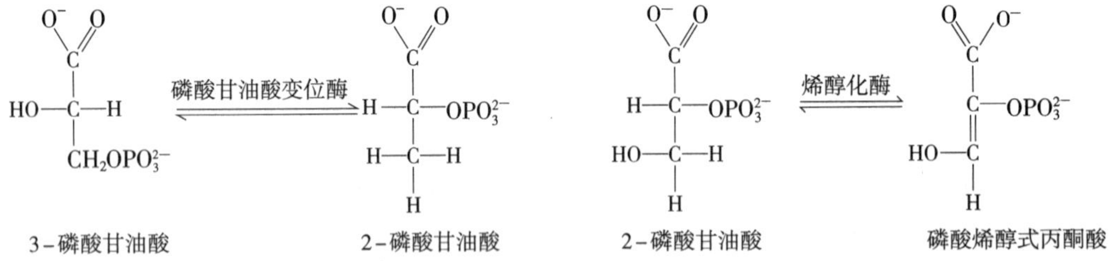

图 8-35 3-磷酸甘油酸转变成 2-磷酸甘油酸   图 8-36 2-磷酸甘油酸脱水生成磷酸烯醇式丙酮酸

哺乳动物的烯醇化酶是二聚体，相对分子质量为 82 000，需要 Mg^{2+} 或 Mn^{2+} 作为辅因子。由于 F^- 能与 Mg^{2+} 或 Mn^{2+} 形成络合物并结合在酶上，因此氟化物可抑制该酶的活性。

上述反应实际上是一个分子内脱水形成双键的反应，在脱水过程中发生了歧化反应，第二个碳被氧化，第三个碳被还原，这就使分子内能量重新分配生成高能磷酸化合物——磷酸烯醇式丙酮酸。

（5）磷酸烯醇式丙酮酸转变成丙酮酸。磷酸烯醇式丙酮酸在丙酮酸激酶（pyruvate kinase）的催化下转变成烯醇式丙酮酸，烯醇式丙酮酸迅速转变成丙酮酸，并将磷酸烯醇式丙酮酸上的高能磷酸酯键转移到 ADP 上生成 ATP（图 8-37）。此反应是放能的不可逆反应。

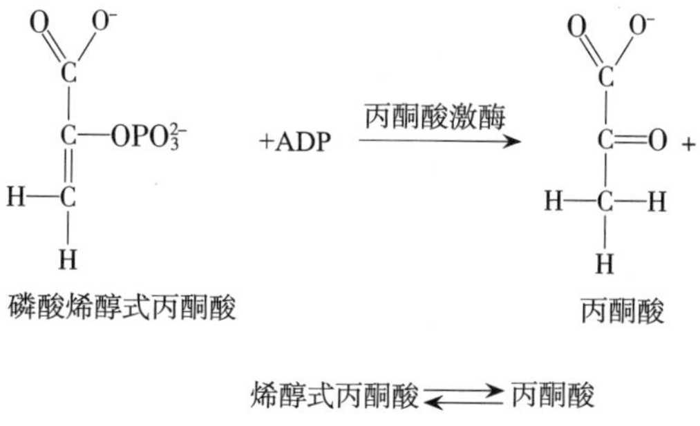

烯醇式丙酮酸 ⇌ 丙酮酸

图 8-37　磷酸烯醇式丙酮酸将磷酰基团转移到 ADP 上生成 ATP

哺乳动物的丙酮酸激酶是一个变构调节酶，也是糖酵解途径中第三个关键酶，需要 K^+、Mg^{2+}、Mn^{2+} 作为辅因子。丙酮酸激酶为四聚体，其同工酶一种存在于肝中，称为 L_4，另外一种存在于肌肉中，称为 M_4。

上述反应是糖酵解途径中第二次产生 ATP 的反应，也是属于底物水平的磷酸化反应。

烯醇式丙酮酸在 pH 为 7.0 时很不稳定，可迅速转变成丙酮酸，反应不需要酶催化自发进行。

（四）化学计量

糖酵解途径中，从葡萄糖转变成丙酮酸过程的总反应式如下：

$$C_6H_{12}O_6 + 2ADP + 2Pi + 2NAD^+ \longrightarrow 2CH_3COCOOH + 2ATP + 2NADH + 2H^+ + 2H_2O$$

从上述总反应式可以清楚地看出，1 分子葡萄糖在无氧条件下，经过糖酵解途径降解生成 2 分子丙酮酸并放出能量。在糖酵解过程的起始阶段消耗 2 分子 ATP，形成 1，6-二磷酸果糖。以后在 1，3-二磷酸甘油酸及磷酸烯醇式丙酮酸反应中各形成 2 分子 ATP。这样，糖酵解途径净产生 2 分子 ATP（表 8-1）。另外，在细胞质中，生成的 2 分子 NADH 如果进入有氧的彻底氧化途径可产生 5 分子（2 分子 NADH 如果通过苹果酸穿梭途径进入线粒体，则产生 $2 \times 2.5 = 5$ 分子 ATP），或 3 分子 ATP（2 分子 NADH 如果通过磷酸甘油穿梭途径进入线粒体则产生 $2 \times 1.5 = 3$ 分子 ATP）。

表 8-1　糖酵解过程中 ATP 的消耗和产生

	化学反应	直接形成的 ATP 或还原的辅酶	最终生成的 ATP 数 *
无氧条件下	葡萄糖→6-磷酸葡萄糖	－1 ATP	－1
	6-磷酸果糖→1，6-二磷酸果糖	－1 ATP	－1
	2 1，3-二磷酸甘油酸→2 3-磷酸甘油酸	2 ATP	2
	2 磷酸烯醇式丙酮酸→2 丙酮酸	2 ATP	2
	总计		2
有氧条件下	葡萄糖→6-磷酸葡萄糖	－1 ATP	－1
	6-磷酸果糖→1，6-二磷酸果糖	－1 ATP	－1
	2 1，3-二磷酸甘油酸→2 3-磷酸甘油酸	2 ATP	2
	2 磷酸烯醇式丙酮酸→2 丙酮酸	2 ATP	2
	2 3-磷酸甘油醛→2 1，3-二磷酸甘油酸	2 $FADH_2$ 或 2 NADH	3～5
	总计		5～7

*　按每个 NADH 产生 2.5 个 ATP 和每个 $FADH_2$ 产生 1.5 个 ATP 计算，负值表示被消耗。

（五）生物学意义

糖酵解是从低等生物到高等生物都普遍存在的一种代谢途径，它在有氧及无氧条件下都能进行，是葡萄糖进行有氧或无氧分解的共同代谢途径。对生物体的新陈代谢、生长和发育等具有非常重要的生物学意义。

第一，糖酵解途径是缺氧条件下生物机体获得有限能量的重要方式。在无氧条件下，1 分子葡萄糖通过糖酵解，可净生成2分子ATP。ATP是高能化合物，可用于生物合成反应、运动、发光等生命活动。对于厌氧生物来说，糖酵解途径是主要的能量来源。而对于高等生物来说，由于其主要以有氧呼吸为主，故糖酵解途径仅作为其辅助途径。在一些情况下，如剧烈运动时，机体能量需求人大增加，糖分分解加速，而此时肌肉处于相对缺氧状态。因此，这时必须通过糖酵解过程补充所需的能量。在剧烈运动后，可见血中乳酸浓度成倍地升高，这是糖酵解加强的结果。又如，人们从平原地区进入高原的初期，由于缺氧，组织细胞也往往通过增强糖酵解获得能量。在某些病理情况下，如严重贫血、大量失血、呼吸障碍、出现肿瘤组织等，组织细胞也需通过糖酵解来获取能量。倘若糖酵解过度，可因乳酸产生过多而导致酸中毒。

第二，糖酵解途径中产生的许多中间产物能为其他代谢途径提供原料。如丙酮酸经转氨作用可转变成氨基酸（丙氨酸），与氨基酸和蛋白质代谢联系起来。磷酸二羟丙酮可合成甘油，与脂肪合成代谢联系起来。磷酸烯醇式丙酮酸可以转变成四碳二羧酸，作为其他代谢的前体物质，也可以通过糖异生作用合成葡萄糖。

第三，糖酵解途径是单糖分解代谢的一条重要途径。其他单糖都能通过特定方式进入酵解途径进行分解。

（六）调控机制

糖酵解途径中有3步反应为不可逆反应，分别由己糖激酶、磷酸果糖激酶 I 和丙酮酸激酶催化，因此，糖酵解反应速度受这3种酶的调控。

1. 己糖激酶活性的调控 己糖激酶是一种变构酶，其活性受其本身反应产物的抑制。6-磷酸葡萄糖是它的别构抑制剂。

2. 磷酸果糖激酶 I 活性的调控 磷酸果糖激酶 I 是糖酵解途径中最关键的限速酶和调节酶。它是一种变构酶，其活性受多种变构效应物（allosteric effector）的调节。

（1）ATP/AMP值调节该酶活性。ATP是磷酸果糖激酶 I 的别构抑制剂，而AMP是该酶的别构激活剂。ATP既是该酶作用的底物，又起抑制作用。究竟起何种作用取决于ATP的浓度及酶的活性中心和别构中心对ATP的亲和力。当ATP浓度高时，ATP作为别构抑制剂抑制酶活性，从而降低糖酵解速度。ATP的抑制作用能被AMP解除。

（2）柠檬酸和脂肪酸含量调节该酶活性。柠檬酸和脂肪酸含量高时，可别构抑制该酶活性。另外，ATP含量高，也可以别构抑制该酶的活性。

（3）pH调节该酶活性。pH明显下降时，抑制该酶活性，从而使糖酵解速度减慢。

（4）2，6-二磷酸果糖调节该酶活性。2，6-二磷酸果糖能消除ATP对该酶的抑制并激活该酶，从而加快糖酵解速度。

3. 丙酮酸激酶活性的调控 丙酮酸激酶也是一种变构酶，其活性受高浓度ATP、丙氨酸、乙酰CoA等代谢物的别构抑制，这是生成物对反应本身的反馈抑制。而1，6-二磷酸果糖则是该酶的别构激活剂，可加快糖酵解速度。

（七）丙酮酸的去路

糖酵解途径中生成的丙酮酸的去路，因生物种类和生理条件的不同而有较大差别，主要有4条去路，其中包括糖异生作用。但丙酮酸究竟走哪条途径主要取决于氧气条件，即是有氧条件还是无氧条件。

1. 丙酮酸的无氧代谢

（1）生成乙醇。在某些细菌、酵母菌和植物细胞中，在无氧条件下，丙酮酸转变成乙醇和CO_2。该途径包括两步反应。

① 丙酮酸脱羧生成乙醛。由于酵母菌中不含乳酸脱氢酶，而只含有丙酮酸脱羧酶（pyruvate decarboxylase），所以丙酮酸在丙酮酸脱羧酶的催化下脱羧生成乙醛和CO_2。该酶以焦磷酸硫胺素（TPP）为辅酶。动物细胞中不存在这种酶。

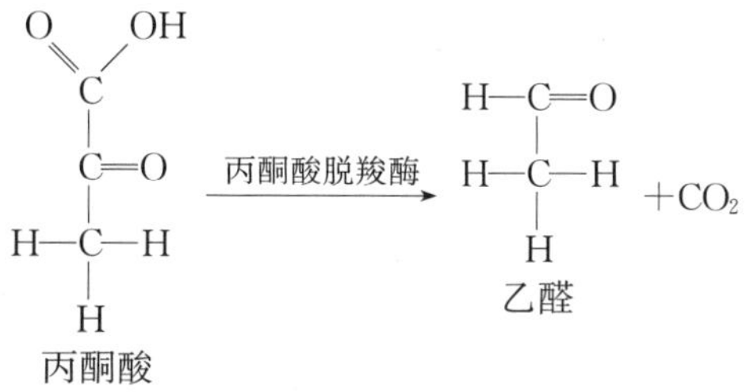

② 乙醛还原生成乙醇。乙醛在乙醇脱氢酶（alcohol dehydrogenase，ADH）的催化下由 NADH 供给 2 个 H^+ 还原生成乙醇。酵母菌乙醇脱氢酶是四聚体，每个亚基结合一个 NADH 和一个 Zn^{2+}。

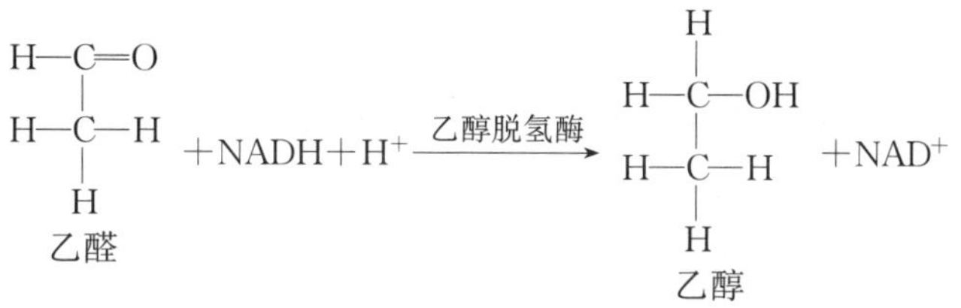

由葡萄糖转变成乙醇的过程称为乙醇发酵或酒精发酵（ethanol fermentation）。

（2）生成乳酸。在多种厌氧微生物如厌氧乳酸菌或高等生物组织和细胞供氧不足时，丙酮酸在乳酸脱氢酶（lactate dehydrogenase）的催化下，还原为乳酸。还原剂为 NADH。这一过程称为乳酸发酵（lactic acid fermentation）。

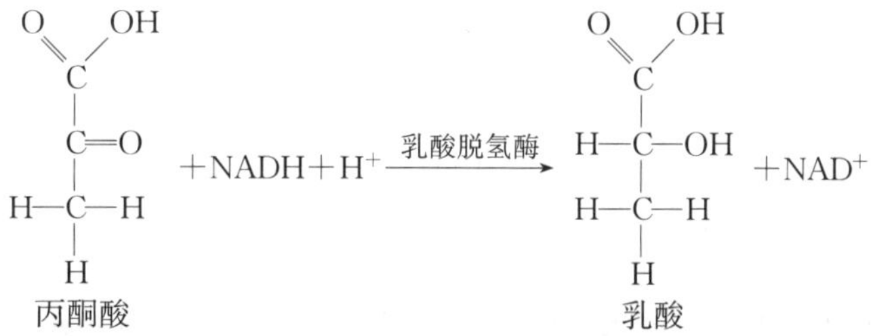

哺乳动物细胞都含有乳酸脱氢酶，其酶活力随组织不同而异。哺乳动物有 2 种不同的乳酸脱氢酶亚基，一种为 M 型，另一种为 H 型，并由这两种亚基组成 5 种乳酸脱氢酶的同工酶：M_4、M_3H、M_2H_2、MH_3 和 H_4。

2. 丙酮酸的有氧代谢 糖酵解途径中生成的丙酮酸首先被转运到线粒体中，在有氧条件和一系列酶的作用下，先氧化脱羧生成乙酰 CoA。然后，乙酰 CoA 进入三羧酸循环，进一步被氧化成 CO_2 和 H_2O。

（八）除葡萄糖外其他糖类进入糖酵解的途径

1. 果糖进入糖酵解的途径

（1）己糖激酶催化途径。在肌肉和肾中，果糖在己糖激酶的催化下，直接生成 6-磷酸果糖，进入糖酵解途径。该反应需要 ATP 与 Mg^{2+} 的参加。

$$果糖 + ATP \longrightarrow 6-磷酸果糖 + ADP$$

（2）果糖激酶、1-磷酸果糖醛缩酶、丙糖磷酸异构酶、丙糖激酶催化途径。在肝中，果糖在特异的果糖激酶（fructokinase）催化下磷酸化生成 1-磷酸果糖，该反应需要 ATP、Mg^{2+} 或 Mn^{2+} 参加。然后，1-磷酸果糖在 1-磷酸果糖醛缩酶（fructose-1-phosphate aldolase）催化下，裂解生成磷酸二羟丙酮和甘油醛。磷酸二羟丙酮再经丙糖磷酸异构酶催化，转换成 3-磷酸甘油醛。而甘油醛则在丙糖激酶（triose kinase）催化，消耗 1 分子 ATP 后生成 3-磷酸甘油醛。磷酸二羟丙酮和 3-磷酸甘油醛都是糖酵解的中间代谢物，可进入糖酵解途径进一步进行代谢。该途径如图 8-38 所示。

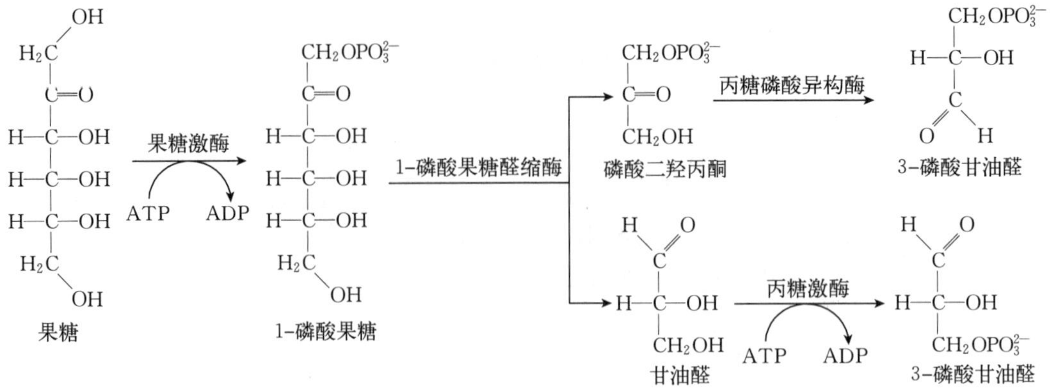

图 8-38　果糖激酶、1-磷酸果糖醛缩酶、丙糖磷酸异构酶、丙糖激酶催化途径

2. 淀粉进入糖酵解的途径　淀粉在淀粉磷酸化酶的催化下，生成 1-磷酸葡萄糖。然后，1-磷酸葡萄糖在磷酸葡萄糖变位酶的催化下，转换成 6-磷酸葡萄糖后进入糖酵解途径。

3. 糖原进入糖酵解的途径　糖原（glycogen）在糖原磷酸化酶（glycogen phosphorylase）的催化下，生成 1-磷酸葡萄糖。然后，1-磷酸葡萄糖在磷酸葡萄糖变位酶的催化下，转换成 6-磷酸葡萄糖后进入糖酵解途径。

四、糖异生作用——由非糖物质合成葡萄糖

（一）含义

糖异生作用（gluconeogenesis）是指生物体利用非糖有机化合物作为前体合成葡萄糖的过程。这些非糖有机化合物包括丙酮酸、乳酸、草酰乙酸、甘油、苹果酸及生糖氨基酸（如丙氨酸）等。

（二）场所

植物主要是通过光合作用合成葡萄糖的，也可以通过糖异生作用合成葡萄糖，如油料作物种子萌发期间和植物果实成熟期间就有糖异生作用。微生物可以将许多营养物质转化为葡萄糖的磷酸酯和糖原。哺乳动物的组织如肝、肾、脑组织和肌肉组织等可以由非糖物质前体如乳酸、丙酮酸等从头合成葡萄糖，但肝是糖异生作用的主要场所。

（三）过程

由非糖有机物质转变成葡萄糖的途径——糖异生作用是由丙酮酸开始的，经过一系列反应最终形成葡萄糖（图 8-39）。糖异生作用基本上是糖酵解的逆转，这两个途径中的许多中间代谢物是相同的，一些反应以及催化反应的酶也是一样的。但是，从严格意义上来说，糖异生作用并非是真正意义上的糖酵解的逆反应，它需要通过一种称为旁路或支路（bypass）的途径绕过糖酵解过程中的一些不可逆反应才能实现。

糖异生作用需要绕过糖酵解过程中的一些不可逆反应，主要是：

1. 丙酮酸转变为磷酸烯醇式丙酮酸　这一反应步骤主要通过两步反应完成。

（1）丙酮酸经丙酮酸羧化酶催化生成草酰乙酸。

$$丙酮酸 + CO_2 + ATP + H_2O \longrightarrow 草酰乙酸 + ADP + Pi + 2H^+$$

上述反应中的丙酮酸从细胞质中经运载系统进入线粒体后，在丙酮酸羧化酶的催化下，消耗 1 分子的 ATP，经羧化生成草酰乙酸，该反应为不可逆反应。丙酮酸羧化酶（pyruvate carboxylase）是一个含生物素的蛋白酶，其相对分子质量是 520 000，是由 4 个相同的亚基组成的四聚体，需乙酰 CoA 和 Mg^{2+} 作为辅因子。该酶分布于线粒体的基质中。生物素是该酶的一个重要辅基，是丙酮酸羧化所必需的。

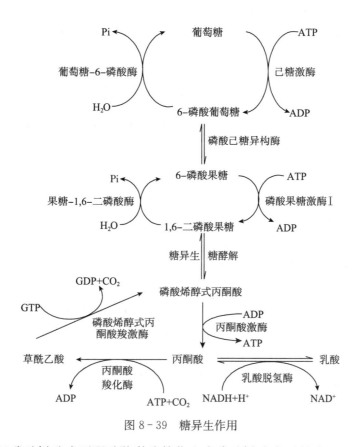

图 8 - 39　糖异生作用

（2）草酰乙酸经磷酸烯醇式丙酮酸羧激酶催化生成磷酸烯醇式丙酮酸。

$$草酰乙酸 + GTP \longrightarrow 磷酸烯醇式丙酮酸 + CO_2 + GDP$$

丙酮酸羧化生成的草酰乙酸在磷酸烯醇式丙酮酸羧激酶（phosphoenolpyruvate carboxykinase，PEP 羧激酶）的催化下脱羧生成磷酸烯醇式丙酮酸。该反应需要 GTP（动物）或 ATP（植物）提供能量。PEP 羧激酶在细胞质中是由一条肽链组成的，相对分子质量为 140 000，为单体酶。该酶在细胞中的分布、理化特性随生物种不同而不同。

上述反应中的草酰乙酸只有在转变为苹果酸后才能再进入细胞质。磷酸烯醇式丙酮酸形成后，进入糖酵解的逆过程。

2. 1,6-二磷酸果糖在酶催化下经水解反应转变成 6-磷酸果糖　1，6-二磷酸果糖在果糖-1，6-二磷酸酶的催化下，水解生成 6-磷酸果糖（图 8-40）。这一步反应是糖异生作用的关键步骤。果糖-1，6-二磷酸酶（fructose-1，6-bisphosphatase）是个变构酶，其相对分子质量为 15 000，为四聚体。AMP 和 2，6-二磷酸果糖为该酶的变构抑制剂。ATP、柠檬酸、甘油是该酶的激活剂。

图 8 - 40　生成 6-磷酸果糖

3. 6-磷酸葡萄糖在葡萄糖-6-磷酸酶作用下水解生成葡萄糖　该反应也采用了一种水解酶。在葡萄糖-6-磷酸酶催化下，6-磷酸葡萄糖水解生成葡萄糖。葡萄糖-6-磷酸酶（glucose-6-

phosphatase）催化的此步反应中同时还得到了一种 Ca^{2+} 稳定蛋白（Ca^{2+} - binding stabilizing protein）的协助作用。葡萄糖-6-磷酸酶存在于高等生物的光面内质网中。所以该反应中的底物6-磷酸葡萄糖和产物葡萄糖及磷酸都要经过运输途径进行转运。

综合上述过程可以看出，糖异生作用是个耗能的反应过程。由2分子的丙酮酸合成1分子的葡萄糖需要4分子ATP和2分子GTP，同时还需要2分子NADH。其总的反应如下：

$$2\text{丙酮酸}+4ATP+2GTP+2NADH+2H^+ +6H_2O \longrightarrow \text{葡萄糖}+4ADP+2GDP+6Pi+2NAD^+$$

（四）生物学意义

糖异生作用是生物体内的一种重要的代谢过程，具有重要的生物学意义。当人或其他动物在饥饿或剧烈运动时，往往会造成糖原贮备下降、血糖浓度降低，这时通过糖异生作用可由非糖物质如乳酸、脂肪降解产生的甘油及体内的一些氨基酸等代谢产物重新转化成糖，以提供能量和保证体内血糖水平的相对恒定。另外，对机体进行剧烈运动时更新肝糖原贮存、防止乳酸中毒也有重要的生理意义。在植物体中，由脂肪代谢产生的乙酰CoA可通过乙醛酸循环生成草酰乙酸，然后再通过糖异生作用生成葡萄糖和纤维素等，从而为新细胞壁的形成提供物质基础。

（五）调控机制

糖异生作用和糖酵解是两个相反的代谢过程，但糖异生作用绝对不是糖酵解简单的逆转过程。两者是一种互相制约、互相协调的关系。糖异生作用的调控与糖酵解方式非常相似，主要是变构因子对酶的变构调节作用。ATP、丙氨酸、NADH、柠檬酸、乙酰CoA、6-磷酸葡萄糖等抑制EMP途径，激活糖异生作用。Pi、AMP、ADP、2,6-二磷酸果糖激活EMP途径但抑制糖异生作用。

五、三羧酸循环

（一）定义

三羧酸循环（tricarboxylic acid cycle）是指葡萄糖经过糖酵解途径分解形成的丙酮酸，在有氧条件下先氧化脱羧形成乙酰CoA，然后，乙酰CoA与草酰乙酸缩合成柠檬酸，再在一系列酶的催化下，经过多步反应分别形成异柠檬酸、α酮戊二酸、琥珀酰CoA、琥珀酸、延胡索酸、苹果酸等又重新形成草酰乙酸，同时产生 CO_2、$NADH+H^+$、$FADH_2$、H_2O 等物质，并放出大量能量形成ATP的过程。三羧酸循环简称为TCA循环，又称为柠檬酸循环。1937年，德国科学家 Hans Krebs 在总结前人研究的基础上，提出了三羧酸循环假说，建立了三羧酸循环理论。为了纪念这位科学家对糖代谢的突出贡献，该循环也称为 Krebs 循环。

（二）研究历史

在无氧条件下，葡萄糖经糖酵解途径分解生成丙酮酸，进而通过酒精发酵生成乙醇，或通过乳酸发酵生成乳酸。但是，在有氧条件下，葡萄糖的分解并不停留在丙酮酸分子上，而是将丙酮酸彻底分解成 CO_2 和 H_2O，同时释放大量的能量，合成ATP。这一代谢过程称为糖的有氧氧化分解。对于生物细胞来说，这一需氧的分解代谢途径称为细胞呼吸作用。

在早期，关于糖的有氧氧化分解的知识主要来源于以动物肌肉为实验材料的研究。研究人员观察到切碎的鸽子肌肉糜呼吸旺盛，在有氧的条件下不仅没有乳酸的积累，也没有丙酮酸的积累。如果用丙酮酸与肌肉组织一起在有氧条件下保温，丙酮酸可以被彻底氧化，形成 CO_2 和 H_2O。

1935年，Albert Szent - Gyorgyi 发现，在肌肉糜中加入一定量的琥珀酸、延胡索酸、苹果酸或者草酰乙酸能够刺激氧的消耗。后来，Szent - Gyorgyi 提出细胞的呼吸作用的反应物是以琥珀酸→延胡索酸→苹果酸→草酰乙酸的顺序互变的。不久，Carl Martius 和 Franz Knoop 证实了柠檬酸→顺乌头酸→异柠檬酸→α酮戊二酸的反应顺序。1937年，德国化学家 H. Krebs 根据前人的这些实验结果，并结合自己的研究成果，提出了一个从草酰乙酸到柠檬酸的闭合式循环反应，我们把这个循环称为 Krebs 循环。因为循环的最初产物是三羧酸，所以又把这个循环称为三羧酸循环，简称为 TCA 循环。因为三羧酸循环中最先形成的产物是柠檬酸，所以也称为柠檬酸循环。

尽管 Krebs 提出了三羧酸循环假说，并建立了三羧酸循环理论，但是，柠檬酸形成的具体机制还是到 1951 年后才被人们所知道。1945 年，Nathan Karlan 和 Fritz Lipmann 发现了乙酰 CoA。1951 年，Severo Ochoa 和 Feodor Lynen 发现了乙酰 CoA 和草酰乙酸缩合反应生成柠檬酸。

因此，三羧酸循环途径是众多科学家共同研究并发现的。其中包括 Thunber、Martius、Knoop、Szent‐Gyorgyi、Krebs、Karlan、Lipmann、Ochoa、Lynen 等。

三羧酸循环的发现是生物化学领域的一项经典性的科学成就。由于 Krebs 为此做出了最大的贡献，因此，Krebs 在 1953 年获得了诺贝尔奖。

（三）反应场所

对真核生物来说，三羧酸循环在细胞的线粒体的基质上进行，反应所需的酶系主要位于线粒体基质中或内膜上。对于原核生物来说，三羧酸循环在细胞质中进行，反应所需的酶系主要位于细胞质中。

（四）化学反应过程

1. 准备阶段——丙酮酸氧化脱羧形成乙酰 CoA

（1）丙酮酸脱氢酶复合体。葡萄糖经糖酵解过程降解为 2 分子的丙酮酸，此反应发生在细胞质中。然后，丙酮酸必须经转运系统转运到线粒体内。在有氧条件下，丙酮酸先氧化脱羧形成乙酰 CoA，才能进入三羧酸循环进一步氧化生成 CO_2 和 H_2O。催化丙酮酸氧化脱羧形成乙酰CoA 的反应是在丙酮酸脱氢酶复合体的作用下进行的。丙酮酸脱氢酶复合体是一种结构复杂的多酶体系，位于线粒体内膜上，由 3 种酶蛋白和 6 种辅因子组成。大肠杆菌的丙酮酸脱氢酶复合体的 3 种酶蛋白分别是丙酮酸脱氢酶（E_1）、二氢硫辛酸转乙酰基酶（E_2）和二氢硫辛酸脱氢酶（E_3）。6 种辅因子分别是焦磷酸硫胺素（TPP）、硫辛酸、FAD、CoA、NAD^+、Mg^{2+}。丙酮酸脱氢酶复合体的核心是 24 个 E_2 形成的 8 个三聚体构成中空的立方体，24 个 E_1 和 12 个 E_3 结合在核心立方体的棱和面上。革兰氏阳性菌和真核生物的丙酮酸脱氢酶复合体体积更大，结构更复杂。

（2）丙酮酸脱氢酶复合体催化丙酮酸氧化脱羧的反应机制。丙酮酸脱氢酶复合体催化丙酮酸氧化脱羧转化为乙酰 CoA 和 CO_2 的反应过程涉及 5 步反应，如图 8‐41 所示。

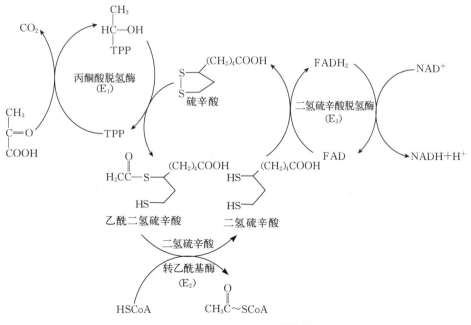

图 8‐41 丙酮酸脱氢酶复合体催化的反应

① 在丙酮酸脱氢酶（E_1）的催化下，丙酮酸与 E_1 上的 TPP 反应，脱去羧基，生成羟乙基-TPP 复合物和 CO_2。这是呼吸作用放出的 CO_2 的第一个来源（图 8-42）。

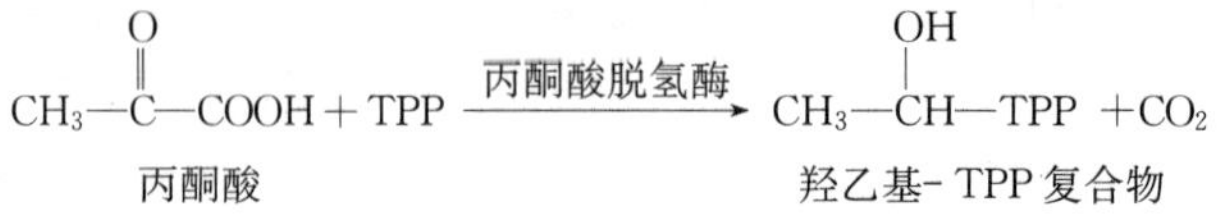

$$CH_3-\overset{\overset{O}{\|}}{C}-COOH + TPP \xrightarrow{\text{丙酮酸脱氢酶}} CH_3-\overset{\overset{OH}{|}}{CH}-TPP + CO_2$$

丙酮酸　　　　　　　　　　　　　　　羟乙基-TPP 复合物

图 8-42　丙酮酸脱羧生成羟乙基-TPP 复合物

② 在二氢硫辛酸转乙酰基酶（E_2）的催化下，羟乙基-TPP 复合物的羟乙基氧化成乙酰基，同时，将乙酰基转移给氧化型硫辛酸（图 8-43）。

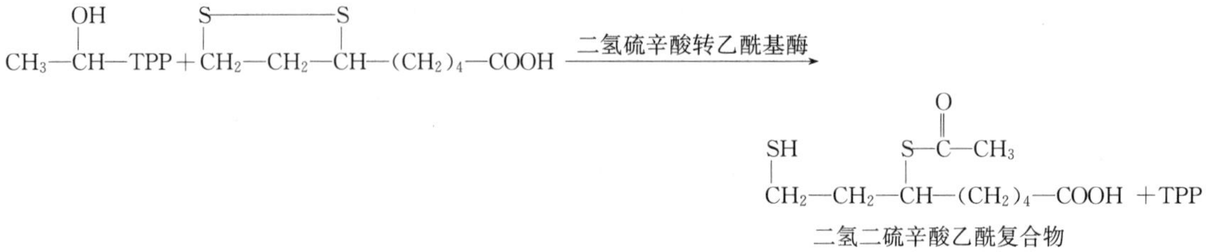

$$CH_3-\overset{\overset{OH}{|}}{CH}-TPP + CH_2-\overset{\overset{S}{|}}{CH_2}-\overset{\overset{S}{|}}{CH}-(CH_2)_4-COOH \xrightarrow{\text{二氢硫辛酸转乙酰基酶}}$$

$$CH_2-\overset{\overset{SH}{|}}{CH_2}-\overset{\overset{S-\overset{\overset{O}{\|}}{C}-CH_3}{|}}{CH}-(CH_2)_4-COOH + TPP$$

二氢二硫辛酸乙酰复合物

图 8-43　生成二氢二硫辛酸乙酰基复合物

③ 在二氢硫辛酸转乙酰基酶（E_2）的催化下，乙酰基转移给 CoA 形成乙酰 CoA，同时生成二氢二硫辛酸（图 8-44）。

$$CH_2-\overset{\overset{SH}{|}}{CH_2}-\overset{\overset{S-\overset{\overset{O}{\|}}{C}-CH_3}{|}}{CH}-(CH_2)_4-COOH + CoA-SH \xrightarrow{\text{二氢硫辛酸转乙酰基酶}}$$

$$CH_2-\overset{\overset{SH}{|}}{CH_2}-\overset{\overset{SH}{|}}{CH}-(CH_2)_4-COOH + CH_3CO \sim SCoA$$

二氢二硫辛酸

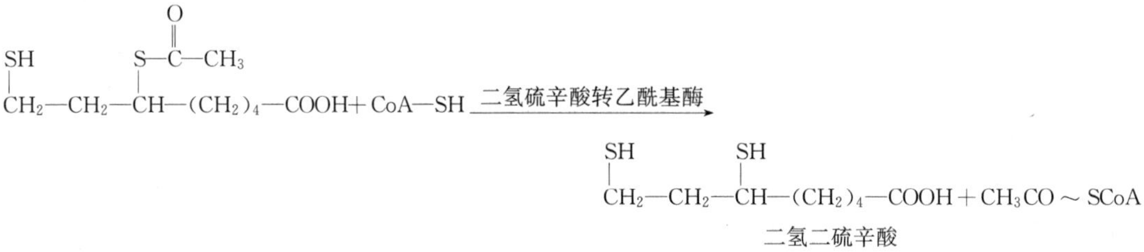

图 8-44　生成乙酰 CoA 和二氢二硫辛酸

④ 在二氢硫辛酸脱氢酶（E_3）的催化下，二氢二硫辛酸再氧化，形成氧化型二硫辛酸，同时，使 FAD 还原形成 $FADH_2$（图 8-45）。

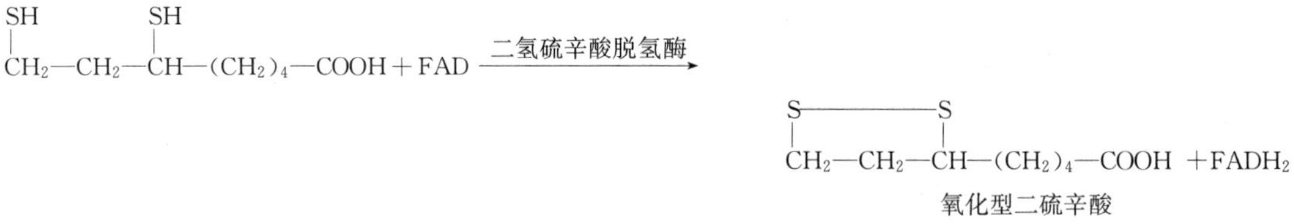

$$CH_2-\overset{\overset{SH}{|}}{CH_2}-\overset{\overset{SH}{|}}{CH}-(CH_2)_4-COOH + FAD \xrightarrow{\text{二氢硫辛酸脱氢酶}}$$

$$CH_2-\overset{\overset{S}{|}}{CH_2}-\overset{\overset{S}{|}}{CH}-(CH_2)_4-COOH + FADH_2$$

氧化型二硫辛酸

图 8-45　FAD 还原形成 $FADH_2$

⑤ 在二氢硫辛酸脱氢酶（E_3）的催化下，$FADH_2$ 将氢原子转移给 NAD^+ 生成 NADH 和 H^+。

$$FADH_2 + NAD^+ \xrightarrow{\text{二氢硫辛酸脱氢酶}} FAD + NADH + H^+$$

丙酮酸氧化脱羧形成乙酰 CoA 的总化学反应式如下：

$$\text{丙酮酸} + CoASH + NAD^+ \longrightarrow \text{乙酰 CoA} + NADH + H^+ + CO_2$$

丙酮酸氧化脱羧形成乙酰 CoA 的反应是糖酵解和三羧酸循环之间的桥梁。真正进入三羧酸循环的不是丙酮酸，而是丙酮酸氧化脱羧后形成的乙酰 CoA。乙酰 CoA 形成后，再进入循环阶段。

（3）丙酮酸脱氢酶复合体的调控。丙酮酸脱氢酶复合体在丙酮酸氧化脱羧形成乙酰CoA的反应过程中起着不可替代的重要作用。由于三羧酸循环是从乙酰CoA开始的，所以，可以说，丙酮酸脱氢酶复合体的活性对三羧酸循环也有着非常重要的影响。丙酮酸脱氢酶复合体主要受4种方式的调控：

① 产物调控：由产物NADH和乙酰CoA与底物NAD^+和CoA竞争丙酮酸脱氢酶复合体的酶活性部位，从而竞争性抑制该酶的活性。其中，NADH抑制该复合体中二氢硫辛酸脱氢酶（E_3）的活性，乙酰CoA抑制该复合体中二氢硫辛酸转乙酰基酶（E_2）的活性，使丙酮酸氧化脱羧作用不能进行。

② 共价修饰调控：磷酸化的E_1是没有活性的，去磷酸化的E_1是有活性的。E_1的磷酸化和去磷酸化是使丙酮酸脱氢酶复合体失活和激活的重要方式。

③ 能荷水平调控：高浓度的ATP能抑制丙酮酸脱氢酶复合体的活性，而高浓度的AMP则能激活丙酮酸脱氢酶复合体的活性。

④ Ca^{2+}的调控：丙酮酸脱氢酶复合体核心部位上的E_2结合着两种酶——激酶和磷酸酶。激酶使丙酮酸脱氢酶复合体磷酸化而失活，磷酸酶使丙酮酸脱氢酶复合体去磷酸化而激活。而磷酸酶的活性受Ca^{2+}浓度的调节。当游离的Ca^{2+}浓度升高时，丙酮酸脱氢酶复合体被激活。

2. 循环阶段

（1）柠檬酸的生成。在柠檬酸合酶（citrate synthase）的催化下，乙酰CoA与草酰乙酸缩合成柠檬酰CoA，然后水解生成柠檬酸和CoASH（图8-46）。乙酰CoA具有高能硫酯键，能分解释放能量推动该步反应进行。

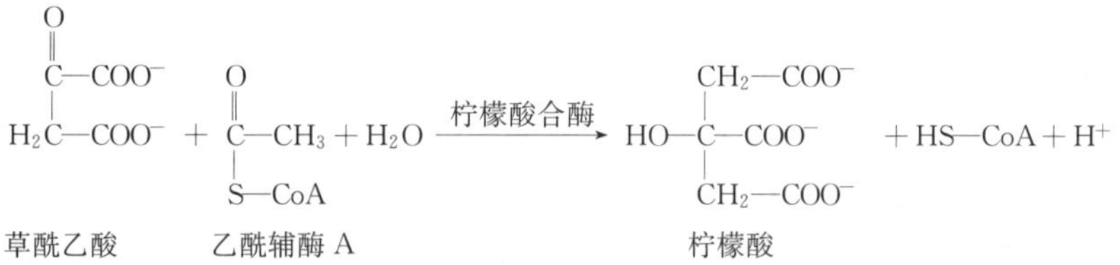

图8-46　柠檬酸的生成

以上反应为不可逆反应，为三羧酸循环中第一个可调控的关键步骤。催化此反应的柠檬酸合酶是一个变构酶，ATP、α酮戊二酸、$NADH+H^+$、琥珀酰CoA、长链脂酰CoA是柠檬酸合酶的变构抑制剂。

合酶是一种在反应期间能制造新的共价键的酶。哺乳动物的柠檬酸合酶是二聚体，由两个相同的亚基组成，其相对分子质量为98 000。

（2）异柠檬酸的生成。在顺乌头酸酶（aconitase）的催化下，柠檬酸先脱水生成顺乌头酸，然后再加水生成异柠檬酸（isocitric acid），两步反应都是可逆反应（图8-47）。

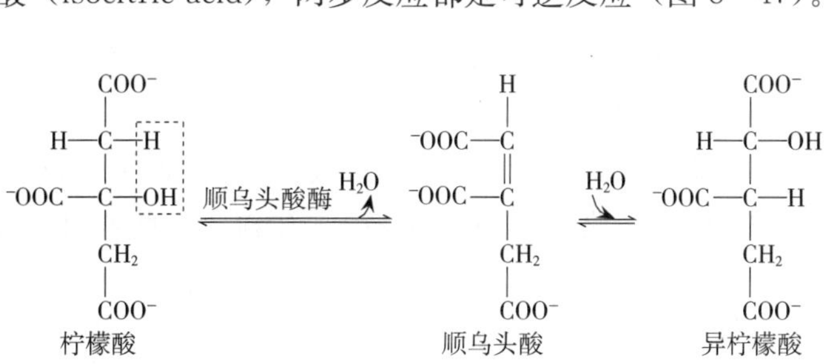

图8-47　异柠檬酸的生成

顺乌头酸酶是一种铁硫蛋白，含有一个[4Fe-4S]基，又称为铁硫中心，因此，Fe^{2+}是必需阳离子。哺乳动物的顺乌头酸酶包括两个相同的亚基，其相对分子质量是90 000。氟乙酸能抑制该酶的活性。氟乙酸是非洲南部植物 *Dichapetalum cymosum* 中有剧毒的小分子物质，在细胞内它可以转化为氟乙酰 CoA，从而能强烈抑制顺乌头酸酶的活性。氟乙酸以前被用来作灭鼠剂。

（3）α 酮戊二酸的生成。在异柠檬酸脱氢酶（isocitrate dehydrogenase）的催化下，发生氧化脱氢反应，异柠檬酸脱下 2 个 H^+ 使 NAD^+ 生成 $NADH+H^+$，同时异柠檬酸生成一个不稳定的中间产物——草酰琥珀酸。草酰琥珀酸与酶结合迅速脱羧生成 α 酮戊二酸（α - ketoglutaric acid）（图 8 - 48）。氧化脱羧过程放出 CO_2，这是呼吸作用放出的 CO_2 的第二个来源。

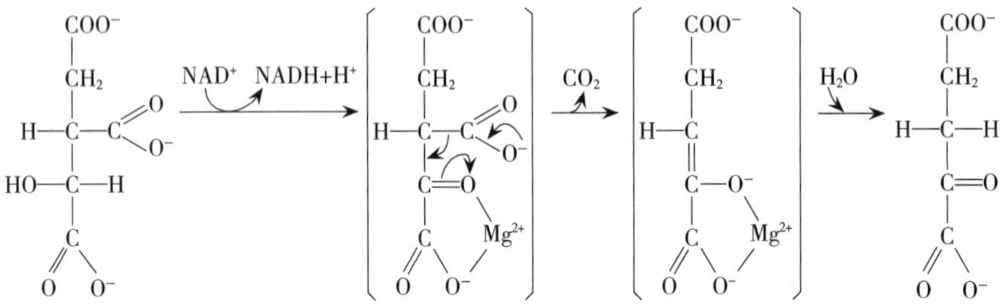

异柠檬酸　　草酰琥珀酸　　α 酮戊二酸

图 8 - 48　α 酮戊二酸的生成

上述反应为不可逆反应，为三羧酸循环中第二个可调控的关键步骤，也是三羧酸循环中第一个氧化还原反应。催化此反应的异柠檬酸脱氢酶是一个变构酶，是三羧酸循环中的第二个调节酶。ATP 和 NADH 是它的变构抑制剂，ADP 和 NAD^+ 是它的激活剂。哺乳动物的异柠檬酸脱氢酶是一个四聚体，其相对分子质量约为 190 000。动物、植物线粒体中的异柠檬酸脱氢酶以 NAD^+ 为辅酶。目前认为异柠檬酸脱氢酶同时具有脱氢和脱羧两种催化能力。

由柠檬酸到异柠檬酸的反应都是三羧酸间的转化，在此反应之后的反应是二羧酸的转化。

（4）琥珀酰 CoA 的生成。在 α 酮戊二酸脱氢酶复合体（α - ketoglutarate dehydrogenase complex）的催化下，α 酮戊二酸氧化脱羧生成琥珀酰 CoA（succinyl CoA）（图 8 - 49）。

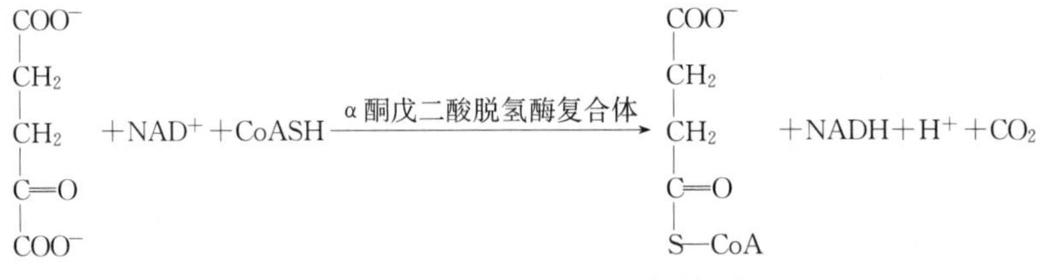

α 酮戊二酸　　琥珀酰辅酶 A

图 8 - 49　琥珀酰 CoA 的生成

以上氧化脱羧反应非常类似丙酮酸脱氢酶复合体催化的反应。它包括 5 步反应，含 3 种酶和 6 种辅因子。该反应释放大量能量，为不可逆反应，为三羧酸循环中第三个可调控的关键步骤。产物琥珀酰 CoA 同样含有一个高能的硫酯键。这一步反应是三羧酸循环中的第二次氧化脱羧，产生 $NADH+H^+$ 和 CO_2。这是呼吸作用放出的 CO_2 的第三个来源。到此，丙酮酸分子的 3 个碳原子全部被氧化成 CO_2 放出。

α 酮戊二酸脱氢酶复合体受产物 NADH、琥珀酰 CoA、ATP、GTP 的反馈抑制，但不受磷酸化调节。

（5）琥珀酸的生成。在琥珀酰 CoA 合成酶（succinyl - CoA synthetase）的催化下，琥珀酰 CoA 同时在 GDP 和 Pi 的参与下，水解生成琥珀酸和 GTP（图 8 - 50）。琥珀酰 CoA 合成酶也称为琥珀酸硫激酶（succinate thiokinase）。

该反应为可逆反应，也是三羧酸循环中唯一的底物水平磷酸化反应。GTP 可将磷酰基转给 ADP 形成 ATP。

值得注意的是，在哺乳动物中琥珀酰 CoA 合成的是 GTP，但在植物和一些细菌中琥珀酰 CoA 合成的是 ATP。GTP 可以在二磷酸核苷激酶的催化下转变成为 ATP。

（6）延胡索酸的生成。在琥珀酸脱氢酶（succinate dehydrogenase）的催化下，琥珀酸进行脱氢，生成延胡索酸（fumarate）（图 8-51）。

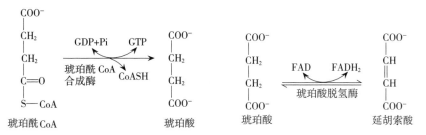

图 8-50　琥珀酸和 GTP 的生成　　　图 8-51　延胡索酸的生成

这是三羧酸循环中的第三次氧化还原反应，为可逆反应。琥珀酸脱下的氢使 FAD 还原为 $FADH_2$。

琥珀酸脱氢酶是一种黄素蛋白，FAD 是其辅基，由 4 个亚基组成。该酶受草酰乙酸和丙二酸的抑制。

真核生物的琥珀酸脱氢酶内嵌在线粒体内膜中，是三羧酸循环中唯一嵌入到线粒体内膜的酶，三羧酸循环中其他酶都位于线粒体基质中。在原核生物中，该酶内嵌在质膜中，其他酶位于胞质溶胶中。

（7）苹果酸的生成。在延胡索酸酶（fumarase）的催化下，延胡索酸加水生成 L-苹果酸（malic acid）（图 8-52）。

该反应为可逆反应。延胡索酸酶又称为延胡索酸水合酶（fumarate hydratase），具有严格的立体结构专一性，它只能催化延胡索酸反式双键的水合反应，而不催化马来酸（顺丁烯二酸）顺式双键的水合反应。

（8）草酰乙酸的生成。在苹果酸脱氢酶（malate dehydrogenase）的催化下，苹果酸氧化脱氢生成草酰乙酸，从而完成一轮三羧酸循环（图 8-53）。

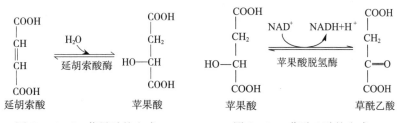

图 8-52　L-苹果酸的生成　　　图 8-53　草酰乙酸的生成

该反应为可逆反应，是三羧酸循环最后一个反应，也是整个三羧酸循环中第四个氧化还原反应。反应后生成的草酰乙酸能与第二个乙酰 CoA 分子结合生成柠檬酸并开始新一轮三羧酸循环。

哺乳动物的苹果酸脱氢酶由两个相同的亚基组成，其相对分子质量为 70 000。

三羧酸循环的总反应式如下：

乙酰 $CoA+3NAD^+ +FAD+2H_2O+GDP+Pi \longrightarrow CoA-SH+3NADH+3H^+ +FADH_2+GTP+2CO_2$

三羧酸循环的整个反应过程如图 8-54 所示。

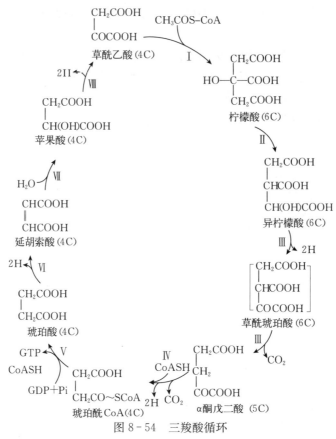

图 8-54 三羧酸循环

Ⅰ. 柠檬酸合酶　Ⅱ. 顺乌头酸酶　Ⅲ. 异柠檬酸脱氢酶　Ⅳ. α酮戊二酸脱氢酶复合体
Ⅴ. 琥珀酰 CoA 合成酶　Ⅵ. 琥珀酸脱氢酶　Ⅶ. 延胡索酸酶　Ⅷ. 苹果酸脱氢酶

（五）特点和化学计量

在三羧酸循环中，每循环一次，消耗 1 分子乙酰 CoA。乙酰 CoA 与草酰乙酸缩合形成柠檬酸，使 2 个碳原子进入循环。以后在异柠檬酸脱氢酶及 α酮戊二酸脱氢酶复合体催化的两步脱羧反应中，有 2 个碳原子以 CO_2 的形式离开循环，碳代谢达到平衡。但是，这离开循环的 2 个碳原子并不是开始时进入循环的那 2 个碳原子（也就是说它们不是来自乙酰 CoA 上的 2 个碳原子，而是来自草酰乙酸上的 2 个碳原子），只是相当于乙酰 CoA 上的 2 个碳原子全部被氧化成 CO_2 放出。实际上乙酰 CoA 上的 2 个碳原子变成了新生成的琥珀酸中的 2 个碳原子。

在三羧酸循环中，每循环一次，底物上有 4 对氢原子经过 4 步脱氢氧化反应脱下，其中 3 对是在异柠檬酸氧化、α酮戊二酸氧化脱羧、苹果酸氧化时用以还原 NAD^+，有 1 对是在琥珀酸氧化时用以还原 FAD，从而形成 3 分子 NADH 和 1 分子 $FADH_2$。

在三羧酸循环中，每循环一次，通过琥珀酰 CoA 形成琥珀酸时偶联的底物水平磷酸化生成 1 分子 GTP（植物和细菌中为 ATP），这相当于 1 分子 ATP。这是一个重要的反应步骤。

在三羧酸循环中，每循环一次，消耗 2 分子水。1 分子水用于合成柠檬酸，另 1 分子水用于延胡索酸加水变成苹果酸。

三羧酸循环中产生的 3 分子 NADH 和 1 分子 $FADH_2$ 经过电子传递链被氧化时释放的能量可生成 9 分子 ATP（1 分子 NADH 经过电子传递链被氧化时释放的能量可生成 2.5 分子 ATP，而 1 分子 $FADH_2$ 经过电子传递链被氧化时释放的能量可生成 1.5 分子 ATP）。因此，1 分子乙酰 CoA 经过三羧酸循环每循环一次并经氧化磷酸化放出的能量共可产生 10 分子 ATP。如果以 1 分子丙酮酸彻底氧化生成 H_2O 和 CO_2 进行计算，则释放能量为 12.5 分子 ATP。

糖酵解途径、三羧酸循环及糖的有氧氧化过程中 ATP 的消耗和产生情况如表 8-2 所示。

表 8 - 2 糖的有氧氧化过程中 ATP 的消耗和产生

	化学反应	直接生成的 ATP 或还原的辅酶	最终生成的 ATP 数目*
糖酵解途径	葡萄糖→6-磷酸葡萄糖	−1 ATP	−1
	6-磷酸果糖→1,6-二磷酸果糖	−1ATP	−1
	2 1,3-二磷酸甘油酸→2 3-磷酸甘油酸	2 ATP	2
	2 磷酸烯醇式丙酮酸→2 丙酮酸	2 ATP	2
	2 3-磷酸甘油醛→2 1,3-二磷酸甘油酸	2 NADH	3 或 5
	总计		5 或 7
三羧酸循环	2 丙酮酸→2 乙酰 CoA	2 NADH	5
	2 异柠檬酸→2 α 酮戊二酸	2 NADH	5
	2 α 酮戊二酸→2 琥珀酰 CoA	2 NADH	5
	2 琥珀酰 CoA→2 琥珀酸	2ATP（或 2GTP）	2
	2 琥珀酸→2 延胡索酸	2 FADH$_2$	3
	2 苹果酸→2 草酰乙酸	2 NADH	5
	总计		25
糖的有氧氧化	葡萄糖→6CO$_2$+6H$_2$O		30 或 32

* 按每个 NADH 产生 2.5 个 ATP 和每个 FADH$_2$ 产生 1.5 个 ATP 计算，负值表示被消耗。

三羧酸循环必须在有氧的条件下才能顺利进行。如果没有氧，底物上脱下的 H$^+$ 就无法进入电子传递链进行彻底氧化。但分子氧不直接参加到三羧酸循环中去。

三羧酸循环中有 3 步反应不可逆，而且在循环中也没有绕过这 3 步的酶，所以该循环不可逆。

（六）回补反应

1. 定义 在三羧酸循环中，乙酰 CoA 进入循环，其乙酰基与草酰乙酸缩合形成柠檬酸，最后，草酰乙酸在循环结束时又重新生成。所以说草酰乙酸及循环中各种中间产物的浓度基本维持不变，从而保证循环能够正常进行。但由于三羧酸循环是糖、脂肪、氨基酸相互转化的重要枢纽，其中间产物可作为这些代谢途径中生物合成的前体物质被利用。例如，在脂肪组织，柠檬酸是生成脂肪酸和固醇分子途径中的一环。α 酮戊二酸和草酰乙酸可转变成谷氨酸和天冬氨酸。琥珀酰 CoA 可以与甘氨酸缩合生成卟啉。草酰乙酸可以脱羧生成磷酸烯醇式丙酮酸，后者既可作为糖合成的前体，又可衍生成其他氨基酸。上述过程导致这些中间产物的浓度下降，这样就势必导致三羧酸循环的正常平衡受到影响，从而影响到三羧酸循环的正常进行。因此，只有不断地补充这些中间产物才能维持三羧酸循环的正常进行。这种补充反应称为回补反应（anaplerotic reaction）。

2. 回补反应的途径 三羧酸循环中间产物的回补反应主要有 2 条途径：一条途径是丙酮酸羧化支路；另一条途径是乙醛酸循环（见本章乙醛酸循环部分内容）。以下主要简述丙酮酸羧化支路。

（1）丙酮酸羧化支路的定义。丙酮酸羧化支路是指丙酮酸通过循环以外的反应转变为三羧酸循环的中间产物的过程。

（2）丙酮酸羧化支路的途径。

① 丙酮酸羧化酶途径：在丙酮酸羧化酶（pyruvate carboxylase）的催化下，丙酮酸在生物素、CO$_2$、ATP 参与下生成草酰乙酸（图 8-55）。

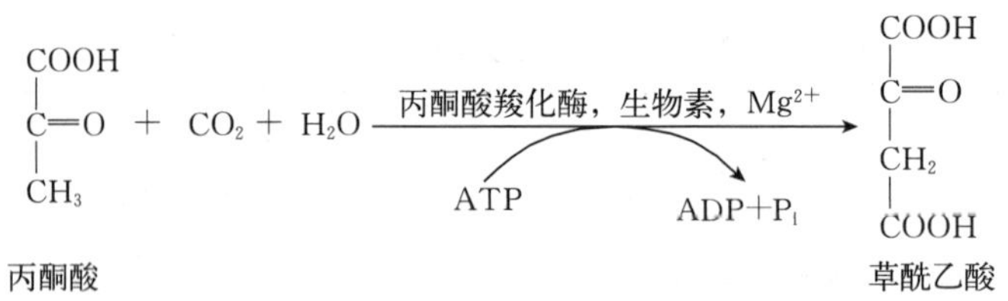

图 8-55 丙酮酸生成草酰乙酸

　　这个反应广泛地存在于动物、植物和微生物组织细胞中，而且是动物最重要的回补反应。丙酮酸羧化酶是变构酶，也是一个调节酶。乙酰 CoA 是其变构激活剂。

　　② 磷酸烯醇式丙酮酸羧激酶途径：在磷酸烯醇式丙酮酸羧激酶（phosphoenolpyruvate carboxykinase）的催化下，磷酸烯醇式丙酮酸（PEP）转变成草酰乙酸（图 8-56）。

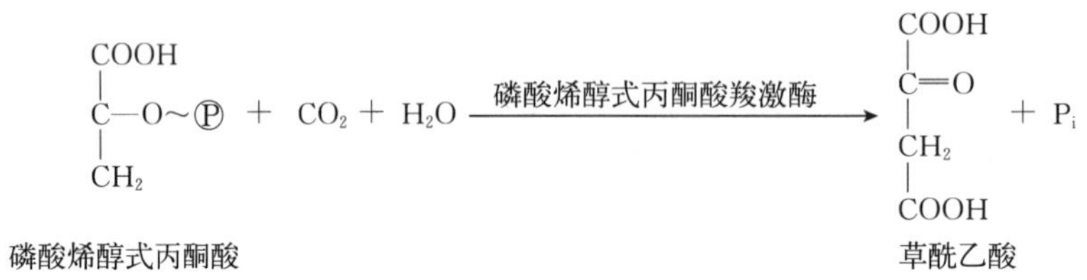

图 8-56　磷酸烯醇式丙酮酸转变成草酰乙酸

　　这个反应存在于植物、酵母菌和细菌中，在动物的脑和心脏中也存在。磷酸烯醇式丙酮酸羧激酶不需要生物素，也不需要 ATP。

　　③ 苹果酸酶途径：在苹果酸酶（malic enzyme）的催化下，丙酮酸羧化生成苹果酸（图 8-57）。

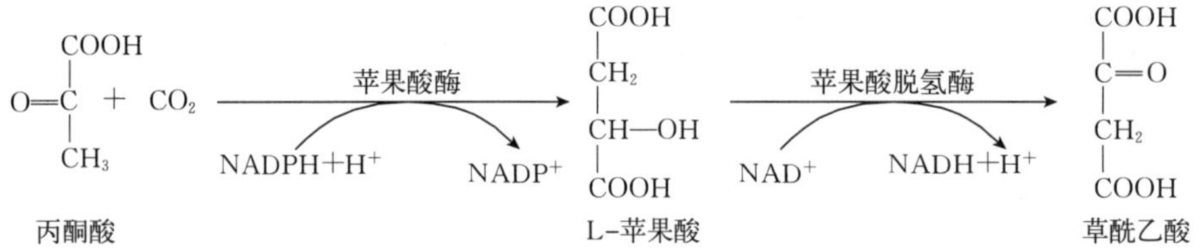

图 8-57　丙酮酸羧化生成苹果酸

　　该反应在胞质溶胶中进行。这个反应存在于动物、植物和微生物组织细胞中。苹果酸在苹果酸脱氢酶（NAD$^+$ 为辅酶）的催化下脱氢生成草酰乙酸。

　　④ 谷草转氨酶途径：在谷草转氨酶（glutamate-oxalacetate transaminase，GOT）的催化下，天冬氨酸与 α酮戊二酸进行转氨基作用生成草酰乙酸（图 8-58）。

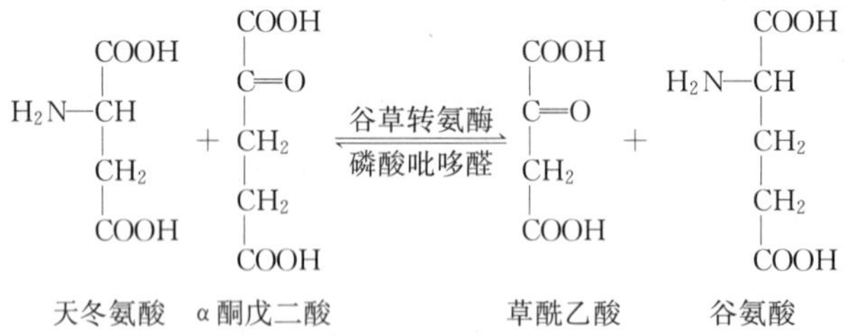

图 8-58　谷草转氨酶途径

　　谷草转氨酶需要维生素 B$_6$ 作为辅酶。异亮氨酸、缬氨酸、苏氨酸、甲硫氨酸也可形成琥珀酰 CoA。

（七）生物学意义

　　现已证明，在植物、动物及多种微生物中都普遍存在着三羧酸循环。三羧酸循环不仅是糖分解代谢的主要途径，也是脂肪、蛋白质分解代谢的最终通路，是生物体最重要的核心代谢途径，在生物体的代谢中具有极其重要的生物学意义。

三羧酸循环是生物机体利用糖或其他物质氧化获得能量的主要途径和最有效方式。它与糖酵解途径偶联构成糖的有氧氧化途径，此途径产生的能量最多。每 1 分子葡萄糖经EMP-TCA 途径并经氧化磷酸化作用，完全氧化可获得 32 分子 ATP（好气性原核生物）或 30 分子 ATP（真核生物）。这些 ATP 用于生物合成、物质运输等代谢中。

三羧酸循环是糖、脂肪、氨基酸、蛋白质等各种代谢的重要枢纽，是生物体内大分子物质最终分解代谢的共同途径。乙酰 CoA 和三羧酸循环的中间产物如草酰乙酸、α 酮戊二酸、柠檬酸、延胡索酸、琥珀酰 CoA 等在体内可以转化或合成其他物质，为其他生物合成代谢途径提供原料和碳骨架。例如，琥珀酰 CoA 是合成卟啉环的原料，而卟啉环是血红素、叶绿素、细胞色素等重要物质的前体；乙酰 CoA 是合成脂肪酸的前体物质；等等。

目前，在发酵工业中，已广泛应用微生物的三羧酸循环途径生产一些有机酸如柠檬酸等。

（八）调控机制

三羧酸循环在生物的细胞代谢中占据着的中心位置，所以必受到严密的调控。三羧酸循环的调控主要发生在丙酮酸脱氢酶复合体、柠檬酸合酶、异柠檬酸脱氢酶、α 酮戊二酸脱氢酶复合体催化的反应中。其中丙酮酸脱氢酶复合体催化的反应部位调控属于在循环外的调控。

1. 丙酮酸脱氢酶复合体的调控　丙酮酸脱氢酶复合体催化的反应并不真正属于三羧酸循环中的反应，但对葡萄糖来说却是进入三羧酸循环的必经之路。乙酰 CoA 是三羧酸循环的起始物质。丙酮酸脱氢酶复合体催化丙酮酸转化为乙酰 CoA。丙酮酸脱氢酶复合体受到别构调控、共价修饰调控和离子调控等多种调控。

2. 柠檬酸合酶的调控　柠檬酸合酶催化乙酰 CoA 和草酰乙酸缩合生成柠檬酸。这一反应不可逆，为关键步骤。柠檬酸合酶是该反应的关键酶，也是别构酶。其活性受 NADH、ATP、琥珀酰 CoA、脂酰 CoA、柠檬酸的抑制，受 ADP、草酰乙酸、乙酰 CoA 的激活。

3. 异柠檬酸脱氢酶的调控　异柠檬酸脱氢酶催化异柠檬酸氧化脱氢和脱羧生成 α 酮戊二酸、CO_2 和 $NADH+H^+$。异柠檬酸脱氢酶是一个变构酶，也是三羧酸循环的关键酶。哺乳动物的异柠檬酸脱氢酶受到 ADP 和 Ca^{2+} 的别构激活，而受到 NADH 和 ATP 的抑制。在原核生物中，大肠杆菌的异柠檬酸脱氢酶受到共价修饰调节。

4. α 酮戊二酸脱氢酶复合体的调控　α 酮戊二酸脱氢酶复合体催化 α 酮戊二酸氧化脱羧生成琥珀酰 CoA。α 酮戊二酸脱氢酶复合体也是三羧酸循环的一种关键酶，其活性受反应产物 $NADH+H^+$ 和琥珀酰 CoA 的抑制，同时也受到细胞内过量 ATP 的抑制，但受到 Ca^{2+} 的激活。α 酮戊二酸脱氢酶复合体的调节与激酶和磷酸酶没有关系。

六、磷酸戊糖途径

（一）定义

磷酸戊糖途径（phosphopentose pathway，PPP）又称为磷酸己糖支路（hexose monophosphate shunt，HMS）、戊糖支路、己糖单磷酸途径（hexose monophosphate pathway，HMP）、磷酸葡萄糖氧化途径、Warburg-Dickens 磷酸戊糖途径或戊糖磷酸循环。磷酸戊糖途径将 6-磷酸葡萄糖氧化为 CO_2，并产生大量的 NADPH。该途径是糖类的又一重要代谢途径，是葡萄糖分解的第二条主要途径，是葡萄糖分解的另外一种机制。

（二）研究历史

糖酵解和三羧酸循环是生物体内糖分解的主要途径，但研究证明，它并非唯一途径。有人在组织匀浆中添加糖酵解抑制剂如碘乙酸或氟化物等后发现，糖酵解和三羧酸循环虽然被抑制，但葡萄糖的消耗仍在继续，仍然有一定量的葡萄糖被氧化成 CO_2 和 H_2O。还有人用同位素 ^{14}C 分别标记葡萄糖 C_1 和 C_6，实验结果表明 $^{14}C_1$ 更加容易氧化成 $^{14}CO_2$。这些研究结果表明，除了上述 EMP-

TCA 途径外，葡萄糖的氧化降解还存在其他途径。

1931 年，O. Warburb 及其同事，还有 F. Lipman 等人首先发现了 6-磷酸葡萄糖脱氢酶（glu-cose phosphate dehydrogenase）和 6-磷酸葡萄糖酸脱氢酶（6-phosphogluconate dehydrogenase），还发现了 $NADP^+$ 是 6-磷酸葡萄糖脱氢酶和 6-磷酸葡萄糖酸脱氢酶的辅酶，从而初步认识到生物体中存在着糖酵解以外的未知糖代谢途径。1951 年，D. B. Scott 和 S. S. Cohen 最早分离到 5-磷酸核糖，进一步确认了该途径的存在。20 世纪 50 年代，科学家们发现了 6-磷酸葡萄糖可以转变成 5-磷酸核酮糖和 CO_2，通过研究终于弄清了一系列的中间反应过程。1953 年，Dickens 总结了前人的研究成果，发表在英国的医学杂志 *British Medical Bulletin* 上，提出了磷酸戊糖途径及其作用机制。

由于这一途径涉及几个磷酸戊糖间的相互转化，所以称为磷酸戊糖途径。因为反应是从 6-磷酸葡萄糖开始的，所以又称为磷酸己糖支路。

因此，磷酸戊糖途径的发现是从研究糖酵解过程的观察中开始的，是许多科学家共同发现的。这条途径可分为氧化脱羧阶段和非氧化的分子重组阶段。这条途径的主要用途是提供重要代谢物（5-磷酸核糖）和还原力（$NADPH+H^+$）。磷酸戊糖途径在生物合成脂肪酸和胆固醇的组织如乳腺、肝、肾上腺、脂肪等最活跃。

（三）反应场所

磷酸戊糖途径在细胞质中进行，而且广泛存在于动物、植物体内和细菌中。

（四）化学反应过程

磷酸戊糖途径由一个循环式的反应体系组成，可分为氧化阶段和非氧化阶段。整个反应过程需 6 分子 6-磷酸葡萄糖参加，最终重新生成 5 分子 6-磷酸葡萄糖，并使 1 分子 6-磷酸葡萄糖彻底氧化分解，生成 CO_2 和还原力 $NADPH+H^+$。

1. 氧化阶段 这个阶段包括 3 步反应：脱氢、水解和脱氢脱羧反应。

（1）脱氢反应。在 6-磷酸葡萄糖脱氢酶的催化下，6-磷酸葡萄糖脱氢生成 6-磷酸葡萄糖酸-δ-内酯（6-phosphogluconate-δ-lactone）（图 8-59）。

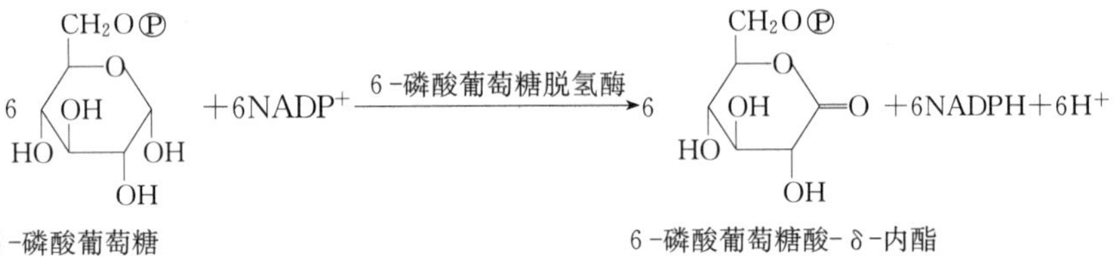

图 8-59　生成 6-磷酸葡萄糖酸-δ-内酯

以上反应为不可逆反应，是整个磷酸戊糖途径的主要调节步骤。反应以 $NADP^+$ 为氢的受体，形成 $NADPH+H^+$。6-磷酸葡萄糖脱氢酶受产物 NADPH 的别构抑制。通过这一简单调节，磷酸戊糖途径可以自我限制 NADPH 的产生。

（2）水解反应。在 6-磷酸葡萄糖酸-δ-内酯酶（6-phosphate gluconolactonase）的催化下，6-磷酸葡萄糖酸-δ-内酯水解生成 6-磷酸葡萄糖酸（图 8-60）。

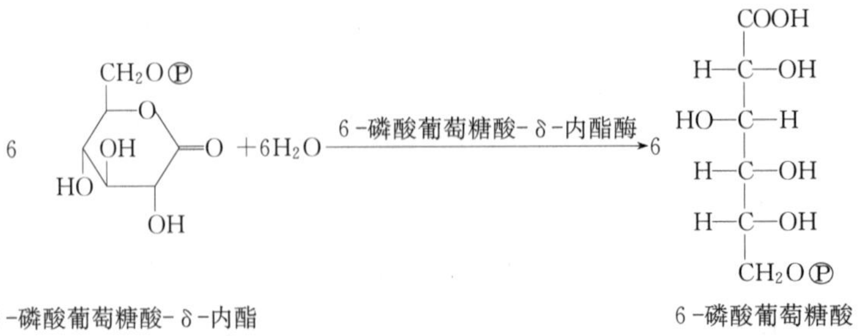

图 8-60　生成 6-磷酸葡萄糖酸

这个反应为不可逆反应，需要 Mg^{2+} 的参与。

（3）脱氢脱羧反应。在 6-磷酸葡萄糖酸脱氢酶的催化下，6-磷酸葡萄糖酸脱氢、脱羧生成 5-磷酸核酮糖、CO_2 和 $NADPH+H^+$（图 8-61）。

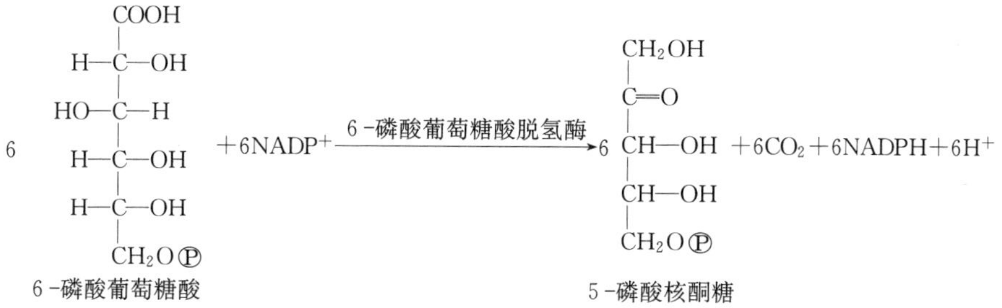

图 8-61　生成 5-磷酸核酮糖、CO_2 和 NADPH

此反应为不可逆反应，$NADP^+$ 再次作为氢的受体，并且需要 Mg^{2+} 参与。

2. 非氧化阶段　这个阶段包括 9 步反应。

（1）5-磷酸核糖的生成。在磷酸核糖异构酶（phosphoriboisomerase）的催化下，以上反应生成的 6 分子 5-磷酸核酮糖有 2 分子异构化成 5-磷酸核糖（图 8-62）。

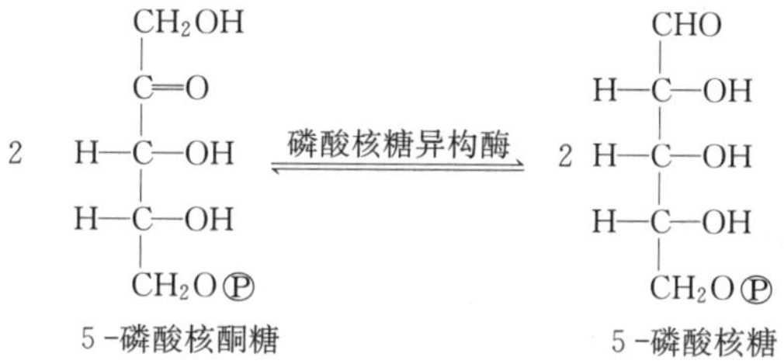

图 8-62　5-磷酸核糖的生成

（2）5-磷酸木酮糖的生成。在磷酸戊酮糖表异构酶（phosphopentose epimerase）的催化下，另有 4 分子 5-磷酸核酮糖差向异构化（或称为表异构化）成 5-磷酸木酮糖（图 8-63）。

图 8-63　5-磷酸木酮糖的生成

（3）7-磷酸景天庚酮糖和 3-磷酸甘油醛的生成。在转酮酶（transketolase）的催化下，以上反应中（1）步生成的 2 分子 5-磷酸核糖与（2）步反应中生成的 2 分子 5-磷酸木酮糖反应，5-磷酸木酮糖上的二碳单位羟乙酰基转移到 5-磷酸核糖的第 1 位碳原子上，生成 7-磷酸景天庚酮糖和 3-磷酸甘油醛（图 8-64）。转酮酶转移一个二碳单位。辅酶为焦磷酸硫胺素（TPP）。

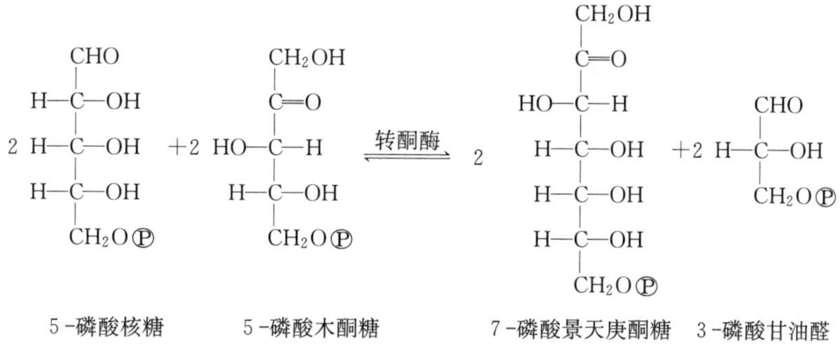

图 8-64　7-磷酸景天庚酮糖和 3-磷酸甘油醛的生成

通过该反应，磷酸戊糖途径可与糖酵解途径连接起来。

（4）4-磷酸赤藓糖和6-磷酸果糖的生成。在转醛酶（transaldolase）的催化下，7-磷酸景天庚酮糖和3-磷酸甘油醛反应，7-磷酸景天庚酮糖把二羟丙酮基团转移给3-磷酸甘油醛，生成4-磷酸赤藓糖和6-磷酸果糖（图8-65）。转醛酶转移一个三碳单位。

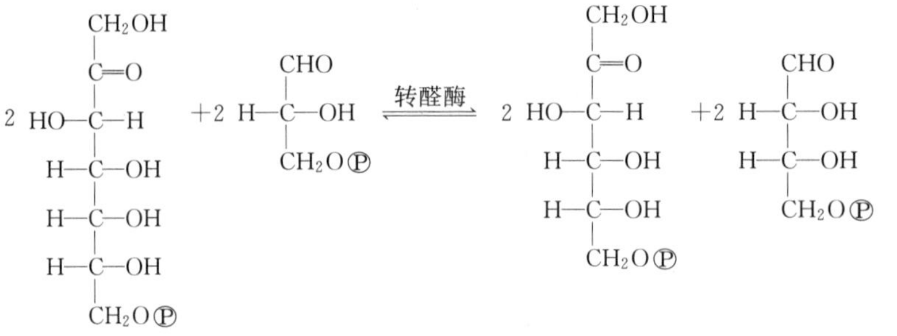

7-磷酸景天庚酮糖　3-磷酸甘油醛　6-磷酸果糖　4-磷酸赤藓糖

图8-65　4-磷酸赤藓糖和6-磷酸果糖的生成

以上途径中的转酮酶和转醛酶的底物特征很相似，均是从酮糖中转移一个含碳基团（作为供体）到醛糖（作为受体）上。两种酶的区别在于其转移基团的大小不同。转醛酶是从酮糖分子中转移二羟丙酮基团（三碳单位）到醛糖上，形成新的醛糖和新的酮糖。转酮酶是从酮糖分子中转移羟乙酰基（二碳单位）到醛糖上，形成新的酮糖和新的醛糖。转酮酶需要 Mg^{2+} 和 TPP 作为辅因子。

（5）3-磷酸甘油醛和6-磷酸果糖的生成。在转酮酶的催化下，上面（2）步反应中剩余的2分子5-磷酸木酮糖与上面（4）步反应生成的2分子4-磷酸赤藓糖反应，生成3-磷酸甘油醛和6-磷酸果糖（图8-66）。辅酶为TPP，还需要 Mg^{2+} 参加。

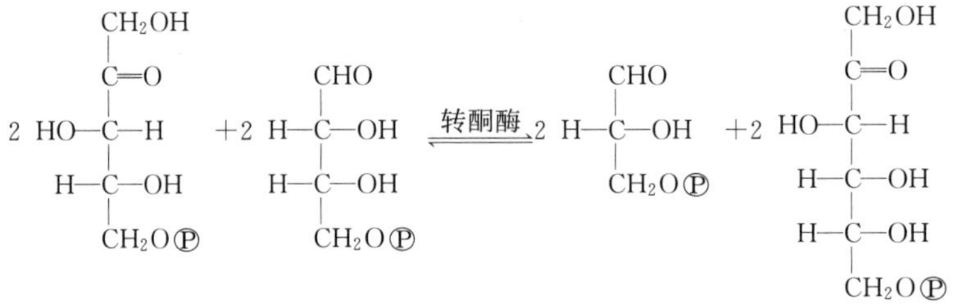

5-磷酸木酮糖　4-磷酸赤藓糖　3-磷酸甘油醛　6-磷酸果糖

图8-66　3-磷酸甘油醛和6-磷酸果糖的生成

该反应生成的3-磷酸甘油醛和6-磷酸果糖都是糖酵解途径的中间产物，可以进行分解代谢，也可以经糖异生作用生成葡萄糖。

（6）磷酸二羟丙酮的生成。在磷酸丙糖异构酶的催化下，1分子3-磷酸甘油醛异构化成磷酸二羟丙酮（图8-67）。

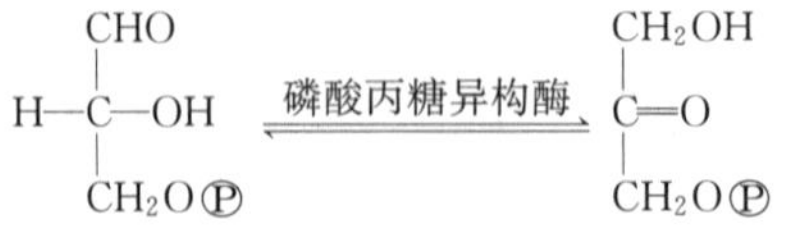

3-磷酸甘油醛　磷酸二羟丙酮

图8-67　磷酸二羟丙酮的生成

（7）1，6-二磷酸果糖的生成。在醛缩酶的催化下，上面（5）步反应中剩余的1分子3-磷酸甘油醛与上面（6）步反应中生成的磷酸二羟丙酮反应，生成1，6-二磷酸果糖（图8-68）。

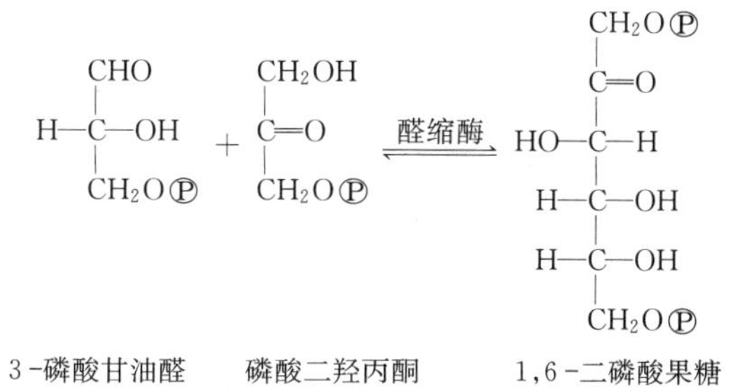

图 8-68 1,6-二磷酸果糖的生成

（8）6-磷酸果糖的生成。在 1,6-二磷酸果糖磷酸酯酶的催化下，1,6-二磷酸果糖水解生成 6-磷酸果糖（图 8-69）。

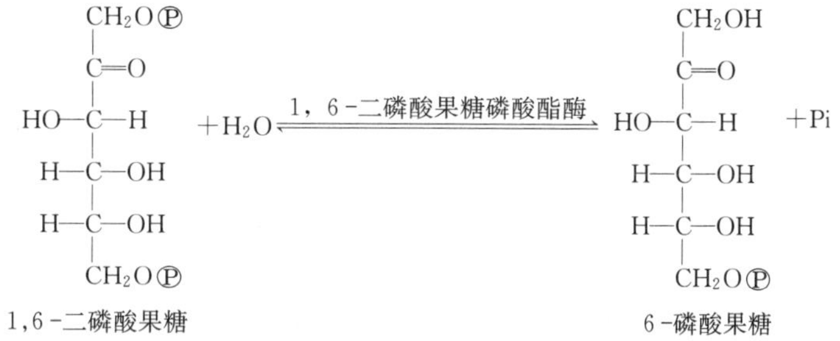

图 8-69 6-磷酸果糖的生成

（9）6-磷酸葡萄糖的重新生成。在磷酸己糖异构酶的催化下，全过程生成的 5 分子 6-磷酸果糖异构化，生成 5 分子 6-磷酸葡萄糖（图 8-70）。

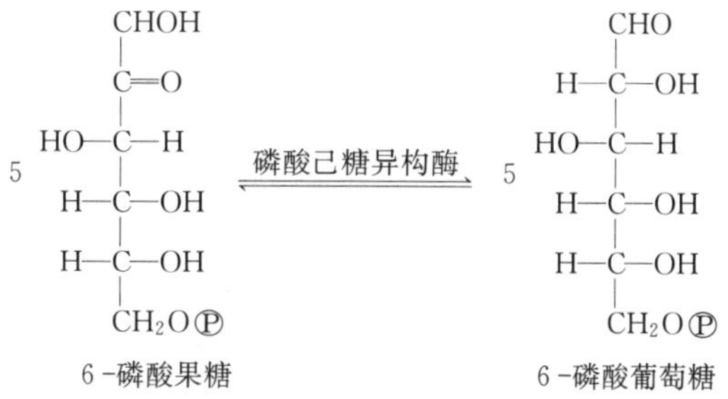

图 8-70 6-磷酸葡萄糖的重新生成

磷酸戊糖途径整个过程需要 6 分子 6-磷酸葡萄糖参与，经过氧化阶段和非氧化阶段共 12 步反应，最终重新生成 5 分子 6-磷酸葡萄糖，并氧化 1 分子 6-磷酸葡萄糖，产生 6 分子 CO_2 和 12 分子 $NADPH+H^+$。这些 6-磷酸葡萄糖分子是经过氧化、脱氢、脱羧、基团转移、异构化、表异构化、水合、缩合等变化重新组合过的。

磷酸戊糖途径的总反应可表示如下：

6（6-磷酸葡萄糖）$+7H_2O+12NADP^+\longrightarrow$ 5（6-磷酸葡萄糖）$+6CO_2+12NADPH+12H^++Pi$

磷酸戊糖途径的整个反应过程如图 8-71 所示。

（五）化学计量

在磷酸戊糖途径中，从 6 分子 6-磷酸葡萄糖开始，经过氧化阶段和非氧化阶段，重新生成 5 分子的 6-磷酸葡萄糖，并有 1 分子的 6-磷酸葡萄糖彻底氧化分解，产生 6 分子 CO_2 和 12 分子 $NADPH+H^+$。

（六）生物学意义

磷酸戊糖途径的生物学意义在于：

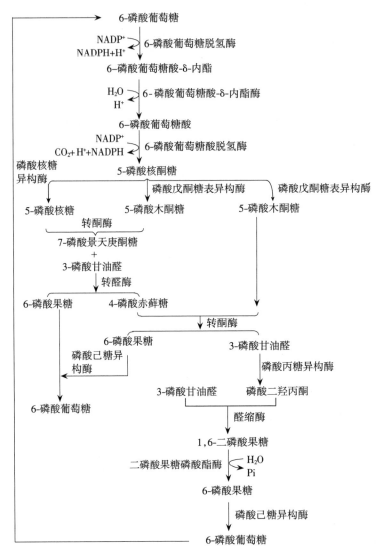

图 8-71　磷酸戊糖途径

1. 产生大量的 NADPH+H⁺　NADPH+H⁺ 作为主要供氢体，可为生物细胞内各种合成反应提供主要的还原力。在磷酸戊糖途径中，经过氧化阶段和非氧化阶段，产生 12 分子 NADPH+H⁺，这为脂肪酸、固醇、类固醇激素、四氢叶酸、氨基酸的生物合成，光合作用和非光合细胞中硝酸盐亚硝酸盐的还原、氨的同化、核苷酸的合成等提供还原力。红细胞需要大量的还原型谷胱甘肽，因为它保护蛋白质结构中的—SH 使其不被氧化而维持蛋白质结构的完整性，保护细胞膜脂质不被过氧化，维持血红素铁离子处于还原状态。还原型谷胱甘肽是一种重要的还原物质，能保护许多酶的活性，其辅酶是 NADPH。人类的贫血等一些病症就是因为缺少 NADPH。另外，动物肝中含有一系列加单氧酶体系，这些酶与肝细胞的解毒能力有关，而解毒酶的作用需要 NADPH 作为氢和电子的供体。

2. 生成许多中间产物　磷酸戊糖途径为其他代谢提供原料。如 5-磷酸核糖是磷酸戊糖途径的一种重要中间产物，它是合成核苷酸、脱氧核苷酸、ATP 及各种辅酶的重要原料。4-磷酸赤藓糖是磷酸戊糖途径另一种重要的中间产物，它是合成苯丙氨酸、酪氨酸、色氨酸的原料，与蛋白质代谢有关，也与植物生长（如生长素、木质素合成）、抗病性（如酚类抗毒素）、抗逆性（如抗性物质）有关。又如，磷酸戊糖途径中产生的三碳糖、四碳糖、五碳糖、六碳糖及七碳糖可供各种物质合成之用，也是细胞内不同结构糖分子的重要来源，并为各种单糖的转变提供了条件。

（七）调控机制

在磷酸戊糖途径中，6-磷酸葡萄糖脱氢酶是催化第一步反应的酶，该步反应为不可逆反应，是此途径重要的关键酶。其活性较低，受 $[NADP^+]/[NADPH+H^+]$ 值的调节。$NADP^+$ 激活 6-磷酸葡萄糖脱氢酶的活性。$NADPH+H^+$ 则竞争性抑制 6-磷酸葡萄糖脱氢酶的活性，同时也竞争性抑制 6-磷酸葡萄糖酸脱氢酶的活性。$[NADP^+]/[NADPH+H^+]$ 值变化不仅直接影响到酶的活性，还影响到整个代谢途径运行的速度。

6-磷酸葡萄糖酸脱氢酶催化的反应也是不可逆反应，也为关键步骤。其活性受到产物5-磷酸核酮糖和 NADPH 的共同抑制。

在非氧化阶段，戊糖的转变主要受控于底物浓度。5-磷酸核糖浓度高时，可转化成 6-磷酸果糖和 3-磷酸甘油醛，从而促进糖酵解。

此外，磷酸戊糖途径还存在着 6-磷酸葡萄糖酸去路的调节及转酮酶的调节。当 $NADP^+$ 浓度较大时，促进 6-磷酸葡萄糖酸积累，其抑制磷酸己糖异构酶的活性，从而促进磷酸戊糖途径而抑制糖酵解过程。当 TPP 缺乏时，抑制转酮酶的活性。

七、乙醛酸循环

（一）定义

乙醛酸循环（glyoxylate cycle）又称为乙醛酸途径（glyoxylate pathway）。它只存在于植物（如萌发的油料种子）、微生物（如大肠杆菌、醋酸杆菌、固氮菌等）、藻类和某些无脊椎动物细胞中。该途径因其代谢过程的中间产物中有一个二碳化合物乙醛酸而得名。

（二）反应场所

在植物中，乙醛酸循环是在乙醛酸循环体（glyoxysome）中进行的，该细胞器位于细胞质中。

（三）化学反应过程

乙醛酸循环是一个与三羧酸循环相类似但又不同的代谢过程。乙醛酸循环中有些反应与三羧酸循环是共同的。例如，乙酰 CoA 首先与草酰乙酸经柠檬酸合酶催化生成柠檬酸，然后在顺乌头酸酶催化下转化成异柠檬酸。但生成的异柠檬酸在乙醛酸循环中不沿三羧酸循环的途径，而是在异柠檬酸裂解酶（isocitrate lyase）的催化下裂解生成琥珀酸和乙醛酸。然后，乙醛酸和另外一分子乙酰 CoA 在苹果酸合酶（malate synthase）的催化下生成苹果酸。苹果酸转移到细胞质中，经苹果酸脱氢酶催化，转变成草酰乙酸。草酰乙酸进入下一次循环，也可经糖异生作用合成葡萄糖。

裂解生成的琥珀酸由乙醛酸循环体经细胞质进入线粒体氧化生成延胡索酸，转换成苹果酸，然后转换成草酰乙酸，再经转氨作用生成天冬氨酸。天冬氨酸经转运系统再回到乙醛酸循环体，重新生成草酰乙酸。

亚细胞研究表明，顺乌头酸酶主要存在于植物胞质溶胶和线粒体内，在乙醛酸循环体和过氧化物酶体内则没有发现。这与以前人们普遍认为的顺乌头酸酶存在于乙醛酸循环体的观点不相符合。由于乙醛酸循环中必须有顺乌头酸酶参加，因此这意味着乙醛酸循环可能需要柠檬酸从乙醛酸循环体经跨膜运输进入胞质溶胶，同时经胞质溶胶顺乌头酸酶催化生成的异柠檬酸再转运回到乙醛酸循环体中。

在乙醛酸循环中，异柠檬酸裂解酶和苹果酸合酶是两个关键的酶，它们催化的反应式如图 8-72 和图 8-73 所示。

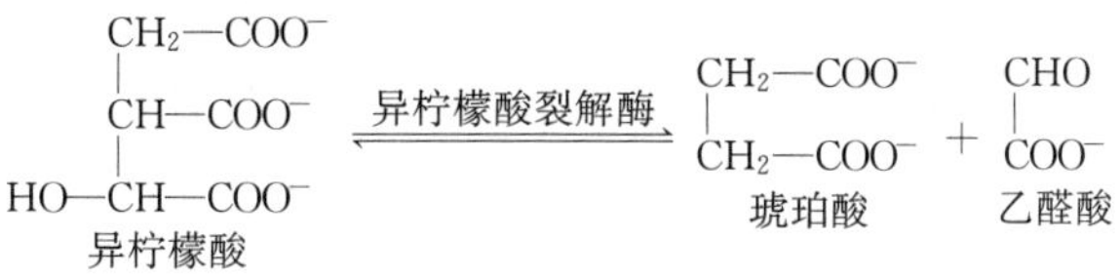

$$\begin{array}{c} CH_2{-}COO^- \\ | \\ CH{-}COO^- \\ | \\ HO{-}CH{-}COO^- \\ \text{异柠檬酸} \end{array} \xrightarrow[\text{异柠檬酸裂解酶}]{} \begin{array}{c} CH_2{-}COO^- \\ | \\ CH_2{-}COO^- \\ \text{琥珀酸} \end{array} + \begin{array}{c} CHO \\ | \\ COO^- \\ \text{乙醛酸} \end{array}$$

图 8-72　异柠檬酸裂解为琥珀酸和乙醛酸

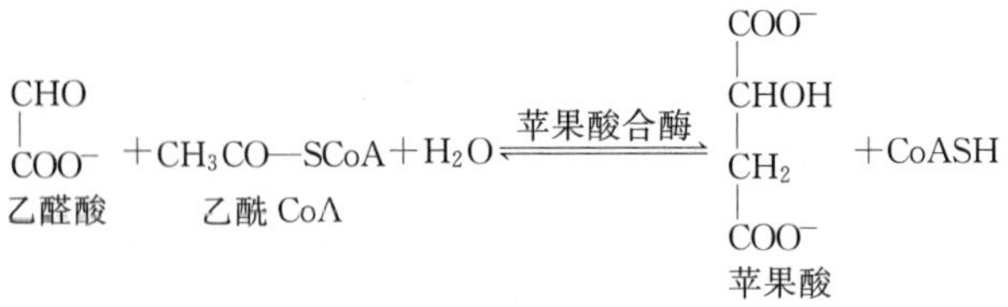

CHO
COO⁻
乙醛酸
+CH₃CO—SCoA+H₂O
乙酰 CoA
苹果酸合酶
COO⁻
CHOH
CH₂
COO⁻
苹果酸
+CoASH

图 8-73 生成苹果酸

乙醛酸循环总反应式可表示为：

$$2\ \text{乙酰 CoA} + NAD^{+} + H_2O \longrightarrow \text{琥珀酸} + NADH + H^{+} + 2\ CoA\text{—}SH$$

乙醛酸循环整个反应过程如图 8-74 所示。

脂肪酸
CH₃—CO—S—CoA
乙酰辅酶A
CoA—SH
COOH
CH₂
HO—C—COOH
CH₂
COOH
柠檬酸
COOH
CH
C—COOH
CH₂
COOH
顺乌头酸
COOH
HO—CH
HC—COOH
CH₂
COOH
异柠檬酸
异柠檬酸
裂解酶
COOH
CH₂
CH₂
COOH
琥珀酸
H
O═C—COOH
乙醛酸
CH₃—CO—S—CoA
乙酰辅酶A
苹果酸
合酶
COOH
HO—CH
CH₂
COOH
苹果酸
COOH
C═O
CH₂
COOH
草酰乙酸

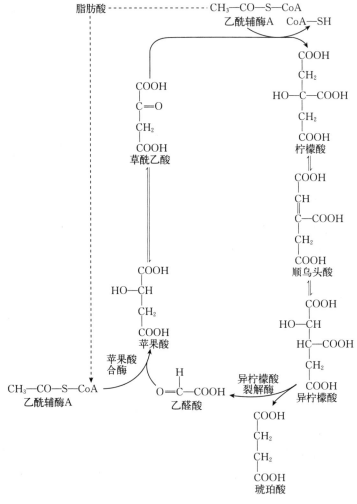

图 8-74 乙醛酸循环

(四) 乙醛酸循环与三羧酸循环的关系

乙醛酸循环与三羧酸循环有一定的相似性。与三羧酸循环相比，可以将乙醛酸循环看成是三羧酸循环的一个支路，它在异柠檬酸处分支，绕过了三羧酸循环的两步脱羧反应，因此不发生氧化降解。虽然这两个循环中有些反应是相同的，但这两个循环有着本质的区别。

第一，乙醛酸循环是在乙醛酸循环体中进行的，而三羧酸循环是在线粒体中进行的。

第二，在乙醛酸循环中有两个关键的酶：异柠檬酸裂解酶和苹果酸合酶。除这两个酶外，其余的酶都与三羧酸循环的酶相同。

第三，在乙醛酸循环中，乙酰 CoA 的碳原子没有以 CO_2 的形式释放出来，而是净合成了 1 分子草酰乙酸。而在三羧酸循环中，乙酰 CoA 的碳原子全部以 CO_2 的形式释放出来。

第四，在乙醛酸循环中，需要 2 分子的乙酰 CoA。实际上，这个循环是将两个二碳基团（乙酰 CoA 的乙酰基）合成了一个四碳化合物——琥珀酸。而在三羧酸循环中，需要 1 分子的乙酰 CoA。

（五）生物学意义

在植物、微生物、藻类和某些无脊椎动物中，现已发现，脂肪可以转变成糖。在此过程中乙醛酸循环起着关键的作用，它是连接糖类代谢和脂类代谢的枢纽。

乙醛酸循环对三羧酸循环起着辅助作用。因为乙醛酸循环所产生的四碳化合物可以弥补三羧酸循环中四碳化合物的不足。

对于一些细菌和藻类，因具有乙酰 CoA 合成酶，可以利用乙酸生成乙酰 CoA 而进入乙醛酸循环。因此，它们能够仅以乙酸盐作为能源和碳源生长。

乙醛酸循环是植物所特有的循环途径，是有机物质积累的重要途径。乙醛酸循环可以把脂肪分解产生乙酸转化为糖类，再为油料植物种子萌发提供能源。

八、葡糖醛酸途径

（一）定义

葡糖醛酸途径（glucuronate pathway）是葡萄糖氧化的次要代谢途径，主要在肝中进行。该途径由 6-磷酸葡萄糖、1-磷酸葡萄糖或 UDPG 开始，经过 UDP-葡糖醛酸去掉 UDP 后形成葡糖醛酸。葡糖醛酸形成后，可经过一系列代谢产生 L-木酮糖、木糖醇、D-木酮糖，从而与磷酸戊糖途径汇合。也可经过这个途径产生两个特殊的产物：D-葡糖醛酸和 L-抗坏血酸。葡糖醛酸在外来有机化合物的解毒和排泄中起着重要的作用。而 L-抗坏血酸又称为维生素 C，是人和许多动物不可缺少的营养物质。

（二）化学反应过程

1. 生成 UDPG　在 UDP-葡萄糖焦磷酸化酶的催化下，1-磷酸葡萄糖和 UTP 反应生成 UDPG（图 8-75）。

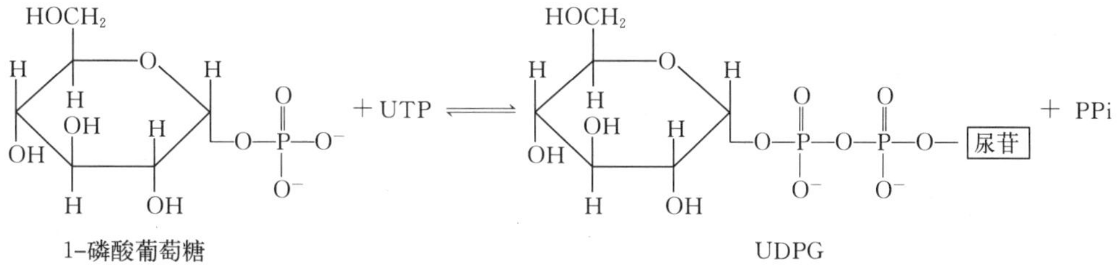

图 8-75　生成 UDPG

2. 生成 UDP-D-葡糖醛酸　在 UDP-D-葡萄糖脱氢酶的催化下，UDPG 被氧化生成 UDP-D-葡糖醛酸（图 8-76）。

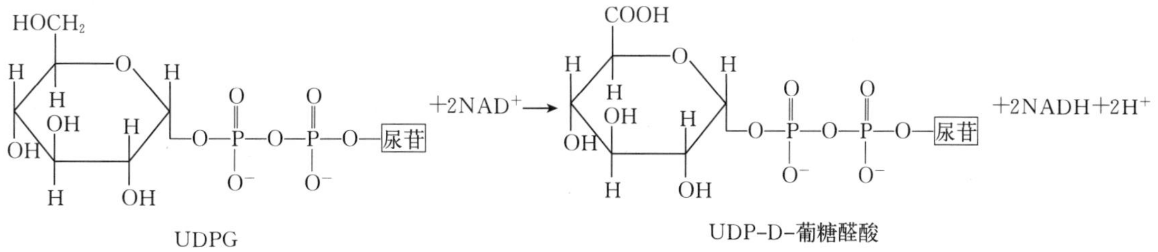

图 8-76　生成 UDP-D-葡糖醛酸

UDP-D-葡糖醛酸生成后，可水解成 D-葡糖醛酸。D-葡糖醛酸通过代谢途径可生成 L-抗坏血酸和 5-磷酸木酮糖。

葡糖醛酸途径如图 8-77 所示。

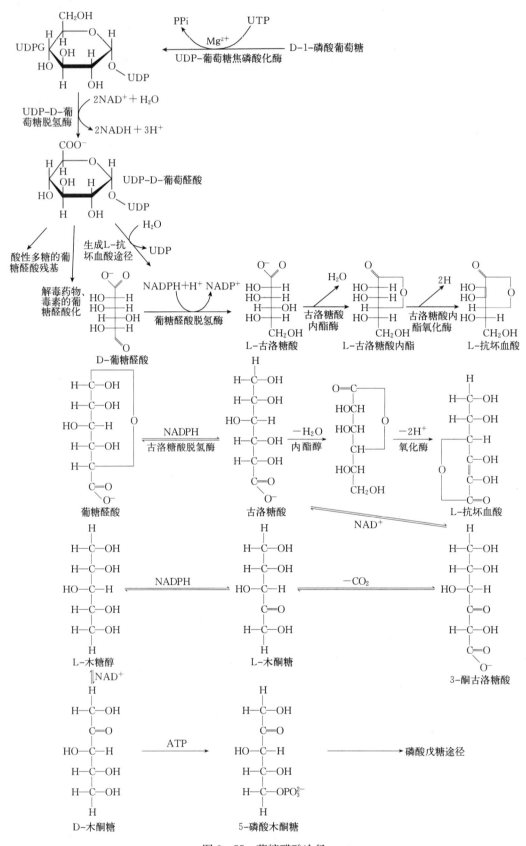

图 8-77 葡糖醛酸途径

（三）生物学意义

葡糖醛酸途径也具有重要的生物学意义。一是 UDP-D-葡糖醛酸可作为葡糖醛酸基供体，可以形成许多重要的糖胺聚糖如透明质酸、肝素、硫酸软骨素等。二是葡糖醛酸可用于合成 L-抗坏血酸。包括人在内的某些动物如豚鼠、猴、一些鸟和鱼等不能合成 L-抗坏血酸。如果缺少 L-抗坏血酸，容易得坏血病。三是葡糖醛酸可与药物或含—OH、—COOH、—NH_2、—SH 的物质结合成可溶于水的化合物，随尿、胆汁排出而起解毒作用。四是葡糖醛酸可用于合成 5-磷酸木酮糖、木糖醇、D-木酮糖，从而与磷酸戊糖途径相联系。

九、糖类代谢的应用

糖类物质是生物体最主要的营养物质和结构组成部分。糖代谢不仅是生物体本身获得能量和代谢物质的代谢途径，而且由于其产生大量的中间产物，所以也为现代发酵工业提供了丰富的物质来源。可以利用生物体内的糖类代谢，发酵生产各种化工原料和生物制品，如乳酸、乙醇、各种有机酸（如苹果酸、琥珀酸和氨基酸）等。

第四节 糖类物质的吸收、转运和贮存

1. 糖类物质的吸收 糖类物质是能量贮存的主要形式。在动物体内，小肠是消化多糖的重要器官，同时也是吸收葡萄糖等单糖的重要部位。在动物和人体中，多糖经过酶促反应分解为单糖后，可被肠道黏膜细胞吸收。细胞对各种单糖的吸收方式不同，可以分成主动运输和被动运输两种方式。主动运输是小肠黏膜细胞吸收单糖的主要方式。被动运输是人体红细胞、肌肉组织和脂肪组织对葡萄糖和果糖吸收的主要方式。主动运输需要消耗能量和载体蛋白。被动运输不需要消耗能量。研究表明，被动运输方式吸收的单糖占单糖总吸收量的 50% 以上。

2. 糖类物质的转运 通过消化道进入血液的各种单糖，经过门静脉进入肝。然后，在肝细胞内通过去磷酸化、异构化和其他反应全部转化成葡萄糖。当血液进入人体循环时，仅有葡萄糖被运输到各种细胞、组织和器官中，进一步被分解或利用。所以，葡萄糖是糖类物质在生物体内的主要运输形式。生物体的各种组织和器官都需要从血液中获取葡萄糖，特别是脑组织和红细胞。血液中葡萄糖的浓度是相对恒定的。当血液中葡萄糖的浓度升高时，一部分葡萄糖降解释放能量，一部分葡萄糖用于合成糖原贮存在肝和肌肉中。当血糖浓度降低时，糖原就会分解。肝糖原分解产生葡萄糖。肌糖原分解产生乳酸。血液中的葡萄糖称为血糖（blood sugar）。血糖主要来源于食物中糖类的消化分解、肝糖原的分解及糖异生作用。血糖的主要去路是氧化分解产生能量，转变为其他的糖类如核糖和脱氧核糖等，转变为非糖物质如氨基酸和脂肪等，转变为肝糖原和肌糖原。

3. 糖类物质的贮存 糖类物质的贮存主要有 3 种方式。在动物体内，糖主要以糖原的形式贮存在肝和肌肉组织中，也可以以脂肪的形式贮存在脂肪组织中。在植物中，糖主要以淀粉和纤维素的形式贮存在植物细胞或组织中。

本章小结

糖类是生物体内最重要的生物大分子之一。它在自然界分布广泛，含量较多。糖均由 C、H、O 这三种元素组成，其分子式可用通式 $C_x(H_2O)_y$ 表示。从分子结构上看，糖类化合物的确切定义是一类多羟基醛或多羟基酮，或是多羟基醛酮的聚合物及其衍生物。糖类物质具有重要的生物功能，与人们的生活关系密切。糖类物质的生物学功能可概括为：作为能源；为蛋白质、脂质、核酸等的生物合成提供碳骨架或前体；作为细胞和组织的结构骨架；参与细胞间和分子间的特异性识别

和结合；与血型决定簇有关；修饰多糖在体内能起到抗肿瘤、抗凝血作用等。

生物体中的糖类按其组成形式可分为4类，即单糖、寡糖、多糖及复合糖。单糖是糖类化合物中结构最简单的糖，不能再被水解成更小分子的糖类。自然界中的戊糖和己糖都有两种不相同的结构，一种是链状结构，另一种是环状结构。它们是同分异构体，其中环状结构最为重要。

蔗糖是非还原性糖。蔗糖的生物合成途径有：一是磷酸蔗糖合酶途径；二是蔗糖合酶途径；三是蔗糖磷酸化酶途径。淀粉是植物体内多糖贮存的主要形式。淀粉包括直链淀粉和支链淀粉，两种淀粉的生物合成途径不同。糖原是动物体内的主要贮糖形式。动物肌肉和肝中的糖原合成与植物淀粉合成的机制相似，但动物有自身特殊的酶类——糖原合酶。纤维素是植物细胞壁的主要成分。纤维素的合成是以糖核苷酸作为葡萄糖的供体。不同植物的糖核苷酸供体有所不同。

糖类的分解代谢是指大分子糖如寡糖或多糖经酶促降解成单糖（葡萄糖或果糖）后，在有氧条件下进一步降解，彻底氧化成 CO_2 和 H_2O，并释放能量合成ATP的过程。淀粉进入生物体后，在淀粉酶的作用下，主要通过两种途径进行降解：一是水解途径，二是磷酸解途径。糖原的酶促降解是在多种酶（如糖原磷酸化酶、转移酶、磷酸葡萄糖变位酶、脱支酶、葡萄糖-6-磷酸酶等）的共同作用下完成的。生物体内纤维素的酶促降解是在纤维素酶的催化下完成的。纤维素酶是参与纤维素水解的一类酶的总称，主要包括 C_1 酶、C_x 酶和 β-1，4-葡萄糖苷酶等。蔗糖的降解主要是通过蔗糖合酶和蔗糖酶的催化进行的。

糖酵解是指在缺氧条件下，经过一系列酶促反应将葡萄糖降解成丙酮酸并合成ATP的过程。糖酵解在细胞质中进行。糖酵解途径包括10步主要反应，1分子葡萄糖在缺氧条件下，经过糖酵解途径降解生成2分子丙酮酸，并净生成2分子ATP和2分子 $NADH+H^+$。糖酵解的生物学意义包括：糖酵解途径是缺氧条件下生物机体获得有限能量的重要方式；糖酵解途径中产生的中间产物能为其他代谢途径提供原料。糖酵解途径中有3步反应为不可逆反应，分别由己糖激酶、磷酸果糖激酶Ⅰ和丙酮酸激酶催化，因此，糖酵解反应速度受这3种酶的调控。糖酵解途径中生成的丙酮酸主要有4条去路：一是生成乙醇，二是生成乳酸，三是生成乙酰CoA进入三羧酸循环，四是经过糖异生作用生成葡萄糖。

糖异生作用是指生物体利用非糖有机化合物作为前体合成葡萄糖的过程。肝是糖异生作用的主要场所。糖异生作用是由丙酮酸开始，经过一系列反应最终形成葡萄糖。糖异生作用通过一种称为旁路或支路的途径绕过糖酵解过程中的一些不可逆反应途径。糖异生作用调控方式与糖酵解非常相似，主要是变构因子对酶的变构调节作用。

三羧酸循环是指葡萄糖经过糖酵解途径分解形成的丙酮酸在有氧条件下先氧化脱羧形成乙酰CoA，然后，乙酰CoA与草酰乙酸缩合成柠檬酸，再在一系列酶的催化下，经过多步反应分别形成异柠檬酸、α酮戊二酸、琥珀酰CoA、琥珀酸、延胡索酸、苹果酸等后又重新生成草酰乙酸，同时产生 CO_2、$NADH+H^+$、$FADH_2$、H_2O 等物质，并放出大量能量形成ATP的过程。三羧酸循环在动物、植物、微生物细胞中普遍存在，不仅是糖分解代谢的主要途径，也是脂肪、蛋白质分解代谢的最终通路，具有重要的生物学意义。对真核生物来说，三羧酸循环在细胞的线粒体基质中进行，反应所需的酶系位于线粒体基质中。对于原核生物来说，三羧酸循环在细胞质中进行，反应所需的酶系位于细胞质中。三羧酸循环可分为两个阶段：一是准备阶段，形成乙酰CoA，从丙酮酸转变为乙酰CoA包括5步反应；二是循环阶段，共有8步反应。1分子乙酰CoA经过三羧酸循环每循环一次并经氧化磷酸化放出的能量为10分子ATP。如果以丙酮酸为底物计算，则放出的能量为12.5分子ATP。三羧酸循环是糖、脂肪、氨基酸相互转化的重要枢纽。三羧酸循环的调控主要发生在丙酮酸脱氢酶复合体、柠檬酸合酶、异柠檬酸脱氢酶及α酮戊二酸脱氢酶复合体催化的反应中。其中，丙酮酸脱氢酶复合体催化的反应部位调控属于在循环外的调控。

磷酸戊糖途径是指将6-磷酸葡萄糖氧化为 CO_2 并产生大量的NADPH的过程。该途径是糖类的又一重要代谢途径，是葡萄糖分解的第二条主要途径，是葡萄糖分解的另外一种机制。磷酸戊糖途径在细胞质中进行，而且广泛存在于动物、植物体内和细菌中。磷酸戊糖途径由一个循环式的反应体系组成，可分为氧化阶段和非氧化阶段。整个反应过程需6分子6-磷酸葡萄糖参加，最终重新生成5分子6-磷酸葡萄糖，并使1分子6-磷酸葡萄糖彻底氧化分解，生成CO_2和还原力NAD-PH+H^+。

乙醛酸循环只存在于植物、微生物、藻类和某些无脊椎动物细胞中。该途径因其代谢过程的中间产物中有一个二碳化合物乙醛酸而得名。在植物中，乙醛酸循环是在乙醛酸循环体中进行的，该细胞器位于细胞质中。乙醛酸循环是一个与三羧酸循环相类似但又不同的代谢过程。乙醛酸循环中有些反应与三羧酸循环是共同的，但两者又有本质的不同。在乙醛酸循环中，异柠檬酸裂解酶和苹果酸合酶是两个关键的酶。

复习思考题

一、名词解释

1. 糖类化合物　2. 单糖　3. 寡糖　4. 多糖　5. D酶　6. Q酶　7. 糖酵解　8. 乳酸发酵　9. 乙醇发酵　10. 糖异生作用　11. 三羧酸循环　12. 乙醛酸循环　13. 回补反应　14. 磷酸戊糖途径

二、填空题

1. 糖酵解过程中有三个关键酶的酶促反应，这些酶是＿＿＿＿、＿＿＿＿、＿＿＿＿。

2. 糖酵解在细胞＿＿＿＿进行，三羧酸循环在细胞＿＿＿＿进行。

3. 大肠杆菌的丙酮酸脱氢酶复合体的3种酶蛋白分别是＿＿＿＿、＿＿＿＿、＿＿＿＿。

4. 糖酵解中氧化还原反应的酶是＿＿＿＿＿＿＿＿。

5. 三羧酸循环中底物水平磷酸化反应的酶是＿＿＿＿＿＿＿＿。

三、问答题

1. 计算1分子葡萄糖经过糖酵解，产生多少ATP?

2. 计算1分子葡萄糖彻底氧化分解，生成多少ATP?

3. 为什么说三羧酸循环是糖类、脂类和蛋白质三大物质代谢的共同通路?

4. 糖异生作用与糖酵解的区别有哪些? 糖异生作用有何生物学意义?

5. 乙醛酸循环与三羧酸循环的区别有哪些? 乙醛酸循环有何生物学意义?

6. 磷酸戊糖途径有什么生物学意义?

主要参考文献

董晓燕，2015. 生物化学 ［M］. 2 版. 北京：高等教育出版社.

郭蔼光，范三红，2018. 基础生物化学 ［M］. 3 版. 北京：高等教育出版社.

龙良启，孙中武，宋慧，等，2005. 生物化学 ［M］. 北京：科学出版社.

王希成，2015. 生物化学 ［M］. 4 版. 北京：清华大学出版社.

杨志敏，2015. 生物化学 ［M］. 3 版. 北京：高等教育出版社.

张丽萍，杨建雄，2015. 生物化学简明教程 ［M］. 5 版. 北京：高等教育出版社.

朱圣庚，徐长法，2016. 生物化学 ［M］. 4 版. 北京：高等教育出版社.

第九章

脂类物质的合成与分解

　　生物体内的脂类（lipid）的化学结构和生理功能都各不相同，按其生物学功能可分 3 类：活性脂质（active lipid）、贮存脂质（storage lipid）和结构脂质（structural lipid）。活性脂质包括萜类、甾醇类化合物及其衍生物。生物体内重要的生命活动如物质转运、能量转换、信息传递及代谢调控等都与脂类密切相关。贮存脂质包括脂肪和蜡（wax）。脂肪是生物体内最有效的贮存代谢能量的形式，单位质量的脂肪完全氧化时，比单位质量的糖和蛋白质可以产生更多的能量，如 1 g 脂肪彻底氧化所释放热量是 1 g 糖原或 1 g 蛋白质彻底氧化的 2.3 倍。此外，在低温下，贮存脂质还有保温功能，这对于在低温下生存的恒温水生动物如鲸具有极为重要的意义。结构脂质由磷脂和糖脂构成，其中磷脂包括甘油磷脂和鞘磷脂，它们是组成生物膜的主要骨架成分，维持细胞的正常结构与功能。

第一节　生物体内的脂类物质

　　生物体内脂类按其化学组成与结构分为三大类，即简单脂（simple lipid）、复合脂（compound lipid）和异戊二烯类脂（isoprenoid lipid）。简单脂是由脂肪酸和醇形成的酯，包括脂酰甘油（脂肪）和蜡；复合脂包括磷脂、糖脂和硫脂；异戊二烯类脂主要结构单位为异戊二烯，包括萜类和类固醇。含有脂肪酸的有简单脂和复合脂，而不含脂肪酸的有异戊二烯类脂。

一、脂肪酸

　　脂肪酸（fatty acid，FA）是长烃链羧酸，由具有疏水性的碳氢链（尾）和亲水性羧基（头）组成。根据碳原子数目差异，脂肪酸分为奇数碳脂肪酸和偶数碳脂肪酸，但天然脂肪酸绝大多数为偶数碳脂肪酸，通常为 4～36 个碳，常见的为 12～24 个碳，如十六碳软脂酸、十八碳硬脂酸。根据脂肪酸碳氢链是否含有双键，脂肪酸又可分为饱和脂肪酸（saturated fatty acid）和不饱和脂肪酸（unsaturated fatty acid）。含一个双键的为单不饱和脂肪酸（monounsaturated fatty acid）。含两个或两个以上双键的为多不饱和脂肪酸（polyunsaturated fatty acid，PUFA）。根据脂肪酸营养作用又分为必需脂肪酸（essential fatty acid，EFA）和非必需脂肪酸（nonessential fatty acid，NEFA），其中必需脂肪酸在哺乳动物体内不能合成，必须从食物中获取，如亚油酸和 α 亚麻酸。这两种多不饱和脂肪酸是维持动物正常生长所必需的。亚油酸和 α 亚麻酸来源于芝麻、大豆、麦胚、油菜籽、海洋鱼类及贝类、甲壳类等。

　　不同的碳原子数目、双键数目和位置，产生不同种类的脂肪酸。饱和脂肪酸中每个单键可以自由旋转使碳链结构整齐有序，而不饱和脂肪酸因其存在双键，所以不能自由旋转，出现一个或多个结节。天然脂肪酸中的双键多为顺式构型，少数为反式构型。在顺式构型中，每个双键在碳链中产生一个约 30°的刚性弯曲，存在扭曲（结节）的空间构象（图 9-1）。这种扭曲（结节）的空间构象使不饱和脂肪酸范德华力减弱，从而导致其熔点随着不饱和度的增加而降低。这种现象对生物膜具有重要的意义。

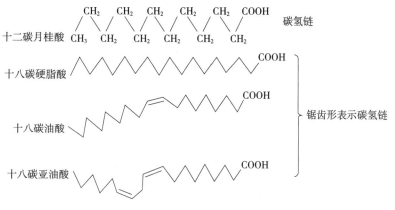

图 9-1 几种脂肪酸的结构模式

脂肪酸的表示形式有习惯名（通俗名）、系统名和简写符号。脂肪酸的简写方法是：先写碳原子数，再写双键数，中间以冒号分开，最后写出双键的位置。如单不饱和脂肪酸的双键位置在 C_9 和 C_{10} 之间，写成 Δ^9；多不饱和脂肪酸的相邻双键通常间隔 3 个碳原子，如 Δ^9、Δ^{12}、Δ^{15}。如软脂酸写成 16：0；硬脂酸写成 18：0；亚油酸写成 18：2（9，12）或 $18:2\Delta^{9,12}$；α 亚麻酸写成 18：3（9，12，15）或 $18:3\Delta^{9,12,15}$。表 9-1 是一些常见的天然脂肪酸。

表 9-1 常见的天然脂肪酸

类别	习惯名称	系统名称	简写符号	结 构	分 布
饱和脂肪酸	软脂酸（棕榈酸）	n-十六烷酸	16：0	$CH_3(CH_2)_{14}COOH$	动物、植物油脂
	硬脂酸	n-十八烷酸	18：0	$CH_3(CH_2)_{16}COOH$	动物、植物油脂
	花生酸	n-二十烷酸	20：0	$CH_3(CH_2)_{18}COOH$	花生油
单不饱和脂肪酸	棕榈油酸	9-十六碳烯酸（顺）	$16:1\Delta^9$	$CH_3(CH_2)_5CH=$ $CH(CH_2)_7COOH$	乳脂、海藻类
	油酸	9-十八碳烯酸（顺）	$18:1\Delta^9$	$CH_3(CH_2)_7CH=$ $CH(CH_2)_7COOH$	橄榄油等，分布广泛
多不饱和脂肪酸	亚油酸	9，12-十八碳二烯酸（顺、顺）	$18:2\Delta^{9,12}$	$CH_3(CH_2)_4(CH=CH$ $CH_2)_2(CH_2)_6COOH$	大豆油、亚麻籽油等
	α 亚麻酸	9，12，15-十八碳三烯酸（全顺）	$18:3\Delta^{9,12,15}$	$CH_3CH_2(CH=CH$ $CH_2)_3(CH_2)_6COOH$	亚麻籽油等
	γ 亚麻酸	6，9，12-十八碳三烯酸（全顺）	$18:3\Delta^{6,9,12}$	$CH_3(CH_2)_4(CH=CH$ $CH_2)_3(CH_2)_3COOH$	月见草种子油
	花生四烯酸	5，8，11，14-二十碳四烯酸（全顺）	$20:4\Delta^{5,8,11,14}$	$CH_3(CH_2)_4(CH=CH$ $CH_2)_4(CH_2)_2COOH$	卵磷脂、脑磷脂
	EPA	5，8，11，14，17-二十碳五烯酸（全顺）	$20:5\Delta^{5,8,11,14,17}$	$CH_3CH_2(CH=CH$ $CH_2)_5(CH_2)_2COOH$	鱼油、动物磷脂
	DHA	4，7，10，13，16，19-二十二碳六烯酸（全顺）	$22:6\Delta^{4,7,10,13,16,19}$	$CH_3CH_2(CH=$ $CHCH_2)_6CH_2COOH$	鱼油、动物磷脂

二、简单脂类

由脂肪酸和醇（甘油或长链一元醇）形成简单脂。根据醇基不同，简单脂可分为酰基甘油和蜡。

（一）酰基甘油

酰基甘油（acylglycerol）是由甘油（glycerol）和脂肪酸通过酯键而生成的酯。根据组成的脂肪酸分子数不同，可分为单（脂）酰甘油、二（脂）酰甘油和三（脂）酰甘油 3 类。三酰甘油（triacylglycerol，TG）又称为甘油三酯（triglyceride）或脂肪，在生物体内含量最丰富。脂肪由 1 分子甘油和 3 分子脂肪酸通过酯键结合而成，其结构通式如图 9-2 所示。式中甘油骨架两端的碳原子为 α 位，中间的为 β 位。

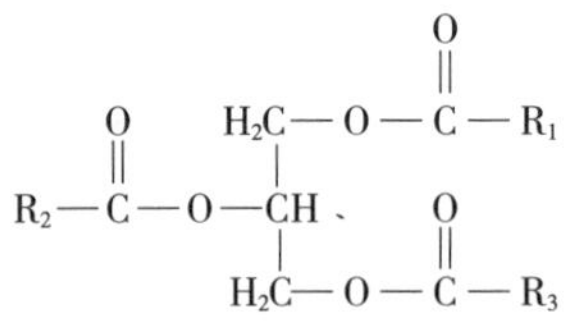

图 9-2　三酰甘油的结构

图 9-2 中，三酰甘油的 R_1、R_2、R_3 可以相同，称为简单三酰甘油；也可不完全相同，称为混合三酰甘油。一般 R_2 多为不饱和脂肪酸。三酰甘油中饱和脂肪酸较多时，室温下为固态，称为脂肪，如动物的三酰甘油；若不饱和脂肪酸较多，在室温下为液态，称为油（oil），如植物的三酰甘油（菜籽油）。故三酰甘油又统称为油脂。

（二）蜡

蜡是长链脂肪酸（14～36 个碳）和长链一元醇（16～30 个碳）形成的高度不溶于水的酯。简单蜡脂的通式为 RCOOR′。蜡中脂肪酸为饱和脂肪酸，醇为饱和醇或不饱和醇。蜡主要存在于皮肤、毛发、果实、叶子及昆虫外骨骼等的表面，起保护作用，如巴西棕榈蜡、蜂蜡、白蜡、羊毛脂等。在海洋浮游生物中，它是主要的贮能物质，如鲸蜡。

三、复合脂类

复合脂类除含有脂肪酸与醇所组成的酯外，还含有一些非脂成分，如磷酸基团（或胆碱）、糖和硫化物，分别称磷脂、糖脂和硫脂。

（一）磷脂

磷脂（phospholipid）包括甘油磷脂（phosphoglyceride）和鞘磷脂（sphingomyelin）。其中，最重要的是甘油磷脂，又称为磷酸甘油酯，它是由 2 分子脂肪酸、磷酸甘油和其他醇（胆碱、乙醇胺）生成的酯，最简单的甘油磷脂为磷脂酸。在磷脂酸基础上生成的磷脂酰胆碱（phosphatidyl choline，PC）（又称为卵磷脂）和磷脂酰乙醇胺（phosphatidylethanolamine，PE）（又称为脑磷脂）是组成生物膜的主要成分。生物膜中磷脂还有磷脂酰肌醇（phosphatidylinositol，PI）、磷脂酰甘油（phosphatidylglycerol，PG）、磷脂酰丝氨酸（phosphatidylserine，PS）等（图 9-3）。

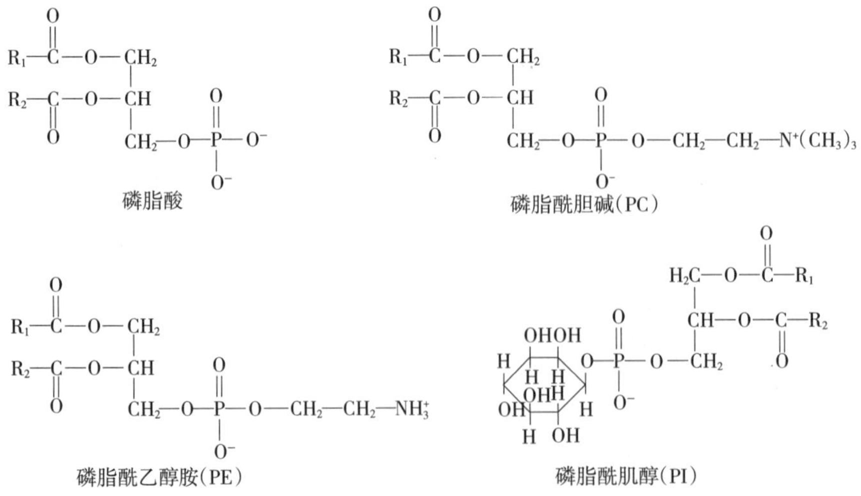

磷脂酸　　　　磷脂酰胆碱（PC）

磷脂酰乙醇胺（PE）　　　　磷脂酰肌醇（PI）

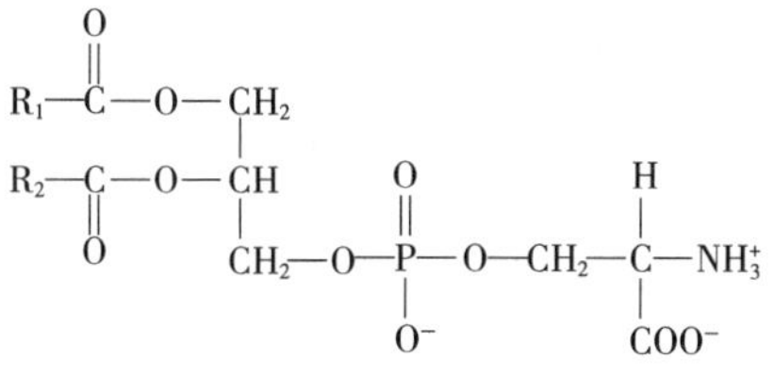

磷脂酰丝氨酸(PS) 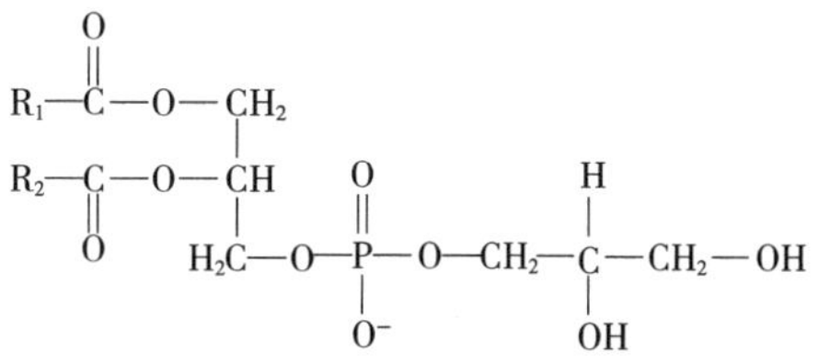　　　　　　　　　　磷脂酰甘油(PG)

图 9-3　磷脂的化学结构

甘油磷脂分子可分为两个部分：一部分是由长的非极性的碳氢链构成疏水"尾巴"，另一部分是由极性的磷酸基团和取代基团组成的亲水"头部"。甘油磷脂的这种两性性质特别适合作为生物膜骨架，构成疏水性的屏障，维持细胞的正常结构与功能。

（二）糖脂和硫脂

糖脂是糖通过其半缩醛羟基与脂质以糖苷键相连的化合物，包括甘油糖脂（glyceroglycolipid）和鞘糖脂（glycosphingolipid）。在结构上，与甘油磷脂相比，甘油糖脂分子中有一个或多个单糖残基而不是磷酸基。构成糖脂的单糖有 D-葡萄糖、D-半乳糖、N-乙酰葡糖胺、N-乙酰半乳糖胺、岩藻糖、唾液酸。含有一个或多个唾液酸的鞘糖脂常称为神经节苷脂（ganglioside）。

高等植物中广泛存在的糖脂是单半乳糖二脂酰甘油酯（monogalactosyldiglyceride，MGDG）和双半乳糖二脂酰甘油酯（digalactosyldiglyceride，DGDG），结构如图 9-4 所示。鞘糖脂参与细胞之间的通信并作为 ABO 血型的抗原决定簇。有些遗传性疾病与鞘糖脂代谢紊乱而使其过剩有关。

硫脂（sulfatide）也称为硫苷脂，是糖基部分被硫酸化的鞘糖脂，即硫酸连在糖基上形成硫酸脂。硫酸脑苷脂是最简单的硫脂，在哺乳动物的脑组织中含量最为丰富。在植物中，硫脂主要存在于叶绿体膜上，如叶绿体膜内的 6-磺基-6-脱氧-α-葡萄糖甘油二酯（sulfoquinovosyldiglycerol，SQDG），结构如图 9-4 所示。

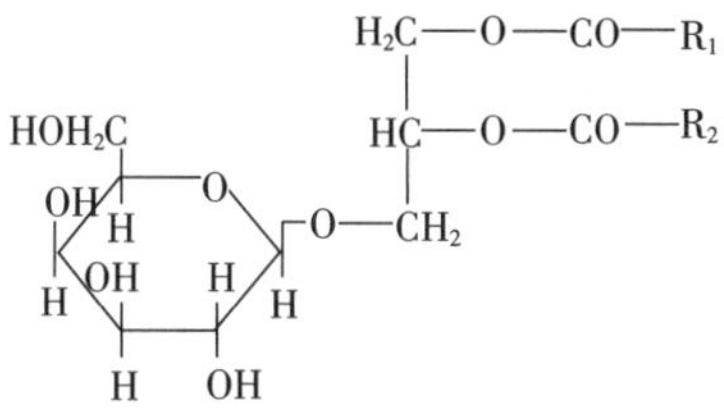

2,3-二酰基-1-β-D-吡喃半乳糖基-D-甘油　　　　6-磺基-6-脱氧-α-葡萄糖甘油二酯
(MGDG)

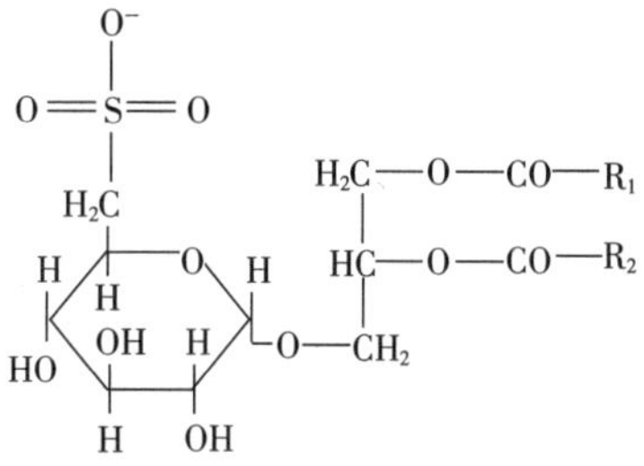

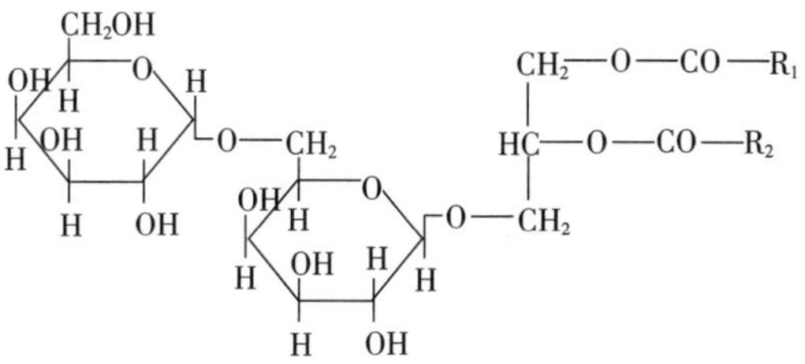

2,3-二酰基-1-（α-D-半乳糖基-1,6-β-D-半乳糖基）-D-甘油 (DGDG)

图 9-4　糖脂和硫脂的化学结构

糖脂和硫脂具有非极性尾部和极性头部，这些化合物在生物膜结构中也扮演重要角色（详见第六章）。

四、异戊二烯类脂

此类脂衍生于异戊二烯，它不含脂肪酸，不能进行皂化，故称为非皂化脂类。异戊二烯类脂主要包括萜类和甾醇类化合物。

（一）萜类

萜类（terpenoids）是种类繁多的一大类化合物，它们由若干个异戊二烯单位（isoprene unit，

$$H_2C=C-CH=CH_2$$
 （上方为 CH$_3$ 基团）连接而成，其连接的方式主要是首尾相连，也有尾尾相连。根据所含有异戊二烯的数目不同，萜可分为单萜（2 个异戊二烯）、倍半萜（3 个异戊二烯）、双萜（4 个异戊二烯）、三萜（6 个异戊二烯）和多萜。植物产生的挥发油的主要成分是萜类，如薄荷醇、樟脑等。类胡萝卜素、维生素 A、维生素 E、维生素 K 等也属于萜类，其中番茄红素与 β 胡萝卜素的结构相似，具有抗衰老、抗癌和抗心血管病的功效。此外，植物激素如赤霉素和脱落酸也是萜类的衍生物。

（二）甾醇类

甾醇（steroid）又称为固醇，是环戊烷多氢菲的羟基衍生物，由 3 个六元环和 1 个五元环结合在一起。它们在生物体内可以游离的醇式存在，也可与脂肪酸结合成酯。胆固醇（cholesterol）是动物体内含量最高的一种类固醇。胆固醇与磷脂一起构成生物膜的组分，与生物膜的流动性有关；胆固醇是血中脂蛋白复合体的成分，与血管粥样硬化有关；胆固醇还是体内许多重要物质的前体，例如，维生素 D、类固醇激素和胆汁酸等都是以其作为原料合成的。植物中很少有胆固醇，但可以合成其他的类固醇，如谷固醇、豆固醇、麦角固醇等。酵母菌中含有大量麦角甾醇。胆固醇和 β 谷固醇的结构如图 9-5 所示。

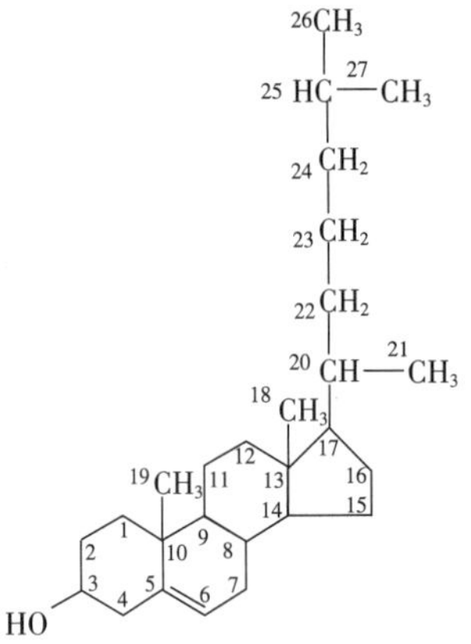

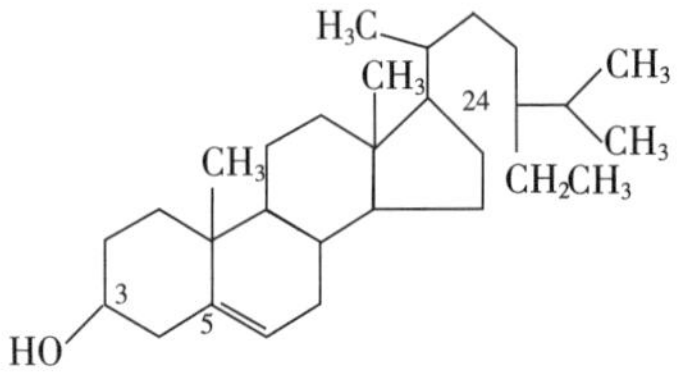

图 9-5　胆固醇和 β 谷固醇的结构

第二节　脂肪的合成代谢

脂肪的合成是甘油的 3 个羟基被脂酰化的过程，即甘油和脂肪酸经酶促反应而合成脂肪。但在细胞内，游离的脂肪酸和甘油不能直接合成脂肪，在缩合之前，脂肪酸需活化为脂酰 CoA，甘油活化为 3-磷酸甘油，然后才能合成脂肪。

一、3-磷酸甘油的生物合成

甘油活化为 3-磷酸甘油可通过两种方式，一种是在细胞质中，由糖酵解中间产物磷酸二羟丙

酮在 3-磷酸甘油脱氢酶催化下，以 NADH 为辅酶还原为 3-磷酸甘油（图 9-6）。

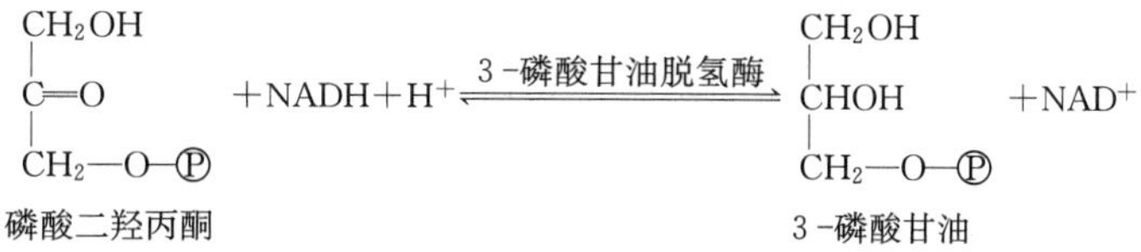

$$\begin{array}{c}
CH_2OH \\
| \\
C=O \\
| \\
CH_2-O-\text{\textcircled{P}}
\end{array} \quad +NADH+H^+ \xrightarrow[\text{3-磷酸甘油脱氢酶}]{} \begin{array}{c}
CH_2OH \\
| \\
CHOH \\
| \\
CH_2-O-\text{\textcircled{P}}
\end{array} \quad +NAD^+$$

磷酸二羟丙酮　　　　　　　　　　　　　　　　　　　3-磷酸甘油

图 9-6　磷酸甘油脱氢酶催化的合成

3-磷酸甘油生成的另一种方式是细胞质中甘油的磷酸化，即在甘油激酶催化下，由甘油和 ATP 反应而形成，该反应为耗能的不可逆反应（图 9-7）。

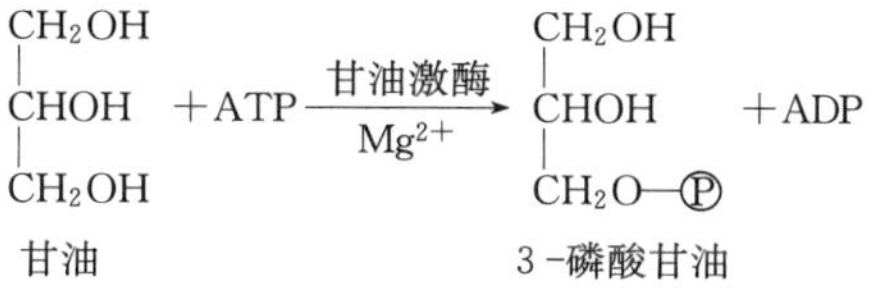

$$\begin{array}{c}
CH_2OH \\
| \\
CHOH \\
| \\
CH_2OH
\end{array} \quad +ATP \xrightarrow[\text{Mg}^{2+}]{\text{甘油激酶}} \begin{array}{c}
CH_2OH \\
| \\
CHOH \\
| \\
CH_2O-\text{\textcircled{P}}
\end{array} \quad +ADP$$

甘油　　　　　　　　　　　　　　　3-磷酸甘油

图 9-7　3-磷酸甘油的合成

二、脂肪酸的生物合成

根据脂肪酸碳氢链的长度和饱和程度不同，脂肪酸的生物合成可分为饱和脂肪酸的从头合成、饱和脂肪酸链的延长及去饱和等过程。

（一）饱和脂肪酸的从头合成

脂肪酸合成的原料（乙酰 CoA）主要来自糖酵解产物丙酮酸，脂肪酸只能从头合成十六碳及十六碳以下的饱和脂肪酸。在动物体内，脂肪酸合成部位在胞质溶胶；植物体的叶细胞和种子细胞分别在叶绿体和前质体内进行脂肪酸合成。脂肪酸的合成同时需要脂酰基载体蛋白（acyl carrier protein，ACP）参加。

1. 参与合成的两种酶系统

（1）乙酰 CoA 羧化酶。原核细胞中乙酰 CoA 羧化酶（acetyl-CoA carboxylase）由 3 个亚基组成，分别具有生物素羧化酶（biotin carboxylase，BC）、羧基转移酶（carboxyl transferase，CT）和生物素羧基载体蛋白（biotin carboxyl carrier protein，BCCP）的功能，其作用是催化乙酰 CoA 合成丙二酸单酰 CoA（图 9-8），催化反应为耗能的不可逆反应。真核细胞的乙酰 CoA 羧化酶是一个多功能酶，一个亚基同时具有以上 3 种功能。

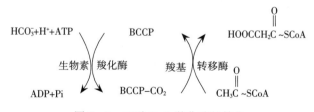

图 9-8　乙酰 CoA 羧化酶的催化

乙酰 CoA 羧化酶催化的反应是脂肪酸合成的限速步骤，乙酰 CoA 羧化酶严格控制着脂肪酸合成的速度。其活性受机体激素的调控，并且受别构调节和共价修饰调节，柠檬酸和 ATP 是其激活剂，软脂酰 CoA 和 AMP 是其抑制剂。

（2）脂肪酸合成酶系统。脂肪酸合成酶系统（fatty acid synthetase system，FAS）是由 6 种酶和 1 种酰基载体蛋白（acyl carrier protein，ACP）组成的多酶体系。这 6 种酶为乙酰 CoA-ACP 脂酰基转移酶（acetyl-CoA-ACP acyltransferase，AT）、丙二酸单酰 CoA-ACP 转移酶（malo-nyl-CoA-ACP transferase，MT）、β 酮脂酰 ACP 合酶（β-ketoacyl-ACP synthase，KS）、β 酮

脂酰 ACP 还原酶（β- ketoacyl - ACP reductase，KR）、β 羟脂酰 ACP 脱水酶（β- hydroxyacyl - ACP dehydratase，DH）、烯脂酰 ACP 还原酶（enoyl - ACP reductase，ER）。

在脂肪酸合成中，ACP 作为脂酰基的载体起作用，不同生物体内的 ACP 在组成和结构上十分相似，来自大肠杆菌中的 ACP 是一个热稳定小分子蛋白质，由 77 个氨基酸残基组成，该蛋白质的36 位丝氨酸上羟基与 4 -磷酸泛酰巯基乙胺以磷酸酯键相连，其中巯基(—SH)是 ACP 的活性基团，负责与脂酰基以硫酯键相连，其结构与乙酰 CoA 十分相似。在大肠杆菌中，上述 6 种酶（AT、MT、KS、KR、DH、ER）以 ACP 为中心，有序地组成一个脂肪酸合成多酶复合体。ACP 携带着脂酰基，犹如一个转动的手臂，依次将脂酰基有序地转到各酶的活性中心，催化脂肪酸合成的各个反应（图 9 - 9）。

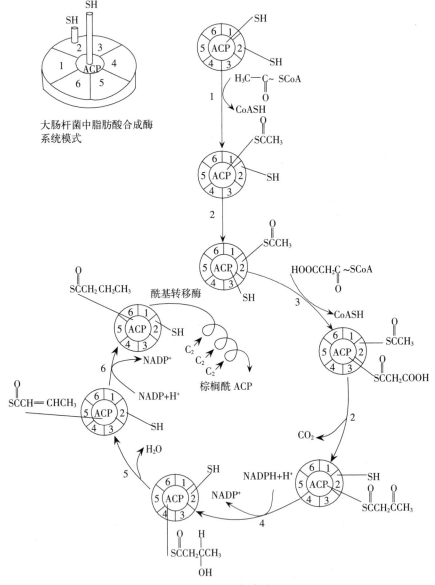

图 9 - 9 脂肪酸生物合成过程

1. 乙酰 CoA - ACP 脂酰基转移酶　2. β 酮脂酰 ACP 合酶　3. 丙二酸单酰 CoA - ACP 转移酶
4. β 酮脂酰 ACP 还原酶　5. β 羟脂酰 ACP 脱水酶　6. 烯脂酰 ACP 还原酶

2. 合成原料的准备

（1）乙酰 CoA 的来源及转运。脂肪酸的合成是在胞质溶胶中进行的，而脂肪酸合成的前体乙酰 CoA 主要集中在线粒体内，它主要来自线粒体内的丙酮酸氧化脱羧、脂肪酸 β 氧化及氨基酸氧化等反应。由于乙酰 CoA 不能直接穿过线粒体内膜，必须通过特殊转运机制——柠檬酸穿梭进入胞质溶胶。

柠檬酸穿梭机制是：在线粒体内，柠檬酸合酶（citrate synthase）催化乙酰 CoA 与草酰乙酸缩合成柠檬酸，然后经内膜上三羧酸载体运至胞质溶胶中，在柠檬酸裂解酶（citrate lyase）催化下，需消耗 ATP 将柠檬酸裂解成草酰乙酸和乙酰 CoA，后者就可用于脂肪酸合成。线粒体内膜对草酰乙酸是不透过的，因此，胞质溶胶中较高浓度的草酰乙酸在苹果酸脱氢酶作用下生成苹果酸，然后经苹果酸酶氧化、脱羧生成丙酮酸，再经线粒体内膜的丙酮酸转运载体运回线粒体。在丙酮酸羧化酶作用下，丙酮酸再次形成草酰乙酸，与乙酰 CoA 生成柠檬酸进行下一次的转运，具体过程参见图 9-10。

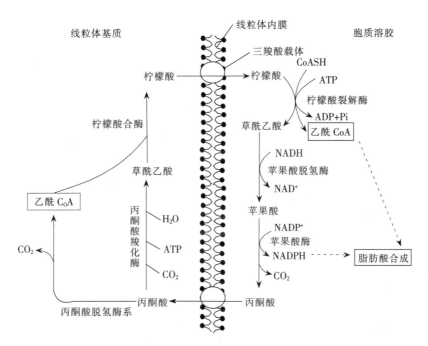

图 9-10　乙酰 CoA 从线粒体至胞质溶胶的运输

每一轮柠檬酸穿梭，从线粒体基质向胞质溶胶转运 1 分子乙酰 CoA，同时生成 1 分子 NADPH＋H^+ 为脂肪酸合成提供所需的还原力。

（2）丙二酸单酰 CoA 的合成。脂肪酸从头合成是二碳单位的延长过程，逐渐增加的二碳单位不是直接来自乙酰 CoA，而是由乙酰 CoA 羧化变成的丙二酸单酰 CoA，催化这一反应的酶是乙酰 CoA 羧化酶，其辅酶是生物素，羧化所需的 CO_2 以 HCO_3^- 形式提供，同时消耗 1 分子 ATP（图 9-11）。

$$CH_3-\overset{O}{\underset{}{C}}-SCoA+CO_2+ATP \longrightarrow HOOC-CH_2-\overset{O}{\underset{}{C}}-SCoA+ADP+Pi$$

乙酰 CoA　　　　　　　　　丙二酸单酰 CoA

图 9-11　丙二酸单酰 CoA 的合成

该反应是合成脂肪酸的限速步骤，为不可逆耗能反应，乙酰 CoA 羧化酶是限速酶。

3. 脂肪酸从头合成的生化反应　脂肪酸从头合成由脂肪酸合成酶催化，催化的反应可分为两个阶段。

（1）第一阶段（酰基转移阶段）。脂肪酸合成酶以酰基载体蛋白（ACP）为中心，在连续的反应中不同碳数的脂酰基中间产物都与 ACP 结合，合成的原料乙酰 CoA 和丙二酸单酰 CoA 也需先进行酰基转移反应。

① 乙酰基转移反应：反应分两步进行。第一步，在乙酰 CoA－ACP 脂酰基转移酶（AT）的

催化下，乙酰 CoA 与 ACP 反应生成乙酰 ACP；第二步，在 β 酮脂酰 ACP 合酶（KS）的催化下，乙酰基被转移至 β 酮脂酰 ACP 合酶的半胱氨酸（Cys）巯基上，使 ACP 游离出来（图 9-12）。

图 9-12　乙酰基转移反应

② 丙二酸单酰基转移反应：在丙二酸单酰 CoA-ACP 转移酶（MT）催化下，游离的 ACP 与丙二酸单酰 CoA 的酰基结合，生成丙二酸单酰-S-ACP（图 9-13）。

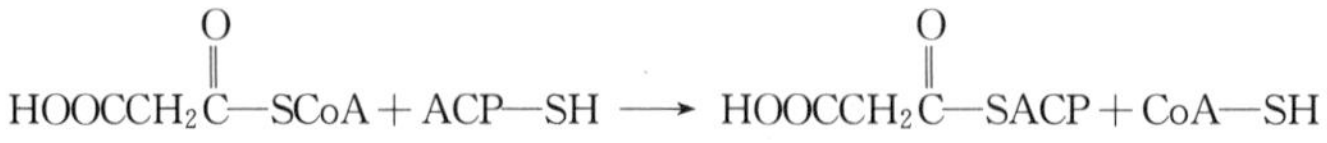

$$\underset{\text{丙二酸单酰 CoA}}{HOOCCH_2\overset{\overset{\text{O}}{\|}}{C}-SCoA} + ACP-SH \longrightarrow \underset{\text{丙二酸单酰-S-ACP}}{HOOCCH_2\overset{\overset{\text{O}}{\|}}{C}-SACP} + CoA-SH$$

图 9-13　丙二酸单酰基转移反应

（2）第二阶段（循环阶段）。在饱和脂肪酸从头合成过程中，每延长 2 个碳原子，需经缩合、还原、脱水、再还原 4 步反应。第一阶段生成的乙酰-S-酶和丙二酸单酰-S-ACP，经这 4 步反应完成饱和脂肪酸从头合成的第一轮循环，生成丁酰-S-ACP。

① 缩合反应：在 KS 的催化下，该酶上所连的乙酰基与丙二酸单酰-S-ACP 进行缩合，生成乙酰乙酰 ACP，同时放出 1 分子 CO_2（^{14}C 标记证明，该 CO_2 中的碳正是乙酰 CoA 羧化反应中所引入的碳原子），脱羧反应产生的能量供缩合反应需要（图 9-14）。

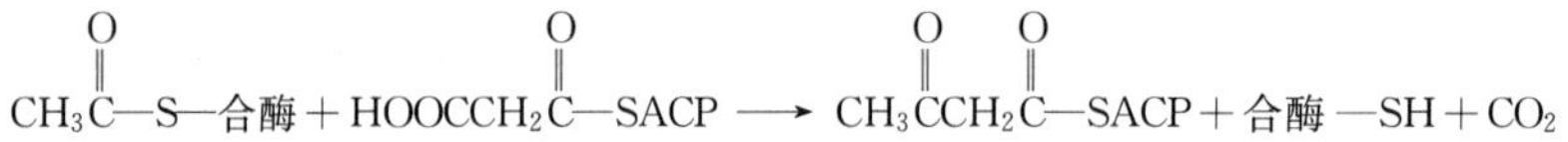

$$\underset{\text{乙酰-S-酶}}{CH_3\overset{\overset{\text{O}}{\|}}{C}-S-\text{合酶}} + \underset{\text{丙二酸单酰-S-ACP}}{HOOCCH_2\overset{\overset{\text{O}}{\|}}{C}-SACP} \longrightarrow \underset{\text{乙酰乙酰 ACP}}{CH_3\overset{\overset{\text{O}}{\|}}{C}CH_2\overset{\overset{\text{O}}{\|}}{C}-SACP} + \text{合酶}-SH + CO_2$$

图 9-14　缩合反应

② 第一次还原反应：乙酰乙酰 ACP 在 β 酮脂酰 ACP 还原酶（KR）作用下，还原成 D 构型的 β 羟丁酰 ACP，还原酶的辅因子即还原力 NADPH＋H^+（图 9-15）。

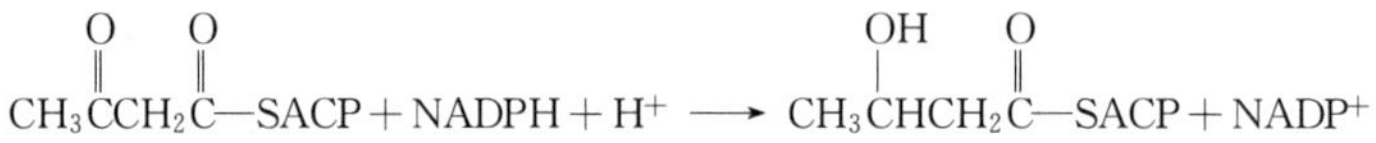

$$\underset{\text{乙酰乙酰 ACP}}{CH_3\overset{\overset{\text{O}}{\|}}{C}CH_2\overset{\overset{\text{O}}{\|}}{C}-SACP} + NADPH + H^+ \longrightarrow \underset{\text{β 羟丁酰 ACP（D 型）}}{CH_3\overset{\overset{\text{OH}}{\|}}{C}HCH_2\overset{\overset{\text{O}}{\|}}{C}-SACP} + NADP^+$$

图 9-15　第一次还原反应

③ 脱水反应：β 羟丁酰 ACP 在 β 羟丁酰 ACP 脱水酶（DH）催化下，其 α 碳上的氢与 β 碳上的羟基形成 H_2O，生成反式丁烯酰（巴豆酰）ACP（图 9-16）。

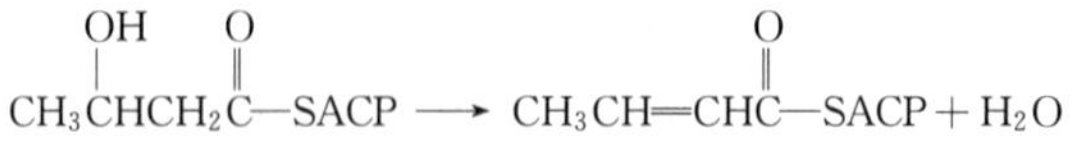

$$\underset{\text{β 羟丁酰 ACP}}{CH_3\overset{\overset{\text{OH}}{\|}}{C}HCH_2\overset{\overset{\text{O}}{\|}}{C}-SACP} \longrightarrow \underset{\text{巴豆酰 ACP}}{CH_3CH=CH\overset{\overset{\text{O}}{\|}}{C}-SACP} + H_2O$$

图 9-16　脱水反应

④ 第二次还原反应：在烯脂酰 ACP 还原酶（ER）催化下，仍以 NADPH＋H^+ 作为还原剂，在 α 碳和 β 碳上各加 1 个氢原子，使 Δ^2 反式丁烯酰 ACP 还原生成丁酰 ACP（图 9-17）。

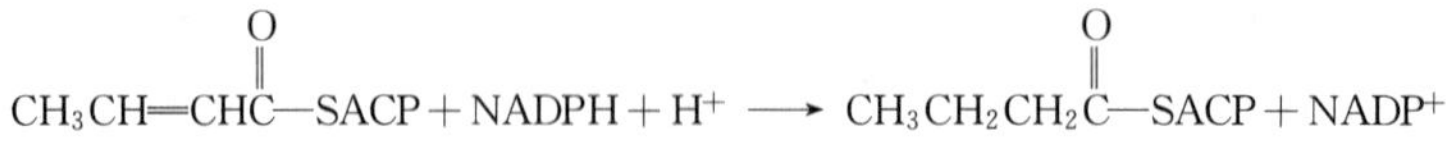

$$\underset{\text{巴豆酰 ACP}}{CH_3CH=CH\overset{\overset{\text{O}}{\|}}{C}-SACP} + NADPH + H^+ \longrightarrow \underset{\text{丁酰 ACP}}{CH_3CH_2CH_2\overset{\overset{\text{O}}{\|}}{C}-SACP} + NADP^+$$

图 9-17　第二次还原反应

生成丁酰 ACP 即完成了饱和脂肪酸从头合成的第一次循环，2 个碳原子的乙酰基被延长为 4 个碳的丁酰基。第二次循环是丁酰 ACP 代替第一次循环的乙酰 ACP，丁酰 ACP 再经转酰基作用与新的丙二酸单酰 ACP 进行缩合、还原、脱水、再还原的循环反应，每次延长 2 个碳原子，最终生成 16 个碳的棕榈酰 ACP（软脂酰 ACP）。

在每次循环中，ACP 携带 1 个丙二酸单酰基，酰基链延长 2 个碳原子。从头合成棕榈酰 ACP 需要进行 7 次这样的循环，合成原料需要 8 分子乙酰 CoA，其中 1 分子乙酰 CoA 起引物作用，其余 7 分子乙酰 CoA 要羧化为 7 分子丙二酸单酰 CoA 才能参与碳链的延长反应。终产物棕榈酰 ACP 可由硫酯酶（thioesterase）水解，脱去 ACP，棕榈酸（软脂酸）从脂肪酸合成酶中被释放出来。由乙酰 CoA 从头合成棕榈酸的总反应式如下：

$$8CH_3CO—SCoA + 7ATP + 14（NADPH + H^+）\longrightarrow$$
$$CH_3（CH_2）_{14}COOH + 14NADP^+ + 8CoA—SH + 7ADP + 7Pi + 6H_2O$$

在真核生物中，β 酮脂酰 ACP 合酶对碳链长度有专一性，只对 2～14 个碳的脂酰 ACP 具有催化活性，故从头合成途径只能合成 16 个碳或 16 个碳以下的饱和脂肪酸，最长的碳链是 16 个碳的棕榈酸（软脂酸）。

奇数碳饱和脂肪酸以上述相同的步骤进行合成，但起始反应的引物为丙二酸单酰 ACP 而不是乙酰 ACP。

实验证明，反应中所需的还原力（NADPH + H^+）约 60% 来自磷酸戊糖途径的 6-磷酸葡萄糖脱氢酶和 6-磷酸葡萄糖酸脱氢酶的催化反应，其余的可来自苹果酸酶的催化反应。而叶绿体内合成饱和脂肪酸所需的 NADPH + H^+ 则来自光合电子传递反应。

（二）饱和脂肪酸链的延长及去饱和

脂肪酸从头合成体系只合成 C_{16}（软脂酸）及 C_{16} 以下脂肪酸，而 C_{16} 以上的饱和脂肪酸和不饱和脂肪酸都是以软脂酸作为前体，通过进一步的碳链延长反应合成的，同时需要脂肪酸延长酶系或去饱和酶系催化这些反应（图 9-18）。

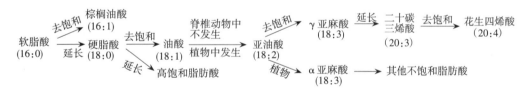

图 9-18　脂肪酸链的延长及去饱和

1. 脂肪酸链的延长　脂肪酸链的延长发生在内质网和线粒体中，但两者的脂肪酸延长酶系催化的延长反应机制不同。内质网腔中的延长途径与胞质溶胶中脂肪酸合成酶催化的反应相似，需要还原力 NADPH + H^+，不同的是酰基载体为 CoA，延长的二碳单位来自丙二酸单酰 CoA。在线粒体中的延长反应与胞质溶胶中脂肪酸合成酶催化的反应不同，它可视为脂肪酸 β 氧化的逆反应，延长的二碳单位为乙酰 CoA，但是在延长反应的最后一步氧化还原反应（相当于 β 氧化的第一步氧化还原反应）的电子供体（还原力）为 NADPH + H^+，而不是 FADH_2。

2. 去饱和作用生成不饱和脂肪酸　真核生物中，在已合成的饱和脂肪酸基础上，经去饱和酶（desaturase）合成不饱和脂肪酸。先合成单不饱和脂肪酸，再形成多不饱和脂肪酸。去饱和作用也是在内质网膜上进行的氧化脱氢反应，需要 NADH + H^+（或 NADPH + H^+）和 O_2 参加。

植物体内单不饱和脂肪酸的合成过程中，去饱和酶实际上是一种混合功能的单加氧酶，它作用于脂酰 ACP，由脂酰 ACP 和 NADPH 提供电子，以黄素蛋白和铁氧还蛋白为电子传递体，最终把电子传递给 O_2。同时将长链饱和脂酰 ACP 脱去 C_9 和 C_{10} 上的氢原子传递给一个氧原子，而另一个氧原子则接受来自 NADPH 的两个氢，形成 2 分子水和 1 分子相应的顺式不饱和脂酰 ACP。其电子传递途径见图 9-19。如底物为硬脂酰 ACP，则生成油酸 ACP（18：$1\Delta^9$）。

动物体内单不饱和脂肪酸的合成途径与植物相似，不同的是：底物为硬脂酰 CoA，电子传递体为细胞色素 b_5。去饱和酶和细胞色素 b_5 还原酶一起完成去饱和反应，其去饱和过程见图 9-19。

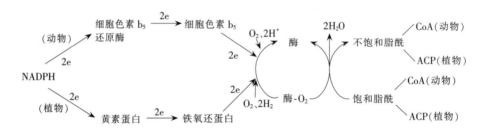

图 9-19 真核生物不饱和脂肪酸合成的电子传递途径

哺乳动物细胞不能合成多不饱和脂肪酸，即不能在第 9 位碳原子以外的位置引入双键。但植物细胞能合成多不饱和脂肪酸，在专一的去饱和酶催化下，由单不饱和脂肪酸进一步去饱和可生成二烯酸和三烯酸。如油酸（18：$1\Delta^9$）去饱和生成亚油酸（18：$2\Delta^{9,12}$），再去饱和生成 α 亚麻酸（18：$3\Delta^{9,12,15}$）。人体需要的亚油酸和 α 亚麻酸必须从食物中获得，这两种脂肪酸称为哺乳类生物的必需脂肪酸。

（三）脂肪酸的合成调节

调节脂肪酸合成的关键酶是乙酰 CoA 羧化酶，受调节物的别构调节作用。其正别构调节物为 CoA、ATP 和柠檬酸，负别构调节物为 AMP 和产物软脂酰 CoA。当细胞内能荷高而脂肪酸缺乏时，乙酰 CoA 羧化酶活性升高，脂肪酸合成反应加快；细胞内能荷低时，会阻止脂肪酸的合成。进食糖类使糖代谢加强，产生较多的 ATP、NADPH 及乙酰 CoA，会促进脂肪酸的合成。乙酰 CoA 羧化酶还受激素的调节。饱餐后血糖浓度升高，胰岛素可通过激活蛋白磷酸酶 2A 从而激活乙酰 CoA 羧化酶，导致脂肪酸合成加快；需能时，胰高血糖素（glucagon）和肾上腺素（epinephrine）通过一系列反应使乙酰 CoA 羧化酶无活性，阻止脂肪酸的合成。

三、脂肪的生物合成

合成脂肪（三酰甘油）需要的活化底物是 3-磷酸甘油和脂酰 CoA。3-磷酸甘油既可由甘油激酶催化生成，也可以由糖酵解的中间产物磷酸二羟丙酮经 3-磷酸甘油脱氢酶还原而来，相关反应参看本章第二节。脂酰 CoA 则需要通过下面的转变生成：

$$脂酰\text{-}ACP + H_2O \xrightarrow{硫酯酶} 脂肪酸 + ACP\text{—}SH$$

$$脂肪酸 + HS\text{—}CoA + ATP \xrightarrow{硫激酶} 脂酰\text{—}SCoA + AMP + PPi$$

动物、植物和微生物体内脂肪的生物合成途径相似。催化脂肪合成的酶有磷酸甘油脂酰转移酶、磷脂酸磷酸酶、甘油二酯转酰基酶。首先，在磷酸甘油脂酰转移酶催化下，3-磷酸甘油上 2 个游离的羟基和 2 分子脂酰 CoA 先后缩合成磷脂酸。其次，在磷脂酸磷酸酶的催化下，磷脂酸被水解为甘油二酯，从而形成第三个游离的羟基。最后，在甘油二酯转酰基酶催化下，甘油二酯上的游离的羟基与另 1 分子脂酰 CoA 缩合生成甘油三酯（脂肪）。合成过程如图 9-20 所示。

脂肪合成的另一条途径：在磷酸二羟丙酮酰基转移酶催化下，磷酸二羟丙酮与 1 分子脂酰 CoA 结合，生成酰基二羟丙酮磷酸，经以 NADPH 为辅因子的还原酶还原生成溶血磷脂酸，然后再与 1 分子脂酰 CoA 反应生成磷脂酸，进入上述脂肪合成的主要途径。

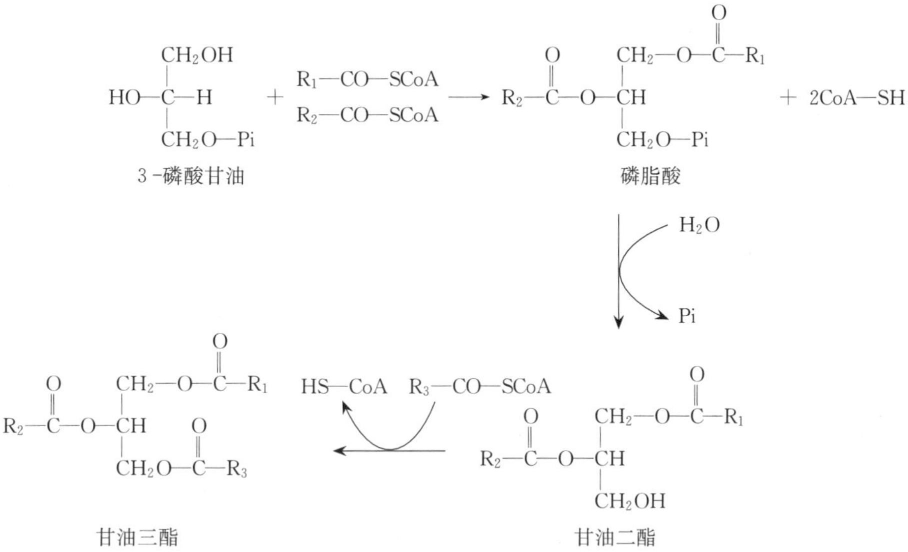

图 9 - 20　脂肪的合成反应

第三节　脂肪的分解代谢与转化

在脂肪酶（lipase）催化下，三酰甘油的 3 个酯键逐步断裂，产生甘油和脂肪酸，然后它们或转化为其他物质供给有机体各组织摄取利用，或进一步氧化分解供能。

一、脂肪的水解

脂肪酶是指催化脂肪（甘油三酯）酯键水解的酶的总称。脂肪酶有 3 种：三酰甘油酯酶（脂肪酶）、二酰甘油酯酶（甘油二酯脂肪酶）和单酰甘油酯酶（甘油单酯脂肪酶）。在这 3 种脂肪酶的催化下，脂肪分 3 步水解，每次脱去 1 分子脂肪酸，最后生成 1 分子甘油和 3 分子脂肪酸（图 9 - 21）。

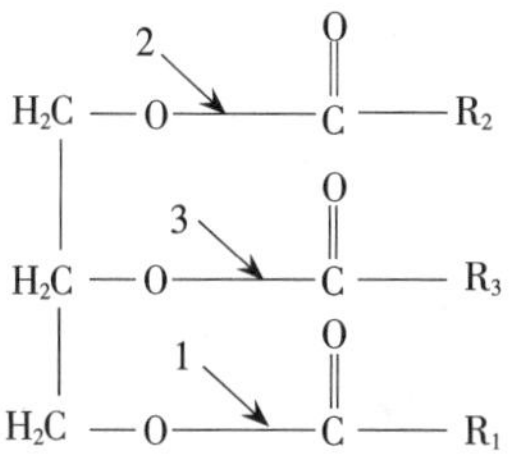

图 9 - 21　脂肪酶水解位置
1. 三酰甘油酯酶　2. 二酰甘油酯酶　3. 单酰甘油酯酶

脂肪水解的第一步反应为限速反应，催化这步反应的脂肪酶（三酰甘油酯酶）受激素调节，所以被称为激素敏感性脂肪酶。在哺乳动物体内，肾上腺素、胰高血糖素等激活脂肪酶，胰岛素则抑制脂肪酶活性。在油料作物的种子萌发时，脂肪酶活性急剧上升，贮藏于种子中的脂肪迅速水解，供种子萌发生长。

二、甘油的分解与转化

在甘油激酶（glycerol kinase）催化下，甘油磷酸化生成 3 - 磷酸甘油并消耗 ATP，然后在磷酸甘油脱氢酶（其辅酶为 NAD^+）的作用下生成磷酸二羟丙酮。磷酸二羟丙酮可转变为 3 - 磷酸甘油醛，既可进入糖酵解途径生成丙酮酸然后经三羧酸循环彻底氧化供能，也可沿糖异生途径转变为葡萄糖（图 9 - 22）。

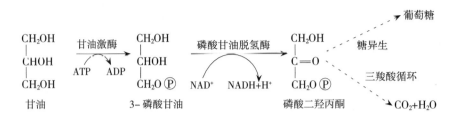

图 9-22　甘油的分解与转化

三、脂肪酸的分解与转化

脂肪酸的分解是以氧化的形式进行的，其氧化途径有 β 氧化、α 氧化、ω 氧化，其中 β 氧化是主要的途径。

β 氧化产生多个乙酰 CoA，乙酰 CoA 可经不同的途径进行降解或转化（图 9-23）。即乙酰 CoA 可进入三羧酸循环彻底氧化供能；油料作物的种子萌发时乙酰 CoA 也可进入乙醛酸循环，使脂肪酸转化为糖；动物在饥饿时，肝中乙酰 CoA 可生成乙酰乙酰 CoA，再转化为酮体（但在动物中乙酰 CoA 不能转变为糖）。

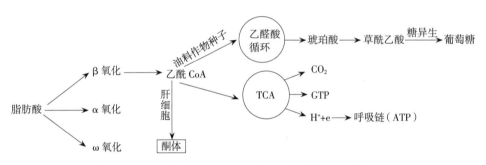

图 9-23　脂肪酸降解与乙酰 CoA 转化的不同途径

（一）脂肪酸的 β 氧化

1904 年，德国科学家 Franz Knoop 用难以被动物分解的苯环标记脂肪酸饲犬，结果发现凡是偶数碳脂肪酸的最终降解产物均为苯乙酸的衍生物，而奇数碳脂肪酸的最终降解产物为苯甲酸的衍生物，于是 Knoop 提出了脂肪酸的 β 氧化学说。后来科学家证实 β 氧化发生在线粒体基质，β 氧化释放的二碳单位为乙酰 CoA，而不是乙酸。

β 氧化作用是在一系列酶的作用下，脂肪酸的 α 碳原子和 β 碳原子之间发生氧化作用，β 碳原子被氧化形成酮基，然后裂解生成乙酰 CoA 和较原来少 2 个碳原子的脂肪酸。长链的脂肪酸如此循环进行 β 氧化，直到最终分解成多个乙酰 CoA。

1. 脂肪酸的活化——脂酰 CoA 的生成　脂肪酸进行 β 氧化之前必须活化，活化反应在细胞质中进行，其活化形式为脂酰 CoA，由脂酰 CoA 合成酶（acyl - CoA synthetase）催化（图 9-24）。

$$\underset{\text{脂肪酸}}{R-\overset{\overset{\displaystyle O}{\|}}{C}-OH} + ATP + CoA-SH \xrightarrow[\text{Mg}^{2+}]{\text{脂酰 CoA 合成酶}} \underset{\text{脂酰 CoA}}{R-\overset{\overset{\displaystyle O}{\|}}{C}-SCoA} + AMP + PPi$$

图 9-24　脂肪酸的活化

脂酰 CoA 合成酶也称硫激酶（thiokinase）。由于释放的焦磷酸被焦磷酸酶水解成无机磷酸，故整个反应消耗了 2 个高能磷酸键（消耗 2 分子 ATP），释放的自由能贮存于脂酰 CoA 的高能硫酯键中，从而活化脂酰 CoA，总的反应是不可逆的。

2. 脂酰 CoA 进入线粒体——肉碱穿梭 脂酰 CoA 进行 β 氧化的场所是线粒体基质，而胞质溶胶中活化的长链脂酰 CoA 不能直接透过线粒体内膜，需要由线粒体内膜上的酰基肉碱（acyl carnitine）-肉碱（carnitine）载体转运脂酰 CoA 至线粒体基质（图 9-25）。

肉碱穿梭转运机制：首先在线粒体内膜外侧的肉碱-脂酰转移酶Ⅰ（carnitine-palmitoyl transferase Ⅰ，CPT-Ⅰ）的作用下，脂酰 CoA 与肉碱结合生成脂酰肉碱，然后经转运酶（translocase）作用穿越线粒体内膜进入线粒体基质。在线粒体内，经肉碱-脂酰转移酶Ⅱ（CPT-Ⅱ）催化作用，再次形成脂酰 CoA，释放的肉碱被运出线粒体至胞质溶胶，进行下一轮转运（图 9-25）。

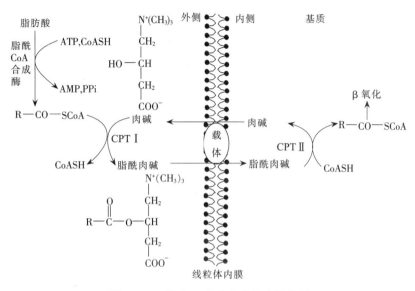

图 9-25 脂酰 CoA 跨线粒体内膜机制

脂酰 CoA 通过肉碱运至线粒体内的过程是脂肪酸 β 氧化的限速步骤，肉碱-脂酰转移酶Ⅰ为 β 氧化的限速酶。

3. β 氧化途径 每一次 β 氧化要经过脱氢、水化、再脱氢、硫解 4 步反应。

（1）脱氢。催化此步反应的酶是脂酰 CoA 脱氢酶（acyl-CoA dehydrogenase），该酶的辅基为 FAD，使脂酰 CoA 的 α 碳原子和 β 碳原子之间脱去一对氢，交给 FAD 生成 $FADH_2$，并生成 α，β-反烯脂酰 CoA。$FADH_2$ 直接进入 $FADH_2$ 呼吸链生成 1.5 分子 ATP（图 9-26）。

$$RCH_2CH_2CH_2\overset{O}{\overset{\|}{C}}\sim SCoA + FAD \longrightarrow RCH_2CH=CH-\overset{O}{\overset{\|}{C}}\sim SCoA + FADH_2$$

脂酰 CoA　　　　　　　　　α，β-反烯脂酰 CoA

图 9-26 脱　氢

（2）水化。在烯脂酰 CoA 水合酶（enoyl-CoA hydratase）催化下，α，β-反烯脂酰 CoA 双键处加水，由于被水化的双键只能是反式的，所以生成的产物是 L-β 羟脂酰 CoA（图 9-27）。

$$RCH_2\overset{H}{\underset{H}{\overset{\|}{C}}}=\overset{O}{\overset{\|}{C}}-\overset{O}{\overset{\|}{C}}\sim SCoA + H_2O \longrightarrow RCH_2\overset{OH}{\overset{\|}{C}H}-CH_2\overset{O}{\overset{\|}{C}}\sim SCoA$$

α，β-反烯脂酰 CoA　　　　　　　　L-β 羟脂酰 CoA

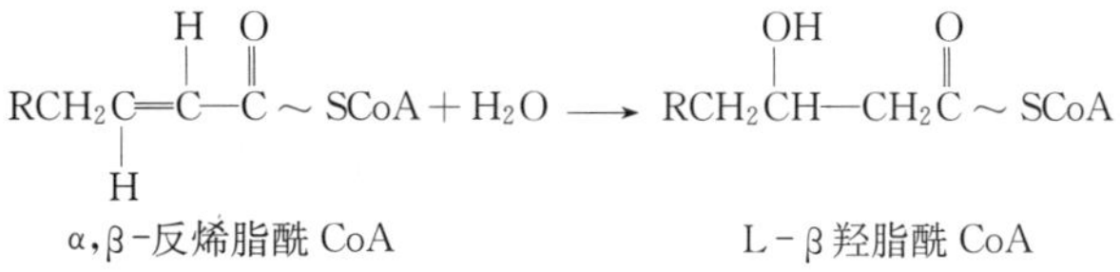

图 9-27 水　化

（3）再脱氢。在 β 羟脂酰 CoA 脱氢酶（β-hydroxyacyl CoA dehydrogenase）催化下发生氧化还原反应，使 β 碳原子脱去一对氢，交给 NAD^+ 生成 $NADH+H^+$，以及生成 β 酮脂酰 CoA（图 9-28）。$NADH+H^+$ 直接进入 NADH 呼吸链生成 2.5 分子 ATP。

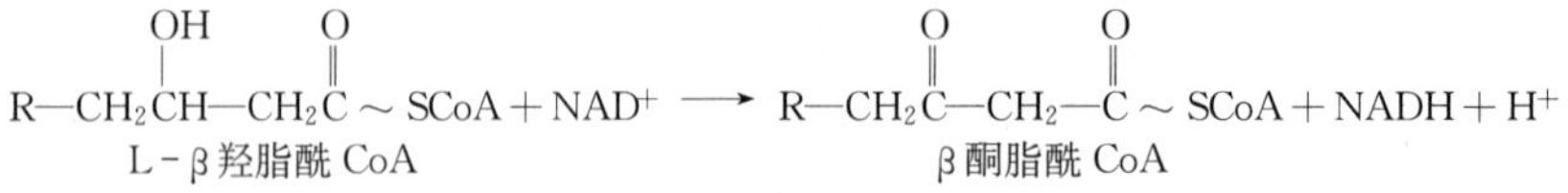

$$\underset{\text{L-}\beta\text{羟脂酰 CoA}}{R-CH_2\overset{OH}{\underset{}{C}}H-CH_2\overset{O}{\underset{}{C}}\sim SCoA+NAD^+} \longrightarrow \underset{\beta\text{酮脂酰 CoA}}{R-CH_2\overset{O}{\underset{}{C}}-CH_2\overset{O}{\underset{}{C}}\sim SCoA+NADH+H^+}$$

图 9-28 再脱氢

（4）硫解。在 β 酮脂酰 CoA 硫解酶（β-ketoacyl CoA thiolase）催化下，酶活性中心的一个 Cys 残基上的巯基对 β 酮基碳进行亲核攻击，释放出乙酰 CoA，形成少 2 个碳的脂酰-酶中间化合物，随后 CoASH 的巯基取代 Cys 残基上的巯基产生新的脂酰 CoA。故反应的产物为 1 分子乙酰 CoA 和 1 分子比原来少 2 个碳原子的脂酰 CoA（图 9-29）。

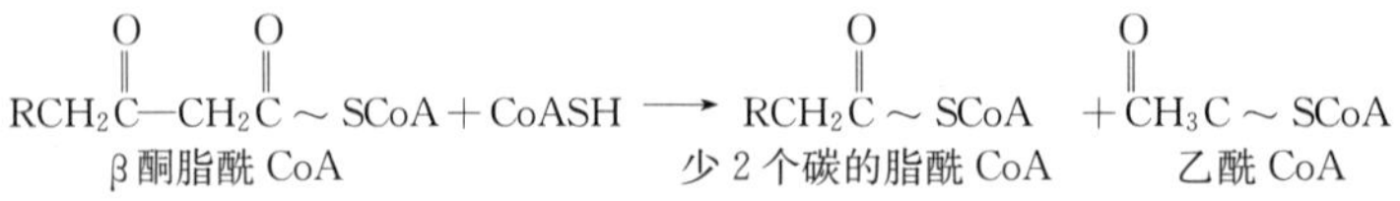

$$\underset{\beta\text{酮脂酰 CoA}}{RCH_2\overset{O}{\underset{}{C}}-CH_2\overset{O}{\underset{}{C}}\sim SCoA+CoASH} \longrightarrow \underset{\text{少 2 个碳的脂酰 CoA}}{RCH_2\overset{O}{\underset{}{C}}\sim SCoA} + \underset{\text{乙酰 CoA}}{CH_3\overset{O}{\underset{}{C}}\sim SCoA}$$

图 9-29 硫 解

由于此步反应为高度放能反应，使少 2 个碳的脂酰 CoA 可继续重复以上 4 步反应。每循环一次，生成 1 分子乙酰 CoA 和比原来少 2 个碳原子的脂酰 CoA，如此循环往复直至脂酰 CoA 完全氧化为乙酰 CoA。1 分子软脂酸（16 个碳）进行 β 氧化，需经 7 次循环反应，总反应式为：

$$C_{15}H_{31}COOH+8CoASH+ATP+7FAD+7NAD^++7H_2O \longrightarrow$$
$$8CH_3CO\sim SCoA+AMP+PPi+7FADH_2+7NADH+7H^+$$

整个 β 氧化过程如图 9-30 所示。

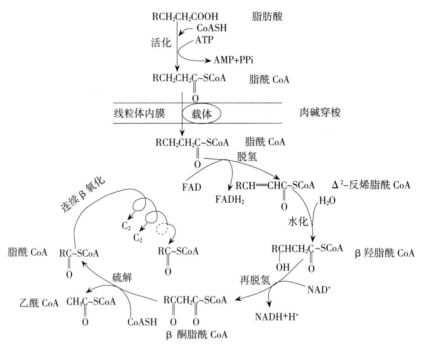

图 9-30 脂肪酸的 β 氧化

4. β 氧化及脂肪酸彻底氧化的能量计算　脂肪酸彻底氧化是一个产生大量 ATP 的放能反应。例如，1 分子软脂酸（棕榈酸）彻底氧化分解需要经过 7 次 β 氧化，共产生 8 分子乙酰 CoA、7 分子 $FADH_2$ 和 7 分子 NADH＋H^+。每分子乙酰 CoA 进入三羧酸循环彻底氧化生成 10 分子 ATP。这样，8 分子乙酰 CoA 共生产 80 分子 ATP；7 分子 $FADH_2$ 经 $FADH_2$ 呼吸链共产生 10.5 分子

ATP（$1.5 \times 7 = 10.5$）；7 分子 NADH＋H⁺ 经 NADH 呼吸链共产生 17.5 分子 ATP（$2.5 \times 7 = 17.5$）。那么，1 分子软脂酸（棕榈酸）经 β 氧化作用生成 ATP 的总数为 108 分子（$80 + 10.5 + 17.5 = 108$）。

脂肪酸活化成脂酰 CoA 需要消耗 2 个高能键（2 分子 ATP），所以 1 分子软脂酸（棕榈酸）氧化分解成 CO_2 和 H_2O 共获得 106 分子 ATP。棕榈酸完全氧化时标准自由能变化（$\Delta G^{\ominus\prime}$）为 $-9\,790.56$ kJ/mol，ATP 水解为 ADP 和 Pi 时，标准自由能变化（$\Delta G^{\ominus\prime}$）为 -30.54 kJ/mol。因此，棕榈酸完全氧化的能量转换率为：$\dfrac{30.54 \times 106}{9\,790.56} \times 100\% \approx 33.1\%$。

脂肪酸 β 氧化与饱和脂肪酸从头合成看似互为逆过程（这两个反应过程都存在一些中间产物，如酮脂酰基、羟脂酰基、烯脂酰基等），但事实证明这两种反应过程绝不是互为逆转过程，实际上存在许多区别。在动物体内，脂肪酸从头合成途径与 β 氧化的异同可归纳于表 9 - 2 中。

表 9 - 2　动物中软脂酸 β 氧化和从头合成过程的区别

区别要点	软脂酸从头合成	软脂酸 β 氧化
反应部位	胞质溶胶	线粒体
反应底物的转运	柠檬酸穿梭	肉碱穿梭
酰基载体	ACP—SH	CoA—SH
二碳单位参与或断裂形式	丙二酸单酰 CoA	乙酰 CoA
电子供体或受体	NADPH＋H⁺	FAD、NAD⁺
β 羟脂酰基构型	D 型	L 型
参与酶类	6 种酶组成多酶体系	4 种酶
循环反应过程	缩合→还原→脱水→再还原	氧化→水化→再氧化→硫解
反应方向	甲基端到羧基端	羧基端到甲基端
能量消耗或产生	消耗 7 分子 ATP、14 分子（NADPH＋H⁺）	净产生 106 分子 ATP

5. 奇数碳饱和脂肪酸的氧化　奇数饱和碳脂肪酸经 β 氧化后的产物除乙酰 CoA 外，还有丙酰 CoA。在丙酰 CoA 羧化酶（propionyl - CoA carboxylase）作用下，丙酰 CoA 生成甲基丙二酸单酰 CoA，再经甲基丙二酸单酰 CoA 变位酶（methylmalonyl - CoA mutase）催化生成琥珀酰 CoA（图 9 - 31）。琥珀酰 CoA 进入三羧酸循环，或彻底氧化产能，或在动物体内进行糖异生作用。丙酰 CoA 也可以通过脱羧等反应生成乙酰 CoA。

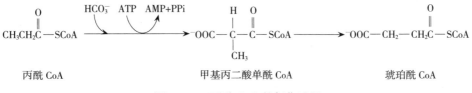

图 9 - 31　丙酰 CoA 的氧化过程

6. 不饱和脂肪酸的氧化　不饱和脂肪酸的氧化分解与饱和脂肪酸基本相同，但除了 β 氧化的全部酶外，单不饱和脂肪酸需要异构酶、双不饱和脂肪酸需要异构酶和还原酶共同参加氧化过程。例如，油酰 CoA（$18:1\Delta^9$）的氧化过程如图 9 - 32 所示。

由图 9 - 32 可知，单不饱和脂肪酸如油酸（$18:1\Delta^9$-顺单烯脂酸）活化后经 3 次 β 氧化，原来的第 9 位碳顺式双键变为第 3 位碳顺式双键，即形成 Δ^3-顺烯脂酰 CoA，此时，水化酶对该底物不起作用。因此，必须在异构酶作用下，使 Δ^3-顺烯脂酰 CoA 变为 Δ^2-反烯脂酰 CoA，水化酶才能催化水合反应，然后继续进行 β 氧化生成乙酰 CoA。在植物和动物的脂质中，有 50% 以上的脂肪

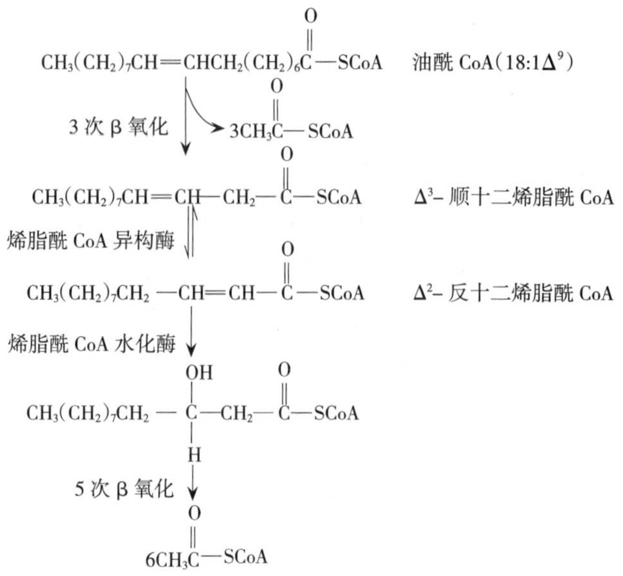

$$CH_3(CH_2)_7CH=CHCH_2(CH_2)_6\overset{O}{\overset{\|}{C}}-SCoA \quad 油酰\,CoA(18:1\Delta^9)$$

$$3\,次\,\beta\,氧化 \quad \rightarrow 3CH_3\overset{O}{\overset{\|}{C}}-SCoA$$

$$CH_3(CH_2)_7CH=CH-CH_2-\overset{O}{\overset{\|}{C}}-SCoA \quad \Delta^3-顺十二烯脂酰\,CoA$$

烯脂酰 CoA 异构酶

$$CH_3(CH_2)_7CH_2-CH=CH-\overset{O}{\overset{\|}{C}}-SCoA \quad \Delta^2-反十二烯脂酰\,CoA$$

烯脂酰 CoA 水化酶

$$CH_3(CH_2)_7CH_2-\underset{H}{\overset{OH}{\overset{|}{\underset{|}{C}}}}-CH_2-\overset{O}{\overset{\|}{C}}-SCoA$$

$$5\,次\,\beta\,氧化$$

$$6CH_3\overset{O}{\overset{\|}{C}}-SCoA$$

图 9 - 32 油酰 CoA 的氧化作用

酸是多不饱和脂肪酸,所以,这些反应步骤较重要。不饱和脂肪酸与同碳数的饱和脂肪酸相比,ATP 产量稍低,因为要使这些不饱和脂肪酸经 β 氧化降解,需要额外的代谢反应。

7. 脂肪酸 β 氧化的调节 脂肪酸的供给程度是 β 氧化的主要调控点。血液中游离脂肪酸主要来自脂肪组织中的脂肪分解,而脂肪分解过程受激素敏感的脂肪酶调节。同时,脂酰 CoA 进入线粒体是脂肪酸 β 氧化的主要限速步骤,而肉碱-脂酰转移酶 I 则为 β 氧化的限速酶。肉碱-脂酰转移酶 I 是镶嵌在线粒体内膜上的膜转运蛋白。当高脂低糖膳食、饥饿或患有糖尿病时,机体只能利用脂肪酸供能,这时肉碱-脂酰转移酶 I 活性升高,脂肪酸 β 氧化增强。

(二)脂肪酸的 α 氧化

在 1956 年,Stumpf 首先在植物种子及叶片中发现脂肪酸的 α 氧化作用。后来,在动物的脑、肝细胞中也发现了脂肪酸的 α 氧化作用。脂肪酸在一些酶的催化下,其 α 碳原子发生氧化,每次氧化只失去 1 个碳原子(即羧基碳),生成缩短一个碳的脂肪酸和 CO_2。这种氧化作用称为脂肪酸 α 氧化作用,反应式如下:

$$RCH_2CH_2COOH \xrightarrow{\alpha\,氧化} RCH_2COOH+CO_2$$

与 β 氧化不同,α 氧化不需要活化脂肪酸,而是直接在脂肪酸上进行氧化作用,亦不产生 ATP。例如,来源于植物和动物的脂肪、牛乳的植烷酸,首先在 α 羟化酶催化下,α 碳原子发生羟基化反应,随后在植烷酸 α 氧化酶催化下,羧基生成 CO_2,α 碳被氧化成酮基,这样植烷酸变为少一个碳的降植烷酸。

α 氧化这种氧化方式对降解支链脂肪酸和长链(如 22 个碳、24 个碳)脂肪酸具有重要作用,对生物体内奇数碳原子脂肪酸及其衍生物的形成也起重要作用。如人体的正常饮食中含有大量植烷酸或其前体植烷醇(绿色蔬菜含有),这些化合物的降解需要通过 α 氧化方式进行。

(三)脂肪酸的 ω 氧化

ω 氧化发生在脂肪酸的末端甲基即 ω 碳原子上,ω 碳原子经氧化后脂肪酸转变为 ω 羟脂酸,继而再氧化为 α,ω-二羧酸,然后左右两侧的羧基可同时被活化,进入 β 氧化。

$$CH_3(CH_2)_nCOOH \longrightarrow HO-CH_2(CH_2)_nCOOH \longrightarrow HOOC(CH_2)_nCOOH$$

与 β 氧化不同,ω 氧化亦不需要活化脂肪酸,而是直接在脂肪酸上进行氧化作用。参与 ω 氧化的混合功能加氧酶主要位于内质网上,需要细胞色素 P - 450、O_2 和 NADPH 参与反应。ω 氧化加速了脂肪酸氧化降解的速度。

人们发现，一些微生物通过 ω 氧化作用可降解污染环境的物质而产生有益的环保效应。例如，海洋中的某些浮游好氧细菌，通过 ω 氧化和 β 氧化能迅速降解海面上的浮油，将它们降解为可溶性物质，起到清除油污的作用。从油浸土壤中分离出好氧性细菌，它们通过 ω 氧化和 β 氧化能迅速把烃或脂肪酸降解成水溶性产物。

（四）脂肪酸 β 氧化产物乙酰 CoA 的转化

1. 乙醛酸循环　在植物体内，尤其是正在萌发的种子中，脂肪酸经 β 氧化生成的乙酰 CoA 通过乙醛酸循环转化为糖类，供植物生长和种子萌发所需。乙醛酸循环的酶类位于细胞内乙醛酸循环体中，另外，乙醛酸循环体还含有 β 氧化的酶类。脂肪酸在乙醛酸循环体中发生 β 氧化生成的乙酰 CoA，可通过乙醛酸循环合成琥珀酸（乙醛酸循环的化学过程参见第八章），总反应如下：

$$2H_3C\sim SCoA+NAD^++2H_2O \longrightarrow \begin{matrix} CH_2-COOH \\ | \\ CH_2-COOH \end{matrix} +2CoASH+NADH+H^+$$

　　　　乙酰 CoA　　　　　　　　　　　　　　琥珀酸

在胞质溶胶中生成的琥珀酸进入线粒体，经过三羧酸循环转变为草酰乙酸，然后转入胞质溶胶，沿糖异生途径生成葡萄糖（图 9 - 33）。

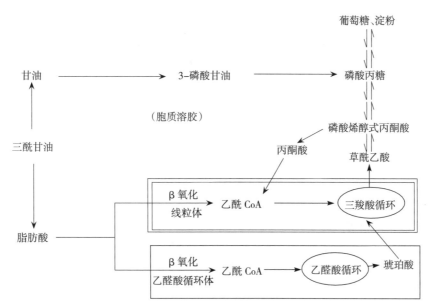

图 9 - 33　植物脂肪酸分解代谢与糖代谢的关系

脂肪是油料作物种子主要贮备养料，在种子萌发时乙醛酸循环起到很重要的作用。种子萌发诱导脂肪分解成脂肪酸，经 β 氧化、乙醛酸循环和糖异生作用产生幼苗生长所需的糖类和能量，直至幼苗可独立进行光合作用。乙醛酸循环也存在一些细菌、藻类中，但在动物和高等植物的营养组织中不存在乙醛酸循环，所以不能将乙酰 CoA 异生成糖类。

2. 酮体的生成与利用　在动物中，酮体是脂肪酸在肝中分解氧化不彻底时特有的中间代谢产物。在长期饥饿状态下，机体需要动员大量的脂肪酸分解，同时产生大量的乙酰 CoA。在肝细胞线粒体中，由于草酰乙酸浓度偏低，大量的乙酰 CoA 不能立即进入三羧酸循环进行彻底氧化，而是在其他酶的催化下衍生成乙酰乙酸（acetoacetate）、β 羟丁酸（β - hydroxybutyrate）和丙酮（acetone），这三者统称为酮体（ketone bodies）。

在动物体内，酮体生成的主要酶类存在于肝细胞的线粒体中，合成酮体的场所在肝细胞的线粒体基质中。这主要是因为肝中具有活性较强的生成酮体的酶系，而又缺乏分解利用酮体的酶系。

（1）酮体的生成。合成酮体的原料来自于 β 氧化生成的乙酰 CoA，在肝细胞线粒体内进行合成酮体的反应，分3步进行（图 9-34）。

① 乙酰乙酰的生成：在肝细胞线粒体内，2分子乙酰 CoA 在硫解酶（thiolase）的作用下缩合成乙酰乙酰 CoA（acetoacetyl CoA），同时释放出1分子 CoA。该步反应是 β 氧化中硫解酶的逆反应。

② β-羟-β-甲基戊二酸单酰 CoA（β-hydroxy-β-methylglutaryl CoA，HMG-CoA）的生成：在 HMG-CoA 合酶的催化下，乙酰乙酰 CoA 再与1分子乙酰 CoA 缩合成 HMG-CoA，并释放出1分子 CoA。HMG-CoA 是生成酮体的重要中间产物。

③ 乙酰乙酸的生成与转化：在 HMG-CoA 裂解酶（HMG-CoA lyase）的作用下，HMG-CoA 裂解生成乙酰乙酸和乙酰 CoA。乙酰乙酸既可自发脱羧生成丙酮，也可以在 β 羟丁酸脱氢酶（β-hydoxybutyrate dehydrogenase）的催化下，被还原为 β 羟丁酸。

（2）酮体的利用。肝细胞与肝外组织的最根本区别是：肝外组织无酮体生成的酶但有分解酮体的酶类。所以肝细胞产生的酮体进入血液，随血液循环到达肝外组织或器官如脑、心、肾、肺及骨骼肌，供这些组织或器官利用。利用酮体的酶主要有3种：琥珀酰 CoA 转硫酶、乙酰乙酰 CoA 硫解酶和乙酰乙酸硫激酶。

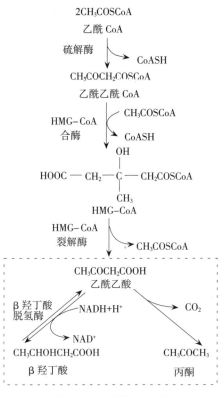

图 9-34 酮体的生成

（3）酮体生成的意义。酮体是动物体内的脂肪酸在肝内氧化分解不彻底的中间代谢产物，可以看成是肝输出能源的一种形式。在饥饿和禁食时，糖供应不足，酮体成为脑、骨骼肌和心肌的一种极为重要的替代葡萄糖的能源。正常情况下，血中仅含少量酮体，为 0.03～0.5 mmol/L。在长期饥饿和糖尿病状态下，脂肪酸动员加强，酮体生成增加，大脑能优先利用乙酰乙酸。酮体生成超过肝外组织利用能力时，引起血中酮体含量升高，尤其乙酰乙酸和 β 羟丁酸均为中强酸，使血液发生酸中毒（acidosis）并随尿排出，引起酮尿。糖尿病患者的乙酰乙酸生成速度大于分解速度，他们的血液中会出现大量的酮体，呼出的气体也有酮体的气味。

第四节　类脂代谢

类脂包括磷脂、糖脂和固醇等，是组成细胞膜的组分和细胞表面的信息分子。其代谢过程较复杂，下面对其合成和分解代谢作简单的介绍。

一、甘油磷脂的代谢

甘油磷脂广泛存在于生物体内，是一类非常重要的脂质。细胞生物膜系统的脂质代谢转换率极高，与膜脂非常活跃的代谢变化密切相关。

（一）甘油磷脂的生物合成

在真核细胞中，甘油磷脂合成发生在光面内质网膜上和线粒体内膜上。甘油磷脂的种类很多，它们的合成途径有所区别，但基本的步骤是相似的，均包括骨架分子3-磷酸甘油的合成。3-磷酸甘油分子的羟基与2分子的脂酰 CoA 以酯键相连，合成磷脂酸或去磷酸成二酰甘油。下面以磷脂酰胆碱（卵磷脂）在动物细胞内的合成途径为例说明。

磷脂酰胆碱（卵磷脂）合成的原料是胆碱（choline）和二酰甘油，但胆碱必须活化为胞苷二磷酸胆碱（CDP胆碱）才能与二酰甘油反应。

1. 胆碱的活化　反应分两步进行。首先，在胆碱激酶催化下，胆碱与ATP生成磷酸胆碱（phosphocholine）（图9-35）。

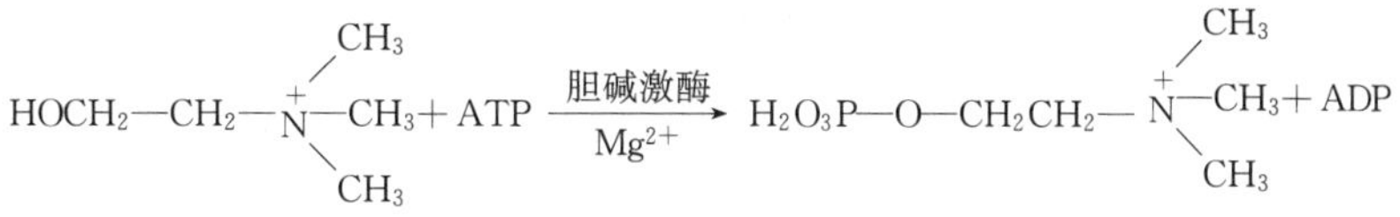

胆碱　　　　磷酸胆碱

图9-35　磷酸胆碱的生成

然后，在磷酸胆碱胞苷转移酶催化下，磷酸胆碱与CTP反应，生成CDP胆碱（图9-36）。

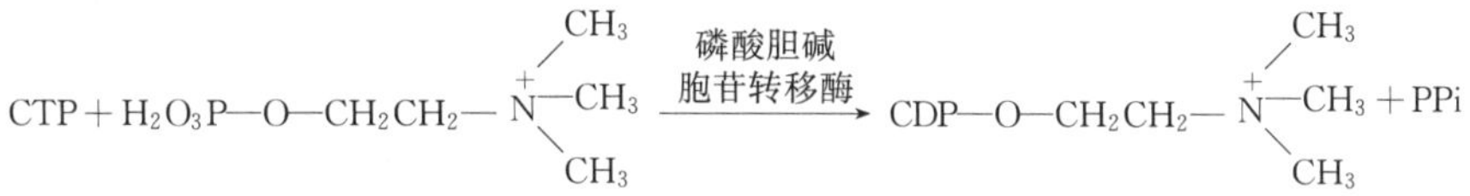

磷酸胆碱　　　　CDP胆碱

图9-36　CDP胆碱的生成

2. 卵磷脂的合成　在二酰甘油转酰基酶催化下，CDP胆碱与二酰甘油作用生成磷脂酰胆碱（卵磷脂）（图9-37）。

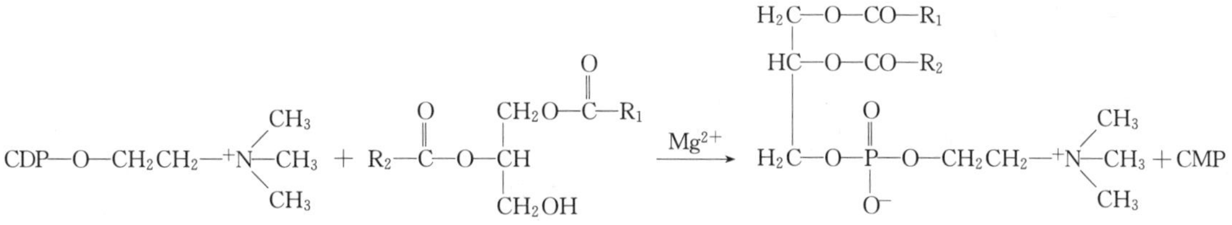

CDP胆碱　　　　二酰甘油　　　　磷脂酰胆碱

图9-37　卵磷脂的生成

（二）甘油磷脂的分解

甘油磷脂的水解在溶酶体中进行，降解甘油磷脂的酶统称为磷脂酶（phospholipase）。不同的磷脂酶对于甘油磷脂上酯键的特异性是不一样的，根据这些磷脂酶水解酯键的位置不同可分为4类：磷脂酶A_1、磷脂酶A_2、磷脂酶C和磷脂酶D。如图9-38所示，磷脂酶A_1专一水解甘油C_1的脂肪酸所形成的酯键，磷脂酶A_2专一水解甘油C_2的脂肪酸所形成的酯键，磷脂酶C专一水解甘油C_3的酯键，磷脂酶D专一水解磷酸与胆碱之间的酯键。

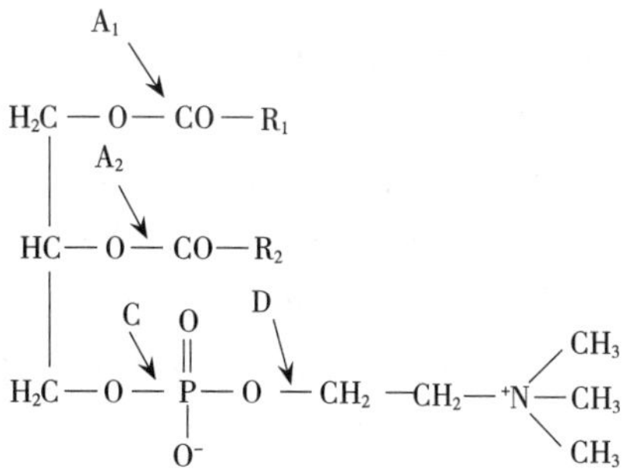

图9-38　磷脂的分解

甘油磷脂水解后的产物有脂肪酸、甘油、磷酸胆碱或磷酸等，脂肪酸可进入β氧化途径或再合成脂肪，甘油可进入糖酵解或糖异生途径。

二、甘油糖脂的代谢

单半乳糖二酰甘油酯（MGDG）和双半乳糖二酰甘油酯（DGDG）是植物体内主要的甘油糖脂。

1. 甘油糖脂的生物合成 甘油糖脂的合成与甘油磷脂的合成有相似之处，即先合成磷脂酸，然后水解磷酸根生成二酰甘油。不同的是：甘油糖脂的合成需要 UTP 参与，使单糖活化成 UDP 单糖，再在特定的糖基转移酶的催化下，UDP 单糖与二酰甘油反应生成甘油糖脂。例如，在 UDP 半乳糖二酰甘油半乳糖基转移酶催化下，二酰甘油与 UDP 半乳糖发生半乳糖基转移反应，从而生成单半乳糖二酰甘油酯（MGDG），最后一步反应如图 9-39 所示。

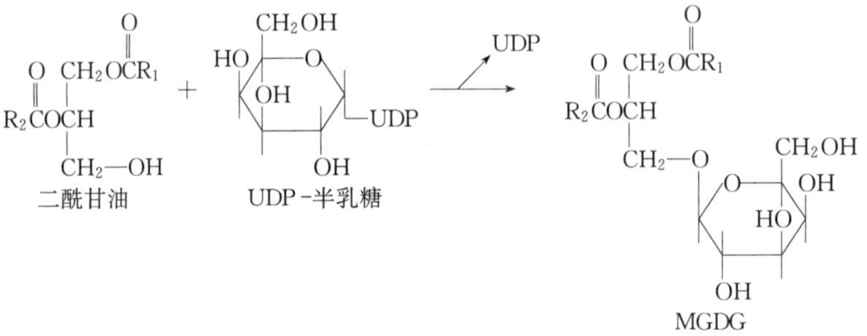

图 9-39　单半乳糖二酰甘油酯的生成

MGDG 再与 1 分子 UDP 半乳糖发生半乳糖基转移反应，生成双半乳糖二酰甘油酯（DGDG）。

2. 甘油糖脂的分解 甘油糖脂的分解发生在溶酶体中，在半乳糖脂酶、α 半乳糖苷酶及 β 半乳糖苷酶的共同作用下，单半乳糖二酰甘油酯（MGDG）或双半乳糖二酰甘油酯（DGDG）被水解成半乳糖、甘油和脂肪酸。

三、胆固醇的代谢

（一）胆固醇的合成

在哺乳动物中，胆固醇合成最活跃的细胞是肝细胞（占 80%），合成部位是肝细胞的胞质溶胶和内质网。它以乙酰 CoA 作为原料，消耗 ATP，在酶的催化下需要辅因子 NADPH 参与合成。其生物合成过程可分为下述 5 个阶段。

1. 甲羟戊酸的生成 在 β-羟-β-甲基戊二酸单酰 CoA 合酶的催化下，乙酰乙酰 CoA 与乙酰 CoA 缩合成 β-羟-β-甲基戊二酸单酰 CoA（HMG-CoA），然后在 HMG-CoA 还原酶作用下，生成甲羟戊酸（mevalonic acid，MVA）。此 2 步反应共需 2 分子的 NADPH＋H$^+$。HMG-CoA 还原酶是胆固醇合成途径中的限速酶。

2. 异戊烯醇焦磷酸酯的生成 甲羟戊酸经 2 次磷酸化和脱羧反应生成异戊烯醇焦磷酸酯（isopentenyl pyrophosphate，IPP），共消耗 3 分子 ATP。即在甲羟戊酸激酶作用下，消耗 1 分子 ATP，生成焦磷酸甲羟戊酸，紧接着在磷酸-MVA 激酶催化下，消耗 1 分子 ATP，生成焦磷酸-MVA，再紧接着在焦磷酸甲羟戊酸脱羧酶作用下，消耗 1 分子 ATP，脱去羧基变成异戊烯醇焦磷酸酯。

3. 鲨烯的生成 在各种转移酶的作用下，由 6 个活化的异戊二烯单位发生缩合、还原、去焦磷酸等一系列反应而合成含 30 个碳原子的鲨烯（squalene），该反应过程需 NADPH＋H$^+$。

4. 羊毛脂固醇的生成 在单加氧酶、环化酶的催化下，鲨烯被环化为 30 个碳原子的羊毛脂固醇（lanosterol），该反应过程需 O_2 和 NADPH＋H$^+$。

5. 胆固醇的生成 由羊毛脂固醇脱去 3 个甲基形成 7-脱氢胆固醇，最后，被 NADPH 还原而成为 27 个碳原子的胆固醇。这一阶段的反应很复杂，有多步反应，其中有较多的反应步骤还不清楚，所以，其详细化学反应步骤从略。

（二）胆固醇的转化

胆固醇是细胞膜的重要成分，也是脂蛋白的组成成分。在生物体内，胆固醇代谢非常活跃，虽然不能彻底分解为 CO_2 和 H_2O，但既可转变为胆固醇酯便于运输和贮存，也可以衍生为具有重要生理功能的物质，如衍生为胆酸盐、胆汁酸促进脂类消化，或类固醇激素（如孕酮、肾上腺皮质激素）、性激素（如睾丸素、雌二醇）及维生素 D_3 等供机体生长发育的需要。

本章小结

根据生物体内脂类物质的化学组成与结构特点可将脂类分为单纯脂（脂酰甘油、蜡）、复合脂（磷脂、糖脂、硫脂）和异戊二烯类脂（萜类、类固醇）。单纯脂和复合脂含有脂肪酸。脂肪酸根据是否有双键及双键数目多少可分为 3 种：饱和脂肪酸、单不饱和脂肪酸和多不饱和脂肪酸。甘油三酯（脂肪）是生物体内的重要贮能物质，由 1 分子甘油和 3 分子脂肪酸组成。甘油磷脂是生物膜的主要成分，由 1 分子 3-磷酸甘油与 2 分子脂肪酸、醇类（胆碱、乙醇胺）组成。萜类和甾醇类化合物不含脂肪酸，其衍生物是生物体内重要的活性物质。

合成脂肪的活化底物是：1 分子磷酸甘油和 3 分子脂酰 CoA。磷酸甘油可来自糖酵解中磷酸二羟丙酮经甘油脱氢酶还原作用，也可来自甘油经甘油激酶磷酸化作用，脂酰 CoA 则由脂肪酸经硫激酶作用而生成。脂肪酸从头合成的部位在细胞质，需要酰基载体蛋白 ACP。前体乙酰 CoA 通过柠檬酸穿梭系统从线粒体转运至细胞质，在乙酰 CoA 羧化酶等催化下合成丙二酸单酰 ACP 作为脂肪酸合成的直接底物；需要的还原力 $NADPH + H^+$ 来自磷酸戊糖途径和柠檬酸穿梭系统；合成酶类为脂肪酸合成酶，是由 6 种酶和 1 种酰基载体蛋白 ACP 组成的多酶体系。脂肪酸合成包括缩合、还原、脱水、再还原 4 步反应，循环一次，脂肪酸链延长 1 个二碳单位。由丙二酸单酰 ACP 提供二碳单位，经过 7 次循环最终延长至 16 碳软脂酸（棕榈酸）。脂肪酸合成的限速酶为乙酰 CoA 羧化酶。脂肪酸的延长和去饱和是在饱和的 16 碳软脂酸基础上，在线粒体（或在内质网，或在叶绿体）中进行的，需要脂肪酸延长酶系或去饱和酶系催化这些反应。人体和哺乳类动物不能合成亚油酸和 α 亚麻酸，这两种多不饱和脂肪酸称为必需脂肪酸。

脂肪在脂肪酶催化下水解为甘油和脂肪酸，脂肪酶活性受激素调控。甘油可转化为磷酸二羟丙酮进入糖代谢（糖酵解或糖异生）；脂肪酸经 β 氧化、α 氧化及 ω 氧化等方式氧化降解供能。脂肪酸的 β 氧化是在线粒体中进行的，细胞质中的长链脂肪酸需活化为脂酰 CoA，再通过肉碱穿梭运至线粒体氧化。脂肪酸的 β 氧化包括脱氢、水化、再脱氢、硫解 4 步反应，循环一次，水解 2 个碳原子，分别生成 1 分子 $FADH_2$ 和 1 分子 NADH。1 分子软脂酸彻底氧化需经过 7 次 β 氧化循环，共产生 8 分子乙酰 CoA，进入 TCA 彻底氧化，最后共产生 106 分子 ATP。奇数碳饱和脂肪酸的氧化与偶数碳脂肪酸一样，进行 β 氧化循环，直至产生丙酰 CoA，再在其他酶作用下生成琥珀酰 CoA，进入糖代谢途径。不饱和脂肪酸的氧化则一开始进行正常的 β 氧化循环，但还需要异构酶或还原酶的帮助。

脂肪酸合成与脂肪酸 β 氧化在反应部位、参与酶类、电子受体或供体、脂酰基的载体、二碳单位的形式和能量等方面都具有显著的差别。

在植物的油料作物种子萌发时，脂肪酸的氧化产物乙酰 CoA 也可通过乙醛酸循环转变为琥珀酸，经糖异生作用转变为糖类物质。在动物肝中，在饥饿状态下，较多的乙酰 CoA 因草酰乙酸浓度低而不能完全进入三羧酸循环氧化，也不能生成糖类，但可生成乙酰乙酰 CoA，再转化为乙酰乙酸、β 羟丁酸和丙酮，这 3 种化合物称为酮体，供肝外组织利用。

甘油磷脂的合成需要 CTP 参加，磷脂酰胆碱合成的底物其活化形式是 CDP 胆碱和二酰甘油，磷脂酰胆碱由两者缩合而成。而半乳糖脂的合成与之类似，需要 UTP，由 UDP-半乳糖和二酰甘油缩合而成。甘油磷脂的水解是由 4 类磷脂酶（磷脂酶 A_1、磷脂酶 A_2、磷脂酶 C 和磷脂酶 D）分别作用于不同部位的酯键，使之完全水解为脂肪酸、甘油、磷酸胆碱或磷酸。而半乳糖脂的水解是在 3 种酶共同作用下生成半乳糖、甘油和脂肪酸。胆固醇合成的前体是乙酰 CoA，在肝细胞的细胞质中进行，合成途径的关键酶是 β-羟-β-甲基戊二酸单酰 CoA 还原酶（HMG-CoA 还原酶）。胆固醇可衍生为多种具有生理活性的类固醇化合物。

复习思考题

一、名词解释

1. 酰基载体蛋白　2. 柠檬酸穿梭　3. NADPH　4. β 氧化　5. α 氧化　6. ω 氧化　7. 肉碱穿梭
8. 脂肪酸合成酶系统　9. 酮体　10. 多不饱和脂肪酸　11. 必需脂肪酸

二、填空题

1. 乙酰 CoA 羧化酶是脂肪酸从头合成的限速酶，该酶以＿＿＿为辅基，消耗能量为＿＿＿，催化＿＿＿与＿＿＿生成＿＿＿，柠檬酸对该酶活性起到＿＿＿作用，长链脂酰 CoA 对该酶活性起到＿＿＿作用。

2. 脂肪酸从头合成的二碳供体是＿＿＿，活化的二碳供体是＿＿＿，还原剂是＿＿＿。

3. 合成脂肪的两种底物必须转变为活化形式＿＿＿和＿＿＿后在酶催化下才能合成脂肪。

4. 软脂酸经过 β 氧化分解生成乙酰 CoA，需经＿＿＿次 β 氧化循环，生成＿＿＿个乙酰 CoA、＿＿＿个 $FADH_2$ 和＿＿＿个（NADH＋H^+）。

三、问答题

1. 简述脂肪降解产物甘油如何彻底氧化。
2. 简述脂肪降解产物甘油如何进行糖异生作用。
3. 合成脂肪的活化底物是什么？它们分别来自哪些代谢途径？
4. 脂肪酸从头合成需要哪些原料及能源物质？它们分别来自哪些代谢途径？
5. 计算 1 分子软脂酸经 β 氧化作用后彻底分解为 CO_2 和 H_2O 时，生成 ATP 的分子数，写出详细过程。
6. 为什么脂肪酸从头合成的最终产物是 16 碳的软脂酸？
7. 简述脂肪酸的 β 氧化与饱和脂肪从头合成有哪些相同点和不同点。
8. 酮体是怎样生成的？酮体的利用价值体现在哪里？
9. 脂肪酸在植物和微生物中可转变为葡萄糖，而在哺乳动物中却不能转变为葡萄糖，这是为什么？

主要参考文献

黄熙泰，于自然，李翠凤，2012. 现代生物化学［M］.3 版. 北京：化学工业出版社.
杨荣武，2018. 生物化学原理［M］.3 版. 北京：高等教育出版社.
查锡良，药立波，2013. 生物化学与分子生物学［M］.8 版. 北京：人民卫生出版社.
朱圣庚，徐长法，2016. 生物化学［M］.4 版. 北京：高等教育出版社.
David Hames，Nigel Hooper，2016. Biochemistry：3rd ed［M］. 王学敏，焦炳华，译. 北京：科学出版社.
Reginald H Garrett，Charles M Grisham，2012. Biochemistry：5th ed［M］. 影印版. 北京：高等教育出版社.

第十章

蛋白质的降解和氨基酸代谢

蛋白质是生命活动的物质基础，氨基酸是蛋白质的基本组成单位。生物体内的蛋白质和氨基酸处在不断转换更新之中，一方面细胞总是不断地从氨基酸合成蛋白质，另一方面又把蛋白质降解为氨基酸。人和动物体内的蛋白质完全靠自身合成，而合成原料氨基酸主要来自食物中蛋白质和自身组织中蛋白质的分解，这些蛋白质都必须在蛋白水解酶的参与下，才能水解成氨基酸。氨基酸除供给机体合成新蛋白质需要外，其余全部氧化分解产生能量用于代谢，基本上没有氨基酸的贮存，故氨基酸的氧化分解亦是机体获得能量的重要途径。植物和微生物与动物的营养类型有很大的差别，它们不直接利用蛋白质作为营养物，但其体内的蛋白质仍需先水解为氨基酸，才能用来重新合成新蛋白质参与代谢，或再分解或转化为其他化合物。

蛋白质营养价值的高低主要取决于食物蛋白质中必需氨基酸的种类、含量和比例。不同食物蛋白质含量不同，含必需氨基酸种类多、含量高的蛋白质，其营养价值高；反之，营养价值低。蛋白质食物中氨基酸组成越接近人体合成蛋白质的氨基酸组成，蛋白质的利用率越高，反之越低。一般说来，动物性食品蛋白质含量要高于植物性食品，谷类蛋白质含量高于蔬菜水果。把营养价值较高的蛋白质与营养价值较低的蛋白质混合食用，可提高食物蛋白质的营养价值，这种作用称为食物蛋白质的互补作用。例如，豆类食物蛋白质含赖氨酸较多而含色氨酸较少，谷类食物蛋白质含赖氨酸较少而含色氨酸较多，两者混合食用可以提高蛋白质的营养价值。

第一节　蛋白质的酶促降解

细胞内蛋白质的代谢是非常迅速的，蛋白质的半寿期可从几分钟到几个星期甚至数月不等，许多代谢的关键酶都是半寿期短的，能够快速地降解从而调控代谢。在机体内，蛋白质是在各种蛋白酶作用下发生降解的，根据其催化特性不同，水解蛋白质的酶可分为两大类：蛋白酶（proteinase）和肽酶（peptidase）。

一、蛋白酶

机体蛋白质的降解分细胞外降解和细胞内降解。细胞外降解主要经消化道的蛋白酶分解，细胞内蛋白质降解是溶酶体中的各种蛋白酶催化的。蛋白酶水解肽链内部的肽键，使大分子多肽链降解为许多小肽段，又称为肽链内切酶（endopeptidase）。蛋白酶常以其来源命名，如植物中的菠萝蛋白酶、木瓜蛋白酶；动物中的胃蛋白酶、胰蛋白酶等；亦可以按其性质来命名，如中性蛋白酶、酸性蛋白酶、碱性蛋白酶等。蛋白酶按照其催化机理，又分为表 10-1 所示的4 类。

表 10-1 蛋白酶的分类

编 码	名 称	作用特征	例 子
3.4.21	丝氨酸蛋白酶类	活性中心含组氨酸和丝氨酸	胰凝乳蛋白酶、胰蛋白酶、凝血酶
3.4.22	硫醇蛋白酶类	活性中心含半胱氨酸	木瓜蛋白酶、无花果蛋白酶、菠萝蛋白酶
3.4.23	羧基（酸性）蛋白酶类	最适 pH 为 5 以下	胃蛋白酶、凝乳酶
3.4.24	金属蛋白酶类	含有催化活性所必需的金属	枯草芽孢杆菌中性蛋白酶、脊椎动物胶原酶

二、肽酶

肽酶只水解蛋白质多肽链末端的肽键，又称为肽链外切酶（exopeptidase），依次从肽链的两端将氨基酸逐个地或两个两个地降解。其中，羧肽酶（carboxypeptidase）专一地作用于羧基末端肽键，氨肽酶（aminopeptidase）专一地作用于氨基末端肽键，二肽酶专一地水解二肽。根据肽酶的专一性将其分为表 10-2 所示的 6 类。

表 10-2 肽酶的种类

编 码	名 称	作用特征	反 应
3.4.11	α 氨酰肽水解酶类	作用于多肽链的氨基末端（N 末端），生成氨基酸	氨酰肽＋H_2O→氨基酸＋肽
3.4.13	二肽水解酶类	水解二肽，生成氨基酸	二肽＋H_2O→2 氨基酸
3.4.14	二肽基肽水解酶类	作用于多肽链的氨基末端（N 末端），生成二肽	二肽基多肽＋H_2O→二肽＋多肽
3.4.15	肽基二肽水解酶类	作用于多肽链的羧基末端（C 末端），生成二肽	多肽基二肽＋H_2O→二肽＋多肽
3.4.16	丝氨酸羧肽酶类	作用于多肽链的羧基末端生成氨基酸，在催化部位含有对有机氟磷酸敏感的丝氨酸残基	肽基-L-氨基酸＋H_2O→肽＋L-氨基酸
3.4.17	金属羧肽酶类	作用于多肽链的羧基末端生成氨基酸，其活性要求二价阳离子	肽基-L-氨基酸＋H_2O→肽＋L-氨基酸

蛋白质的降解是在蛋白酶和肽酶的共同作用下完成的。

$$蛋白质 \xrightarrow{蛋白酶} 多肽 \xrightarrow{肽酶} 氨基酸$$

食物蛋白质在消化道中经一系列复杂的蛋白酶和肽酶降解成氨基酸。食物蛋白质在胃中被胃蛋白酶水解为小分子多肽，然后进入小肠，被胰蛋白酶、糜蛋白酶、羧肽酶、氨肽酶等降解为各种游离氨基酸，通过血液运输供给各组织细胞利用。

机体内的组织蛋白质有多种降解途径，但了解比较清楚的有溶酶体组织蛋白酶降解途径和依赖 ATP 的泛素蛋白酶体降解途径。半寿期长的蛋白质多在溶酶体中降解，而半寿期短的蛋白质几乎都是由泛素蛋白酶体降解途径进行降解的。以色列科学家 A. Ciechanover、A. Hershko 和美国科学家 I. Rose 共同揭示泛素蛋白酶体降解机制，因而获得 2004 年的诺贝尔化学奖。泛素控制的蛋白酶体降解途径具有重要的生理意义，它不仅能够清除错误合成的蛋白质，而且对细胞生长周期、DNA 复制及染色体结构都有重要的调控作用。

第二节　氨基酸的降解与转化

在许多生物体内，氨基酸既是参与能量代谢的物质，也是重要含氮化合物的前体。氨基酸在体内经常发生降解和转化作用。人和动物经常分解部分氨基酸的碳架以获取能量，如氨基酸分解成丙酮酸、草酰乙酸、α 酮戊二酸等并以氨或尿素的形式排出体外，部分氨基酸还可转化为有活性的含氮化合物。高等植物可利用光能或化学能来合成有机化合物，故不需要分解氨基酸来获取能量，而是将氨基酸分解和转化为各种代谢中间产物，为合成其他含氮化合物提供原料。

所有的氨基酸都含有α氨基和α羧基，因此，各种氨基酸进行分解时都有脱氨基和脱羧基（图10-1）2种共同途径。其中以脱氨基为主要的代谢途径，在脱氨基过程中，氨基酸发生转氨基和脱氨基的组合反应，最终把氨基脱去。

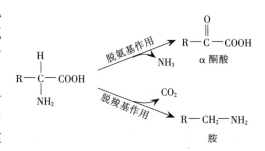

图10-1　脱氨基作用和脱羧基作用

一、氨基酸的脱氨基作用

氨基酸在代谢中脱去氨基生成相应的酮酸和游离的氨（NH_3），这一作用称为脱氨基作用（deamination）。脱氨基有多种形式：氧化脱氨基（oxidative deamination）、非氧化脱氨基（nonoxidative deamination）、联合脱氨基（transdeamination）和脱酰胺基（deamidation）等。在人和动物体内，脱氨基作用主要在肝中进行，且基本上都是以氧化脱氨基的方式进行。

（一）氧化脱氨基作用

有两类酶催化氨基酸氧化脱氨基，使之脱去氨基后变成相应的酮酸，其中L-谷氨酸脱氢酶最为重要。这是氨基酸脱去氨基的主要方式。

1. 氨基酸氧化酶　氨基酸氧化酶属于黄素蛋白的需氧脱氢酶类，动物体内主要有两种氨基酸氧化酶：L-氨基酸氧化酶和D-氨基酸氧化酶，辅基为FAD或FMN，它催化氨基酸生成相应的α酮酸、NH_3和H_2O_2，对机体有害的H_2O_2可被过氧化氢酶迅速分解为H_2O和O_2。氨基酸氧化酶催化的反应如图10-2所示。

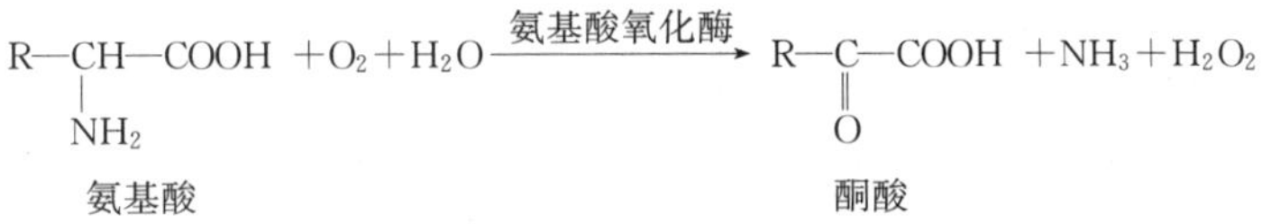

$$R—\underset{\underset{NH_2}{|}}{CH}—COOH + O_2 + H_2O \xrightarrow{\text{氨基酸氧化酶}} R—\underset{\overset{||}{O}}{C}—COOH + NH_3 + H_2O_2$$

氨基酸　　　　　　　　　　　　　　　　　　酮酸

图10-2　氨基酸氧化酶的催化反应

但需指出的是，L-氨基酸氧化酶的活性很低，在体内分布不广；D-氨基酸氧化酶的活性虽高，但由于酶促反应具有立体异构专一性，这种酶也不起作用。因此，这两种氨基酸氧化酶不是氨基酸氧化脱氨基作用的主要酶类。

2. 氨基酸脱氢酶　氨基酸脱氢酶属于不需氧脱氢酶类，辅酶为NAD^+或$NADP^+$。生物体内参与氨基酸氧化脱氨基的主要酶是L-谷氨酸脱氢酶（L-glutamate dehydrogenase，GDH），它广泛存在于动物、植物及微生物中，是脱氨基活性很强的酶，催化L-谷氨酸氧化脱氨基生成α酮戊二酸（图10-3），在氨基酸氧化脱氨基作用中起重要作用。

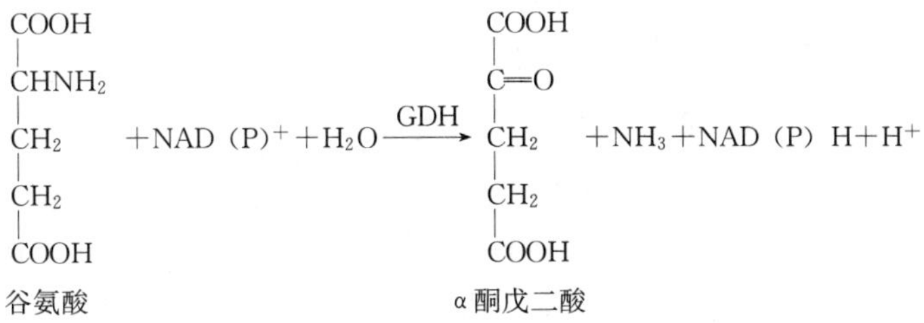

$$\begin{matrix} COOH \\ | \\ CHNH_2 \\ | \\ CH_2 \\ | \\ CH_2 \\ | \\ COOH \end{matrix} + NAD(P)^+ + H_2O \xrightarrow{GDH} \begin{matrix} COOH \\ | \\ C=O \\ | \\ CH_2 \\ | \\ CH_2 \\ | \\ COOH \end{matrix} + NH_3 + NAD(P)H + H^+$$

谷氨酸　　　　　　　　　　　　　　α酮戊二酸

图10-3　L-谷氨酸脱氢酶催化的反应

L-谷氨酸脱氢酶催化的反应是可逆的，在发酵工业中，利用微生物发酵产生的L-谷氨酸脱氢酶将大量α酮戊二酸转变为谷氨酸，再转变为谷氨酸钠（即味精）。

L-谷氨酸脱氢酶是一种线粒体酶，也是唯一已知既可以接受 NAD^+ 也可接受 $NADP^+$ 作为辅酶的氧化还原酶，专一性很强，只能作用于 L-谷氨酸，其他氨基酸的氧化脱氨基需经转氨酶（transaminase）和 L-谷氨酸脱氢酶共同作用完成，才能把氨基转变为游离的氨（NH_3），此种脱氨基的方式称为联合脱氨基。高浓度的氨有毒，在人体肝中氨可转变为无毒尿素排出体外。

（二）非氧化脱氨基作用

在大多数微生物中，还存在非氧化脱氨基反应类型，在动物和植物中也有少数非氧化脱氨基反应。极少数的氨基酸如丝氨酸及组氨酸可通过非氧化脱氨基反应进行脱氨基作用。在非氧化脱氨基反应中需要解氨酶，例如，苯丙氨酸解氨酶（phenylalanine ammonia lyase，PAL）和酪氨酸解氨酶（tyrosine ammonia lyase，TAL）分别催化苯丙氨酸和酪氨酸直接脱氨基（图 10-4）。

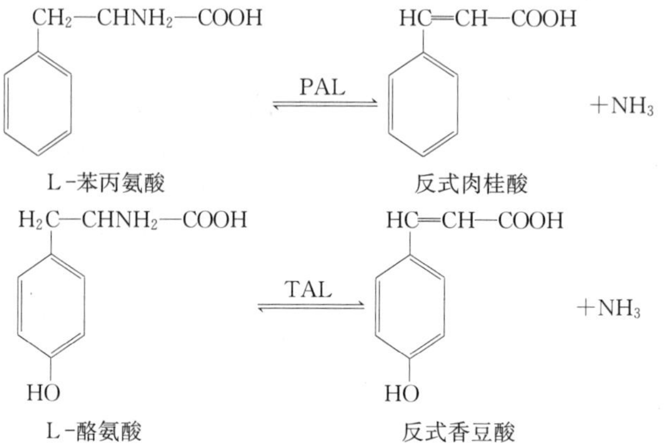

图 10-4 PAL 和 TAL 催化的反应

L-苯丙氨酸和 L-酪氨酸经非氧化脱氨基生成的反式肉桂酸、反式香豆酸经羟基化和甲基化形成香豆醇、松柏醇、芥子醇等，最后聚合为木质素（lignin），成为细胞壁的组分。反式香豆酸也可转化为对羟苯甲酸，再经羟化和甲基化可形成 CoQ（泛醌），成为电子传递链中的递氢体。

（三）转氨酶的转氨基作用

转氨基作用是在转氨酶催化下，由一种氨基酸的氨基转移到一种 α 酮酸的酮基上，形成一种新的氨基酸和新的 α 酮酸（图 10-5）。

$$\underset{\text{氨基酸}}{R_1-\overset{\displaystyle H}{\underset{\displaystyle NH_2}{C}}-COOH}+\underset{\alpha\text{酮酸}}{R_2-\overset{\displaystyle O}{\overset{\|}{C}}-COOH}\xrightleftharpoons{\text{转氨酶}}\underset{\alpha\text{酮酸}}{R_1-\overset{\displaystyle O}{\overset{\|}{C}}-COOH}+\underset{\text{氨基酸}}{R_2-\overset{\displaystyle H}{\underset{\displaystyle NH_2}{C}}-COOH}$$

图 10-5 转氨基作用的反应通式

上述转氨基反应是可逆的。转氨酶的种类较多，且都是以磷酸吡哆醛为辅酶，绝大多数的转氨酶都以 α 酮戊二酸作为氨基的受体。转氨酶广泛存在于动物、植物和微生物体内，最重要的转氨酶有两种：谷丙转氨酶（glutamate-pyruvate transaminase，GPT）和谷草转氨酶（glutamate-oxaloacetate transaminase，GOT）。它们分别催化下述反应：

$$\text{谷氨酸}+\text{丙酮酸}\xrightleftharpoons{GPT}\alpha\text{酮戊二酸}+\text{丙氨酸}$$

$$\text{谷氨酸}+\text{草酰乙酸}\xrightleftharpoons{GOT}\alpha\text{酮戊二酸}+\text{天冬氨酸}$$

谷草转氨酶在心肌中含量最高，谷丙转氨酶在肝中活性最大。当心肌和肝细胞受损或发生炎症时，细胞膜的通透性增加，GOT、GPT 就释放到血液中，使血液内酶的活性明显高于正常人。因此，临床上常以检测血清中 GOT、GPT 活性变化作为诊断心肌或肝疾病的生化指标。

转氨酶在催化反应中，其作用机理为：①辅酶磷酸吡哆醛转变为磷酸吡哆胺。磷酸吡哆醛和氨基酸形成醛亚胺（Schiff 氏碱），经双键异构化位移、水解，生成相应的酮酸和磷酸吡哆胺。②磷酸吡哆胺重新变为磷酸吡哆醛。磷酸吡哆胺和 α 酮戊二酸反应再形成醛亚胺（Schiff 氏碱），再经双键异构化位移、水解，把醛亚胺（Schiff 氏碱）上的氨基转移给 α 酮戊二酸形成相应的谷氨酸和磷酸吡哆醛。可见，磷酸吡哆醛在其中起着转运氨基的作用（图 10-6）。

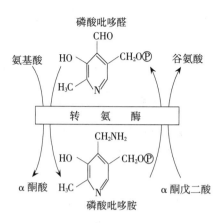

图 10-6 转氨酶的催化过程

转氨酶催化的转氨基作用在氨基酸分解和合成中都是非常重要的。在分解代谢中，很多转氨酶都以 α 酮戊二酸作为氨基的受体，因此很多氨基酸是通过转氨酶作用把氨基转给 α 酮戊二酸而生成 L-谷氨酸，然后借助体内活性高的 L-谷氨酸脱氢酶脱去氨基，生成氨（NH_3）（见联合脱氨基），有毒的 NH_3 进入 NH_3 的排泄途径；在合成代谢中，通过转氨酶作用生成的谷氨酸，是体内所有非必需氨基酸合成的主要氨基供体。

（四）联合脱氨基作用

联合脱氨基作用是由转氨酶催化的转氨基反应和 L-谷氨酸脱氢酶催化的脱氨基反应偶联的脱氨方式。在体内有下述两种联合脱氨基方式。

1. 转氨酶和 L-谷氨酸脱氢酶的联合脱氨基作用 首先转氨酶催化一种氨基酸的氨基转移到 α 酮戊二酸的酮基上生成 L-谷氨酸，然后，由体内活性很高的 L-谷氨酸脱氢酶将 L-谷氨酸的氨基脱去，产生 α 酮戊二酸、NH_3、NAD（P）H（图 10-7）。

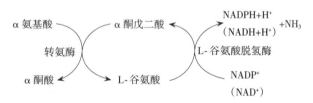

图 10-7 转氨酶和 L-谷氨酸脱氢酶的联合脱氨基过程

2. 转氨酶和嘌呤核苷酸循环的联合脱氨基作用 首先通过两轮转氨酶作用把某一氨基酸的氨基转移至天冬氨酸（Asp）上，然后次黄嘌呤核苷酸（IMP）与 Asp 作用形成中间产物腺苷酸代琥珀酸，后者在裂解酶作用下裂解为 AMP 和延胡索酸，这样就把 Asp 的氨基转移到了 AMP，最后 AMP 水解产生 IMP 和 NH_3（图 10-8）。

图 10-8 转氨酶和嘌呤核苷酸循环的联合脱氨基过程

转氨酶和 L-谷氨酸脱氢酶联合脱氨基作用在机体内广泛存在，在氨基酸的最终脱氨基代谢中起着很重要的作用。据估计，人体内摄入的蛋白质约有 70% 是通过联合脱氨基方式进行氨基代谢的。除此外，在骨骼肌、心肌、脑组织中存在以转氨酶和嘌呤核苷酸循环的联合脱氨基方式。实验证明，脑组织中的氨有 50% 是通过这条途径产生的。

（五）脱酰胺基作用

组成蛋白质的 20 种氨基酸中只有两种酰胺氨基酸：谷氨酰胺（Gln）与天冬酰胺（Asn）。在相应的酰胺酶催化下，发生水解作用，脱去酰胺基而生成 NH_3。

$$谷氨酰胺 + H_2O \underset{谷氨酰胺酶}{\rightleftharpoons} 谷氨酸 + NH_3$$

$$天冬酰胺 + H_2O \underset{天冬酰胺酶}{\rightleftharpoons} 天冬氨酸 + NH_3$$

上述两种酰胺酶催化的反应为可逆反应，使 Gln、Asn 脱去酰胺基生成相应的氨基酸和游离的 NH_3。

二、氨基酸的脱羧基作用

氨基酸在脱羧酶（decarboxylase）作用下，脱去羧基生成相应胺类化合物和 CO_2，这类反应称为脱羧作用（decarboxylation）。

$$R-CHNH_2-COOH \xrightarrow{脱羧酶} R-CH_2-NH_2 + CO_2$$

脱羧酶普遍存在于动物、植物和微生物中，专一性很高，如 L-谷氨酸脱羧酶只能催化 L-谷氨酸脱羧生成 γ 氨基丁酸，其辅酶是磷酸吡哆醛。氨基酸脱羧后所形成的胺类（amines），有的有毒性，有的具有重要的生理作用。如在脑组织中，γ 氨基丁酸是重要的神经递质，组氨酸脱羧形成的组胺（组织胺）有降低血压的作用。有些胺类及其衍生物对植物有刺激生长、促进开花、提高抗性和延缓衰老等作用。

（一）直接脱羧基作用

1. 谷氨酸脱羧　L-谷氨酸在 L-谷氨酸脱羧酶作用下，直接脱羧生成 γ 氨基丁酸（γ-aminobutyric acid，GABA），后者可与 α 酮戊二酸通过转氨作用生成琥珀酸半醛，再氧化生成琥珀酸而进入 TCA 循环（图 10-9）。

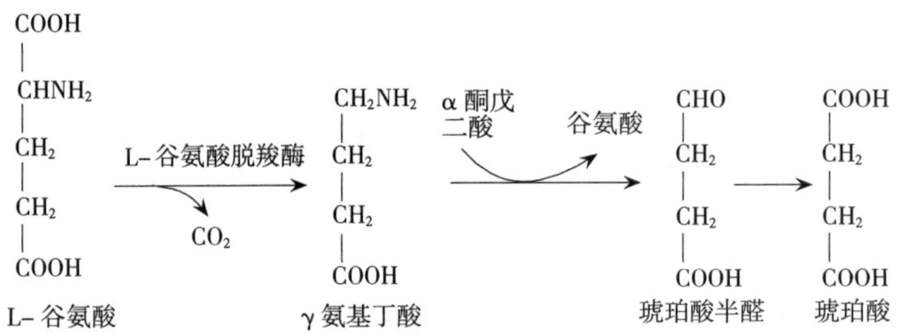

图 10-9　谷氨酸脱羧

其中，γ 氨基丁酸是人和动物的脑组织中具有抑制作用的神经递质，其作用是抑制突触传导。γ 氨基丁酸对昆虫神经信号的传导具有抑制作用，因而可提高植物的抗虫性。人的癫痫病发作与 GABA 含量低下有关。

2. 色氨酸脱羧　L-色氨酸在 L-色氨酸脱羧酶的作用下，直接脱羧生成色胺，再经脱氨变成吲哚乙醛，再氧化变成吲哚乙酸（indoleacetic acid，IAA）（图 10-10）。

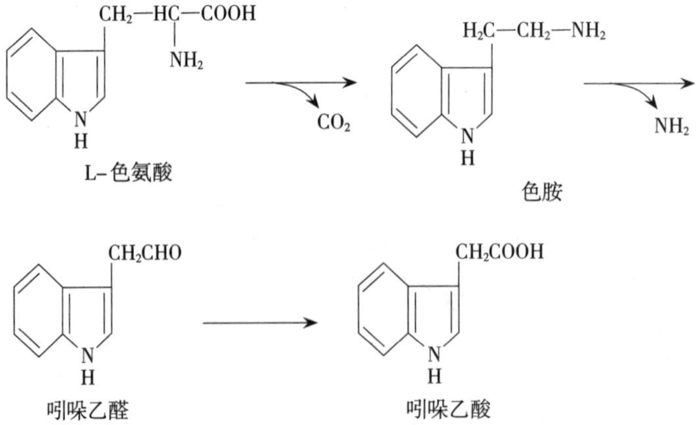

图 10-10　色氨酸脱羧

　　吲哚乙酸是广泛存在于植物体内的一种生长素（auxin），具有刺激植物生长的作用。可见，色氨酸是植物生长素合成的前体物。色氨酸也可先经氧化脱氨（生成吲哚丙酮酸）后再脱羧（生成吲哚乙醛），最后醛基氧化生成吲哚乙酸。

　　3. 赖氨酸、精氨酸、鸟氨酸脱羧　这些氨基酸在相应的脱羧酶作用下，直接脱羧变成含有多个氨基的相应多胺（polyamines）（图 10 - 11），或者脱羧后参与其他多胺的生成。

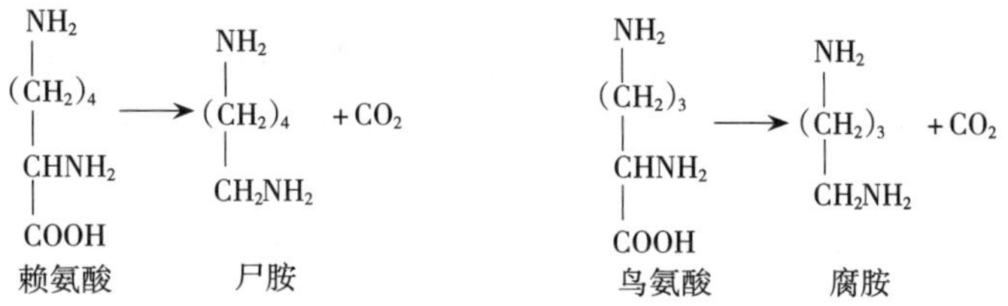

图 10 - 11　赖氨酸和鸟氨酸脱羧生成多胺

　　精氨酸水解生成鸟氨酸，鸟氨酸直接脱羧生成腐胺。甲硫氨酸与 ATP 在其他酶催化下生成 S - 腺苷甲硫氨酸（SAM，AdoMet），再与腐胺作用生成亚精胺、精胺。这些胺类物质可能在转录、细胞分裂的调节中起作用。

　　由色氨酸、赖氨酸、精氨酸、鸟氨酸和甲硫氨酸分别直接脱羧生成的各种胺类化合物，在植物体内具有极其重要的生理作用，而这些氨基酸则是植物体内产生多胺类物质的直接前体物质。

　　4. 丝氨酸脱羧　L - 丝氨酸在 L - 丝氨酸脱羧酶作用下，直接脱羧变成乙醇胺，后者经甲基化反应变成胆碱（图 10 - 12），乙醇胺和胆碱分别与磷脂酸反应生成脑磷脂和卵磷脂。

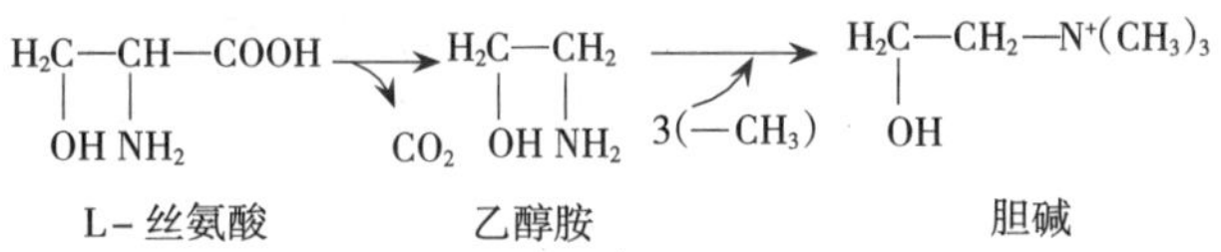

图 10 - 12　丝氨酸脱羧

（二）羟基化脱羧基作用

　　酪氨酸在酪氨酸酶（tyrosinase）作用下，发生羟基化而生成 3，4 - 二羟苯丙氨酸（3，4 - dihydroxyphenylalanine），简称多巴（dopa），这一步反应需要四氢蝶呤为辅酶。多巴在多巴脱羧酶催化下，生成 3，4 - 二羟基苯乙胺（3，4 - dihydroxyphenylethylamine），简称多巴胺（dopamine）（图 10 - 13）。

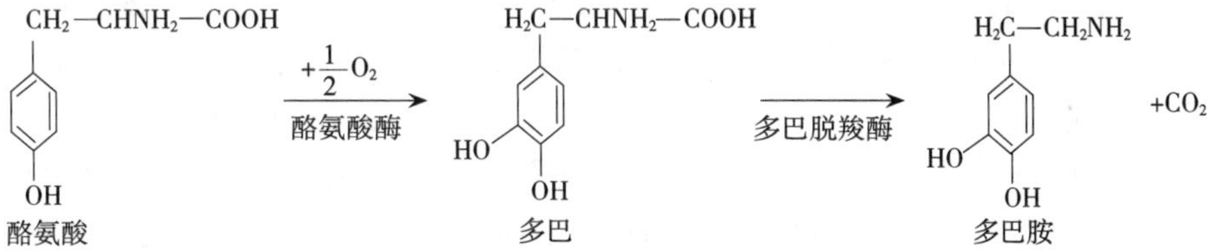

图 10 - 13　酪氨酸羟基化脱羧

　　多巴在酪氨酸酶进一步催化下氧化形成聚合物黑色素（melanin）。这一步反应不需要四氢蝶呤为辅酶，而是需要 Cu^{2+} 作为该酶的辅因子。马铃薯块茎、苹果、梨等受损后变黑乃是由于黑色素形成之故。人的皮肤、眼部和毛发存在黑素细胞，可将酪氨酸变成黑色素，使皮肤、眼睛及毛发呈黑色，起到保护皮肤和眼部抵御紫外线损伤的作用。如果缺乏酪氨酸酶，黑色素不能正常合成而导致白化病（albinism）。在植物体内，由多巴和多巴胺可生成生物碱（如吗啡和秋水仙碱）；在动物体内，酪氨酸可转变为儿茶酚胺类物质（包括多巴、多巴胺、肾上腺素和去甲肾上腺素），这些化合物是一类重要的神经介质，对神经传导、行为、睡眠等生理功能起重要作用。例如，帕金森综合征患者的体内多巴胺的水平很低。

三、氨基酸降解产物的进一步代谢

氨（NH_3）和 α 酮酸是氨基酸脱氨基作用的产物，胺和 CO_2 是氨基酸脱羧基作用的产物。CO_2 可直接呼出体外，胺、NH_3 和 α 酮酸可进一步参与各种代谢。

（一）胺的代谢

部分氨基酸经直接脱羧作用后可生成胺类化合物（尸胺、腐胺、亚精胺及精胺），这些胺类如果在体内过量积累会对生物体造成毒害。因此，必须在相应酶的作用下进一步分解成无毒的物质。胺类有下述两种代谢去向。

1. 胺类氧化 胺类在生物体内的胺氧化酶催化下氧化成醛，继而氧化成脂肪酸，再分解成 CO_2 和水。

$$RCH_2NH_2 + O_2 + H_2O \longrightarrow RCHO + H_2O_2 + NH_3$$

$$RCHO + \frac{1}{2}O_2 \longrightarrow RCOOH$$

2. 由胺转变为其他含氮活性化合物 如色氨酸脱羧后或生成 5-羟色胺，或生成色胺转变为生长素。5-羟色胺是脊椎动物的一种神经递质，也是血管收缩素。丝氨酸脱羧后生成乙醇胺再转变为胆碱。

（二）氨的代谢

前述的氨基酸经氧化脱氨基或经联合脱氨基途径等将氨基氮转变为氨，游离的氨对生物体是有毒的，尤其对大脑功能的毒害作用最明显。正常人血清中含氨量为 $20 \sim 60 \ \mu mol/L$，当血氨浓度升高时即可引起大脑功能障碍，导致呕吐、抽筋，严重时甚至昏迷或死亡。实验表明，兔子的 100 mL 血液中氨含量达到 5 mg 时，即死亡。所以氨基酸代谢产生的氨不能在体内积累，必须通过其他代谢途径把氨转变成无毒（或毒性很小）的化合物。在动物和植物机体内，氨的转变代谢途径有以下几种。

1. 游离的氨直接排出体外 某些水生动物和海洋生物（如鱼类），为了避免氨中毒，都以氨的形式将氨基氮直接排出体外，所以这些动物又称为排氨动物。

2. 重新合成氨基酸 氨与 α 酮酸发生还原性氨基化作用，重新合成氨基酸，如 L-谷氨酸脱氢酶催化的可逆反应，需要消耗 NAD（P）H。该途径不是氨转变的主要方式。

3. 形成铵盐 氨与组织中的有机酸形成铵盐，如柠檬酸铵、草酸铵等，以维持细胞正常的 pH。这在某些富含有机酸的植物中较常见。

4. 转变成酰胺 氨转变为无毒的谷氨酰胺（Gln）和天冬酰胺（Asn），既可解氨毒，又可贮氨。植物组织解除氨毒的方式通常是生成 Asn，而动物则以 Gln 为氨的运载体，向肝内转运。在肝外组织中，在谷氨酰胺合成酶作用下，NH_3 与 Glu 合成 Gln，在反应中消耗 ATP。生成的 Gln 可作为多种物质合成（如核苷酸、某些氨基酸合成）的氮源，亦可由血液运至肝，然后在谷氨酰胺酶的作用下分解为 NH_3 与 Glu，NH_3 可进一步通过尿素循环排出体外。Gln 的合成和分解反应如下：

$$NH_3 + 谷氨酸 + ATP \xrightarrow{\text{谷氨酰胺合成酶}} 谷氨酰胺 + ADP + Pi + H^+$$

$$谷氨酰胺 + H_2O \xrightarrow{\text{谷氨酰胺酶}} 谷氨酸 + NH_3$$

Asn 的合成和分解反应机理与 Gln 相同。

5. 氨转变成无毒的尿素排出体外 大多数陆生脊椎动物将 NH_3 以尿素形式排出体外，尿素在肝中合成，合成的尿素分泌到血液，再进入肾，从尿中排出。尿素的生成过程称为尿素循环（urea cycle），又称为鸟氨酸循环。

尿素的合成步骤如下：

（1）在氨甲酰磷酸合成酶Ⅰ作用下，NH_3 和 CO_2 合成氨甲酰磷酸，消耗 2 个 ATP（图 10 - 14）。氨甲酰磷酸合成酶Ⅰ是尿素循环的关键酶。

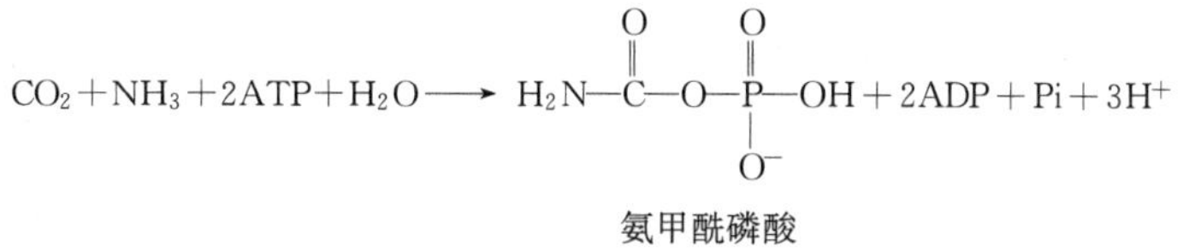

图 10 - 14　合成氨甲酰磷酸

（2）在鸟氨酸转氨甲酰酶作用下，鸟氨酸与氨甲酰磷酸合成瓜氨酸（图 10 - 15）。

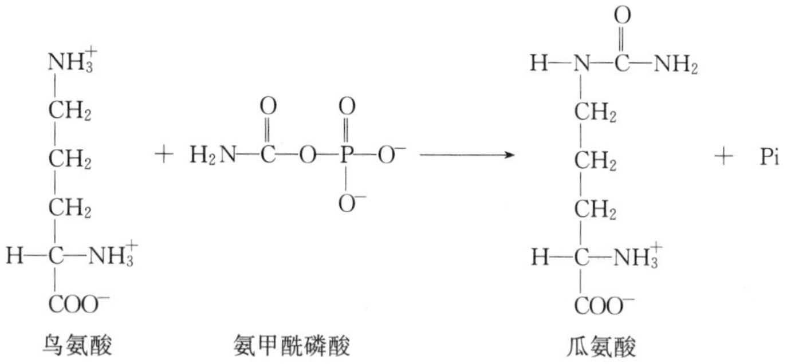

图 10 - 15　合成瓜氨酸

（3）在精氨琥珀酸合成酶作用下，瓜氨酸与天冬氨酸合成精氨琥珀酸，消耗 1 个 ATP 生成 AMP（图 10 - 16）。

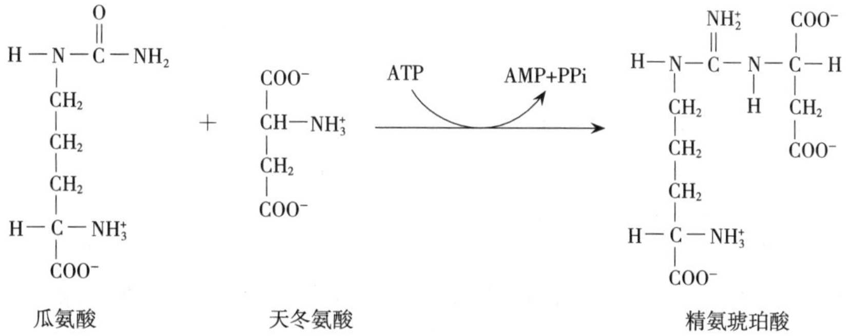

图 10 - 16　合成精氨琥珀酸

（4）在精氨琥珀酸裂解酶作用下，精氨琥珀酸裂解为精氨酸和延胡索酸（图 10 - 17）。

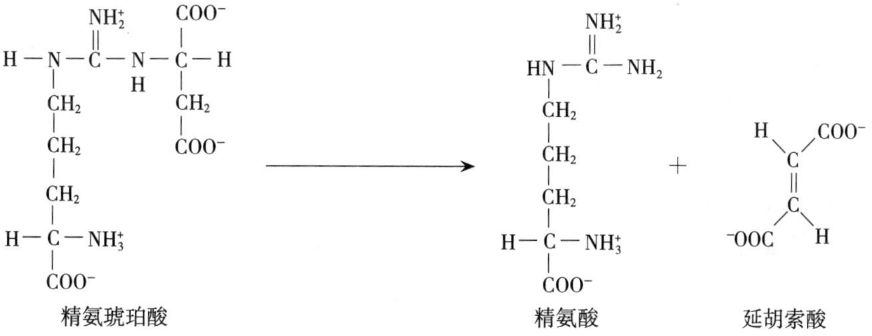

图 10 - 17　精氨琥珀酸裂解

（5）在精氨酸酶作用下，精氨酸水解为尿素和鸟氨酸（图 10 - 18），鸟氨酸进入下一循环。

$$
\begin{array}{ccc}
\overset{\overset{\displaystyle NH_2^+}{\|}}{HN-C-NH_2} & & \overset{\overset{\displaystyle NH_3^+}{|}}{CH_2} \\
| & & | \\
CH_2 & \overset{H_2O}{\longrightarrow} & \overset{O}{\underset{\|}{H_2N-C-NH_2}} \quad + \quad CH_2 \\
| & & | \\
CH_2 & & CH_2 \\
| & & | \\
-C-NH_3^+ & & H-C-NH_3^+ \\
| & & | \\
COO^- & & COO^-
\end{array}
$$

精氨酸　　　　　　　　　　　尿素　　　　　鸟氨酸

图 10-18　精氨酸水解

尿素循环的总反应式为：

$$NH_3+CO_2+Asp+3ATP \longrightarrow 尿素+延胡索酸+2ADP+2Pi+AMP+PPi$$

从总反应式中可知，合成 1 分子尿素需要消耗 4 个高能磷酸键（4 分子 ATP），尿素分子中一个 N 原子来自游离的氨（或 Glu），另一个来自 Asp。尿素循环（图 10-19）是机体排泄氨的主要途径。

在正常生理条件下，氨在肝中合成尿素的过程是维持体内血氨动态平衡的关键步骤。参与尿素合成的酶系中各种酶活性相差很大，其中氨甲酰磷酸合成酶Ⅰ是尿素合成的关键酶。当肝功能严重损伤或带有尿素合成相关酶的遗传性缺陷时，可以导致尿素合成发生障碍，使血氨浓度升高，称为高血氨症。高血氨的毒性作用机制目前还没有完全清楚。当血氨浓度高时，氨进入脑组织，与脑中的 α 酮戊二酸反应生成谷氨酸，同时氨亦可以与谷氨酸反应生成谷氨酰胺，导致脑组织的 α 酮戊二酸含量减少，三羧酸循环减慢，ATP 生成减少，发生大脑功能障碍。

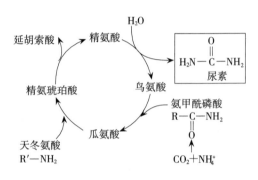

图 10-19　尿素循环

（三）α 酮酸的代谢

氨基酸脱氨基后，可生成多种不同的 α 酮酸（表 10-3），分别进入糖代谢或脂代谢途径，表明了氨基酸代谢、糖代谢、脂代谢三者之间的密切联系。

表 10-3　氨基酸与糖和脂肪的共同中间代谢产物

氨基酸名称	与糖和脂肪的共同中间代谢产物	去向
天冬氨酸、天冬酰胺	草酰乙酸	生糖
丝氨酸、甘氨酸、苏氨酸、丙氨酸、半胱氨酸	丙酮酸	生糖
谷氨酸、谷氨酰胺、组氨酸、精氨酸、脯氨酸	α 酮戊二酸	生糖
缬氨酸、甲硫氨酸	琥珀酰 CoA	生糖
亮氨酸	乙酰 CoA	生酮
赖氨酸	乙酰乙酰 CoA	生酮
异亮氨酸	琥珀酰 CoA，乙酰 CoA	生糖兼生酮
酪氨酸、苯丙氨酸	乙酰乙酸，延胡索酸	生糖兼生酮
色氨酸	乙酰乙酸，丙酮酸	生糖兼生酮

这些 α 酮酸主要有下述 3 种代谢去向：

1. 再合成氨基酸　氨基酸的碳骨架可重新利用，通过转氨基的逆反应可重新合成氨基酸。

2. 转变为糖或脂肪　许多氨基酸脱氨基后的 α 酮酸为丙酮酸、α 酮戊二酸、琥珀酰 CoA、延胡索酸和草酰乙酸，这些三羧酸循环（TCA）的中间产物和丙酮酸都可作为糖异生的前体，经糖异生作用转变为葡萄糖，这类氨基酸称为生糖氨基酸（glucogenic amino acid）。20 种常见氨基酸中属于生糖氨基酸的有 14 种。

有些氨基酸脱氨基后生成乙酰 CoA、乙酰乙酸 CoA，这两种物质在肝转变为酮体，按脂肪酸代谢途径进行代谢，这类氨基酸称为生酮氨基酸（ketogenic amino acid）。属于生酮氨基酸的有亮氨酸（Leu）和赖氨酸（Lys）。

还有些氨基酸如异亮氨酸（Ile）、苯丙氨酸（Phe）、色氨酸（Trp）和酪氨酸（Tyr），脱氨基后的 α 酮酸既可以转变为酮体，也可以转变为葡萄糖，称为生糖兼生酮氨基酸。

3. 彻底氧化分解　当生物体需能时，α 酮酸可进入三羧酸循环彻底氧化分解为 CO_2 和 H_2O，放出能量（图 10 - 20）。

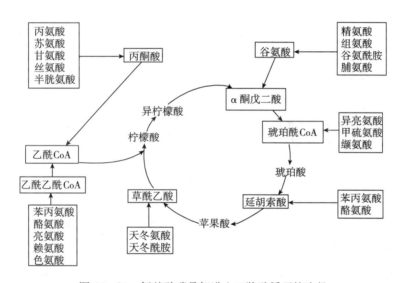

图 10 - 20　氨基酸碳骨架进入三羧酸循环的途径

四、由氨基酸合成其他含氮化合物

（一）氨基酸代谢与一碳单位

一碳单位（one carbon unit）是指只有一个碳原子的基团，如甲基（—CH_3）、亚甲基（甲叉基，—CH_2—）、羟甲基（—CH_2OH）、甲酰基（—CHO）、次甲基（甲川基，—CH=）和亚氨甲基（—HC=NH）等。在氨基酸代谢中，有些氨基酸如甘氨酸、苏氨酸、丝氨酸、组氨酸和甲硫氨酸等可以分解成一碳单位。催化一碳单位的转移反应需要四氢叶酸（FH_4）作为酶的辅因子，在相应的一碳单位转移酶催化下，一碳单位与 FH_4 在 N_5 或 N_{10} 或 N_5 和 N_{10} 位以共价键相连，然后再把一碳单位转移到相应的化合物上。一碳单位可参与嘌呤、嘧啶、胆碱、肾上腺素等的生物合成。一碳单位代谢障碍或 FH_4 合成不足（如叶酸缺乏），可引起核苷酸合成障碍，导致细胞分裂障碍，发生疾病如恶性贫血等。

（二）氨基酸与其他含氮衍生物

在生物体内，氨基酸不仅是合成蛋白质的原料，还可合成其他有生物活性的含氮化合物，在机体中发挥重要的生理作用。表 10 - 4 列举了这些重要的化合物。

表 10 - 4 由氨基酸衍生的含氮化合物

含氮化合物	含氮衍生物	氨 基 酸
核酸	嘌呤	甘氨酸、天冬氨酸、谷氨酰胺
	嘧啶	天冬氨酸
脂类	胆碱	丝氨酸、甲硫氨酸（供甲基）
	鞘氨醇	甲硫氨酸
激素	肾上腺素	酪氨酸、甲硫氨酸（供甲基）
	吲哚乙酸	色氨酸
	乙烯	甲硫氨酸
色素	黑素	酪氨酸
	叶绿素	谷氨酸
维生素	烟酸	色氨酸
生物碱	烟碱	谷氨酸
	吗啡、可待因	酪氨酸
	奎宁、马钱子碱	色氨酸
抗生素	青霉素	缬氨酸、半胱氨酸
糖苷	苦杏仁苷	苯丙氨酸
	蜀黍苷	酪氨酸

第三节 氨和氨基酸的生物合成

动物、植物和微生物的氨和氨基酸的生物合成途径不同，植物和微生物能自身合成 20 种氨基酸，氮源来自土壤中的硝酸盐和铵盐，亦可利用大气中的氮通过固氮作用合成的氨。人和其他哺乳动物只能合成部分氨基酸，这些自身可以合成的氨基酸称为非必需氨基酸；其余不能合成的氨基酸必须从食物中获得，称为必需氨基酸。

一、生物固氮

（一）生物固氮的意义

氮是构成蛋白质和核酸的重要元素，是生物体生长发育必不可少的主要元素。

大气中的氮极其稳定，难以被生物尤其是高等植物所直接利用，只有某些细菌才能将大气中的氮固定并转化为代谢中有用的形式（如氨），我们称这个过程为固氮作用。生物固氮是指某些微生物在常温、常压下将氮转变为氨的过程。反应如下：

$$N_2 + 3H_2 \longrightarrow 2NH_3$$

这些微生物称为固氮菌。目前已知能够固氮的都属于原核微生物，已发现的固氮菌近 50 个属，包括细菌、放线菌和蓝细菌（蓝藻）。固氮菌的固氮作用可分为自生固氮作用和共生固氮作用两个类型。

自生固氮菌可分为细菌和蓝细菌两类。它们在独立生活时能固定和利用分子态氮。它们的固氮有两种方式：其一是利用化学能进行固氮，如好气性的固氮菌、厌气性的巴斯德梭菌；其二是利用光能进行氮素还原，如鱼腥蓝细菌和念珠蓝细菌。自生固氮菌在农业生产上起到很重要的作用，人们利用固氮能力强的自生固氮菌作为菌肥（如圆褐固氮菌、蓝细菌等），以满足非豆科农作物对氮的需求。

共生固氮菌需要寄生在植物上才能生存，只有建立共生关系才能进行固氮作用，其中以根瘤菌与豆科植物的共生固氮最为重要。根瘤菌寄生于豆科植物的根部，形成一种特殊的根瘤器官，根瘤菌就在根瘤的厌氧环境中进行固氮作用。

自生固氮和共生固氮都可以为农作物提供氮肥，氮肥对提高农作物产量具有非常重要的作用。在工业上，在 450 ℃ 高温和 200～300 MPa 的压力下，利用铁为催化剂才能固定氮素生成氨供植物生长所利用，并且采用人工方法合成氮肥（化肥）应用于农业生产，不但增加农业生产成本，还会造成对大气和水土环境的污染，破坏生态平衡。与之相比，生物固氮在常温、常压下将分子氮转变为可利用的氮肥，不需消耗不可再生能源，不污染环境，亦不破坏土壤性能。因此，人们不停地探究生物固氮各种途径和机制，积极寻找更有效的方法，以在农业生产中提高生物固氮的效能并降低化肥的用量。例如，试图通过基因工程技术提高现有固氮作物的固氮能力，或开发优质高效的微生物氮肥，或使不能固氮的禾本科作物像豆科作物那样进行固氮，以大幅度减少化肥的使用。可见，研究生物固氮并应用于农业生产具有很重要的意义。

（二）固氮酶复合体

微生物之所以能够固氮，是因为它们都含有固氮酶复合体（nitrogenase complex）。固氮酶复合体由两种酶构成，一种是还原酶，含有铁硫蛋白，是由单一的 4Fe‑4S 簇亚基组成的同源二聚体，含有 2 个 ATP 结合位点，分子质量约为 64 ku，它提供具有很强还原力的电子。另一种是固氮酶，是一个异源四聚体的钼铁蛋白，亚基结构是 $\alpha_2\beta_2$，分子质量约为 220 ku，每个 $\alpha\beta$ 二聚体含有 2 个结合的氧还中心（redox centers），这两个氧还中心能结合 N_2 并积累电子，并且利用高能电子把 N_2 还原成 NH_3。铁蛋白和钼铁蛋白这两种组分中任一个单独存在都不能表现固氮酶复合体活性，只有两种组分组合构成复合体时才具备催化氮还原的功能（图 10‑21），并且这些酶都是在厌氧环境下起作用的。

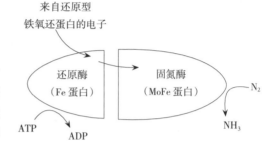

图 10‑21　固氮酶复合体催化的固氮反应
注：在 N_2 转变为 NH_3 以前，还原酶与固氮酶组分分离。

固氮酶复合体催化的固氮总反应是：

$$N_2+8H^++8e+16ATP+16H_2O \longrightarrow 2NH_3+H_2+16ADP+16Pi$$

固氮酶复合体催化的固氮作用需要 N_2、ATP、电子参与反应，催化的固氮作用机理为：①通过光合作用或氧化作用产生的电子转给电子传递体——铁氧还蛋白，结合 2 个 ATP 的还原型还原酶与固氮酶结合。②还原型的还原酶将 1 个电子传递给固氮酶，同时使还原酶被氧化，结合其上的 2 个 ATP 水解释放能量驱动氧化型还原酶与固氮酶解离。③固氮酶是一种氧化蛋白，得到电子后催化 N_2 生成 NH_3。④氧化型的还原酶重复步骤①，变成还原型铁氧还蛋白（还原酶），再继续传递电子。每固定 1 分子 N_2，需要发生 8 次电子转移，共消耗 16 分子 ATP，生成 2 分子 NH_3。可见，固氮作用是十分耗能的过程。

（三）固氮作用所需的条件

固氮酶复合体催化的固氮反应需要满足 3 个条件：

1. 消耗共生植物的较多 ATP　因为 N_2 的 2 个 N 之间的三键键能高，所以需要非常高的活化能才能生成 NH_3。例如，固氮菌要消耗豌豆根系 20% 的 ATP 才能进行固氮作用，这对提高植株的产量是很不利的。

2. 需要很强的还原剂　还原剂来自还原酶的还原型铁氧还蛋白，还原型铁氧还蛋白可从光合作用或 NADH、H_2、丙酮酸等的氧化作用中再生。

3. 需要厌氧环境　固氮酶复合体在氧中很容易失活，只有在严格的厌氧环境下才具有固氮活性。固氮菌防止氧毒性的方法有：通过呼吸链的解偶联作用来增加氧的消耗；一些固氮菌产生一层厚的细胞壁，防止氧气的入侵，如固氮蓝细菌；豆科植物根瘤的豆血红蛋白（leghemoglobin）和氧有很高的亲和力，可防止氧对根瘤菌的毒害。豆血红蛋白为氧结合蛋白，其珠蛋白部分由植物合成，而血红素基团则由根瘤菌合成。豆血红蛋白与氧结合可维持一个相当低氧的环境以保护固氮酶。

二、硝酸还原作用

固氮菌通过固氮作用把大气中的氮气转变为氨和硝酸盐，进入土壤中。进入土壤的氨几乎都被细菌氧化为硝酸盐，释放的能量供给这些细菌所利用。在植物中，硝酸盐为植物的主要氮源，根系从土壤中吸收的硝酸盐，首先要还原成氨才能被植物利用，这一过程称为硝酸还原作用，又称为硝酸同化作用。参与硝酸还原作用的酶有两种：硝酸还原酶（nitrate reductase，NR）和亚硝酸还原酶（nitrite reductase，NiR）。反应如下：

$$NO_3^- \xrightarrow[\text{硝酸还原酶}]{2e} NO_2^- \xrightarrow[\text{亚硝酸还原酶}]{6e} NH_4^+$$

（一）硝酸还原酶

硝酸盐在硝酸还原酶的作用下，接受 2 个电子还原为亚硝酸，根据不同的电子供体硝酸还原酶可分为下述两种酶类。

1. 铁氧还蛋白-硝酸还原酶 这类酶的电子供体为铁氧还蛋白（Fd），催化的反应为：

$$NO_3^- + 2Fd_{还} + 2H^+ \longrightarrow NO_2^- + 2Fd_{氧} + H_2O$$

在蓝细菌、绿藻、光合细菌和化能合成细菌中存在此类酶。

2. NAD（P）H-硝酸还原酶 这类酶的电子供体为 NAD（P）H，催化如下反应：

$$NO_3^- + NAD(P)H + H^+ \longrightarrow NO_2^- + NAD(P)^+ + H_2O$$

在真菌、绿藻和高等植物中存在这种酶。这种硝酸还原酶是一种可溶性的钼黄素蛋白，含有 FAD、细胞色素 b_{557} 和钼。NAD(P)H 将 1 对电子传递给 FAD，再转移给钼，最后将电子传递给 NO_3^-，使 NO_3^- 被还原为 NO_2^-。

（二）亚硝酸还原酶

亚硝酸在植物细胞内很少积累，它很快在亚硝酸还原酶的作用下，接受 6 个电子还原为氨。

$$NO_2^- + 7H^+ + 6e \longrightarrow NH_3 + 2H_2O$$

在高等植物中，亚硝酸还原酶存在于叶绿体中。该酶由 2 个亚基组成，其辅基为含有铁卟啉环的西罗血红素（siroheme），分子中还含有 4Fe-4S 铁硫中心，电子传递体为铁氧还蛋白。亚硝酸还原酶催化的机理是：光通过光合作用驱动铁氧还蛋白-NADP⁺还原酶作用，生成还原型铁氧还蛋白，还原型铁氧还蛋白作为电子供体，使电子传递到4Fe-4S中心，再传递到西罗血红素，最后传到亚硝酸，使之还原为氨（图10-22）。

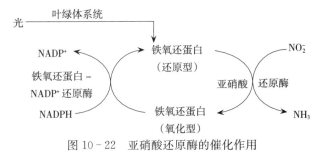

图 10-22 亚硝酸还原酶的催化作用

三、氨基酸的生物合成

植物、微生物合成氨基酸的能力与哺乳动物是不一样的，前者能够从头合成构成蛋白质的 20 种氨基酸，而哺乳动物能合成的氨基酸有丙氨酸、天冬酰胺、天冬氨酸、谷氨酰胺、谷氨酸、半胱氨酸、脯氨酸、丝氨酸、酪氨酸、甘氨酸和精氨酸，为非必需氨基酸（nonessential amino acid）。其余 9 种氨基酸机体不能合成，必须从食物中获得，称为必需氨基酸（essential amino acid），它们是组氨酸、异亮氨酸、亮氨酸、甲硫氨酸、苯丙氨酸、赖氨酸、色氨酸、缬氨酸和苏氨酸。对幼小动物来说，精氨酸也是必需氨基酸。

氨基酸合成的碳架（前体）来自糖酵解、TCA 循环或磷酸戊糖途径形成的不同碳数的中间产物，氨基酸合成需要的氨基则由转氨基作用生成的 Glu 或 Gln 提供。氨基酸合成的场所有的在细胞质中，有的在线粒体中。

（一）各族氨基酸的生物合成

根据氨基酸合成的碳架不同，可将所有的氨基酸分为下述六大家族。

1. 丙酮酸家族 这一家族的氨基酸包括丙氨酸（Ala）、缬氨酸（Val）和亮氨酸（Leu）。这3种氨基酸的共同碳架是糖酵解生成的丙酮酸，3种氨基酸合成途径的最后一步都经 Glu 的转氨作用生成相应的氨基酸。Ala 由丙酮酸经转氨作用而来，Val 和 Leu 的合成相似，始于酮酸，Leu合成是从 Val 合成途径中分支出来的（图 10-23）。

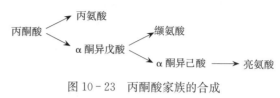

图 10-23 丙酮酸家族的合成

2. 3-磷酸甘油家族 这一家族的氨基酸包括丝氨酸（Ser）、甘氨酸（Gly）和半胱氨酸（Cys）。Ser 从糖酵解中间产物 3-磷酸甘油酸衍生而来，包括3步反应：3-磷酸甘油酸经脱氢还原反应、转氨反应和脱磷酸基团反应。Ser 进行转甲基反应脱去甲基生成 Gly。在动物体内，Ser 和高半胱氨酸是 Cys 的前体，所以，Cys 可由 Ser 与高半胱氨酸反应生成。它们的合成如图 10-24 所示。

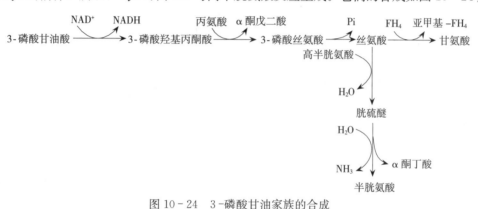

图 10-24 3-磷酸甘油家族的合成

3. 草酰乙酸家族 这一族的氨基酸包括天冬氨酸（Asp）、天冬酰胺（Asn）、甲硫氨酸（Met）、苏氨酸（Thr）、异亮氨酸（Ile）和赖氨酸（Lys）。这6种氨基酸的碳架来自三羧酸循环的草酰乙酸。草酰乙酸经转氨作用直接形成 Asp。Asn 由 Asp 转酰基化而来，Lys、Met 和 Thr 亦由 Asp 转变而来，Ile 可由 Thr 经几步反应而来。它们的合成如图 10-25 所示。

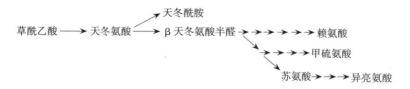

图 10-25 草酰乙酸家族的合成

4. α酮戊二酸家族 属于这一家族的氨基酸包括谷氨酸（Glu）、谷氨酰胺（Gln）、脯氨酸（Pro）和精氨酸（Arg）。这4种氨基酸的碳架均来自 α酮戊二酸。在谷氨酸脱氢酶催化下 α酮戊二酸生成 Glu，然后经Glu 转酰基化而生成 Gln。Pro 由 Glu 经 4

图 10-26 α酮戊二酸家族的合成

步反应而成，需要消耗 ATP 和 NADPH，Pro 还可合成羟脯氨酸（非蛋白质氨基酸）。哺乳动物细胞内的 Arg 合成与细菌不同，Arg 是通过尿素循环的中间产物而合成的。它们的合成如图 10-26

所示。

5. 磷酸烯醇式丙酮酸和赤藓糖家族 属于这一家族的氨基酸包括色氨酸（Trp）、酪氨酸（Tyr）和苯丙氨酸（Phe），亦称为环状结构的芳香族氨基酸。这 3 种氨基酸的碳架来自磷酸戊糖途径的 4-磷酸赤藓糖和糖酵解途径的磷酸烯醇式丙酮酸（PEP）。4-磷酸赤藓糖和磷酸烯醇式丙酮酸缩合生成七碳酮糖开链磷酸化合物，然后经多步反应生成莽草酸（shikimic acid），通过莽草酸途径生成分支酸（chorismic acid），再由分支酸分别衍生为 3 种芳香族氨基酸。它们的合成如图 10-27 所示。

图 10-27　磷酸烯醇式丙酮酸和赤藓糖家族的合成

6. 组氨酸 His 的合成反应很复杂，需要 10 步反应。其碳架来自磷酸戊糖途径的 5-磷酸核糖，再生成 5-磷酸核糖-1-焦磷酸（PRPP）。此外，还需 ATP、Glu 和 Gln 参与反应，最后生成 His。His 中各个原子的来源如图 10-28 所示。

20 种氨基酸的合成途径及它们之间的相互转变关系如图 10-29 所示。

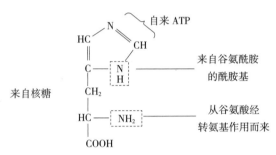

图 10-28　组氨酸的碳架来源

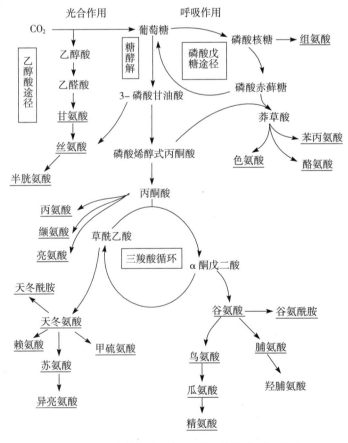

图 10-29　各种氨基酸的合成途径及其相互关系

（二）硫酸的还原与半胱氨酸的合成

Cys 含有硫氢基（—SH），又称为巯基，在大多数植物和微生物中，Cys 的巯基主要从无机物硫酸中获得，即由 SO_4^{2-} 还原为 H_2S，再转变为 Cys 的巯基。反应过程包括以下步骤：

1. 硫酸根离子（SO_4^{2-}）的活化　在腺苷硫酸焦磷酸化酶作用下，SO_4^{2-} 首先与 ATP 反应活化为腺嘌呤-5-磷酸硫酸（adenosine-5-phosphosulfate，APS）。在 APS 激酶作用下，ASP 再生成 3-磷酸腺嘌呤-5-磷酸硫酸（3-phosphoadenosine-5-phosphosulfate，PAPS）。反应过程如下：

$$SO_4^{2-}+ATP \xrightarrow{Mg^{2+}} APS+PPi \qquad APS+ATP \xrightarrow{Mg^{2+}} PAPS+ADP$$

2. 还原反应　SO_4^{2-} 的活化形式（APS 或 PAPS）不能直接用于 Cys 的合成，还需要通过还原反应，把磺酰基（—SO_3H）转移给一个含巯基的载体。反应过程如下：

$$载体—SH \ +APS \longrightarrow 载体—S \overset{\displaystyle O}{\underset{\displaystyle O}{\overset{\|}{\underset{\|}{S}}}} —OH + AMP$$

在还原酶催化下，生成的载体-硫代硫酸加合物可被铁氧还蛋白（Fd）还原。反应过程如下：

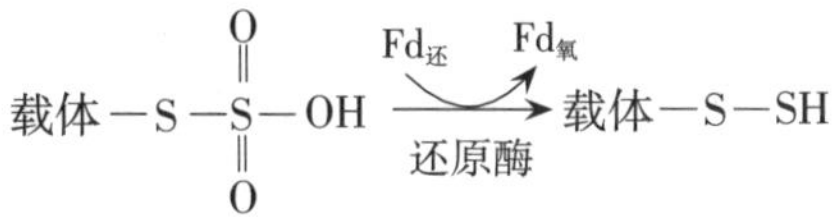

$$载体—S \overset{\displaystyle O}{\underset{\displaystyle O}{\overset{\|}{\underset{\|}{S}}}} —OH \xrightarrow[还原酶]{Fd_{还} \quad Fd_{氧}} 载体—S—SH$$

3. Cys 的合成　上述反应生成的还原产物可用于 Cys 的合成。反应过程如下：

$$载体—S—SH+O—乙酰丝氨酸 \longrightarrow 载体—SH+半胱氨酸+乙酸$$

通过上述反应可知，SO_4^{2-} 的 S 转变为 Cys 中的—SH。由 Cys 可再转变为 Met，也可转变为磺基丙氨酸。因此，从无机硫转变为有机硫的重要通路是通过 Cys 合成而实现的。

本章小结

生物体内分解蛋白质的酶有多种，它们都属于酶促反应中的第三类水解酶类，根据其作用部位的不同，分为蛋白酶和肽酶。蛋白酶水解多肽链内部的肽键，又称为肽链内切酶；肽酶水解多肽链末端（羧基端和氨基端）的肽键，又称为肽链外切酶。蛋白质在它们的共同作用下最后降解为氨基酸。蛋白质在细胞内的分解途径主要有溶酶体组织蛋白酶降解途径和依赖 ATP 的泛素蛋白酶体降解途径。

氨基酸分解代谢的共途径有：脱氨基和脱羧基。氨基酸通过脱氨基作用生成氨和相应的酮酸，其方式有氧化脱氨基、非氧化脱氨基、转氨基、联合脱氨基和脱酰胺基等。催化氧化脱氨基的酶以 L-谷氨酸脱氢酶（L-GDH）最为重要，它只能催化 L-谷氨酸氧化脱氨基，其他氨基酸则需要通过转氨基作用生成 L-谷氨酸，再由 L-GDH 氧化脱氨基产生氨，此种方式称为联合脱氨基。转氨基反应是指在转氨酶催化下，一种氨基酸的氨基转移到一种 α-酮酸的酮基上，形成一种新的氨基酸和新的 α 酮酸。每一种转氨酶的辅酶都是磷酸吡哆醛，且绝大多数转氨酶以谷氨酸作为氨基的供体或者以 α 酮戊二酸为氨基的受体。其中谷丙转氨酶（GPT）和谷草转氨酶（GOT）是两种最常见的转氨酶。氨基酸经过脱羧基作用生成胺类化合物，脱羧酶亦是以磷酸吡哆醛为辅酶。脱羧基作用有两种方式：直接脱羧基和羟化脱羧基。

氨基酸经过脱氨基和脱羧基作用的降解产物有氨（NH_3）、α 酮酸、胺和 CO_2。其中，氨对生物体是有毒的，解除氨毒的方式有：有的直接排出体外，有的重新合成氨基酸，有的转变为酰胺或铵盐，有的通过尿素循环生成尿素排出体外。将氨转变为无毒的尿素是人类和其他哺乳动物解除氨毒的方式，合成 1 分子尿素需要消耗 4 分子 ATP，而尿素中的氮原子，一个来自 Glu（或游离的氨），另一个来自 Asp。

经脱氨基后形成的 α 酮酸即氨基酸碳架最终都要转变为丙酮酸、乙酰 CoA、α 酮戊二酸、乙酰乙酸或 TCA 循环中的中间体。多数氨基酸碳架可转变为生糖前体，称为生糖氨基酸；亮氨酸（Leu）和赖氨酸（Lys）可转变为酮体的前体，称为生酮氨基酸；还有部分氨基酸碳架既可生糖又可生酮，称为生糖兼生酮氨基酸。氨基酸脱羧形成的胺类大部分有毒。有的胺可转变为重要的生物活性物质（如 γ 氨基丁酸、生长素、胆碱等）。许多氨基酸都可作为一碳单位来源，同时，需要四氢叶酸作为以一碳单位的载体。此外，氨基酸还能衍生出许多含氮的活性化合物。

高等植物通过微生物的固氮作用，将大气中的氮气（N_2）转变为 NH_3 供合成氨基酸用。固氮作用方式有自生固氮和根瘤菌与豆科植物的共生固氮。催化固氮作用的固氮酶复合体是由还原酶（铁硫蛋白）和固氮酶（钼铁蛋白）组成的一个有活性的功能单位，固氮反应是高度耗能和厌氧的，同时还需要强还原剂参与。在固氮反应中，每固定 1 分子 N_2 需要消耗 16 分子 ATP。土壤中的硝酸态氮（NO_3^-）需经硝酸还原酶和亚硝酸还原酶还原成氨，才能被植物的根系吸收和利用。

植物和绝大多数微生物能从头合成 20 种氨基酸，而人和动物只能合成 11 种，另 9 种必须从食物中摄取，因此称为必需氨基酸。按照 20 种氨基酸合成前体的性质，所有的氨基酸可分为 6 大家族：①丙酮酸家族，包括丙氨酸（Ala）、缬氨酸（Val）和亮氨酸（Leu）；②3-磷酸甘油家族，包括丝氨酸（Ser）、甘氨酸（Gly）和半胱氨酸（Cys）；③草酰乙酸家族，包括天冬氨酸（Asp）、天冬酰胺（Asn）、甲硫氨酸（Met）、苏氨酸（Thr）、异亮氨酸（Ile）和赖氨酸（Lys）；④α 酮戊二酸家族，包括谷氨酸（Glu）、谷氨酰胺（Gln）、脯氨酸（Pro）和精氨酸（Arg）；⑤磷酸烯醇式丙酮酸和赤藓糖家族，包括色氨酸（Trp）、酪氨酸（Tyr）和苯丙氨酸（Phe）；⑥组氨酸（His），其合成需要 PRPP、ATP 等，合成过程复杂。

复习思考题

一、解释名词

1. 固氮酶复合体　2. 氧化脱氨基作用　3. 转氨作用　4. 联合脱氨基　5. 必需氨基酸　6. 生糖氨基酸　7. 生酮氨基酸　8. 一碳单位　9. 尿素循环

二、问答题

1. 氨基酸脱氨基反应产物（氨、α 酮酸）各有哪些主要的去路？

2. 联合脱氨基作用为什么是生物体内脱去氨基的主要方式？

3. 简述谷氨酸及维生素 B_6 在氨基酸代谢中的作用。

4. 氨基酸脱下的氨是有毒的，体内是如何把有毒的氨进行及时转化的？

5. 为什么 N_2 及硝酸盐不能直接合成氨基酸？它们是如何发生转化的？

6. 简述尿素循环的主要反应过程。生成 1 分子的尿素需要多少 ATP？

7. 简述各族氨基酸合成的碳架来源。

主要参考文献

李刚，马文丽，2013. 生物化学 [M]3 版. 北京：北京大学医学出版社.

黄熙泰，于自然，李翠凤，2012. 现代生物化学 [M]. 3 版. 北京：化学工业出版社.

杨荣武，2018. 生物化学原理 [M]. 3 版. 北京：高等教育出版社.

查锡良，药立波，2013. 生物化学与分子生物学 [M]. 8 版. 北京：人民卫生出版社.

朱圣庚，徐长法，2016. 生物化学 [M]. 4 版. 北京：高等教育出版社.

David Hames，Nigel Hooper，2016. Biochemistry：3rd ed [M]. 王学敏，焦炳华，译. 北京：科学出版社.

Nelson D L，Cox M M，2017. Lehninger Principles of Biochemistry [M]. 7th ed. New York：Worth Publisher.

第十一章

核酸的降解与核苷酸的代谢

核酸的基本结构单位是核苷酸，核苷酸几乎在所有生物化学过程中均起着关键作用：①作为核酸合成的原料，这是核苷酸最主要的功能。合成 DNA 的前体是 4 种脱氧核苷三磷酸，合成 RNA 的前体是 4 种核苷三磷酸。②体内能量的利用形式。如 ATP 是主要的、普遍的能量货币，GTP、CTP、UTP 也可提供能量。NADPH 携带还原力，用以推动还原性合成过程。③构成重要的辅酶，参与代谢和生理调节。如腺苷酸可作为多种辅酶（NAD^+、FAD、辅酶 A）的组成成分。④作为多种活化中间代谢物的载体。如 UDP-葡萄糖是合成糖原的活性原料，CDP-二酰甘油、CDP 胆碱是合成磷脂的活性原料，S-腺苷甲硫氨酸是活性甲基的载体。⑤作为信号分子，调节细胞功能和基因表达。如 cAMP 和 cGMP 是重要的第二信使分子。

人体内的核苷酸主要由机体细胞自身合成，所以核苷酸不具有营养必需性，也没有供能意义，这是与单糖、脂肪酸和氨基酸不同的地方。体内核苷酸降解量很少，活细胞 DNA 几乎不降解，RNA 虽然降解，一般也只降解到核苷酸水平再被机体重新利用。核苷酸的主要组成部分——嘌呤和嘧啶不能氧化分解供能。

第一节　核酸和核苷酸的分解代谢

食物中的核酸多以核蛋白的形式存在。核蛋白进入体内首先受到胃中胃酸的作用，分解成核酸与蛋白质。核酸在小肠内受胰液中的核酸酶、肠液中多核苷酸酶等多种水解酶的作用，生成单核苷酸，再通过核苷酸酶（磷酸单酯酶）的进一步作用，分解为核苷和磷酸。核苷酸及其水解产物均可被细胞吸收，但它们的绝大部分在肠黏膜细胞中被进一步分解。分解产生的戊糖被吸收后参加体内的糖代谢，嘌呤碱和嘧啶碱绝大部分被分解成尿酸等物质而排出体外（图 11-1）。因此食物来源的核酸实际上很少被机体利用，只有戊糖和磷酸可被机体利用。

细胞内核酸降解为核苷酸以及核苷酸的进一步分解，均类似于上述食物中核酸的消化过程。

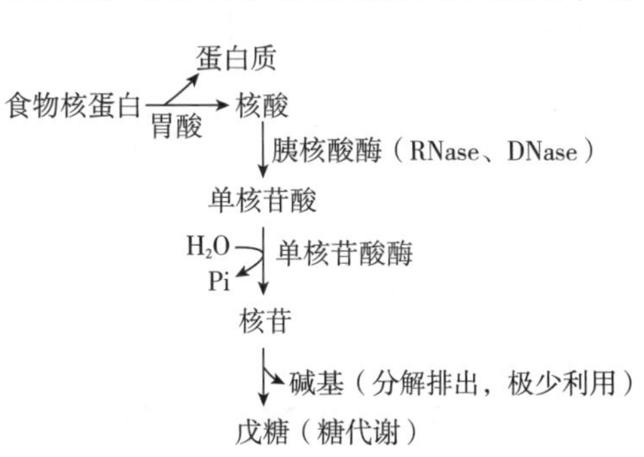

图 11-1　核酸的消化

一、嘌呤碱基的分解代谢

如前所述，正常情况下，机体只是降解外源性 DNA 及死亡细胞的 DNA。活细胞的 DNA，除局部修饰外，一般不降解、不更新。RNA 可进行有控制的降解，按照一定的速度更新。与糖、脂质、蛋白质相比，核酸、核苷酸的降解量要少得多，至少相差两个数量级。成人嘌呤碱基的日降解量仅有不到 1 g。

　　不同种类的生物分解嘌呤碱基的能力不一样，因而代谢产物也各不相同，但所有生物均可以通过氧化和脱氨基，将嘌呤碱基转化为尿酸。人和其他灵长类动物及一些排尿酸的动物（如鸟类、某些爬行类和昆虫）以尿酸作为嘌呤碱代谢的最终产物。其他多种生物则还可进一步分解尿酸，形成不同的代谢产物，直至最后分解成 CO_2 和氨。是否进一步分解取决于是否具备进一步分解尿酸等的酶。除人和其他灵长类以外的哺乳动物、双翅目昆虫及腹足类动物在尿酸酶作用下将尿酸氧化成尿囊素而排出体外。人和其他灵长类动物不具有尿酸酶。某些硬骨鱼类的尿囊素酶能水解尿囊素成尿囊酸而排出。大多数鱼类、两栖类不仅具有尿酸酶、尿囊素酶，还具有尿囊酸酶，该酶可将尿囊酸水解为尿素，所以这些动物体内嘌呤碱的最终代谢产物是尿素。

　　嘌呤碱基的分解规律如图 11 - 2 所示。首先在各种脱氨酶的作用下水解脱去氨基。腺嘌呤和鸟嘌呤水解脱氨分别生成次黄嘌呤和黄嘌呤。脱氨反应也可以在核苷或核苷酸的水平上进行。动物组织中腺嘌呤脱氨酶的含量较少，而腺嘌呤核苷脱氨酶和腺嘌呤核苷酸脱氨酶的活性较高，因此腺嘌呤的脱氨分解可在其核苷和核苷酸的水平上发生。鸟嘌呤脱氨酶的分布较广，鸟嘌呤的脱氨分解主要在碱基水平上进行。次黄嘌呤和黄嘌呤在黄嘌呤氧化酶的作用下氧化形成尿酸。

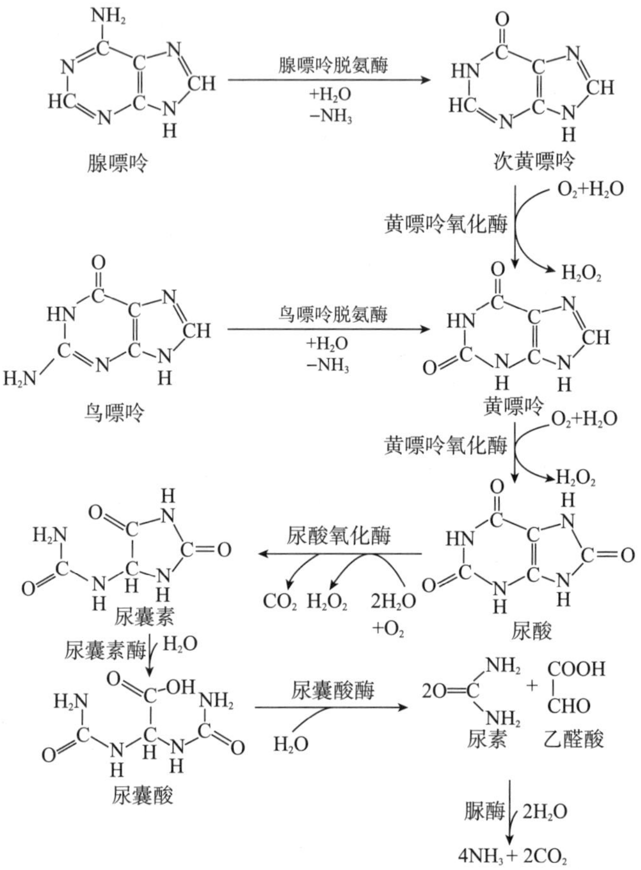

　　尿酸是人体内嘌呤碱基分解代谢的最终产物。正常情况下，体内嘌呤的合成与分解保持平衡，血中尿酸的水平为 $2 \sim 6 \, mg/100 \, mL$，随尿排出的尿酸量是恒定的。当血液中尿酸水平超过 $8 \, mg/100 \, mL$ 时，由于尿酸的溶解度较低，尿酸盐晶体就会沉积于软组织、软骨及关节等处，导致关节炎及尿路结石，形成痛风（gout）。痛风多见于成年男性，其原因尚不完全清楚。原发性的痛风与 X 连锁隐性遗传有关；继发性的痛风与进食高嘌呤膳食、体内核酸大量分解（如白血病、恶性肿瘤等）或肾排泄障碍等有关。

图 11 - 2　嘌呤碱基的分解

　　临床上常用别嘌呤醇治疗痛风。别嘌呤醇是次黄嘌呤的结构类似物，对黄嘌呤氧化酶有很强的抑制作用。别嘌呤醇的氧化产物是别黄嘌呤，其结构与黄嘌呤相似，可与酶活性中心牢固结合，从而抑制酶的活性。这种底物类似物经酶作用后成为酶的灭活物，称为自杀性底物（suicide substrate）。

二、嘧啶碱基的分解代谢

　　与嘌呤碱基比较，嘧啶碱基的分解较为彻底，分解过程包括脱氨基作用、氧化、还原、水解和脱羧等。一般具有氨基的嘧啶先水解脱去氨基，尿嘧啶还原生成二氢尿嘧啶，并水解使环开裂，然后水解生成 CO_2、氨和 β 丙氨酸。胸腺嘧啶的分解与尿嘧啶相似，最终分解产物是氨、二氧化碳和 β 氨基异丁酸。β 丙氨酸和 β 氨基异丁酸可进一步分解或随尿排出。嘧啶碱基的分解途径如图 11 - 3 所示。

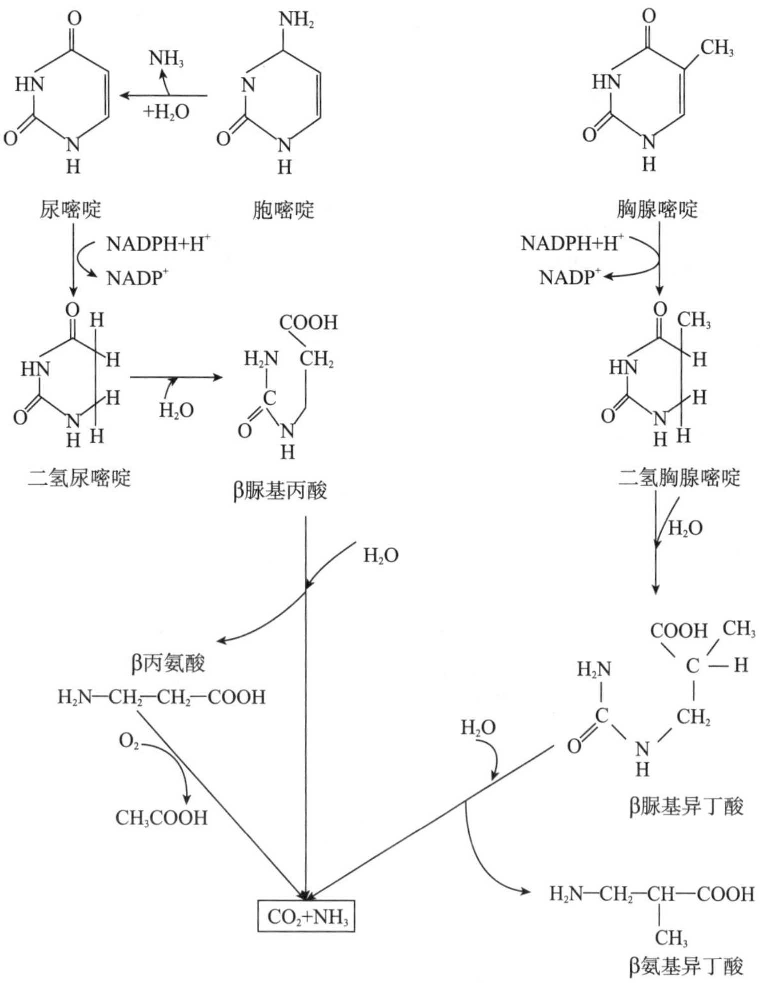

图 11-3　嘧啶碱基的分解

　　β 氨基异丁酸是 DNA 降解的特有产物，通过测定尿中 β 氨基异丁酸的排泄量，可以了解 DNA 的破坏情况。在机体受到严重放射性损伤或患慢性白血病、肝癌等状况下，机体细胞破坏增多，尿中 β 氨基异丁酸排出也相应增多。β 丙氨酸还可参加机体有机酸代谢及泛酸的合成。

第二节　核苷酸的合成代谢

　　动物、植物和微生物都能合成核苷酸，所以核苷酸不是必需营养素。核苷酸的生物合成有两条基本途径：其一是利用磷酸核糖、某些非必需氨基酸、CO_2 和一碳单位等简单物质为原料，经一系列酶促反应合成核苷酸，此途径不经过碱基、核苷的中间阶段，称为从头合成途径（*de novo synthesis*）；其二是利用体内游离的碱基或核苷，经过简单的反应过程，合成核苷酸，称为补救途径（salvage pathway）。二者在不同组织的重要性不相同，如肝组织进行从头合成，而脑、骨髓等只能进行补救合成。一般情况下机体核苷酸合成的主要途径是从头合成，当遗传、疾病、药物等造成从头合成途径中某些酶缺乏从而使从头合成的量不能满足机体的需要时，补救途径会变得非常重要。

一、核糖核苷酸的合成

（一）嘌呤核苷酸的合成

1. 嘌呤核苷酸的从头合成　20 世纪 50 年代 John Buchanan 与 Robert Greenberg 实验室确证了

嘌呤核苷酸的从头合成。同位素示踪实验证明，嘌呤环上各个 C、N 原子是由图 11-4 所示的几种简单小分子物质所提供的。

由此可见，嘌呤环中不同来源的原子，应该是通过不同的化学反应掺入环内的。而且环内的 C 和 N 的相间排列，也说明合成过程应该涉及很多形成 C—N 键的反应。现在已经清楚，嘌呤核苷酸的合成不是先合成嘌呤环，而是以磷酸核糖为起始物，然后逐步由谷氨酰胺、甘氨酸、CO_2、一碳基团及天冬氨酸掺入碳原子或氮原子形成嘌呤环，最后合成嘌呤核苷酸。具体地说，该途径以 5-磷酸核糖为起始物，逐步增加原子合成次黄嘌呤核苷酸（IMP），然后再由 IMP 转变为 AMP 和 GMP。

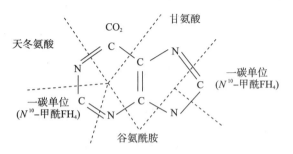

图 11-4　嘌呤环中各原子的来源
（引自张洪渊，2016）

（1）IMP 的合成。历经 10 步反应完成（图 11-5）。嘌呤核苷酸合成的起始物质是 5-磷酸核

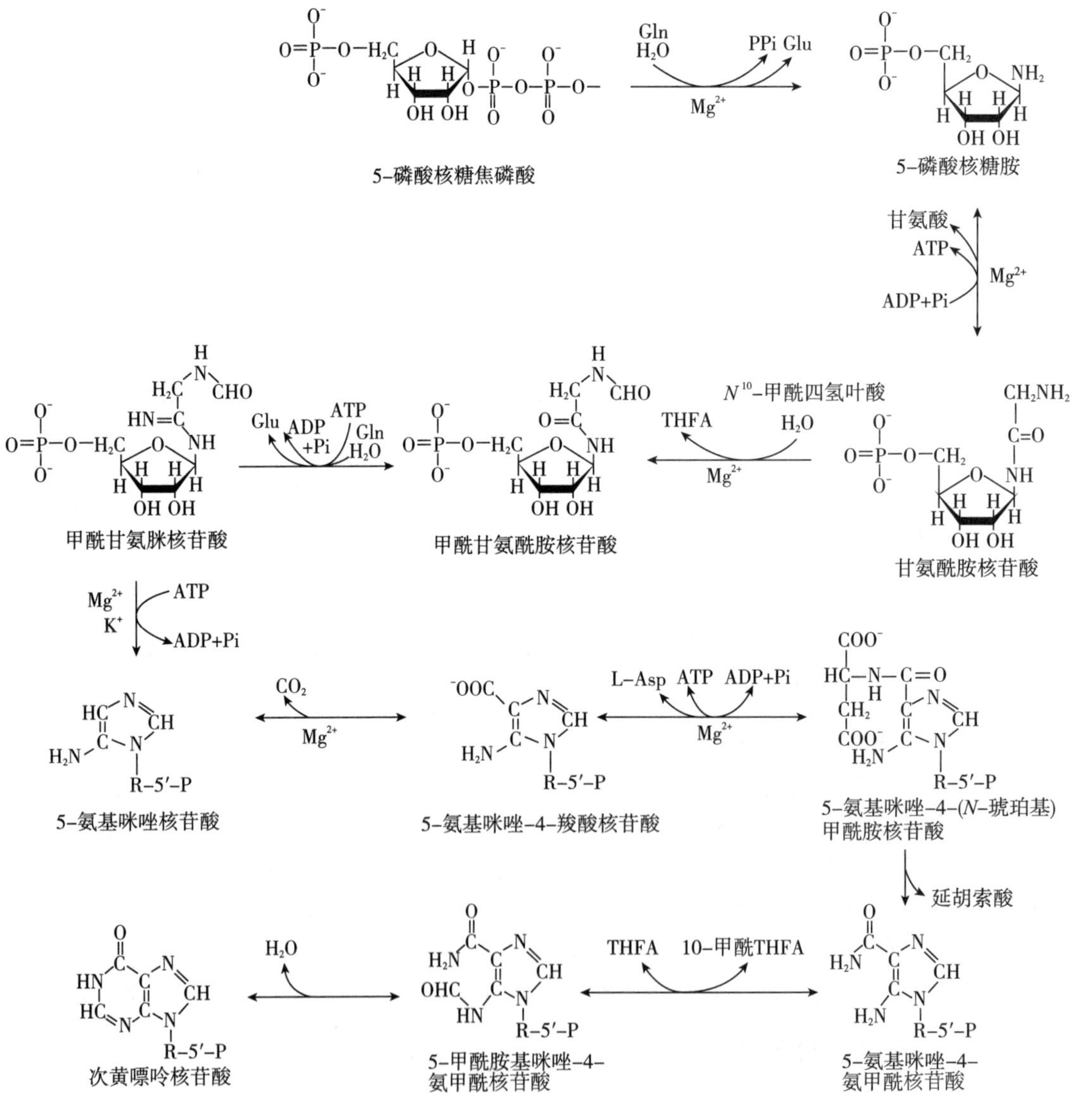

图 11-5　次黄嘌呤核苷酸的合成途径

糖。ATP和5-磷酸核糖在磷酸核糖焦磷酸激酶催化下生成5-磷酸核糖焦磷酸（PRPP）。PRPP激酶又称为PRPP合成酶。PRPP在酰胺转移酶的催化下接受谷氨酰胺的酰胺基生成5-磷酸核糖胺（PRA）。PRA在合成酶的催化下与甘氨酸缩合成甘氨酰胺核苷酸（GAR），GAR接受N^{10}-甲酰基四氢叶酸的甲酰基变成甲酰甘氨酰胺核苷酸（FGAR），完成这步反应后，嘌呤骨架环的4、5、7、8、9位已经形成。FGAR又被谷氨酰胺氨基化生成甲酰甘氨脒核苷酸（FGAM），再继续经6步反应生成次黄嘌呤核苷酸（IMP）。

（2）AMP和GMP的合成。IMP虽然不是合成核酸的主要组成成分，但它是嘌呤核苷酸合成的必经阶段，是AMP和GMP的前体。IMP氨基化就可生成AMP，具体过程是：IMP相继在腺苷代琥珀酸合成酶和腺苷酸代琥珀酸裂解酶的催化下，通过掺入天冬氨酸后释放延胡索酸完成氨基化转变成AMP（图11-6）。IMP氧化、氨基化变成GMP，具体过程是：IMP在脱氢酶催化下，加水脱氢被氧化成黄嘌呤核苷酸（XMP），后者再由GMP合成酶催化，接受来自谷氨酰胺的氨基生成GMP（图11-7）。

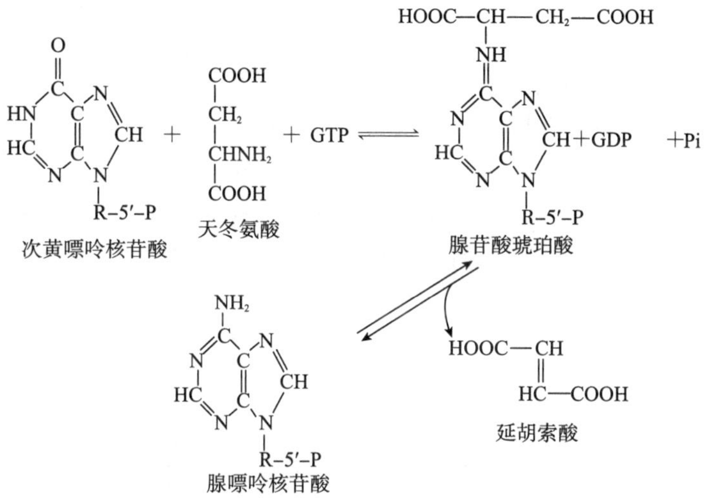

图11-6 由IMP生成AMP

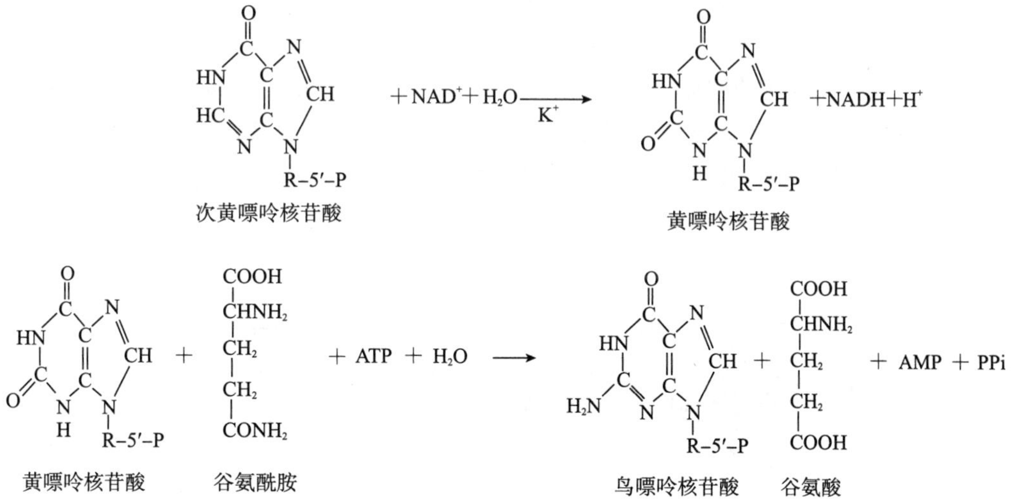

图11-7 由IMP生成GMP

由上述嘌呤核苷酸合成反应过程可以清楚地看出，嘌呤碱基的合成一开始就是沿着合成核苷酸的途径进行，而不是首先合成出嘌呤碱基然后与磷酸核糖结合。这是嘌呤核苷酸从头合成的一个重要特点。

2. 嘌呤核苷酸的补救合成　细胞利用现成的嘌呤碱基或嘌呤核苷重新合成嘌呤核苷酸，称为补救合成。补救合成过程相对简单，能更经济地利用已有的成分，节约原料和能量，还可以避免嘌呤氧化产物尿酸过多所造成的疾病。嘌呤核苷酸的补救途径有两种。一种是通过磷酸核糖转移酶的作用，有两种磷酸核糖转移酶参与嘌呤核苷酸的补救合成，它们分别是腺嘌呤磷酸核糖转移酶（adenine phosphoribosyl transferase，APRT）和次黄嘌呤鸟嘌呤磷酸核糖转移酶（hypoxanthine guanine phosphoribosyl transferase，HGPRT）。HGPRT 的活性较 APRT 活性强。这两种磷酸核糖转移酶使游离的嘌呤碱基发生磷酸化作用而生成嘌呤核苷酸。

$$腺嘌呤 + PRPP \xrightarrow{APRT} AMP + PPi$$

$$次黄嘌呤 + PRPP \xrightarrow{HGPRT} IMP + PPi$$

$$鸟嘌呤 + PRPP \xrightarrow{HGPRT} GMP + PPi$$

另一种嘌呤补救合成的途径是嘌呤碱基与 1 - 磷酸核糖在核苷磷酸化酶催化下反应生成嘌呤核苷。

$$嘌呤碱基 + 1 - 磷酸核糖 \xrightarrow{核苷磷酸化酶} 嘌呤核苷 + Pi$$

由此产生的嘌呤核苷，在核苷磷酸激酶的催化下，由 ATP 提供磷酸基，反应形成核苷酸。

$$嘌呤核苷 + ATP \xrightarrow{核苷磷酸激酶} 嘌呤核苷酸 + ADP$$

因为生物体内只有腺苷酸激酶，缺少其他嘌呤核苷酸激酶，据此推测在嘌呤核苷酸的补救合成途径中，上述途径不重要，而由磷酸核糖转移酶（HGPRT 和 APRT）催化的补救合成途径是更为重要的补救途径。

嘌呤核苷酸补救合成的生理意义：一方面在于可以减少从头合成时能量和一些氨基酸的消耗；另一方面，体内某些组织或器官（如脑、骨髓等）由于缺乏有关酶，不能从头合成嘌呤核苷酸，只能利用由红细胞从肝运送来的自由嘌呤碱基及嘌呤核苷进行补救合成嘌呤核苷酸，因此，对这些组织或器官来说，补救合成具有更重要的意义。如由于某些基因缺陷导致 HGPRT 完全缺失的患儿，表现出自毁容貌症，或称为 Lesch - Nyhan 综合征。这是由于 HGPRT 的缺乏，减少了嘌呤碱基的补救合成，使嘌呤核苷酸从头合成的底物特别是 PRPP 大量堆积，从而刺激嘌呤核苷酸合成的增加，结果大量积累尿酸，导致肾结石和痛风。现在尚不清楚，缺少补救合成途径为什么会造成自毁容貌症这样的神经疾患。

3. 嘌呤核苷酸生物合成的调节　嘌呤核苷酸的从头合成最为重要，机体可以通过精确的调节机制控制其合成速度以满足机体核酸代谢对核苷酸的需要，保证各种核苷酸有效地合成。调节机制涉及代谢物的反馈调节、不同嘌呤核苷酸的交叉调节等（图 11 - 8）。在整个嘌呤核苷酸的合成途

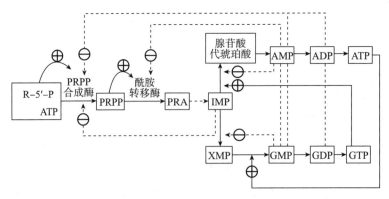

图 11 - 8　嘌呤核苷酸合成的调控

径中，调节合成速度的关键酶有 4 个，即 PRPP 合成酶、PRPP 酰胺转移酶、腺苷酸代琥珀酸合成酶及 IMP 脱氢酶。

PRPP 合成酶可被合成产物 IMP、AMP、GMP、ADP、GDP 等反馈抑制，ATP 可提高 PRPP 合成酶活性。PRPP 作为 PRPP 合成酶的产物，既可参加从头合成，又可参与补救合成，从头合成旺盛进行时必然抑制补救合成，反之亦然。PRPP 酰胺转移酶是一个变构酶，受 IMP、AMP 和 GMP 的抑制，而 PRPP 则激活此酶。在形成 AMP 与 GMP 的过程中，过量的 AMP 能抑制腺苷酸代琥珀酸合成酶，控制 AMP 的生成，而不影响 GMP 的合成；同样，过量的 GMP 能抑制 IMP 脱氢酶，控制 GMP 的生成，却不影响 AMP 的合成。从图 11-8 还可看出，IMP 转变成腺苷酸代琥珀酸时需要 GTP，而黄嘌呤核苷酸转变成 GMP 时需要 ATP。因此，GTP 可以促进 AMP 的生成，ATP 可以促进 GMP 的生成。这种交叉调节作用对维持 ATP 与 GTP 浓度的平衡具有重要作用。

（二）嘧啶核苷酸的合成

与嘌呤核苷酸一样，嘧啶核苷酸的合成也包括从头合成与补救合成两条途径。

1. 嘧啶核苷酸的从头合成 与嘌呤核苷酸不同的是，嘧啶核苷酸的从头合成是首先合成嘧啶环，然后再与 PRPP 中的磷酸核糖相连接形成嘧啶核苷酸。几种嘧啶核苷酸中首先合成的是尿嘧啶核苷酸（UMP），然后由 UMP 转变为其他嘧啶核苷酸。

同位素示踪实验证明，嘧啶核苷酸中嘧啶碱基合成的原料来自谷氨酰胺、CO_2 和天冬氨酸，如图 11-9 所示。

（1）UMP 的合成。UMP 的合成可以分为 3 个阶段：

第一阶段：氨甲酰磷酸（carbamyl phosphate）的生成。合成嘧啶环始于氨甲酰磷酸的生成。在胞质溶胶中，由谷氨酰胺、CO_2 为原料，在氨甲酰磷酸合成酶 II（carbamyl phosphate synthetase II，CPS II）的催化下，由 ATP 提供能量，形成氨甲酰磷酸，从而构成嘧啶环的 C_2 和 N_3（图 11-10）。

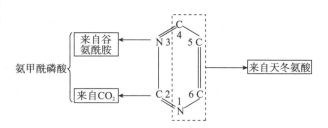

图 11-9 嘧啶环的原子来源

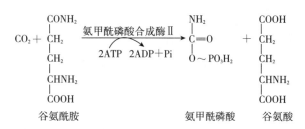

图 11-10 氨甲酰磷酸的生成

CPS II 的性质与尿素合成中的 CPS I 不同，前者存在于胞质溶胶，不需 N-乙酰谷氨酸作激活剂，是嘧啶核苷酸合成的关键酶；而 CPS I 存在于线粒体中，N-乙酰谷氨酸是其变构激活剂，是尿素合成中的关键酶。

第二阶段：乳清酸的合成。氨甲酰磷酸和天冬氨酸缩合生成氨甲酰天冬氨酸。催化此步反应的酶是天冬氨酸氨甲酰转移酶，在细菌中是嘧啶核苷酸合成途径的关键酶，受产物的反馈抑制。氨甲酰天冬氨酸经过脱水环化、脱氢而形成乳清酸（orotate）。乳清酸具有与嘧啶环类似的结构（图 11-11）。

第三阶段：形成尿嘧啶核苷酸。乳清酸在乳清酸磷酸核糖转移酶催化下与 PRPP 反应，生成乳清酸核苷酸（orotidine monophosphate，OMP），后者再由乳清酸核苷-5'-单磷酸脱羧酶催化脱去羧基形成尿嘧啶核苷酸（UMP）（图 11-12）。

至此，尿嘧啶核苷酸合成的完整过程可概括为图 11-13。

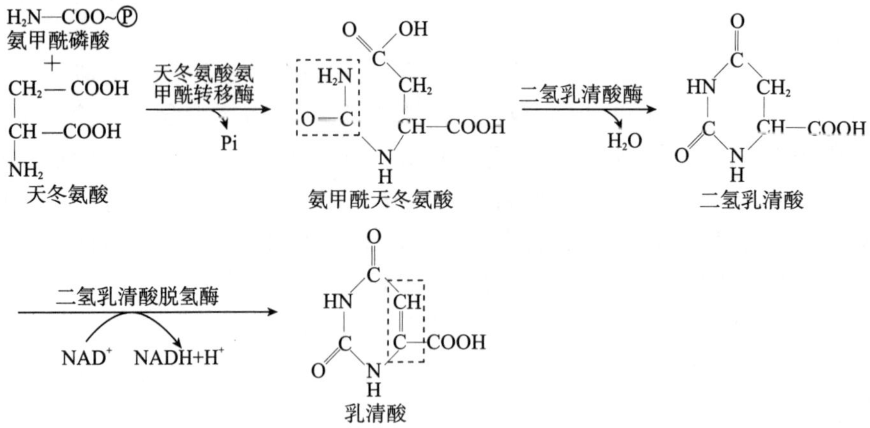

图 11-11 乳清酸的合成

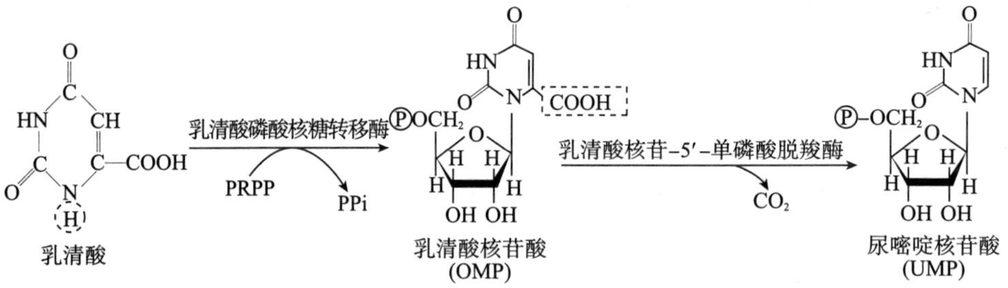

图 11-12 尿嘧啶核苷酸的生成

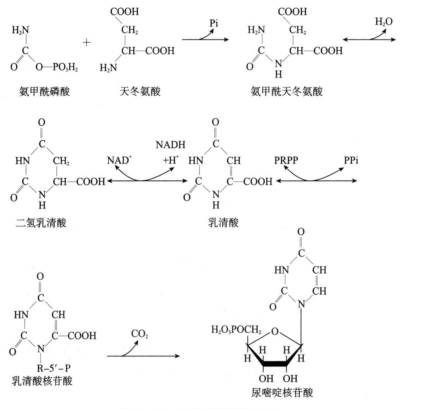

图 11-13 尿嘧啶核苷酸的合成

（2）UTP 和 CTP 的合成。UMP 生成后，可由激酶催化和 ATP 提供高能磷酸键而生成 UDP 及 UTP。

$$UMP \xrightarrow[\text{ATP} \quad \text{ADP}]{\text{一磷酸核苷激酶}} UDP \xrightarrow[\text{ATP} \quad \text{ADP}]{\text{二磷酸核苷激酶}} UTP$$

尿嘧啶核苷酸转变成胞嘧啶核苷酸的反应是在三磷酸核苷水平上进行的。UTP 在 CTP 合成酶催化下，消耗 1 分子 ATP，从谷氨酰胺接受氨基而成为三磷酸胞苷（CTP）。

$$UTP \xrightarrow[\text{谷氨酰胺} \quad \text{谷氨酸} \qquad \text{ATP} \quad \text{ADP+Pi}]{\text{CTP 合成酶，Mg}^{2+}} CTP$$

2. 嘧啶核苷酸的补救合成　与嘌呤核苷酸的补救合成类似，嘧啶核苷酸的补救合成主要是由嘧啶碱基与 PRPP 在磷酸核糖转移酶催化下合成，这是最重要的补救合成途径，但它不能催化胞嘧啶的补救合成。

$$尿嘧啶 + 5\text{-磷酸核糖焦磷酸} \underset{\xleftarrow{\hspace{1cm}}}{\xrightarrow{\text{尿嘧啶磷酸核糖转移酶}}} 尿嘧啶核苷酸 + PPi$$

也可以由嘧啶核苷磷酸化酶及嘧啶核苷激酶催化嘧啶碱基或嘧啶核苷补救合成嘧啶核苷酸。

$$尿嘧啶 + 1\text{-磷酸核糖} \underset{\xleftarrow{\hspace{1cm}}}{\xrightarrow{\text{尿苷磷酸化酶}}} 尿嘧啶核苷 + Pi$$

$$尿嘧啶核苷 + ATP \underset{\xleftarrow{\hspace{1cm}}}{\xrightarrow{\text{尿苷激酶}}} 尿嘧啶核苷酸 + ADP$$

$$胞嘧啶核苷 + ATP \underset{\xleftarrow{\hspace{1cm}}}{\xrightarrow{\text{胞苷激酶}}} 胞嘧啶核苷酸 + ADP$$

3. 嘧啶核苷酸生物合成的调节　嘧啶核苷酸的从头合成受一系列反馈调节的控制（图 11-14）。细菌中天冬氨酸氨甲酰转移酶是嘧啶核苷酸从头合成的关键酶，CTP 是其变构抑制剂。哺乳类动物细胞中，氨甲酰磷酸合成酶 II（CPS II）是合成过程的关键酶，UMP 是其变构抑制剂，PRPP 是变构激活剂。由于 PRPP 合成酶是嘧啶核苷酸与嘌呤核苷酸合成过程中共同需要的酶，它可同时接受嘧啶核苷酸和嘌呤核苷酸的反馈抑制。同位素掺入实验证明，嘧啶核苷酸与嘌呤核苷酸的合成有着协调控制关系。嘌呤核苷酸（如 ATP）通过刺激氨甲酰磷酸合成酶 II（CPS II），促进嘧啶核苷酸的合成。一种嘧啶核苷酸（UTP）促进另一种嘧啶核苷酸（CTP）的合成。通过这些调节使各种嘌呤核苷酸与嘧啶核苷酸的合成量达到均衡。

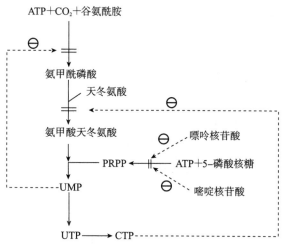

图 11-14　嘧啶核苷酸合成的调节

二、脱氧核糖核苷酸的合成

（一）脱氧核苷二磷酸的合成

脱氧核糖核苷酸（简称脱氧核苷酸）包括脱氧嘌呤核苷酸和脱氧嘧啶核苷酸，它们分子的合成并非先形成脱氧核糖基后再组合于脱氧核苷酸分子中，而是由核糖核苷酸还原生成。对于多数生物来说，这种还原作用都是在核苷二磷酸（NDP）的水平上进行的，需要核苷酸还原酶系（nucleotide reductase system）参与。此酶系包括核糖核苷酸还原酶（ribonucleotide reductase）、硫氧还蛋白（thioredoxin）和硫氧还蛋白还原酶（thioredoxin reductase）等。所需的氢由 NADPH 提供。dADP、dGDP、dCDP 都能以这种途径合成（图11-15）。

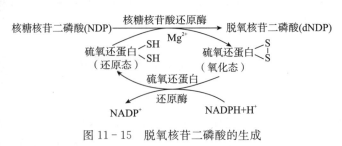

图 11-15　脱氧核苷二磷酸的生成

（二）脱氧胸腺嘧啶核苷酸（dTMP）的合成

脱氧胸腺嘧啶核苷酸的合成有两条途径：一是由 dUMP 转变而成；二是以胸腺嘧啶为原料，通过补救途径合成。

1. 直接合成途径　dUMP 可由多种途径生成，主要来自 dCMP 水解脱氨基，其次是来自 dUDP 水解去磷酸。因此，由 UMP 合成 dTMP 是一个迂回曲折的过程：

$$UMP \rightarrow UDP \rightarrow UTP \rightarrow CTP \rightarrow CDP \rightarrow dCDP \rightarrow dCMP \rightarrow dUMP \rightarrow dTMP$$

或
$$UMP \rightarrow UDP \rightarrow dUDP \rightarrow dUMP \rightarrow dTMP$$

由 dUMP 生成 dTMP 是为合成 DNA 提供 dTTP 的限速步骤。反应由胸苷酸合成酶催化，N^5，N^{10}-亚甲基四氢叶酸作为甲基供体。任何抑制 dTMP 生成的因素都可以阻断 DNA 合成，使细胞分裂受到抑制。

2. 补救合成途径　在补救合成途径中，胸腺嘧啶与 1-磷酸脱氧核糖在胸苷磷酸化酶的作用下生成脱氧胸苷，再由胸苷激酶催化，由 ATP 供能，生成 dTMP。dTMP 在胸苷酸激酶作用下进一步生成 dTDP、dTTP。此酶在正常肝细胞中活性很低，再生肝细胞中活性升高，在恶性肿瘤细胞中活性明显升高并与恶性程度有关。

脱氧胸腺嘧啶核苷酸的合成如图 11-16 所示。

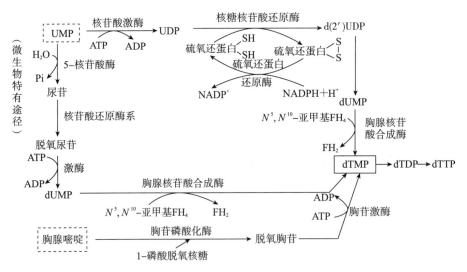

图 11-16　脱氧胸腺嘧啶核苷酸的合成

（引自张洪渊，2016）

三、核苷酸合成的抗代谢物

核苷酸合成的抗代谢物（antimetabolite）是指一些人工合成的嘌呤、嘧啶及其核苷或核苷酸的结构类似物，或参与核苷酸合成过程的某些氨基酸或叶酸的结构类似物。它们可以竞争性地抑制核苷酸合成代谢途径中的某些酶，或者以假乱真地干扰或阻断核苷酸的合成，从而抑制核酸与蛋白质的生物合成。肿瘤细胞和病毒的核酸合成十分旺盛，因此，这些核苷酸合成抗代谢物可作为抗肿瘤、抗病毒药物应用于临床。由于核苷酸分子中磷酸基带负电荷，核苷酸分子很难进入细胞，因此，临床上采用嘌呤、嘧啶或其核苷酸衍生物，它们进入体内可转变为相应的核苷酸而发挥作用。

1. 嘌呤类似物　主要有 6-巯基嘌呤、6-巯基鸟嘌呤等（图 11-17）。其中 6-巯基嘌呤在临床上应用较多。它与次黄嘌呤的结构相似，在细胞内生成 6-巯基嘌呤核苷酸并抑制 IMP 转变为 AMP 及 GMP 的反应。另外，6-巯基嘌呤核苷酸与 IMP 结构相似，可以反馈抑制 PRPP 酰胺转移酶，进而阻断嘌呤核苷酸的从头合成。在补救合成途径中，6-巯基嘌呤核苷酸可竞争性抑制 HGPRT 的活性，阻止嘌呤核苷酸的补救合成。

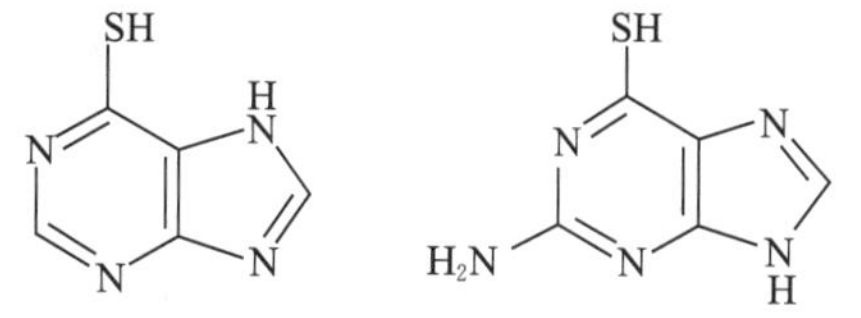

图 11-17　6-巯基嘌呤与 6-巯基鸟嘌呤的结构

2. 嘧啶类似物　主要有 5-氟尿嘧啶、5-氟胞嘧啶等。5-氟尿嘧啶（图 11-18）进入体内后能转变成脱氧核糖核苷酸（F-dUMP），后者抑制胸腺嘧啶核苷酸合成酶，阻断 dTTP 的合成，从而表现抗癌效果。

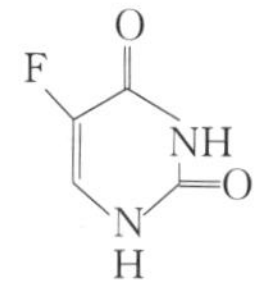

3. 核苷类似物　如阿糖胞苷（arabinosylcytosine，ARAC）（图 11-19）和环胞苷，也是重要的抗癌药物。ARAC 抑制 CDP 还原成 dCDP，也能影响 DNA 合成。

图 11-18　5-氟尿嘧啶

4. 氨基酸类似物　参与核苷酸合成的氨基酸主要有谷氨酰胺、天冬氨酸和甘氨酸。重氮乙酰丝氨酸是谷氨酰胺的结构类似物，可抑制核苷酸合成中有谷氨酰胺参与的反应，因而可干扰 IMP、GMP 及 CTP 的从头合成，因而对某些肿瘤细胞的生长有抑制作用。同样，羽田杀菌素可强烈抑制腺苷酸琥珀酸合成酶的活性，阻止 AMP 的合成。

5. 叶酸类似物　氨蝶呤及氨甲蝶呤（methotrexate，MTX）都是叶酸的类似物，能竞争性抑制二氢叶酸还原酶，影响嘌呤合成时一碳单位的供应，从而阻止嘌呤核苷酸的合成。

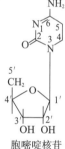

图 11-19　胞嘧啶核苷与阿糖胞苷

本章小结

核苷酸具有多种重要的功能，是一类在代谢上非常重要的物质。核苷酸不仅是合成核酸分子的原料，也参与多种辅酶的合成，参与能量代谢和代谢调节等过程。一些核苷酸类似物在治疗癌症、病毒感染、自身免疫疾病等方面都有独特的作用。基于核苷酸的重要性，核苷酸代谢的研究受到生物化学界的普遍重视。

生物界广泛存在分解食物核酸类物质的酶。食物来源的核酸经小肠核酸酶、核苷酸酶的作用，分解为核苷酸、核苷和磷酸后被机体细胞吸收，并在肠黏膜细胞中进一步分解，产生的戊糖参加体内的戊糖代谢，嘌呤和嘧啶碱基绝大部分被分解成尿酸等物质排出体外。因此，食物来源的嘌呤和嘧啶很少被机体利用，只有戊糖和磷酸可被机体利用。体内的核酸主要由机体细胞自身合成，因此核酸不属于必需营养物质。

体内合成嘌呤核苷酸有两条途径：从头合成和补救合成。从头合成的原料是磷酸核糖、非必需氨基酸、一碳单位及 CO_2 等简单物质，在 PRPP 的基础上经过一系列酶促反应，逐步形成嘌呤环。

首先形成 IMP，然后再分别转变成 AMP 和 GMP。补救合成是对机体现有嘌呤和嘌呤核苷的重新利用。

嘧啶核苷酸同样也有两条合成途径，嘧啶核苷酸从头合成途径与嘌呤核苷酸从头合成途径不同的是，先合成嘧啶环，再磷酸化、核糖化而生成嘧啶核苷酸。

体内合成脱氧核糖核苷酸是由相应的核糖核苷酸在二磷酸水平上还原而成。胸腺嘧啶脱氧核糖核苷酸的合成需经过两个步骤，首先由尿嘧啶核糖核苷酸还原形成尿嘧啶脱氧核糖核苷酸，然后使尿嘧啶甲基化转变为胸腺嘧啶脱氧核糖核苷酸。四氢叶酸携带的一碳单位是合成胸苷酸过程中甲基的必要来源。

根据嘌呤核苷酸和嘧啶核苷酸的合成过程，可以设计多种抗代谢物，包括嘌呤类似物、嘧啶类似物、叶酸类似物、氨基酸类似物等，在肿瘤治疗中发挥重要作用。

复习思考题

一、名词解释

1. 核苷酸从头合成　2. 核苷酸补救合成　3. 痛风　4. 抗代谢物

二、填空题

1. 合成 DNA 的前体是四种_____，合成 RNA 的前体是四种_____。

2. 腺苷酸可作为多种辅酶如 NAD^+、FAD 以及_____组成成分，细胞内的两种环化核苷酸_____和_____是重要的第二信使分子。

三、问答题

1. 直接参与核苷酸生物合成的氨基酸是哪些？它们是必需氨基酸还是非必需氨基酸？

2. 写出嘌呤核苷酸补救合成的主要反应式。你认为补救合成所用的碱基及核苷的来源是什么？

3. 通过查阅资料分析，饮食中的核酸经消化道水解被吸收后各组成成分的去向。

主要参考文献

陈钧辉，2015. 普通生物化学［M］.5 版. 北京：高等教育出版社.

黄熙泰，于自然，李翠凤，2012. 现代生物化学［M］.3 版. 北京：化学工业出版社.

欧伶，俞建瑛，金新根，2009. 应用生物化学［M］.2 版. 北京：化学工业出版社.

张楚富，2011. 生物化学原理［M］.2 版. 高等教育出版社.

张洪渊，2016. 生物化学教程［M］.3 版. 成都：四川大学出版社.

张丽萍，杨建雄，2015. 生物化学简明教程［M］.5 版. 北京：高等教育出版社.

张迺蘅，2000. 生物化学［M］.2 版. 北京：北京医科大学出版社.

周爱儒，2005. 生物化学［M］.6 版. 北京：人民卫生出版社.

朱圣庚，徐长法，2016. 生物化学：上册［M］.4 版. 北京：高等教育出版社.

Horton H R, Moran L A, Ochs R S, et al, 2011. Principles of Biochemistry：3rd ed［M］. 影印版. 北京：科学出版社.

第十二章

核酸的生物合成

DNA 是生物大分子，储存于双螺旋内部碱基序列中的遗传信息是如何高度稳定遗传，从上一代传递到下一代细胞的呢？遗传信息又是如何在当代细胞中精确地进行表达，以控制生物性状的呢？

为了解释这两个重要问题，Crick 提出了著名的中心法则（central dogma）。该学说认为遗传信息的传递一般有 3 个过程。第一步是染色体 DNA 通过复制（replication）而合成子代 DNA，以实现 DNA 从亲代细胞向子代细胞的遗传，它发生在细胞周期中有丝分裂期前的 DNA 合成期；第二步是转录（transcription），载有基因的 DNA 区段被精确地转录成 RNA 分子；第三步是翻译（translation），tRNA 将氨基酸运载到核糖体上，将 mRNA 上的遗传信息翻译为有特定氨基酸序列的蛋白质，蛋白质中的酶类催化前述章节中的一切生物化学反应。可见，复制就是遗传信息的遗传过程，转录和翻译就是遗传信息的表达过程。这个中心法则如图 12-1 所示。

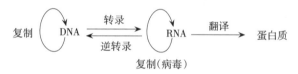

图 12-1　中心法则示意图

图 12-1 中的 RNA 复制和逆转录不是上述普遍存在的一般过程，而是两个特殊过程。RNA复制存在于一些 RNA 病毒中；另外一些 RNA 病毒的复制要经过 DNA 阶段，必须发生逆转录过程，故这类 RNA 病毒又被称为还原性病毒或致癌病毒。

中心法则表明，核酸的生物合成在自然界中存在 4 个过程：合成 DNA 的复制过程和逆转录过程、合成 RNA 的转录过程和复制过程。在体外，DNA 还可以通过聚合酶链式反应（polymerase chain reaction，PCR）进行扩增合成。

第一节　DNA 的生物合成

一、DNA 的自我复制

（一）半保留复制方式

Watson 和 Crick 提出的双螺旋结构预示了两种可能的复制方式。一种是两条亲代链一边解开，一边复制，进而由一条亲代链与其产生的子代链重新形成新的双螺旋分子（图 12-2）。这称为半保留复制（semiconservative replication）。另一种是两条亲代链完全解开后，分别以自身为模板复制出两条新的子代链，然后由两条亲代链形成双螺旋分子，由两条子代链形成另一条双螺旋分子，这称为全保留复制。

1958 年，Meselson 和 Stahl 设计了一个精巧的实验，无懈可击地证明了 DNA 是按照半保留复制方式进行合成的。首先让大肠杆菌长期在以 $^{15}NH_4Cl$ 为唯一氮源的培养基上生长，使细菌核 DNA 分子上的 N 原子全部标记上 ^{15}N。然后将细菌转移到含 $^{14}NH_4Cl$ 为唯一氮源的培养基中继续培养，以细胞分裂周期所需时间为单元标准，在不同时间单元提取细菌中的 DNA，进行氯化铯密度梯度离心（CsCl density gradient centrifugation）。其目的是要弄清在几轮复制后 ^{14}N 和 ^{15}N 在不同代细胞中的分布规律。由于 $^{15}N-DNA$ 密度比 $^{14}N-DNA$ 密度约大 1%，这两种 DNA 便分开成为两个区带，用紫外光照射可以观察到。实验结果表明，经一代分裂之后，DNA 只出现一条区带，位于 $^{15}N-DNA$ 和 $^{14}N-DNA$ 区带之间，这条区带的 DNA 是由 $^{14}N-DNA$ 和 $^{15}N-DNA$ 共同组成的杂交分子。经二代之后，出现两条区带，一条为 $^{14}N-DNA$，另一条为 $^{14}N-DNA$ 和 $^{15}N-DNA$ 的杂交分子。第三代以后 $^{14}N-DNA$ 成比例地增加，整个变化与半保留复制方式预期的结果完全一样（图12-3）。此后，又对病毒、细菌、植物和动物细胞进行类似实验，也无一例外地证明了 DNA 复制的半保留方式。

半保留复制具有重要的生物学意义。DNA 以半保留方式进行复制，亲代 DNA 分子的一条 DNA 链保留在子代 DNA 分子中，可使遗传信息精确地传递给子代细胞，保持其相对稳定性而不致发生细胞不可忍受的变化，这在生物的遗传上是十分重要的。

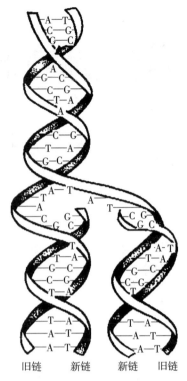

旧链　新链　新链　旧链

图 12-2　双链 DNA 的复制模型

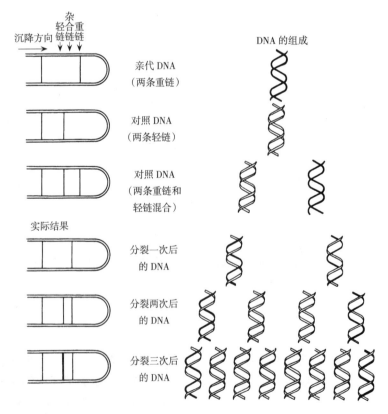

图 12-3　证明 DNA 半保留复制的 Meselsen-Stahl 实验图解

（引自吴显荣，2011）

（二）原核生物的 DNA 复制过程

1. 原核生物 DNA 聚合酶及复制相关蛋白质

（1）DNA 聚合酶发挥活性的条件。研究表明，与其他许多酶不同的是，在底物和其他条件都满足的情况下，还必须提供单链模板和游离的 $3'$-OH 引物末端，DNA 聚合酶才能发挥聚合酶活性，沿 $5' \rightarrow 3'$ 方向合成新的子代 DNA 链（图 12-4）。

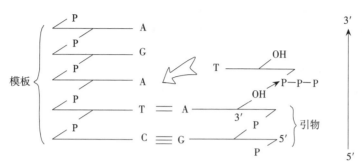

图 12-4　DNA 聚合酶催化链延长的方向

（引自焦鸿俊，1995）

复制叉的形成提供了临时单链模板。在大肠杆菌细胞周期进入 S 期时，一种称为 Dna A 的蛋白质识别一段由 245 bp 特异序列构成的复制原点 Ori C。Dna A 协调 Dna B 和引物酶等多种蛋白质一起，打开复制原点，并在 DNA 旋转酶、解链酶和 Rep 蛋白的作用下，解开双链，形成可沿两个方向继续延伸、由两条单链模板构成的复制叉。游离的单链模板区由单链结合蛋白（single strand binding protein，SSB）所附着而稳定下来。

大肠杆菌的引物酶为一条多肽链，相对分子质量约为 60 000。该酶以复制原点处的单链 DNA 为模板，以 4 种核糖核苷酸（ATP、GTP、CTP 和 UTP）为底物合成一小段 RNA 作为 DNA 复制的引物（primer），引物露出 $3'$-OH 端是 DNA 合成和 DNA 聚合酶发挥活性所必需的。引物酶的专一性不太强，在一定程度上可用脱氧三磷酸核苷酸作为底物来合成引物。

在复制叉处，DNA 聚合酶在单链模板的指导下，从引物的 $3'$-OH 开始，将游离的脱氧核苷三磷酸（dATP、dGTP、dCTP 和 dTTP）沿 $5' \rightarrow 3'$ 方向聚合为新生子代链 DNA，其总反应可用下式表示：

$$n_1 dATP + n_2 dGTP + n_3 dCTP + n_4 dTTP \xrightarrow[Mg^{2+}]{\text{模板 DNA、DNA 聚合酶}} DNA + (n_1 + n_2 + n_3 + n_4) PPi$$

上式表示，在有模板 DNA 和 Mg^{2+} 存在时，在 DNA 聚合酶的催化下，在 4 种脱氧核糖核苷三磷酸之间形成 $3'$，$5'$-磷酸二酯键，生成多聚脱氧核糖核苷酸长链（DNA），同时释放焦磷酸（PPi），PPi 水解放能，推动反应向右进行。所合成的 DNA 具有与天然 DNA 相同的化学结构和物理化学性质。dATP、dGTP、dCTP、和 dTTP 4 种脱氧核糖核苷三磷酸缺一不可，它们不能被相应的脱氧核苷二磷酸或脱氧核苷一磷酸所取代，也不能被核糖核苷酸所取代。否则 DNA 聚合酶将不会发挥聚合酶活性，而是发挥水解酶活性或停留在原处，这也是 Sanger 测序法的酶学基础。

（2）原核生物 DNA 聚合酶的种类。在原核生物中，催化上述聚合反应的 DNA 聚合酶有 3 种。

① DNA 聚合酶 I：1956 年 Kornberg 首先从大肠杆菌中分离和纯化了 DNA 聚合酶 I，它是一条单链多肽，由约 1 000 个氨基酸残基组成，相对分子质量为 109 000，通常呈球形，直径约 6.5 nm，每分子含有一个锌原子。DNA 聚合酶 I 是一种多功能酶，它的主要功能有：

第一，催化 DNA 链沿新链的 $5' \rightarrow 3'$ 方向延长，将脱氧核糖核苷三磷酸逐个地加到具有 $3'$-OH 末端的多聚核苷酸链（RNA 引物或 DNA）上，形成 $3'$，$5'$-磷酸二酯键（图 12-4）。由于该聚合酶的移动速度比复制叉移动速度慢 20 倍左右，且聚合不到 50 个核苷酸的子代链就与模板链解离，故它不主要催化聚合反应。

第二，具有 $3'\rightarrow5'$ 外切酶活性，能识别和切除错配的单链脱氧核苷酸末端，而对双链 DNA 则不起作用。在正常聚合条件下，$3'\rightarrow5'$ 外切酶活性很低，一旦出现碱基错配，聚合反应立即停止，由 $3'\rightarrow5'$ 外切酶将错配的脱氧核苷酸切除，然后继续进行正常的聚合反应。因此，该活性赋予了对聚合酶活性的核对功能，以确保复制的高度准确性。

第三，具有 $5'\rightarrow3'$ 外切酶活性。它只作用于双链 DNA，从 $5'$ 末端切下单个核苷酸或一段寡核苷酸，由于它能跳过几个脱氧核苷酸起作用，因此能切除由紫外线照射而形成的胸腺嘧啶二聚体，所以 DNA 聚合酶 Ⅰ 在 DNA 损伤的修复中起重要作用。此外，它起着将 RNA 引物切除并填补其留下的空隙缺口的作用。

② DNA 聚合酶 Ⅱ：20 世纪 70 年代初从大肠杆菌变异株中分离纯化出 DNA 聚合酶 Ⅱ，其相对分子质量约为 120 000。它的性质和功能与 DNA 聚合酶 Ⅰ 有相同之处：具有催化沿着 $5'\rightarrow3'$ 方向合成 DNA 和 $3'\rightarrow5'$ 外切酶活性，但无 $5'\rightarrow3'$ 外切酶活性。DNA 聚合酶 Ⅱ 活性很低，它在细胞内的生理功能以及在 DNA 复制中的作用尚不太清楚。

③ DNA 聚合酶 Ⅲ：也是 20 世纪 70 年代初从大肠杆菌中发现的，它在活性类型上和 DNA 聚合酶 Ⅰ 一样，能催化 DNA 的聚合反应，也具有 $3'\rightarrow5'$ 外切酶活性，但不具有 $5'\rightarrow3'$ 外切酶的活性。在结构上与 DNA 聚合酶 Ⅰ 差别较大，DNA 聚合酶 Ⅲ 要复杂得多，它是含有至少 10 个亚基的寡聚酶。

大肠杆菌含 DNA 聚合酶 Ⅰ 最多，而 DNA 聚合酶 Ⅱ 和 Ⅲ 仅分别为它的 1/10 和 1/40。但 DNA 聚合酶 Ⅲ 的活性很强，为 DNA 聚合酶 Ⅰ 的 15 倍（每秒聚合 150 个核苷酸），为 DNA 聚合酶 Ⅱ 的 300 倍（表 12-1）。

表 12-1　大肠杆菌三种 DNA 聚合酶的性质比较

项　　目	DNA 聚合酶 Ⅰ	DNA 聚合酶 Ⅱ	DNA 聚合酶 Ⅲ（复合物）
相对分子质量	109 000	120 000	400 000
每个细胞的分子数（估计值）	400	100	10~20
$5'\rightarrow3'$ 聚合作用	+	+	+
$3'\rightarrow5'$ 外切酶活性	+	+	+
$5'\rightarrow3'$ 外切酶活性	+	−	−
转化率*	1	0.05	50

　＊ 以 DNA 聚合酶 Ⅰ 的转化率为 1，在 37 ℃每分子 DNA 聚合酶 Ⅰ 每分钟聚合的核苷酸数目为 1 000 个。

DNA 聚合 Ⅲ 和 Ⅰ 是参与原核生物 DNA 复制的主要聚合酶类，它们所具有的如表 12-1 所示的 3 种酶活性，赋予了 DNA 合成的高度准确性。研究表明，大肠杆菌 DNA 的复制错误率为 $10^{-10}\sim10^{-9}$。目前一般认为 DNA 聚合酶活性的错误率为 $10^{-5}\sim10^{-4}$，而另两种外切酶活性的"校读"功能再使错误率下降 $10^{-4}\sim10^{-2}$，其余准确度的提高则是由 DNA 复制以后的错配修复系统来完成的。

（3）协同 DNA 聚合酶完成 DNA 复制过程的其他主要蛋白质。随着复制的进行，复制叉处的亲代 DNA 旋转很快，速度约为 100 r/s，这比唱片机的转速快 100 倍，这必定快速地引起正超螺旋，阻止复制的进行。DNA 旋转酶（gyrase），又称为 DNA 拓扑异构酶 Ⅱ（topoisomerase Ⅱ），它起到了分子旋转器的作用。它同时兼有内切酶和连接酶的活性，可在 DNA 双链多处切断，释放超螺旋张力，变构后又在原位点将其连接起来，因此能迅速使 DNA 正超螺旋的紧张状态变为松弛状态，便于 DNA 解链。

进一步使 DNA 双链松开为单链的酶称为解链酶（helicase）。它可利用 ATP 水解的能量解开 DNA 双链中的氢键，每解开一对碱基，需将两分子 ATP 水解为 ADP 和 Pi。大肠杆菌的解链酶 Ⅰ、Ⅱ、Ⅲ 可沿模板链 $5'\rightarrow3'$ 方向随着复制叉向前移动，而大肠杆菌的 Rep 蛋白则在另一条模板链

上沿 $3'{\rightarrow}5'$ 方向移动（图 12-5a）。它们共同作用，将 DNA 双链解开。

由 DNA 解链酶等解开的 DNA 单链，立即被单链结合蛋白所结合，以防止解开的单链 DNA 重新形成双链（图 12-5b）。单链结合蛋白的结合部位，主要是在含 A=T 碱基对较密集的部位。

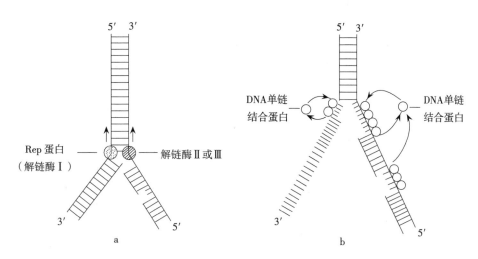

图 12-5 解链酶和 DNA 单链结合蛋白在复制叉处的作用位置

a. 解链酶在复制叉处的作用位置 b. 单链结合蛋白在复制叉处的作用位置

（引自焦鸿俊，1995）

DNA 聚合完成后，由 DNA 聚合酶 I 除去 RNA 引物并合成 DNA 以填充缺口（gap），留下磷酸二酯键切口（nick），然后由 DNA 连接酶（ligase）连接封口，最终圆满完成子代链的复制。需要明确说明的是，DNA 连接酶的作用是催化 DNA 双链中的一条单链切口（而不是单链 DNA 的切口或作为双链 DNA 一部分的单链缺口）处游离的 $3'$-OH 末端和 $5'$-P 末端形成 $3',5'$-磷酸二酯键，把两条链连接起来。由于反应吸收能量，故反应需要 ATP（动物和噬菌体）或 NAD$^+$（细菌）供能，反应过程如下：

$$\text{酶} + \text{NAD}^+（或 \text{ATP}）\rightleftharpoons \text{酶-AMP} + \text{烟酰胺单核苷酸（或 PPi）}$$
$$\text{酶-AMP} + ⑫-5'-\text{DNA} \rightleftharpoons \text{酶} + \text{AMP}—⑫-5'-\text{DNA}$$
$$\text{DNA}-3'-\text{OH} + \text{AMP}—⑫-5'-\text{DNA} \rightleftharpoons \text{DNA}-3'-\text{O}—⑫-5'-\text{DNA} + \text{AMP}$$

总反应：DNA-$3'$-OH + ⑫-$5'$-DNA + NAD$^+$（或 ATP）$\longrightarrow$

DNA-$3'$-O—⑫-$5'$-DNA + AMP + 烟酰胺单核苷酸（或 PPi）

2. 原核生物的 DNA 复制过程 原核生物 DNA 复制过程可分为起始、延长和终止 3 个阶段。

（1）DNA 复制的起始。大肠杆菌染色体是一个约含 4×10^6 bp 的闭环 DNA 分子，其复制原点 Ori C 由 245 个碱基对组成，这个碱基顺序在大多数细菌中是高度保守的，其一般排列方式如图 12-6 所示。关键顺序是两组短的重复：3 个 13 bp 的重复序列和 4 个 9 bp 的重复序列。

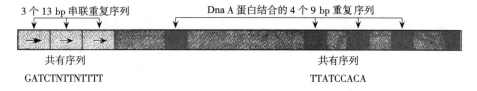

图 12-6 大肠杆菌复制原点 Ori C 中的特殊序列

（引自黄熙泰等，2012）

图 12-6 中的"共有序列"（consensus sequence）是指同功能序列，其所列各位置上的核苷酸残基代表着被比较的所有同类序列中最常出现的核苷酸。

包括 Dna A、Dna B 和 SSB 在内的多种蛋白质参与了复制的起始，大约 20 个 Dna A 蛋白的复合物结合于复制原点的 9 bp 重复序列，并成功地变性 13 bp 重复序列，这个重复序列富含 A＝T，解开之后与 Dna B 蛋白发生结合。Dna B 是一种能双向解开 DNA 双链间氢键的蛋白质，它创造两个潜在的复制叉，暴露出来的单链由多个 SSB 结合而稳定。Dna B 解链所形成的正超螺旋张力，由 DNA 解旋酶（DNA 拓扑异构酶Ⅰ）的剪接活性来释放，因此，不能结合 Dna A 或 Dna B 的复制原点 Ori C 的突变，是不能启动复制过程的，是致死突变。

（2）DNA 复制的延长。按照半保留复制方式，当复制叉沿 DNA 向前移动时，由引物酶先在 5′端合成一小段引物（约含 10 个核苷酸残基的 RNA，以提供 3′- OH）。由于两条模板链是反向平行的，而 DNA 聚合酶只能以 5′→3′的方向合成新链，同时新生子代链也可以与模板链反向平行和进行碱基配对。这样，若以走向 3′→5′的亲代链为模板，那么子代链就能连续合成，这条子代链称为前导链（leading strand）；若以走向 5′→3′的亲代链为模板，DNA 聚合酶Ⅲ只能按 5′→3′的方向合成许多小片段，然后由 DNA 聚合酶Ⅰ切除片段上 5′末端 RNA 引物，填补片段之间的空缺，最后由 DNA 连接酶把它们连接成一条完整的子代链，这条子代链称为滞后链（lagging strand）。滞后链上的这些较小的 DNA 片段称为冈崎片段（Okazaki fragment），是冈崎等人于 1968 年发现的。原核细胞和真核细胞的 DNA 复制中普遍存在冈崎片段，原核细胞内的冈崎片段长为 1 000～2 000 个核苷酸残基，真核细胞的冈崎片段长为 100～200 个核苷酸残基。这样，复制叉上新生的 DNA 链一条按 5′→3′的方向（与复制叉移动方向一致）连续合成，另一条则按 5′→3′的方向（与复制叉移动方向相反）不连续合成，因而称为半不连续复制（semidiscontinuous replication）（图 12-7）。因此，前导链和滞后链的合成是不同的。

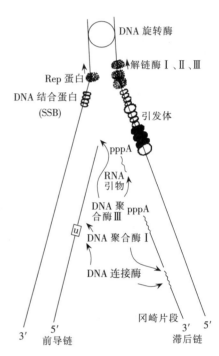

图 12-7　DNA 的半不连续复制
（引自郭蔼光等，2018）

这两种链的不同复制似乎需要两个 DNA 聚合酶分子独立完成，但研究表明，每一复制叉上实际上仅结合着一个 DNA 聚合酶Ⅲ全酶的二聚体。它是怎样同时合成前导链和滞后链的呢？有人提出一个模型，认为当前导链上 DNA 开始合成和复制叉向前移动时，滞后链的模板即绕聚合酶向后回折成环，并与聚合酶的另一个活性中心按前导链模板的取向缔合（图 12-8）。当滞后链的模板穿过全酶时，DNA 合成就从 RNA 引物的 3′端开始并逐步延伸，直至抵达另一个已合成的冈崎片段。这时环就松开，随着前导链上 DNA 合成的继续，新的滞后链模板又出现，它继而回折成环和合成新的冈崎片段。这样，DNA 的两条链就通过一个 DNA 聚合酶Ⅲ分子合成新的 DNA。由于在复制叉上，一个酶分子可以同时在两条链上进行复制，所以前导链和滞后链的合成速度基本相同。

（3）DNA 复制的终止。随着复制的进行，大肠杆菌环状 DNA 的两个复制叉最终要相遇。研究表明，它们相遇在有多重拷贝的 Ter 序列的终止区域。这个 Ter 序列长 20 bp，是终点利用蛋白（即 Tus 蛋白）的结合位点。这种结合的 Tus - Ter 复合物能够停止先期到达的复制叉的推进，等待后期到达的复制叉，使两者总能相遇，完成复制。由 DNA 聚合酶Ⅰ水解最初的 RNA 引物并填补空白，最后由连接酶封口。

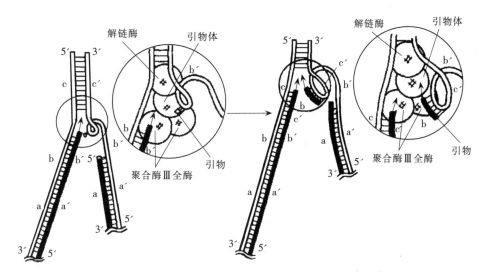

图 12-8　滞后链合成的模板形成环，复制叉上的二聚体 DNA 聚合酶Ⅲ全酶同时合成两条子代链

（引自郭蔼光等，2018）

其他环状 DNA 的复制终止过程都与上述过程类似。线状 DNA 复制的终止过程似乎不需特定信号，具体情况不详。

（三）真核细胞的 DNA 复制特点

1. 染色质的复制　真核生物 DNA 分子比原核生物 DNA 分子大得多，它们被组蛋白组织成以核小体为基本单元的染色质，DNA 分子上参与启动 DNA 复制的相关 DNA 序列统称为复制子（replicon）。细菌 DNA 由一个复制子组成，而真核生物 DNA 则由成百上千个复制子组成。真核生物的 DNA 复制远比大肠杆菌的 DNA 复制复杂。

真核生物 DNA 聚合酶与原核生物 DNA 聚合酶的结构不同。现已分离出 5 种真核生物 DNA 聚合酶，分别用 α、β、γ、δ 和 ε 来命名，它们的性质如表 12-2 所示。DNA 聚合酶 α 可能是真核细胞的 DNA 复制酶，在增殖较快的细胞中活性较高，在分裂细胞的 DNA 合成期达到高峰，一旦 DNA 合成结束，此酶活性就迅速降低，表明该酶在细胞内 DNA 复制中起关键作用。DNA 聚合酶 β 主要在 DNA 损伤的修复中起作用。DNA 聚合酶 γ 可能在真核细胞 DNA 复制的启动过程中起重要作用，并与线粒体 DNA 合成有关。DNA 聚合酶 δ 和 ε 除能催化 $5'{\rightarrow}3'$ 的聚合反应外，尚有 $3'{\rightarrow}5'$ 外切酶活性，它能切除 $3'$ 末端错配的核苷酸残基，从而保证真核细胞 DNA 复制的正确性。但真核生物 DNA 聚合酶和原核 DNA 聚合酶相似，均以 4 种脱氧核糖核苷三磷酸为底物，聚合反应的进行也需要 Mg^{2+}、RNA 引物和 DNA 模板参与，新生子代链的延长方向也为 $5'{\rightarrow}3'$ 方向。

表 12-2　真核生物的 DNA 聚合酶

（引自郭蔼光等，2018）

项　　目		DNA 聚合酶				
		α	β	γ	δ	ε
相对分子质量（×10³）	催化亚基	165	40	140	125	265
	结合亚基	70，58，48	无	未知	48	未知
亚细胞定位		细胞核	细胞核	线粒体	细胞核	细胞核
酶活性	$5'{\rightarrow}3'$聚合作用	+	+	+	+	+
	$5'{\rightarrow}3'$外切活力	−	−	+	+	+
	引物酶活力	+	−	−	−	−

真核细胞中也有冈崎片段、DNA 连接酶和各种有关 DNA 双螺旋分子解旋和解链的酶和蛋白质。真核生物可在一条染色体 DNA 链上有许多个复制原点，例如，在果蝇的一个染色体 DNA 分子中，估计有 6 000 个复制原点。所以，虽然原核细胞的复制速度比真核细胞快，但由于真核细胞是多点复制，其总速度反而比原核细胞快。此外，和原核细胞一样，真核细胞 DNA 复制的方向也是以双向为主，但也有单向复制的。

2. 端粒复制　与细菌 DNA 的环状分子不同，真核生物染色体 DNA 为线性分子，按 DNA 半保留半不连续复制机制，其滞后链 3′端不能被复制。如果在染色体端部留下了缺口，就会使已复制出的新链缩短，从而使染色体端部随复制次数增加而不断缩短。多数生物是通过一种称为端粒酶（telomerase）的蛋白质来解决这个问题的。

每一个线性染色体 DNA 末端均含有多拷贝的富含 G 的六核苷酸重复序列，就是通常所说的端粒（telomere）。在四膜虫中该重复序列是 GGGTTG。端粒酶携有一个短的 RNA 分子，可与这种在重叠时发生四链结构的富 G 重复序列部分配对。端粒酶作用的具体机制尚不完全清楚，它的 RNA 分子可能首先与端粒末端形成氢键，接着以 RNA 分子作为模板，通过逆转录在 DNA 3′末端添加 6 个核苷酸，随后，端粒酶从 DNA 上解离，再在新端粒的末端重新结合，并重复延伸过程达数百次后解离。新延伸出来的 DNA 链就可以作为复制模板形成双链染色体 DNA。染色体正常复制所导致的 DNA 短缩，与端粒酶作用导致的延长基本平衡，使每一条染色体的长度都基本一致。值得注意的是，在生殖细胞及受精卵中端粒酶才有较高的活性，而在分化程度较高的体细胞中活性较低，其生物学意义值得思考。

二、逆转录作用

以 RNA 为模板合成 DNA，这与通常转录过程中遗传信息从 DNA 到 RNA 的方向相反，故称为逆转录（reverse transcription）。催化逆转录反应的酶称为逆转录酶（reverse transcriptase）。许多具有 RNA 基因组的病毒含有这种酶，故这类病毒又称为还原性病毒，它们多是致癌病毒。

（一）逆转录酶以病毒 RNA 为模板合成 cDNA

致癌病毒感染动物细胞后，可以不引起动物细胞死亡，但却会使细胞发生分裂失控形成肿瘤。20 世纪 60 年代初期，Temin 注意到致癌 RNA 病毒的复制被高浓度放线菌素 D 所抑制，而高浓度放线菌素 D 的作用是专门抑制 DNA 复制反应，可见致癌 RNA 病毒的复制经过了 DNA 阶段。Bader 进一步用嘌呤霉素（puromycin）抑制静止细胞的蛋白质合成，发现这类细胞仍然能感染致癌 RNA 病毒，说明催化 RNA 逆转录为 DNA 的逆转录酶不是感染的细胞产生的，而是在病毒中已存在并由病毒带进宿主细胞的。因此，现在一般认为：感染后，单链 RNA 病毒基因组和逆转录酶一起进入宿主细胞，由宿主细胞提供 4 种 dNTP 底物，在逆转录酶催化下，首先以病毒 RNA 为模板合成一条互补 DNA（complementary DNA，cDNA），从而形成 RNA - DNA 杂交分子；此酶继而发挥核糖核酸酶 H 的活性，将杂交分子中的 RNA 水解掉；最后再以单链 cDNA 为模板合成 cDNA 的互补链，从而形成双链 DNA 分子（前病毒）。此双链 DNA 在大多数情况下，可整合（integration）到宿主细胞的核 DNA 中（不表达），此后，在一定条件下，在宿主细胞内，这段插入的 DNA 经转录生成相应的 mRNA，再翻译成病毒专一的蛋白质衣壳。图 12 - 9 表示了逆转录病毒的生活周期。

在上述过程中逆转录酶表现出 3 种酶活性。其一是依赖于 RNA 的 DNA 聚合酶活性，即以 RNA 为模板，合成互补 DNA（cDNA）形成 RNA - DNA 杂交分子；其二是核糖核酸酶 H（RNase H）活性，专门水解杂交分子中的 RNA 链；其三是依赖于 DNA 的 DNA 聚合酶活性，即以新合成的单链 cDNA 为模板，合成另一条互补 DNA，形成双链 cDNA 螺旋。

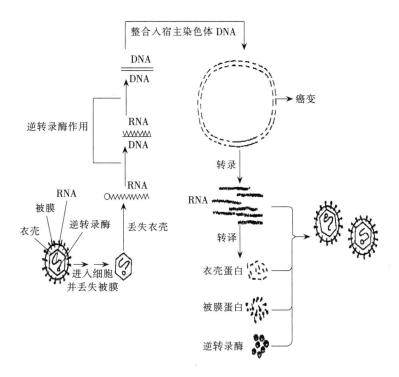

图 12-9　逆转录病毒的生活周期

（引自郭蔼光等，2018）

（二）逆转录病毒引起癌症或艾滋病

研究表明，逆转录病毒可以导致两个相反的病变过程：或使细胞异常增生，或使细胞异常死亡。

逆转录病毒进入宿主细胞后，有少数病毒可以将宿主细胞裂解，产生子代病毒，如噬菌体（细菌病毒）裂解细菌后形成的噬菌斑。有些逆转录病毒并不裂解它们的宿主细胞，而是整合到宿主细胞染色体上并随之同步复制。某些逆转录病毒上带有致癌基因（oncogene），可引起宿主细胞分裂失控和生长异常，形成细胞团（肿瘤）。至今，在逆转录病毒中已发现了几十种不同的致癌基因。

人类获得性免疫缺陷病毒（human immunodeficiency virus，HIV）也是一种逆转录病毒，这种病毒不是使宿主细胞癌变，而是使宿主细胞（主要是淋巴细胞）死亡，从而逐渐导致宿主免疫系统丧失。HIV 中的逆转录酶合成 DNA 的错误率比其他已知逆转录酶的致变率大 10 倍以上，从而加大了人类制造有效疫苗的难度。因此，现在大部分治疗 HIV 感染个体的方法并不是接种疫苗防治，而是逐渐开发其逆转录酶的特异抑制剂或灭活剂。

三、DNA 的体外扩增——PCR

聚合酶链式反应是 1985 年 Mullis 在美国 Cetus 公司工作期间发明的 DNA 体外扩增技术，其原理与细胞内的 DNA 半保留复制十分相似，基本的不同之处在于用"高温—低温—中温"三温循环代替了体内众多的酶促反应。PCR 技术原理主要包括 3 点：①首先利用 95 ℃左右的高温代替体内的 DNA 拓扑异构酶、解链酶和 SSB 等蛋白质的作用，使 DNA 双链解开并维持单链状态；②接着利用 55 ℃左右的低温，将成对的人工合成的特异性短引物（通常不长于 30 bp）复性（又称为退火）到待扩增片段的 5′端；③最后利用中温（72 ℃），高效推动 DNA 聚合酶以 dNTP 为底物合成子代链，从而完成一个"高温—低温—中温"的循环，如图 12-10 所示。如此反复，经过约 30 个循环后，一个拷贝 DNA 在理论上就可以被扩增到 2^{30} 拷贝，达到微克级水平。

使用不耐热 DNA 聚合酶，不仅操作烦琐，而且价格昂贵，制约了 PCR 技术的应用和发展。后来在 102 ℃存活的温泉细菌中分离到了耐热 DNA 聚合酶（又称为 *Taq* 酶），对于 PCR 的发展具

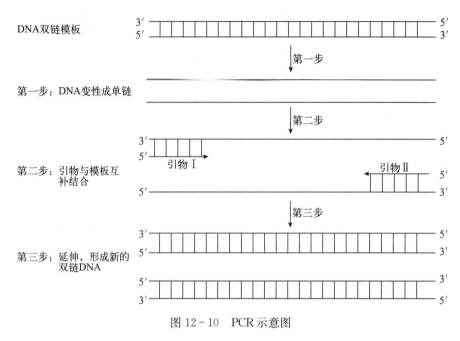

图 12-10　PCR 示意图

有里程碑的意义。该酶可以耐受 90 ℃以上的高温而不失活，不需要每个循环加酶，使 PCR 技术变得非常简捷，同时由于 PCR 成分高度商业化，大大降低了成本，PCR 技术得以大大发展。PCR 通常都在程序控制的"高温—低温—中温"三温循环仪（又称为 PCR 仪）中进行，30 多个循环的时间被缩短到 3 h 左右。PCR 产物通常用琼脂糖凝胶电泳来检测和显示。

现在的 PCR 技术，按照模板和引物等的不同，已经发展为多种类型，主要有：①特异引物或随机引物 PCR，前者扩增目的基因 DNA，后者扩增基因组中的重复序列。②逆转录 PCR（RT-PCR），以由 mRNA 逆转录而来的 DNA 为模板，由此产生的 DNA 不带有内含子（基因中不具意义的片段），常应用于分子克隆技术。③实时 PCR（real-time PCR），PCR 过程中利用荧光探针或染料定量检测，又称为定量 PCR（quantitative PCR）。④巢式 PCR（nested PCR），先用低特异性引物扩增几个循环以增加模板数量，再用高特异性引物扩增。⑤多重 PCR（multiplex PCR），在同一个管中使用多组引物，可同时获得多种 PCR 产物。⑥dsRNA 合成（dsRNA replicator），合并使用高保真 DNA 聚合酶、T7 RNA 聚合酶与 Phi6 RNA 复制酶，将双链 DNA 转录为对应的双链RNA（dsRNA），可应用于 RNAi 实验操作。⑦COLD-PCR，检测突变或特殊等位基因的 PCR 应用技术。其他类型的 PCR 还有很多。

PCR 技术在样本污染检测、医学诊断、遗传育种和生命科学研究中有着十分广泛的用途。

四、DNA 的损伤、修复和突变

DNA 双螺旋结构的稳定性和复制过程的高准确性等因素高度地维护着 DNA 的遗传稳定性。但自然界仍有许多因素可造成 DNA 的损伤。损伤可被细胞的 DNA 修复系统所修复，那些不能修复的损伤或修复过程带来的差错，将引起 DNA 序列的永久性改变，这种改变称为突变。此外，突变还可以被一些诱变剂直接引起。有人认为，随着损伤程度的加剧，DNA 的修复系统（从光复活到 SOS 修复）将被逐次启动。

（一）DNA 损伤

一些化学和物理因素，如化学诱变剂和各种高能射线，均能造成 DNA 的损伤。例如，烷化剂硫酸二甲酯（dimethyl sulfate，DMS）可使脱氧鸟苷酸的鸟嘌呤的第 7 位氮原子甲基化，形成四价氮，这使 N-糖苷键不稳定，发生水解，而失去嘌呤碱（图 12-11），然后可被其他碱基取代；更有甚者，还可能引起 DNA 链断裂，失去模板功能。

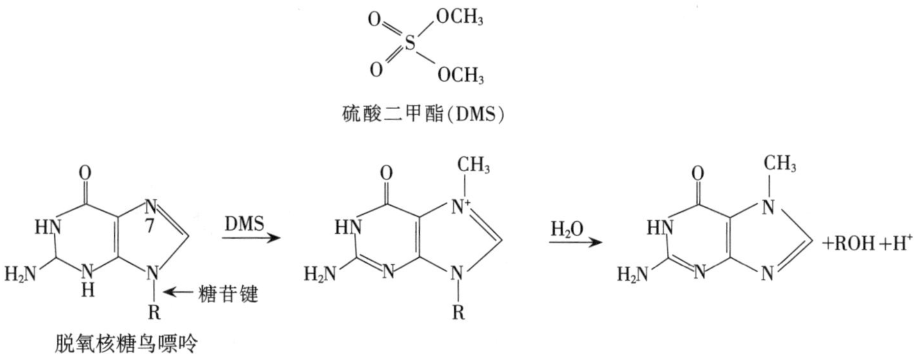

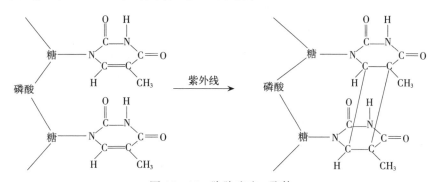

图 12-11 硫酸二甲酯（DMS）对 DNA 碱基的作用

　　紫外线照射可使 DNA 分子中同一条链上邻近的核苷酸碱基之间形成共价键，连接成一个环丁烷，生成二聚体，最常见的是由两个胸腺嘧啶碱基形成的二聚体（TT）（图 12-12）。胞嘧啶之间以及胞嘧啶与胸腺嘧啶之间也能形成二聚体（CC、CT），但数量较少。由于形成了二聚体，DNA聚合酶的作用受到阻碍，因而正常的复制不能继续进行。

图 12-12 胸腺嘧啶二聚体

（二）DNA 修复系统

　　细胞内具有一系列起修复作用的酶系，可以恢复 DNA 的正常双螺旋结构。常见的修复系统有光复活（photoreactivation）、切除修复（excision repair）、重组修复（recombination repair）和SOS 修复。

　　1. 光复活　受紫外线损伤的细胞，在强的可见光（400~500 nm）照射后，大部分均能恢复正常。这是由于可见光激活了细胞内的光裂合酶（photolyase），使之与嘧啶二聚体结合并打开环丁烷，将其分开，恢复成两个单独的嘧啶碱基。光复活似乎只修复 DNA 的紫外线损伤，它在单细胞或较低等的生物 DNA 修复中较为重要。

　　2. 切除修复　所谓切除修复，即是在一系列酶的作用下，将 DNA 分子中受损伤的部分切除掉，并以完整的那一条链为模板，合成出切去的部分，然后使 DNA 恢复正常结构的过程。这是比较普遍的一种修复机制，它对多种损伤均能起修复作用。

　　切除修复过程可概括为切开、修补、切除、封口 4 个步骤（图 12-13）：①限制性核酸内切酶（修复酶）识别嘧啶二聚体，并在其上游数个核苷酸对处打开磷酸二酯键；②嘧啶二聚体被 DNA聚合酶 I 的 $5'{\rightarrow}3'$ 外切酶活性切除；③DNA 聚合酶 I 以 $3'-OH$ 为引物，以另一条完好的互补链为模板合成一段新互补链；④新合成 DNA 片段和原 DNA 部分被 DNA 连接酶连接。

　　在大肠杆菌中，切除修复全过程由 DNA 聚合酶 I 和具有切除功能的多亚基 UvrAB（限制性核酸内切酶）完成；在真核细胞中，DNA 聚合酶无外切酶活性，切除由另外的酶来完成（图 12-13）。真核生物切除修复机制与大肠杆菌有许多相似之处，只是修复酶系统更为复杂，如人体细胞参与切除修复的修复酶包括 8~10 种蛋白质。

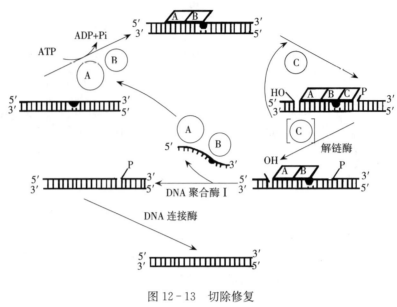

图 12 - 13　切除修复

（引自郭蔼光等，2018）

3. 重组修复　含有嘧啶二聚体或其他损伤的 DNA 在修复前仍可进行复制，但在新合成的子代链中，与模板链损伤部位对应的地方因复制受阻而留下缺口。在重组酶的作用下，带缺口的 DNA 分子与完整的"姐妹"双链进行重组交换，用相应的"姐妹"双链的亲代互补 DNA 片段填补子代链上的缺口。在另一条亲代链上重组产生的缺口，则由 DNA 聚合酶 I 以与其互补的完整子代链为模板进行修复合成，最后由 DNA 连接酶将切口封好（图 12 - 14）。在大肠杆菌中，参与重组修复的酶主要有 RecA、RecB、RecC 以及 DNA 聚合酶和 DNA 连接酶。

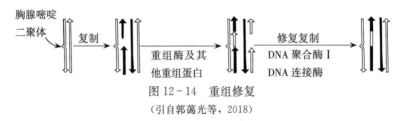

图 12 - 14　重组修复

（引自郭蔼光等，2018）

4. SOS 修复　上述光复活、切除修复及重组修复对 DNA 损伤的修复都不导致 DNA 突变，这类修复统称为避免差错修复（error free repair）。SOS 修复是一种倾向差错的修复（error prone repair），即在 DNA 损伤后，在 DNA 复制过程中以脱氧核苷酸的聚合发生差错为代价，强行合成完整子代链的一种挽救性修复。虽然子代链上产生了大量变异，但却免于死亡。可见 SOS 修复是紧急修复，它允许 DNA 链在复制延伸时对损伤处的模板进行错配而越过损伤片段。目前对 SOS 修复机制尚不甚清楚，可能与其他蛋白质对 DNA 聚合酶的紧急修饰有关，这些未知的修饰可能使 DNA 聚合酶的校对功能完全丧失，使聚合功能明显增强，从而使聚合作用在模板 DNA 损伤和双螺旋变形的情况下能越过损伤部位，将不准确的复制进行下去，合成出含有大量突变的完整子代链。

在上述几种修复系统中，只有光复活是利用光能，其余均利用 ATP 水解所释放的能量；光复活和切除修复是修复模板链，重组修复不是对损伤链进行直接修复，而是形成一条新的正常模板链，而 SOS 修复是导致突变的修复。

（三）DNA 突变

除了 DNA 损伤与修复可引起 DNA 突变外，一些化学诱变剂还可以直接引起突变。此外，DNA 本身还以低频率进行着自发突变。与正常型（野生型）DNA 相比，DNA 的突变有 3 种形式：

（1）一个或几个碱基对被置换（replacement）。置换包括转换和颠换，转换（transition）是使一个嘌呤碱基变成另外一个嘌呤碱基，或一个嘧啶碱基变成另外一个嘧啶碱基。而颠换（transversion）是从嘌呤碱基变成嘧啶碱基，或从嘧啶碱基变成嘌呤碱基。

（2）插入（insertion）一个或几个碱基对。

（3）缺失一个或多个碱基对。

碱基对的置换和插入是可逆的，而碱基对缺失则是不可逆的。碱基对的置换是常见的突变形式。单碱基对置换也称为点突变，由于遗传密码子是由 3 个连续的碱基组成的，所以，点突变可能引起单个氨基酸的改变。插入或缺失的核苷酸残基如果是 3 的倍数，将引起蛋白质中氨基酸残基的增加或缺失；如果不是 3 的倍数，则会导致移码突变，即后面的密码子全部错位，翻译出序列不同的肽链。因此，移码突变具有位置效应。

大多数突变是有害突变，只有少数突变是有利突变。有利突变是推动生物进化的主要力量源泉。此外，还有一些突变是既无利又无害的中性突变，中性突变是 DNA 序列呈现多态性的重要原因。

第二节　RNA 的生物合成

一、转录

在 DNA 指导下的 RNA 合成称为转录（transcription）。在 DNA 的两条互补链中，发生转录的链称为反义链，不发生转录的链称为有义链，这样的定义可以保证反义链转录的 RNA 与相应区段的有义链同义。RNA 的转录从 DNA 反义链上的一个特定位点开始，延伸到另一个位点处终止。此转录区域称为转录单位。因此，反义链是转录的模板链。模板链上只有某一区段才能转录，故转录又称为不对称转录。一个转录单位可以是一个基因（真核生物），也可以是多个基因（原核生物）。DNA 的启动子（promoter）控制转录的起始，而终止子（terminator）控制转录的终止。因此，基因在结构上就是前置启动子、后置终止子的一段复杂的 DNA 反义链片段。转录是在 DNA 指导下由 RNA 聚合酶催化进行的，现已分离纯化了该酶。RNA 合成的反应如下：

$$n_1\text{ATP} + n_2\text{GTP} + n_3\text{CTP} + n_4\text{UTP} \xrightarrow[\text{DNA 模板、Mg}^{2+}]{\text{RNA 聚合酶}} \text{RNA} + (n_1+n_2+n_3+n_4)\text{PPi}$$

（一）原核生物 RNA 聚合酶的结构与特性

大肠杆菌的 RNA 聚合酶是一种很大而复杂的酶。整个酶的相对分子质量近 500 000。通过尿素解聚试验，可知该 RNA 聚合酶的亚基组成是 $\alpha_2\beta\beta'\sigma$（表 12-3），称为全酶。$\beta'$ 亚基上连接着 2 个锌原子。σ 亚基在 RNA 合成起始后，即从全酶中离解下来。没有 σ 亚基的 RNA 聚合酶称为核心酶（$\alpha_2\beta\beta'$）。RNA 聚合酶的催化中心在 $\alpha_2\beta\beta'$ 核心酶中。β' 亚基与 DNA 模板的结合有关，而 β 亚基与底物核苷三磷酸结合有关。转录时，全酶的 σ 亚基参与起始位点的选择。

表 12-3　大肠杆菌 RNA 聚合酶的亚基

亚　基	数　目	相对分子质量（$\times 10^3$）	亚　基	数　目	相对分子质量（$\times 10^3$）
α	2	40	β'	1	165
β	1	155	σ	1	95

在大肠杆菌中，所有 3 类 RNA（mRNA、tRNA 和 rRNA）均由上述同一种 RNA 聚合酶根据 DNA 反义链模板的信息合成。

（二）RNA 的合成过程

由 RNA 聚合酶催化的转录过程分为 4 个步骤。

1. σ 亚基使 RNA 聚合酶识别启动子　转录作用开始于 DNA 模板的特定位点即启动子（启动基因）上。对大肠杆菌及噬菌体 DNA 的各种启动子的序列分析表明，启动部位含有约 40 bp 的特异序列，它相当于长约 14 nm 的 DNA 片段。一般来说，启动子的结构是不对称的，它决定了转录的方向。图 12-15 是大肠杆菌常规启动子的一个理想序列。

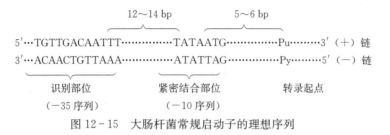

<pre>
                        12～14 bp   5～6 bp
5′…TGTTGACAATTT…………………TATAATG…………Pu………3′（＋）链
3′…ACAACTGTTAAA…………………ATATTAG…………Py………5′（－）链

        识别部位   紧密结合部位   转录起点
      （－35序列）   （－10序列）
</pre>

图 12-15　大肠杆菌常规启动子的理想序列

少数特殊基因的启动子与上述标准启动子有明显差异，必须由非常规的 σ 因子与核心酶组成的全酶来识别。在应急或逆境下表达基因的非标准启动子，识别的就是相应的非常规的 σ 因子。例如，大肠杆菌的 σ^{32} 参与热激蛋白基因的转录起始；枯草芽孢杆菌的 σ^{28} 参与鞭毛形成基因的表达。

目前普遍认为，RNA 聚合酶全酶先识别－35 序列，并与 DNA 结合形成不稳定的复合物，然后沿 DNA 滑动进入－10 区，－10 区典型的序列是 TATAATG，称为 Pribnow box，然后形成开放的启动子复合物（open promoter complex），使 DNA 局部解链。RNA 聚合酶进一步滑向转录起点，并引入第一个 NTP（通常是 ATP 或 GTP），启动 RNA 的合成。需要说明的是，第一个 NTP 所对应的模板链上的核苷酸的位置记为＋1，下游（沿模板链 5′端方向）的相应核苷酸位置分别记为＋2，＋3，…，n；上游（沿模板链 3′端方向）的相应核苷酸位置分别记为－1，－2，－3，…，$-n$。

2. 转录的起始　实验表明，RNA 的合成不需引物，新生 RNA 链的 5′末端是高度特异的：均为 ATP 或 GTP，故可能在转录起时，由全酶中 β 亚基催化 RNA 的第一个核苷酸（一般是 ATP 或 GTP）的磷酸二酯键形成。一旦 ATP 或 GTP 接上去后，σ 因子便脱离下来，这样可降低酶对启动子的亲和力，剩下的核心酶与 DNA 结合松弛，有利于核心酶沿模板链快速移动，催化 RNA 链的延长。

3. 转录链的延长　转录链的延长由核心酶催化。核心酶沿着 DNA 模板链 3′→5′方向滑动，同时根据模板链的核苷酸顺序，将相应的三磷酸核苷酸加到不断延长的 RNA 链的 3′-OH 末端并释放出 PPi，这个焦磷酸水解的 ΔG 负值很大，可推动 RNA 链快速延长。RNA 链合成方向是 5′→3′方向。正在转录的区域，DNA 双链解开使新进入的核苷酸与 DNA 链配对，已被转录完的 DNA 链则重新形成双螺旋。链的延长见图 12-16。新生 RNA 链的 5′末端是三磷酸基团，而 3′末端是游离羟基。

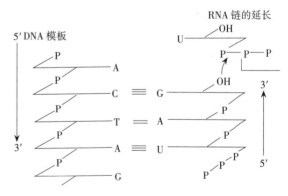

图 12-16　DNA 指导的 RNA 合成

4. 转录的终止　转录的终止正如其启动一样受到精巧的调控。许多转录过程可被基因末端的一段特异的碱基序列所终止。提供转录停止信号的 DNA 序列称为终止子。终止子前面的共同特点是有一个富含 GC 的区域，GC 区域后面跟随着一个富含 AT 序列的区域，且在富含 GC 区域中有二重对称性。另一些转录的终止过程则需 ρ 蛋白的参与。已知的 ρ 蛋白是一种含 4 个亚基、相对分子质量为 200 000 的蛋白质。它与 RNA 聚合酶结合，并通过与 DNA 的相互作用识别 DNA 链上的终止信号，阻止 RNA 聚合酶继续向前移动，于是转录终止，释放出已转录完成的 RNA 链。因此，ρ 蛋白又称为终止因子（termination factor）。

大肠杆菌中 RNA 聚合酶合成 RNA 的总过程见图 12-17。

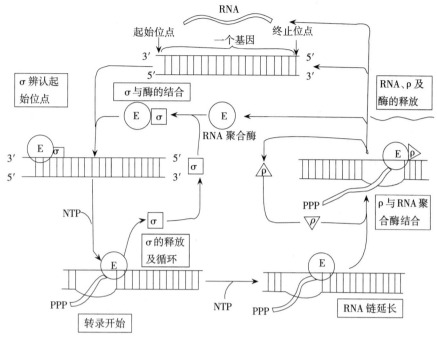

图 12-17 大肠杆菌转录过程

(引自焦鸿俊，1995)

RNA 合成的有些方面类似于 DNA 合成：合成的方向也是新生链的 $5'\rightarrow3'$；延长机制相同，新生链末端的 $3'-OH$ 对核苷三磷酸的 α 磷酸基团进行亲核攻击；焦磷酸水解，放出能量推动合成过程。RNA 合成在几个重要方面与 DNA 复制不同：其一，RNA 聚合酶不需要引物，所用的底物是包括尿苷三磷酸在内的 4 种核苷三磷酸；其二，DNA 模板是反义链上的一到几个基因的 DNA 序列；其三，RNA 聚合酶没有校读功能，即没有 $3'\rightarrow5'$ 外切酶活性或 $5'\rightarrow3'$ 外切酶活性，因此，转录产物的序列忠实性大大低于 DNA 复制。但是由于一种基因同时可产生许多拷贝的转录产物，所以 RNA 合成的低忠实性还是可以容忍的。

（三）真核生物的 RNA 合成的特点

与原核生物转录相比，真核生物 RNA 合成所用的 RNA 聚合酶不同，且新生 RNA 存在着十分广泛的加工。

1. 真核生物的 RNA 聚合酶 真核生物的转录比原核生物复杂得多。在原核生物中，RNA 是由一种聚合酶合成的，而真核生物有 3 种 RNA 聚合酶：RNA 聚合酶 I 合成较大的 rRNA，RNA 聚合酶 II 合成 mRNA，RNA 聚合酶 III 合成 5S rRNA 和 tRNA 等小分子 RNA（表 12-4）。

表 12-4 真核生物的 RNA 聚合酶

项目	聚合酶 I	聚合酶 II	聚合酶 III
别名	rRNA 聚合酶	hnRNA 聚合酶	小分子 RNA 聚合酶
转录产物	rRNA 前体	hnRNA（mRNA 前体）	tRNA 和 5S rRNA 前体
对 α 鹅膏蕈碱抑制的敏感性	$>10^{-3}$ mol/L 抑制（不敏感）	$1\times10^{-9}\sim1\times10^{-8}$ mol/L 抑制（高度敏感）	$1\times10^{-5}\sim1\times10^{-4}$ mol/L 抑制（中度敏感）
全酶相对分子质量	约 450 000	约 520 000	约 700 000

RNA 聚合酶 I、II、III 对 α 鹅膏蕈碱（α-amanitine）的敏感性不同。RNA 聚合酶 I 对 α 鹅膏蕈碱不敏感；RNA 聚合酶 II 可被低浓度 α 鹅膏蕈碱（$1\times10^{-9}\sim1\times10^{-8}$ mol/L）所抑制；RNA

聚合酶Ⅲ只被高浓度 α 鹅膏蕈碱（$1 \times 10^{-5} \sim 1 \times 10^{-4}$ mol/L）所抑制。α 鹅膏蕈碱是鬼笔鹅膏（*Amanita phalloides*）产生的八肽化合物，它对细菌 RNA 聚合酶的作用很小。

对这 3 类 RNA 聚合酶结构与功能的研究还处于初期阶段。已发现这些酶通常是由 4～6 个亚基组成。它们仍然不需要引物，合成过程沿新生 RNA 的 5'→3'方向进行，催化的是延长中的 RNA 链的 3'-OH 对进入酶活性中心的核苷三磷酸上 α 磷酸基团进行攻击。它们也没有核酸外切酶活性，这意味着新生 RNA 中的错误不能被校读。由于转录发生在核膜以内，翻译发生在核膜以外的细胞质中，所以核内的新生 RNA 变成细胞质 RNA 之前要进行广泛的加工。

真核生物 RNA 聚合酶识别的启动子与原核生物的启动子存在着重要的区别。如距起始部位最近的一个保守位点是在 -25 处，称为 TATA 匣子（Hogness box），它与原核生物的 -10 序列（Pribnow box）极为相似，是启动子活性所必需的。此外在 -40 和 -110 之间还有更多的影响启动子的保守位点。原核生物由全酶中的 σ 因子识别起始位点，真核生物由与 RNA 聚合酶相对独立的诸多转录因子识别相应的特异启动子。

2. 真核生物新生 RNA 的加工　　RNA 合成后的加工（processing）是真核生物 RNA 代谢中的重要分子事件。研究表明，催化加工过程的酶大部分是由 RNA 组成的核酶，而不是由蛋白质组成的酶。核酶的发现意味着在生物进化的早期，RNA 分子既可能充当信息分子，又可能充当催化分子。在蛋白质和 DNA 未出现以前，地球上可能存在着一段时间的 RNA 世界（RNA world）。

新合成的真核 RNA 分子称为原初转录本（primary transcript），它主要由外显子（exon）和内含子（intron）组成。原初转录本必须经过一系列的剪接和修饰过程才能变为成熟的功能 RNA 分子。剪接（splicing）主要指将内含子剪掉、将外显子连接起来的分子过程；修饰主要是指加头、加尾和核苷酸的化学修饰过程。下面分别介绍 3 类 RNA 原初转录本的转录后加工过程。

（1）真核生物 mRNA 原初转录本的加工。原核生物的 mRNA 转录后不需加工，一经转录，即可翻译为蛋白质，甚至一边转录，一边翻译，因此，DNA 与其所编码的多肽之间存在着共线性（colinear）。所谓共线性是指一条蛋白质肽链的氨基酸序列与编码该肽链的基因有恰当的序列对应关系。但在真核生物中，这种共线性被打破，表达的序列（外显子）被不表达的序列（内含子）所断裂开。转录刚结束时，一个基因的所有外显子和内含子都在 mRNA 原初转录本上，由于各个内含子的长短很不均一，变异程度远比外显子高，一些基因甚至被长度超过其 40 倍的内含子所打断。因此，这些 mRNA 原初转录本的大小高度不均一，故称为核内不均一 RNA（heterogeneous nuclear RNA，hnRNA）。在真核细胞中，成熟 mRNA 的两端具有特殊的结构。绝大多数有 5'帽子，即一个 7-甲基鸟嘌呤脱氧鸟苷残基与 mRNA 5'末端通过一个不寻常的 5',5'-三磷酸酯键连接（图 12-18）。绝大多数真核生物 mRNA 在 3'末端有一个 80～250 个腺苷酸残基的尾巴，称为 poly（A）尾巴。目前只知道 5'帽子与 3' poly（A）尾巴的部分功能。5'帽子可与蛋白结合。5'帽子和 poly（A）尾巴以及相关蛋白可能有助于保护 mRNA 免于核酸酶的降解。

两种类型的末端结构都是在转录后分步加入的。原初转录本 5'末端的三磷酸与一分子 GTP 缩合成 5'帽子，随后鸟嘌呤在 N_7 甲基化，靠近帽子的第一和第二个核苷酸的 2'-羟基也常常被加上甲基，甲基来源于 S-腺苷甲硫氨酸（图 12-18b）。poly（A）尾巴不是简单地加入原初转录本 3'末端的转录终止位点的，而是由特殊的核酸内切酶在 poly（A）加接点（此加接点以上游处的 AAUAAA 为标志）水解，水解产生游离的 3'末端羟基，腺苷酸残基由多聚腺苷酸聚合酶催化直接加入。此催化反应为：

$$RNA + nATP \longrightarrow RNA - (AMP)_n + nPPi$$

其中 n 为 80～250。这个酶不需要模板，但需要由核酸内切酶切割的 mRNA 作为引物（图 12-18a）。

在加帽和加 poly（A）之后，hnRNA 还要经过精巧的剪接、拼接或编辑过程，被进一步加工为成熟的 mRNA。

（2）tRNA 和 rRNA 转录后的加工。大部分细胞含有 40～50 种不同的 tRNA，各种 tRNA 原初

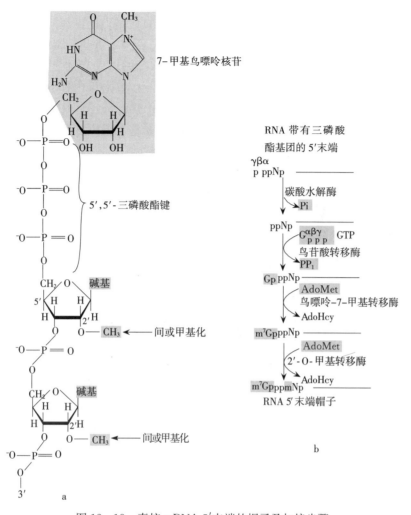

图 12-18 真核 mRNA 5′末端的帽子及加接步骤

a.5′末端帽子　b. 帽子加接步骤

（引自黄熙泰等，2012）

转录本的结构与加工方式不尽相同，但大致如下：①在 RNA 原初转录本的 5′末端和 3′末端切去多余的核苷酸片段，除去 5′末端的核酸内切酶称为 RNase P，而 3′末端是由核酸外切酶 RNase D 来切割的。②核苷的修饰，如碱基甲基化和尿嘧啶移位形成假尿嘧啶核苷等，被修饰的碱基在所有 tRNA 的特征位置出现。③tRNA 分子的 3′末端接上 CCA-OH 核苷酸序列，此过程由核苷酰转移酶催化。3′末端的 CCA 序列是蛋白质合成中的氨基酸结合位点。真核生物的 tRNA 除含有修饰碱基外，还含有 $2'-O$-甲基核糖，其含量约为核苷酸的 1%。

真核细胞的 rRNA 的转录后加工与原核细胞类似，故可以通过了解原核细胞 rRNA 加工过程来认识真核细胞的 rRNA 转录后加工过程。原核细胞 rRNA 只有 3 种，它们都是从一种较长的前体（precursor）加工生成的。在大肠杆菌中，首先转录出一个大的前体30S rRNA，经 RNase 作用，先裂解为 17.5S 和 25S 两个片段以及一些小碎片（其中包括 5S rRNA），三者在细胞中的基因是毗邻在一起的；而后 17.5S rRNA 和 25S rRNA 分别再加工成 16S rRNA 和 23S rRNA，并脱离 rRNA 前体。上述加工过程可归纳如下：

$$30S \begin{cases} 17.5S \rightarrow 16S\ rRNA \\ 25S \rightarrow 23S\ rRNA \\ 小碎片 \rightarrow 5S\ rRNA \end{cases}$$

16S rRNA 与核糖体蛋白质组成核糖体中的 30S 小亚基，23S rRNA 和 5S rRNA 共同与核糖体蛋白质组成 50S 大亚基，大、小亚基组成的核糖体是细胞合成蛋白质的场所。

真核细胞的 rRNA 有 4 种，至今还没有发现原核细胞 rRNA 进化到真核细胞 rRNA 的中间过程，似乎出现了跳跃式进化，因此，虽然真核细胞的 rRNA 的转录后加工与原核细胞类似，但更复杂。rRNA 前体在核仁中合成后，先形成 45S rRNA，甲基化后内切转变为 28S、18S、5.8S rRNA。18S rRNA 与蛋白质结合成核糖体的 40S 小亚基；28S、5.8S rRNA 与其他途径产生的 5S rRNA 共同和蛋白质构成核糖体中的 60S 大亚基。大、小亚基再组成核糖体。

（3）RNA 的剪接、拼接与编辑。对上述 3 类原初转录本的剪接过程作综合分析后发现，RNA的剪接核心是磷酸酯键的特异转移反应。根据内含子的特点，剪接方式可以分为 4 种：类型 I 自我剪接、类型 II 自我剪接、hnRNA 剪接和核 tRNA 剪接。这些剪接均在细胞核内完成，类型 I 和类型 II 的内含子保持完整的核酶结构。

① 类型 I 自我剪接：这种剪接是 Cech T 在 1981 年研究四膜虫 rRNA 原初转录本的剪接过程中发现的。如图 12-19a 所示，此类内含子的剪接过程包括两个简单的转酯反应（磷酸酯的转移反应），无须供给能量和酶催化，只需要 1 价或 2 价阳离子和鸟苷（或鸟苷酸）存在即能自发进行。鸟苷（或鸟苷酸）作为辅因子提供游离 3'-OH，使内含子的 5'-P 转移其上，释放出第一个外显子的 3'-OH，后者与第二个外显子的 5'-P 之间形成酯键。这两次转酯反应导致两个相邻外显子之间的连接和丢失末端带 G 的线状内含子，此内含子两端容易形成酯键而环化。

② 类型 II 自我剪接：类型 II 内含子的自我剪接能力更保守，它无须游离鸟苷（或鸟苷酸）发动，而是由内含子靠近 3'端的腺苷酸 2'-OH 直接攻击 5'-P，释放出第一个外显子的 3'-OH，后者与第二个外显子的 5'-P 之间形成酯键。这两次转酯反应导致两个相邻外显子之间的拼接和丢失套索状内含子（图 12-19b）。内含子靠近 3'端提供 2'-OH 的腺苷酸称为分支点。这种剪接只见于某些真菌线粒体 RNA 和植物叶绿体 RNA。

③ hnRNA 剪接：hnRNA 中的内含子最多，且独特地以 GU 开头和以 AG 结尾（称为 GUAG规则）。有人认为，内含子中间还有特异序列，帮助 RNA 聚合酶 II "招募" U 系列 snRNP 及一些剪接（或拼接）因子，组成与核糖体大小相当的剪接体。U 系列 snRNP 是由富含尿嘧啶的核内小RNA（small nuclear RNA，snRNA）和约 50 种蛋白质组成的核蛋白（snRNA - proteins，snRNP），现已发现编号从 U1 到 U6 的 5 种 snRNP 参与了 hnRNA 剪接（U2 - snRNP 除外）。如

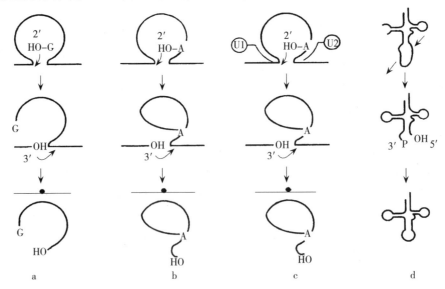

图 12-19　内含子的 4 种剪接方式

a. 类型 I 自我剪接　b. 类型 II 自我剪接　c. hnRNA 剪接　d. 核 tRNA 剪接

图 12-19c 所示，hnRNA 自我剪接的过程与类型 II 自我剪接十分类似，只是每一步都获得了剪接体中的特异 snRNP 的催化。因此，可以看成是剪接体提高了效率的自我剪接的进化版本。高等生物 hnRNA 中的内含子太多，不可能都保持类型 II 自我剪接那样低效率的内含子的核酶结构，有必要在类型 II 内含子的基础上进化出的外加上辅助蛋白组成的"专业级"剪接体。

④ 核 tRNA 剪接：对酵母等 tRNA 原初转录本加工的研究表明，大约只有 10% 的 tRNA 基因含有内含子，且内含子较短，长度为 14～46 bp，通常位于反密码子附近。反应分为两步进行：第一步由特异的核酸内切酶断裂磷酸二酯键，切去内含子；第二步由 RNA 连接酶使切开的 tRNA 两部分共价相连。由于内含子甚至整个 tRNA 较小，所以推测切除内含子的酶识别的仅是其共有的三叶草形结构，而不是局部特征序列（图 12-19d）。

①和④分别负责 rRNA 和 tRNA 原初转录本的剪接，②和③（主要是③）负责 hnRNA 剪接。近年来的研究表明，hnRNA 除了剪接外，还存在明显的拼接现象。所谓剪接，是指除去内含子后，相邻外显子之间的串联式精确连接；所谓拼接，是指一个基因内部的数个外显子之间的差异性连接，使一种 hnRNA 可以产生两种或多种成熟的 mRNA。近年来，基因之间的外显子发生拼接的现象也有报道，称为反式拼接，以区别于发生在基因内部外显子之间的顺式拼接。越来越多的实验证明，通过 mRNA 拼接，使同一种基因在不同组织或不同发育阶段被翻译为氨基酸序列相近似、性质和功能略有差异的蛋白质，可能是真核基因表达的通用模式。一个给定的细胞类型选择剪接还是拼接，取决于剪接或拼接因子及目前尚未完全知晓的某些特异 RNA 结合蛋白的存在。一种基因，通过不同的剪接或拼接途径产生多种 mRNA，这些 mRNA 可以翻译为位于不同部位、与不同分子作用或具有不同酶活性的多种蛋白质。内含子的转录虽然耗费了细胞额外的资源与能量，但可以被一个基因的多个成熟的转录产物所带来的选择优势所补偿，其进化意义十分明显。这可能是内含子存在于生物细胞中的一个重要原因。

研究还更进一步表明，外显子中的核苷酸还可以被进一步编辑。编辑方式主要有两种：一种是在编码区内增减一定数目的核苷酸（通常是 U），另一种是编码区内的核苷酸发生点突变（通常是 C 变为 U）。图 12-20 表示了这两种编辑的机制：①核苷酸（通常是 U）的插入或缺失需要一种指导 RNA（guide RNA，gRNA）提供模板并在锚定复合物协同作用下锚定编辑点→特定内切酶切开编辑点→末端尿苷酸转移酶沿着切点的 3'-OH 插入或水解 U（在编辑过程中，G-U 作为正常配对）→RNA 连接酶连接编辑点，从而完成编辑过程（图 12-20a）；②核苷酸脱氨酶可将 C 变为 U，从而实现造成点突变的编辑。例如，哺乳动物血液中的载脂蛋白 B（apolipoprotein B，apoB）有两种存在形式：apoB-100 和 apoB-48，由同一种 mRNA 翻译而来。前者在肝细胞中合成，其 mRNA 未受到编辑；后者在小肠上皮细胞中合成，其 mRNA 受到图 12-20b 所示的编辑。编辑体主要由具有核苷酸脱氨酶活性的 apoB mRNA 的编辑亚基 1（apoB editing catalytic subunite 1，APOBEC1）及其互补因子（APOBEC1 complementation factor，ACF）所组成。编辑体识别并结合 mRNA 上的由 11 个核苷酸组成的停泊序列后，即在富含 AU 序列的特定编辑点进行"C 变为 U"的编辑，将密码子 CAA 变为终止密码子 UAA，于是在小肠上皮细胞中只能合成缩短版本的 apoB-48。apoB-48 与小肠吸收的脂质结合而形成乳糜微粒，乳糜微粒经过血液将三酰甘油及脂

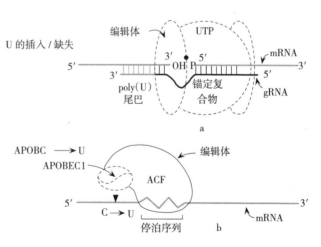

图 12-20　RNA 编辑的两种机制
a. gRNA 介导的编辑　b. 核苷酸脱氨酶介导的编辑

肪酸运入肝后，重新产生三酰甘油，并与肝中的 apoB-100 结合，从而启动脂类的代谢。

上述两种编辑具有重要意义。mRNA 借此获得了额外的遗传信息，U 的出现或消失既创造或去除起始密码子（或终止密码子），也创造了许多点突变，从而使许多膜蛋白和酶的活性及停泊位置发生改变。

二、RNA 的自我复制

多数植物病毒以及某些动物病毒和噬菌体以 RNA 为遗传物质，称为 RNA 病毒。RNA 病毒感染宿主细胞后，在宿主细胞中制造特殊的 RNA 复制酶或逆转录酶，经过几种可能途径完成 RNA 复制。RNA 复制过程具有很高的模板专一性，只复制病毒自身的 RNA，对宿主细胞的 RNA 均无反应。

RNA 病毒的复制方式可归纳为几种类型：

（1）含正链 RNA 的病毒进入宿主细胞后，首先合成复制酶和相关蛋白质，然后由复制酶以正链 RNA 为模板合成负链 RNA，再以负链 RNA 为模板合成新的病毒 RNA，并与蛋白质组装成病毒颗粒。这类病毒有脊髓灰质炎病毒和大肠杆菌 Qβ 噬菌体等（图 12-21 左）。

（2）含有负链 RNA 的病毒如狂犬病病毒和水疱性口炎病毒，侵入宿主细胞后，借助病毒带入的复制酶合成正链 RNA，再以正链 RNA 为模板合成新的负链 RNA，同时由正链 RNA 合成病毒复制酶及相关蛋白质，再组装成新的病毒颗粒（图 12-21 下）。

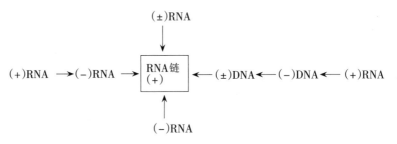

图 12-21　RNA 病毒复制 RNA 的不同途径

（3）含有双链 RNA 的病毒，如呼肠孤病毒，侵入宿主细胞后在病毒复制酶作用下，以双链 RNA 为模板进行不对称转录，合成正链 RNA，再以正链 RNA 为模板合成负链，形成病毒 RNA 分子，同时由正链 RNA 翻译出复制酶及相关蛋白质，组装成新的病毒颗粒（图 12-21 上）。

（4）逆转录病毒含正链 RNA，在病毒特有的逆转录酶的催化下合成负链 DNA，进一步生成双链 DNA（前病毒），然后由宿主细胞酶系统以负链 DNA 为模板合成病毒的正链 RNA，同时翻译出病毒蛋白质和逆转录酶，组成新的病毒颗粒（图 12-21 右）。这在前面已述及。

三、RNA 生物合成的抑制剂

RNA 主要通过转录而合成。RNA 生物合成抑制剂既是研究核酸合成的工具，也可用于治疗某些疾病。这些抑制剂或直接抑制 RNA 的生物合成，或结合在待转录的 DNA 模板链上，或通过影响核苷酸的合成间接抑制 RNA 合成。据此，可以将它们大体分为 3 种类型。

（一）核苷酸合成抑制剂

此类抑制剂主要有以下 3 类，它们均是结构上类似于核苷酸合成的底物或中间产物的化合物。

1. 氨基酸类似物　例如，谷氨酰胺参与嘌呤核苷酸和 CTP 的合成，其类似物重氮乙酰丝氨酸、6-重氮-5-氧正亮氨酸可干扰核苷酸合成过程中对 Gln 的利用，因而被用作抗生素和抗肿瘤药物。

2. 叶酸类似物　四氢叶酸作为一碳单位的载体参与嘌呤核苷酸和 dTMP 的合成，因此叶酸类似物如氨基蝶呤、氨甲蝶呤等，可竞争性地与二氢叶酸还原酶结合，抑制二氢叶酸的再生，从而抑制核苷酸的合成。它们也被用作抗生素和抗肿瘤药物。

3. 碱基类似物　碱基类似物直接抑制与核苷酸合成途径有关的酶类，或掺入核酸分子形成异常的 DNA 或 RNA，从而影响核酸功能。因此，除了抗病毒（如 5-碘尿嘧啶）和抗肿瘤（如 5-氟尿嘧啶）外，还有可能导致正常细胞突变。

（二）与 DNA 模板结合的抑制剂

此类抑制剂能与 DNA 结合，使 DNA 失去模板功能，从而抑制其转录和复制，且复制抑制将转化为更为长久的转录抑制。按照作用方式可分为两类：

1. 嵌合剂　以放线菌素 D 为例，它能嵌入 DNA 上相邻的 dG 和 dC 之间，形成非共价复合物，在低浓度下即可选择性地阻止 RNA 延伸，在高浓度下抑制转录起始和 DNA 复制。溴化乙锭也属嵌合剂，用作检测 DNA 的高灵敏荧光试剂，也是很强的致癌物质。

2. 烷化剂　如氮芥、芥子气、氮丙啶等，它们都带一个或多个活性烷基，能使鸟嘌呤 N_7、腺嘌呤 N_1 和 N_7 及胞嘧啶 N_1 烷基化，导致复制时的错配，甚至造成 DNA 链断裂。上述烷化剂毒性较大，有致癌活性。近年来开发出一些烷化剂作为抗肿瘤药物，如环磷酰胺、丝裂霉素 C 等，对正常细胞毒性很低。

（三）作用于聚合酶的抑制剂

此类抑制剂直接作用于 DNA 聚合酶或 RNA 聚合酶。例如，利福霉素及其衍生物利福平能与细菌 RNA 聚合酶 β 亚基结合，从而阻断转录的启动；曲张霉素则影响 RNA 链的延伸。

本章小结

中心法则表明，遗传信息的传递是由 DNA 到 RNA 再到蛋白质。但在逆转录病毒中，遗传信息也可以从 RNA 传递到 DNA；在另一些病毒中，RNA 还可以进行复制。

核酸的合成包括 DNA 的复制和转录（一般过程）以及 RNA 的复制与逆转录（特殊过程）。

DNA 的复制是半保留半不连续复制，复制开始于固定的起点。原核生物只有一个复制原点，真核生物有多个起点，复制可以是单向的，也可以是双向的。DNA 复制开始时，由 dna A、单链结合蛋白、DNA 旋转酶等解开 DNA 双链，形成复制叉。天然 DNA 的复制需要以短 RNA 片段为引物，在具有校读功能的 DNA 聚合酶Ⅲ的催化下，前导链连续合成，滞后链不连续合成，即首先合成 DNA 片段（冈崎片段），然后切除 RNA 引物，由 DNA 聚合酶Ⅰ继续合成 DNA 以补上缺口，最后在 DNA 连接酶作用下形成 DNA 长链。两条新链的合成方向均是 $5'{\to}3'$ 方向。线状 DNA 的滞后链复制结束后由端粒酶补齐，而环状 DNA 复制的结束涉及 Tus-Ter 复合物的作用。此外，DNA 还可以通过 PCR 技术进行体外扩增合成。

致癌病毒 RNA 含有逆转录酶，它发挥 3 种酶活性，以病毒 RNA 为模板合成 DNA，并整合到宿主细胞染色体 DNA 中去，或实现自我表达，或引起宿主细胞癌变。此外，在病毒中，RNA 也可以自我复制。

生物体 DNA 常常受到损伤，DNA 的损伤在一定程度下能够被修复，修复的方式有光复活、切除修复、重组修复和 SOS 修复。SOS 修复是趋向差错的修复。

DNA 反义链上的基因可以进行转录，称为不对称转录。转录过程分为 4 步：RNA 聚合酶识别并结合到模板启动子部位、转录的起始、RNA 链的延长和 RNA 链合成的终止。真核生物的原初转录本还需在细胞核中进行一系列复杂的加工过程才能成为成熟的 mRNA、rRNA 和 tRNA。发生在加帽和多聚腺苷酸化等过程之后的内含子的剪接方式有 4 种，其中的 hnRNA 还通过拼接和编辑，在不同组织和发育期产生不同版本的成熟 mRNA。

复习思考题

一、名词解释

1. 中心法则　2. 复制　3. 半保留复制　4. 半不连续复制　5. 冈崎片段　6. 前导链　7. 随后

链　8. 转录　9. 逆转录　10. 启动子　11. 终止子　12. 转录鼓泡　13. hnRNA　14. 外显子 15. 内含子　16. PCR　17. 引物酶　18. 反义链　19. cDNA

二、填空题

1. DNA 的生物合成途径包括_____和_____。其中冈崎片段的合成发生在_____链上，合成沿着新链的_____方向进行。

2. 以下的酶类均涉及核酸合成代谢作用，请以简短适当答案填入下表空格中。

	底物	产物	酶活性类型	模板的性质（如有则填写）	引物的性质（如有则填写）
DNA 聚合酶 I					
RNA 聚合酶					
逆转录酶					
RNA 复制酶					
多核苷酸磷酸化酶					

3. DNA 合成时，先由引物酶合成_____，再由_____在其 3′ 端合成 DNA 链，然后由_____切除引物并填补空隙，最后由_____连接成完整的链。

4. 原核细胞中各种 RNA 是_____催化生成的，而真核细胞核基因的转录分别由_____种 RNA 聚合酶催化，其中 rRNA 基因由_____转录，hnRNA 基因由_____转录，各类小分子 RNA 则是_____的产物。

5. DNA 连接酶催化的连接反应需要能量，大肠杆菌由_____供能，动物细胞由_____供能。

三、问答题

1. 为什么 DNA 复制需要有复制原点，而转录需要有启动子？

2. 为什么说 DNA 复制是半保留半不连续复制？

3. DNA 复制的高度准确性是通过哪些机制来实现的？

4. DNA 复制和 RNA 转录各有何特点？试比较之。

5. DNA 修复对生物体有何意义？试比较切除修复与重组修复。

主要参考文献

郭蔼光，范三红，2018. 基础生物化学 ［M］. 3 版. 北京：高等教育出版社.

黄熙泰，于自然，李翠凤，2012. 现代生物化学 ［M］. 3 版. 北京：化学工业出版社.

焦鸿俊，1995. 基础生物化学 ［M］. 南宁：广西民族出版社.

王希成，2015. 生物化学 ［M］. 4 版. 北京：清华大学出版社.

吴显荣，2011. 基础生物化学 ［M］. 2 版. 北京：中国农业出版社.

杨荣武，2018. 生物化学原理 ［M］. 3 版. 北京：高等教育出版社.

朱圣庚，徐长法，2016. 生物化学 ［M］. 4 版. 北京：高等教育出版社.

Berg J M，Tymoczko J L，Stryer L，2015. Biochemistry ［M］. 8th ed. New York：Freeman and Company.

Buchanan B B，Gruissem W，Jones R L，2015. Biochemistry & Molecular Biology of Plants ［M］，2nd ed. ［S. l. ］：Wiley.

第十三章

蛋白质的生物合成

体内合成蛋白质的过程称为蛋白质的生物合成。遗传信息贮存于 DNA 分子中，通过转录生成 mRNA，由 mRNA 作直接模板来指导蛋白质多肽链的合成。蛋白质的生物合成就是将核酸中由 4 种核苷酸编码的遗传信息，通过遗传密码破译的方式解读为蛋白质一级结构中 20 种氨基酸的排列顺序，因此又称为翻译。翻译过程分为起始、延长、终止 3 个阶段。翻译生成的多肽链，大部分需加工修饰成为有活性的蛋白质。

蛋白质的合成机制是最复杂的生物合成机制，对它的了解曾经是生物化学历史上最大的挑战之一。在真核细胞中，蛋白质的合成需要 70 种以上的核糖体蛋白参与，20 个或更多的酶来激活氨基酸前体，12 个或更多的辅酶和其他专一性的蛋白质因子来进行肽链合成的起始、延伸和终止，另外有 100 多种酶参与各类蛋白质的最后修饰，还需要 40 个以上 tRNA 和 rRNA。因此，需要 300 多种不同的生物大分子协同工作才能合成多肽。许多大分子被组织成复杂的具三维结构的核糖体。核糖体在 mRNA 上一步步地移位进行多肽链的合成过程。为正确评价蛋白质合成对每一个细胞的中心作用，需讨论那些参与这个过程的细胞内的组分。蛋白质合成所需能量约占一个细胞全部生物合成所需化学能的 90%。在大肠杆菌中，参与蛋白质合成的各种蛋白质和 RNA 分子与真核细胞中的相似。总的说来，一个典型的细菌细胞中（体积约 100 nm^3）含有 20 000 个核糖体、100 000 个相关蛋白质因子和酶、200 000 个 tRNA，它们占细胞干重的 35% 以上。

尽管蛋白质的合成具有巨大的复杂性，但还是有相当高的速率。在一个大肠杆菌细胞中，合成一个完整的含 100 个氨基酸残基的多肽在 37 ℃ 只需 5 s。此外，每个细胞中蛋白质合成的调节是相当严格的，所以在给定的代谢环境下，只有所需数量的分子被合成。为保持细胞中蛋白质合适的比例和浓度，定位和降解过程必须与蛋白质的合成同步。现在的研究工作正在逐渐揭开细胞内蛋白质的定位和对不再需要的蛋白质进行降解的生化机制。

蛋白质生物合成的原料是 20 种氨基酸。以 mRNA 为模板，由各种 tRNA 转运氨基酸至核蛋白上进行装配，整个过程中，需要酶的催化和 ATP、GTP、无机离子及各种蛋白质因子（如 IF、eIF）的参与。

第一节 蛋白质合成体系中重要组分的结构与功能

一、mRNA 和遗传密码

蛋白质合成体系中一个重要组分是信使 RNA（mRNA）。它由 DNA 转录合成，携带着 DNA 的遗传信息。mRNA 中核苷酸序列直接决定多肽链中氨基酸的顺序。蛋白质的合成过程就是将

mRNA 分子中由 4 种不同碱基所构成的"语言"翻译成蛋白质分子中由 20 种氨基酸所构成的另一种"语言"的过程。原核生物的 mRNA 是十分不稳定的，半衰期只有几秒至几分钟。但在真核细胞内则比较稳定，在哺乳动物细胞内 mRNA 的半衰期可达 24 h。

在真核细胞中，先在细胞核内，在 DNA 指导的 RNA 聚合酶的催化下合成 mRNA 前体，即核内不均一 RNA（hnRNA）。hnRNA 在细胞核内加工成 mRNA，然后转移到细胞质中。mRNA 的分子大小差异很大，这和以它为模板所合成的蛋白质分子大小不均一有关。原核生物的 mRNA 分子大部分为多顺反子，往往携带着多于一种蛋白质分子的信息，但大多数真核细胞的 mRNA 则只编码一条多肽链。

（一）遗传密码的破译

1. 密码子与阅读框 20 世纪 60 年代以前，人们已经清楚至少需要 3 个 DNA 的核苷酸残基来编码 1 个氨基酸。因为，若以每两个核苷酸残基为一组，DNA 的 4 种核苷酸仅能产生 $4^2 = 16$ 种不同的组合，不足以编码 20 种氨基酸。但是，若以每 3 个为一组，则 4 种碱基就可产生 $4^3 = 64$ 种不同的组合。早期的遗传学实验不仅证明氨基酸的密码子是核苷酸三联体，而且证明密码子是不重合的，为连续的氨基酸残基编码，密码子之间也没有"逗号"（图 13-1）。因此，一个蛋白质的氨基酸序列是由连续的密码子的线性顺序决定的。这个序列中的第一个密码子建立了一种阅读框（reading frame），在这个阅读框中每 3 个核苷酸残基就开始一个新的密码子。按照这种方案，对任何一个 DNA 序列都有 3 种可能的阅读框，每个阅读框都将产生一个不同的密码子序列（图 13-2）。尽管人们知道可能只有一种阅读框编码着给定蛋白质所需的信息，但关键问题是：对于不同的氨基酸，哪一个是它们特定的三联体密码子？怎样用实验来证明？

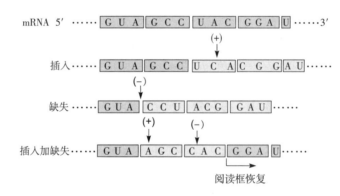

图 13-1 密码子是连续的而不重合的

注：遗传学证据表明在基因的内部插入或缺失一个碱基会导致其后续密码的改变。

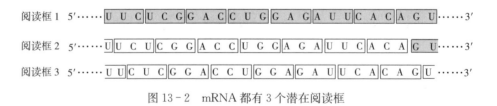

图 13-2 mRNA 都有 3 个潜在阅读框

2. 人工合成多聚核苷酸和无细胞体系的蛋白质合成 1961 年，Nirenberg 和 Matthaei 报道的一个发现取得了第一个突破。他们在 20 支不同的试管中使用大肠杆菌抽提物、GTP 和 20 种氨基酸混合物与多聚尿嘧啶核苷酸 ［poly（U）］温育。在每个试管中各含有一种不同的放射性标记的氨基酸。poly（U）可被看成是一种含许多连续的 UUU 三联体的人工合成 mRNA，它利用 20 种不同氨基酸中的一种形成多肽链。这种氨基酸就是由三联体 UUU 编码的。实验结果表明，仅在一支试管中形成放射性多肽链，这个试管含有放射性的苯丙氨酸。Nirenberg 和 Matthaei 因此得出结论，三联体 UUU 编码苯丙氨酸。以同样的方法了解到 poly（C）指导仅含脯氨酸的多肽链合成，poly（A）编码仅含赖氨酸的多肽链。显然 CCC 编码脯氨酸，而 AAA 编码赖氨酸。他们使用的这个方法称为无细胞体系（cell‐free system）的蛋白质合成。如今类似的方法被广泛用于体外合成 DNA、RNA 和蛋白质。

这些实验中所用的多聚核苷酸是用多核苷酸磷酸化酶合成的。这种酶催化由 ADP、UDP、CDP 和 GDP 参与的 RNA 聚合物的形成。这种酶不需要模板，而且合成的聚合物的碱基成分可直接反映介质中各 $5'$-核苷二磷酸前体的相对浓度。如果提供 UDP 给多核苷酸磷酸化酶，它仅合成 poly（U）。如果提供 5/6 的 ADP 和 1/6 的 CDP，它合成一种 5/6 的碱基是 A 而 1/6 的碱基是 C 的多聚物。这样一种随机聚合体可能有许多 AAA 三联体，少量的 AAC、ACA 和 CAA 三联体，相对稀少的 ACC、CCA 和 CAC 三联体和非常少的 CCC 三联体（表 13‐1）。用这种人工合成的 mRNA 在无细胞体系中指导蛋白质合成，可以测知不同氨基酸在被合成多肽中的相对掺入量。若用 5A：1C 的比例制备共聚物，三联体 AAA 的出现频率为 $5/6 \times 5/6 \times 5/6 = 125/216$；三联体 AAC 的出现频率为 25/216；三联体 ACC 的出现频率为 5/216；三联体 CCC 的出现频率为 1/216。4 种三联体出现的频率之比是：AAA：AAC：ACC：CCC＝100：20：4：0.8。以含这 4 种组合的共聚物为模板，进行标记氨基酸的掺入试验，标记氨基酸掺入的相对量与其密码子出现的频率相一致。

表 13‐1　以随机 RNA 聚合物指导多肽合成时的氨基酸掺入作用

氨基酸	实际掺入频率	预计的三联体密码组成	估计的掺入频率	氨基酸	实际掺入频率	预计的三联体密码组成	估计的掺入频率
天冬酰胺	24	AAC	20	赖氨酸	100	AAA	100
谷氨酰胺	24	AAC	20	脯氨酸	7	ACC、CCC	4.8
组氨酸	6	ACC	4	苏氨酸	26	AAC、ACC	24

3. 三核苷酸诱导氨酰 tRNA 与核糖体的特异结合　1964 年，Nirenberg 和 Philip Leder 获得另一个突破。他们发现，如果相应的合成多核苷酸信使存在时，游离的大肠杆菌核糖体会和一个专一的氨酰 tRNA 结合。核糖体、三核苷酸以及特异结合的氨酰 tRNA 形成复合物而滞留在硝酸纤维素薄膜上，可与未结合的 tRNA 分开。因此，只要有带标记的氨基酸被滤膜滞留即可测出三联体是哪种氨基酸的密码子。例如，加入三核苷酸 UUU，Phe‐tRNA 结合于核糖体，表明 UUU 是 Phe 的密码子（表 13‐2）。有些三联体密码可与不止一个氨酰 tRNA 结合，这就需要用另一种方法来完全证实全部的遗传密码。

表 13‐2　三核苷酸诱导的氨酰 tRNA 与核糖体的结合

三核苷酸	[14]C 标记氨酰 tRNA 与核糖体的结合		
	Phe‐tRNA^{Phe}	Lys‐tRNA^{Lys}	Pro‐tRNA^{Pro}
UUU	4.6	0	0
AAA	0	7.7	0
CCC	0	0	3.1

注：表中数字表示补加三核苷酸后相对不加三核苷酸时核糖体结合[14]C 的增加。

4. 具有特定重复序列多核苷酸模板的合成　Khorana 发明了另一种补充方法，他能合成特定的、具有 2～4 个碱基重复的多核糖核苷酸，利用这种 mRNA 合成的多肽有一种或少量几种氨基酸重复序列。这种信息与 Nirenberg 及其同事所用的随机多聚物获得的信息结合时，可以进行明确的密码子确定（codon assignment）。例如，共聚物（AC）$_n$ 不管是什么样的阅读框架都含有 ACA 和 CAC 相间的两种密码子：

　ACA　CAC　ACA　CAC　ACA

相应于这个聚合物合成的多肽含有等量的苏氨酸和组氨酸，由于表 13-1 所描述的实验揭示了组氨酸的密码子是一个 A 和两个 C，故 CAC 必是组氨酸的密码子，ACA 必是苏氨酸的密码子。

同样，由 3 个重复的碱基组成的 RNA 应该产生 3 种不同类型的多肽，每种多肽来源于不同的阅读框且含有单一的氨基酸。由 4 个碱基重复形成的 RNA 可形成由 4 种氨基酸重复形成的单一类型的多肽（表 13-3）。这些实验可以决定出 64 种可能密码子的 61 种，其余 3 种被确定为终止密码子，因为当合成的 RNA 聚合物序列中含有这些密码子时，它们会打断氨基酸编码的"句子"。

表 13-3　用人工合成的 3 个碱基或 4 个碱基重复的多核苷酸指导多肽合成

多核苷酸	多肽产物	多核苷酸	多肽产物
三核苷酸重复		$(AUC)_n$	$(Ile)_n$、$(Ser)_n$、$(His)_n$
$(UUC)_n$	$(Phe)_n$、$(Ser)_n$、$(Leu)_n$	$(GAU)_n$	$(Asp)_n$、$(Met)_n$、（链终止子）
$(AAG)_n$	$(Lys)_n$、$(Arg)_n$、$(Glu)_n$	四核苷酸重复	
$(UUG)_n$	$(Leu)_n$、$(Cys)_n$、$(Val)_n$	$(UAUC)_n$	$(Tyr-Leu-Set-Ile)_n$
$(CCA)_n$	$(Pro)_n$、$(His)_n$、$(Thr)_n$	$(UUAC)_n$	$(Leu-Leu-Thr-Tyr)_n$
$(GUA)_n$	$(Val)_n$、$(Ser)_n$、（链终止子）	$(GUAA)_n$	二肽或三肽
$(UAC)_n$	$(Tyr)_n$、$(Thr)_n$、$(Leu)_n$	$(AUAG)_n$	二肽或三肽

利用这些方法，所有氨基酸密码子的碱基序列在 1966 年被全部确定。从那以后，这些密码子被多方面证实。氨基酸的全部密码子字典如表 13-4 所示。遗传密码的全部破译被看成是 20 世纪最重要的科学发现之一。

表 13-4　遗传密码字典

密码子第一个字母 5′端	密码子第二个字母				密码子第三个字母
	U	C	A	G	
U	UUU Phe	UCU Ser	UAU Tyr	UGU Cys	U
	UUC Phe	UCC Ser	UAC Tyr	UGC Cys	C
	UUA Leu	UCA Ser	UAA Stop	UGA Stop	A
	UUG Leu	UCG Ser	UAG Stop	UGG Trp	G
C	CUU Leu	CCU Pro	CAU His	CGU Arg	U
	CUC Leu	CCC Pro	CAC His	CGC Arg	C
	CUA Leu	CCA Pro	CAA Gln	CGA Arg	A
	CUG Leu	CCG Pro	CAG Gln	CGG Arg	G
A	AUU Ile	ACU Thr	AAU Asn	AGU Ser	U
	AUC Ile	ACC Thr	AAC Asn	AGC Ser	C
	AUA Ile	ACA Thr	AAA Lys	AGA Arg	A
	AUG Met	ACG Thr	AAG Lys	AGG Arg	G
G	GUU Val	GCU Ala	GAU Asp	GGU Gly	U
	GUC Val	GCC Ala	GAC Asp	GGC Gly	C
	GUA Val	GCA Ala	GAA Glu	GGA Gly	A
	GUG Val	GCG Ala	GAG Glu	GGG Gly	G

注：表中 AUG 代表起始密码子和甲硫氨酸，UAA、UAG、UGA 为终止密码子。

（二）遗传密码的特性

1. 密码子的无标点性、无重叠性　密码子的无标点性是指两个密码子之间没有任何核苷酸隔开；无重叠性是指每 3 个碱基编码 1 个氨基酸，碱基不重复使用。因此，要正确地阅读密码子，必须以一个正确的起点开始，从 mRNA 的 $5'→3'$ 方向连续不断地一个密码子接一个密码子往下读，直至遇到终止信号。在 mRNA 分子上插入或删去一个碱基，就会使该点以后的读码发生错误，称为移码（frame shift）。由于移码引起的突变，称为移码突变。

2. 密码子的简并性　密码子的简并性是指一个氨基酸可以有几个不同的密码子。编码同一个氨基酸的一组密码子被称为同义密码子。例如：UCU、UCC、UCA、UCG、AGU、AGC 6 个密码子为同义密码子，均编码丝氨酸。只有色氨酸和甲硫氨酸仅有一个密码子（表 13 - 4）。密码子的简并性在生物物种的稳定性上具有重要的意义，它可以使 DNA 的碱基组成有较大的变化余地，而仍保持多肽的氨基酸序列不变。如亮氨酸的密码子 CUA 中的 C 突变成 U 时，密码子 UUA 决定的仍是亮氨酸，即这种基因的突变并没有引起基因表达产物——蛋白质的变化。

3. 密码子的摆动性　已经证明，密码子的专一性主要是由前两位碱基决定的，而第三位碱基有较大的灵活性。Crick 将第三位碱基的这一特性称为摆动性（wobble）。表 13 - 5 表示反密码子与密码子的配对具有摆动性，当第三位碱基发生突变时，仍能翻译出正确的氨基酸，使合成的多肽仍具有生物学活性。

表 13 - 5　密码子识别的摆动现象

tRNA 反密码子第一位碱基 $(3'←5')$	U	C	A	G	I	Ψ
mRNA 密码子第三位碱基 $(5'→3')$	A、G	G	U	C、U	U、C、A	A、G、(U)

4. 密码子的通用性和例外　人们长期认为上述遗传密码是通用的，无论是病毒、原核生物还是真核生物都共同使用同一套密码字典，这称为密码的通用性。但是在 1979 年发现线粒体的遗传密码与通用密码表有区别（表 13 - 6），1980 年又发现不同生物的线粒体密码子也不尽相同，因此只能说遗传密码是近乎通用的，并非绝对通用。

表 13 - 6　人线粒体遗传密码与通用密码子的比较

密码子	通用密码子	人线粒体密码子
UGA	终止密码子	Trp
AGA	Arg	终止密码子
AGG	Arg	终止密码子
AUA	Ile	起始密码子（Met 或 Ile）
AUU	Ile	起始密码子（Ile）
AUG	起始密码子（Met 或 fMet）	起始密码子（Met）

（三）翻译移码和 RNA 编辑

蛋白质的合成是按照连续的三联体密码子的模式来进行的，一旦阅读框建立，密码子将依次被翻译，没有重叠和标点，直至遇到终止密码子。通常，基因内另外两个阅读框不含有用的遗传信息。但是，少量基因具有一定的结构，在 mRNA 的翻译过程中使核糖体在某点"打嗝"（hiccup），导致从这点开始的阅读框改变。这好像是一种从一个单一的转录物产生两个或更多的相关蛋白质的机制，或者是一种蛋白质合成的调节机制。其中最好的例子是劳氏肉瘤病毒的 *gag* 和 *pol* 基因的 mRNA 的翻译（图 13 - 3）。这两个基因是重叠的，*pol* 的阅读框相对于 *gag* 来说左移一个碱基对（－1 阅读框），*pol* 基因的产物（逆转录酶）翻译成一种更大的 *gag - pol* 融合蛋白，这种融合蛋白后来被蛋白酶水解为成熟的逆转录酶，这种大的融合蛋白是由于翻译移码（translation frameshift）引起的，这种翻译移码发生于重叠区域，它允许核糖体跳过 *gag* 基因末端的 UAG 终止密码子（图 13 - 4）。这种翻译移码在翻译事件中的概率约为 5%，约相当于 *gag* 蛋白的 1/20。大肠杆菌 DNA

聚合酶 τ 和 γ 亚基也是采用类似的机制从 *Dna X* 基因转录翻译来的。

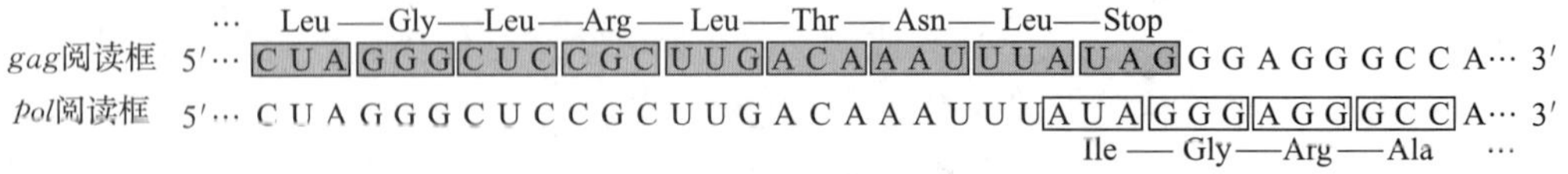

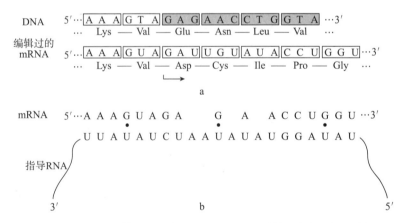

… Leu — Gly — Leu — Arg — Leu — Thr — Asn — Leu — Stop
gag阅读框 5′… CUA GGG CUC CGC UUG ACA AAU UUA UAG GGAGGGCCA… 3′
pol阅读框 5′… CUAGGGCUCCGCUUGACAAAUUU AUA GGG AGG GCC A… 3′
Ile — Gly — Arg — Ala …

图 13 - 3　劳氏肉瘤病毒的 *gal* - *pol* 基本交盖区

这种机制也存在于大肠杆菌肽链释放因子（RF_2）的合成。这个释放因子的功能是蛋白质合成时在终止密码子 UAA 和 UGA 处终止合成所需的蛋白质。RF_2 基因的第 26 个密码子是 UGA，UGA 一般是终止蛋白质合成的，但这个基因的其他羧基末端相对于 UGA 密码子来说部分在阅读框的+1 位（向右移一位）。当细胞中 RF_2 因子水平较低时，多肽的翻译在这个终止密码子处不发生终止而是暂时停顿。停顿的时间可使核糖体进行移码阅读，于是 UGA 加 C，使 UGAC 被读成 GAC=Asp（天冬氨酸），于是这个多肽的翻译在新的阅读框中进行直至完成 RF_2 蛋白的合成。在这个途径中，RF_2 是以反馈环来调节它自己的合成的。

一些 mRNA 是在翻译前经过编辑的。某些原生动物中，线粒体 DNA 编码的细胞色素氧化酶亚基Ⅱ的基因序列没有精确地对应于这个蛋白产物羧基末端的顺序。编码蛋白的氨基末端的密码子和编码羧基末端的密码子不在同一个阅读框中。导致这种改变的是一个对初始转录物的转录后编辑过程。在这个编辑过程中，4 个尿嘧啶核苷酸残基被加入 mRNA 以创造 3 个新密码子，改变了阅读框，从而形成与原始基因序列不同的 mRNA，如图 13 - 4 所示，其中，这里显示的只是基因的一小部分（受编辑影响的部分）。编辑过程的功能和机制都还不清楚。由这些线粒体编码的一类特殊的 RNA 分子已被找到，它们具有与最终的编辑过的 mRNA 互补的顺序。这些 RNA 分子可能充当编辑过程的模板，因此被看成是指导 RNA（guide RNA，gRNA）（图 13 - 4b）。注意，碱基配对包括一些 G═U 碱基对（圆点表示），这在 RNA 分子中是很普遍的。

DNA 5′… AAA GTA GAG AAC CTG GTA …3′
… Lys — Val — Glu — Asn — Leu — Val …
编辑过的 mRNA 5′… AAA GUA GAU UGU AUA CCU GGU …3′
… Lys — Val — Asp — Cys — Ile — Pro — Gly …
a
mRNA 5′…AAAGUAGA G A ACCUGGU …3′
UUAUAUCUAAUAUAUGGAUAU
指导RNA
3′
b
5′

图 13 - 4　四膜虫线粒体细胞色素氧化酶亚基Ⅱ初始转录物的 RNA 编辑过程

a. 4 个尿嘧啶残基的插入产生修改后的阅读框

b. 线粒体中的一种特殊指导 RNA 与编辑产物互补，它可能是编辑时用的模板

另一种不同的 RNA 编辑形式发生于脊椎动物低密度脂蛋白（low density lipoprotein，LDL）的载脂蛋白的组分 B 中。载脂蛋白的一种形式，称为 apoB - 100（相对分子质量为 513 000），是在肝中合成的。第二种形式，apoB - 48（相对分子质量为 250 000）合成于小肠中。两者都是依据 apoB - 100 基因产生的 mRNA 模板合成的。但在小肠中有一种胞嘧啶脱氨酶，它结合于 mRNA 的第 2 153 个密码子上（CAA=Gln），而且将 C 变为 U，在此位置导入终止密码子 UAA。小肠中形成的 apoB - 48 是 apoB - 100 的一种简单缩短的形式（相当于氨基末端部分）（图 13 - 5）。这种反应允许以组织专一性的方式由一种基因中合成两种不同的蛋白质。

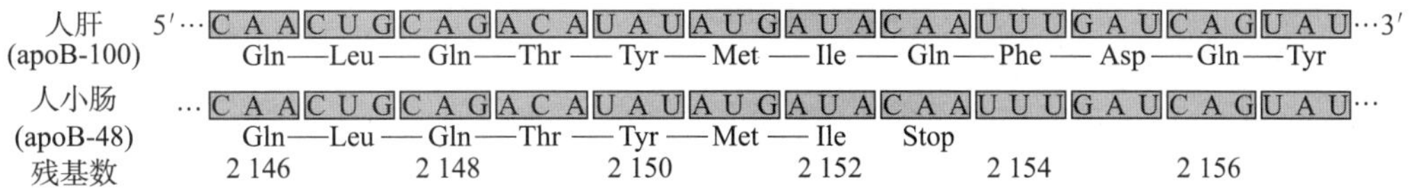

人肝
(apoB-100)
5′…CAA CUG CAG ACA UAU AUG AUA CAA UUU GAU CAG UAU…3′
Gln—Leu—Gln—Thr—Tyr—Met—Ile—Gln—Phe—Asp—Gln—Tyr
人小肠
(apoB-48)
…CAA CUG CAG ACA UAU AUG AUA CAA UUU GAU CAG UAU…
Gln—Leu—Gln—Thr—Tyr—Met—Ile Stop
残基数
2 146 2 148 2 150 2 152 2 154 2 156

图 13-5　低密度载脂蛋白 apoB-100 基因转录物的 RNA 编辑

二、tRNA

在蛋白质合成中，tRNA 起着运载氨基酸的作用，按照 mRNA 链上的密码子所决定的氨基酸顺序将氨基酸搬运到蛋白质合成的场所（即核糖体）的特定部位。tRNA 是多肽链和 mRNA 之间的重要转换器（adaptor）。每一种氨基酸可以有一种以上 tRNA 作为运载工具，人们把携带相同氨基酸而反密码子不同的一组 tRNA 称为同功受体 tRNA（isoaccepting tRNA）。tRNA 具有以下功能：

1. 3′端接受氨基酸　tRNA 分子的 3′端的碱基顺序是 CCA，活化的氨基酸的羧基连接到 tRNA 分子 3′末端腺苷的核糖3′-OH上，形成氨酰 tRNA（图 13-6）。

C
C
A
OH
O
H
P
P
P
O ~ C — C — R
NH_3^+

图 13-6　氨酰 tRNA

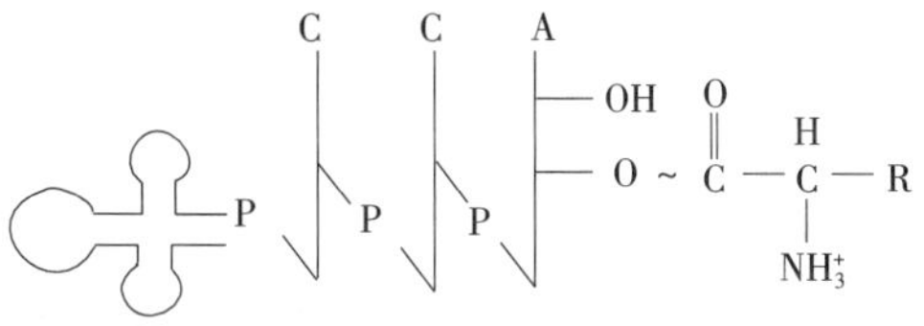

上述反应是在氨酰 tRNA 合成酶催化下完成的。这个反应需要 3 种底物：氨基酸、tRNA和 ATP。由 ATP 提供活化氨基酸所需要的能量。一种氨酰 tRNA 合成酶可以识别一组同功受体 tRNA（最多可达 6 个）。

2. 识别 mRNA 链上的密码子　在 tRNA 链上有 3 个特定的碱基，组成一个反密码子。反密码子与密码子的方向相反。由反密码子按碱基配对原则识别 mRNA 链上的密码子，这样可以保证不同的氨基酸按照 mRNA 密码子所决定的次序进入多肽链中。一种 tRNA 分子常常能够识别一种以上的同义密码子，这是因为 tRNA 分子上的反密码子与密码子的配对具有摆动性，配对的摆动性是由 tRNA 反密码子环的空间结构决定的。反密码子 5′端的碱基处于 L 形 tRNA 的顶端，受到碱基堆积力的束缚较小，因此有较大的自由度，而且该位置的碱基常为被修饰的碱基，如次黄嘌呤 I，它可以和 U、C、A 3 种碱基配对，具有很强的“阅读”能力。分析表明，同义密码子的使用频率是不相同的，它与细胞内 tRNA 含量（即 tRNA 的丰度）呈正相关，含量高的同功受体 tRNA 所对应的密码子的使用频率也高。

3. 连接多肽链和核糖体　在核糖体合成多肽链的过程中，多肽链通过 tRNA 暂时结合在核糖体的正确位置上，直至合成终止后多肽链才从核糖体上脱下。tRNA 起着连接这条多肽链和核糖体的作用。

我们已经知道密码子 AUG 既是起始密码子，也是肽链延伸中甲硫氨酸的密码子。如何区分起始 AUG 和延伸 AUG 密码子呢？一方面是起始 AUG 处于 mRNA 的特殊部位，如它的 5′上游区有特殊的 Shine-Dalgarno 序列（简称 SD 序列，原核生物）；另一方面是由两种分子结构不同的 tRNA（即 $tRNA_f$ 和 $tRNA_m$）高度特异地识别起始 AUG 和延伸 AUG 密码子，尽管这两种 tRNA 的反密码子相同。

4. 校正功能　有一些特殊的 tRNA 具有特异的校正功能。近年来的大量资料证明，一种蛋白质的结构基因发生变异（如无义突变、错义突变和移码突变）所产生的有害结果往往可以被另一基因上的第二次变异消除。第二次变异也称为校正变异，这类校正变异均发生在 tRNA 基因或与 tRNA 功能有关的基因上，通过校正基因产生校正 tRNA进行校正（图 13-7）。

校正基因
变异基因
转录
转录
校正 tRNA
（变异 mRNA）
翻译
（正常蛋白质）

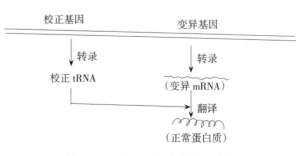

图 13-7　校正 tRNA 的校正功能

三、rRNA 及核糖体

每个大肠杆菌细胞含有 15 000 个或更多的核糖体，这些核糖体占细胞干重的 1/4。细菌核糖体约含 65％rRNA 和 35％蛋白质。核糖体的直径约为 18 nm，沉降系数为 70S。

细菌核糖体由两个大小不等的亚基组成（图 13 - 8）。大亚基的沉降系数为 50S，小亚基沉降系数为 30S。50S 亚基含有一分子的 5S rRNA，一分子的 23S rRNA 和 34 种蛋白质。小亚基中含有一分子 16S rRNA 和 21 种蛋白质。这些蛋白质以数字命名。50S 的亚基中的蛋白质命名为 $L_1 \sim L_{34}$，30S 亚基中的蛋白质标记为 $S_1 \sim S_{21}$。大肠杆菌中的所有核糖体蛋白质都已分别分离出来，而且许多已被测序。它们的差别很大，分子质量从 6 ku 至 75 ku 不等。

许多有机体中 rRNA 的核苷酸顺序已被测定。大肠杆菌中 3 种单链 rRNA 都有一个特定的由链内碱基配对导致的三维构象。图 13 - 9 是 16S rRNA 和 5S rRNA 在最大限度地进行碱基配对后形成的构象。rRNA 好像是作为一个核糖体蛋白质结合的骨架而存在的。

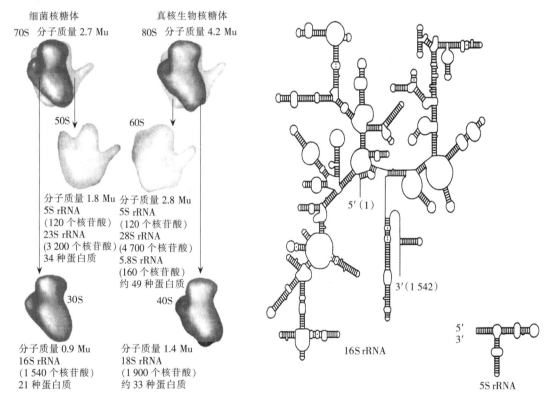

图 13 - 8　细菌和真核生物核糖体的结构成分

图 13 - 9　基于链内最大碱基配对原则建立的大肠杆菌 16S rRNA 和 5S rRNA 二级结构构象

Nomura 发明了一种方法，将核糖体裂解为单个的 RNA 和蛋白质组分，然后在体外重新组装。当大肠杆菌中 30S 亚基分离得来的 21 种蛋白质和 16S rRNA 在适当的实验条件下混合时，它们可以自发地重新形成几乎在结构和活性上与天然亚基相同的 30S 亚基。同样，50S 亚基也可由它的 34 种蛋白质和 5S rRNA、23S rRNA 进行自组装。人们相信细菌核糖体中的 55 种蛋白质中任何一种都在多肽的合成中发挥着一定的作用，不是作为酶就是作为整个过程中的结构成分。但是，人们仅知道少数核糖体蛋白质的具体功能。

两个核糖体亚基都具有不规则形状。大肠杆菌核糖体 30S 亚基和 50S 亚基的三维结构通过 X 射线衍射法、电子显微镜法和别的结构分析方法测定。两个奇怪形状的亚基互相嵌合并一起形成一个缝（cleft），当核糖体在翻译过程中沿着 mRNA 移动时，mRNA 就从这个缝中穿过，而且新形成的多肽链也从这个裂缝口出来。真核细胞的核糖体（不是叶绿体核糖体和线粒体核糖体）比细菌核糖体要大得多和复杂得多（图 13-8），它们的直径约为23 nm，沉降系数为80S。它们也有两个亚基，种与种之间的大小有差异，但平均说来为 60S 和 40S。真核细胞核糖体的 rRNA 和大部分蛋白质也已被分离出来。小亚基含有一个 18S rRNA，大亚基含有 5S rRNA、5.8S rRNA 和 28S rRNA。总的来说，真核细胞核糖体含有 80 种以上的蛋白质。但是，线粒体和叶绿体的核糖体比细菌的核糖体要小得多且简单些。

核糖体是一个高度复杂的超分子复合物，它的任何个别组分或局部组分都起不到整体的作用。核糖体各种组分基本上都是单拷贝的，它们的生物活性只有在组装成亚基和核糖体之后才能表现出来，并通过协调活性共同完成翻译过程。通过大量的研究，已提出了大肠杆菌核糖体三维结构模型（图 13-10）。小亚基似一个动物胚胎，由头部、基部和平台组成，平台与头部之间有一个裂隙；大亚基很像一个沙发，有一个柄、一个

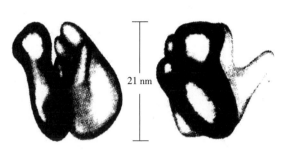

21 nm

图 13-10　大肠杆菌核糖体三维结构模型

中央凸出部和一个脊。二者组装成核糖体时，小亚基头部与大亚基凸出部之间形成一个隧道，在蛋白质合成过程中，mRNA很可能从这里通过。

第二节　原核生物蛋白质的合成过程

一、氨基酸的活化

氨基酸的活化可以看成是肽链合成的第一阶段。氨基酸的活化反应发生在胞质溶胶中。不同的氨基酸与其相应的 tRNA 发生酯化反应是在相应的氨酰 tRNA 合成酶的作用下完成的。在大多数生物中，每一种氨基酸的活化都有一个相应的合成酶，若一种氨基酸与 2 个或 2 个以上的 tRNA 发生酯化反应，这常常是由同一氨酰 tRNA 合成酶催化的。氨酰 tRNA 合成酶催化的反应分为两步：第一步是酶的活性中心与氨基酸、ATP 结合，形成酶-氨基酸-AMP 中间产物，在这一步反应中，氨基酸的羧基和 AMP 中的 5′磷酸形成酸酐；第二步反应是氨基酸-AMP 中的氨酰转移到 tRNA 上，第二步反应依照酶的类型不同而略有差异。氨酰 tRNA（AA-tRNA）生成的反应过程如图 13-11所示。

图 13-11 所示反应可以简写成：

$$AA+ATP+E \rightarrow AA-AMP-E+PPi$$
$$AA-AMP-E+tRNA \rightarrow AA-tRNA+E+AMP$$

总反应式：　　　　　　　$$AA+tRNA+ATP \rightarrow AA-tRNA+AMP+PPi$$

在这两步反应中，两个平衡常数几乎一致。生成的氨酰 tRNA 中酯键的水解自由能为 29 kJ/mol。这与 ATP 中焦磷酸键水解的自由能相近，因此这个酯键是高能键。两步反应综合起来，一个氨基酸活化需要消耗 2 个高能磷酸键。

氨基酸与 tRNA 的特异性结合是保证肽链合成忠实性的重要一环。对于任何一种酶来说，区分两种不同的底物都是依据其活性中心的几何形状。在氨酰 tRNA 合成酶连接氨基酸与 tRNA 的反应中，不仅具有这种专一性，而且能识别和水解不恰当的产物。例如，异亮氨酸与缬氨酸在结构上仅相差一个甲基。在一定的结合能的条件下，异亮氨酰 tRNA 合成酶活化异亮氨酸的能力是活化缬氨酸的 200 倍以上，缬氨酸错误掺入异亮氨酸位点的概率仅为 1/3 000。这一差异是由异亮氨酰 tRNA 合成酶的校读（proofread）功能决定的。这种校读的一般原理在 DNA 聚合酶中已经讨论

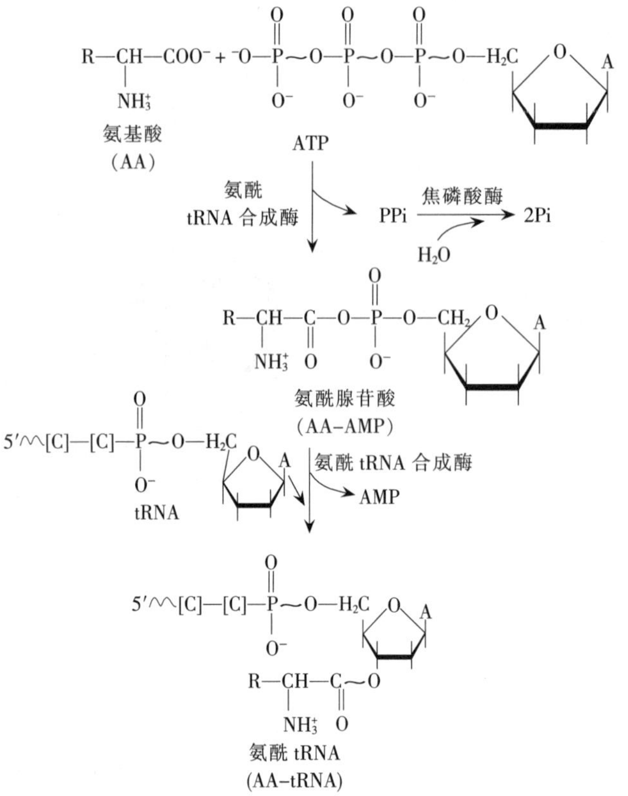

图 13-11　氨酰 tRNA 生成的反应过程

过。在氨基酸活化过程中，可发生 3 次连续的筛选（filter）：第一次是氨基酸与 ATP 结合成氨酰腺苷酸时对氨基酸形状的识别；第二次是 tRNA 进入时引起酶构象的改变，使氨酰腺苷酸选择性地与 tRNA 连接；第三次是对已形成的氨酰 tRNA 的识别。氨酰 tRNA 合成酶这种多级校读功能保证了 tRNA 对氨基酸的正确荷载。这 3 种校读作用有人分别称为动力学校读（kinetic proofreading）、构象校读（conformational proofreading）和化学校读（chemical proofreading）。

在肽链合成过程中，错误掺入氨基酸的概率约为 $1/10^4$，远比 DNA 合成中碱基错误掺入的概率大，这可能是因为这种错误可以由终止肽链合成来消除。这样，就能既保证肽链合成的忠实性，又不因合成一个错误的蛋白质而浪费大量能量。

在氨基酸生成氨酰 tRNA 的过程中，氨酰 tRNA 合成酶不仅对氨基酸和 tRNA 有选择性，反过来，tRNA 的序列组成与构象也对这种选择性起着重要作用。氨酰 tRNA 合成酶与 tRNA 间的相互作用被称为第二套遗传密码（second genetic codon），这种编码规律比第一类密码子（三联体密码）更加复杂。tRNA 中被认为主要集中在氨基酸臂和反密码子臂上的与氨酰 tRNA 合成酶识别有关的序列，也可能位于 tRNA 的其他部位。但 tRNA 中的保守序列是不可能用于酶的特异性识别的。

一些氨酰 tRNA 合成酶的识别与反密码子的序列有关。例如，将 $tRNA^{Val}$ 的反密码子 UAC 变为 CAU 时，这种 tRNA 将成为 Met-tRNA 合成酶的底物；将 $tRNA^{Met}$ 的反密码子由 CAU 变为 UAC 时，则这种 tRNA 将被 Val-tRNA 合成酶所识别。然而，50% 以上的氨酰 tRNA 合成酶对 tRNA 的识别与其反密码子序列很少有关系或完全没有关系。在某些 tRNA 中大约 10 个或 10 个以上的核苷酸与氨酰 tRNA 合成酶的特异识别有关。1988 年，侯雅明等发现 Ala-tRNA 合成酶对 $tRNA^{Ala}$ 识别特异性与氨基酸臂中一个 G_3∶U_{70} 碱基对紧密相关，同样一个含有 7 个碱基对和 G∶U 碱基对的短 RNA 片段也能被 $tRNA^{Ala}$ 所识别。G_3∶U_{70} 是 Ala-tRNA 分子决定其本质的主要因素。tRNA 分子上决定其携带氨基酸种类的区域被称为副密码子（paracodon）。副密码子没有固定的位置，它不直接与氨基酸单独发生作用，可能与氨基酸的侧链基团有某种相应性。副密码子可能是立体化学上决定相应氨基酸的原始副密码子（protoparacodon）进化而来的，因为 tRNA 分子可能起源于能够携带氨基酸的寡聚核苷酸。

二、合成起始

蛋白质合成的起始产生多肽链的 N 末端，原核细胞和真核细胞都是以甲硫氨酸作为N末端的氨基酸。它由 mRNA 的 AUG 编码，称为起始密码子（在细菌中偶尔也用GUG编码）。AUG 也编码肽链中的甲硫氨酸，AUG 是起始密码子还是肽链内部甲硫氨酸密码子，取决于携带甲硫氨酸的 tRNA。在所有生物中都存在两类携带甲硫氨酸的 tRNA，一种识别起始密码子 AUG，另一种识别内部密码子 AUG，在细菌中分别为 tRNA^{fMet} 和tRNA^{Met}。起始的氨基酸残基为甲酰甲硫氨酸（N-formylmethionine，fMet）（图 13-12），它以 fMet-tRNA^{fMet} 的形式进入核糖体。fMet-tRNA^{fMet} 是通过下述两步连续的反应生成的。

$$甲硫氨酸 + tRNA^{fMet} + ATP \rightarrow Met-tRNA^{fMet} + AMP + PPi$$
$$N^{10}-甲酰四氢叶酸 + Met-tRNA^{fMet} \rightarrow 四氢叶酸 + fMet-tRNA^{fMet}$$

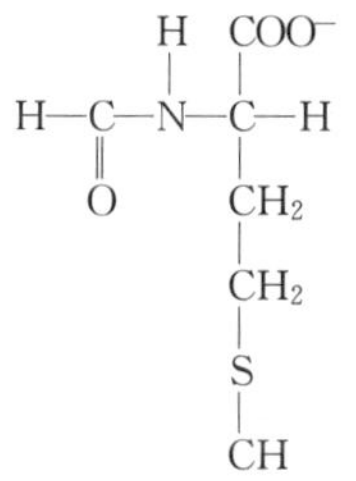

图 13-12　N-甲酰甲硫氨酸

催化第一步反应的酶可以催化甲硫氨酸与 tRNA^{fMet} 或 tRNA^{Met} 的连接反应，但第二步转甲酰基酶只作用于 Met-tRNA^{fMet} 使 Met 加上甲酰基，由于甲酰化而封闭 Met 的氨基。一方面阻止它掺入肽链，另一方面使其进入核糖体的特定起始位点。在真核生物中，起始密码子只能是 AUG，识别起始 AUG 和内部 AUG 同样是由两种不同的 tRNA 担任的，但起始的 Met-tRNA 不被甲酰化。但线粒体和叶绿体的肽链的合成是以 fMet-tRNA^{fMet} 开始的，它还可识别 AUA、AUC、AUU 等起始密码子。线粒体和叶绿体的肽链合成起始及其机制与细菌相似，这种相似性支持了它们起源于细菌的假设。

蛋白质合成的起始是一个复杂的过程。在细菌中，它要求具有 30S 核糖体亚基、mRNA、fMet-tRNA^{fMet}、3 个起始因子（蛋白质因子，IF$_1$、IF$_2$ 和 IF$_3$）、GTP、50S 核糖体亚基以及 Mg^{2+} 等。起始复合体的形成分 3 步进行（图 13-13）。

1. 第一步　30S 亚基首先与 IF$_1$、IF$_3$ 结合，IF$_3$ 能阻止 30S 亚基和 50S 亚基的结合，并促进 70S 核糖体亚基的解离。

2. 第二步　30S 起始复合体的形成。IF$_2$ 和 GTP 结合后再与 30S 亚基结合，然后与 fMet-tRNA^{fMet} 组成更大的复合体。复合体通过亚基的 16S rRNA 和 mRNA 的 SD 序列之间的配对起作用（图 13-14）。

3. 第三步　第二步形成的复合体与 50S 亚基结合形成 70S 亚基。同时 IF$_1$、IF$_3$ 解离。GTP 与 IF$_2$ 结合并水解成 GDP 和 Pi，GDP-IF$_2$ 复合体从核糖体上释放出来。起始密码子和 fMet-tRNA^{fMet} 的反密码子配对的位置就是核糖体的 P 位。IF$_1$ 是一个小的碱性蛋白质，它的主要功能是促进其他两个起始因子的活化。有的原核生物并不存在相当于 IF$_1$ 的起始因子，它们的蛋白质合成起始可以只在 IF$_2$ 和 IF$_3$ 参与下进行。

细菌和真核细胞的起始因子见表 13-7。

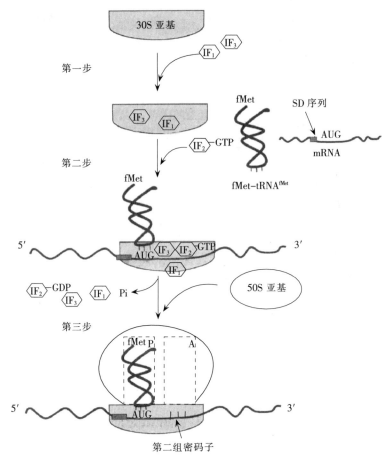

图 13-13 细菌中起始复合体的形成

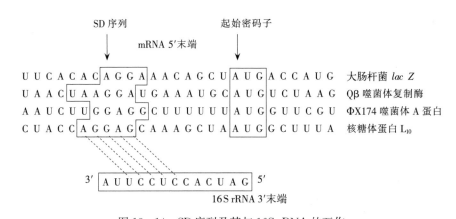

图 13-14 SD 序列及其与 16S rRNA 的互作

表 13-7 细菌和真核细胞的起始因子

细 菌		真核细胞	
因子	功 能	因子	功 能
IF₁	激活 IF₂ 和 IF₃	eIF₁	参与多个步骤
IF₂	促进 fMet - tRNAᶠᴹᵉᵗ 与 30S 亚基结合	eIF₂	促进 fMet - tRNAᶠᴹᵉᵗ 与 40S 亚基结合
IF₃	阻止 30S 亚基与 50S 亚基过早结合	eIF₂A	参与起始 tRNA 与核糖体结合
		eIF₃	第一个结合 40S 亚基的因子
		eIF₄C	促进亚基间结合及小亚基与 mRNA 结合

（续）

细菌		真核细胞	
因子	功　能	因子	功　能
		CB-PI	结合 mRNA 的 $5'$ 帽子结构
		eIF$_{4A}$	促进结合 mRNA
		eIF$_{4B}$	结合 ATP 并促进 eIF$_{4A}$ 与 mRNA 结合
		eIF$_{4D}$	功能不详
		eIF$_{4F}$	识别帽子结构
		eIF$_5$	刺激 eIF$_2$ 的 GTP 酶活性
		eIF$_6$	促进 80S 起始复合物解离成 40S 亚基和 60S 亚基

三、肽链的延伸

在细菌中，肽链的延伸（elongation）需要 70S 起始复合体、第二个氨酰 tRNA、3 种可溶性蛋白质（即延伸因子）及 GTP。3 种延伸因子中有一种是热不稳定性的延伸因子（EF-Tu），另一种是热稳定性的因子（EF-Ts），第三种是依赖于 GTP 的因子（EF-G，又称为转位因子）。延伸中每加入一个氨基酸残基需要 3 步反应。3 步反应不断循环，使氨基酸逐次加入。

（一）进入

延伸循环的第一步是氨酰 tRNA 与核糖体 A 位结合，也称为进入。EF-Tu 首先与 GTP 结合，再与氨酰 tRNA 结合成三元复合物氨酰 tRNA·EF-Tu·GTP，这个三元复合物进入 70S 核糖体的 A 位。GTP 的存在是氨酰 tRNA 进入 A 位的先决条件，一旦氨酰 tRNA 进入 A 位，GTP 立即水解成 GDP 和 Pi，EF-Tu 和 GDP 复合物从核糖体上释放出来，释放的 EF-Tu 和 GDP 将在 EF-Ts 作用下再生成 EF-Tu·GTP，再与另一个氨酰 tRNA 结合，这样的一个循环过程称为 Ts 循环。在此循环中 EF-Ts 先从 EF-Tu·GDP 中置换出 GDP，生成 EF-Tu·EF-Ts。然后 GTP 又置换出 EF-Ts。延伸第一步的反应过程如图 13-15 所示。

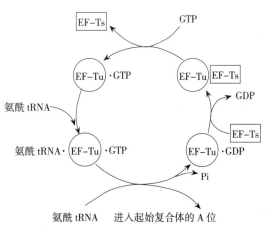

图 13-15　含有延长因子 Ts 的循环反应

参与延伸的延伸因子 EF-Tu 的 GTP 酶活性对整个蛋白质合成的速率和忠实性起着重要作用。EF-Tu·GTP 和 EF-Tu·GDP 复合体仅能存在千分之几秒，这段时间内提供了密码子与反密码子相互作用的时机，校读就发生在这一时刻，不正确荷载的氨酰 tRNA 将被解离。如果用 GTP 的类似物 GTPrS［鸟苷-$5'$-O-（3-硫三磷酸）］代替 GTP，水解将减慢，蛋白质合成的忠实性有所改进，但合成速率会降低。

（二）转肽

延伸阶段的第二步称为转肽或肽键形成，是核糖体上 A 位和 P 位上的氨基酸间形成肽键。第一个肽键的形成是甲酰甲硫氨酰基从其 tRNA 上转移到第二个氨基酸氨基上形成的。这里，A 位上的氨基酸的氨基作为亲核试剂，取代 P 位上的 tRNA，在 A 位上形成二肽酰 tRNA，P 位上仍然结合着空载的 tRNA。催化肽键形成的酶历史上曾称为肽酰转移酶（peptidyl tranferase），并认为它是大亚基的蛋白质。然而，1993 年 Noller 等发现这种活性不是蛋白质提供的，而是由 23S rRNA 催化的。这一发现补充了核酶的另一生物功能，也对了解生命的进化有着重要意义。转肽反应过程如图 13-16 所示。

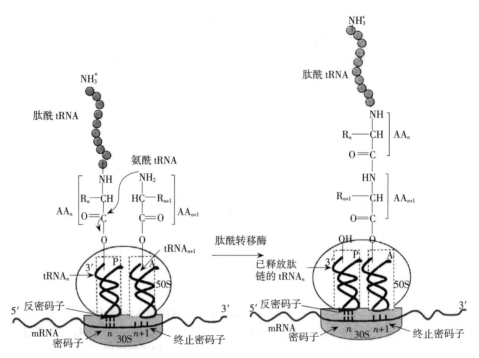

图 13 - 16 转肽反应过程

（三）移位

延伸循环的第三步称为移位（translocation）。核糖体沿 mRNA 的 5′→3′ 方向移动一个密码子。这样结合在 mRNA 第二个密码子上的二肽酰 tRNA 的 A 位移到了 P 位，原 P 位空载的 tRNA 释放回细胞液。mRNA 第三位密码子处于 A 位。移位要求 EF - G（也称为移位酶，translocase）参与和水解 1 分子 GTP 提供能量。这一步反应中核糖体的三维构象发生改变，使其能沿 mRNA 滑动。移位反应过程如图 13 - 17 所示。

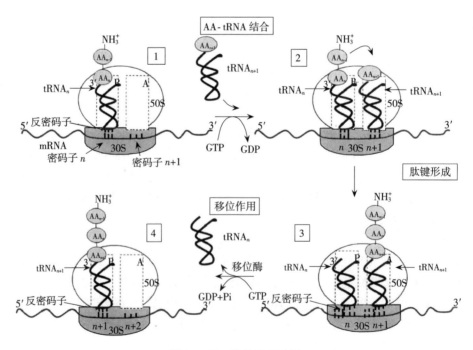

图 13 - 17 移位反应过程

肽链延伸阶段中，不断重复进入、转肽、移位 3 步反应，每循环 1 次增加 1 个氨基酸残基，每掺入 1 个氨基酸残基需 2 个 GTP 水解成 2 个 GDP 和 2 个 Pi。

真核细胞中肽链合成的延伸循环与细菌相似。3 个延伸因子为 $eEF_{1\alpha}$、$eEF_{1\beta}$ 和 eEF_2，它们的功能分别相应于 EF-Tu、EF-Ts 和 EF-G。

四、终止合成

肽链的延伸过程中，当终止密码子 UAA、UGA 或 UAG 出现在核糖体的 A 位时，没有相应的氨酰 tRNA 能与之结合，而释放因子能识别这些密码子并与之结合，水解 P 位上的多肽链与 tRNA 之间的二酯键。接着，新生的肽链和 tRNA 从核糖体上释放，核糖体大、小亚基解体，蛋白质合成结束。

释放因子 RF 具有 GTP 酶的活性，它催化 GTP 水解，使肽链与核糖体解离。原核生物细胞内存在 RF_1、RF_2 和 RF_3 这 3 种不同的终止因子（释放因子）。RF_1 能识别 UAA 和 UAG，RF_2 能识别 UAA 和 UGA。一旦 RF 与终止密码子相结合，它们就能诱导肽酰转移酶把一个水分子（而不是氨基酸）加到延伸中的肽链上。RF_3 可能与核糖体的解体有关。细菌蛋白质合成的终止反应机理和过程如图 13-18 和图 13-19 所示。

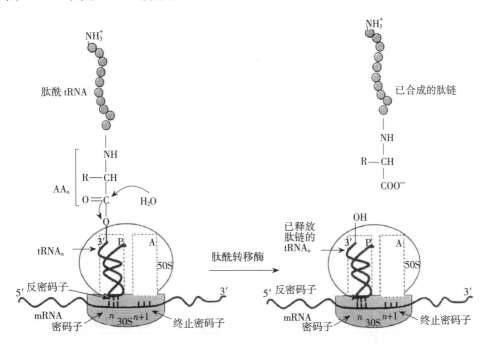

图 13-18　翻译终止反应机理

五、翻译后核糖体复合物的解体

在蛋白质合成的过程中，当核糖体遇到 mRNA 分子上的终止信号时，释放因子 RF_1 或 RF_2 与核糖体上的 A 位结合，识别终止密码子并激活新生肽酰 tRNA 水解，释放出新生肽链，然后，RF_3 催化 RF_1 或 RF_2 从核糖体 A 位解离，从而留下一个由 mRNA、停留在 P 位的去酰化 tRNA 和 A 位空出来的核糖体组成的翻译终止后核糖体复合物。随之，在核糖体再循环因子（RRF）和参与蛋白质合成过程中转位的延伸因子 EF-G 的协同作用下，这个复合物解体为去酰化 tRNA、mRNA 和 70S 的核糖体单体或其亚基（图 13-20）。

翻译终止后核糖体复合物的解体，为新一轮的蛋白质合成提供了足够的核糖体，从而保证了蛋白质合成的有效进行。

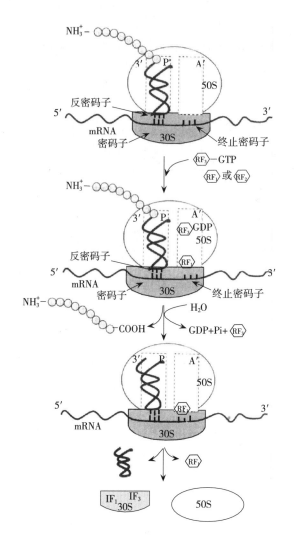

图 13-19 蛋白质合成的终止反应步骤

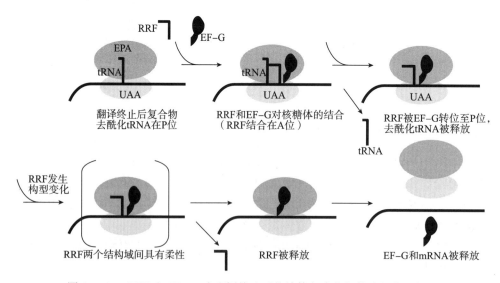

图 13-20 RRF 和 EF-G 在翻译终止后核糖体复合物解体中的作用机制

六、蛋白质合成中 GTP 的作用

蛋白质合成是一个耗能的过程。每个氨酰 tRNA 的合成要消耗两个高能磷酸键。此外，还有一些 ATP 用于不正确的氨基酸活化，这些不正确荷载的氨酰 tRNA 将被脱羧水解。在延伸阶段中，第一步进入要水解 1 分子 GTP，移位也水解 1 分子 GTP，因此整个肽链中的一个肽键生成至少需要 4 个高能磷酸键。这表明蛋白质合成是由一个极大的热力学推动的。水解 4 个高能磷酸键的键能为 $30.5 \times 4 = 122$（kJ/mol），而肽键水解自由能为 -21 kJ/mol，这样肽键形成的自由能为 101 kJ/mol。这样大的能量消耗表观上似乎不合理，但蛋白质是一个含有信息的多聚体，其中肽键的形成不是一个简单的随机过程，而是特定氨基酸间形成的。在蛋白质合成过程中，每一个高能磷酸键的消耗并不局限于在某一步反应中发挥作用，而是在维持 mRNA 密码子与蛋白质氨基酸的正确线性关系中起着十分重要的作用。总之，蛋白质合成过程中消耗大量能量使得 mRNA 的信息翻译成蛋白质氨基酸序列时的忠实性近乎完美。

七、多核糖体

在温和的条件下小心地分离核糖体时，可以得到 3~4 个甚至上百个成串的核糖体，称为多核糖体（polyribosome）。多核糖体由一个 mRNA 分子与一定数目的单个核糖体结合而成，形成念珠状。各核糖体之间相隔一段裸露的 mRNA。每个核糖体独立完成一条多肽链的合成，所以，多核糖体可同时在一个 mRNA 分子上进行多条肽链的合成，极大地提高了翻译的效率（图 13-21）。此外，还可同时分离出许多以单体形式存在的非功能性核糖体和少数核糖体亚基。多核糖体显然正处于工作状态，游离的单个核糖体则是贮备状态，而核糖体亚基无疑是刚从 mRNA 上释放的，它们通常很快结合成非活性状态单体或很快参与新一轮蛋白质合成。

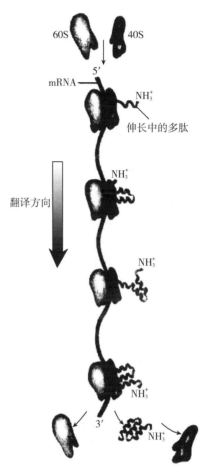

图 13-21　多核糖体

第三节　真核生物蛋白质的合成

真核生物蛋白质的合成与原核生物相比，密码子相同，各种组分相似，亦有核糖体、tRNA 及各种蛋白质因子，总的合成途径也相似，有起始、延伸及终止阶段，但也有下述不同之处：①真核生物的蛋白质合成与 mRNA 的转录不偶联。mRNA 在细胞核内以前体形式合成，合成后需要经加工修饰才成熟为 mRNA，从细胞核内进入细胞质然后投入蛋白质合成过程。②真核生物蛋白质合成机制比原核生物复杂，起始步骤涉及起始因子众多，过程复杂。③真核生物蛋白质合成的调控更复杂。④真核生物与原核生物的蛋白质合成可为不同的抑制剂所抑制。

一、蛋白质合成的起始

真核细胞的 mRNA 在 5′末端有一个三磷酸 7-甲基鸟苷（m^7GpppN）的帽子，3′末端常有一个由 50~200 个残基构成的多聚腺苷酸［poly（A）］尾巴。在细胞核内的 RNA 前体中常含有插入

序列，它相当于基因中的内含子。进入细胞质前，mRNA 还与很多蛋白质结合成核蛋白，即信使核糖核蛋白。现知加帽与加尾在细胞核内与细胞质中都可以进行。帽子的结构在蛋白质合成的起始过程中具有重要作用，它能增强翻译。没有甲基化的帽子（CpppN）以及用化学方法或酶学方法脱去帽子的 mRNA，其翻译活力显著下降。帽子还能保护 mRNA 不受核酸外切酶的降解，使 mRNA 相对稳定。近年来对尾巴的研究表明，poly（A）不仅在 mRNA 由细胞核向细胞质转运的过程中起作用，而且它对 mRNA 的稳定性以及翻译效率均有调控作用。poly（A）对 mRNA 分子的稳定作用需要有 poly（A）结合蛋白（PABP）的参与，而对翻译的促进还与 poly（A）的长度有关。

与原核生物不同，真核生物的起始 $tRNA_i^{Met}$ 中所携带的是甲硫氨酸。虽然在体外可被由大肠杆菌所提取的甲硫氨酸 tRNA 转甲酰基酶催化而甲酰化，但在体内携有甲硫氨酸的 tRNA 分子上，其甲硫氨酰部分并未甲酰化。参与翻译起始反应的起始因子已发现有十几种，其特性与功能见表 13-7。真核生物蛋白质生物合成的起始过程可以分为以下 3 个步骤。

（一）43S 前起始复合物的形成

在起始因子 eIF_3 的作用下，80S 核糖体解聚为 40S 亚基和 60S 亚基。eIF_3 还有防止这两个亚基再结合的作用。另一因子 eIF_{4c}（eIF_{1A}）也有助于解聚。起始因子 eIF_2 与 GTP 形成复合物，后者与 $Met-tRNA_i^{Met}$ 形成三元复合物，再与 40S 亚基形成 43S 前起始复合物。

（二）mRNA 的结合

在起始因子 eIF_{4A}、eIF_{4B}、eIF_{4E} 和 ATP 的参与下，43S 前起始复合物与 mRNA 结合。eIF_{4A} 有使 mRNA 二级结构解旋的作用；eIF_{4B} 则有结合 mRNA 并识别起始密码子 AUG 的作用。上述的 eIF_3 也参与 40S 三元复合物与 mRNA 的结合反应。eIF_{4E} 又称帽子结合蛋白 I（CBP I），起与 mRNA 帽子结合的作用。另有 eIF_{4F}，又称为 CBP II，实际是包括 CBP I、eIF_{4A} 和一种分子质量为 220 ku 的蛋白质（P220）。此外还有 eIF_6，与 60S 亚基结合使核糖体保持在解聚状态。

由 40S 亚基、$Met-tRNA_i^{Met}$ 和一些起始因子组成的前起始复合物在 mRNA 的 5′帽子处或其附近与之结合，然后沿着 mRNA 滑动，直至遇上第一个 AUG 密码子。这个过程由 CBP 促进，并消耗 ATP，使 mRNA 的 5′端二级结构解旋，使它呈线状穿过 40S 亚基颈部的通道。CBP 是在 mRNA 的 5′端识别帽子的，其后 eIF_{4A} 和 eIF_{4B} 也参与沿着 mRNA 的解旋。43S 前起始复合物与 mRNA 的结合，是在帽子结构下游 50～100 个核苷酸处。据研究，大多数起始密码子的合适"上下文"为 CCACCAUGG。在 43S 前起始复合物沿 mRNA 向 3′端方向移动时，遇到合适的"上下文"，即停止移动。起始密码子 AUG 的识别可通过与 tRNA 上反密码子的配对作用进行。eIF_2 也参与这个识别的过程。然后，便形成 48S 前起始复合物。

（三）80S 起始复合物的形成

形成 48S 前起始复合物之后，再与核糖体的 60S 大亚基结合，在另一起始因子 eIF_5 的作用下，与 eIF_2 键合的 GTP 被水解，并释放出 eIF_2-GDP、Pi 和 eIF_3。其他起始因子也释放出来，最后形成由 40S 亚基、$Met-tRNA_i^{Met}$、mRNA 和 60S 亚基组成的起始复合体。释放出的起始因子可以再用于下一轮起始复合物的形成而循环利用。在起始因子中，$Met-tRNA_i^{Met}$ 是在核糖体的 P 位点，然后其中的甲硫氨酸与另一氨酰 tRNA 形成二肽酰 tRNA。

二、肽链的延伸与终止

（一）肽链的延伸

真核生物的肽链延伸与原核生物相似，只是延伸因子 EF-Tu 和 EF-Ts 被 eEF_1 取代，而 EF-G 则被 eEF_2 取代。在真菌中，还要求第三种因子（eEF_3）的参与，以维持其翻译的准确性。

延伸因子 eEF_1 是个多聚体蛋白质，大多数由 α、β、γ 和 δ 4 个亚基组成。$eEF_{1α}$ 的分子质量是 50 ku，作用与 EF-Tu 相似，与 GTP 和氨酰 tRNA 形成复合物，并把氨酰 tRNA 传递给核糖体。在每一轮循环中，GTP 在 $eEF_{1α}$ 从核糖体上释放之前被水解。$eEF_{1β}$ 具有鸟苷酸交换活性，作用与

EF-Ts 相似，$eEF_{1\gamma}$ 常与 $eEF_{1\beta}$ 形成复合物，增加后者的 GDP-GTP 交换功能。在脊椎动物中还有 $eEF_{1\delta}$，它与 $eEF_{1\beta}$ 具同源性。这样，eEF_1 的 $\alpha\beta\gamma\delta$ 复合物就包含两个蛋白质交换因子，而在原核生物中只有 EF-Ts 一个交换因子。

延伸因子 eEF_2 是个单体蛋白，分子质量约 100 ku，相当于原核生物中的 EF-G，催化 GTP 水解，使氨酰 tRNA 从 A 位转移至 P 位。Nilsson 报道，eEF_2 可以与核糖体形成高亲和力与低亲和力两种形式的复合物，前者相当于转位前状态，后者相当于转位后状态，并且在后者中，其 GTP 酶活性被激活。eEF_2 可与 GDP 形成稳定的二元复合物。eEF_2 近氨基端的 Thr^{56}、Thr^{58} 残基被磷酸化后，会使延伸速率降低，从而达到调控目的。

延伸因子 eEF_3 是在真菌中发现的，是一条分子质量为 $120\sim125$ ku 的多肽链，可结合 GTP，亦能水解 GTP 与 ATP，eEF_3 在翻译的校正阅读方面起重要作用。Utitani 推断，在酵母核糖体上存在一个引入位点 I，由 EF_3 介导，使 $eEF_{1\alpha}$-GTP-氨酰 tRNA 三元复合物先结合到该位点上，然后再以密码依赖的方式进入 A 位点。这样，使 tRNA 正确进入得到保证。eEF_3 的 ATP 酶活性可能与氨酰 tRNA 在核糖体上位点之间移动有关。

（二）肽链合成的终止

真核生物肽链合成的终止仅涉及一个释放因子 eRF。eRF 分子质量约 115 ku，它可识别 3 种密码子（UAA、UAG 和 UGA）。eRF 在活化了肽酰转移酶而释放新生的肽链后，即从核糖体上解离。解离要求 GTP 的水解，故终止肽链合成是耗能的。

第四节　蛋白质生物合成的调控

基因表达的转录调控是生物最经济的调控方式。转录生成 mRNA 以后，再在翻译或翻译后水平进行微调，是对转录调控的补充，它使基因表达的调控更加适应生物本身的需求和外界条件的变化。

一、翻译起始的调控

遗传信息翻译成多肽链起始于 mRNA 上的核糖体结合位点（RBS）。所谓核糖体结合位点，是指起始密码子 AUG 上游的一段非翻译区。在核糖体结合位点中有 SD 序列，长度一般为 5 个核苷酸，富含 GA，该序列与核糖体 16S rRNA 的 3′端互补配对，促使核糖体结合到 mRNA 上，有利于翻译的起始。核糖体结合位点的结合强度取决于 SD 序列的结构及其与起始密码子 AUG 之间的距离。SD 序列与 AUG 之间相距一般以 $4\sim10$ 个核苷酸为佳，相距 9 个核苷酸最佳。

二、稀有密码子对翻译的影响

大肠杆菌 DNA 复制时，冈崎片段之前的 RNA 引物是由 *DnaG* 基因编码的引物酶催化合成的，细胞对这种酶的需求量不大，而引物酶过多对细胞是有害的。已知道 *DnaG* 和 *rpsU*（30S 核糖体上的 S_{21} 蛋白基因）属于大肠杆菌基因组上的同一个操纵子，而这 2 个基因产物在数量上却大不相同，每个细胞内仅有 50 个拷贝的 DnaG 蛋白，却有 2 800 个拷贝的 rpsU 蛋白，有的细胞甚至有高达 40 000 个拷贝的 rpsU 蛋白。细胞通过翻译调控，解决了这个问题。

研究 *DnaG* 序列发现其中含有不少稀有密码子。稀有密码子 AUA 在高效表达的结构蛋白及 σ 因子的翻译中均极少使用，而在表达要求较低的 DnaG 蛋白的翻译中使用频率就相当高。此外，UCG（Ser）、CCU（Pro）、CCC（Pro）、ACG（Thr）、CAA（Gln）、AAU（Asn）和 AGG（Arg）7 个密码子的使用频率在不同蛋白质的翻译中也有明显差异。科学家认为，由于细胞内对应于稀有密码子的 tRNA 较少，高频率使用这些密码子的基因翻译过程容易受阻，影响蛋白质合成的总量。

三、重叠基因对翻译的影响

重叠基因最早在大肠杆菌噬菌体 ΦX174 中发现，例如，B 基因包含在 A 基因内，E 基因包含在 D 基因内，用不同的阅读方式得到不同的蛋白质。当时认为重叠基因的生物学意义是它可以包含更多的遗传信息，后来发现丝状 RNA 噬菌体、线粒体 DNA 和细菌染色体上都有重叠基因存在，因而推测这一现象可能对基因表达调控有影响。

四、poly（A）对翻译的影响

mRNA 3′端 poly（A）的长短对翻译效率也有很大影响。黏菌营养细胞和发育早期细胞显著的不同是 mRNA 上 poly（A）的长短。营养细胞中恒态 mRNA 链的 3′末端平均有 60～65 个腺苷酸，新合成的 mRNA 链上则有 110～115 个腺苷酸。研究发育早期的细胞发现，该生长期的 mRNA 中仅有 30% 以多聚核糖体的形式存在，每条 mRNA 链上只有 6～8 个核糖体和 30 个左右的腺苷酸。细胞中蛋白质合成旺盛时，mRNA 链上的 poly（A）也较长。当某些 mRNA 链不再被翻译时，核糖体就被释放出来，其 poly（A）也相应缩短。目前还不知道这两者之间的因果关系。

五、蛋白质对翻译的阻遏

蛋白质阻遏或激活基因转录的例子已经屡见不鲜，那么，蛋白质是否也能对翻译起类似的调控作用呢？在大肠杆菌 RNA 噬菌体 Qβ 中发现了这种现象。Qβ 噬菌体基因组包含有 3 个基因，从 5′→3′ 方向依次是与噬菌体组装和吸附有关的成熟蛋白基因 A、外壳蛋白基因和 RNA 复制酶基因。当噬菌体感染细菌，RNA 进入细胞后，这条称为（＋）链的 RNA 立即作为模板指导合成复制酶，并与宿主中已有的亚基结合行使复制功能。但是，Qβ 噬菌体（＋）RNA 链上此时已有不少核糖体，它们从 5′→3′ 方向进行翻译，这无疑影响了复制酶催化的从 3′→5′ 方向进行的（－）链合成。克服这个矛盾的办法便是由 Qβ 复制酶作为翻译阻遏物进行调节。

体外实验证明，纯化的复制酶可以和外壳蛋白的翻译起始区结合，抑制蛋白质的合成。由于复制酶的存在，核糖体便不能与起始区结合，但已经起始的翻译仍能继续下去，直到翻译完毕，核糖体脱落，与（＋）链 RNA 3′端结合的复制酶便开始了 RNA 的复制。这里复制酶既能与外壳蛋白的翻译起始区结合，又能与（＋）链 RNA 的 3′端结合。序列分析表明，这两个位点上都有 CUUUU- AAA 序列，能形成稳定的发夹结构，具备翻译阻遏特征。

六、魔斑核苷酸水平对翻译的影响

实验证明，核糖体蛋白（R 蛋白）通过反馈阻遏作用保证所有 R 蛋白合成的协同进行。那么，细胞如何保证蛋白质合成的总速度与蛋白质合成机器（即核糖体）主要成分 rRNA 的合成速度相一致，保证在不进行蛋白质合成时没有 RNA 的合成？起这个调控作用的最早信号是不载有氨基酸的 tRNA。

大肠杆菌营养缺陷型（trp⁻his⁻）在缺少任何一种必需氨基酸的培养基上生长时，不但蛋白质合成速度立即下降，RNA 合成速度也下降。由于色氨酸和组氨酸不是 RNA 合成的原料，因此认为 RNA 合成速度下降是蛋白质合成受阻后的次级反应。研究另一个大肠杆菌突变株发现，当氨基酸供应不足时，这个突变株细胞内蛋白质合成虽然停止了，但 RNA 的合成速度却没有下降。科学上把前一种现象称为严紧控制（基因型 rel⁺），后一种现象称为松散控制（基因型 rel⁻）。

rel⁺ 和 rel⁻ 菌株除上述生理现象不同之外，缺乏氨基酸时 rel⁺ 菌株能合成鸟苷四磷酸（ppGpp）和鸟苷五磷酸（pppGpp），rel⁻ 菌株则不能合成鸟苷酸。因为这两种化合物是在层析谱上检出的斑点，当时称为魔斑（magic spot）。在旺盛生长的细胞中有 65%～90% tRNA 是载有氨基酸的。当氨基酸缺乏时，不负载氨基酸的 tRNA 增多，这种不负载氨基酸的 tRNA 仍能与核糖体的 A 位结合，核糖体上不负载氨基酸的 tRNA 是细胞产生严紧控制的信号。在正常的蛋白质合成过程中，将氨酰 tRNA 转运到正在延伸的多肽上需要 GTP，也许由于这一反应的停止，大量 GTP 便被用作合成魔斑核苷酸的前体。

$$GTP + ATP \rightarrow pppGpp + AMP \rightarrow ppGpp$$

参与这个反应的除 *relA* 基因所编码的 ATP - GTP - 3′-焦磷酸转移酶外，还需要翻译延长因子 EF - Tu 和 EF - G 等。虽然 ppGpp 是多效性的，但它的主要作用可能是影响 RNA 聚合酶与启动子结合的专一性，从而成为细胞内严紧控制的关键。有人将 ppGpp 和 cAMP 这类物质称为警报素（alarmone）。当细胞缺乏氨基酸时产生 ppGpp，可在很大范围内做出如抑制核糖体和其他大分子合成等应急反应、活化某些氨基酸操纵子的转录表达、抑制与氨基酸转运无关的系统、活化蛋白水解酶等，以节省或开发能源，渡过"难关"。

第五节 蛋白质生物合成的干扰和抑制

蛋白质生物合成是很多天然抗生素和某些毒素的作用靶点。它们是通过阻断真核、原核生物蛋白质翻译体系某组分功能，干扰和抑制蛋白质生物合成过程而起作用。可针对蛋白质生物合成必需的关键组分作为研究新抗菌药物的作用靶点。同时尽量利用真核、原核生物蛋白质合成体系的差异，设计、筛选仅对病原微生物特效而不损害人体的药物。

一、抗生素

抗生素（antibiotics）是微生物产生的能够杀灭或抑制细菌的一类药物。许多抗生素都是以直接抑制细菌细胞内蛋白质合成而对人体副作用最小为目的而设计的，它们可以作用于蛋白质合成的各个环节，包括抑制起始因子、延伸因子及核蛋白的作用等。

（一）抑制氨酰 tRNA 的形成

例如，活化反应中吲哚霉素（indolmycin）和色氨酸竞争与 Trp - tRNA 合成酶结合，因此抑制了 Trp - tRNA 的形成。

（二）抑制蛋白质合成的起始

大多数氨基糖苷类抗生素都能引起原核细胞 mRNA 密码子的错读（misreading），可能这类抗生素干扰密码子与反密码子的相互作用。这类抗生素中链霉素、新霉素、卡那霉素、庆大霉素和巴龙霉素等能抑制 70S 合成起始复合体的形成以及引起 fMet - tRNA^{fMet}（N -甲酰-甲硫氨酰-tRNA^{fMet}）从 70S 合成起始复合体上解离，因此阻碍蛋白质合成的起始。链霉素在核糖体上的作用部位已被确定。实验证明，链霉素能与 30S 亚基中 S12 蛋白结合，而 S12 与核糖体识别 mRNA 起始位点有关。S12 与链霉素结合后它的识别性质和能力改变了。此外，链霉素还能影响翻译的正确性。

春日霉素以及其他氨基糖苷类抗生素则不相同，它不引起密码子的错读，但能专一地抑制 30S 合成起始复合体的形成（抑制 fMet - tRNA^{fMet} 的结合）。春日霉素的作用位点在 30S 亚基的 16S rRNA 部分。

噁唑烷酮类（oxazolidinone）与 50S 亚基结合，阻碍 70S 亚基形成，干扰蛋白质合成的早期阶段。与氯霉素或林可霉素的作用机制不同，噁唑烷酮类药物并不是通过抑制肽酰转移酶或抑制翻译终止反应来抑制蛋白质的合成，而是通过与靠近 30S 界面的 50S 亚单位结合而阻止 70S 起始复合物的形成。

（三）抑制肽链的延长

肽链的延长，包括氨酰 tRNA 与 70S 核糖体 A 位的结合、肽键的形成和移位。

四环素类抗生素包括四环素、金霉素和土霉素等，它们都有 4 个并合的环。由于它们封闭 30S 亚基上的 A 位（氨酰基部位）使氨酰 tRNA 的反密码子不再能在 A 位与 mRNA 结合，因而阻断了肽链的延长。大多数抗四环素的菌株都是由于改变了细胞膜的通透性或产生了能使抗生素失活的酶的结果。真核细胞对四环素敏感，但因四环素不能透过细胞膜，所以不会抑制真核生物的蛋白质合成。

氯霉素选择性地与原核细胞 50S 亚基或线粒体核糖体大亚基结合，抑制肽酰转移酶活性，从而阻断肽键的形成。氯霉素不作用于真核生物的 80S 核糖体，但能抑制线粒体内核糖体的蛋白质合成，因此对人有毒性。

环己酰亚胺抑制真核生物 80S 核糖体肽酰转移酶活性，但不能阻止细菌 70S 核糖体上的肽基转移。

维及尼霉素（virginiamycin）同时占据 A 和 P 位点，因此阻断了肽链延伸过程中的两步反应，同时导致肽酰转移酶活性中心附近的构象变化。

黄色霉素（kirromycin）与恩酰菌素（enacyloxin）Ⅱa 能够使 EF‐Tu·GDP 复合物在氨酰 tRNA 结合、GTP 水解后仍结合于核糖体上，因而阻断了新生肽键的形成。粉霉素（pulvomycin）与 GE2270A 阻止 EF‐Tu·GTP 与氨酰 tRNA 形成稳定的三元复合物，阻碍了 EF‐Tu 的激活及蛋白质的合成（图 13‐22）。

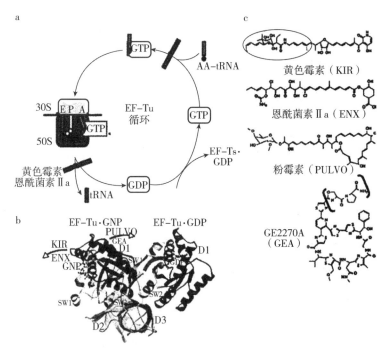

图 13‐22 以延伸因子 EF‐Tu 为靶点的抗生素的作用机制及其结构
a. AA‐tRNA·EF‐Tu·GTP 复合物循环
b. 抗生素作用机制 c. 几种抗生素的结构

红霉素与 50S 亚基结合，使核糖体在 mRNA 上的位移受阻，从而影响蛋白质合成。红霉素、氯霉素和林可霉素在细菌体内的结合可能在同一部位，因此红霉素能妨碍后二者与 50S 亚基的结合。当红霉素和核糖体结合后可降低林可霉素的抗菌活性。抑制移位反应的抗生素还有其他的大环内酯抗生素（macrolide antibiotics）如麦迪霉素（midecamycin）和螺旋霉素（spiramycin）等以及梭链孢酸（fusidic acid）等。梭链孢酸在肽酰 tRNA 移位后阻碍了核糖体上 EF‐G·GDP 的释放及蛋白质的进一步合成。

属于链阳霉素（streptogramin）的 quinupristin/dalfopristin 与 50S 亚基结合，形成 quinupristin-50S 亚基-dalfopristin 复合物，quinupristin 抑制肽链延长，dalfopristin 抑制肽酰转移酶，协同抗菌。

蓖麻蛋白（ricin）是从蓖麻中分离出来的，其作用模式是通过切断 N 苷键除去腺嘌呤碱基，使真核生物的 28S rRNA 失活，导致翻译终止。

（四）导致蛋白质合成的终止

终止过程（termination）包括终止信号（终止密码子）的识别、肽酰 tRNA 酯键的水解与释放。像氯霉素这样一些抑制肽键形成的抑制剂，也能导致蛋白质合成终止。嘌呤霉素是氨酰 tRNA 的结构类似物，能结合在核糖体的 A 位上，抑制氨酰 tRNA 的进入。它所带的氨基与氨酰 tRNA 上的氨基一样，能与延长中肽链上的羧基反应生成肽键，这个反应的产物是一条 3′ 羧基端连接了一个嘌呤霉素残基的小肽，肽酰嘌呤霉素随后从核糖体上解离出来，所以嘌呤霉素是通过提前释放肽链来抑制蛋白质合成的（图 13-23）。

综合抗生素抑制蛋白质生物合成的原理如表 13-8 所示。

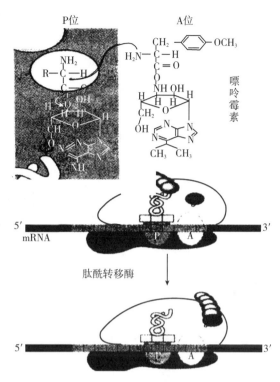

图 13-23　嘌呤霉素作用示意图

表 13-8　抗生素抑制蛋白质生物合成的原理

抗生素	作用点	作用原理	应用
四环素族（金霉素、新霉素、土霉素）	原核核蛋白小亚基	抑制氨酰 tRNA 与小亚基结合	抗菌药
链霉素、卡那霉素、新霉素	原核核蛋白小亚基	改变构象引起读码错误，抑制翻译起始	抗菌药
氯霉素、林可霉素	原核核蛋白大亚基	抑制肽酰转移酶，阻断肽链延长	抗菌药
红霉素	原核核蛋白大亚基	抑制肽酰转移酶，妨碍转位	抗菌药
梭链孢酸	原核核蛋白大亚基	与 EF-G·GTP 结合，抑制肽链延长	抗菌药
螺旋霉素	原核核蛋白大亚基	抑制核糖体与 mRNA 的移位反应	抗菌药
放线菌酮	原核核蛋白大亚基	抑制肽酰转移酶，阻断肽链延长	医学研究
嘌呤霉素	真核、原核核蛋白	氨酰 tRNA 类似物，进位后引起未成熟肽链脱落	抗肿瘤药

二、其他干扰蛋白质生物合成的物质

（一）抗代谢药物

抗代谢药物指能干扰生物代谢过程，从而抑制细胞过度生长的药物，如 6-巯基嘌呤（6-MP）。

（二）毒素

某些毒素也作用于基因信息传递过程。

1. 白喉毒素　白喉毒素（diphtheria toxin）由白喉杆菌产生，是一种酶，能将 NAD^+ 中的 ADP 核糖基转移到真核生物延伸因子-2（eEF₂）中特异的氨基酸残基上，使 eEF₂ 失活，从而阻断翻译（图 13-24）。

2. 干扰素 干扰素（interferon）是真核生物感染病毒后分泌的具有抗病毒作用的蛋白质。现在已能用基因工程技术生产各种干扰素。干扰素分为 α 型、β 型及 γ 型 3 个族类，分别有各自的作用。

干扰素对病毒的作用包括两个方面：一是干扰素在双链 RNA（如 RNA 病毒）存在下，诱导一种蛋白激酶，该蛋白激酶使 eIF₂ 磷酸化失活，从而抑制病毒蛋白质合成（图 13-25）；二是干扰素诱导活化称为 RNase L 的核酸内切酶，该内切酶降解病毒 RNA，从而抑制病毒蛋白质合成。除了抗病毒作用外，干扰素还可以调节细胞生长分化，激活免疫系统，所以干扰素在临床上应用广泛。

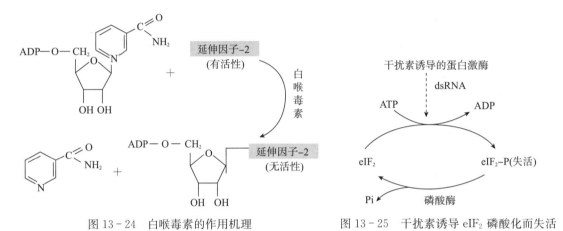

图 13-24 白喉毒素的作用机理　　图 13-25 干扰素诱导 eIF₂ 磷酸化而失活

本章小结

蛋白质的生物合成是遗传信息表达的终端。蛋白质生物合成的场所是核糖体。蛋白质生物合成的模板是 mRNA，氨基酸的运载工具是 tRNA。mRNA 上编码每个氨基酸的信息单位称为遗传密码。氨基酸的密码子是由特异的核苷酸三联体组成的。密码子的碱基序列是通过已知组成和顺序的人工合成 mRNA 测定出来的。核糖体结合技术进一步证实了遗传密码的存在和特性。共有 61 个氨基酸密码子，UAA、UGA、UAG 为终止密码子。起始密码子为 AUG，在极少数情况下是 GUG。遗传密码具有无标点、无重叠、通用性、简并性和摆动性的特性。核糖体由大亚基和小亚基组成。原核生物核糖体为 70S，大亚基为 50S，小亚基为 30S。50S 亚基含有一分子 5S rRNA、一分子 23S rRNA 和 34 种蛋白质，小亚基含有一分子 16S rRNA 和 21 种蛋白质。真核生物核糖体为 80S，大亚基为 60S，小亚基为 40S。核糖体大亚基负责氨基酸之间肽键的形成，含有一个 A 位和一个 P 位，还有一个 E 位（即 tRNA 的出口）。小亚基与 mRNA 结合，负责识别起始位点。核糖体上有起始因子、延伸因子、释放因子和多种酶的结合位点。tRNA 有 73～93 个核苷酸残基，其中一些核苷酸的碱基被修饰而变成稀有核苷酸，它们都有一个末端序列为 CCA，氨基酸通过酯键与其结合。tRNA 的反密码子与 mRNA 上的密码子特异性碱基配对识别。起始因子是协助蛋白质生物合成起始的因子，原核生物有 3 种起始因子（IF₁、IF₂、IF₃）。参与肽键延长的因子称为延伸因子，原核生物有 3 种延伸因子（EF-Tu、EF-Ts、EF-G）。识别终止密码子的因子为终止因子，原核生物有 2 种终止因子（RF₁、RF₂）。

原核生物蛋白质的合成起始于 30S 核糖体亚基、mRNA、GTP、fMet-tRNA、3 种起始因子和 50S 亚基形成一个起始复合物，需要消耗 GTP 中的高能磷酸键。起始复合物形成后，第一个氨基酸由 tRNA 荷载占据核糖体 50S 亚基的 P 位点，由 tRNA 携带的第二个氨基酸在延伸因子的作用下进入核糖体 A 位。A 位氨基酸上的 α 氨基与 P 位的 fMet 的 α 羧基形成肽键后，P 位被 tRNA

肽基占据。当 A 位空位时又可接受下一个氨基酸。移位的过程相当于 mRNA 向 5′端方向移动了 1 个三联体密码的长度。核糖体沿 mRNA 移动，当 A 位出现终止密码子时，没有合适的氨酰tRNA 进入 A 位，此时 P 位上的多肽链与 tRNA 的连接键被水解，新生肽链被释放。蛋白质生物合成中 mRNA 被翻译方向是 5′→3′，蛋白质合成的方向是从 N 端向 C 端。

多种抗生素和某些毒素化合物能在不同步骤上抑制蛋白质的合成。它们可作为抗菌剂应用于临床治疗或防治农牧业的病害；也可以用来揭示蛋白质合成的生化机制。

复习思考题

一、名词解释

1. 翻译　2. 密码子　3. 同义密码子　4. 反密码子　5. 三联体密码　6. 第二套遗传密码
7. SD 序列　8. 多核糖体

二、填空题

1. 蛋白质的生物合成是以_____作为模板，_____作为运输氨基酸的工具，_____作为合成的场所。

2. 细胞内多肽链合成的方向是从_____端到_____端，而阅读 mRNA 的方向是从_____端到_____端。

3. 原核核糖体的大亚基上能够结合 tRNA 的部位有_____部位、_____部位。

4. SD 序列是指原核细胞 mRNA 的 5′端富含_____碱基的序列，它可以和 16S rRNA 的 3′端的_____序列互补配对，而帮助起始密码子的识别。

5. 原核生物蛋白质合成中第一个被掺入的氨基酸是_____。

6. 某一 tRNA 的反密码子是 GGC，它识别的密码子为_____。

7. 生物界总共有_____个密码子。其中_____个为氨基酸编码，起始密码子为_____，终止密码子为_____、_____、_____。

8. 某一原核基因的核酸序列为 5′- TTACTGCAATGCGCGATGGTACAT - 3′，其转录产物 mRNA 的核苷酸排列顺序是_____，此 mRNA 编码的多肽链 N 端第一个氨基酸为_____，此多肽含_____个肽键。

9. 肽链延伸包括进位、_____和_____三个步骤周而复始的进行。

三、问答题

1. 遗传密码是怎样破译的？它有何特点？

2. 核糖体的基本功能有哪些？

3. tRNA 有何功能？

4. 试述原核生物蛋白质合成过程。

5. 肽链合成时，每合成 1 个肽键需消耗多少个高能磷酸键，并说明在哪个步骤以什么形式消耗的？

6. 氨酰 tRNA 合成酶对氨基酸有何特异性？氨基酸活化时，其羧基与 AMP 以何种化学键相连？氨酰 tRNA 中的氨酰基以何种化学键与 tRNA 相连？

主要参考文献

朱圣庚，徐长法，2016. 生物化学 ［M］. 4 版. 北京：高等教育出版社.

汪世龙，等，2012. 蛋白质化学 ［M］. 上海：同济大学出版社.

Nelson D L，Cox M M，2017. Lehninger Principles of Biochemistry ［M］. 7th ed. New York：Worth Publisher.

第十四章

蛋白质合成后加工与运输

第一节 蛋白质合成后加工的概述

蛋白质是编码基因所储存遗传信息的执行者。生物体通过转录和翻译将遗传信息传递给蛋白质，并通过蛋白质执行功能。然而，很多蛋白质合成后，并不能立即行使其生物功能，需要经过一系列的折叠和加工，才能形成有活性的三维结构，从而表现其活性。蛋白质合成后，一方面，多肽链在分子伴侣的协助下，自发卷曲和折叠，最大限度地形成氢键、范德华力、离子键和疏水相互作用等。另一方，蛋白质的折叠或构象的转变需要经过一系列的加工，包括氨基末端和羧基末端的修饰、信号序列的切除和多种类型的蛋白质修饰。

一、蛋白质折叠

如果蛋白质没有正确的折叠（误折叠）无疑会产生严重的后果，包括许多已知的疾病，如阿尔茨海默病（Alzheimer's disease，AD）、牛海绵状脑病（bovine spongiform encephalopathy，BSE）（又称疯牛病）、肌萎缩侧索硬化（ALS）等。

当蛋白质非正常折叠，可能凝聚起来形成"集合体"。这些凝聚物可能经常聚集在脑中，就是现在通常认为导致阿尔茨海默病和牛海绵状脑病的病因。

1982年，普鲁宰纳提出了朊病毒致病的"蛋白质构象致病假说"，以后，魏斯曼等人对其逐步完善。其要点如下：①朊病毒蛋白质有两种构象，即细胞型（正常型 PrPc）和瘙痒型（致病型 PrPsc）。二者的主要区别在于其空间构象上的差异。PrPc 仅存在 α 螺旋，而 PrPsc 有多个 β 折叠存在，后者溶解度低，且抗蛋白酶解（图 14-1）。②PrPsc 可胁迫 PrPc 转化为 PrPsc，实现自我复制，并产生病理效应。③基因突变可导致细胞型 PrPsc 中的 α 螺旋结构不稳定，至一定量时，产生自发性转化，β 折叠增加，最终变为 PrPsc 型，并通过多米诺效应倍增致病。

蛋白质分子三维结构的维持，除了靠共价的肽键和二硫键，还靠大量极其复杂的弱次级键共同作

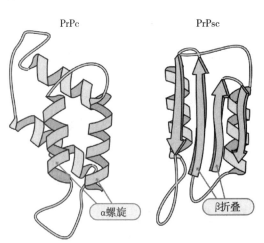

图 14-1 牛海绵状脑病相关蛋白质示意图

用。因此，新生肽段在一边合成一边折叠过程中有可能暂时形成在最终成熟蛋白质中不存在、不该有的结构，常是一些疏水表面。它们之间很可能发生本不应该有的错误的相互作用而形成非功能的

分子，甚至造成分子的聚集和沉淀。实际上折叠过程是一个正确途径和错误途径相互竞争的过程，为了提高蛋白质生物合成的效率，应该有帮助正确途径的竞争机制，分子伴侣就是这样通过进化应运而生的。它们的功能是识别新生肽段折叠过程中暂时暴露的错误结构，与之结合，生成复合物，从而防止这些表面之间过早的相互作用，阻止不正确的非功能的折叠途径，抑制不可逆聚合物产生，这样必然促进折叠向正确方向进行。

分子伴侣是细胞内的一类保守蛋白质，可识别肽链的非天然构象，促进各功能域和整体蛋白质的正确折叠。

分子伴侣包括热休克蛋白（heat shock protein，HSP）、伴侣素（GroEL 和 GroES 家族）等。热休克蛋白有 HSP70、HSP40、GreE 族等。

热休克蛋白促进蛋白质折叠的基本作用是通过结合保护待折叠多肽片段，再释放该片段进行折叠，形成 HSP70 和多肽片段依次结合、解离的循环而进行的（图 14 - 2）。HSP70 含两个结构域：N 端结构域，具有 ATPase 活性；C 端结构域，可变性强，能结合伸展的肽链。大肠杆菌的 Dna K 即 HSP70，它使蛋白质折叠需要 Dna J 和 Grp E 协同作用，其过程是首先由 Dna J 与新生伸展的肽链相互作用以便让肽链与Dna K 结合并形成三联体。三联体形成所需的 ATP 由 Dna K 的 N 端结构域催化，Dna J 则稳定 Dna K - ADP 状态，以便与伸展的肽链高亲和结合，而不进一步折叠，避免发生错误的折叠。其次由另一协调因子 Grp E 促进此多肽链从 Dna K - ADP 释放出来，并使三联体解体，所释放的多肽链折叠成天然状态的蛋白质，或被转移给另一个分子伴侣，直至获得天然折叠状态。如折叠未完成则被捕获进入下轮循环。

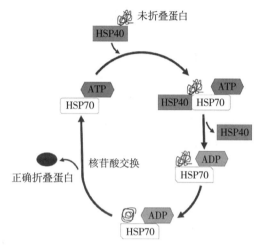

图 14 - 2　热休克蛋白 HSP70 - HSP40 复合物
辅助的蛋白质折叠过程
（引自 Hasegawa 等，2017）

许多蛋白质在分子伴侣 HSP70 存在时不能完成其折叠过程，还要进一步借助于 HSP60 家族来完成其三级结构的折叠过程。许多 HSP60 家族的分子伴侣并非是热诱导的，故被命名为伴侣素（chaperonin）。伴侣素的作用主要是为非自发性折叠蛋白质提供能折叠形成天然空间构象的微环境。它在大肠杆菌中的主要形式为分子伴侣 GroEL 和 GroES。GroEL 是由 14 个相同亚基组成的，每 7 个亚基组成一个环，两个环堆叠在一起组成一个长筒形的四级结构，每个环的中央有一个空腔，每个空腔能结合 1 个蛋白质底物。每个亚基都含有一个 ATP 或 ADP 的结合点。GroES 是由 7 个亚基组成的圆顶状的蛋白质，每个亚基有一个与 GroEL 功能密切相关的环状区域，它从圆顶部突出，可将 GroES 锚定在 GroEL 上，形成 GroEL - GroES 复合物。

多肽链三维结构的形成是通过 GroEL - GroES 的循环过程完成的（图 14 - 3）。①未折

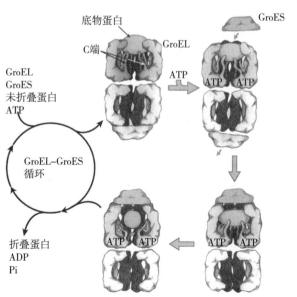

图 14 - 3　伴侣素 GroEL - GroES 系统促进蛋白质折叠过程
（引自 Chen 等，2013）

叠蛋白质进入未结合 GroES 的 GroEL 的空腔。②7 个 ATP 与 7 个不与 GroES 结合的 GroEL 结合。③ATP水解，使 7 个 ADP、7 个无机磷酸和 GroES 释放。④7 个 ATP 和 1 个 GroES 与空腔内已有未折叠蛋白质的 GroEL 结合。⑤ATP 水解成 ADP 和 Pi。ADP 仍留在 GroEL 上，Pi 释放。同时另 7 个 ATP 与未折叠蛋白质的 GroEL 结合。⑥蛋白质在密闭的 GroEL 内折叠，此时，GroEL 的顶部结构域进行大幅度的转动和向上移动，导致空腔扩大并使表面从疏水转变成亲水，有利于蛋白质折叠。⑦折叠过程大约进行 10 s，如蛋白质已折叠成天然蛋白质则释放；如未完成折叠，它们可再进入新一轮循环。

二、蛋白质末端的加工

起初，所有的多肽都是以 N-甲酰甲硫氨酸（细菌中）或甲硫氨酸（真核生物中）开始的。但是，甲酰基、氨基末端的甲硫氨酸残基以及其他额外的氨基末端和羧基末端的一些残基可能被酶除去，因此不存在于最后的功能性蛋白中。

在多至 50% 的真核蛋白中，其翻译后氨基末端和羧基末端都要被修饰。氨基末端修饰常见的主要有甲酰化（formylation）、乙酰化（acetylation）、丙酰化（propionylation）、豆蔻酰化（myristoylation）、棕榈酰化（palmitoylation）、焦谷氨酸化（pyroglutamation）和甲基化（methylation）等（图 14-4）；羧基末端的修饰主要有甲基化和 α 酰胺化（图 14-4）。蛋白质末端修饰的功能目前并不完全清楚。其中比较清楚的是氨基末端的乙酰化，在调节蛋白质功能、定位和

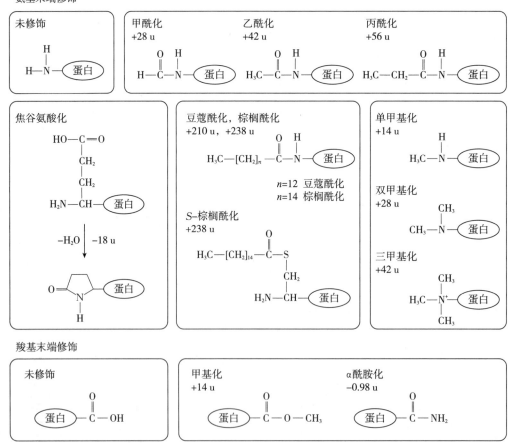

图 14-4　蛋白质末端的常见修饰

（引自 Marino 等，2015）

稳定性方面都发挥着重要作用；N 端的棕榈酰化和豆蔻酰化在信号转导和蛋白质运输中发挥重要作用。

此外，很多蛋白质在氨基末端存在一段 15～30 个残基的引导序列，引导蛋白质运输到细胞中特定的目的地。这种信号序列称为信号肽。信号肽在蛋白质到达其目的地后，最后会被专一的肽酶除去。

三、蛋白质内部氨基酸的翻译后修饰

蛋白质修饰在生命体的生命活动中具有非常重要的意义。翻译后修饰，可以增加蛋白质功能的多样性，从而赋予生命过程更多的精细调控方式和生命过程的复杂性。

蛋白质修饰可以改变蛋白质的结构，从而影响酶的活性、蛋白质复合物的形成、蛋白质分子之间的相互作用、蛋白质分子和其他分子的相互作用，使得蛋白质的功能更加丰富，调节更为精细。据研究表明，在真核生物体内存在多达 400 余种的蛋白质翻译后修饰类型，且随着科学研究的发展，新的蛋白质修饰类型还在不断增加，作用机制也在不断被研究。如，2019 年新发现组蛋白的乳酸化修饰开辟了代谢产物乳酸在肿瘤、免疫等方面的功能和作用机制研究的新篇章（Zhang 等，2019），同一年发现的组蛋白 5 -羟色胺修饰将人的情绪障碍（抑郁等）、药物成瘾等和基因表达联系起来，提示坏的情绪可能被持续记忆在组蛋白上（Cervantes 等，2019）。

常见的蛋白质内部氨基酸的翻译后修饰中，添加修饰基团的蛋白质修饰类型可分为添加简单基团修饰、添加复杂基团修饰和添加多肽修饰，非基团添加的蛋白质修饰常见的有蛋白质切割、瓜氨酸化和脱氨基作用等。添加简单基团修饰主要有磷酸化（phosphorylation）、甲基化（methylation，Me）、乙酰化（acetylation，Ac）和羟基化（hydroxylation）等。添加复杂基团修饰主要有糖基化（glycosylation）、ADP 核糖化（ADP - ribosylation）和异戊二烯化（prenylation）。添加多肽修饰主要有泛素化（ubiquitination，Ub）和类泛素化（SUMOylation）。

蛋白质修饰主要发生于氨基酸的侧链，其中赖氨酸（lysine）的修饰类型最为丰富，且大部分新型赖氨酸修饰主要发现于组蛋白（histone）。组成蛋白的氨基酸发生的常见修饰见表 14 - 1。

表 14 - 1 组成蛋白的氨基酸的主要修饰类型

氨基酸	主要修饰类型	参考文献
赖氨酸	甲基化、羟基化、磷酸化、乙酰化、丙酰化、丙二酰化、丁酰化、戊二酰化、β羟丁酰化、羟基异丁酰化、苯甲酰化、琥珀酰化、巴豆酰化、乳酸化、N -糖基化、ADP 核糖化、类泛素化和泛素化	Wan et al，2019；Zhang et al，2019；Wang et al，2020
精氨酸	甲基化、乙酰化、瓜氨酸化、磷酸化、N -糖基化、羟基化、ADP 核糖化	Lassak et al，2019
半胱氨酸	S-糖基化、亚硝基化、二硫键化	Stepper et al，2011；Gould et al，2013
酪氨酸	磷酸化、羟基化、硫酸盐化	Stone et al，2009；Singh et al，2017
丝氨酸	磷酸化、O-糖基化	Singh et al，2017；Eichler，2019
苏氨酸	磷酸化、O-糖基化	Singh et al，2017；Eichler，2019
天冬氨酸	磷酸化、N-糖基化	Eichler，2019
谷氨酰胺	磷酸化、5-羟色胺化	Cervantes et al，2019

（续）

氨基酸	主要修饰类型	参考文献
组氨酸	磷酸化、甲基化	Puttick et al，2008；Rodriguez et al，2020
天冬酰胺	N-糖基化、羟基化	Eichler，2019；Rodriguez et al，2020
色氨酸	羟基化、C-糖基化	Fitzpatrick，2000；Furmanek et al，2000
脯氨酸	羟基化	Fitzpatrick，2000
苯丙氨酸	羟基化	Fitzpatrick，2000

目前，广泛研究和研究较为成熟的蛋白质修饰主要有磷酸化、甲基化、乙酰化、糖基化和泛素化等（图14-5）。其中组蛋白的修饰目前研究的最为深入，已发现十几个组蛋白修饰类型和上百个组蛋白修饰位点，通过调节染色质的结构，广泛参与了细胞分裂和基因转录等多个细胞活动，在生殖、衰老、神经疾病和癌症等多个生理过程和疾病发生中发挥重要作用。常见的组蛋白修饰位点如图14-6所示。

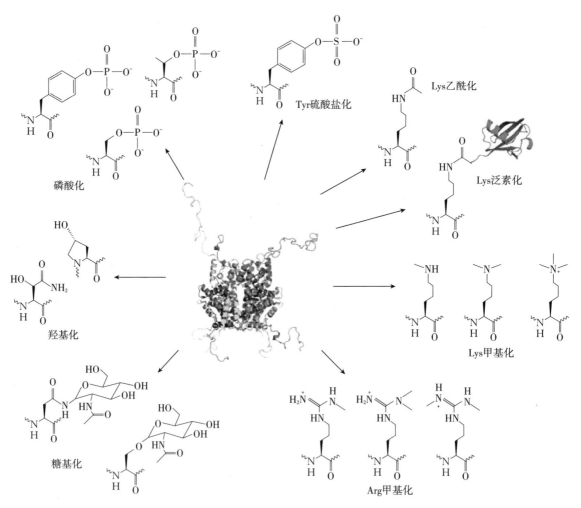

图14-5 常见的主要蛋白质修饰类型

（引自 Liu 等，2011）

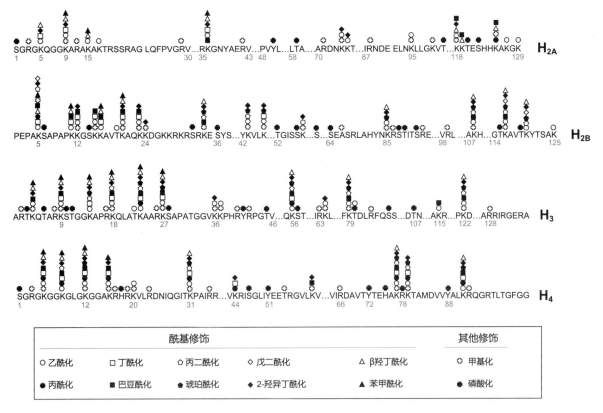

图 14-6　研究较深入的组蛋白修饰位点

（引自 Barnes 等，2019）

第二节　蛋白质修饰的发生机制

　　蛋白质修饰主要由各种修饰酶和去修饰酶在其调节蛋白的帮助下催化完成，且与细胞的代谢过程紧密相连。各种蛋白质修饰的基团主要来自细胞的代谢产物。如磷酸化和腺苷酸化的基团来自ATP，甲基化的基团来自腺苷甲硫氨酸，乙酰化的基团来自乙酰辅酶 A。

一、磷酸化修饰

　　蛋白质的磷酸化是研究最广泛的蛋白质修饰，几乎参与了生命活动的所有过程，与信号转导、细胞周期、生长发育等密切相关。据报道，真核细胞中至少有 30% 的蛋白质会发生磷酸化修饰（Cohen，2000）。

　　已有研究表明，蛋白质的磷酸化主要发生在丝氨酸（serine）、苏氨酸（threonine）和酪氨酸（tyrosine）的侧链羟基，分别占哺乳动物总磷酸化修饰的 84%、15% 和约 1%，少量发生在组氨酸、精氨酸和赖氨酸的侧链氨基以及天冬氨酸和谷氨酰胺的侧链羧基（Humphrey 等，2015）。

　　蛋白质的磷酸化是一个由激酶和磷酸酶共同控制的可逆过程，蛋白激酶将一个 ATP 或 GTP 上 γ 位的磷酸基转移到底物蛋白质的氨基酸残基上形成蛋白质的磷酸化，磷酸酶将蛋白质上的磷酸基团转移给 ADP，从而对蛋白质去磷酸化（图 14-7）。已有研究表明，蛋白质的磷酸化可发生在蛋白质的单个位点，也可发生在多个位点，形成超磷酸化；同一个激酶或磷酸酶可作用于一个底物蛋白质，也可作用于多个底物蛋白质（Humphrey 等，2015）。

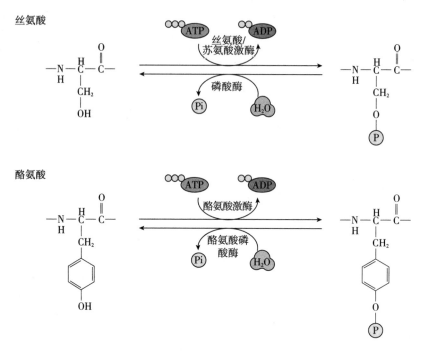

图 14-7　激酶和磷酸酶介导的蛋白质可逆磷酸化修饰

（引自 Hausman，2007）

二、甲基化修饰

蛋白质甲基化修饰是在蛋白质甲基转移酶的作用下，从活性甲基化合物（如 S-腺苷甲硫氨酸，AdoMet）上将甲基催化转移至特定的氨基酸残基上。常见的甲基化主要发生在精氨酸和赖氨酸的侧链上。精氨酸的侧链可添加 1～2 个甲基，主要有 3 种修饰方式，分别由 3 种类型的精氨酸甲基转移酶（PRMT）催化；赖氨酸的侧链可添加 1～3 个甲基，由赖氨酸甲基转移酶（PKMT）催化（图 14-8）。

赖氨酸甲基化

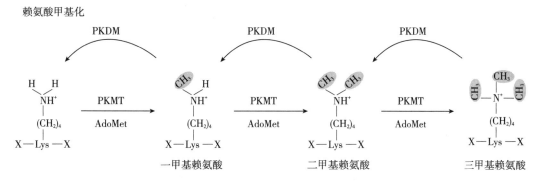

图 14-8　精氨酸和赖氨酸的甲基化修饰

（引自 Bedford 等，2009）

　　甲基化是一种可逆的修饰过程，去甲基化酶主要有赖氨酸特异性去甲基化酶（LSD）和含 Jumonji结构域的蛋白质去甲基化酶家族（JHDM/JMJD）。其中 LSD 以 FAD 为辅因子，先脱氢将甲基变为羟甲基，再自发水解生产甲醛，从而脱去甲基。JHDM/JMJD 以 α 酮戊二酸为辅因子，在氧气的作用下，α 酮戊二酸氧化脱羧，生成琥珀酸和二氧化碳，赖氨酸或精氨酸的甲基脱氢变为羟甲基，进而自发水解生成甲醛，甲醛可在甲酸脱氢酶（FDH）的作用下，以 NAD$^+$ 为辅因子，进一步生成甲酸（图 14-9）。

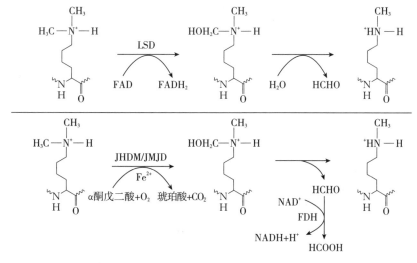

图 14-9　赖氨酸的去甲基化

（引自 Sainathan 等，2015）

三、乙酰化修饰

　　乙酰化是在乙酰基转移酶的作用下，在蛋白质赖氨酸残基上连接乙酰基的过程。乙酰化修饰在真核生物和原核生物中都普遍存在，对蛋白质构象、活性以及稳定等具有重要的调控作用。

　　Vincent Allfrey 及其同事于 1964 年首次在组蛋白上发现了赖氨酸乙酰化修饰。哺乳动物组蛋白乙酰化由乙酰基转移酶（HAT）、去乙酰化酶（HDAC）和 Ⅲ 型组蛋白去乙酰化酶（Sirtuins）催化。随着非组蛋白乙酰化的发现，HAT 和 HDAC 分别更名为赖氨酸乙酰转移酶（KAT）和赖氨酸去乙酰化酶（KDAC）。乙酰化修饰以乙酰辅酶 A 为底物，将乙酰辅酶 A 的乙酰基转移至赖氨酸的侧链。由于乙酰辅酶 A 无法穿越细胞膜结构，所以乙酰辅酶 A 需要经过一系列酶转变为柠檬酸穿梭于线粒体、细胞质和细胞核中，从而满足不同细胞器中乙酰化修饰对乙酰辅酶 A 的需求，这一系列酶包括柠檬酸裂解酶（ACLY）、乙酰辅酶 A 合成酶 1（ACS1）、乙酰辅酶 A 合成酶 2（ACSS2）和丙酮酸脱氢酶（PDC）等（图 14 - 10）（Narita 等，2019）。

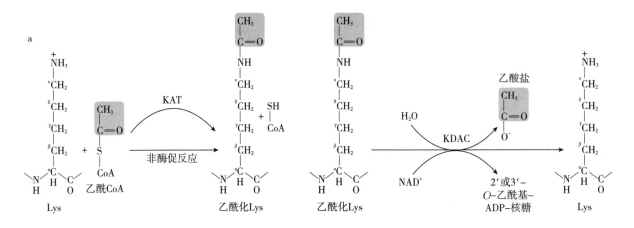

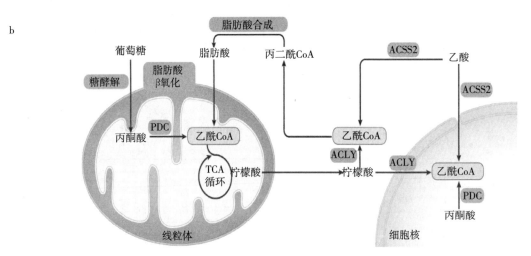

图 14 - 10　赖氨酸的乙酰化和去乙酰化

（引自 Narita 等，2019）

a. 赖氨酸的乙酰化和去乙酰化反应过程　b. 乙酰化反应所需乙酰辅酶 A 的生成途径

四、糖基化修饰

糖基化是在糖基转移酶作用下将糖类转移至蛋白质上特殊的氨基酸残基形成糖苷键的过程。研究表明 70% 人类蛋白包含一个或多个糖链，1% 的人类基因组参与了糖链的合成和修饰。

糖基化修饰是所有蛋白质修饰中最复杂的修饰方式。首先，参与糖基化修饰的糖类种类众多。其次，糖基化修饰可添加单个糖基，也可添加多个糖基。总的来说，常见的蛋白质糖基化主要有两种类型：O-糖基化和 N-糖基化。除此之外，还有 C-糖基化、S-糖基化和 P-糖基化（Eichler，2019）。

O-糖基化发生在丝氨酸（Ser）和苏氨酸（Thr）的羟基上，也可发生在酪氨酸（Tyr）的酚羟基上。赖氨酸（Lys）和脯氨酸（Pro）被羟基化后，也可进一步发生 O-糖基化。N-糖基化主要发生在天冬酰胺（Asn）的氨基上，也可发生在赖氨酸（Lys）、精氨酸（Arg）和天冬氨酸（Asp）的氨基上。哺乳动物中常见的蛋白质糖基化修饰如图 14 - 11 所示。

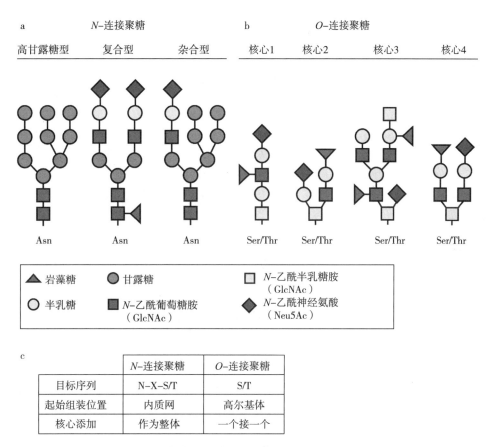

图 14 - 11　常见蛋白质糖基化修饰类型

（引自 Ortega Stone 等，2019）

a. N-糖基化修饰类型　b. O-糖基化修饰类型　c. N-糖基化修饰与 O-糖基化修饰的区别

五、泛素化修饰

泛素化是指泛素（Ub）分子在一系列特殊的酶作用下，将细胞内的蛋白质分类，从中选出靶蛋白分子，而靶蛋白最终被 26S 蛋白酶体识别，接着被催化降解的过程。泛素是由 76 个氨基酸组成的多肽，通过其甘氨酸 C 末端附加于靶蛋白的赖氨酸上。

泛素化修饰的过程涉及泛素激活酶 E1、泛素结合酶 E2 和泛素连接酶 E3 的一系列反应：首先在 ATP 供能的情况下 E1 黏附在泛素分子尾部的 Cys 残基上激活泛素，接着 E1 将激活的泛素分子转移到 E2 上，随后，E2 和一些种类不同的 E3 共同识别靶蛋白对其进行泛素化修饰（图 14 - 12）。根据 E3 与靶蛋白的相对比例可以将靶蛋白进行单泛素化修饰和多聚泛素化修饰。

泛素化是一个被严格调控的可逆过程，去泛素化酶通过水解泛素分子之间或泛素分子与底物蛋白之间的肽键或异肽键进行去泛素化修饰。细胞内的去泛素化酶可以分为六大类：UCH（泛素 C端水解酶）、USP（泛素特异性蛋白酶）、MJD（含有 Machado - Joshphin 区域的蛋白酶）、OTU（卵巢癌蛋白酶）和 JAMM（JAB1、MPN、MOV34 家族）。其中，前 4 个家族是半胱氨酸蛋白酶，JAMM 是锌离子依赖的金属蛋白酶（图 14 - 13）。

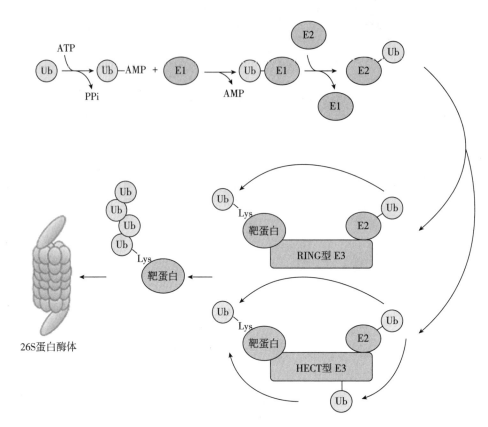

图 14 - 12　E1、E2 与 E3 介导的蛋白质泛素化修饰

（引自 Magori 等，2011）

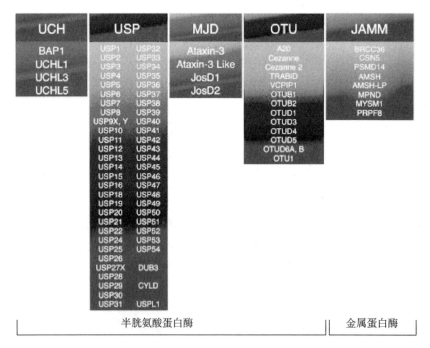

图 14 - 13　已鉴定的主要去泛素化酶

（引自 Todi 等，2011）

第三节 蛋白质修饰与功能的关系

已有研究表明，蛋白质修饰与多种生理过程和疾病相关，包括生殖发育、免疫调节、神经退行性疾病、衰老和癌症等。归纳起来，蛋白质修饰主要通过调节蛋白质本身的稳定性或通过影响蛋白质的结构和活性从而调节基因的转录、信号转导和细胞分裂等过程。

一、蛋白质修饰与蛋白质降解

生物体内的蛋白质基本都处于稳定的动态平衡中，蛋白质的合成和降解是维持这种平衡的两种重要代谢方式。细胞内的蛋白质降解主要有两种途径：溶酶体（lysosome）途径和蛋白酶体（proteosome）途径。溶酶体途径又包括巨自噬（macrophage）、微自噬（mitophage）和分子伴侣介导的自噬（CMA）（图 14 - 14）。

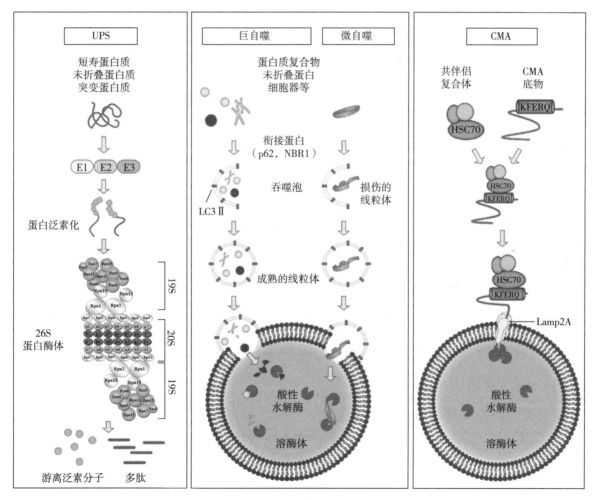

图 14 - 14　蛋白质降解途径
（引自 Ghosh 等，2020）

其中蛋白酶体途径最典型的特征是被降解蛋白的泛素化修饰（图 14 - 12）。被降解蛋白质通过泛素相关蛋白 E1、E2 和 E3 将蛋白泛素化，然后进入 26S 蛋白酶体被降解。自噬主要由自噬相关蛋白 Atg 介导。Atg 蛋白的活性主要由翻译后修饰调控，如磷酸化、乙酰化和泛素化等。细胞自噬的简要过程及主要蛋白的修饰如图 14 - 15 所示（Luo 等，2020）。

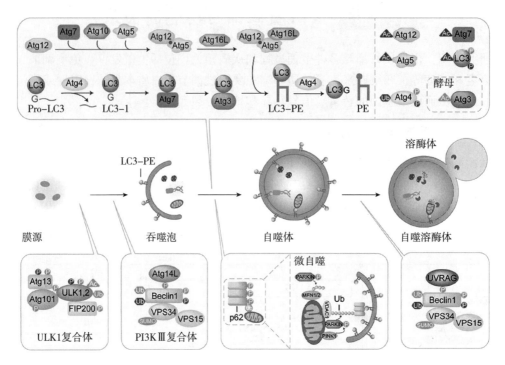

图 14 - 15 细胞自噬的简要过程和主要自噬相关蛋白的翻译后修饰
(引自 Luo 等，2020)

二、蛋白质修饰与基因转录

基因转录是一个严密调控的过程，由 DNA、组蛋白和众多的转录相关蛋白共同控制。近年来研究表明，蛋白质修饰，尤其是组蛋白的修饰在基因转录过程中发挥着重要的作用。组蛋白修饰在基因转录中的调节作用和机制是目前的研究热点，有广谱性的调节方式，也有基因特异性的调节方式。

目前，研究较多的主要是组蛋白甲基化、乙酰化和泛素化对基因转录的调节作用。其中组蛋白的乙酰化会让染色质变得松弛，从而露出 DNA，被转录相关蛋白识别，从而启动转录。不同组蛋白位点的甲基化对染色质结构的调节作用不同，如 H3K27me3 主要介导转录抑制，而 H3K4me3、H3K6me3 和 H3K79me3 主要介导转录激活（图 14 - 16）。

三、蛋白质修饰与细胞信号转导

细胞信号转导是细胞通过细胞膜受体或胞内受体感受信号分子或外界环境刺激，经细胞内信号转导系统转换，从而影响细胞增殖、死亡和基因表达等一系列细胞活动的过程（图 14 - 17）。

目前研究的比较清楚的细胞信号转导途径主要包括 AKT 信号转导途径、AMPK 信号转导途径、表皮生长因子受体（EGFR）信号转导途径、G 蛋白偶联受体（GPCR）信号转导途径、Jak - Stat 信号转导途径、MAPK 信号转导途径、NFκB 信号转导途径、TNF 信号转导途径、VEGF 信号转导途径和 Wnt 信号转导途径等。蛋白质修饰广泛参与了细胞内的信号转导，如磷酸化修饰几乎介导了所有信号转导途径的发生。其中 MAPK 信号转导途径是经典的磷酸化修饰介导的信号通路。MAPK 信号转导途径由 MAP3K、MAP2K 和 MAPK 三个层次的级联磷酸化修饰顺序激活，从而调控基因的表达，响应生理变化或外界环境刺激（图 14 - 18）（Wang 等，2012）。

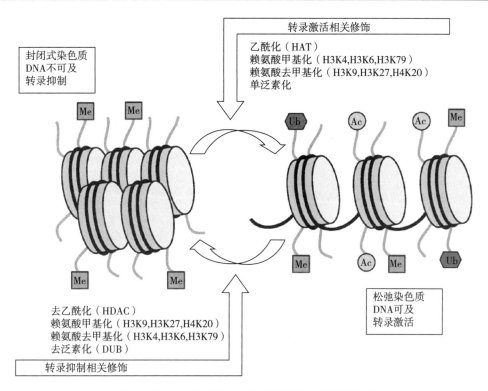

图 14 - 16 主要组蛋白修饰对基因转录的调节作用

（引自 Bassett 等，2014）

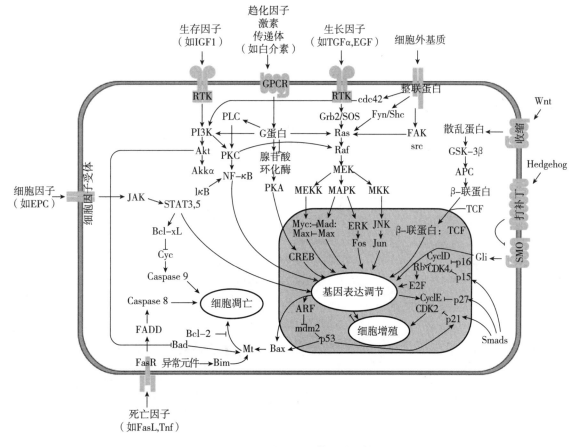

图 14 - 17 细胞中主要信号途径简图

注：→表示激活，⊣表示抑制。

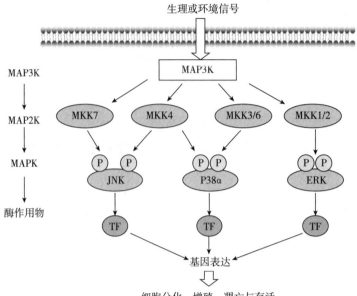

图 14 - 18　级联磷酸化修饰介导的 MAPK 信号通路简图

(引自 Wang 等，2012)

四、蛋白质修饰与细胞分裂

细胞分裂是细胞增殖、遗传和发育的基础，在机体内受到一系列严密的调控和监控。以有丝分裂为例，根据细胞核内特异的染色体行为特征将其分为间期（interphase）、前期（prophase）、前中期（prometaphase）、中期（metaphase）、后期（anaphase）和末期（telophase），每个时期相关调控出现问题都可能导致细胞分裂异常，甚至诱发癌症。

在细胞分裂的调控和监控过程中，磷酸化修饰发挥着关键的作用。其中最经典的是细胞周期蛋白（Cyclin）与其依赖性蛋白激酶（CDK）复合物对细胞周期进程的控制。不同的 Cyclin 蛋白随细胞周期的进程而发生蛋白表达量的变化，通过与其对应的 CDK 结合，形成异源二聚体，从而激活CDK，进而磷酸化修饰 CDK 的一系列底物，控制细胞周期进程（图 14 - 19）。

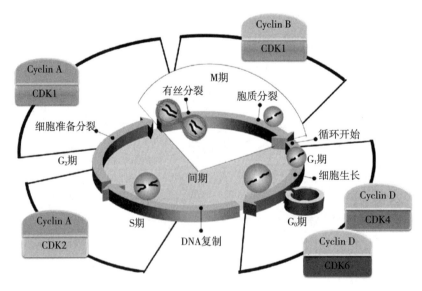

图 14 - 19　细胞周期蛋白与其依赖性蛋白激酶复合物对细胞周期进程的控制

(引自 Garcia - Reyes 等，2018)

此外，近年来研究发现，组蛋白修饰与细胞分裂密切相关。最为经典是细胞分裂过程中，调控染色质凝集与分离的染色质乘客复合物（CPC）定位到染色体上，需要包括 H3T3ph、H3S10ph 和 H2AT120ph 在内的一系列的组蛋白的修饰的变化，且各修饰之间相互交叉影响，共同作用（图 14-20）。

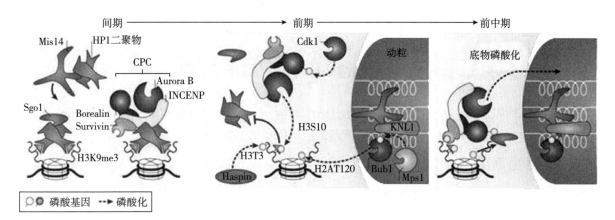

图 14-20　细胞分裂过程中组蛋白修饰介导的染色质乘客复合物在染色质上的定位

（引自 Carmena 等，2012）

五、蛋白质修饰与 DNA 损伤响应

在生命活动过程中，细胞难免在一些内源因素或外源刺激的作用下，发生 DNA 损伤，并引发一系列复杂的、有序的协同反应，包括 DNA 损伤修复、细胞周期阻滞和细胞凋亡等。

DNA 损伤响应是一个非常复杂的过程，目前尚未完全研究清楚。总体来讲，DNA 损伤响应主要包括 DNA 损伤的感知、DNA 损伤信号转导和 DNA 损伤效应执行三个层次（图 14-21）。在 DNA 损伤响应的过程中，蛋白质修饰发挥着十分重要的作用，包括磷酸化、乙酰化和泛素化等。

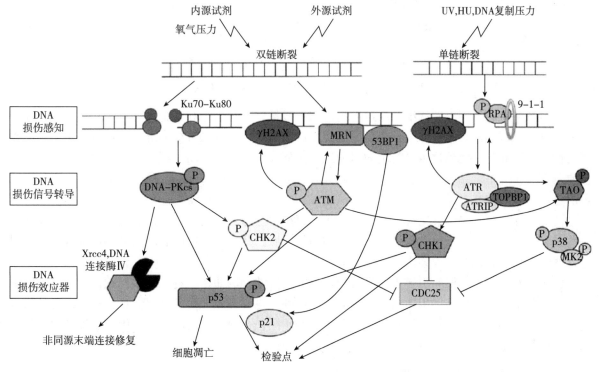

图 14-21　DNA 损伤应答简图及关键蛋白修饰的作用

（引自 Xiaofei 等，2014）

其中最为熟知的是 DNA 信号转导的三个关键激酶 ATM、ATR 和 DNA - PKcs，它们通过自身的磷酸化激活，进而磷酸化一系列的底物，从而将 DNA 损伤信号转导至效应蛋白，最终产生 DNA 损伤修复、细胞周期阻滞和细胞凋亡等（图 14 - 21）。此外，组蛋白 H_{2AX} 第 139 位丝氨酸的磷酸化在 DNA 损伤的早期几分钟就开始出现，被广泛用作 DNA 损伤的标志。

第四节　蛋白质合成后的运输

所有在核糖体上新合成的多肽经过分选（sorting），被定向投送（trafficking）到目的地，以行使各自的生物学功能。这个定向运输过程称为蛋白质的靶向（targeting）定位。

一、蛋白质的分选信号

一般认为，蛋白质能够被准确无误地送到相应膜结构和细胞器，是由于新合成的多肽上存在着分选信号和相应的靶膜或靶细胞器上存在着分选信号的受体。

蛋白质的分选信号有信号肽和信号斑块（signal patch）两种类型（图 14 - 22）。信号肽是位于多肽链上的一段连续的氨基酸序列，一般有 15～60 个氨基酸残基。信号肽引导蛋白质到达目的地，完成分选功能后，常常从蛋白质上被切除。信号斑块是位于多肽链不同部位的氨基酸序列，是在多肽链折叠后形成的一种三维结构层次上的小区块。

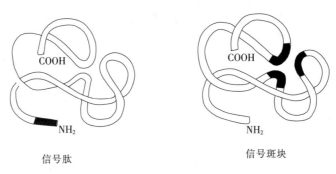

信号肽　　　　　　　　　　　信号斑块

图 14 - 22　蛋白质的分选信号（以黑实心带表示）

信号肽通常引导蛋白质从细胞质进入内质网、线粒体、叶绿体和细胞核等；信号斑块则引导一些其他分选过程，如高尔基体中某些溶酶体酶蛋白上有信号斑块，可被相应的分选酶识别。不同类型的信号肽引导蛋白质到达各自特定的目的地。例如，先送往内质网，再进一步运往高尔基体的蛋白质具有一个氨基末端的信号肽，其中间部分有一段 5～10 个疏水氨基酸序列；最终保留在内质网内的蛋白质在其羧基末端有 4 个特定氨基酸组成的信号肽；要送往线粒体的蛋白质，其信号肽中带正电荷氨基酸和疏水氨基酸交替排列成两性 α 螺旋结构（螺旋一侧带正电荷，另一侧是疏水性的）；一些结合到细胞膜上的蛋白质则带有一种特别的信号肽，其作用是使脂肪酸与其共价结合，然后引导这些蛋白质结合在细胞膜结构上，而不插入细胞膜内。

已有实验证明信号肽对引导蛋白质靶向定位的重要性。例如，把进入内质网的信号肽重组到细胞质蛋白质上就会引导这类蛋白质进入内质网。此外，也有实验证实了具有同样目的地的各种信号肽是可以互换的，尽管它们的氨基酸序列有很多的不同。在信号肽的识别过程中，物理特性（如疏水性）往往比氨基酸序列更重要。

二、蛋白质的运送类型

在细胞质的核糖体上合成的蛋白质有两种主要的运送类型（图 14 - 23）。

1. 运往内质网　蛋白质合成与跨膜运送是同时进行的，称为伴同转译运送（cotranslational translocation）。在核糖体上多肽链开始合成不久，位于氨基末端的信号肽引导核糖体附着于内质网膜上并继续其合成过程，新合成的多肽链通过内质网膜进入内质网腔内。蛋白质合成后可游离于内质网腔内成为可溶性蛋白，也可插入内质网膜成为跨膜蛋白。由这一条途径合成的蛋白质，进一步又有两种去向，一种是留在内质网，另一种是被送往高尔基体和其他部位。

2. 释放到细胞质　蛋白质在核糖体上合成后

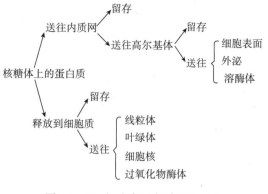

图 14 - 23　细胞内蛋白质运送定位

被释放到细胞质中。当它们跨膜运送时，合成过程已完成，故称为转译后运送（post - translational translocation）。被运送的蛋白质有些带有分选信号，按其信号"对号入座"，从细胞质分别运往细胞核、线粒体、叶绿体和过氧化物酶体。另一些蛋白质没有分选信号，则被留在细胞质中。

三、蛋白质的运输方式

蛋白质从细胞质送往细胞器，或从一种细胞器送往另一种细胞器，主要有直接穿膜运输和通过运输小泡运输两种方式。

1. 直接穿膜运输　蛋白质直接穿膜运输方式主要发生在细胞质与细胞器之间的运输，这种运输必须具备两个条件：一是穿膜蛋白质为非折叠（nonfolding）状态，二是膜内存在一种特殊的蛋白质转位装置（protein translocator）。

2. 通过运输小泡运输　蛋白质通过运输小泡（transport vesicle）运输方式主要见于细胞器之间的运输。例如，蛋白质从内质网到高尔基体的运输就属于这种方式。运输小泡是从一个细胞器上芽生形成的，其直径 50～100 nm。小泡内装有被运送的蛋白质，蛋白质的分选信号必须与运输小泡膜上的受体相结合，然后做定向运输（图 14 - 24）。当它到达靶细胞器时即与其融合，将蛋白质释放到靶细胞器内。每种新形成的运输小泡一般只运送一种蛋白质。有些蛋白质没有分选信号，也可由运输小泡运输，但在细胞内不是选择性地定向运输。

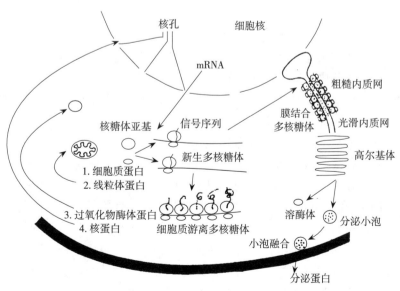

图 14 - 24　真核生物蛋白质易位的主要途径

四、蛋白质的运输过程

(一) 蛋白质从细胞质到内质网的运输

真核细胞中至少有 3 类蛋白质必须首先进入内质网,然后再转运到发挥其功能的部位。它们分别是分泌蛋白、溶酶体蛋白和某些膜蛋白。凡是送往内质网的蛋白质在 N 末端都含有一段信号肽,其长度一般为 15～35 个氨基酸残基。信号肽的中部有 5～15 个疏水氨基酸构成疏水区,通常它们在穿膜后被切除。细胞质中存在一种信号识别颗粒 (signal recognition particle,SRP),SRP 的沉降系数为 11S,含有 7S RNA 和 6 个分子质量为 9～72 ku 的多肽。SRP 能专一地识别信号肽段。当蛋白质在核糖体上合成开始不久,一旦 N 端的信号肽露出核糖体,它就与信号肽结合,结合 SRP 使多肽合成暂时中止。随后,SRP 将带有信号肽的核糖体引向内质网膜表面,与分布在内质网膜上的信号识别颗粒的受体相结合。一旦核糖体结合到内质网膜上,SRP 就被释放到细胞质循环使用,被暂时抑制的翻译过程又得以继续进行 (图 14 - 25)。肽链穿越内质网还需要蛋白质转位装置的参与,这个装置是由一些具有不同功能的跨膜蛋白组成的,如蛋白通道、信号肽的受体等。进入内质网的蛋白质在信号肽切除之后即进入折叠、糖基化及二硫键形成等加工过程。

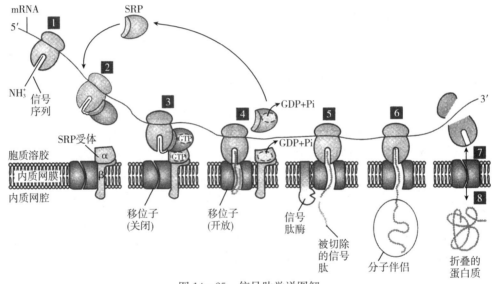

图 14 - 25 信号肽学说图解

注:1～8 表示 SRP 识别内质网蛋白信号肽并将内质网蛋白输入内质网的过程。

分泌蛋白与膜蛋白的跨膜运送过程不完全相同,前者多肽链完全通过内质网膜,后者肽链的 C 端部分则被固定在内质网膜中。膜蛋白肽链的 C 端一般有 11～25 个疏水氨基酸残基,紧接着这些疏水氨基酸残基的是一些碱性氨基酸残基,它们的作用恰好与信号肽相反,引起内质网膜上受体及孔道的解聚,使后续肽段不能进入内质网膜,从而使转移终止。

(二) 蛋白质从内质网到高尔基体的运输

在内质网和高尔基体之间有中间区室 (也称为补救区室),有一些蛋白质循环于中间区室和内质网之间。它们往往由于 C 末端带有 KDEL/HDEL 四肽的 "滞留" 信号特征而不能进入高尔基体,而滞留在内质网中。这些蛋白质是起 "质量监督" 作用,使折叠不正确的新生肽链和没有装配好的单体 (亚基) 不能进入高尔基体,其命运或是在二硫键异构酶等蛋白质的帮助下获得正确的有活性构象或是被降解。通过 "质量检查" 合格的有正确构象的肽链由运输小泡送往高尔基体。大量的蛋白质在高尔基体中有一系列的加工,然后被分选和投送。运输小泡在内质网上没有核糖体附着的地方以芽生方式长出,到达高尔基体后与相应的高尔基体膜囊融合,成为高尔基体膜的一部分,小泡内的蛋白质也进入高尔基体。在这种小泡运输过程中,膜蛋白和膜脂的不对称性始终被保存下来，如糖蛋白的糖基一直位于非细胞质一侧。因此，小泡运输不仅运送了蛋白质，而且对维持膜结构的不对称性起重要的作用。

（三）蛋白质从高尔基体到溶酶体的运输

滞留在高尔基体膜上的蛋白质是依靠其经过内质网时，保留信号肽及穿越内质网膜的肽段序列不被切除而得以定位在高尔基体膜上的。其他的蛋白质经高尔基体内的加工修饰后有 3 个运送方向：一是送往溶酶体，参与溶酶体的形成；二是运送到分泌颗粒，再经胞吐作用分泌到细胞外；三是直接送往质膜或细胞外。

溶酶体蛋白质在高尔基体与溶酶体之间的运输是一种受体介导的运输，它的分选信号是 6-磷酸甘露糖（M-6-P）。M-6-P 是在 N-乙酰氨基葡萄糖磷酸转移酶和 N-乙酰氨基葡萄糖磷酸苷酶的催化下加工形成的。前一种酶与溶酶体蛋白质表面的信号斑块识别结合后，把 N-乙酰氨基葡萄糖的磷酸转移到寡聚糖链的甘露糖基上。后一种酶把 N-乙酰氨基葡萄糖基团切除，形成 M-6-P。高尔基体上存在 M-6-P 受体，当 M-6-P 受体与受体分选信号特异结合后，高尔基体形成运输小泡，把溶酶体蛋白质包入其中，运输小泡离开高尔基体后很快失去蛋白质外衣，并与前溶酶体融合，把溶酶体蛋白质以及膜蛋白和膜脂送到前溶酶体。M-6-P 受体在 pH 7 条件下与 M-6-P 结合，而在前溶酶体 pH 6 的条件下与 M-6-P 分开，M-6-P 受体通过运输小泡的方式回到高尔基体。

（四）蛋白质从高尔基体到细胞表面的运输

从高尔基体长出运输小泡，运送到细胞表面与细胞膜融合，一方面可为细胞膜不断补充新的膜蛋白和膜脂，另一方面也把小泡内容物分泌到细胞外。这是细胞的固有分泌途径，存在于所有的细胞中，被运输的物质不需要分选信号。但是对于有极性的细胞（如上皮细胞），其两端的细胞膜含有不同的膜蛋白和膜脂，糖蛋白和糖脂只存在于顶部细胞膜中，这些蛋白质的运送是需要分选信号的。

另外有一些特殊的分泌细胞（如胰腺细胞）除了上述固有分泌途径外，还存在受调分泌途径。被分泌的蛋白质贮存在分泌颗粒中，只有在适当的外界条件下才释放。分泌颗粒的形成方式与溶酶体相似，只是小泡较大，所含的蛋白质也远远多于膜受体的量。当分泌颗粒与细胞膜融合时，内容物释放到细胞外，在分泌的同时，又有大量膜回收到高尔基体，被重新利用。

（五）蛋白质从细胞质到线粒体的运输

线粒体是细胞的"动力站"，它虽然含有遗传物质（DNA 和 RNA）以及核糖体等，但它的DNA 信息含量有限，大部分线粒体蛋白质都是由细胞核 DNA 编码的，在细胞质自由核糖体上合成，被释放至细胞质，再跨膜运转到线粒体各部分。与分泌蛋白质通过内质网膜进行运转不同，通过线粒体膜的蛋白质是在合成以后再运转的。这个过程有如下特征：①通过线粒体膜的蛋白质运转之前大多数以前体形式存在，它由成熟蛋白质和位于 N 端的一段前导肽（leader peptide）共同组成。迄今已有 40 多种线粒体蛋白质前导肽的一级结构被阐明，它们含 20～80 个氨基酸残基，当前体蛋白穿膜时，前导肽被一种或两种多肽酶所水解，释放成熟蛋白质。②蛋白质通过线粒体内膜的运转是一种需能过程。③蛋白质通过线粒体膜时，首先由外膜上的 Tom 受体复合蛋白识别与 HSP70 或线粒体输入刺激因子（MSF）等分子伴侣相结合的待运转多肽，通过与 Tom 和 Tim 组成的膜通道进入线粒体内腔。蛋白质跨膜运转时的能量来自线粒体 HSP70 引发的水解和膜电位差（图 14-26）。

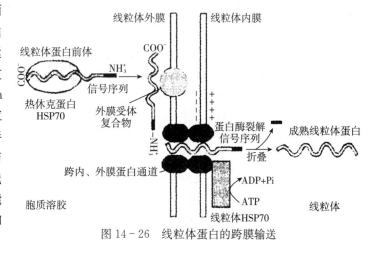

图 14-26 线粒体蛋白的跨膜输送

（六）蛋白质从细胞质到叶绿体的运输

叶绿体含 2 000～2 500 种蛋白质，叶绿体基因组编码的不足 100 种，因此大量的蛋白质也是由细胞核基因编码的，在细胞质中合成，然后定向转运到叶绿体。叶绿体蛋白的转运机理与线粒体的相似。如：①通常前体蛋白 N 端具有信号序列，完成转运后被信号肽酶切除，和线粒体一样发生翻译后转运；②每一种膜上有特定的转位因子；③内、外膜具有接触点（contact site）；④需要能量，同样利用 ATP 和质子动力势。但是二者的蛋白质转运体系中除了某些 HSP 分子相同外，转位因子复合体是不同的。叶绿体外膜的转位因子称为 TOC 复合体，内膜的转位因子称为 TIC 复合体。叶绿体有 6 个区隔：外膜、膜间隙、内膜、基质、类囊体膜及类囊体腔。因此叶绿体的蛋白质转运途径更复杂一些。

叶绿体前体蛋白的 N 端信号序列长度为 20～150 个氨基酸残基，同一植物不同前体蛋白的 N 端序列不具有同源性，分为 3 个部分：N 端缺乏带正电荷的氨基酸，以及甘氨酸和脯氨酸；C 端形成两性 β 折叠；中间富含羟基化的氨基酸，如丝氨酸和苏氨酸。转运到叶绿体基质的前体蛋白具有典型的 N 端序列。转运到叶绿体内膜和类囊体的前体蛋白含有两个 N 端信号序列，第一个被切除后，暴露出第二个信号序列，将蛋白质导向内膜或类囊体膜（图 14 - 27）。转运到叶绿体外膜上的蛋白质分两类：一类蛋白质含内部信号序列；另一类蛋白质的 N 端序列被切除后，其后的停止转移序列使蛋白质定位在外膜。

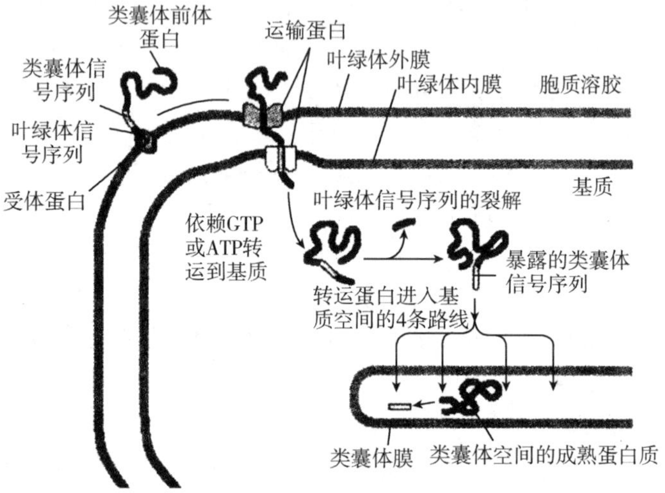

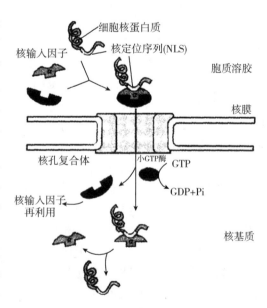

图 14 - 27 叶绿体的蛋白质定向转运

（引自 B. Alberts 等，2002）

（七）蛋白质从细胞质到细胞核的运输

细胞核蛋白质在胞质溶胶合成后，通过核孔进入细胞核。所有输向细胞核的蛋白质多肽链内都含有特异信号序列，称为核定位序列（nuclear localization sequence，NLS）。NLS 由 4～8 个氨基酸残基组成，富含带正电荷的赖氨酸和精氨酸。NLS 可以位于肽链的不同部位，而不只在 N 端。蛋白质被运入细胞核后，NLS 一般都不被切除。

蛋白质向细胞核内运输过程需要一系列循环于细胞核内和细胞质的蛋白因子，包括核输入因子（importin）α 及 β 和一个相对分子质量较低的 GTP 酶 Ran。α 和 β 组成的异源二聚体是核定位蛋白的可溶性受体，与核定位序列相结合的是 α 亚基。由上述 3 个蛋白质组成的复合物停靠在核孔处，依靠 Ran GTP 酶水解提供的能量进入细胞核，α 和 β 亚基解离，核蛋白与 α 亚基解离，α 和 β 亚基分别通过核孔复合体回到细胞质中，起始新一轮蛋白质的运转（图 14 - 28）。

图 14 - 28 细胞核蛋白质的靶向输送

本章小结

蛋白质合成后需要进行正确的折叠和一系列的合成后加工，并运送到正确的亚细胞部位，才能正确发挥其活性。

蛋白质的正确折叠是其发生活性的基础。新生肽段一般边合成边折叠，主要由疏水相互作用、氢键和范德华力等引导。分子伴侣在蛋白质折叠的过程中发挥着重要的作用，主要通过识别和稳定肽段折叠过程中暂时暴露的部分构象，与之结合生成复合物，从而促进蛋白质的正确折叠。

蛋白质合成后的加工，主要包括蛋白质末端的加工和各种类型的蛋白质内部氨基酸翻译后修饰。蛋白质末端的加工主要包括信号肽的切除、氨基末端的修饰和羧基末端的修饰。蛋白质内部氨基酸的修饰种类非常丰富，以赖氨酸的修饰类型最多。蛋白质内部氨基酸的修饰主要发生于氨基酸的侧链。蛋白质修饰主要由各种修饰酶和去修饰酶在其调节蛋白的帮助下催化完成，与细胞的代谢过程紧密相连。各种蛋白质修饰的基团主要来自细胞的代谢产物。蛋白质修饰与多种生理过程和疾病相关，如生殖发育、免疫调节、神经退行性疾病、衰老和癌症等。归纳起来，蛋白质修饰主要通过调节蛋白质本身的稳定性或通过影响蛋白质的结构和活性从而调节基因的转录、信号转导和细胞分裂等过程。

正确的蛋白质定位是蛋白质发挥其功能的另一重要因素。有的蛋白质只存在于一种亚细胞结构中，有的蛋白质可存在于几种亚细胞结构中。信号肽和信号斑块是蛋白质被运送到正确目的地的信号。各亚细胞结构通过识别蛋白质上的信号肽或信号斑块引导新生蛋白质的正确定位。蛋白质的运送可分为内质网和细胞质两种途径。内质网途径主要将蛋白质留在内质网或运送到高尔基体、溶酶体、细胞表面或分泌到细胞外；细胞质途径主要将蛋白质留在细胞质或运送到线粒体、叶绿体、细胞核和过氧化物酶体。各亚细胞定位的蛋白质的运输各有一套特异的蛋白质运送系统，如细胞核蛋白的运送是通过核转运蛋白识别新生蛋白上的核定位信号，依靠 Ran GTP 酶提供能量，通过核孔进入细胞核。

复习思考题

一、名词解释

1. 信号肽　2. 磷酸化　3. 乙酰化　4. 甲基化　5. 泛素化　6. 核定位序列

二、问答题

1. 蛋白质翻译后修饰的主要类型有哪些？分别发生于什么氨基酸上？
2. 磷酸化和去磷酸化修饰分别由什么酶催化？磷酸化修饰的主要功能有哪些？
3. 蛋白质的甲基化和乙酰化修饰如何影响基因的转录？
4. 蛋白质降解的主要途径有哪些？蛋白质修饰如何参与这个过程？
5. 蛋白质运输的主要方式有哪些？各自有什么特点？
6. 蛋白质如何进入细胞核？其主要过程是什么？

主要参考文献

汪世龙，等，2012. 蛋白质化学［M］. 上海：同济大学出版社.

朱圣庚，徐长法，2016. 生物化学［M］. 4 版. 北京：高等教育出版社.

Bassett S A, Barnett M P, 2014. The role of dietary histone deacetylases（HDACs）inhibitors in health and disease ［J］. Nutrients，6（10）：4273-4301.

Bedford M T, Clarke S G, 2009. Protein arginine methylation in mammals：who，what，and why ［J］. Mol Cell，33（1）：1-13.

Carmena M, Wheelock M, Funabiki H, et al, 2012. The chromosomal passenger complex (CPC): from easy rider to the godfather of mitosis [J]. Nat Rev Mol Cell Biol, 13 (12): 789 – 803.

Cervantes M, Sassone – Corsi P, 2019. Modification of histone proteins by serotonin in the nucleus [J]. Nature, 567 (7749): 464 – 465.

Chen D H, Madan D, Weaver J, et al, 2013. Visualizing GroEL/ES in the act of encapsulating a folding protein [J]. Cell, 153 (6): 1354 – 1365.

Cohen P, 2000. The regulation of protein function by multisite phosphorylation—a 25 year update [J]. Trends Biochem Sci, 25 (12): 596 – 601.

Cooper G M, Hausman R E, 2007. The Cell: A Molecular Approach [M]. 4th ed. Cary: Sinauer Associates Inc Publisher.

Eichler J, 2019. Protein glycosylation [J]. Curr Biol, 29 (7): R229 – R231.

Fitzpatrick P F, 2000. The aromatic amino acid hydroxylases [J]. Adv Enzymol Relat Areas Mol Biol, 74: 235 – 294.

Furmanek A, Hofsteenge J, 2000. Protein C – mannosylation: facts and questions [J]. Acta Biochim Pol, 47 (3): 781 – 789.

Garcia – Reyes B, Kretz A L, Ruff J R, et al, 2018. The emerging role of cyclin – dependent kinases (CDKs) in pancreatic ductal adenocarcinoma [J]. Int J Mol Sci, 19 (10): 1 – 28.

Ghosh R, Vinod V, Symons J D, et al, 2020. Protein and mitochondria quality control mechanisms and cardiac aging [J]. Cells, 9 (4): 933.

Gould N, Doulias P T, Tenopoulou M, et al, 2013. Regulation of protein function and signaling by reversible cysteine S – nitrosylation [J]. J Biol Chem, 288 (37): 26473 – 26479.

Hasegawa T, Yoshida S, Sugeno N, et al, 2017. DnaJ/Hsp40 family and parkinson's disease [J]. Front Neurosci, 11: 743.

Humphrey S J D, James D E, Mann M, 2015. Protein phosphorylation: a major switch mechanism for metabolic regulation [J]. Trends Endocrinol Metab, 26 (12): 676 – 687.

Lassak J, Koller F, Krafczyk R, et al, 2019. Exceptionally versatile – arginine in bacterial post – translational protein modifications [J]. Biol Chem, 400 (11): 1397 – 1427.

Liu W R, Wang Y S, Wan W, 2011. Synthesis of proteins with defined posttranslational modifications using the genetic noncanonical amino acid incorporation approach [J]. Mol Biosyst, 7 (1): 38 – 47.

Luo Y, Jiang C, Yu L, et al, 2020. Chemical biology of autophagy – related proteins with posttranslational modifications: from chemical synthesis to biological applications [J]. Front Chem, 8: 233.

Magori S, Citovsky V, 2011. Hijacking of the host scf ubiquitin ligase machinery by plant pathogens [J]. Front Plant Sci, 2: 87.

Marino G, Eckhard U, Overall C M, 2015. Protein termini and their modifications revealed by positional proteomics [J]. Acs Chemical Biology, 10 (8): 1754 – 1764.

Narita T, Weinert B T, Choudhary C, 2019. Functions and mechanisms of non – histone protein acetylation [J]. Nat Rev Mol Cell Biol, 20 (3): 156 – 174.

Nelson D L, Cox M M, 2017. Lehninger Principles of Biochemistry [M]. 7th ed. New York: Worth Publisher.

Puttick J, Baker E N, Delbaere L T, 2008. Histidine phosphorylation in biological systems [J]. Biochim Biophys Acta, 1784 (1): 100 – 105.

Rodriguez J, Haydinger C D, Peet D J, et al, 2020. Asparagine hydroxylation is a reversible post – translational modification [J]. Molecular & Cellular Proteomics, 19 (11): 1777 – 1789.

Sainathan S, Paul S, Ramalingam S, et al, 2015. Histone demethylases in cancer [J]. Current Pharmacology Reports, 1 (4): 234 – 244.

Singh V, Ram M, Kumar R, et al, 2017. Phosphorylation: implications in cancer [J]. Protein J, 36 (1): 1 – 6.

Stepper J, Shastri S, Loo T S, et al, 2011. Cysteine S – glycosylation, a new post – translational modification found in glycopeptide bacteriocins [J]. FEBS Lett, 585 (4): 645 – 650.

Stone M J, Chuang S, Hou X, et al, 2009. Tyrosine sulfation: an increasingly recognised post – translational modificationof secreted proteins [J]. N Biotechnol，25（5）：299 - 317.

Todi S V，Paulson H L，2011. Balancing act：deubiquitinating enzymes in the nervous system [J]. Trends Neurosci，34（7）：370 - 382.

Very N，Lefebvre T，Yazidi - Belkoura I E，2018. Drug resistance related to aberrant glycosylation in colorectal cancer [J]. Oncotarget，9（1）：1380 - 1402.

Wan J，Liu H，Chu J，et al，2019. Functions and mechanisms of lysine crotonylation [J]. J Cell Mol Med，23（11）：7163 - 7169.

Wang J，Xia Y，2012. Assessing developmental roles of MKK4 and MKK7 in vitro [J]. Commun Integr Biol，5（4）：319 - 324.

Wang Z A，Cole P A，2020. The chemical biology of reversible lysine post - translational modifications [J]. Cell Chem Biol，27（8）：953 - 969.

Xiaofei E，Kowalik T F，2014. The DNA damage response induced by infection with human cytomegalovirus and other viruses [J]. Viruses，6（5）：2155 - 2185.

Zhang D，Tang Z，Huang H，Zhou G，et al，2019. Metabolic regulation of gene expression by histone lactylation [J]. Nature，574（7779）：575 - 580.

第十五章

代 谢 调 节

一般的生物细胞都是很小的，但是在每一个这么小的细胞里，时刻都在进行着各种各样的生物化学反应。这些生化反应就构成新陈代谢过程。假如细胞只是一个简单的小口袋，这个口袋里杂乱无章地装着各种各样的酶和反应物，那么细胞的代谢就是毫无规律的。需要生产什么物质、每种物质需要生产多少等都无法控制。这样的细胞就无法进行正常的代谢，其在生命活动过程中就会出现代谢紊乱，细胞就会走向死亡。实际上，细胞内各种各样的生物化学反应都表现出惊人的顺序性（graduation）、逻辑性（logicality）和整合性（conformity）。顺序性就是指在细胞内部的反应一个接着一个进行，一般都不会混乱；逻辑性就是指生物化学反应安排得很合理，需要进行哪些反应都是根据细胞的需要进行设计的；整合性就是指细胞内的各种各样反应之间、各种各样的代谢途径之间有很好的协调性，哪些代谢途径进行到什么程度都是根据细胞的需要而安排的。

细胞为了使自身的代谢有较好的顺序性、逻辑性和整合性，就必须有一整套自动的调节系统。细胞代谢的自动调节系统是较为复杂的，包括底物供应的调节、酶调节、辅因子的调节、神经系统和激素调节等。而这些调节又是互相交叉的，不是孤立的。下面对这些调节方式作简要的介绍。

第一节 底物供应的调节

生物细胞内的化学反应都是互相联系的，但一般可以分为相对独立的体系。例如，糖酵解过程就是相对独立的一个体系。在这个体系中从葡萄糖开始到丙酮酸的形成共包括 10 步反应。三羧酸循环又是一个相对独立的反应体系，在这个体系中，从草酰乙酸与乙酰 CoA 合成柠檬酸开始到新的草酰乙酸形成包括 8 步反应。氧化磷酸化过程又是一个相对独立的体系，在这个体系中从 NADH 开始将电子传递到 O_2 共包括至少 9 步氧化还原反应。每一个这样的反应体系中的反应是有顺序性的。一个反应的产物就是下一个反应的底物，一个反应紧接着一个反应。图 15-1 是糖酵解过程的简略图。这个过程是一个连续的过程。每一个产物都是下一个反应的反应物。因此，每一个产物的生成都对下面步骤的进行有影响。如果其中有一个步骤的反应（如反应 1）受到干扰，其生成的产物（6-磷酸葡萄糖）不多，这样下一个反应（反应 2）就由于底物（6-磷酸葡萄糖）不足而反应速度下降，其余反应（反应 3、反应 4、反应 5、反应 6、反应 7、反应 8）的速度都由于底物不足而下降。这就相当于一条自来水管若有一小段管道很窄的话，这段水管就成为水流速度的最大阻碍，此段水管后面的水流速度都会下降。在一个反应系列中，这个由于自身反应速度被干扰而导致整个系列的反应速度下降的反应称为限速步骤（rate-limiting step）。催化这个限速步骤反应的酶称为标兵酶（pacemaker enzyme）。

在图 15-1 的糖酵解过程中，催化第一步反应的己糖激酶是糖酵解的第一个关键酶。这个酶是一种变构酶（allosteric enzyme），其活性高低受到 6 -磷酸葡萄糖浓度的影响，也受到 ATP 浓度的影响。当细胞的 ATP 含量高时，就会抑制己糖激酶的活性，使酶活性下降，第一步反应的速度就下降，进而导致整个糖酵解过程速度下降，从而进行调节。催化第三步反应的酶是磷酸果糖激酶 I，是糖酵解的第二个关键酶，同时也是糖酵解反应过程的限速酶。此酶也是一个变构酶。ATP 的含量高也会抑制这个酶的活性。这个酶受到抑制后，活性下降，因而可以调节糖酵解速度。

$$\text{葡萄糖} \xrightarrow{1} 6\text{-磷酸葡萄糖} \xrightarrow{2} 6\text{-磷酸果糖} \xrightarrow{3} 1,6\text{-二磷酸果糖} \xrightarrow{4} 3\text{-磷酸甘油醛}$$
$$\xrightarrow{5} 3\text{-磷酸甘油酸} \xrightarrow{6} 2\text{-磷酸甘油酸} \xrightarrow{7} \text{磷酸烯醇式丙酮酸} \xrightarrow{8} \text{丙酮酸}$$

图 15 - 1 糖酵解过程略图

三羧酸循环也有限速步骤。柠檬酸合酶所催化的反应就是一个限速步骤。柠檬酸合酶是变构酶，其活性受 ATP 含量影响。细胞内 ATP 含量高时，会使此酶对底物乙酰 CoA 的 K_m 值升高，亲和力下降，从而降低反应速度。此外，在三羧酸循环过程中，由异柠檬酸脱氢酶、α 酮戊二酸脱氢酶复合体所催化的反应都是限速步骤，因而对三羧酸循环都起到调节和控制作用。

高等生物是多细胞的生物，某些代谢物质在一种器官中被合成后，可能要经过运输到达另一个器官后才进行进一步代谢。在这种运输过程中，若有某种原因使运输受阻，就会使这种物质的进一步代谢受到影响，这也是底物供应调节的一种方式。例如，在高等植物叶片合成的蔗糖，就需要经过"长途"运输到果实、茎、根等器官才能进行进一步的代谢。因而运输过程可能影响到物质的供应情况，从而调节了该物质的进一步代谢。

第二节 酶的调节

一、酶在细胞中的分布对代谢的调节

生物化学反应需要酶催化才能进行。在细胞中进行着多种多样的反应，大多数反应都需要至少一种酶。因此，在细胞内就有各种各样的酶。为了使各种各样的生化反应有条不紊，酶在细胞内的定位是非常有必要的。在原核细胞中，虽然没有细胞器的分化，但也有精致的细胞膜。许多代谢的酶就有规律地分布在细胞膜上或细胞膜的周围。一般是同一个代谢体系的酶分布在细胞膜的同一个区域上。这样才有利于代谢的进行，才能使代谢有条不紊。据研究，在某些原核生物的细胞膜和细胞壁之间有一个非常薄的区域称为周质空间（periplasmic space），有些与细胞外代谢有关的酶就分布在周质空间内。

与原核细胞不同，真核细胞分化成各种各样的细胞器，如细胞核、线粒体、叶绿体、核糖体、高尔基体、内质网、液泡等。一个细胞被分为很多个这样的细胞器，这种现象称为细胞的区域化（compartmentation）。细胞的区域化有很多优点。首先，各种细胞器有其独特的功能，可以进行各自特有的反应，通过细胞的区域化，可以把不同的代谢在细胞内定位。例如，细胞核内进行 DNA 和 RNA 的合成；线粒体可以进行三羧酸循环、氧化磷酸化、脂肪酸的氧化等；叶绿体可以进行光合作用，利用光能将来自外界的水和二氧化碳同化成为糖类；内质网和核糖体可以进行蛋白质的生物合成；微粒体可以进行乙醛酸代谢；液泡可以将一些内含物质水解等。不同的代谢安排在不同的细胞器内，使各代谢不会互相干扰。其次，由于细胞的区域化，大部分细胞器都有一到两层膜包围，很多酶就可以分布在细胞器的膜上或膜的周围，这就有利于特定代谢系统的进行。例如，与氧化磷酸化有关的酶和电子载体分布在线粒体的内膜上；与光合作用电子传递有关的酶和电子载体分布在叶绿体的内膜上。再次，由于细胞分化成为细胞器，可以将某一代谢的酶、辅酶或辅基、底物等在相应的细胞器内浓缩，从而使特定的代谢能高速地进行。可见，真核细胞的区域化对细胞的代

谢起到非常明显的调节作用。

二、酶合成和降解对代谢的调节

绝大多数酶是蛋白质，是一类生物大分子。在细胞内，酶的主要生物学功能是催化生化反应的进行。但是细胞内酶分子的含量、合成和分解都对代谢有着较大的影响。

在多细胞的生物体内，不同器官的细胞含有的酶量是不同的。动物的肌肉细胞含有呼吸作用的酶量就与肝细胞的不一样；植物叶肉细胞含有大量的与光合作用有关的酶，但植物的幼茎细胞所含光合作用的酶量就比叶肉细胞少得多；植物老茎的细胞的光合作用酶含量就更少，而髓部细胞根本不含这类酶。可见，同一生物体的不同细胞含酶量差别非常大。同样，同一个细胞在不同的季节、不同的生育期的含酶量也大不一样。一个成熟的叶肉细胞能旺盛地进行光合作用，因而其含与光合作用有关的酶量就很多。当这个叶肉细胞成长到一定时期而逐渐衰老时，细胞内含的光合作用有关的酶就会逐渐减少，随着叶片变黄，细胞内光合作用有关的酶含量下降到最低，乃至消失。水稻的种子在灌浆期，细胞内的代谢以形成淀粉为主，因而此时细胞内与淀粉合成有关的酶含量就较多，活性也很高。而当水稻种子处于萌发期，细胞的主要任务不是合成淀粉，因而与淀粉合成有关的酶含量就很少，活性也极低，相反，细胞内催化淀粉水解的酶的含量就很多，活性也很高。可见，生物细胞内的酶含量随着细胞的种类不同、生育期不同会有不同的变化，因而对细胞的代谢有着非常明显的调节作用。

生物细胞内的酶不是永恒不变的，而是不断更新的。一个酶分子在完成了其历史使命以后，就会被新合成的酶分子所代替。在生物细胞内，存在着各种蛋白水解酶，这些蛋白酶的任务就是将细胞内部的蛋白质和酶分子水解。当某种蛋白质完成了其特定的生理生化任务时，或者在生命周期的某个时期该种蛋白质（酶）不必要存在时，蛋白酶就会将这些蛋白质分解。细胞内虽然含有蛋白酶，但蛋白酶并不是任意地将所有的蛋白质都水解，而是根据细胞的指令，有目的、有计划地将特定的蛋白质分子分解。因此，不同的细胞蛋白质分解的速度不同。

在细胞内，不仅存在着蛋白酶，也存在着蛋白酶的抑制物质。在香蕉、大豆、菠萝、马铃薯、苹果等植物细胞中都已经分离出蛋白酶的抑制物质。这些抑制物质也是蛋白质，相对分子质量较小，为 10 000～20 000。蛋白酶抑制物质的抑制作用也是有规律的，是制约蛋白酶活性的重要因素。在细胞生长和代谢旺盛时，各种蛋白质都不能缺少，此时蛋白酶抑制物质的活力较强，抑制着蛋白酶的活性。而当细胞进入衰老时期，蛋白酶抑制物质活性下降，蛋白酶的活性较高，很多蛋白质就被蛋白酶逐步水解。由此可见，细胞内酶的分解也是一种重要的代谢调节方式。

三、酶活性的调节

酶是生物化学反应的催化剂。酶活性的高低，直接影响到酶促反应的速度。在一个细胞内，虽然都具备催化各种反应的酶，但各种酶的活性高低是相差很大的。不仅同一时间内各种酶的活性不一样，而且同一种酶在不同的时期活性高低相差也非常大。活性的高低都是根据细胞的需要来决定的。细胞内有一整套调节酶活性的系统，调节的方式主要有如下几种。

（一）酶原激活对代谢的调节

在基因表达合成出某种酶分子后，这种酶分子往往是没有活性的。这种刚合成的没有活性的酶分子称为酶原（proenzyme）。酶原要经过活化才具有生物学活性。一般来说，酶原的激活过程是将酶原分子进行切割，去掉一些肽段，分子重新组合形成特定的高级结构，这样才具有生物学活性。动物的胃蛋白酶原（pepsinogen）合成后，要在胃腔中从肽链的 N 末端切除 42 个氨基酸残基后才变成有活性的胃蛋白酶（pepsin）分子。胰蛋白酶原（trypsinogen）合成后在小肠腔中从肽链的 N 端切除 6 个氨基酸残基，才转变成有活性的胰蛋白酶（trypsin）。胰凝乳蛋白酶原（chymotrypsinogen）合成后，在小肠腔中切掉第 14、15 位氨基酸和第 147、148 位氨基酸，变成 3 条肽段，然后这 3 条肽段组合起来构成完整的有活性的胰凝乳蛋白酶（chymotrypsin）分子。凝血酶原（prothrombin）在转变成为凝血酶（thrombin）时需要先将酶原分子 N 端切除 274 个氨基酸残基，然后再在原肽链的第 323、324 位氨基酸之间切断，这样得到 3 个肽段，后两个肽段则通过二硫键而结合成为一个凝血酶分子。木瓜蛋白酶原分子则通过分子上的一个二硫键还原后转变成为有活性的木瓜蛋白酶（papain）分子。

（二）变构酶对代谢的调节效应

在细胞内有一类酶，其分子构象可以受到效应物（effector）的作用而改变，从而使自身的催化活性改变。这一类酶称为变构酶（allosteric enzyme），也称为别构酶，在代谢的调节中起到非常重要的作用。变构酶有两个非常明显的特征：其一，变构酶是寡聚酶，分子是由若干个亚基构成的；其二，变构酶分子不但有活性中心，还有变构中心（allosteric center），变构中心和活性中心可能在同一个亚基上，也可能在不同的亚基上。变构酶的变构中心可以与调节剂（regulator）结合而使自身活性改变。能够与变构酶的变构中心结合而调节酶活性的物质称为调节剂。调节剂有正调节剂（positive regulator）和负调节剂（negative regulator）之分。与变构中心结合后使酶构象改变从而使酶活性升高的调节剂是正调节剂。正调节剂又称为激活剂（activator）。在很多情况下，激活剂就是该酶的直接或间接底物。相反，与变构中心结合后使酶的构象改变，从而使酶活性下降的调节剂是负调节剂。负调节剂也称为抑制剂（inhibitor）。在很多情况下，负调节剂是该酶的直接或间接产物。

1. 变构酶的性质 变构酶是一类特殊的酶，其动力学方程不符合典型的米氏方程。通过前面的章节可以知道，典型的米氏酶的底物浓度对反应速率的关系是一条双曲线。而变构酶的底物浓度对反应速率的关系不是一条双曲线，而是一条 S 形的曲线（图 15 - 2）。这是变构酶的一个非常重要的性质。所以，我们不能用米氏方程去衡量变构酶。

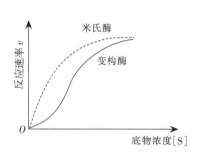

图 15 - 2　米氏酶和变构酶的动力学曲线比较

变构酶的另一个重要性质是，在变构酶分子中，一个活性中心活性的改变能影响同一分子中其他活性中心活性的改变。也就是说，当有一个变构中心与调节剂结合以后引起一个活性中心的活性改变时，其他活性中心的活性也跟着改变。

2. 变构酶调节酶活性的作用方式 变构酶调节代谢的方式有多种，每种调节方式都对代谢稳定性起着非常重要的作用。下面分别简述。

（1）前馈激活调节。在一个反应体系中，处于前面的代谢物对后面的某个酶的活性起激活作用，这种调节方式称为前馈激活（feedforward activation）。一般来说，前馈激活在降解代谢中起调节作用。被前馈激活的酶往往就是变构酶。例如，在糖酵解过程中，处于前面的中间产物 1，6 - 二磷酸果糖对处于后面的丙酮酸激酶起激活作用，这是前馈激活的一个典型例子（图 15 - 3）。

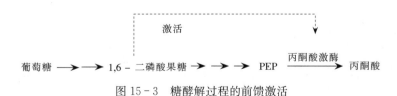

图 15 - 3　糖酵解过程的前馈激活

（2）反馈抑制调节。"反馈"（feedback）一词原来是电子工程学的一个名词，意思是"输出对输入的影响"。在生物化学中借用这个名词来表示代谢生成物对代谢本身的调控作用。在一个反应体系中，代谢的终产物对反应体系的酶活性起抑制作用的现象称为反馈抑制（feedback inhibition）（图 15 - 4）。反馈抑制作用是生物代谢的一种普遍现象，当某种物质的浓度达到一定程度时，这种

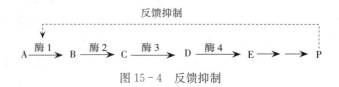

图 15-4　反馈抑制

物质就会抑制前面的步骤，使自身的生成得到控制，一方面可以保证代谢物质的必要供应，另一方面又可以避免某种物质的过量积累而造成浪费。受终产物反馈抑制的调节酶一般都是变构酶。

反馈抑制有两类。一类是反应系列是不分支的。在这种情况下，产物 P 对前面调节酶的抑制称为一价反馈抑制（monovalent feedback inhibition）。受一价反馈抑制的酶称为一价变构酶（monovalent allosteric enzyme）。一价反馈抑制的一个典型例子就是 CTP 的合成过程中终产物 CTP 对天冬氨酸转氨甲酰酶的反馈抑制（图 15-5）。在这个过程中，反应系列是没有分支的，经过几个步骤反应生成 CTP，CTP 积累到一定的浓度，就会抑制系列中的第一个酶（天冬氨酸转氨甲酰酶）的活性，使此酶催化的反应速度降低，从而调节 CTP 的生成量。

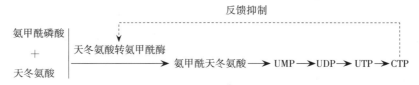

图 15-5　CTP 合成过程中的一价反馈抑制

反馈抑制的另一类是反应系列是分支的。在这种情况下，终产物就不止一个，每个终产物都有可能对系列前面的酶活性进行抑制。这种抑制类型称为二价反馈抑制（divalent feedback inhibition）（图 15-6）。受二价反馈抑制的酶称为二价变构酶（divalent feedback allosteric enzyme）。

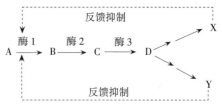

图 15-6　二价反馈抑制模式

变构酶的二价反馈抑制过程较为复杂，有 3 种抑制方式，分别为顺序反馈抑制（sequential feedback inhibition）、协同反馈抑制（concerted feedback inhibition）、累积反馈抑制（cumulative feedback inhibition）。下面分别讨论各种模式的机制。

① 顺序反馈抑制调节：假设在一个分支的反应系列中有两个终产物 X 和 Y。中间产物 D 是代谢的分支点。X 在达到一定浓度后就会反馈抑制酶 4 的活性；而 Y 达到一定浓度后就会反馈抑制酶 5 的活性。由于酶 4 和酶 5 受抑制，就造成中间产物 D 代谢受阻，逐渐累积起来。D 达到一定的浓度后就会对酶 1 实施反馈抑制。由于这种抑制是有先后顺序的，因而称为顺序反馈抑制（图15-7）。

细胞内芳香族氨基酸的合成过程的调节系统是变构酶顺序反馈抑制。在这个合成系统（图 15-8）

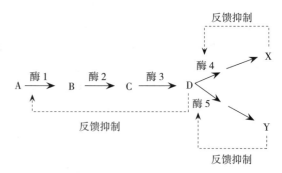

图 15-7　变构酶的顺序反馈抑制模式

中，有 3 个终产物：色氨酸、苯丙氨酸和酪氨酸。其中，色氨酸合成并积累到一定的浓度就开始抑制氨基苯甲酸合酶（aminobenzoic acid synthase）的活性。而苯丙氨酸和酪氨酸合成并积累到一定浓度就开始抑制分支酸变位酶（chorismic acid mutase）的活性。由于氨基苯甲酸合酶和分支酸变位酶的活性都受到抑制，就使反应系列中生成的分支酸累积起来。分支酸达到一定的浓度就会反馈抑制由变构酶莽草酸激酶（shikimic acid kinase）催化的由莽草酸合成 3-磷酸莽草酸（shikimic

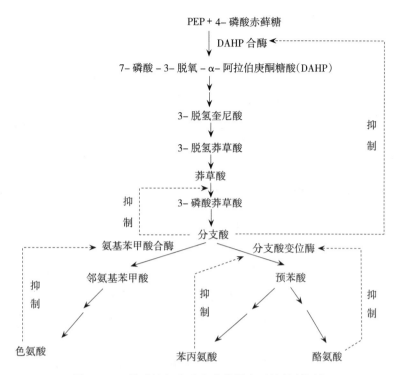

图 15-8 芳香族氨基酸合成的顺序反馈抑制调节

acid-3-phosphate）的步骤，并且实施对反应系列第一个酶 DAHP 合酶的反馈抑制。

　　② 协同反馈抑制调节：假设反应系列中有两个终产物 X 和 Y，X 在合成并累积到一定浓度时可以反馈抑制酶 4 的活性，Y 在合成并累积到一定浓度后可以反馈抑制酶 5 的活性。而单独 X 或单独 Y 都不会抑制酶 1 的活性，但是 X 和 Y 可以联合起来抑制酶 1 的活性。这种抑制方式称为协同反馈抑制（图 15-9）。

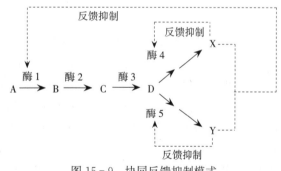

图 15-9 协同反馈抑制模式

　　赖氨酸和苏氨酸合成有共同的底物天冬氨酸。在赖氨酸合成到一定的浓度以后，就会反馈抑制由天冬氨酰半醛到哌啶-2，6-二羧酸的反应过程。而当苏氨酸合成到一定的浓度时，会反馈抑制由天冬氨酰半醛生成高丝氨酸的过程。赖氨酸和苏氨酸合成到一定的浓度就会联合起来共同抑制前面的天冬氨酸激酶活性（图 15-10）。这是一个明显的协同反馈抑制机制。

　　③ 累积反馈抑制调节：在一个代谢系列中生成若干个终产物，每个终产物都只对代谢前面步骤的变构酶活性产生部分的抑制，而不是全部的抑制。这样，多个终产物的抑制总和就造成对此重要的变构酶产生较强的抑制。这种抑制方式称为累积反馈抑制（图 15-11）。假设 X 抑制酶 1 的 30% 活性，酶 1 就剩下 70% 活性；若 Y 抑制酶 1 的 40% 活性，则此时酶 1 的活性就只剩下 70%-（40%×70%）＝42% 了。

　　细胞中的谷氨酰胺合成酶（glutamine synthetase）可以催化谷氨酸和 ATP、NH_3 合成谷氨酰胺。然后谷氨酰胺可以作为原料以不同的途径合成甘氨酸、丙氨酸、色氨酸、组氨酸、氨甲酰磷酸、GTP、AMP 等物质。这些终产物都可以对谷氨酰胺合成酶的活性起到部分抑制。若所有这些终产物同时起抑制作用，谷氨酰胺合成酶的活性就会被完全抑制（图 15-12）。

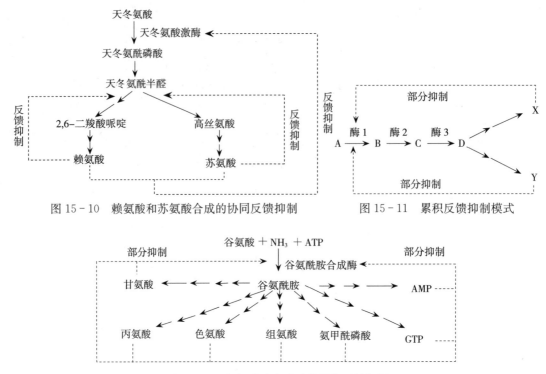

图 15-10　赖氨酸和苏氨酸合成的协同反馈抑制

图 15-11　累积反馈抑制模式

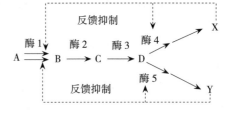

图 15-12　谷氨酰胺合成酶的累积反馈抑制

（三）同工酶反馈抑制对代谢的调节

我们已经知道，同工酶是能够催化同一个反应，而酶分子的结构和理化性质不同的一组酶。一个酶的若干个同工酶中，由于理化性质有差异，因而其催化能力的大小是有差异的。在一定的条件下，同工酶也可作为调节酶起作用。在一个分支反应系列中，若系列前面的某个酶具有同工酶，其后面反应的终产物分别可以反馈抑制该组同工酶中的某一个，则可对代谢有重要的调节作用。这种反馈抑制方式称为同工酶反馈抑制（isozyme feedback inhibition）。例如，图 15-13 中，X 除了能反馈抑制酶 4 外，还能反馈抑制酶 1 两个同工酶中的一个，而对另一个同工酶没有抑制作用。Y 除了能反馈抑制酶 5 外，还能反馈抑制酶 1 的两个同工酶中的另一个。这样 X 和 Y 单独对酶 1 的反馈抑制都是不彻底的，只有 X 和 Y 都同时抑制两个同工酶时才能真正地控制整个代谢系列。

细胞中的几个天冬氨酸族氨基酸的合成过程是同工酶反馈抑制的一个例子。天冬氨酸激酶具有 3 个同工酶 1、2、3。经过一系列反应，终产物赖氨酸可以反馈抑制同工酶 1，对其余两个同工酶不抑制；而产物苏氨酸可以反馈抑制同工酶 3，对其余两个同工酶不抑制。当赖氨酸和苏氨酸同时反馈抑制天冬氨酸激酶时，只抑制了两个同工酶，还有同工酶 2 不受抑制，并不干扰甲硫氨酸的合成（图 15-14）。因此，这种方式在天冬氨酸族氨基酸合成中起重要

图 15-13　同工酶反馈抑制模式

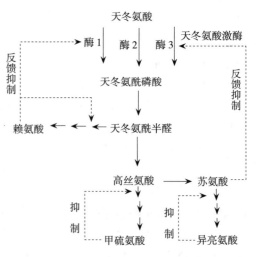

图 15-14　氨基酸合成的同工酶反馈抑制调节

调节作用。

（四）酶的共价修饰和级联系统调节

1. 酶的共价修饰　有些酶在一般情况下是没有活性的。而当酶分子通过共价方式连上一个小分子或基团后，或者通过共价方式从酶分子上解离一个基团后，酶分子就被激活成为有活性的分子。这种调节方式称为酶的共价修饰（covalent modification）。通过共价修饰调节自身活性的酶称为共价修饰酶（covalent modification enzyme）。

目前已经知道的共价修饰方式主要有 6 类：①磷酸化/去磷酸化；②腺苷酰化/去腺苷酰化；③尿苷酰化/去尿苷酰化；④乙酰化/去乙酰化；⑤甲基化/去甲基化；⑥巯基氧化成二硫键/二硫键还原成巯基。最常见的是磷酸化/去磷酸化的共价修饰方式。糖原磷酸化酶（glycogen phosphorylase）是一个非常典型的共价修饰酶。该酶的主要功能是催化糖原反应生成 1-磷酸葡萄糖。这个酶有两种分子形式，即糖原磷酸化酶 a 和糖原磷酸化酶 b。其共价修饰反应的过程如图 15-15 所示。

图 15-15　糖原磷酸化酶的共价修饰

糖原磷酸化酶 b 是活性很低的二聚体，当在糖原磷酸激酶（glycogen phosphokinase）的催化下将磷酸基团由 ATP 转移到酶分子上后，就形成四聚体的糖原磷酸化酶 a。糖原磷酸化酶 a 有较高的催化活性。而当糖原磷酸化酶 a 被蛋白磷酸酶（protein phosphatase）催化时就脱去磷酸基团逆转成为低活性的糖原磷酸化酶 b。

糖原合酶（glycogen synthase）也是一个较为典型的共价修饰酶。糖原合酶 D 是没有活性的。当其在磷酸酯酶的催化下将分子中的磷酸基去除后，就转变成为有活性的糖原合酶 I。其修饰过程如图 15-16 所示。

高等植物和动物很多酶都是通过磷酸化/去磷酸化的共价修饰方式调节酶活性的。例如，磷酸化酶激酶、丙酮酸脱氢酶、乙酰 CoA 羧化酶等都是采用这种形式。

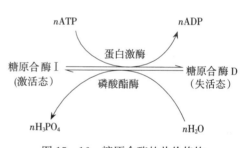

图 15-16　糖原合酶的共价修饰

在细菌中很多酶则采用腺苷酰化/去腺苷酰化的方式对酶活性进行调节。如大肠杆菌的谷氨酰胺合成酶以共价方式连上腺苷酰基后活性减弱，当去掉腺苷酰基后活性则升高。哺乳动物的黄嘌呤氧化酶（xanthine oxidase）若将巯基氧化成二硫键后活性升高，相反，若将二硫键还原成巯基则酶活性大大下降。

2. 酶的级联系统调节　有些代谢过程中的几个酶都是共价修饰酶。第一个酶经修饰后活性升高，它就去催化第二个酶进行共价修饰，使第二个酶活性升高；第二个酶再催化第三个酶进行共价修饰，使第三个酶活性升高；第三个酶再催化第四个酶；等等。在这样的一个连锁反应系列中，一个酶被激活后，连锁地发生其他酶也被激活，造成原始信号不断放大。这种酶活性的调节方式称为级联系统（cascade system）。图 15-17 是糖原分解的级联系统。首先由激素（肾上腺素或胰高血糖素）刺激细胞膜上的激素受体，受体刺激腺苷酸环化酶（adenyl cyclase）将 ATP 生成 cAMP，然后由 cAMP 刺激蛋白激酶，使之活化，然后有活性的蛋白激酶又催化没有活性的糖原磷酸化酶 b 激酶共价修饰为有活性的糖原磷酸化酶 b 激酶，再由有活性的糖原磷酸化酶 b 激酶催化低活性的糖原磷酸化酶 b 共价修饰成有活性的糖原磷酸化酶 a，最后将糖原分解成为 1-磷酸葡萄糖。整个过程将信号逐级放大。我们知道，酶促反应的效率是非常高的。从激素开始到 1-磷酸葡萄糖的生成共经历 6 个步骤。若每个步骤将信号放大 100 倍（其实远不止此数字），那么经过 6 级放大，激素的信号就被放大 10^{12} 倍了。可见，级联系统的调节效果是非常显著的。

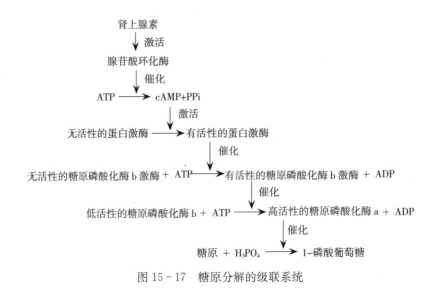

图 15-17　糖原分解的级联系统

第三节　基因表达和翻译水平对代谢的调节

绝大多数酶的合成是由 DNA 编码的。一个细胞的 DNA 可以编码所有蛋白质的合成，也就是说，DNA 分子上包含该细胞的所有蛋白质的基因。但是，在任何一个具体的时间内，不是所有的基因都处于开放状态，只有一部分是开放的，大部分是关闭的。当细胞需要某种蛋白质（酶）时，编码该蛋白质的基因就处于开放状态而表达出该种蛋白质分子。而当细胞不需要某种蛋白质（酶）时，编码该种蛋白质的基因就处于关闭的状态，就不能合成该种蛋白质分子。这是生物细胞对蛋白质合成的调节，是对代谢起调节作用的非常重要的方式。

那么，细胞是通过什么方式对蛋白质的合成起调节和控制的呢？主要有基因表达的调节和翻译水平的调节两种。

一、基因表达的调节

1961 年，Jacob 和 Monod 经过对大肠杆菌 β 半乳糖苷酶的合成进行了详细研究后，对基因表达的调节方式提出了著名的操纵子模型（operon model）（图 15-18）。根据此模型，一个操纵子包括一个调节基因（regulator gene）、一个启动子、一个操纵基因（operator gene）和一到多个结构基因（structure gene）。其中，结构基因的功能就是编码某种特定蛋白质（酶）。操纵基因的功能是控制结构基因的表达。启动子的功能是启动结构基因的表达。启动子有两个部位，其中一个是 RNA 聚合酶结合部位（RNA polymerase binding site，RNAPB），其功能就是在 RNA 合成开始时识别特定的 RNA 聚合酶并与之结合，从而起始 RNA 的合成；另一个是降解物基因活化蛋白结合部位（catabolite activated protein binding site，CAPB），其功能是与一种称为降解物基因活化蛋白（catabolite activated protein，CAP）的蛋白质结合，从而对基因的表达进行调节。而调节基因的功能则是编码合成一种称为阻遏物（repressor）的蛋白质，这种蛋白质可以与操纵基因结合而关闭结构基因。

图 15-18　操纵子模型

那么，操纵子是怎么样调节基因的表达的呢？有几种不同的调节方式：

1. 阻遏物的调节 当调节基因编码合成有活性的阻遏物时，阻遏物就能迅速与操纵基因结合。结合后就抑制了启动子的活性，不能启动结构基因的转录。这样，结构基因就处于关闭状态，不能合成相应的蛋白质（酶）（图 15 - 19）。在大多数情况下，基因都处于这样的关闭状态，不会随便进行表达。

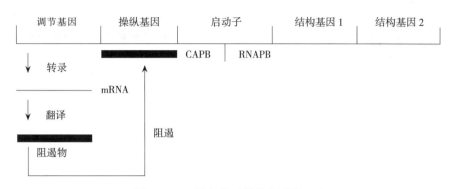

图 15 - 19 阻遏物对操纵基因的阻遏

2. 诱导合成调节 当有一种称为诱导物（inducer）的物质存在时，诱导物可以与调节基因编码合成的阻遏物结合，使阻遏物不能与操纵基因结合，这样启动子就有活性，能与有关的 RNA 聚合酶结合，启动结构基因表达。这样，结构基因处于开放状态，就能合成相应的蛋白质（酶）（图 15 - 20）。在很多情况下，诱导物是酶的底物。由诱导物诱导结构基因开放而合成的酶称为诱导酶（inducible enzyme）。例如，在未接触过硝酸盐的植物幼苗中是没有硝酸还原酶的。当将硝酸盐作为肥料施给植物时，硝酸盐就可以作为诱导物，诱导结构基因开放，从而合成硝酸还原酶。大肠杆菌可以利用多种糖作为碳源。当只供给乳糖作为唯一的碳源时，乳糖就可以作为诱导物诱导大肠杆菌细胞合成出 β 半乳糖苷酶。

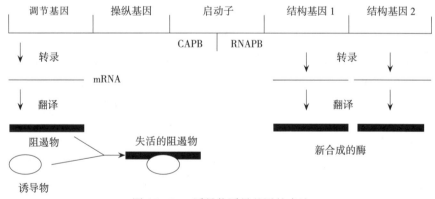

图 15 - 20 诱导物诱导基因的表达

3. 降解物活化基因蛋白的调节 在一般的情况下，某些生物（如大肠杆菌）细胞内有一种蛋白质称为降解物基因活化蛋白（CAP），CAP 可以与环腺苷酸（cyclic adenosine monophosphate，cAMP）结合成为复合物。此复合物能与启动子上的降解物基因活化蛋白结合部位（CAPB）结合，从而促进结构基因开放，合成相应的蛋白质（酶）（图 15 - 21）。

4. 降解产物阻遏 有时候，一个代谢体系的产物很多，高浓度的降解产物往往可以导致降解物基因活化蛋白失活，这样 CAP 就不能与启动子结合，不能起到促进结构基因表达的作用，结构基因不能开放。这种调节方式称为降解产物阻遏（repression of degradation product）（图 15 - 22）。

5. 组成性合成 当调节基因突变时，其编码合成的阻遏物是没有活性的，不能正常地与操纵基因结合。这样结构基因永远开放，启动子时时刻刻都可以启动结构基因合成mRNA，随时都可

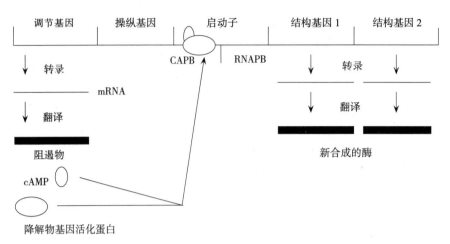

图 15 - 21　降解物基因活化蛋白对基因的活化

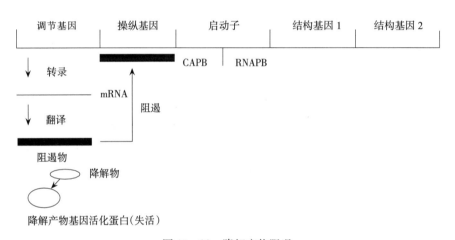

图 15 - 22　降解产物阻遏

以合成相应的蛋白质（酶）（图 15 - 23）。这种突变称为组成突变（constitutive mutation），这种突变体称为组成突变体（constitutive mutant），由组成突变引起的蛋白质合成称为组成性合成（constitutive synthesis），由组成突变而合成的酶称为组成酶（constitutive enzyme）。

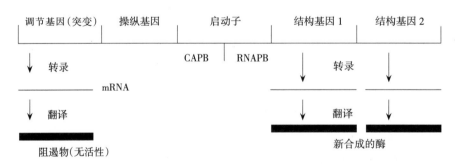

图 15 - 23　组成性合成

6. 超阻遏突变　当调节基因突变时，产生的阻遏物不能与诱导物结合，而只能与操纵基因结合。这时，即使有诱导物存在，也不能诱导结构基因开放，相应的酶不能合成（图 15 - 24），这种突变称为超阻遏突变（super-repressive mutation），这种突变体称为超阻遏突变体（super-repressive mutant）。

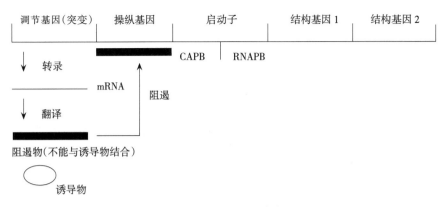

图 15 - 24　超阻遏突变

7. 尾产物阻遏　当有一种称为辅阻遏物（co-repressor）的物质存在时，辅阻遏物能与失去活性的阻遏物结合，使其恢复活性，这样阻遏物又可以与操纵基因结合，关闭结构基因，从而不能合成相应的蛋白质（酶）。这种调节方式称为尾产物阻遏（repression of end product）。辅阻遏物往往是一种酶或一个系列酶的作用产物，称为尾产物（end product）。例如，当用 NH_4^+ 作为唯一氮源培养大肠杆菌时，细胞内有色氨酸合成酶，并可以合成产物色氨酸。而当在培养基中加入一定浓度的色氨酸时，细胞内的色氨酸合成酶逐步消失。这就说明作为代谢尾产物的色氨酸阻遏了色氨酸合成酶基因的表达。

二、翻译水平的调节

由 mRNA 携带的信息经过翻译过程而合成蛋白质。在翻译过程中，也可以有不同的方式进行调节。

1. mRNA 的调节　不同基因表达出来的 mRNA 是不同的，刚刚转录出来的 mRNA 分子是没有活性的，要经过剪切和修饰后才有活性。另外，mRNA 分子翻译能力的大小表现在 mRNA 分子 3′端和 5′端的结构上。不同的 mRNA 分子其非编码区长短不同。有些mRNA分子 3′端有较长的 poly（A）结构，有些分子的 poly（A）结构则很短，也有些分子没有 poly（A）结构。现在有证据表明，poly（A）结构对翻译能力的大小是有影响的。因此，mRNA 分子的 poly（A）结构是调节翻译能力的指标，但具体的相关关系还不清楚。

有些密码子具有简并性，有些简并密码子使用频率很高，有些简并密码子较少使用。使用频率高的密码子的 mRNA 翻译速度就快，较少使用的密码子的 mRNA 则翻译速度较慢。

核糖体所含的蛋白质一般是恒定的，但当核糖体有过多的蛋白质时，这些蛋白质能与 mRNA 的起始控制部位结合而抑制翻译过程。这种在翻译水平上的阻遏作用称为翻译阻遏（translational repression）。

2. 反义 RNA 的调节　在生物体内往往有一类 RNA，其碱基顺序与某种 mRNA 的编码区是互补的。这种 RNA 称为该 mRNA 的反义 RNA（antisense RNA）。DNA 双链分子在转录时不充当模板或不转录生成 mRNA 的那股单链称为反义链。反义 RNA 是由基因的反义链编码转录出来的。当这种 RNA 与相应的 mRNA 互补结合时，就会将 mRNA 的碱基封闭，核糖体就不能阅读密码子。有时，反义 RNA 只是与 mRNA 的起始密码子或 mRNA 与核糖体结合的区段结合就能起到抑制作用。这样，相应的蛋白质（酶）就不能被翻译出来。这是一种有效的翻译水平的调节。

第四节　辅因子的调节

细胞的代谢是一个非常复杂的系统。在这个复杂的代谢体系中，除了需要各种底物和酶以外，还需要各种辅因子的参与。细胞内参与代谢的辅因子主要有能荷、［NADH］／［NAD^+］、金属离子等。这些辅因子的水平对代谢也起非常重要的调节作用。

一、能荷水平对代谢的调节

细胞中的能荷是高能磷酸键可利用程度的量度。ATP、ADP、AMP 这三种腺苷酸在细胞内的比例便决定了能荷水平的高低。能荷对细胞的许多代谢过程都有很大的影响。

1. 能荷水平对呼吸作用的调节 呼吸作用是细胞重要的代谢之一。能荷水平对呼吸作用的调节显得尤为突出。糖酵解过程中，磷酸果糖激酶Ⅰ是一个变构酶。当细胞的 ATP 含量高时，此酶活性受到强烈抑制。催化 PEP 转变为丙酮酸的丙酮酸激酶的活性也受到高浓度 ATP 的抑制。相反，AMP、ADP 含量高时，就可以促进磷酸果糖激酶Ⅰ和丙酮酸激酶的活性，与糖酵解相关的 1，6 -二磷酸果糖磷酸酯酶的活性也受高浓度 ATP 的促进。

在三羧酸循环中，丙酮酸脱氢酶复合体、柠檬酸合酶是重要的调节酶。当细胞中的 ATP 含量较高时，此两个酶的活性即受到强烈的抑制，而高浓度的 AMP 则对三羧酸循环有强烈的促进。氧化磷酸化过程是将电子从底物转移到氧的过程，传递过程将放出的能量合成 ATP。当细胞含有浓度较高的 ATP 时，对氧化磷酸化过程有抑制作用。而当细胞的生命活动消耗了大量的 ATP 而形成了大量的 ADP 和 AMP 时，体内能荷水平大大下降，这就大大地推动氧化磷酸化的进行。

2. 能荷水平对其他代谢的调节 细胞中很多代谢过程都与能荷水平有关。蛋白质的生物合成是一个消耗 ATP 较多的生物化学过程。高浓度的 ATP 有利于蛋白质的合成过程。相反，若能荷水平很低，AMP 含量较高，则对蛋白质合成有阻碍作用。

核酸的生物合成、腺苷二磷酸葡萄糖的生成、生物物质的主动运输等都与 ATP 的供应有关，高浓度的 ATP 对这些生化过程有促进作用，若能荷水平低，则对这些代谢有抑制作用。

二、[NADH] / [NAD$^+$] 对代谢的调节

细胞中的 NADH 主要是由糖酵解和三羧酸循环等过程生成的。在氧化磷酸化作用下，NADH 将电子传递到氧，释放的能量推动 ATP 的合成。NADH 浓度的高低，对代谢有重要的调节作用。在糖酵解过程中，磷酸果糖激酶Ⅰ的活性受 NADH 的调节，NADH 浓度高时，此酶活性受抑制。在三羧酸循环过程中，丙酮酸脱氢酶复合体、α酮戊二酸脱氢酶复合体、异柠檬酸脱氢酶的活性都受 NADH 的调节，当 NADH 浓度较高时，这些酶的催化活性受到明显的抑制。相反，NAD$^+$ 的浓度高时，就会促进这些酶的活性。可见 [NADH] / [NAD$^+$] 的比例对呼吸作用有明显的影响。

在乙醇代谢中，乙醇脱氢酶催化乙醇脱氢生成乙醛，乙醛再脱氢生成乙酰 CoA。此过程有 NADH 的生成。因此，NADH 浓度高时就会抑制乙醇的脱氢过程，相反，若 NAD$^+$ 浓度高就促进代谢的进行。

由丙酮酸生成乳酸的过程是由乳酸脱氢酶催化的，此过程需要消耗 NADH。因此，NADH 浓度高对丙酮酸的转化有利，而高浓度的 NAD$^+$ 会抑制丙酮酸转变为乳酸的代谢。

三、金属离子和非金属矿物质对代谢的调节

细胞内的代谢过程需要多种金属离子作为调节剂。在呼吸作用过程中，己糖激酶、磷酸果糖激酶Ⅰ、丙酮酸激酶、丙酮酸脱氢酶复合体、α酮戊二酸脱氢酶复合体等都需要 Mg^{2+} 作为激活剂，若没有 Mg^{2+}，这些酶基本没有活性。催化光合作用碳代谢的关键酶 RuBP 羧化酶（RuBP carboxylase）也需要 Mg^{2+} 的调节才能启动碳循环途径。微生物的固氮酶需要 Mo^{2+} 和 Fe^{3+} 才能有固氮活性。呼吸链和光合作用电子传递链的功能发挥都与 Fe^{3+} 的存在有关。

细胞内的氧化酶系统与金属离子有密切的关系，如过氧化氢酶（catalase）、过氧化物酶（peroxidase）活性表现需要 Fe^{3+}，超氧化物歧化酶（superoxide dismutase）的活性表现需要 Mn^{2+}、Zn^{2+}、Cu^{2+}。酪氨酸酶（tyrosinase）、单胺氧化酶（monoamine oxidase）、抗坏血酸氧化酶（ascorbic acid oxidase）等都需要 Cu^{2+}，碳酸酐酶（carbonic anhydrase）、碱性磷酸酶（alkaline phosphatase）、胰的羧肽酶（carboxypeptidase）、醇脱氢酶（alcohol dehydrogenase）等都需要 Zn^{2+}，黄嘌呤氧化酶（xanthine oxidase）、醛氧化酶（aldehyde oxidase）等需要 Mo^{3+}，丙酮酸羧化酶（pyruvate carboxylase）的催化作用需要 Mn^{2+} 等。钴是维生素 B_{12} 的组成元素，能参与一碳基团的代谢。可见金属离子不但是某些酶结构中的重要成分，而且在代谢调节中起非常重要的作用。

除了金属离子外，一些非金属矿物质对代谢也有非常重要的作用。例如，微量的硒能与维生素 E 和胱氨酸起协同作用。硒是谷胱甘肽过氧化物酶（glutathione peroxidase）的必需成分，每分子酶含有 4 原子硒。碘是合成甲状腺素的原料，若缺少碘，甲状腺素合成代谢受到阻碍。

第五节　激素系统和神经系统对代谢的调节

高等生物是多细胞生物。虽然每个细胞是一个相对独立的代谢单位，但各个细胞之间存在着非常密切的信息交流和物质交流。生物机体各个细胞的一切代谢过程不是孤立的。每个细胞不是独立王国，而是受生物体整体控制的。那么，生物体是怎样控制每个细胞的物质代谢和能量代谢的？大量的研究表明，高等动物机体是通过神经系统（nervous system）发布各种信使分子（激素，hormone）将信息传递到细胞，从而调节各个细胞的代谢。在高等植物中，有人也曾经认为存在神经系统，但还未得到定论。但是，高等植物有完整的激素系统。这些激素系统严格地调控着植物体的各种代谢。因此，在高等生物中，激素系统调节和神经系统调节均属于机体水平的调节范畴。

一、激素系统对代谢的调节

（一）激素的种类

激素是一大类化学本质不同的物质，其共同的特点是合成后被运输到靶细胞（target cell）或靶组织（target tissue）去调节各种各样的生物化学反应和生理活动。在高等植物中，激素可以分为生长素（auxin）、赤霉素（gibberellin）、细胞分裂素（cytokinin）、乙烯（ethylene）、脱落酸（abscisic acid）五大类。

在脊椎动物中，激素可以分为四大类：第一类是脂肪酸衍生物类激素，包括前列腺素（prostaglandin）等；第二类是固醇类激素，包括性激素（gonadal hormone）、肾上腺皮质激素（adrenal cortex hormone）等；第三类是氨基酸及其衍生物类激素，包括甲状腺素（thyroxin）、肾上腺素（adrenalin）等，这些激素是酪氨酸的代谢衍生物；第四类是多肽或蛋白质类激素，包括胰岛素、甲状旁腺激素（parathyroid hormone）、脑下垂体前叶激素（anterior pituitary hormone）、胰高血糖素（glucagon）、胃肠激素（gastrointestinal hormone）、下丘脑激素（hypothalamic hormone）、降钙素（calcitonin）等。

（二）激素对代谢的调节

激素在一个特定部位合成以后，经过运转到达靶细胞。激素由于带有神经系统的信号，因而称为第一信使。激素的分泌有 3 种方式，分别是自分泌（autocrine）、旁分泌（paracrine）、内分泌（endocrine）。所谓自分泌，就是细胞所分泌的激素不外运，直接作用于本细胞。所谓旁分泌，就是细胞分泌的激素作用于分泌细胞附近的细胞。所谓内分泌，就是分泌出来的激素通过体液被运输到达较远的靶细胞上起作用。

激素要在靶细胞起作用，首先要与一种称为受体（receptor）的蛋白质结合。激素的受体都是蛋白质分子。不同的激素有不同的受体。按照定位，激素的受体有两大类。一大类受体是定位在细胞膜上的。动物的多肽类激素、蛋白质类激素、氨基酸衍生物类激素等的受体一般就定位在细胞膜上。另一类受体不定位在细胞膜上，而是分布在细胞质中。动物的类固醇激素、甲状腺素等激素的受体就是分布在细胞质内的。激素与相应的受体结合以后，受体经构象变化然后启动一系列生物化学变化的过程称为信号转导（signal transduction）。不同定位的受体其信号转导的方式是有差异的。

1. 受体定位在细胞膜上的动物激素的信号转导 这类动物激素在运输到达靶细胞后，在细胞膜上识别特定的受体并与之结合成为复合物。这种结合一般是采用氢键、离子键、疏水相互作用等进行的。激素与受体的结合具有专一性、高亲和性、可逆性和饱和性。结合后的复合物就按照激素所携带的"指令"要求，将位于细胞质内细胞膜附近的 GTP 结合蛋白（称为 G 蛋白，G protein）激活，使 G 蛋白与腺苷酸环化酶结合，从而使腺苷酸环化酶被激活，催化 ATP 转变为环腺苷酸（cAMP）。在这种情况下，激素一般不进入细胞。cAMP 就携带了激素的"指令"，因而称为第二信使。第二信使（cAMP）生成后有两条去路。其一，带着激素"指令"的 cAMP 在细胞质内激活蛋白激酶（protein kinase），蛋白激酶再将磷酸化酶等有关的酶系统激活，进而启动一系列的生物化学反应和生理学效应。其二，cAMP 通过细胞核膜进入细胞核内，将组蛋白激酶（histone kinase）活化，组蛋白激酶则将染色体上的组蛋白磷酸化，使组蛋白松弛，释放出 DNA 分子，使有关的基因暴露，启动转录作用，合成 mRNA，然后经翻译就合成相应的蛋白质（酶）行使生物学效应（图 15-25）。

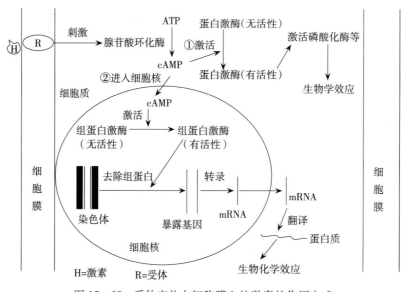

图 15-25 受体定位在细胞膜上的激素的作用方式

在高等动物中，通过 cAMP 的方式起调节作用的激素有促肾上腺皮质激素（corticotrophin）、促甲状腺素（thyrotrophin）、促黄体生成物素（luteinizing hormone）、促卵泡激素（follicle-stimulating hormone）、催乳激素（lactogen）、胰高血糖素、加压素（vassopressin）、降压素、肾上腺素、胰岛素、甲状旁腺激素等。

2. 受体分布于细胞质内的动物激素的信号转导 这类动物激素一般是疏水的小分子，到达靶细胞表面后通过细胞膜进入到细胞质，然后通过分子识别机制找到特定的受体，并与之结合成为复合物。不同的激素其结合方式不同。现以孕酮（progesterone）为例简要说明。孕酮的受体位于细胞质内，有 a 和 b 两个亚基。a 亚基称为催化亚基，b 亚基称为结合亚基。两个亚基都可以结合一分子孕酮。结合后复合物进入细胞核，b 亚基首先找到染色体的特定位置并与之结合，然后 a 亚基在 b 亚基附近找到位置，启动催化作用，使组蛋白松弛，释放 DNA，暴露基因。按照激素所携带的"指令"，a 亚基刺激 DNA 分子上的特定基因，使该特定的基因表达，从而合成相应的蛋白质（酶），行使特定的生物学效应（图 15-26）。

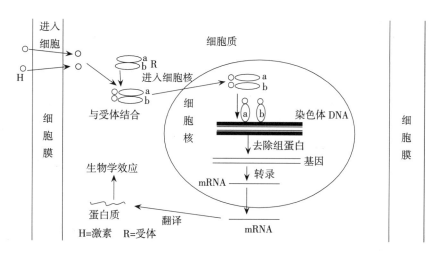

图 15-26　受体在细胞质的激素作用方式

在高等动物中，通过直接进入细胞核激活基因合成诱导酶从而对代谢起调节作用的激素有盐皮质激素（mineralocorticoid）、糖皮质激素（glucocorticoid）、醛甾酮（aldosterone）、雄激素（androgen）、睾丸素（testosterone）、雌激素（amnestrogen）、雌二醇（estradiol）、孕酮、生长激素、甲状腺素（thyroxine）、胰岛素等。

3. 高等植物激素对代谢的调节　植物激素有生长素、赤霉素、细胞分裂素和脱落酸等。据研究，植物激素对代谢有非常重要的调节作用。

（1）植物生长素。植物生长素的主要成分是吲哚乙酸。这种物质在植物体内有多种多样的生理作用，如促进胚芽鞘、茎、果实、贮藏器官的生长，促进植物器官的形态建成，促进细胞分化、伸长、分裂，促进开花、果实膨大，等等。生长素是通过什么方式促进代谢的？对此人们有各种各样的推测。一种解释就是生长素可以对特定基因起去阻遏作用。吲哚乙酸（IAA）在特定的细胞中合成后，被运输到靶细胞表面，然后通过细胞膜进入细胞质。在细胞质中与一种称为 IAA 结合蛋白的蛋白质结合成为复合物。此复合物进入细胞核，与染色体的组蛋白作用，使组蛋白脱离 DNA，暴露基因。然后特定的基因就可以表达而合成有关的酶，进而体现生长素对代谢的调节作用（图 15-27）。

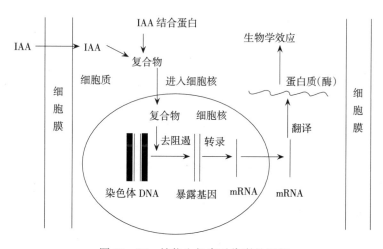

图 15-27　植物生长素对代谢的调节

（2）赤霉素。在植物体中，赤霉素对代谢的调节也起到非常重要的作用。赤霉素有许多生理作用。赤霉素能促进茎、节间伸长，使植株变高；促进细胞的分裂和分化；促进植物开花、结果，能引起单性结实；能打破种子的休眠，促进发芽；能改变糖类的代谢，提高某些酶的含量水平。大量的研究证明，赤霉素能促进淀粉酶、转化酶、核糖核酸酶、转氨酶、硝酸还原酶的合成。在赤霉素的作用下，DNA 合成受到促进，基因表达也受到促进，RNA 合成量增多，蛋白质合成增加。可见，赤霉素对代谢的调节也是从调节基因表达方面进行的。

（3）细胞分裂素。细胞分裂素有许多生理作用。这种激素能促进细胞的分裂和生长，诱导细胞扩大；促进培养的愈伤组织分化形成芽，低浓度的细胞分裂素对根的生长有促进；促进种子萌发，促进休眠芽萌发；延迟叶片衰老。研究表明，细胞分裂素对代谢的调节主要是通过对 RNA 和蛋白质的合成进行调节，刺激 RNA 和蛋白质合成，从而提高特定代谢的酶水平。

（4）脱落酸。脱落酸具有与上述植物激素相反的生理作用。脱落酸能抑制种子萌发，抑制芽的生长；抑制细胞分裂、分化和生长。脱落酸能抑制茎和叶的生长，具有明显的促进落叶作用。至于脱落酸对代谢的调节方式，一般认为是脱落酸能抑制 DNA 和 RNA 的合成，能强烈抑制 RNA 聚合酶的活性，使转录受到严重抑制，从而降低细胞中某些酶的含量水平，进而抑制代谢。

二、神经系统对代谢的调节

高等动物具有发达的神经系统。神经系统的功能是多方面的，在代谢调节中占非常重要的地位。激素对代谢的调节与神经系统有密切的关系。一般来说，神经系统的调节可以分为两大类：一类是直接的（快速的）调节；另一类是间接的（慢速的）调节。

直接的调节发生时间短促，瞬间可以完成。例如，当一个人在开会时毫无准备的情况下突然听到上司在会上公开批评自己，此时这个人的脸突然变红。这就是人在受到突然刺激的情况下，中枢神经系统迅速通过神经末梢刺激细胞进行快速充血而造成的。有实验结果表明，人在情绪紧张时，血液中的糖浓度迅速升高。这是中枢神经系统刺激肝糖原迅速降解成为单糖的缘故。若用物理的方法刺激丘脑的下部或者刺激延髓的交感神经，就会使血糖浓度迅速升高。实验表明，当把实验动物大脑的两半球摘除时，动物的肝中的脂肪含量迅速增加。动物受条件反射时对代谢的影响是大脑神经直接控制的。例如，当一个人很渴时联想到突然有一颗酸梅送进嘴里，就会促使口腔分泌大量的唾液而使口腔细胞水分代谢有所改变。这些都是大脑受到一些刺激后直接对有关细胞、组织或器官发出信息而使其代谢得到调节的。

然而，神经调节更重要的是另一种方式，即间接调节。间接调节就是神经系统控制激素的形成，从而调节代谢。例如，细胞的中枢迷走神经可刺激胰岛的 β 细胞分泌胰岛素；中枢交感神经可刺激肾上腺髓质分泌肾上腺素。在中枢神经的控制下，促性腺激素可以刺激性腺而分泌性激素；促肾上腺皮质激素可以刺激肾上腺皮质分泌肾上腺皮质激素；促甲状腺素可以刺激甲状腺分泌甲状腺素。这些促性腺激素、促肾上腺皮质激素、促甲状腺素等激素都是由垂体前叶分泌的，而垂体前叶分泌这些激素必须受到中枢神经系统的控制。中枢神经系统还可以控制下丘脑分泌下丘脑激素等。这些激素被合成出来后，就被运输到相应的靶细胞中起作用，因而在这里中枢神经系统对代谢的调节作用是间接的。

以上介绍了各种各样的调节方式，所有调节可归纳为四大类：酶水平调节、细胞水平调节、激素调节、神经系统调节。最原始的调节方式是酶水平调节和细胞水平调节，这是动物、植物和单细胞生物共有的调节方式，激素调节是动物和植物才有的调节方式，而神经系统调节则是动物才有的。神经系统调节是最高水平的调节。

本章小结

生物体内的代谢是非常复杂的，但如此复杂的代谢是有条不紊的。生物体为了达到代谢的顺序性、逻辑性、整合性，体内有着非常完善的代谢调节系统。代谢调节分为酶水平调节、细胞水平调节、激素调节和神经系统调节等。酶水平调节是最基本的调节。细胞通过基因表达的调节和翻译水平调节控制酶的数量；通过前馈激活、变构酶的反馈抑制、同工酶抑制、共价修饰、级联系统等机制控制酶的催化活性；通过限速步骤控制代谢系统的总体物质生成量。细胞水平的调节通过细胞区域化来实现，将细胞分成多个细胞器，使不同的代谢分别在不同的细胞器内进行。激素调节和神经系统调节是机体水平的调节。生物体通过神经系统发布"指令"而分泌各种有关的激素，激素作为生物体的第一信使，携带重要"指令"奔赴有关的靶细胞，在靶细胞表面或细胞内通过受体进行信号转导，从而引起一系列的生物学效应，有效地调节机体的代谢。

复习思考题

一、解释名词

1. 细胞区域化　2. 操纵子　3. 调节基因　4. 操纵基因　5. 启动子　6. 结构基因　7. 降解物基因活化蛋白　8. 阻遏物　9. 诱导物　10. 诱导酶　11. 降解物阻遏　12. 组成突变　13. 组成酶　14. 超阻遏突变　15. 尾产物阻遏　16. 翻译阻遏　17. 反义 RNA　18. 酶原　19. 正调节剂　20. 负调节剂　21. 前馈激活　22. 反馈抑制　23. 一价反馈抑制　24. 二价反馈抑制　25. 顺序反馈抑制　26. 协同反馈抑制　27. 累积反馈抑制　28. 同工酶反馈抑制　29. 共价修饰　30. 级联系统　31. 自分泌　32. 旁分泌　33. 内分泌　34. 信号转导

二、问答题

1. 试述操纵子对基因表达的调控作用。

2. 高等动物的激素是通过怎样的方式进行代谢调节的？

3. 高等植物的生长素是怎样对代谢起调节作用的？

主要参考文献

黄熙泰，于自然，李翠凤，2012. 现代生物化学［M］. 3 版. 北京：化学工业出版社.

欧伶，俞建瑛，欧阳立明，2017. 应用生物化学［M］. 2 版. 北京：化学工业出版社.

朱圣庚，徐长法，2016. 生物化学［M］. 4 版. 北京：高等教育出版社.

Reginald H Garrett, Charles M Grisham, 2012. Biochemistry：5th ed［M］. 影印版. 北京：高等教育出版社.

Hames B D, Hooper N M, 2000. Instant Notes of Biochemistry［M］. 2nd ed. Oxford：BIOS Scientific Publishers Limited.

Nelson D L, Cox M M, 2017. Lehninger Principles of Biochemistry［M］. 7th ed. New York：Worth Publisher.

Trudy Mckee, James R Mckee, 2002. Biochemistry［M］. 3rd ed. New York：McGraw‑Hill Company Inc.

第十六章

DNA 重组技术的基本原理

生物化学的发展是日新月异的。自从 Avery 等人证明生物的主要遗传物质是 DNA 以来，有关 DNA 的研究成果不断涌现。Watson 和 Crick 阐述了 DNA 分子的双螺旋二级结构模型，从而确立了信息载体 DNA 的复制、信息的传递机理。中心法则的确立和遗传密码的破译，有力地揭示了生物遗传信息的表达方式和信息流向，为科学地解释从基因到蛋白质的遗传过程铺平道路。Jacod 和 Monod 所建立的操纵子学说，全面地阐述了生物遗传的调控机理。进而，科学家在 1970 年从微生物中发现了限制性核酸内切酶。在此基础上，1972 年，Berg 等人首次用猴空泡病毒 40（SV40）DNA 片段与 λ 噬菌体的 DNA 进行体外重组，成功地取得了重组的 DNA 分子。1973 年，Cohen 等科学家用细菌内编码卡那霉素抗性的质粒 DNA 和编码四环素抗性的基因连接，然后用连接体转化大肠杆菌细胞，结果被转化的细胞既可以抵抗卡那霉素，又可以抵抗四环素。从此，宣告了世界进入了基因重组的新时代。自那以后的近 50 年来，各国科学家从不同的角度进行了各种尝试，相应取得一批又一批的研究成果，使生物科学的发展达到了前所未有的高度。在理论研究的基础上，将基因重组技术推向应用研究，从而取得一批批基因工程产品应用于工业、农业、医药卫生等领域，为生物技术高科技产品的广泛应用开辟了美好的前景。

第一节　DNA 重组的技术要件

DNA 重组技术（DNA recombination technology）是利用分子生物学的方法分离目的基因，并对目的基因进行剪切，将剪切好的基因片段与载体连接，然后引入宿主细胞进行复制和表达的生物技术。基因工程（gene engineering）是当代生物工程领域的重要内容。基因工程就是利用 DNA 重组技术改造生物的基因结构，从而改造生物物种或创造新的物种，以生产系列生物产品造福人类的一项高新技术。因此，DNA 重组技术是基因工程技术的核心内容。在很多场合下 DNA 重组与基因工程被认为是同一种含义，往往用作同义词。但事实上，基因工程的内容比较广泛，不但包括 DNA 的体外重组，还包括重组基因表达产物的分离纯化、修饰和加工、批量生产的工艺和技术路线等过程。图 16-1 表示了 DNA 重组技术的基本过程。

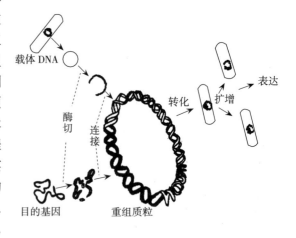

图 16-1　DNA 重组技术的基本过程

将一个细胞进行无性繁殖变成多个相同的细胞称为细胞克隆（cell clone）。将一个 DNA 分子进行体外复制变成多个相同的 DNA 分子的过程称为 DNA 分子克隆（molecular clone）。DNA 的分子克隆是基因工程的重要技术环节。要进行 DNA 分子克隆，必须有各种工具酶和携带 DNA 片段的载体。

一、重要的工具酶及其作用特点

DNA 重组技术的产生和发展首先得益于几种重要的工具酶的发现和详细研究。这些重要的酶有：

1. 限制性核酸内切酶　在前面章节中已经简单介绍过限制性核酸内切酶（restriction endonuclease），这里再作进一步介绍。这是一类能够识别 DNA 链上的特定序列，并在该特定序列上将 DNA 切断的核酸水解酶。这些酶一般存在于细菌中。到目前为止，已经在微生物中发现了近 1 000 种限制性核酸内切酶。已经证实的 DNA 分子上的特异性切点有 150 多种。细菌中的限制性核酸内切酶一般不会对该菌自身内的 DNA 进行切割，这是因为该菌除了有限制性核酸内切酶外，还有一种甲基化酶，甲基化酶可以对限制性核酸内切酶所识别的序列进行甲基化修饰，从而避免了细菌自身的 DNA 被限制性核酸内切酶切割的危险。

限制性核酸内切酶可以分为三大类，各类酶有不同的特性（表 16-1）。在基因工程中，一般是使用这三类酶中的第二类，此类酶没有甲基化酶的活性，能识别特异的序列，在反应时需要 Mg^{2+} 作为活化剂。此类酶对特定的 DNA 进行切割时既可产生平齐末端（blunt end），也可以产生黏性末端（cohesive end）。在基因工程研究中，黏性末端比平齐末端更为重要。

表 16-1　限制性核酸内切酶的种类和性质

酶的性质项目	性质描述		
	限制性核酸内切酶 I	限制性核酸内切酶 II	限制性核酸内切酶 III
酶的蛋白质结构	酶分子由 3 种不同的亚基组成	酶分子是单一的蛋白质	酶分子由两种不同的亚基构成
辅因子	需要 S-腺苷甲硫氨酸修饰，催化活性需要 Mg^{2+}、ATP	催化活性需要 Mg^{2+}	催化活性需要 ATP 和 Mg^{2+}
识别序列	能识别特异的序列	能识别特异的序列	能识别特异的序列
切割位点	非特异，在识别序列前后 100～1 000 bp 处切割	特异，在识别序列内的同一个位置切割	特异，在识别序列之后几个碱基对到 20 多个碱基对处切割
与甲基化的关系	此类酶没有甲基化作用	此类酶没有甲基化作用	此类酶同时具有甲基化作用

不同的限制性核酸内切酶有不同的切割效果。有些限制性核酸内切酶来自不同的细菌，但能识别 DNA 的同一个序列，但所得到的末端不同，这样的限制性核酸内切酶称为同裂酶（isoschizomer）。而有些限制性核酸内切酶识别 DNA 不同的序列，但所产生的末端相同，这样的限制性核酸内切酶称为同尾酶（isocaudarner）。在进行 DNA 体外重组时，同尾酶比同裂酶更有应用价值。

2. DNA 连接酶　DNA 连接酶（DNA ligase）的功能是将一个 DNA 片段的 $3'-OH$ 与另一个 DNA 片段的 $5'-P$ 脱水缩合形成磷酸二酯键，从而将两个 DNA 片段连接起来。在基因工程中，DNA 连接酶是必不可少的工具酶。一般使用的 DNA 连接酶有两种。一种是从大肠杆菌细胞中提取得到的，称为大肠杆菌 DNA 连接酶。这种连接酶对具有平齐末端的 DNA 片段连接的催化活性很低，一般应用于连接具有黏性末端的 DNA 片段；这种连接酶在催化时需要 NAD^+ 作为辅因子。另一种连接酶是从被 T_4 噬菌体感染的大肠杆菌细胞中提取得到的，称为 T_4 DNA 连接酶（T_4 DNA ligase）。这种连接酶既可以催化具有黏性末端的 DNA 片段连接，又可以催化具有平齐末端的 DNA 片段连接。该酶在催化时要求 ATP 作为辅因子。在基因工程研究实践中，T_4 DNA 连接酶使用得较多，而大肠杆菌 DNA 连接酶较少使用。

3. DNA 聚合酶 DNA 聚合酶（DNA polymerase）的功能是将脱氧核苷酸连接到引物 DNA 片段的 3′-OH 上形成磷酸二酯键，使 DNA 链延长。一般有 3 种 DNA 聚合酶应用在基因工程研究中。它们分别是：①大肠杆菌 DNA 聚合酶 I，这是从大肠杆菌细胞中直接提取得到的。②从被 T_4 噬菌体感染的大肠杆菌细胞中提取得到的 T_4 DNA 聚合酶（T_4 DNA polymerase）。③从栖热水生菌（*Thermus aquaticus*）中分离得到的比较耐热的 DNA 聚合酶，称为 *Taq* DNA 聚合酶（*Taq* DNA polymerase）。*Taq* DNA 聚合酶由于较耐热，因而在聚合酶链式反应（polymerase chain reaction，PCR）中使用较多。

4. 逆转录酶 逆转录酶（reverse transcriptase）又称为反转录酶，是一种依赖 RNA 的 DNA 聚合酶，是从逆转录病毒感染的细胞中分离得到的。常用的逆转录酶有两种。一种是禽类成髓细胞瘤病毒（AMV）感染大肠杆菌后表达出来的逆转录酶，称为 AMV 逆转录酶（AMV reverse transcriptase）。另一种是由莫洛尼鼠白血病毒（MMLV）感染大肠杆菌后的表达产物，称为 MMLV 逆转录酶（MMLV reverse transcriptase）。在有 RNA 作为模板，又有与 RNA 互补的 DNA 引物的情况下，逆转录酶可以催化脱氧核苷酸聚合成为 RNA-DNA 杂合双链。除了这个功能以外，逆转录酶还可以有依赖 DNA 的 DNA 聚合酶的活性。

在基因工程研究中，逆转录酶主要是以 mRNA 为模板，逆转录成为互补 DNA（complementary DNA，cDNA）。另外，还可以利用逆转录酶在 5′ 端突出的双链 DNA 片段上进行 3′ 端填补而制备 DNA 探针（DNA probe）。因此，逆转录酶在基因工程中是不可或缺的工具酶。

5. RNA 聚合酶 在基因工程研究中 RNA 聚合酶（RNA polymerase）起非常重要的作用，主要是用于将重组基因进行转录，然后进行 Northern 杂交等。这个工具酶主要来源于大肠杆菌细胞，或者来源于一些被噬菌体感染的细菌细胞。

二、目的基因的载体类型及其功能

外源的 DNA 是不能轻易进入受体细胞（即宿主细胞）的。这些外源的 DNA 必须连接到一种特殊的 DNA 上，然后由这种 DNA 将外源 DNA 携带进入受体细胞。这些能够将外源 DNA 携带进入受体细胞的 DNA 称为载体（vector）。作为载体的 DNA 必须具备以下的特性：①这种载体应该是受体细胞本来就有的或者是受体细胞可以接受的。②这种载体 DNA 必须可以被特定的限制性核酸内切酶所识别并切割，然后连接上外源的 DNA。③这种载体 DNA 被切割并携带外源 DNA 进入受体细胞后，不但本身仍然能复制，而且也能使所携带的外源 DNA 一起复制。④这种载体 DNA 应该具有某些表型特征，以便在将外源 DNA 片段连接上去时可以作为重组 DNA 的识别标记。例如，某些载体含有四环素的抗性基因，其携带外源 DNA 进入受体细胞后进行复制、表达，就使该受体细胞具有抵抗四环素的能力，因而表现出可以在含有四环素的培养基上生长的特征。因此，不是所有 DNA 都可以作为载体，只有一些特殊的 DNA 才胜任载体的功能。

1. 质粒及其功能 很多细菌细胞都含有质粒（plasmid）。这些质粒的化学本质是 DNA，是染色体以外的遗传物质。不同质粒的大小差异很大，一般为 4～400 kb。在细菌细胞中，质粒一般带有某些基因，因而赋予细菌细胞某些表型特性。

质粒的 DNA 是小分子环状双链，其特点是虽然能够自主复制，但其复制必须与染色体 DNA 的复制同步进行。质粒 DNA 分子上含有若干个能被限制性核酸内切酶识别的部位，限制性核酸内切酶能在这些识别部位上切开，使 DNA 环产生切口，然后由 DNA 连接酶将特定的目的基因 DNA 片段连接到切口上。一种细菌的质粒可以被转移到另一种细菌的细胞内。质粒所具有的这些特点给基因工程研究带来极大的方便。若将重组的质粒与特定的受体（细菌细胞）置于 0 ℃ 的 $CaCl_2$ 溶液中保温一段时间后迅速转移到 40 ℃的水溶液中去，这些细菌细胞会变成一种感受态（competent state）细胞，对外来的 DNA 采取宽容的态度，因而很容易允许外来的 DNA 进入细胞，并在细胞内复制和转录。

一般来说，质粒可以分为三大类，分别称为复制型质粒、表达型质粒和穿梭型质粒。复制型质粒（duplicational plasmid）适用于克隆大量的 DNA 片段，这类载体只能携带最大 10 kb 的外源 DNA。表达型质粒（expressional plasmid）是使所携带的外来 DNA 置于启动子的控制下，在适宜的条件下可以转录成为 mRNA，并翻译出相应的蛋白质分子。穿梭型质粒（shuttle plasmid）是人工构建的质粒载体，可以先在原核细胞中复制，然后被转入真核细胞中进行表达。

在实践中，人们对天然质粒进行人工改造，从而创造出一系列人工质粒。例如，基因工程中经常使用的质粒 pBR322 就是将 3 个天然质粒的不同部分进行拼接而成的。其结构见图 16 - 2。穿梭型质粒也是人工拼接的质粒，在这些质粒中，既包含能在原核细胞中复制所需要的序列，又包含了在真核细胞中表达所需要的序列，因而在基因工程中有广泛的用途。

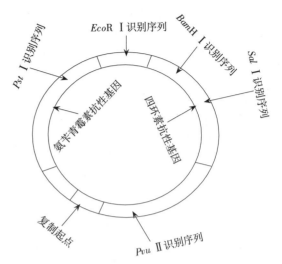

图 16 - 2　pBR322 质粒的结构

质粒载体有一个缺点，就是其所携带的外源 DNA 多数只限于 10 kb 以下的小片段，大的 DNA 片段难以被携带进入受体细胞。

2. 噬菌体及其功能　噬菌体（phage）是能感染细菌的病毒。噬菌体的 DNA 也可以被用作外源 DNA 的载体，而且某些方面还比质粒优越。基因工程中使用较多的是 λ 噬菌体（λ phage）。λ 噬菌体的 DNA 是双链线状的，其基因组有 30～40 个基因，长度为 48 502 bp。λ 噬菌体的双链 DNA 两端都有一个长 12 nt 的单链片段，并且两端的单链片段是碱基互补的。这种互补的两端可以接起来，从而使 λ 噬菌体 DNA 成为环状。λ 噬菌体 DNA 的这种黏性末端结构称为黏性末端位点（cohesive - end site），简称 COS 位点。

λ 噬菌体的 DNA 中有 1/3 的片段是非必要的片段。因此，若将此非必要的片段切除，然后将外源的 DNA 片段与之连接，这样所形成的重组 DNA 在提供适当的蛋白质或细菌细胞的提取物时，就能体外组装成为噬菌体粒子。然后，噬菌体粒子感染受体（细菌细胞），就把重组的 DNA 携带进了受体细胞。这种由 λ 噬菌体 DNA 切割后所形成的载体一般就称为 λ 载体（λ vector）。λ 载体可以携带最大 24 kb 的外源 DNA。进入大肠杆菌的 λ 噬菌体可通过两种途径起作用。第一种途径是 λ 噬菌体在受体细胞内增殖，形成新的噬菌体粒子，然后使细胞裂解而放出一批噬菌体粒子，这称为裂解途径（lytic pathway）。第二种途径是进入受体细胞的重组 DNA 整合到受体细胞的 DNA 分子上被长期保留下来，适当时候再进行转录或复制，这种途径称为溶原途径（lysogenic pathway）。

M13 噬菌体的 DNA 是 6.4 kb 的单链 DNA。在 M13 噬菌体的生活周期中，其 DNA 可经历单链、双链、单链的交替过程，其中，双链的过程可以用作基因工程的重组过程。可以将大肠杆菌的 DNA 片段插入 M13 噬菌体的 DNA 中，然后经不同的限制性核酸内切酶切割，可生成多种不同的载体在不同的场合下使用。

3. 考斯质粒　考斯质粒（cosmid）又称为黏性质粒，是由质粒的一部分和 λ 噬菌体 DNA 的一部分构建而成的复合体。这种复合体包含质粒的一个完整复制子（即复制起始区和药物抗性标记基因)、质粒 DNA 上限制性核酸内切酶识别序列、λ 噬菌体 DNA 的 COS 位点片段。考斯质粒长4~10 kb。当用限制性核酸内切酶切开考斯质粒后，可插入大到 40 kb 的外源 DNA。这种考斯质粒在构建高等真核生物的基因组文库时比 λ 噬菌体 DNA 更有优越性。

4. 动物病毒的载体作用　以上所介绍的质粒和噬菌体 DNA 作为载体时都只能将外源 DNA 导入原核生物细胞，导入真核生物细胞则较困难。若要将外源 DNA 导入高等动物细胞，则需要使用动物病毒的遗传物质作为载体。目前一般是将逆转录病毒（retrovirus）和腺病毒（adenovirus）进行改造，使之成为能将外源 DNA 导入高等动物细胞的载体。

逆转录病毒的基因组是一条单链的 RNA。在此 RNA 上，有 3 个基因，即 *gag*、*pol*、*env*。其中，*gag* 是编码衣壳内部蛋白质的基因；*pol* 是编码逆转录酶和整合酶的基因；*env* 是编码外壳蛋白的基因。基因组上的两段称为 *LTR* 片段的序列是病毒感染受体细胞所必需的。逆转录病毒感染细胞时，在逆转录酶的催化下，基因组单链 RNA 被逆转录成为双链 DNA。双链 DNA 的 *gag*、*pol*、*env* 基因可以被外来的 DNA 置换，这样生成一个混合型的 DNA 重组体，失去了形成病毒粒子的能力（图 16 - 3）。然后将这种混合型的 DNA 重组体导入由一种辅助病毒（helper virus）感染的细胞内，在这个细胞内进行转录，这样产生的转录产物是重组体的 RNA。这个 RNA 就相当于一个加上重组 DNA 的遗传信息的载体。若将之再导入动物细胞，就相当于将重组 DNA 的信息导入了动物细胞。

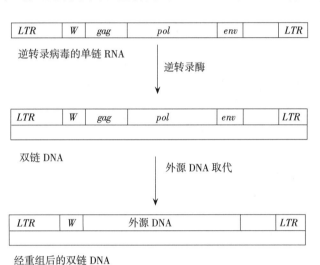

图 16 - 3　逆转录病毒作为载体

5. 植物寄生菌质粒作为目的基因的载体　若能将重组的 DNA 导入植物，则可以对农作物的遗传特性进行改造，从而有效地提高农作物的产量及改善农产品的品质。植物细胞没有可以用于作为载体的质粒。

有一种农杆菌（*Agrobacterium tumefaciens*）的细胞内含有一种质粒称为 Ti 质粒，其长度约200 kb。Ti 质粒上有一段 DNA 称为转移 DNA（transferred DNA），简称为 T - DNA，其长度约23 kb。农杆菌可由伤口侵入植物组织，使植物组织产生冠瘿瘤（crown gall）。当农杆菌细胞与植物细胞接触时，其 Ti 质粒被转移进入植物细胞，质粒上的 T - DNA 片段就能整合到植物的细胞核染色体的随机位点上，从而诱导该组织细胞大量增殖而形成冠瘿瘤。这是天然的细菌 DNA 转化植物细胞的罕见现象。因此，农杆菌的 T - DNA 可以作为外源 DNA 的载体。可以将外源 DNA 插入农杆菌的 T - DNA 上，然后用此带有重组 DNA 的 Ti 质粒与去除细胞壁的植物细胞进行混合培养，重组的 DNA 就会转化植物细胞。

第二节　DNA 重组技术的基本步骤

一、目的基因的制备方法

目的基因（objective gene）是指带有某种遗传特性的 DNA 片段，也称为靶基因、外源 DNA。一般来说，生物体的 DNA 分子都是相对分子质量很大的分子，而一个基因只占 DNA 分子的一小部分。要进行 DNA 重组，首先就需要将某一个特定的基因从 DNA 分子上分离出来并且纯化。目前，取得目的基因的技术措施主要有建立 DNA 文库、建立 cDNA 文库、人工合成 DNA 片段、聚合酶链式反应扩增 DNA 等。

1. 建立 DNA 文库　建立 DNA 文库是获得目的基因的重要途径之一。所谓 DNA 文库（DNA library），就是将一个生物的基因组用各种方法切割成为成千上万个片段，然后将每个片段都进行克隆，将这些克隆的产物全部保存起来，就代表了该生物体的全部遗传信息。这样代表一个生物体所有遗传信息的全部 DNA 片段的克隆群体就称为该生物的 DNA 文库。DNA 文库的建立程序如图 16-4 所示。

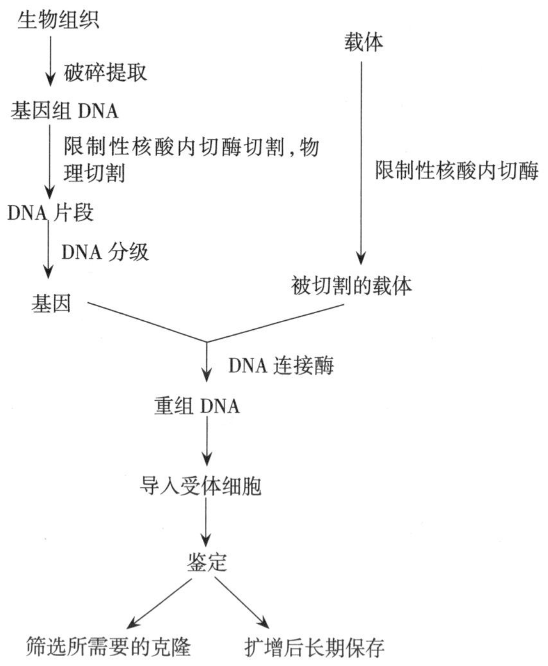

（1）分离全部 DNA 并且提纯。

（2）将全部 DNA 用特定的限制性核酸内切酶进行切割。由于限制性核酸内切酶切割所产生的碎片长度与 DNA 分子上的识别序列的长度有关，因而用限制性核酸内切酶切割的产物是长度不同的 DNA 片段。

（3）将切割后的产物进行分离和提纯。

（4）将适宜的载体 DNA 也用以上相同的限制性核酸内切酶进行切割。

（5）将基因组的 DNA 片段和经切割的载体片段混合拼接。这样就形成一大批重组的 DNA。

图 16-4　基因文库的建立程序

（6）将所有这些重组的 DNA 都分别转化细菌或包装成噬菌体粒子。这一大批被转化的细菌或噬菌体粒子就包含所研究生物的全部基因。因此，由此方法所建立的体系称为基因组文库（genome library），也称为基因银行（gene bank）。

2. 建立 cDNA 文库　真核生物的基因与原核生物的基因有所不同。真核生物的基因中含有外显子（exon）和内含子（intron）。其中，外显子是编码肽链的，而内含子是不编码肽链的，因而真核生物的基因是断裂的。要将其基因组全部克隆，一方面工作量太大、成本太高，另一方面克隆的效率也很低。因此，对真核生物来说，应该建立的是互补 DNA（cDNA）文库。

首先从特定的生物体中提取和分离所有的 mRNA。将所得的 mRNA 用逆转录酶催化产生 mRNA-DNA 杂交分子，这单链 DNA 经复制就成为双链 DNA。这样产生的 DNA 就是互补 DNA（cDNA）。将此 cDNA 与适宜的载体连接，然后导入受体细胞进行复制。由这种方法所建立的 DNA 克隆群体称为 cDNA 文库（cDNA library）。

3. 人工合成 DNA 片段　有些生长因子、激素、活性肽等小分子肽链的基因很小，一般只有几十个核苷酸。对于这样的小基因可以直接用人工合成。目前，人工合成寡核苷酸的技术已经非常成熟，对合成小基因是完全没有问题的。目前使用较多的合成方法是固相合成法。而根据固相合成法原理设计出来的仪器已经能够使人工合成 DNA 片段的工作自动化，大大提高化学合成基因的可能。目前已经有一部分基因被合成出来。

4. 聚合酶链式反应扩增 DNA　聚合酶链式反应是由 Mullis 于 1985 年发明的体外扩增 DNA 片段的技术。该项技术的原理是模仿细胞内 DNA 复制的过程，将有关的模板 DNA、合适的缓冲系统、寡核苷酸引物、去氧核苷酸底物和辅助因子、耐热 DNA 聚合酶等混合，利用仪器在体外控制温度和时间，快速合成 DNA 片段。

假设一个双链 DNA 片段分为 1、2、3 共 3 个小段。其中小段 1 和 3 的顺序是已经知道的。这样我们就可以 1 和 3 两个小段的顺序分别设计与 1 和 3 碱基互补的引物，分别为引物 1 和引物 2。当将引物 1、引物 2、耐热 DNA 聚合酶、去氧核苷酸底物、辅助因子、待扩增的 DNA 片段置于仪器中后，首先调节 95 ℃变性 1～2 s，使 DNA 片段解链，然后再调节温度到 54 ℃使引物与两条 DNA 链适当部位结合。结合后再把温度调到 72 ℃，使复制开始，DNA 从引物 3′末端开始延长。如此进行交替控制温度，使反应多次循环，就得到大量的 DNA 扩增产物（图16 - 5）。聚合酶链式反应技术是目前被广泛应用的 DNA 扩增方法。

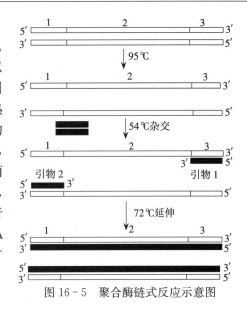

图 16 - 5　聚合酶链式反应示意图

二、目的基因和载体的体外连接

DNA 的重组就是要将目的基因片段与合适的载体 DNA 进行连接，成为重组的 DNA。DNA 片段的连接是一项非常重要的技术环节，有以下几种不同的情况：

（1）当目的基因和载体都用同一种限制性核酸内切酶切割时，其产生的片段的黏性末端是相同的。这样所得到的目的基因片段和载体切口就很容易拼接起来。由 DNA 连接酶连接，就成为重组的 DNA。其过程见图 16 - 6。

（2）用同尾酶切割目的基因和载体 DNA 时，会产生相同的末端。这些相同的末端片段也很容易被拼接成重组 DNA 分子。

（3）对于平齐末端，可以直接用 T₄ DNA 连接酶催化连接。一般来说，平齐末端的连接速度要比黏性末端的连接速度稍慢。

（4）当由不同的限制性核酸内切酶分别切割目的基因和载体 DNA 时，可能得到的片段的末端是不同的。这些末端不同的 DNA 片段不能直接拼接在一起，而需要进行适当的加工才能拼接。有不同的加工方法：①将这些片段用核酸酶 S₁ 处理，将片段的黏性末端

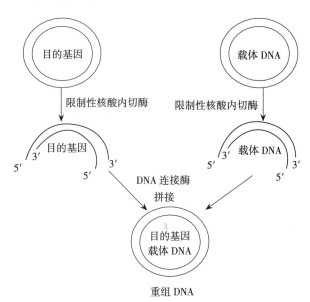

图 16 - 6　相同限制性核酸内切酶切割载体和目的基因的重组

核苷酸水解，使其成为平齐末端，然后进行拼接。②在这些片段的末端连接上一段用人工合成的双链寡核苷酸，这小段寡核苷酸称为接头（linker）。然后再用适当的限制性核酸内切酶切割，就可产生合适的黏性末端，然后进行拼接。

（5）PCR 的产物一般是没有黏性末端的。可以在 PCR 进行前首先使引物连接上能被限制性核酸内切酶识别的片段，然后再进行扩增。扩增完后用限制性核酸内切酶切割即可产生黏性末端。当然，PCR 产物的平齐末端也可以直接用 T₄ DNA 连接酶与载体连接。

三、将重组的 DNA 导入受体细胞

目的基因与载体拼接成为重组的 DNA 分子后，必须将其导入受体细胞，目的基因才能得以扩

增或转录表达。受体细胞既有大肠杆菌细胞、枯草芽孢杆菌细胞、链球菌细胞等原核生物的细胞，也有酵母菌细胞、昆虫细胞、哺乳动物细胞、植物细胞等真核生物细胞。就目前的情况来说，用原核细胞进行研究的效果远比用真核细胞的效果要好得多。

不是任何的细胞都可以作为受体细胞。受体细胞要满足一定的要求。首先，在受体细胞内应该没有限制性核酸内切酶，以免进入受体细胞的重组 DNA 被限制性核酸内切酶切割而遭到破坏。其次，受体细胞应该不能适应人体内部的环境，以免经转化的受体细胞误入人体造成对人类的伤害。

将重组的 DNA 导入受体细胞的方法有以下几种：

1. 重组质粒的转化　转化（transformation）一般是指细胞吸收质粒连接的外源 DNA 后使外源 DNA 在细胞内复制的过程。细菌细胞一般是处于感受态时才容易接受外来的 DNA。要使细菌细胞变成感受态，可以用一些化学物质对细菌细胞进行处理。例如，可以用 $CaCl_2$ 处理法、$CaCl_2$/$MnCl_2$ 处理法、$MgCl_2$ 处理法等。细菌细胞经过这些方法处理后，就会由常规状态变成感受态，就能够接受外源的 DNA 分子进入细胞，并且让这些 DNA 在细胞内复制或转录。

当用重组质粒转化酵母菌等细胞时，由于这些细胞有较厚的细胞壁，因而需要先将细胞壁用纤维素酶溶解，待露出原生质体后再进行转化。

2. 噬菌体重组体的转染　用噬菌体或真核生物病毒的遗传物质为载体构建重组体导入受体细胞的过程称为转染（transfection）。一般是将噬菌体的遗传物质与目的基因的重组体及有关的包装蛋白组装成为噬菌体颗粒以后直接感染受体细胞。这种方法也称为体外包装转染技术。

3. 电穿孔法导入受体细胞　将受体细胞和重组 DNA 一起保温，然后对系统施以一定的高压电场。在高压电场作用下，细胞膜会形成很多临时的微小孔洞，此时，重组的 DNA 就可以穿过微孔而进入受体细胞中去（图 16-7）。这种将重组 DNA 导入受体细胞的方法称为电穿孔法（electroporation method）。电穿孔法不但对微生物细胞可用，而且对动物和植物细胞也可以应用；对重组 DNA 是线形的可用，环形的也可用。使用此方法的关键是要掌握好电压、作用时间，以免受体细胞死亡率太高。一般应该做预备试验，摸索清楚使用条件后才进行导入。

4. 微量注射法导入受体细胞　微量注射法（microinjection）是使用极细的针管将重组 DNA 注射到动物的受体细胞中的方法。由于注射时用手工操作，一个细胞一个细胞的注射，因而速度很慢，而且对操作人员的熟练程度要求较高，但此法针对性强。

这种将重组的基因导入动物和植物细胞，使其遗传特性永久改变的技术，称为转基因技术（transgenic technology）。转基因是当前研究非常热门的领域之一，人们已经得到一大批转基因的动物和植物产品，为人类造福。

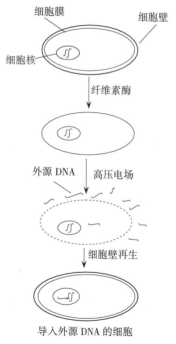

图 16-7　电穿孔法导入受体细胞

四、重组克隆的筛选方法

当将外源的 DNA 引入到受体细胞以后，外源 DNA 就在受体细胞中复制或转录。但是在导入过程中，不一定所有的受体细胞都接受了外源的 DNA。那些没有接受外源 DNA 的细胞与已经接受外源 DNA 的细胞混合在一起。下一步工作就是要从这个混合物中鉴别和分离出已经接受外源 DNA 的细胞（又称为重组克隆）来。这项工作是比较细致的，一般要根据重组细胞株的表型变化或重组细胞株的结构变化来区分。

1. 利用载体的特殊标记进行筛选　当载体 DNA 或目的基因带有某种特殊的基因，且在导入受体细胞以后，使受体细胞在生长和繁殖过程中出现与原来的细胞有不同的表型时，人们就可以根据这些不同的表型特点来区分出已经重组的细胞和未经重组的细胞。

例如，质粒 pBR322 含有氨苄青霉素的抗性基因和四环素的抗性基因。当利用这两种基因没有受到破坏的 pBR322 质粒携带目的基因进入受体细菌时，能成功转化的细菌就能够在含有氨苄青霉素的培养基上生长，也能在含有四环素的培养基上生长。而没有成功转化的细菌就不能在这样的培养基上生长。利用这些表型立即就可以将两种细菌细胞区分开。

又如，当将外源目的基因插入到 pUC18 质粒的多克隆位点上时，会把位于此处的编码 β 半乳糖苷酶的基因 LacZ 破坏。将这种重组 DNA 导入受体细胞后，成功转导的受体细胞就没有 β 半乳糖苷酶合成，而未经转导的细菌有 β 半乳糖苷酶合成，在含有显色底物 X - gal 的平板上鉴定时就得到不同的颜色，无 β 半乳糖苷酶合成的重组体形成无色菌落，而未经转导的细菌菌落呈蓝色。

当将一种亮氨酸合成酶缺失的菌株放在没有亮氨酸的培养基上培养时，菌株不能生长。当用携带这种基因的重组 DNA 转化这种菌株时，菌株就有了这种基因，就能合成亮氨酸合成酶，从而能在不含亮氨酸的培养基上生长。

2. 利用菌落原位杂交法鉴定　分子杂交（molecular hybridization）是指单链核酸分子在特定的条件下与另一个互补的单链核酸分子结合成为一个双链分子的过程。用分子杂交的方法可以检测 DNA 重组体，但首先要制备适合的探针。探针就是用放射性元素等方法标记的单链核酸序列。要详细研究一个基因，一般都要制备一个与该基因单链互补的核酸序列作为探针。

探针有两大类。一类是 DNA 探针，DNA 探针又可以分为两小类，即同源探针（homologous probe）和非同源探针（non - homologous probe）。不同生物的同一种基因的同源性高达 90% 以上，因而某一物种的已知基因片段可以作为另一个物种同一基因的探针。另一类探针是 RNA 探针，可用于基因表达的分析。

将经转化的受体菌株在培养皿的培养基上培养成为菌落。用一张适当大小的硝酸纤维素薄膜均匀地覆盖在培养基的菌落表面。此时每个菌落都会有一部分细胞粘在薄膜上。将此薄膜取下，用碱处理粘在薄膜上的细胞，其 DNA 也会变性。然后用带有放射性同位素标记的特定互补 DNA 片段的 DNA 探针与该变性 DNA 退火杂交，再用放射自显影（autoradiography）方法检测杂交成功的菌落 DNA。杂交的 DNA 有放射性影像，证明该菌落细胞的 DNA 被成功重组了。没有杂交的没有放射性影像，该菌落细胞的 DNA 没有重组。这种鉴定方法称为原位杂交（in situ hybridization）。

3. 利用免疫学方法鉴定　对于用表达型载体构建的 DNA 重组体可以以用免疫学方法进行鉴定。这种方法就是利用适当的抗体与 DNA 重组体表达出来的特定蛋白质特异结合，从而确定重组的效果。其基本过程是：把经转化的细菌培养在培养皿的培养基上，用适当大小的硝酸纤维素薄膜覆盖在培养基的菌落上。每个菌落就有部分细胞粘在薄膜上。用碱处理薄膜上的细胞，使细胞膜破碎，释放出所表达的蛋白质于薄膜上。然后用预先选定好的带有放射性元素的抗体与之结合，再用放射自显影技术鉴定特异的结合体，能检出放射性影像的特异蛋白质的菌落就是 DNA 重组成功的克隆。

第三节　DNA 重组技术的应用前景

DNA 重组技术是生命科学的一项非常重要的技术。这项技术从它诞生的那一天起就引起科学家的极大兴趣。40 多年来人们对这个领域的研究一天也没有停止过。到目前为止，人们不仅能对微生物的 DNA 进行重组，而且对高等生物的 DNA 也能进行重组，基因工程的路越走越宽。人们利用 DNA 重组技术不但解释了很多以往不能解释的理论问题，而且为人类生产了许许多多基因工程产品，为人类的衣食住行增添了更加丰富的物质来源。

一、有重要经济价值的蛋白质的生产和应用

由于诞生了 DNA 重组技术，人们不但可以生产出世界上已有的有机物质，而且可以生产目前世界上没有的有机物质。蛋白质是 DNA 表达的产品。这类物质不但是细胞不可缺少的物质，而且有许多蛋白质具有重要的商业价值和医学价值。例如，很多动物激素、细胞生长因子、干扰素、白细胞介素、凝血因子等，都具有非常重要的医学价值和商业价值。这些物质虽然都存在于有关的生物细胞中，但一般都是数量十分稀少。要生产这些物质，满足人们的医药需要和商业的需要，不能靠从动物和植物的组织中提取，而只能利用 DNA 重组技术进行批量生产。

重组 DNA 技术的第一个商用产品是人胰岛素，是由 Elilily 及其公司使用 DNA 重组技术生产出来的。这个 DNA 重组技术产品于 1982 年通过美国食品药品监督管理局的权威鉴定，被正式批准作为医药用于人类疾病的治疗。自那以后，世界范围内 DNA 重组技术迅速发展，一批又一批的激素、抗生素、干扰素、凝血素、抗体、毒素等蛋白质药物被生产出来用于医药临床；一批又一批的细胞生长因子、白细胞介素等蛋白质类制品被生产出来用于日常化妆品领域；一批又一批的工业用酶（如蛋白酶、脂肪酶、糖化酶、氧化酶等）被生产出来用于食品、发酵、制革等工业生产。这些基因工程产品都从不同的程度造福于人类。可以肯定，利用基因工程生产的生物产品将越来越多。

二、基因诊断

近年来，人们对人类基因组的研究得到了惊人的发展。通过对人类基因组的研究，人类对自身的认识更加详细。基因决定人类的各种性状和表型，基因的细微改变就会引起人类遗传的改变，可以说，人类的疾病有 90% 以上都与基因有关。如果人类的生殖细胞突变，后代就可能会引起遗传性疾病；人类的体细胞突变可能会引起肿瘤、糖尿病、心血管等系列疾病。外界生物对人体的入侵也会引起人类 DNA 的变化。一方面，病原体进入人体细胞后可以利用人体的细胞环境合成其遗传物质，使其遗传物质在人体内存在；另一方面，病原体的遗传物质又可以整合到人体的 DNA 分子上，这样就直接导致人体遗传物质的改变。所谓基因诊断（gene diagnosis），就是指利用分子生物学技术检测人类的基因结构是否有某些缺陷或改变，确定该种改变与人类疾病的关系，从而对疾病做出正确的判断。

1978 年科学家首次利用液相 DNA 分子杂交技术进行血红蛋白病的基因诊断。到目前为止，基因诊断技术已经得到很快的发展。目前，基因诊断方法主要有核酸杂交技术、聚合酶链式反应技术和核酸序列分析技术等。

三、基因治疗

基因治疗（gene therapy）是指用正常的基因去矫正或替代有缺陷的基因，或者从基因水平上控制细胞中缺陷基因的表达，以达到治疗某种遗传性疾病的目的。对于遗传性疾病的基因治疗一般受到卫生部门比较严格的控制。例如，腺苷脱氨酶缺乏症就是一种遗传性疾病，该病已经被列入基因治疗的疾病种类。1990 年，美国国立卫生研究院批准了腺苷脱氨酶缺乏症的基因治疗。科学家用 DNA 重组方法将腺苷脱氨酶的基因导入到一个病人的白细胞中，使该病人的白细胞成功地表达出正常的腺苷脱氨酶，从而纠正了病人的遗传性腺苷脱氨酶缺乏症，有效地医治了疾病。

基因治疗有 4 种不同的类型：基因矫正治疗、基因调控治疗、免疫调节治疗、自杀基因治疗。

要实现基因治疗，必须首先了解该疾病在基因水平上的发病机制，其次是要获得有治疗效果的 DNA 片段，并且有可靠的方法将重组的 DNA 导入对象细胞。因此基因治疗是一项非常严谨的高科技工作。

本章小结

DNA 重组就是将目的基因与适宜的载体连接成为复合的 DNA，然后将其导入受体细胞进行扩增或转录的一项技术。DNA 重组技术对基础科学研究、工业、农业、医药卫生、食品、化妆品等领域都有非常重要的作用。要进行 DNA 重组，必须有限制性核酸内切酶、DNA 连接酶、DNA 聚合酶、逆转录酶、RNA 聚合酶等工具酶，必须有适当的 DNA 载体。目前一般使用的载体有细菌的质粒、人工构建的质粒、噬菌体和病毒的核酸等。取得目的基因的方法是要建立基因组文库和 cDNA 文库，对小分子基因可用化学合成或用聚合酶链式反应等方法获得。目的基因和载体经过工具酶切割后用连接酶拼接成为重组的 DNA，然后重组 DNA 被导入受体细胞。在受体细胞内，一方面重组 DNA 可以被复制，导致目的基因 DNA 数目的扩增；另一方面重组 DNA 可以被转录，表达出目标产品，满足人们的需要。

复习思考题

一、解释名词

1. DNA 重组　2. 基因工程　3. 细胞克隆　4. 限制性核酸内切酶　5. 载体　6. 复制型质粒 7. 表达型质粒　8. 穿梭型质粒　9. 黏性末端　10. 平齐末端　11. 裂解途径　12. 溶源途径 13. 基因组文库　14. cDNA 文库　15. 聚合酶链式反应　16. 同尾酶　17. 同裂酶　18. 转化 19. 转染　20. 电穿孔法　21. 分子杂交　22. 探针　23. 原位杂交　24. 基因诊断　25. 基因治疗

二、问答题

1. 用于基因工程的载体有哪些？
2. 有哪些方法可以将重组的 DNA 导入受体细胞？

主要参考文献

黄熙泰，于自然，李翠凤，2012. 现代生物化学［M］.3 版. 北京：化学工业出版社.

欧伶，俞建瑛，欧阳立明，2017. 应用生物化学［M］.2 版. 北京：化学工业出版社.

朱圣庚，徐长法，2016. 生物化学［M］.4 版. 北京：高等教育出版社.

Reginald H Garrett，Charles M Grisham，2012. Biochemistry：5th ed［M］. 影印版. 北京：高等教育出版社.

Hames B D，Hooper N M，2000. Instant Notes of Biochemistry［M］.2nd ed. Oxford：BIOS Scientific Publishers Limited.

Nelson D L，Cox M M，2017. Lehninger Principles of Biochemistry［M］.7th ed. New York：Worth Publisher.

Trudy Mckee，James R Mckee，2002. Biochemistry［M］.3rd ed. New York：McGraw - Hill Company Inc.

附录 生物化学常用名词中英对照

A

γ 氨基丁酸　γ - aminobutyric acid

安密妥　amytal

氨苄青霉素　ampicillin

氨基苯甲酸合酶　aminobenzoic acid synthase

氨基酸　amino acid

氨基酸臂　amino acid arm

氨基酸残基　amino acid residue

氨甲酰磷酸　carbamyl phosphate

氨肽酶　aminopeptidase

B

靶细胞　target cell

靶向　targeting

靶组织　target tissue

白喉毒素　diphtheria

摆动性　wobble

斑块　signal patch

半保留复制　semi - conservative replication

半不连续复制　semi - discontinuous replication

半胱氨酸　cysteine

半乳糖　galactose

伴同转译的运送　co - translational translocation

胞嘧啶　cytosine，C

胞饮作用　pinocytosis

被动运输　passive transport

苯丙氨酸　phenylalanine

苯丙氨酸解氨酶　phenylalanine ammonia lyase，PAL

必需脂肪酸　essential fatty acid

蓖麻毒蛋白　ricin

变构酶　allosteric enzyme

变构效应物　allosteric effector

变构中心　allosteric center

变性　denaturation

标兵酶　pacemaker enzyme

表达型质粒　expressional plasmid

别构酶　allosteric enzyme

别构效应　allosteric effect

别构中心　allosteric center

丙氨酸　alanine

丙酮酸激酶　pyruvate kinase

丙酮酸羧化酶　pyruvate carboxylase

丙酮酸羧化支路　pyruvate carboxylation pathway

丙酮酸脱氢酶复合体　pyruvate dehydrogenase complex

丙酮酸脱氢酶　pyruvate dehydrogenase

丙酮酸脱羧酶　pyruvate decarboxylase

病毒整合酶　viral integrase

补救　salvage

不对称比率　asymmetry ratio

C

操纵基因　operator gene

操纵子模型　operon model

草酰乙酸　oxaloacetate

茶氨酸　theanine

差向异构　epimerization

长末端重复　long terminal repeat，LTR

超二级结构　super secondary structure

超螺旋　superhelix

超氧化物歧化酶　superoxide dismutase，SOD

超阻遏突变　super - repressive mutation

超阻遏突变体　super - repressive mutant

沉降平衡法　sedimentation equilibrium method

沉降速度法　sedimentation velocity method

沉降系数　sedimentation coefficient

赤霉素　gibberellin

赤藓糖　erythrose

穿梭　shuttle

穿梭型质粒　shuttle plasmid

醇溶蛋白　prolamine

醇脱氢酶　alcohol dehydrogenase

雌二醇　estradiol

次黄嘌呤核苷酸　inosinic acid，IMP

从头合成　*de novo* synthesis

促黄体生激素　luteinizing hormone

促甲状腺素　thyrotrophin

促卵泡激素　follicle - stimulating hormone

促肾上腺皮质激素　corticotrophin

催产素　oxytocin

催乳激素　lactogen

重新折叠　refolding

重组　recombination

重组体　recombinant

重组修复　recombination repair

D

淀粉酶　amylase

单胺氧化酶　monoamine oxidase

单纯酶　simple enzyme

单纯脂类　simple lipid

单链结合蛋白　single strand binding protein，SSB

单糖　monosaccharide

单体酶　monomer enzyme

蛋白激酶　protein kinase

蛋白磷酸酶　protein phosphatase

蛋白酶　proteinase

蛋白质　protein

刀豆氨酸　canavanine

导肽　leader sequence

等电点　isoelectric point

等电聚焦　isoelectric focusing

底物　substrate

底物水平磷酸化　substrate - level phosphorylation

第二套遗传密码　second genetic codon

颠换　transversion

电穿孔法　electroporation method

电化学电势　electrochemical potential，$\Delta \mu H^+$

电泳　electrophoresis

电子传递链　electron - transport chain

淀粉合酶　starch synthase

淀粉磷酸化酶　amylophosphorylase

动力学　kinetics

动力学校读　kinetic proofreading

豆血红蛋白　leghemoglobin

端粒　telomer

端粒酶　telomerase

短杆菌肽　gramicidin

多巴　dopa

多巴胺　dopamine

多酚氧化酶　polyphenol oxidase

多聚脱氧核苷酸　polydeoxyribonucleotide

多聚腺苷酸　polyadenylic acid，poly（A）

多酶复合体　multienzyme cluster

多糖　polysaccharide

E

鹅膏蕈碱　amanitin

额外环　extra arm

二环己基碳二亚胺　dicyclohexyl carbodiimide，DCCD

二级结构　secondary structure

二价变构酶　divalent feedback allosteric enzyme

二价反馈抑制　divalent feedback inhibition

二硫键　disulfide bond

二羟苯丙氨酸　dihydroxyphenyl alanine

二羟基苯乙胺　dihydroxyphenyl ethylamine

二氢尿嘧啶环　dihydrouridine loop

二硝基苯酚　dinitrophenol，DNP

二氧化碳　carbon dioxide

F

发夹结构　hairpin

法尼基焦磷酸　farnesyl pyrophosphate

翻译　translation

翻译后修饰　posttranslational modification

翻译阻遏　translational repression

反馈　feedback

反馈抑制　feedback inhibition

反密码环　anticodon loop

反向重复　inverted repeat

反义 RNA　antisense RNA

泛醌　ubiquinone

范德华力　van der Waals force

放能反应　exogonic reaction

放射自显影　autoradiography

非竞争性抑制　noncompetitive inhibition

非同源探针　non - homologous probe

非氧化脱氨基作用　nonoxidative deamination

非折叠　nonfolding

分选　sorting

分支酸变位酶　chorismic acid mutase

分子杂交　molecular hybridization

缝　cleft

辅基　prosthetic group

辅酶　coenzyme

辅酶 A　coenzyme A

辅因子　cofactor

辅助病毒　helper virus

辅阻遏物　co - repressor

脯氨酸　proline

负调节剂　negative regulator

负效应物　negative effecter

复合脂类　complex lipid

复性　renaturation

复制　replication

复制型质粒　duplicational plasmid

复制子　replicon

副密码子　paracodon

G

甘氨酸　glycine

甘露糖　mannose

甘油　glycerol

甘油激酶　glycerol kinase

甘油三酯　triglyceride

感受态　competent state

冈崎片段　Okazaki fragment

高度重复序列　high repetitive sequence

高能键　high - energy bond

共价调节酶　covalent regulatory enzyme

共价修饰　covalent modification

共价修饰酶　covalent modification enzyme

共线性　colinear

共有序列　consensus sequence

共振杂化物　resonance hybrid

构象　conformation

构象校读　conformational proofreading

构型　configuration

谷氨酸　glutamic acid

谷氨酸-天冬氨酸载体　glutamate - aspartate carrier

谷氨酰胺　glutamine

谷氨酰胺合成酶　glutamine synthetase

谷蛋白　glutelin

谷胱甘肽过氧化物酶　glutathione peroxidase

固氮酶复合体　nitrogenase complex

寡聚酶　oligomeric enzyme

寡霉素　oligomycin

寡霉素敏感性蛋白　oligomycin - sensitivity - conferring
protein，OSCP

寡糖　oligosaccharide

冠瘿碱　octopine

冠瘿瘤　crown gall

光复活　photoreactivation

规则结构　regular structure

果糖-1，6-二磷酸酶　fructose - 1，6 - diphosphatase

果糖　fructose

过氧化氢酶　catalase，CAT

过氧化物酶性　peroxidase

H

核蛋白　nucleoprotein

核苷　nucleoside

核苷-5′-单磷酸　nucleoside 5′ - monophosphate

核苷二磷酸激酶　nucleoside diphosphokinase

核苷磷酸化酶　nucleoside phosphorylase

核苷酶　nucleosidase

核苷水解酶　nucleoside hydrolase

核苷酸　nucleotide

核苷酸酶　nucleotidase

核苷一磷酸激酶　nucleoside monophosphate kinase

核黄素　riboflavin

核酶　ribozyme

核内不均一 RNA　nuclear heterogenous RNA，hnRNA

核输入信号　nuclear import signal

核酸　nucleic acid

核酸酶　nuclease

核酸酶 S_1　nuclease S_1

核酸内切酶　endonuclease

核酸外切酶　exonuclease

核糖　ribose

核糖核酸　ribonucleic acid，RNA

核糖核酸酶　ribonuclease，RNase

核糖核酸酶 H　RNase H

核糖体 RNA　ribosomal RNA，rRNA

核小体　nucleosome

呼吸链　respiratory chain

琥珀酸脱氢酶　succinate dehydrogenase

琥珀酰辅酶 A　succinyl coenzyme A

琥珀酰辅酶 A 合成酶　succinyl CoA synthetase

互补 DNA　complementary DNA，cDNA

化学裂解法　Maxam - Gilbert method

化学偶联假说　chemical coupling hypothesis

化学渗透假说　chemiosmotic hypothesis

化学校读　chemical proofreading

环丝氨酸　cycloserine

环腺苷酸　cyclic adenosine monophosphate，cAMP

黄嘌呤氧化酶　xanthine oxidase

黄素半醌　flavin semiquinone

黄素单核苷酸　flavin mononucleotide

黄素蛋白　flavoprotein

黄素蛋白氧化酶　flavoprotein oxidase

黄素腺嘌呤二核苷酸　flavin adenine dinucleotide，FAD

回补反应　anaplerotic reaction

回文结构　palindromic structure

回文序列　palindromic sequence

活化分子　active molecule

活化能　active energy

活性脂质　active lipid

活性中心　active center

J

肌红蛋白　myoglobin

基因　gene

基因工程　gene engineering

基因克隆　gene clone

基因银行　gene bank

基因诊断　gene diagnosis

基因治疗　gene therapy

基因组 DNA　genomic DNA

基因组文库　genome library

激活剂　activator

激酶　kinase

激素　hormone

级联放大作用　cascade amplification

级联系统　cascade system

己糖激酶　hexokinase

加压素　vassopressin

甲硫氨酸　methionine

甲酰甲硫氨酸　formal methionine，fMet

甲状旁腺激素　parathyroid hormone

甲状腺素　thyroxin

剪接　splicing

减色效应　hypochromic effect

简单扩散　simple diffusion

碱基　base

碱基堆积力　base stacking force

碱基对　base pair，bp

碱性磷酸酶　alkaline phosphatase

降钙素　calcitonin

降解产物阻遏　repression of degradation product

降解物基因活化蛋白　catabolite activated protein，CAP

降解物基因活化蛋白结合部位　catabolite activated protein binding site，CAPB

胶原　collagen

胶原蛋白　collagen

焦磷酸　pyrophosphate

角蛋白　keratin

接头　linker

结构基因　structure gene

结构偶联假说　conformational coupling hypothesis

结构域　structural domain

结构脂质　structural lipid

结合酶　conjugated enzyme

解链酶　helicase

解偶联剂　uncoupler

解折叠　unfolding

金属蛋白　metalloprotein

金属酶　metalloenzyme

精氨酸　arginine

精蛋白　protamine

鲸肌红蛋白　whale myoglobin

警报素　alarmone

静电相互作用　static reciprocity

镜像重复　mirror repeat

酒精　alcohol

聚丙烯酰胺凝胶电泳　polyacrylamide gel electrophoresis，PAGE

聚合酶链式反应　polymerase chain reaction，PCR

校读　proof‐read

K

开放的启动子复合物　open promotor complex

抗坏血酸氧化酶　ascorbic acid oxidase

考斯质粒　cosmid

拷贝　copy

拷贝数　copy number

克隆　clone

枯草菌素　subtilin

L

3‐磷酸甘油穿梭途径　glycerol 3‐phosphate shuttle

3‐磷酸莽草酸　shikimic acid 3‐phosphate

5‐磷酸核糖‐1‐焦磷酸　5‐phosphoribose‐1‐pyrophosphate，PRPP

蜡　wax

赖氨酸　lysine

酪氨酸　tyrosine

酪氨酸解氨酶　tyrosine ammonia lyase，TAL

酪氨酸酶　tyrosinase

累积反馈抑制　cumulative feedback inhibition

离子键　ionic bond

离子通道　ionic channel

离子载体　ionophore

连接酶　ligase

连接肽　connecting peptide

链霉素　streptomycin

两性离子　zwitterion

亮氨酸　leucine

裂解途径　lytic pathway

磷蛋白　phosphoprotein

磷酸半乳糖尿苷酰转移酶　galactose phosphate uridylyl transferase

磷酸丙糖异构酶　triose phosphate isomerase

磷酸单酯酶　phosphomonoesterase

磷酸二酯酶　phosphodiesterase

磷酸甘露糖异构酶　phosphomannose isomerase

磷酸甘油醛脱氢酶　glyceraldehyde phosphate dehydrogenase

磷酸甘油酸变位酶　phosphoglyceromutase

磷酸甘油酸激酶　phosphoglycerate kinase

磷酸果糖激酶　phosphofructokinase

磷酸核糖异构酶　phosphoriboisomerase

磷酸化酶　phosphorylase

磷酸肌醇　phosphoinositide

磷酸肌酸　phosphocreatine, creatine phosphate

磷酸己糖支路　hexose monophosphate shunt，HMS

磷酸解　phosphorolysis

磷酸精氨酸　phosphoarginine

磷酸葡糖酸脱氢酶　phosphogluconate dehydrogenase

磷酸葡萄糖酸-δ-内酯　phosphogluconate δ-lactone

磷酸葡萄糖酸-δ-内酯酶性　phosphogluconolactonase

磷酸葡萄糖酸脱氢酶性　phosphogluconate dehydrogenase

磷酸葡萄糖脱氢酶　glucose phosphate dehydrogenase

磷酸葡萄糖异构酶　phosphoglucose isomerase

磷酸戊糖途径　phosphopentose pathway，PPP

磷酸戊酮糖表异构酶　phosphoketopentose epimerase

磷酸烯醇式丙酮酸　phosphoenolpyruvate，PEP

磷酸烯醇式丙酮酸羧激酶　PEP carboxykinase

磷酸原　phosphagen

磷酸蔗糖合酶　sucrose phosphate synthase

磷脂　phospholipid

磷脂酸　phosphatidate

流动镶嵌模型　fluid mosaic model

硫胺素焦磷酸　thiamine pyrophosphate

硫胺素酶　thiaminase

硫氰酸酶　rhodanase

硫酸二甲酯　dimethyl sulfate，DMS

硫辛酸　lipoic acid

硫脂　sulfatide, sulpholipid

氯化铯密度梯度离心　CsCl density gradient centrifugation

氯霉素　chloramphenicol

卵磷脂　lecithin

逻辑性　logicality

M

马尿酸　hippuric acid

麦芽糖　maltose

莽草酸激酶　shikimic acid kinase

酶　enzyme

酶促反应　enzymatic reaction

酶原　zymogen, proenzyme

酶原的激活　activation of zymogen

密度梯度　density graduation

密码子　codon

密码子确定　codon assignment

免疫球蛋白　immunoglobulin，Ig

膜锚蛋白　membrane anchor protein

膜生物工程　membrane biotechnology

末端氧化酶　terminal oxidase

木瓜蛋白酶　papain

木糖　xylose

木质素　lignin

目的基因　objective gene

N

脑啡肽　enkephalin

脑下垂体前叶激素　anterior pituitary hormone

内分泌　endocrine

内含子　intron

内膜系统　cytomembrane

内吞作用　endocytosis

内在蛋白　integral protein

能荷　energy charge

能量代谢　energy metabolism

逆转录　reverse transcription

逆转录病毒　retrovirus

逆转录酶　reverse transcriptase

黏端　sticky end

黏性末端　cohesive end

黏性末端位点　cohesive end site

黏性质粒　cosmid

鸟苷四磷酸　guanosine tetraphosphate，ppGpp

鸟苷五磷酸　guanosine pentaphosphate，pppGpp

鸟嘌呤　guanine，G

尿苷二磷酸半乳糖差向异构酶　UDPG-galactose-epimerase

尿嘧啶　uracil，U

尿素　urea

尿素循环　urea cycle

脲酶　urase, urease

柠檬酸　citric acid

柠檬酸合酶　citrate synthase

凝血酶　thrombase

凝血酶原　prothrombin，thrombinogen

农杆碱　agropine

农杆菌　*Agrobacterium tumefaciens*

O

偶合因子 6　coupling factor 6，F_6

P

旁分泌　paracrine

旁路系统　bypass system

嘌呤霉素　puromycin

平端　blunt end

平齐末端　blunt end

苹果酸　malic acid

苹果酸-α酮戊二酸载体　malate - α - ketoglutarate carrier

苹果酸合酶　malate synthase

苹果酸-天冬氨酸穿梭途径　malate - aspartate shuttle

苹果酸脱氢酶　malate dehydrogenase

葡萄糖　glucose

葡萄糖激酶　glucokinase

葡萄糖异生作用　gluconeogenesis

Q

启动子　promotor

起始因子　initiation factor，IF

前导链　leading strand

前馈激活　feedforward activation

前体　precursor

前胰岛素原　preproinsulin

羟脯氨酸　hydroxyproline

羟赖氨酸　hydroxylysine

羟色氨酸　hydroxytryptophan

切除修复　excision repair

亲核攻击　nucleophilic attack

氢键　hydrogen bond

倾向差错的修复　error prone repair

区域化　compartmentation

去氧核糖核酸　deoxyribonucleic acid，DNA

醛缩酶　aldolase

醛氧化酶　aldehyde oxidase

醛甾酮　aldosterone

R

染色体　chromosome

染色质　chromatin

人类获得性免疫缺陷病毒　human immunodeficiency virus，HIV

溶菌酶　lysozyme

溶源途径　lysogenic pathway

熔解温度　melting temperature，T_m

肉碱　carnitine

乳酸　lactic acid

乳酸链球菌肽　nisin

乳酸脱氢酶　lactate dehydrogenase

乳糖酶　lactase

S

三级结构　tertiary structure

三螺旋　triple helix

三羧酸循环　tricarboxylic acid cycle，TCA

三酰甘油　triacylglycerol

色氨酸　tryptophan

色蛋白　chromoprotein

杀粉蝶菌素 A　piericidin A

筛选　filter

神经鞘脂　sphingolipid

神经系统　nervous system

肾上腺皮质激素　adrenal cortex hormone

肾上腺素　adrenalin

生长激素　growth hormone

生长素　auxin

生物大分子　biomacromolecule

生物化学　biochemistry

生物膜　biomembrane

生物素羧基载体蛋白　biotin carboxyl carrier protein

生物氧化　biological oxidation

"十"字形结构　cruciform

释放因子　release factors，RF

噬菌体　phage

受体　receptor

受体细胞　receptor cell

疏水核心　hydrophobic core

疏水相互作用　hydrophobic interaction

双螺旋　double helix

双糖　disaccharide

双脱氧末端终止法　dideoxy - mediated chain - termination method

水解酶　hydrolase

顺反子　cistron

顺乌头酸酶　aconitase
顺序反馈抑制　sequential feedback inhibition
顺序性　graduation
丝氨酸　serine
四环素　tetracycline
四级结构　quaternary structure
四氢叶酸　tetrahydrofolic acid，THF，FH₄
苏氨酸　threonine
羧肽酶　carboxypeptidase

T

弹性蛋白质　elastin
调节基因　regulator gene
调节剂　regulator
肽　peptide
肽键　peptide bond
肽酶性　peptidase
肽平面　peptide plane
肽酰转移酶　peptidyl transferase
探针　probe
碳酸酐酶　carbonic anhydrase
糖　carbohydrate
糖蛋白　glycoprotein
糖苷键　glycoside bond
糖酵解　glycolysis
糖皮质激素　glucocorticoid
糖原　glycogen
糖原合酶　glycogen synthase
糖原磷酸化酶　glycogen phosphorylase
糖原磷酸激酶　glycogen phosphokinase
糖脂　glycolipid
天冬氨酸　aspartic acid
天冬氨酰苯丙氨酸甲酯　aspartame
天冬酰胺　asparagine
萜类　terpenoids
铁硫蛋白　iron‐sulfur protein
同工酶　isoenzyme，isozyme
同工酶反馈抑制　isozyme feedback inhibition
同功受体 tRNA　isoaccepting tRNA
同化　assimilation
同裂酶　isoschizomer
同尾酶　isocaudarner
同原重组　homologous recombination
同源探针　homologous probe
同源性　homogeneity
酮戊二酸　ketoglutaric acid
α酮戊二酸脱氢酶复合体　ketoglutarate dehydrogenase complex
投送　trafficking

透析法　dialysis method
吞噬作用　phagocytosis
脱落酸　abscisic acid
脱羧酶　decarboxylase
脱羧作用　decarboxylation
脱氧核苷单磷酸　deoxynucleoside monophosphate
脱氧核糖　deoxyribose
脱氧核糖核酸　deoxyribonucleic acid，DNA
脱支酶　debranching enzyme
拓扑异构酶　topoisomerase

W

外排作用　exocytosis
外显子　exon，extron
外周蛋白　peripheral protein
微量注射法　microinjection
微球结构　micell
维生素　vitamin
位阻效应　location hindering
尾产物　end product
尾产物阻遏　repression of end product
胃肠激素　gastrointestinal hormone
胃蛋白酶　pepsin
胃蛋白酶原　pepsinogen
无规卷曲　random coil，nonregular coil
无细胞体系　cell‐free system
无氧呼吸　anaerobic respiration
戊糖　pentose
戊糖支路　pentose shunt
物质代谢　substance metabolism

X

吸能反应　endogonic reaction
烯醇化酶　enolase
细胞分裂素　cytokinin
细胞克隆　cell clone
细胞色素 c　cytochrome c
细胞识别　cell recognition
细菌人工染色体　bacterial artificial chromosome，BAC
下丘脑激素　hypothalamic hormone
纤维二糖　cellobiose
纤维二糖酶　cellubiase
纤维素合酶　cellulose synthase
纤维素酶　cellulase
酰胺平面　amide plane
酰基辅酶 A　acyl coenzyme A
酰基甘油　acyl glycerol
酰基肉碱　acyl carnitine

限速步骤　committed step

限速步骤　rate – limiting step

限制性核酸内切酶　restriction endonuclease

腺病毒　adenovirus

腺二磷　adenosine diphosphate，ADP

腺苷- 5′-单磷酸　adenosine – 5′- monophosphate，AMP

腺苷甲硫氨酸　adenosyl methionine

腺苷四磷酸　adenosine tetraphosphate，ppApp

腺苷酸环化酶　adenyl cyclase

腺苷酸库　adenylate pool

腺苷五磷酸　adenosine pentaphosphate，pppApp

腺嘌呤　adenine，A

腺三磷　adenosine triphosphate，ATP

腺一磷　adenosine monophosphate，AMP

效应物　effecter

协同反馈抑制　concerted feedback inhibition

协同运输　co – transport

协助扩散　facilitated diffusion

缬氨酸　valine

新陈代谢　metabolism

信号识别颗粒　signal recognition particle，SRP

信号顺序　signal sequences

信号肽　signal peptide

信号转导　signal transduction

信使 RNA　messenger RNA，mRNA

性激素　gonadal hormone

胸腺嘧啶　thymine，T

胸腺嘧啶核苷酸合成酶　thymidylate synthetase

雄激素　androgen

修饰性甲基化酶　modification methylase

序列反应　sequence reaction

旋转酶　gyrase

血红蛋白　hemoglobin

血红素　haemachrome

血纤维蛋白质　fibrinogen

蕈　mushrooms

Y

己糖激酶　hexokinase

亚基　subunit

亚线粒体泡　submitochondrial vesicles

烟酸　nicotinic acid

烟酰胺　nicotinamide

烟酰胺腺嘌呤二核苷酸　nicotinamide adenine dinucle- otide，NAD$^+$

烟酰胺腺嘌呤二核苷酸磷酸　nicotinamide adenine di- nucleotide phosphate，NADP$^+$

延胡索酸　fumarate

延胡索酸酶　fumarase

延伸　elongation

延伸因子　elongation factor，EF

盐皮质激素　mineralocorticoid

羊毛硫氨酸　lanthionine

氧化磷酸化作用　oxidative phosphorylation

氧化脱氨基作用　oxidative deamination

氧桥　oxo bridge

一级结构　primary structure

一价变构酶　monovalent allosteric enzyme

一价反馈抑制　monovalent feedback inhibition

衣壳　capsid

胰蛋白酶　trypsin，trypsinase

胰蛋白酶原　trypsinogen

胰岛素　insulin

胰岛素原　proinsulin

胰的羧肽酶　carboxypeptidase

胰高血糖素　glucagon

胰凝乳蛋白酶　chymotrypsin

胰凝乳蛋白酶原　chymotrypsinogen

胰增血糖素　glucagon

移码　frame shift

移码突变　frame shift mutation

移位　translocation

移位酶　translocase

遗传密码　genetic codon

遗传信息　genetic information

乙醇脱氢酶　alcohol dehydrogenase，ADH

乙醛酸途径　glyoxylate pathway

乙醛酸循环　glyoxylate cycle

乙醛酸循环体　glyoxysome

乙烯　ethylene

乙酰 CoA 羧化酶　acetyl – CoA carboxylase

乙酰辅酶 A　acetyl coenzyme A

异化　dissimilation

异亮氨酸　isoleucine

异柠檬酸　isocitric acid

异柠檬酸裂解酶　isocitrate lyase

异柠檬酸脱氢酶　isocitrate dehydrogenase

异头碳　anomeric carbon

异头物　anomer

异戊二烯　isoprene

抑制剂　inhibitor

引物　primer

吲哚乙酸　indoleacetic acid，IAA

硬蛋白　scleroprotein

有机酸　organic acid

有氧呼吸　aerobic respiration

诱导酶　inducible enzyme

诱导契合　induced – fit

诱导物　inducer
鱼藤酮　rotenone
原初转录本　primary transcript
原胶原　tropocollagen
原始副密码子　protoparacodon
原位杂交　*in situ* hybridization
阅读框　reading frame
孕酮　progesterone
运输泡　transport vesicles

Z

甾醇　sterol, steroid
载体　vector
载体蛋白　carrier protein
增色效应　hyperchromic effect
蔗糖　sucrose
蔗糖磷酸化酶　sucrose phosphorylase
蔗糖酶　sucrase
整合　integration
整合性　conformity
正调节剂　positive regulator
脂　fat，lipid
脂蛋白　lipoprotein
脂肪　fat
脂肪酸　fatty acid
脂肪酸合成酶系统　fatty acid synthetase system
脂酶　lipase
脂质体　liposome
植物生长素　auxin
质粒　plasmid
质膜　plasmalemma
质子梯度　proton gradient
质子通道作用　proton conducting
致癌基因　oncogene
置换　replacement
中度重复序列　moderately repetitive sequence
中心法则　central dogma
终止因子　termination factor，TF
终止子　terminator
周质空间　periplasmic space
主动运输　active transport
贮存脂质　storage lipid
转氨酶　transaminase
转化　transformation
转化酶　invertase
转换　transition
转换器　adaptor
转基因技术　transgenic technology
转录　transcription

转醛酶　transaldolase
转染　transfection
转酮酶　transketolase
转位装置　translocator
转移 DNA　transferred DNA
转译　translation
转译后运送　post‐translational translocation
转运 RNA　transfer RNA，tRNA
着丝粒　centromere
自分泌　autocrine
自我表达　self expression
自我复制　self replication
自由能　free energy
阻遏　repression
阻遏物　repressor
组氨酸　histidine
组成酶　constitutive enzyme
组成突变　constitutive mutation
组成突变体　constitutive mutant
组成性合成　constitutive synthesis
组蛋白　histone
组蛋白激酶　histone kinase
AMV 逆转录酶　AMV reverse transcriptase
ATP 合酶　ATP synthase
cDNA 文库　cDNA library
DNA 聚合酶　DNA polymerase
DNA 连接酶　DNA ligase
DNA 文库　DNA library
DNA 重组技术　DNA recombination technology
D 酶　D‐enzyme
D 系醛糖　D‐family of aldose
F_1F_o‐ATP 酶　F_1F_o‐ATPase
GTP 结合调节蛋白　GTP binding regulatory protein
G 蛋白　G protein
H^+ 电化学梯度　electrochemical H^+ gradient
L 系醛糖　L‐family of aldose
MMLV 逆转录酶　MMLV reverse transcriptase
Q 酶　Q‐enzyme
RNA 聚合酶　RNA polymerase
RNA 聚合酶结合部位　RNA polymerase binding site，RNAPB
RuBP 羧化酶　RuBP carboxylase
R 酶　R‐enzyme
T_4 DNA 聚合酶　T_4 DNA polymerase
T_4 DNA 连接酶　T_4 DNA ligase
Taq DNA 聚合酶　*Taq* DNA polymerase
Ti 质粒　Ti plasmid
UDPG 转移酶　UDPG transferase

图书在版编目（CIP）数据

生物化学 / 巫光宏，朱利泉，黄卓烈主编 . —4 版
. —北京：中国农业出版社，2021.8（2022.6 重印）
普通高等教育"十一五"国家级规划教材　普通高等
教育农业农村部"十三五"规划教材
ISBN 978 - 7 - 109 - 28433 - 3

Ⅰ. ①生…　Ⅱ. ①巫…　②朱…　③黄…　Ⅲ. ①生物化
学－高等学校－教材　Ⅳ. ①Q5

中国版本图书馆 CIP 数据核字（2021）第 127218 号

生物化学

SHENGWU HUAXUE

中国农业出版社出版

地址：北京市朝阳区麦子店街 18 号楼
邮编：100125
策划编辑：刘　梁　宋美仙　责任编辑：宋美仙
版式设计：王　晨　　责任校对：沙凯霖
印刷：北京印刷一厂
版次：2004 年 7 月第 1 版　2021 年 8 月第 4 版
印次：2022 年 6 月第 4 版北京第 2 次印刷
发行：新华书店北京发行所
开本：889mm×1194mm　1/16
印张：23
字数：680 千字
定价：60.00 元